U0352695

国内外有色金属标准目录

2018

中国有色金属工业标准计量质量研究所 编

北京
冶金工业出版社
2018

内 容 提 要

本书收录了国内现行全部有色金属标准及少量与有色行业相关的原辅材料标准和基础标准，还收录了国外最新版本的有色金属国际标准、美国 ASTM 标准、欧盟标准、日本标准等。

本书可供有色金属及相关行业的从业人员阅读查询。

图书在版编目(CIP)数据

国内外有色金属标准目录．2018／中国有色金属工业标准计量质量研究所编．—北京：冶金工业出版社，2018.10

ISBN 978-7-5024-7930-5

Ⅰ.①国…　Ⅱ.①中…　Ⅲ.①有色金属—标准—目录—世界—2018　Ⅳ.①TG146-65

中国版本图书馆 CIP 数据核字(2018)第 227871 号

出 版 人　谭学余
地　　址　北京市东城区嵩祝院北巷 39 号　邮编　100009　电话　(010)64027926
网　　址　www.cnmip.com.cn　电子信箱　yjcbs@cnmip.com.cn
责任编辑　徐银河　美术编辑　吕欣童　版式设计　孙跃红
责任校对　李　娜　责任印制　李玉山
ISBN 978-7-5024-7930-5
冶金工业出版社出版发行；各地新华书店经销；三河市双峰印刷装订有限公司印刷
2018 年 10 月第 1 版，2018 年 10 月第 1 次印刷
787mm×1092mm　1/16；32.5 印张；867 千字；505 页
148.00 元

冶金工业出版社　投稿电话　(010)64027932　投稿信箱　tougao@cnmip.com.cn
冶金工业出版社营销中心　电话　(010)64044283　传真　(010)64027893
冶金书店　地址　北京市东四西大街 46 号(100010)　电话　(010)65289081(兼传真)
冶金工业出版社天猫旗舰店　yjgycbs.tmall.com
（本书如有印装质量问题，本社营销中心负责退换）

《国内外有色金属标准目录2018》编委会

前　言

我国现有有色金属国家标准1669个，行业标准1882个，标准样品1223个。这些标准分别归口于SAC/TC 243全国有色金属标准化技术委员会、SAC/TC 229全国稀土标准化技术委员会、SAC/TC203/SC2全国半导体设备和材料标准化技术委员会半导体材料分技术委员会、SAC/TC118/SC3全国标样委员会有色金属分委员会。

近十年来，有色金属领域标准制修订工作明显加快。一方面老标准基本得到修订，标龄缩短，标准适用性增强。另一方面新材料和资源节约与综合利用相关标准的研制得到空前重视，新制定了一大批新兴产业用的新材料标准和服务于科学发展的资源节约与综合利用标准。

为了方便各相关单位和人员查询、使用上述标准，中国有色金属工业标准计量质量研究所组织力量将上述最新标准归类整理，汇编了本书。本书不仅收录国内现行全部有色金属标准及少量与有色行业相关的原辅材料标准和基础标准，还收录了国外最新版本的有色金属国际标准、美国ASTM标准、欧盟标准和日本标准。

在编排方式上，先按国别，再按金属类别，后按标准类别进行编排。从国别上讲，本书第一部分为国内标准，第二部分为国外标准，国外标准按国际标准（含国际半导体设备和材料协会标准）、美国材料与试验协会标准、欧盟标准、日本标准依次编排。从金属类别上讲，金属类别按轻金属、重金属、稀有金属、粉末冶金、贵金属、半金属及半导体材料、稀土金属、有色金属标准样品依次编排，在上述金属类别中有些还按金属元素进行了再次细分。从标准类别上讲，在每个金属次类中按基础标准、化学分析方法标准、理化性能试验方法标准、产品标准依次编排。每个国家标准和行业标准给出了最新标准号、标准名称及代替标准号。每个国外（国际）标准给出了最新标准号、标准名称及组、卷、TC号。

本书收录截止时间为2018年6月底。标准制修订是一个不间断的动态过程，另外，由于时间仓促、信息更新频繁，本书难免出现错漏，请读者及时跟踪。

了解国内外标准动态信息可登录 www. cnsmq. com，或联系下列标委会秘书处。

全国有色金属标准化技术委员会秘书处

电话：010-62229276

邮箱：tc243@ cnsmq. com

轻金属分技术委员会秘书处

电话：010-62228793、62549233、62275650

邮箱：tc243sc1@ cnsmq. com

重金属分技术委员会秘书处

电话：010-62228795、62423606、62276892

邮箱：tc243sc2@ cnsmq. com

稀有金属分技术委员会秘书处

电话：010-62574192、62225125

邮箱：tc243sc3@ cnsmq. com

粉末冶金分技术委员会秘书处

电话：010-62622231

邮箱：tc243sc4@ cnsmq. com

贵金属分技术委员会秘书处

电话：010-62623848

邮箱：tc243sc5@ cnsmq. com

全国半导体材料标准化分技术委员会秘书处

电话：010-62228796、62229312、62565659

邮箱：tc203sc2@ cnsmq. com

全国稀土标准化技术委员会秘书处

电话：010-62548189、62220714

邮箱：tc229@ cnsmq. com　xtbwh@ 163. com

全国标准样品技术委员会有色金属分委员会秘书处

电话：010-62245003

邮箱：tc118sc3@ cnsmq. com

中国有色金属工业标准计量质量研究所

2018 年 9 月

目　录

上篇　国内标准

下篇 国际标准和国外标准

附录 标准顺序号目录（国内部分）

上篇　国内标准

GUONEI BIAOZHUN

1 综合标准

1.1 通用标准

1.1.1 基础标准

标 准 号	标 准 名 称	代替标准号
GB/T 1.1—2009	标准化工作导则 第1部分：标准的结构和编写	GB/T 1.1—2000、GB/T 1.2—2002
GB/T 191—2008	包装储运图示标志	GB/T 191—2000
GB 3100—1993	国际单位制及其应用	
GB/T 3101—1993	有关量、单位和符号的一般原则	
GB 3102.1—1993	空间和时间的量和单位	GB 3102.1—1986
GB 3102.2—1993	周期及其有关现象的量和单位	GB 3102.2—1986
GB 3102.3—1993	力学的量和单位	GB 3102.3—1986
GB 3102.4—1993	热学的量和单位	GB 3102.4—1986
GB 3102.5—1993	电学和磁学的量和单位	GB 3102.5—1986
GB 3102.6—1993	光及有关电磁辐射的量和单位	GB 3102.6—1986
GB 3102.7—1993	声学的量和单位	GB 3102.7—1986
GB 3102.8—1993	物理化学和分子物理学的量和单位	GB 3102.8—1986
GB 3102.9—1993	原子物理学和核物理学的量和单位	GB 3102.9—1986
GB 3102.10—1993	核反应和电离辐射的量和单位	GB 3102.10—1986
GB 3102.11—1993	物理科学和技术中使用的数学符号	GB 3102.11—1986
GB 3102.12—1993	特征数	GB 3102.12—1986
GB 3102.13—1993	固体物理学的量和单位	GB 3102.13—1986
GB/T 3533.1—2017	标准化效益评价 第1部分：经济效益评价通则	GB/T 3533.1—2009
GB/T 3533.2—2017	标准化效益评价 第2部分：社会效益评价通则	
GB/T 4754—2017	国民经济行业分类	GB/T 4754—2011
GB/T 5329—2003	试验筛与筛分试验 术语	GB/T 5329—1985
GB/T 5330—2003	工业用金属丝编织方孔筛网	
GB/T 5330.1—2012	工业用金属筛网和金属丝编织网 网孔尺寸与金属丝直径组合选择指南 第1部分：通则	GB/T 5330.1—2000

标　准　号	标　准　名　称	代替标准号
GB/T 6003. 1—2012	试验筛 技术要求和检验 第1部分：金属丝编织网试验筛	GB/T 6003. 1—1997
GB/T 6003. 2—2012	试验筛 技术要求和检验 第2部分：金属穿孔板试验筛	GB/T 6003. 2—1997
GB/T 6003. 3—1999	电成型薄板试验筛	
GB/T 6005—2008	试验筛 金属丝编织网、穿孔板和电成型薄板筛孔的基本尺寸	GB/T 6005—1997
GB/T 6378. 1—2008	计量抽样检验程序 第1部分：按接收质量限（AQL）检索的对单一质量特性和单个AQL的逐批检验的一次抽样方案	GB/T 6378—2002
GB/T 6378. 4—2008	计量抽样检验程序 第4部分：对均值的声称质量水平的评定程序	GB/T 14900—1994
GB/T 7027—2002	信息分类和编码的基本原则和方法	GB/T 7027—1986
GB/T 8054—2008	计量标准型一次抽样检验程序及表	GB/T 8054—1995
GB/T 8170—2008	数值修约规则与极限数值的表示和判定	GB/T 1250—1989、GB/T 8170—1987
GB/T 9174—2008	一般货物运输包装通用技术条件	GB/T 9174—1988
GB/T 10061—2008	筛板筛孔的标记方法	GB/T 10061—1988
GB/T 10092—2009	数据的统计处理和解释 测试结果的多重比较	GB/T 10092—1988
GB/T 10093—2009	概率极限状态设计（正态-正态模式）	GB/T 10093—1988
GB/T 10094—2009	正态分布分位数与变异系数的置信限	GB/T 10094—1988
GB/T 10111—2008	随机数的产生及其在产品质量抽样检验中的应用程序	GB/T 15500—1995、GB/T 10111—1988
GB/T 10611—2003	工业用网 网孔 尺寸系列	
GB/T 10612—2003	工业用筛板 板厚<3mm的圆孔和方孔筛板	
GB/T 10613—2003	工业用筛板 板厚≥3mm的圆孔和方孔筛板	
GB/T 12366—2009	综合标准化工作指南	
GB/T 12604. 9—2008	无损检测 术语 红外检测	
GB/T 12620—2008	长圆孔、长方孔和圆孔筛板	GB/T 12620—1990
GB/T 13016—2018	标准体系构建原则和要求	GB/T 13016—2009
GB/T 13017—2018	企业标准体系表编制指南	GB/T 13017—2008
GB/T 13234—2009	企业节能量计算方法	GB/T 13234—1991
GB/T 13262—2008	不合格品百分数的计数标准型一次抽样检验程序及抽样表	GB/T 13262—1991
GB/T 13264—2008	不合格品百分数的小批计数抽样检验程序及抽样表	GB/T 13264—1991
GB/T 13393—2008	验收抽样检验导则	GB/T 13393—1992
GB/T 14559—1993	变化量的符号和单位	
GB/T 15000. 1—1994	标准样品工作导则（1）在技术标准中陈述标准样品的一般规定	

标 准 号	标 准 名 称	代替标准号
GB/T 15000.2—1994	标准样品工作导则（2）标准样品常用术语及定义	
GB/T 15000.3—2008	标准样品工作导则（3）标准样品定值的一般原则和统计方法	GB/T 15000.3—1994
GB/T 15000.4—2003	标准样品工作导则（4）标准样品证书和标签的内容	
GB/T 15000.6—1996	标准样品工作导则（6）标准样品包装通则	
GB/T 15000.7—2012	标准样品工作导则（7）标准样品生产的质量体系	GB/T 15000.7—2001
GB/T 15000.8—2003	标准样品工作导则（8）有证标准样品的使用	
GB/T 15000.9—2004	标准样品工作导则（9）分析化学中的校准和有证标准样品的使用	
GB/T 15259—2008	矿山安全术语	GB/T 15259—1994
GB/T 15445.1—2008	粒度分析结果的表述 第1部分：图形表征	
GB/T 15445.2—2006	粒度分析结果的表述 第2部分：由粒度分布计算平均粒径/直径和各次矩	
GB/T 15445.4—2006	粒度分析结果的表述 第4部分：分级过程的表征	
GB/T 15445.5—2011	粒度分析结果的表述 第5部分：用对数正态概率分布进行粒度分析的计算方法	
GB/T 15445.6—2014	粒度分析结果的表述 第6部分：颗粒形状和形态的定性及定量表述	
GB/T 15496—2003	企业标准体系 要求	GB/T 15496—1995
GB/T 15497—2003	企业标准体系 技术标准体系	GB/T 15497—1995
GB/T 15498—2003	企业标准体系 管理标准和工作标准体系	GB/T 15498—1995
GB/T 15602—2008	工业用筛和筛分 术语	GB/T 15602—1995
GB/T 15834—2011	标点符号用法	
GB/T 15835—2011	出版物上数字用法	
GB/T 16418—2008	颗粒系统术语	GB/T 16418—1996
GB/T 16471—2008	运输包装件尺寸与质量界限	GB/T 16471—1996
GB/T 18455—2010	包装回收标志	GB/T 18455—2001
GB/T 18850—2002	工业用金属丝筛网 技术要求和检验	
GB/T 19000—2016	质量管理体系 基础和术语	GB/T 19000—2008
GB/T 19001—2016	质量管理体系 要求	GB/T 19001—2008
GB/T 19004—2011	追求组织的持续成功 质量管理方法	GB/T 19004—2000
GB/T 19011—2013	管理体系审核指南	GB/T 19011—2003
GB/T 19015—2008	质量管理 质量计划指南	GB/T 19015—1996

标 准 号	标 准 名 称	代替标准号
GB/T 19017—2008	质量管理 技术状态管理指南	GB/T 19017—1997
GB/T 19022—2003	测量管理体系 测量过程和测量设备的要求	
GB/T 19038—2009	顾客满意测评模型和方法指南	
GB/T 19039—2009	顾客满意测评通则	
GB/T 19077—2016	粒度分析 激光衍射法	GB/T 19077.1—2008
GB/T 19142—2016	出口商品包装通则	GB/T 19142—2008
GB/T 19273—2017	企业标准化工作 评价与改进	GB/T 19273—2003
GB/T 19619—2004	纳米材料术语	
GB/T 19627—2005	粒度分析 光子相关光谱法	
GB/T 19628.2—2005	工业用金属丝网和金属丝编织网 网孔尺寸与金属丝直径组合选择指南 金属丝编织网的优先组合选择	
GB/T 20000.1—2014	标准化工作指南 第1部分：标准化和相关活动的通用术语	GB/T 20000.1—2002
GB/T 20000.2—2009	标准化工作指南 第2部分：采用国际标准	GB/T 20000.2—2001
GB/T 20000.3—2014	标准化工作指南 第3部分：引用文件	GB/T 20000.3—2003
GB/T 20000.6—2006	标准化工作指南 第6部分：标准化良好行为规范	
GB/T 20000.7—2006	标准化工作指南 第7部分：管理体系标准的论证和制定	
GB/T 20000.8—2014	标准化工作指南 第8部分：阶段代码系统的使用原则和指南	
GB/T 20000.9—2014	标准化工作指南 第9部分：采用其他国际标准化文件	
GB/T 20000.10—2016	标准化工作指南 第10部分：国家标准的英文译本翻译通则	
GB/T 20000.11—2016	标准化工作指南 第11部分：国家标准的英文译本通用表述	
GB/T 20001.1—2001	标准编写规则 第1部分：术语	GB/T 1.6—1997
GB/T 20001.2—2015	标准编写规则 第2部分：符号标准	GB/T 20001.2—2001
GB/T 20001.3—2015	标准编写规则 第3部分：分类标准	GB/T 20001.3—2001
GB/T 20001.4—2015	标准编写规则 第4部分：试验方法标准	GB/T 20001.4—2001
GB/T 20001.5—2017	标准编写规则 第5部分：规范标准	
GB/T 20001.6—2017	标准编写规则 第6部分：规程标准	
GB/T 20001.7—2017	标准编写规则 第7部分：指南标准	
GB/T 20001.10—2014	标准编写规则 第10部分：产品标准	
GB/T 20002.3—2014	标准中特定内容的起草 第3部分：产品标准中涉及环境的内容	GB/T 20000.5—2004
GB/T 20002.4—2015	标准中特定内容的起草 第4部分：标准中涉及安全的内容	GB/T 20000.4—2003

标　准　号	标　准　名　称	代替标准号
GB/T 21648—2008	金属丝编织密纹网	
GB/T 22344—2018	包装用聚酯捆扎带	GB/T 22344—2008
GB/T 23156—2010	包装 包装与环境 术语	
GB/T 23791—2009	企业质量信用等级划分通则	
GB/T 23794—2015	企业信用评价指标	GB/T 23794—2009
GB/T 25863—2010	不锈钢烧结金属丝网多孔材料及其元件	
GB/T 26443—2010	安全色和安全标志 安全标志的分类、性能和耐久性	
GB/T 29053—2012	防尘防毒基本术语	
GB/T 29253—2012	实验室仪器和设备常用图形符号	
GB/T 31863—2015	企业质量信用评价指标	
GB/T 32153—2015	文献分类标引规则	
GB/T 34836—2017	信息与文献 文字名称表示代码	
GB/T 34911—2017	工业固体废物综合利用术语	
GB/T 35415—2017	产品标准技术指标索引分类与代码	
GB/T 35778—2017	企业标准化工作 指南	
GB/T 35351—2017	增材制造 术语	
YS/T 1209—2018	有色金属冶炼产品编码规则与条码标识	

1.1.2 化学分析方法标准

标　准　号	标　准　名　称	代替标准号
GB/T 1467—2008	冶金产品化学分析方法标准的总则及一般规定	GB/T 1467—1978
GB/T 4470—1998	火焰发射、原子吸收和原子荧光光谱分析法术语	
GB/T 7728—1987	冶金产品化学分析 火焰原子吸收光谱法通则	
GB/T 7729—1987	冶金产品化学分析 分光光度法通则	
GB/T 14265—2017	金属材料中氢、氧、氮、碳和硫分析方法通则	GB/T 14265—1993
GB/T 16597—1996	冶金产品化学分析 X射线荧光光谱法通则	
GB/T 17433—2014	冶金产品化学分析基础术语	GB/T 17433—1998
YS/T 409—2012	有色金属产品分析用标准样品技术规范	YS/T 409—1998

1.1.3 理化性能试验方法标准

标　准　号	标　准　名　称	代替标准号
GB/T 228.1—2010	金属材料 拉伸试验 第1部分：室温试验方法	GB/T 228—2010

标 准 号	标 准 名 称	代替标准号
GB/T 228.2—2015	金属材料 拉伸试验 第2部分：高温试验方法	GB/T 4338—2006
GB/T 229—2007	金属材料 夏比摆锤冲击试验方法	GB/T 229—1994
GB/T 230.1—2018	金属材料 洛氏硬度试验 第1部分：试验方法（A、B、C、D、E、F、G、H、K、N、T标尺）	GB/T 230.1—2009
GB/T 230.2—2012	金属材料 洛氏硬度试验 第2部分：硬度计（A、B、C、D、E、F、G、H、K、N、T标尺）的检验与校准	GB/T 230.2—2004
GB/T 230.3—2012	金属材料 洛氏硬度试验 第3部分：标准硬度块（A、B、C、D、E、F、G、H、K、N、T标尺）的标定	GB/T 230.3—2004
GB/T 231.1—2018	金属材料 布氏硬度试验 第1部分：试验方法	GB/T 231.1—2009
GB/T 231.2—2012	金属材料 布氏硬度试验 第2部分：硬度计的检验与校准	GB/T 231.2—2002
GB/T 231.3—2012	金属材料 布氏硬度试验 第3部分：标准硬度块的标定	GB/T 231.3—2002
GB/T 231.4—2009	金属材料 布氏硬度试验 第4部分：硬度值表	
GB/T 232—2010	金属材料 弯曲试验方法	GB/T 232—1999
GB/T 235—2013	金属材料 薄板和薄带 反复弯曲试验方法	GB/T 235—1999
GB/T 238—2013	金属材料 线材 反复弯曲试验方法	GB/T 238—2002
GB/T 239.1—2012	金属材料 线材 第1部分：单向扭转试验方法	GB/T 239—1999
GB/T 239.2—2012	金属材料 线材 第2部分：双向扭转试验方法	GB/T 239—1999
GB/T 241—2007	金属管 液压试验方法	GB/T 241—1990
GB/T 242—2007	金属管 扩口试验方法	GB/T 242—1997
GB/T 244—2008	金属管 弯曲试验方法	GB/T 244—1997
GB/T 245—2016	金属材料 管 卷边试验方法	GB/T 245—2008
GB/T 246—2017	金属材料 管 压扁试验方法	GB/T 246—2007
GB/T 351—1995	金属材料电阻系数测量方法	
GB/T 1424—1996	贵金属及其合金材料电阻系数测试方法	
GB/T 1786—2008	锻制圆饼超声波检验方法	GB/T 1786—1990
GB/T 2039—2012	金属材料 单轴拉伸蠕变试验方法	GB/T 2039—1997
GB/T 2976—2004	金属材料 线材 缠绕试验方法	GB/T 2976—1988
GB/T 3075—2008	金属材料 疲劳试验 轴向力控制方法	GB/T 3075—1982
GB/T 3651—2008	金属高温导热系数测量方法	GB/T 3651—1983
GB/T 3658—2008	软磁材料交流磁性能环形试样的测量方法	GB/T 3658—1990

标 准 号	标 准 名 称	代替标准号
GB/T 4067—1999	金属材料 电阻温度特征参数的测定	GB/T 4067—1983
GB/T 4156—2007	金属材料 薄板和薄带埃里克森杯突试验	GB/T 4156—1984
GB/T 4157—2017	金属在硫化氢环境中抗硫化物应力开裂和应力腐蚀开裂的实验室试验方法	GB/T 4157—2006
GB/T 4161—2007	金属材料 平面应变断裂韧度 KIC 试验方法	
GB/T 4337—2015	金属材料 疲劳试验 旋转弯曲方法	GB/T 4337—2008
GB/T 4339—2008	金属材料 热膨胀特征参数的测定	GB/T 4339—1999
GB/T 4340.1—2009	金属材料 维氏硬度试验 第1部分：试验方法	GB/T 4340.1—1999
GB/T 4340.2—1999	金属维氏硬度试验 第2部分：硬度计的检验	
GB/T 4340.3—1999	金属维氏硬度试验 第3部分：标准硬度块的标定	
GB/T 4340.4—2009	金属材料 维氏硬度试验 第4部分：硬度值表	
GB/T 4341.1—2014	金属材料 肖氏硬度试验 第1部分：试验方法	GB/T 4341—2001
GB/T 5027—2016	金属材料 薄板和薄带 塑性应变比（r值）的测定	GB/T 5027—2007
GB/T 5028—2008	金属薄板和薄带拉伸应变硬化指数（n值）试验方法	GB/T 5028—1999
GB/T 5125—2008	有色金属冲杯试验方法	GB/T 5125—1985
GB/T 5225—1985	金属材料定量相分析 X 射线衍射 K 值法	
GB/T 5776—2005	金属和合金的腐蚀 金属和合金 在表层海水中暴露和评定的导则	GB/T 5776—1986
GB/T 6148—2005	精密电阻合金电阻温度系数测试方法	
GB/T 6394—2017	金属平均晶粒度测定方法	GB/T 6394—2002
GB/T 6398—2017	金属材料 疲劳试验 疲劳裂纹扩展方法	GB/T 6398—2000
GB/T 6400—2007	金属材料 线材和铆钉剪切试验方法	
GB/T 7314—2017	金属材料 室温压缩试验方法	GB/T 7314—2005
GB/T 7732—2008	金属材料 表面裂纹拉伸试样断裂韧度试验方法	
GB/T 8363—2018	钢材 落锤撕裂试验方法	GB/T 8363—2007
GB/T 8364—2008	热双金属热弯曲试验方法	
GB/T 8642—2002	热喷涂 抗拉结合强度的测定	GB/T 8642—1988
GB/T 8651—2015	金属板材超声板波探伤方法	GB/T 8651—2002
GB/T 8763—1988	非蒸散型吸气材料及制品吸气性能测试方法	
GB/T 10120—2013	金属材料 拉伸应力松弛试验方法	GB/T 10120—1996
GB/T 10123—2001	金属和合金的腐蚀 基本术语和定义	GB/T 10123—1988
GB/T 10125—2012	人造气氛腐蚀试验 盐雾试验	GB/T 10125—1997
GB/T 10128—2007	金属室温扭转试验方法	

标 准 号	标 准 名 称	代替标准号
GB/T 10573—1989	有色金属细丝拉伸试验方法	
GB/T 10623—2008	金属材料 力学性能试验术语	
GB/T 12443—2017	金属材料 扭矩控制疲劳试验方法	GB/T 12443—2007
GB/T 12444—2006	金属材料 磨损试验方法 试环-试块滑动磨损试验	
GB/T 12968—1991	纯金属电阻率与剩余电阻比涡流衰减测量方法	
GB/T 13012—2008	软磁材料直流磁性能的测量方法	
GB/T 13239—2006	金属材料低温拉伸试验方法	GB/T 13239—1991
GB/T 13298—2015	金属显微组织检验方法	GB/T 13298—1991
GB/T 13301—1991	金属材料电阻应变灵敏系数试验方法	
GB/T 13313—2008	轧辊肖氏、里氏硬度试验方法	
GB/T 14165—2008	金属和合金 大气腐蚀试验 现场试验的一般要求	GB/T 14165—1993
GB/T 15970.1—2018	金属和合金的腐蚀 应力腐蚀试验 第1部分：试验方法总则	GB/T 15970.1—1995
GB/T 15970.2—2000	金属和合金的腐蚀 应力腐蚀试验 第2部分：弯梁试样的制备和应用	
GB/T 15970.3—1995	金属和合金的腐蚀 应力腐蚀试验 第3部分：U型弯曲试样的制备和应用	
GB/T 15970.4—2000	金属和合金的腐蚀 应力腐蚀试验 第4部分：单轴加载拉伸试样的制备和应用	
GB/T 15970.5—1998	金属和合金的腐蚀 应力腐蚀试验 第5部分：C型环试样的制备和应用	
GB/T 15970.6—2007	金属和合金的腐蚀 应力腐蚀试验 第6部分：恒载荷或恒位移下的预裂纹试样的制备和应用	GB/T 15970.6—1998
GB/T 15970.7—2017	金属和合金的腐蚀 应力腐蚀试验 第7部分：慢应变速率试验	GB/T 15970.7—2000
GB/T 15970.8—2005	金属和合金的腐蚀 应力腐蚀试验 第8部分：焊接试样的制备和应用	
GB/T 15970.9—2007	金属和合金的腐蚀 应力腐蚀试验 第9部分：渐增式载荷或渐增式位移下的预裂纹试样的制备和应用	
GB/T 16545—2015	金属和合金的腐蚀 腐蚀试样上腐蚀产物的清除	GB/T 16545—1996
GB/T 17394.1—2014	金属材料 里氏硬度试验 第1部分：试验方法	GB/T 17394—1998
GB/T 17394.2—2012	金属材料 里氏硬度试验 第2部分：硬度计的检验与校准	

标　准　号	标　准　名　称	代替标准号
GB/T 17394. 3—2012	金属材料 里氏硬度试验 第3部分：标准硬度块的标定	
GB/T 17394. 4—2014	金属材料 里氏硬度试验 第4部分：硬度值换算表	
GB/T 18449. 1—2009	金属材料 努氏硬度试验 第1部分：试验方法	GB/T 18449. 1—2001
GB/T 18449. 2—2012	金属材料 努氏硬度试验 第2部分：硬度计的检验与校准	
GB/T 18449. 3—2012	金属材料 努氏硬度试验 第3部分：标准硬度块的标定	
GB/T 18449. 4—2009	金属材料 努氏硬度试验 第4部分：硬度值表	
GB/T 18590—2001	金属和合金的腐蚀 点蚀评定方法	
GB/T 19291—2003	金属和合金的腐蚀 腐蚀试验一般原则	
GB/T 19292. 1—2018	金属和合金的腐蚀 大气腐蚀性 第1部分：分类、测定和评估	GB/T 19292. 1—2003
GB/T 19292. 2—2018	金属和合金的腐蚀 大气腐蚀性 第2部分：腐蚀等级的指导值	GB/T 19292. 2—2003
GB/T 19292. 3—2018	金属和合金的腐蚀 大气腐蚀性 第3部分：影响大气腐蚀性环境参数的测量	GB/T 19292. 3—2003
GB/T 19292. 4—2018	金属和合金的腐蚀 大气腐蚀性 第4部分：用于评估腐蚀性的标准试样的腐蚀速率的测定	GB/T 19292. 4—2003
GB/T 19345. 1—2017	非晶纳米晶合金 第1部分：铁基非晶软磁合金带材	
GB/T 19345. 2—2017	非晶纳米晶合金 第2部分：铁基纳米晶软磁合金带材	
GB/T 19346. 1—2017	非晶纳米晶合金测试方法 第1部分：环形试样交流磁性能	
GB/T 19346. 2—2017	非晶纳米晶合金测试方法 第2部分：带材叠片系数	
GB/T 19746—2018	金属和合金的腐蚀 盐溶液周浸试验	GB/T 19746—2005
GB/T 19747—2005	金属和合金的腐蚀 双金属室外暴露腐蚀试验	
GB/T 20120. 1—2006	金属和合金的腐蚀 腐蚀疲劳试验 第1部分：循环失效试验	
GB/T 20120. 2—2006	金属和合金的腐蚀 腐蚀疲劳试验 第2部分：预裂纹试验裂纹扩展试验	
GB/T 20121—2006	金属和合金的腐蚀 人造气氛的腐蚀试验 间歇盐雾下的室外加速试验（疮痂试验）	

标 准 号	标 准 名 称	代替标准号
GB/T 20122—2006	金属和合金的腐蚀 滴落蒸发试验的应力腐蚀开裂评价	
GB/T 20568—2006	金属材料 管环液压试验方法	
GB/T 20832—2007	金属材料 试样轴线相对于产品织构的标识	
GB/T 20853—2007	金属和合金的腐蚀 人造大气中的腐蚀 暴露于间歇喷洒盐溶液和潮湿循环受控条件下的加速腐蚀试验	
GB/T 20935. 1—2018	金属材料 电磁超声检测方法 第 1 部分：电磁超声换能器指南	GB/T 20935. 1—2007
GB/T 20935. 2—2018	金属材料 电磁超声检测方法 第 2 部分：利用电磁超声换能器技术进行超声检测的方法	GB/T 20935. 2—2009
GB/T 20935. 3—2018	金属材料 电磁超声检测方法 第 3 部分：利用电磁超声换能器技术进行超声表面检测的方法	GB/T 20935. 3—2009
GB/T 21143—2014	金属材料 准静态断裂韧度的统一试验方法	GB/T 21143—2007
GB/T 21838. 1—2008	金属材料 硬度和材料参数的仪器化压痕试验 第 1 部分：试验方法	
GB/T 21838. 4—2008	金属材料 硬度和材料参数的仪器化压痕试验 第 4 部分：金属和非金属覆盖层的试验方法	
GB/T 22315—2008	金属材料 弹性模量和泊松比试验方法	
GB/T 22565—2008	金属材料 薄板和薄带 拉弯回弹评估方法	
GB/T 24171. 1—2009	金属材料 薄板和薄带 成形极限曲线的测定 第 1 部分：冲压车间成形极限图的测量及应用	
GB/T 24171. 2—2009	金属材料 薄板和薄带 成形极限曲线的测定 第 2 部分：实验室成形极限曲线的测定	
GB/T 24172—2009	金属超塑性材料拉伸性能测定方法	
GB/T 24176—2009	金属材料 疲劳试验 数据统计方案与分析方法	
GB/T 24177—2009	双重晶粒度表征与测定方法	
GB/T 24179—2009	金属材料 残余应力测定 压痕应变法	
GB/T 24182—2009	金属力学性能试验 出版标准中的符号及定义	
GB/T 24183—2009	金属材料 制耳试验方法	
GB/T 24516. 1—2009	金属和合金的腐蚀 大气腐蚀 地面气象因素观测方法	
GB/T 24516. 2—2009	金属和合金的腐蚀 大气腐蚀 跟踪太阳暴露试验方法	
GB/T 24517—2009	金属和合金的腐蚀 户外周期喷淋暴露试验方法	
GB/T 24518—2009	金属和合金的腐蚀 应力腐蚀室外暴露试验方法	

标　准　号	标　准　名　称	代替标准号
GB/T 24523—2009	金属材料快速压痕（布氏）硬度试验方法	
GB/T 24524—2009	金属材料 薄板和薄带 扩孔试验方法	
GB/T 24584—2009	金属材料 拉伸试验 液氦试验方法	
GB/T 25047—2016	金属材料 管 环扩张试验方法	GB/T 25047—2010
GB/T 25048—2010	金属材料 管 环拉伸试验方法	
GB/T 26076—2010	金属薄板（带）轴向力控制疲劳试验方法	
GB/T 26077—2010	金属材料 疲劳试验 轴向应变控制方法	
GB/T 28896—2012	金属材料 焊接接头准静态断裂韧度测定的试验方法	
GB/T 30069. 1—2013	金属材料 高应变速率拉伸试验 第1部分：弹性杆型系统	
GB/T 30069. 2—2016	金属材料 高应变速率拉伸试验 第2部分：液压伺服型与其他类型试验系统	
GB/T 31218—2014	金属材料 残余应力测定 全释放应变法	
GB/T 31310—2014	金属材料 残余应力测定 钻孔应变法	
GB/T 31930—2015	金属材料 延性试验 多孔状和蜂窝状金属压缩试验方法	
GB/T 32660. 1—2016	金属材料 韦氏硬度试验 第1部分：试验方法	
GB/T 32660. 2—2016	金属材料 韦氏硬度试验 第2部分：硬度计的检验与校准	
GB/T 32660. 3—2016	金属材料 韦氏硬度试验 第3部分：标准硬度块的标定	
GB/T 32967. 1—2016	金属材料 高应变速率扭转试验 第1部分：室温试验方法	
GB/T 32976—2016	金属材料 管 横向弯曲试验方法	
GB/T 33163—2016	金属材料 残余应力 超声冲击处理法	
GB/T 33812—2017	金属材料 疲劳试验 应变控制热机械疲劳试验方法	
GB/T 33820—2017	金属材料 延性试验 多孔状和蜂窝状金属高速压缩试验方法	
GB/T 33965—2017	金属材料 拉伸试验 矩形试样减薄率的测定	
GB/T 34104—2017	金属材料 试验机加载同轴度的检验	
GB/T 34108—2017	金属材料 高应变速率室温压缩试验方法	
GB/T 34205—2017	金属材料 硬度试验 超声接触阻抗法	
GB/T 34477—2017	金属材料 薄板和薄带 抗凹性能试验方法	
GB/T 36024—2018	金属材料 薄板和薄带 十字形试样双向拉伸试验方法	

1.2 节能与资源综合利用标准

1.2.1 资源节约标准

标 准 号	标 准 名 称	代替标准号
GB/T 7119—2006	节水型企业评价导则	GB/T 7119—1993
GB/T 12452—2008	企业水平衡测试通则	
GB/T 18820—2011	工业企业产品取水定额编制通则	GB/T 18820—2002
GB/T 18916.12—2011	取水定额 第12部分：氧化铝生产	
GB/T 18916.16—2014	取水定额 第16部分：电解铝生产	
GB/T 18916.17—2016	取水定额 第17部分：堆积型铝土矿生产	
GB/T 18916.18—2015	取水定额 第18部分：铜冶炼生产	
GB/T 18916.19—2015	取水定额 第19部分：铅冶炼生产	
GB/T 21534—2008	工业用水节水 术语	
GB/T 33232—2016	节水型企业 氧化铝行业	
GB/T 33233—2016	节水型企业 电解铝行业	
GB 24789—2009	用水单位水计量器具配备和管理通则	
YS/T 762—2011	岩溶堆积型铝土矿山复垦技术规范	

1.2.2 能源节约标准

标 准 号	标 准 名 称	代替标准号
GB/T 2587—2009	用能设备能量平衡通则	
GB/T 2589—2008	综合能耗计算通则	
GB/T 3484—2009	企业能量平衡通则	
GB/T 6422—2009	用能设备能量测试导则	
GB/T 12723—2013	单位产品能源消耗限额编制通则	GB/T 12723—2008
GB/T 15587—2008	工业企业能源管理导则	
GB 17167—2006	用能单位能源计量器具配备和管理通则	
GB/T 20902—2007	有色金属冶炼企业能源计量器具配备和管理要求	
GB 21248—2014	铜冶炼企业单位产品能源消耗限额	GB 21248—2007
GB 21249—2014	锌冶炼企业单位产品能源消耗限额	GB 21249—2007
GB 21250—2014	铅冶炼企业单位产品能源消耗限额	GB 21250—2007
GB 21251—2014	镍冶炼企业单位产品能源消	GB 21251—2007
GB 21346—2013	电解铝企业单位产品能源消耗限额	GB 21346—2008
GB 21347—2012	镁冶炼企业单位产品能源消耗限额	GB 21347—2008
GB 21348—2014	锡冶炼企业单位产品能源消耗限额	GB 21348—2008

标　准　号	标　准　名　称	代替标准号
GB 21349—2014	锑冶炼企业单位产品能源消耗限额	GB 21349—2008
GB 21350—2013	铜及铜合金管材单位产品能源消耗限额	GB 21350—2008
GB 21351—2014	铝合金建筑型材单位产品能源消耗限额	GB 21351—2008
GB 25323—2010	再生铅单位产品能源消耗限额	
GB 25324—2014	铝电解用石墨质阴极炭块单位产品能源消耗限额	GB 25324—2010
GB 25325—2014	铝电解用预焙阳极单位产品能源消耗限额	GB 25325—2010
GB 25326—2010	铝及铝合金轧、拉制管、棒材单位产品能源消耗限额	
GB 25327—2017	氧化铝企业单位产品能源消耗限额	GB 25327—2010
GB/T 25329—2010	企业节能规划编制通则	
GB 26756—2011	铝及铝合金热挤压棒材单位产品能源消耗限额	
GB/T 26758—2011	铅、锌冶炼企业节能规范	
GB 29136—2012	海绵钛单位产品能源消耗限额	
GB 29137—2012	铜及铜合金线材单位产品能源消耗限额	
GB 29145—2012	焙烧钼精矿单位产品能源消耗限额	
GB 29146—2012	钼精矿单位产品能源消耗限额	
GB 29413—2012	锗单位产品能源消耗限额	
GB 29435—2012	稀土冶炼加工企业单位产品能源消耗限额	
GB 29442—2012	铜及铜合金板、带、箔材单位产品能源消耗限额	
GB 29443—2012	铜及铜合金棒材单位产品能源消耗限额	
GB 29447—2012	多晶硅企业单位产品能源消耗限额	
GB 29448—2012	钛及钛合金铸锭单位产品能源消耗限额	
GB 31338—2014	工业硅企业单位产品能源消耗限额	
GB 31339—2014	铝及铝合金线坯及线材单位产品能源消耗限额	
GB 31340—2014	钨精矿单位产品能源消耗限额	
GB 32046—2015	电工用铜线坯单位产品能源消耗限额	
YS/T 103—2008	铝土矿生产能源消耗	YS/T 103—2004
YS/T 108—1992	重有色金属矿山生产工艺能耗	
YS/T 113—1992	选矿药剂产品能耗	
YS/T 114—1992	有色金属企业能量平衡、电能平衡测试验收标准	
YS/T 118. 1—1992	重有色冶金炉窑热平衡测定与计算方法（沸腾焙烧炉）	
YS/T 118. 2—1992	重有色冶金炉窑热平衡测定与计算方法（多膛焙烧炉）	
YS/T 118. 3—1992	重有色冶金炉窑热平衡测定与计算方法（挥发回转窑）	

标　准　号	标　准　名　称	代替标准号
YS/T 118.4—1992	重有色冶金炉窑热平衡测定与计算方法（干燥回转窑）	
YS/T 118.5—1992	重有色冶金炉窑热平衡测定与计算方法（离析回转窑）	
YS/T 118.6—1992	重有色冶金炉窑热平衡测定与计算方法（烟化炉）	
YS/T 118.7—1992	重有色冶金炉窑热平衡测定与计算方法（矿热熔炼电炉）	
YS/T 118.8—1992	重有色冶金炉窑热平衡测定与计算方法（铜、铅熔炼鼓风炉）	
YS/T 118.9—1992	重有色冶金炉窑热平衡测定与计算方法（铜精炼反射炉）	
YS/T 118.10—1992	重有色冶金炉窑热平衡测定与计算方法（铜熔炼反射炉）	
YS/T 118.11—1992	重有色冶金炉窑热平衡测定与计算方法（竖罐蒸馏炉）	
YS/T 118.12—1992	重有色冶金炉窑热平衡测定与计算方法（塔式锌精馏炉）	
YS/T 118.13—1992	重有色冶金炉窑热平衡测定与计算方法（铅锌密闭鼓风炉）	
YS/T 118.14—1992	重有色冶金炉窑热平衡测定与计算方法（团矿焦结炉）	
YS/T 118.15—2012	重有色冶金炉窑热平衡测定与计算方法（吹炼转炉）	YS/T 118.15—1992
YS/T 118.16—2012	重有色冶金炉窑热平衡测定与计算方法（闪速炉）	
YS/T 118.17—2012	重有色冶金炉窑热平衡测定与计算方法（铜合成炉）	
YS/T 119.1—2008	氧化铝生产专用设备热平衡测定与计算方法 第1部分：熟料回转窑系统	YS/T 119.1—1992
YS/T 119.2—1992	氧化铝生产专用设备热平衡测定与计算方法（焙烧回转窑）	
YS/T 119.3—2008	氧化铝生产专用设备热平衡测定与计算方法 第3部分：竖式石灰炉	YS/T 119.3—1992
YS/T 119.4—2008	氧化铝生产专用设备热平衡测定与计算方法 第4部分：高压溶出系统	YS/T 119.4—1992
YS/T 119.5—2008	氧化铝生产专用设备热平衡测定与计算方法 第5部分：蒸发器	YS/T 119.5—1992

标　准　号	标　准　名　称	代替标准号
YS/T 119.6—2008	氧化铝生产专用设备热平衡测定与计算方法 第6部分：脱硅系统	YS/T 119.6—1992
YS/T 119.7—2004	氧化铝生产专用设备热平衡测定与计算方法 第7部分：管道化溶出系统	
YS/T 119.8—2005	氧化铝生产专用设备热平衡测定与计算方法 第8部分：气态悬浮焙烧系统	
YS/T 119.9—2005	氧化铝生产专用设备热平衡测定与计算方法 第9部分：液态化焙烧炉系统	
YS/T 119.10—2005	氧化铝生产专用设备热平衡测定与计算方法 第10部分：板式降膜蒸发器系统	
YS/T 119.11—2005	氧化铝生产专用设备热平衡测定与计算方法 第11部分：单套管预热高压釜溶出系统	
YS/T 119.12—2010	氧化铝生产专用设备 热平衡测定与计算方法 第12部分：间接加热脱硅系统	
YS/T 121.1—1992	有色金属加工企业火焰反射熔炼炉热平衡测试与计算方法	
YS/T 121.2—1992	有色金属加工企业电阻熔炼炉热平衡测试与计算方法	
YS/T 121.3—1992	有色金属加工企业感应熔炼炉热平衡测试与计算方法	
YS/T 121.4—1992	有色金属加工企业火焰加热炉及退火炉热平衡测试与计算方法	
YS/T 121.5—1992	有色金属加工企业铸锭感应加热炉热平衡测试与计算方法	
YS/T 121.6—1992	有色金属加工企业推进式空气循环电阻加热炉热平衡测试与计算方法	
YS/T 121.7—1992	有色金属加工企业电阻均热炉热平衡测试与计算方法	
YS/T 121.8—1992	有色金属加工企业电阻退火炉热平衡测试与计算方法	
YS/T 121.9—1992	有色金属加工企业真空电弧炉热平衡测试与计算方法	
YS/T 121.10—1992	有色金属加工企业硬质合金电阻加热炉热平衡测试与计算方法	
YS/T 124.1—2010	炭素制品生产炉窑 热平衡测定与计算方法 第1部分：回转窑	YS/T 124.1—1994
YS/T 124.2—2010	炭素制品生产炉窑 热平衡测定与计算方法 第2部分：罐式煅烧炉	YS/T 124.2—1994

标　准　号	标　准　名　称	代替标准号
YS/T 124. 3—2010	炭素制品生产炉窑 热平衡测定与计算方法 第3部分：电气煅烧炉	YS/T 124. 3—1994
YS/T 124. 4—2010	炭素制品生产炉窑 热平衡测定与计算方法 第4部分：焙烧炉	YS/T 124. 4—1994
YS/T 124. 5—2010	炭素制品生产炉窑 热平衡测定与计算方法 第5部分：石墨化电阻炉	YS/T 124. 5—1994
YS/T 125—1992	重有色冶金炉窑等级	
YS/T 126—2009	氧化铝生产专用设备能耗等级	YS/T 126—1992
YS/T 128—1992	有色金属加工企业工业炉能耗指标	
YS/T 131—2010	炭素制品生产炉窑能耗限额	YS/T 131. 1—1994、YS/T 138. 1—1994
YS/T 132—1992	重有色冶金炉窑合理用能监测	
YS/T 135—1992	有色金属加工企业工业炉合理用能监测标准	
YS/T 480—2005	铝电解槽能量平衡测试与计算方法 四点进电和两点进电预焙阳极铝电解槽	
YS/T 481—2005	铝电解槽能量平衡测试与计算方法 五点进电和六点进电预焙阳极铝电解槽	
YS/T 663—2007	电解铝生产专用设备 热平衡测定与计算方法 铝液保持炉	
YS/T 664—2007	铝用炭素生产专用设备 热平衡测定与计算方法 热媒炉	
YS/T 693—2009	铜精矿生产能源消耗限额	
YS/T 694. 1—2017	变形铝及铝合金单位产品能源消耗限额 第1部分：铸造锭	YS/T 694. 1—2009
YS/T 694. 2—2017	变形铝及铝合金单位产品能源消耗限额 第2部分：板、带材	YS/T 694. 2—2009
YS/T 694. 3—2017	变形铝及铝合金单位产品能源消耗限额 第3部分：箔材	YS/T 694. 3—2009
YS/T 694. 4—2017	变形铝及铝合金单位产品能源消耗限额 第4部分：挤压型材、管材	YS/T 694. 4—2011
YS/T 708—2009	镍精矿生产能源消耗限额	
YS/T 709—2009	锡精矿生产能源消耗限额	
YS/T 748—2010	铅锌矿采、选能源消耗限额	
YS/T 767—2011	锑精矿单位产品能源消耗限额	
YS/T 783—2012	红外锗单晶单位产品能源消耗限额	
YS/T 945—2013	钽铌精矿单位产品能源消耗限额	
YS/T 946—2013	钽铌冶炼单位产品能源消耗限额	
YS/T 1176—2017	重有色冶金炉窑热平衡测定与计算方法（铜底吹炉）	
YS/T 1180—2017	锗精矿单位产品能源消耗限额	

1.2.3 清洁生产与环境保护标准

标 准 号	标 准 名 称	代替标准号
GB 3095—2012	环境空气质量标准	GB 3095—1996
GB 3096—2008	声环境质量标准	
GB 3838—2002	地表水环境质量标准	
GB 5085. 1—2007	危险废物鉴别标准 腐蚀性鉴别	GB 5085. 1—1996
GB 5085. 2—2007	危险废物鉴别标准 急性毒性初筛	GB 5085. 2—1996
GB 5085. 3—2007	危险废物鉴别标准 浸出毒性鉴别	GB 5085. 3—1996
GB 5085. 4—2007	危险废物鉴别标准 易燃性鉴别	
GB 5085. 5—2007	危险废物鉴别标准 反应性鉴别	
GB 5085. 6—2007	危险废物鉴别标准 毒性物质含量鉴别	
GB 5085. 7—2007	危险废物鉴别标准 通则	
GB 8978—1996	污水综合排放标准	
GB 9078—1996	工业炉窑大气污染物排放标准	
GB/T 12331—1990	有毒作业分级	
GB 12348—2008	工业企业厂界环境噪声排放标准	
GB 13271—2014	锅炉大气污染物排放标准	GB 13271—2001
GB 14500—2002	放射性废物管理规定	
GB 15562. 2—1995	环境保护图形标志 固体废物贮存（处置）场	
GB 15618—1995	土壤环境质量标准	
GB 16297—1996	大气污染物综合排放标准	
GB 16487. 2—2017	进口可用作原料的固体废物环境保护控制标准 冶炼渣	GB 16487. 2—2005
GB 16487. 7—2017	进口可用作原料的固体废物环境保护控制标准 废有色金属	GB 16487. 7—2005
GB 16487. 8—2017	进口可用作原料的固体废物环境保护控制标准 废电机	GB 16487. 8—2005
GB 16487. 9—2017	进口可用作原料的固体废物环境保护控制标准 废电线电缆	GB 16487. 9—2005
GB 16487. 10—2017	进口可用作原料的固体废物环境保护控制标准 废五金电器	GB 16487. 10—2005
GB 16487. 13—2017	进口可用作原料的固体废物环境保护控制标准 废汽车压件	GB 16487. 13—2005
GB 18597—2001	危险废物贮存污染控制标准	
GB 18598—2001	危险废物填埋污染控制标准	
GB 18599—2001	一般工业固体废物贮存、处置场污染控制标准	
GB/T 20106—2006	工业清洁生产评价指标体系编制通则	
GB/T 21453—2008	工业清洁生产审核指南编制通则	

标 准 号	标 准 名 称	代替标准号
GB/T 24001—2016	环境管理体系 要求及使用指南	GB/T 24001—2004
GB/T 24004—2017	环境管理体系 通用实施指南	
GB/T 24015—2003	环境管理 现场和组织的环境评价（EASO）	
GB/T 24020—2000	环境管理 环境标志和声明 通用原则	
GB/T 24021—2001	环境管理 环境标志和声明 自我环境声明（Ⅱ型环境标志）	
GB/T 24024—2001	环境管理 环境标志和声明 Ⅰ型环境标志 原则和程序	
GB/T 24031—2001	环境管理 环境表现评价 指南	
GB/T 24040—2008	环境管理 生命周期评价 原则与框架	
GB/T 24044—2008	环境管理 生命周期评价 要求与指南	
GB/T 24050—2004	环境管理 术语	GB/T 24050—2000
GB/T 25973—2010	工业企业清洁生产审核 技术导则	
GB 26132—2010	硫酸工业污染物排放标准	
GB/T 26450—2010	环境管理 环境信息交流 指南和示例	
GB 26451—2011	稀土工业污染物排放标准	
GB 26452—2011	钒工业污染物排放标准	
GB 25465—2010	铝工业污染物排放标准	
GB 25466—2010	铅、锌工业污染物排放标准	
GB 25467—2010	铜、镍、钴工业污染物排放标准	
GB 25468—2010	镁、钛工业污染物排放标准	
GB/T 27678—2011	湿法炼锌企业废水循环利用技术规范	
GB/T 27681—2011	铜棒线材熔铸等冷却水零排放和循环利用规范	
GB/T 29773—2013	铜选矿厂废水回收利用规范	
GB/T 29998—2013	铜矿山低品位矿石可采选效益计算方法	
GB/T 29999—2013	铜矿山酸性废水综合处理规范	
GB 30770—2014	锡、锑、汞工业污染物排放标准	
GB 31574—2015	再生铜、铝、铅、锌工业污染物排放标准	
GB/T 32931—2016	铝电解烟气氨法脱硫脱氟除尘技术规范	
GB 34330—2017	固体废物鉴别标准 通则	
YS/T 740—2010	氧化铝生产工业废水中苛性碱、碳碱和全碱的测定方法	
YS/T 781.2—2012	铝合金管、棒、型材清洁生产水平评价技术要求 第2部分：阳极氧化与电泳涂漆	
YS/T 781.3—2012	铝合金管、棒、型材清洁生产水平评价技术要求 第3部分：粉末喷涂	
YS/T 781.4—2012	铝合金管、棒、型材清洁生产水平评价技术要求 第4部分：氟碳漆喷涂	

标　准　号	标　准　名　称	代替标准号
YS/T 782.5—2013	铝及铝合金板、带、箔行业清洁生产水平评价技术要求 第5部分：亲水铝箔	
YS/T 800—2012	电解铝生产二氧化碳排放量测算方法	
YS/T 841—2012	镁冶炼行业清洁生产水平评价技术要求	
YS/T 1169—2017	再生铅生产废水处理回用技术规范	
YS/T 1171—2017	再生铅生产废气处理技术规范	
HJ/T 20—1998	工业固体废物采样制样技术规范	
HJ/T 187—2006	清洁生产标准 电解铝业	
HJ/T 298—2007	危险废物鉴别技术规范	
HJ/T 358—2007	清洁生产标准 镍选矿行业	
HJ 510—2009	清洁生产标准 废铅酸蓄电池铅回收业	
HJ 512—2009	清洁生产标准 粗铅冶炼业	
HJ 513—2009	清洁生产标准 铅电解业	
HJ 473—2009	清洁生产标准 氧化铝业	
HJ 559—2010	清洁生产标准 铜电解业	
HJ 558—2010	清洁生产标准 铜冶炼业	
HJ 740—2015	尾矿库环境风险评估技术导则（试行）	
HJ 863.1—2017	排污许可证申请与核发技术规范 有色金属工业—铅锌冶炼	
HJ863.2—2017	排污许可证申请与核发技术规范 有色金属工业—铝冶炼	
HJ863.3—2017	排污许可证申请与核发技术规范 有色金属工业—铜冶炼	
HJ 933—2017	排污许可证申请与核发技术规范 有色金属工业—镁冶炼	
HJ 934—2017	排污许可证申请与核发技术规范 有色金属工业—镍冶炼	
HJ 935—2017	排污许可证申请与核发技术规范 有色金属工业—钛冶炼	
HJ 936—2017	排污许可证申请与核发技术规范 有色金属工业—锡冶炼	
HJ 937—2017	排污许可证申请与核发技术规范 有色金属工业—钴冶炼	
HJ 938—2017	排污许可证申请与核发技术规范 有色金属工业—锑冶炼	
HJ 944—2018	排污单位环境管理台账及排污许可证执行报告技术规范 总则（试行）	
HJ 942—2018	排污许可证申请与核发技术规范 总则	
HJ 2033—2013	铝电解废气氟化物和粉尘治理工程技术规范	
HJ 2049—2015	铅冶炼废气治理工程技术规范	

1.2.4 资源综合利用

标 准 号	标 准 名 称	代替标准号
GB/T 13586—2006	铝及铝合金废料	GB/T 13586—1992
GB/T 13587—2006	铜及铜合金废料	GB/T 13587—1992
GB/T 13588—2006	铅及铅合金废料	GB/T 13588—1992
GB/T 13589—2007	锌及锌合金废料	GB/T 13589—1992
GB/T 20926—2007	镁及镁合金废料	
GB/T 20927—2007	钛及钛合金废料	
GB/T 21179—2007	镍及镍合金废料	
GB/T 21180—2007	锡及锡合金废料	
GB/T 21181—2017	再生铅及铅合金锭	GB/T 21181—2007
GB/T 21182—2007	硬质合金废料	
GB/T 21651—2008	再生锌合金锭	
GB/T 23522—2009	再生锗原料	
GB/T 23523—2009	再生锗原料中锗的测定方法	
GB/T 23588—2009	钕铁硼废料	
GB/T 23608—2009	铂族金属废料分类和技术条件	
GB/T 25954—2010	钴及钴合金废料	
GB/T 25955—2010	钽及钽合金废料	
GB/T 26020—2010	金废料、分类和技术条件	
GB/T 26054—2010	硬质合金再生混合料	
GB/T 26055—2010	再生碳化钨粉	
GB/T 26308—2010	银废料分类和技术条件	
GB/T 26493—2011	电池废料贮运规范	
GB/T 26496—2011	钨及钨合金废料	
GB/T 26724—2011	一次电池废料	
GB/T 26727—2011	铟废料	
GB/T 26931—2011	锆及锆合金废料	
GB/T 26932—2011	充电电池废料废件	
GB/T 27682—2011	铜渣精矿	
GB/T 27683—2011	易切削铜合金车削废屑回收规范	
GB/T 27686—2011	电子废弃物中金属废料废件	
GB/T 27687—2011	钼及钼合金废料	
GB/T 27688—2011	铌及铌合金废料	
GB/T 29090—2012	电池废料的取样方法	
GB/T 29502—2013	硫铁矿烧渣	
GB/T 31980—2015	电解铜箔用再生铜线	
GB/T 34500.1—2017	稀土废渣、废水化学分析方法 第1部分：氟离子量的测定 离子选择电极法	

标　准　号	标　准　名　称	代替标准号
GB/T 34500.2—2017	稀土废渣、废水化学分析方法 第2部分：化学需氧量（COD）的测定	
GB/T 34500.3—2017	稀土废渣、废水化学分析方法 第3部分：弱放射性（α和β总活度）的测定	
GB/T 34500.4—2017	稀土废渣、废水化学分析方法 第4部分：铜、锌、铅、铬、镉、钡、钴、锰、镍、钛量的测定 电感耦合等离子体原子发射光谱法	
GB/T 34500.5—2017	稀土废渣、废水化学分析方法 第5部分：氨氮量的测定	
GB/T 34640.1—2017	变形铝及铝合金废料分类、回收与利用 第1部分：废料的分类	
GB/T 34640.2—2017	变形铝及铝合金废料分类、回收与利用 第2部分：废料的回收	
GB/T 34640.3—2017	变形铝及铝合金废料分类、回收与利用 第3部分：废料的利用	
YS/T 632—2007	黑铜	
YS/T 757—2011	铜米粒	
YS/T 765—2011	电子废弃物的运输安全规范	
YS/T 766—2011	电子废弃物的贮存安全规范	
YS/T 786—2012	赤泥粉煤灰耐火隔热砖	
YS/T 787—2012	赤泥中精选高铁砂技术规范	
YS/T 793—2012	电工用火法精炼再生铜线坯	
YS/T 810—2012	导电用再生铜条	
YS/T 813—2012	废杂黄铜化学成分分析取制样方法	
YS/T 840—2012	再生硅料分类和技术条件	
YS/T 862—2013	再生铸造铅黄铜型材	
YS/T 888—2013	废电线电缆分类	
YS/T 889—2013	粉末冶金用再生镍粉	
YS/T 890—2013	粉末冶金用再生钴粉	
YS/T 903.1—2013	铟废料化学分析方法 第1部分：铟量的测定 EDTA滴定法	
YS/T 903.2—2013	铟废料化学分析方法 第2部分：锡量的测定 碘量法	
YS/T 947—2013	有色金属选矿回收伴生钼精矿	
YS/T 948—2014	镓废料	
YS/T 949—2014	废旧有色金属术语定义	
YS/T 1046.1—2015	铜渣精矿化学分析方法 第1部分：铜量的测定 碘量法	
YS/T 1046.2—2015	铜渣精矿化学分析方法 第2部分：金量和银量的测定 原子吸收光谱法和火试金重量法	

标　准　号	标　准　名　称	代替标准号
YS/T 1046.3—2015	铜渣精矿化学分析方法 第3部分：硫量的测定 燃烧滴定法	
YS/T 1046.4—2015	铜渣精矿化学分析方法 第4部分：铁量的测定 重铬酸钾滴定法	
YS/T 1046.5—2015	铜渣精矿化学分析方法 第5部分：二氧化硅量的测定 氟硅酸钾滴定法	
YS/T 1046.6—2015	铜渣精矿化学分析方法 第6部分：三氧化二铝量的测定 电感耦合等离子体原子发射光谱法	
YS/T 1046.7—2015	铜渣精矿化学分析方法 第7部分：砷、锑、铋、铅、锌、氧化镁量的测定 电感耦合等离子体原子发射光谱法	
YS/T 1091—2015	铅膏	
YS/T 1092—2015	有色重金属冶炼渣回收的铁精粉	
YS/T 1093—2015	再生锌原料	
YS/T 1098—2016	全自动车床专用再生黄铜棒	
YS/T 1171.1—2017	再生锌原料化学分析方法 第1部分：锌量的测定 EDTA滴定法	
YS/T 1171.2—2017	再生锌原料化学分析方法 第2部分：铅量的测定 原子吸收光谱法和EDTA滴定法	
YS/T 1171.3—2017	再生锌原料化学分析方法 第3部分：铅、铁、铟的测定 电感耦合等离子体原子发射光谱法	
YS/T 1171.4—2017	再生锌原料化学分析方法 第4部分：氟量的测定 离子选择电极法	
YS/T 1171.5—2017	再生锌原料化学分析方法 第5部分：氟量和氯量的测定 离子色谱法	
YS/T 1171.6—2017	再生锌原料化学分析方法 第6部分：铁量的测定 Na_2EDTA滴定法	
YS/T 1171.7—2017	再生锌原料化学分析方法 第7部分：砷量的测定 原子荧光光谱法	
YS/T 1171.8—2017	再生锌原料化学分析方法 第8部分：汞量的测定 原子荧光光谱法和测汞仪法	
YS/T 1171.9—2017	再生锌原料化学分析方法 第9部分：镉量的测定 火焰原子吸收光谱法	
YS/T 1171.10—2017	再生锌原料化学分析方法 第10部分：氧化锌量的测定 醋酸浸取—EDTA滴定法	
YS/T 1172—2017	冶炼用铜废料取制样方法	
YS/T 1173—2017	冶炼用铜废料化学分析方法 烧失量的测定 称量法	

标　准　号	标　准　名　称	代替标准号
YS/T 1174—2017	废旧电池破碎分选回收技术规范	
YS/T 1175—2017	废旧铅酸蓄电池自动分选金属技术规范	
YS/T 1177—2017	铝渣	
YS/T 1178—2017	铝渣物相分析 X 射线衍射法	
YS/T 1179.1—2017	铝渣化学分析方法 第 1 部分：氟含量的测定 离子选择电极法	
YS/T 1179.2—2017	铝渣化学分析方法 第 2 部分：金属铝含量的测定 气体容量法	
YS/T 1179.3—2017	铝渣化学分析方法 第 3 部分：碳、氮含量的测定 元素分析仪法	
YS/T 1179.4—2017	铝渣化学分析方法 第 4 部分：硅、镁、钙含量的测定 电感耦合等离子体发射光谱法	
XB/T 612.1—2009	钕铁硼废料化学分析方法 稀土总量的测定 草酸盐重量法	
XB/T 612.2—2009	钕铁硼废料化学分析方法 15 个稀土元素氧化物配分量的测定 电感耦合等离子体 发射光谱法	
XB/T 612.3—2013	钕铁硼废料化学分析方法—钴、硼、铝、铜、钙、镁、铬、镍、锰、钛量的测定 电感耦合等离子体发射光谱法	
XB/T 620.1—2015	废弃稀土荧光粉化学分析方法 第 1 部分：稀土氧化物总量的测定	
XB/T 620.2—2015	废弃稀土荧光粉化学分析方法 第 2 部分：铅、镉、汞量的测定 电感耦合等离子体发射光谱法	
XB/T 620.3—2015	废弃稀土荧光粉化学分析方法 第 3 部分：氧化钇、氧化镧、氧化铈、氧化铕、氧化钆、氧化铽、氧化镝量的测定 电感耦合等离子体原子发射光谱法	
XB/T 802.1—2015	废旧稀土回收处理 第 1 部分：废旧显示器中稀土的回收技术要求	
XB/T 802.2—2015	废旧稀土回收处理 第 2 部分：废弃荧光灯中稀土的回收技术要求	

1.3　安全生产标准

标　准　号	标　准　名　称	代替标准号
GB 190—2008	危险货物包装标志	GB 190—1990

标　准　号	标　准　名　称	代替标准号
GB 2811—2007	安全帽	GB 2811—1989
GB/T 2893. 1—2013	图形符号 安全色和安全标志 第1部分：安全标志和安全标记的设计原则	GB/T 2893. 1—2004
GB/T 2893. 2—2008	图形符号 安全色和安全标志 第2部分：产品安全标签的设计原则	
GB/T 2893. 3—2010	图形符号 安全色和安全标志 第3部分：安全标志用图形符号设计原则	
GB/T 2893. 4—2013	图形符号 安全色和安全标志 第4部分：安全标志材料的色度属性和光度属性	
GB 2893—2008	安全色	
GB 2894—2008	安全标志及其使用导则	
GB/T 4200—2008	高温作业分级	
GB 4387—2008	工业企业厂内铁路、道路运输安全规程	
GB 5082—1985	起重吊运指挥信号	
GB 5083—1999	生产设备安全卫生设计总则	
GB 5768—1999	道路交通标志和标线	GB 5768—1986
GB 5768. 1—2009	道路交通标志和标线 第1部分：总则	
GB 5768. 2—2009	道路交通标志和标线 第2部分：道路交通标志	
GB 5768. 3—2009	道路交通标志和标线 第3部分：道路交通标线	
GB 5768. 4—2017	道路交通标志和标线 第4部分：作业区	
GB 5768. 5—2017	道路交通标志和标线 第5部分：限制速度	
GB 5768. 6—2017	道路交通标志和标线 第6部分：铁路道口	
GB/T 5817—2009	粉尘作业场所危害程度分级	
GB 5842—2006	液化石油气钢瓶	GB 5842—1996
GB/T 6067. 1—2010	起重机械安全规程 第1部分：总则	
GB/T 6067. 5—2014	起重机械安全规程 第5部分：桥式和门式起重机	
GB 6095—2009	安全带	
GB 6222—2005	工业企业煤气安全规程	
GB 6722—2014	爆破安全规程	
GB 6944—2012	危险货物分类和品名编号	GB 6944—2005
GB 7231—2003	工业管道的基本识别色、识别符号和安全标识	
GB/T 7694—2008	危险货物命名原则	GB/T 7694—1987
GB 8958—2006	缺氧危险作业安全规程	GB 8958—1988
GB 8959—2007	铸造防尘技术规程	
GB 9448—1999	焊接与切割安全	
GB/T 11651—2008	个体防护装备选用规范	GB/T 11651—1989

标　准　号	标　准　名　称	代替标准号
GB 11984—2008	氯气安全规程	GB 11984—1989
GB 12158—2006	防止静电事故通用导则	GB 12158—1990
GB 12265.3—1997	机械安全 避免人体各部位挤压的最小间距	
GB 12268—2012	危险货物品名表	GB 12268—2005
GB 12710—2008	焦化安全规程	
GB/T 12801—2008	生产过程安全卫生要求总则	
GB 13495.1—2015	消防安全标志 第1部分：标志	GB 13495—1992
GB 13746—2008	铅作业安全卫生规程	GB 13746—1992
GB/T 13861—2009	生产过程危险和有害因素分类与代码	GB/T 13861—1992
GB/T 13869—2017	用电安全导则	GB/T 13869—2008
GB 14161—2008	矿山安全标志	
GB/T 14441—2008	涂装作业安全规程 术语	
GB 14443—2007	涂装作业安全规程 涂层烘干室安全技术规定	
GB 14444—2006	涂装作业安全规程 喷漆室安全技术规定	
GB 14773—2007	涂装作业安全规程 静电喷枪及其辅助装置安全技术条件	
GB/T 14778—2008	安全色光通用规则	
GB 15052—2010	起重机 安全标志和危险图形符号 总则	
GB/T 15098—2008	危险货物运输包装类别划分方法	
GB/T 15236—2008	职业安全卫生术语	
GB/T 15259—2008	矿山安全术语	
GB 15577—2007	粉尘防爆安全规程	
GB 15600—2008	炭素生产安全卫生规程	
GB 15603—1995	常用化学危险品贮存通则	
GB/T 15604—2008	粉尘防爆术语	
GB 15607—2008	涂装作业安全规程 粉末静电喷涂工艺安全	GB 15607—1995
GB 15630—1995	消防安全标志设置要求	
GB 16423—2006	金属非金属矿山安全规程	
GB/T 16762—2009	一般用途钢丝绳吊索特性和技术条件	
GB/T 16856.1—2008	机械安全 风险评价 第1部分：原则	
GB/T 16856.2—2008	机械安全 风险评价 第2部分：实施指南和方法举例	
GB 17269—2003	铝镁粉加工粉尘防爆安全规程	
GB/T 17397—2012	铝电解生产防尘防毒技术规程	
GB/T 17398—2013	铅冶炼防尘防毒技术规程	
GB 17914—2013	易燃易爆性商品储存养护技术条件	GB 17914—1999
GB 17916—2013	毒害性商品储存养护技术条件	GB 17916—1999
GB/T 18152—2000	选矿安全规程	
GB 18218—2009	危险化学品重大危险源辨识	GB 18218—2000
GB 18452—2001	破碎设备 安全要求	

标 准 号	标 准 名 称	代替标准号
GB 18552—2001	车间空气中钽及其氧化物职业接触限值	
GB 18568—2001	加工中心 安全防护技术条件	
GB/T 18841—2002	职业安全卫生标准编写规则	
GB/T 19670—2005	机械安全 防止意外启动	
GB 19458—2004	危险货物危险特性检验安全规范 通则	
GB 20905—2007	铸造机械 安全要求	
GB 21146—2007	个体防护装备 职业鞋	
GB 21147—2007	个体防护装备 防护鞋	
GB 23821—2009	机械安全 防止上下肢触及危险区的安全距离	
GB 25517. 1—2010	矿山机械 安全标志 第1部分：通则	
GB 25517. 2—2010	矿山机械 安全标志 第2部分：危险图示符号	
GB 25518—2010	地下铲运机 安全要求	
GB/T 26443—2010	安全色和安全标志 安全标志的分类、性能和耐久性	
GB 26488—2011	镁合金压铸安全生产规范	
GB/T 28001—2011	职业健康安全管理体系 要求	GB/T 28001—2001
GB/T 28002—2011	职业健康安全管理体系 实施指南	GB/T 28002—2002
GB/T 29053—2012	防尘防毒基本术语	
GB/T 29510—2013	个体防护装备配备基本要求	
GB/T 29519—2013	铅冶炼安全生产规范	
GB/T 29520—2013	铜冶炼安全生产规范	
GB/T 29521—2013	钨矿山地下开采安全生产规范	
GB/T 29522—2013	锌冶炼安全生产规范（火法）	
GB/T 29523—2013	锌冶炼安全生产规范（湿法）	
GB/T 29524—2013	冶炼烟气制酸安全生产规范	
GB 29741—2013	铝电解安全生产规范	
GB 29742—2013	镁及镁合金冶炼安全生产规范	
GB/T 30017—2013	铜加工企业安全生产综合应急预案	
GB 30039—2013	碳化钨粉安全生产规程	
GB 30078—2013	变形铝及铝合金铸锭安全生产规范	
GB 30079. 1—2013	铝及铝合金板、带、箔安全生产规范 第1部分：铸轧	
GB 30079. 2—2013	铝及铝合金板、带、箔安全生产规范 第2部分：热轧	
GB 30079. 3—2013	铝及铝合金板、带、箔安全生产规范 第3部分：冷轧	
GB 30080—2013	铜及铜合金熔铸安全生产规范	
GB/T 30081—2013	反射炉精炼安全生产规范	
GB 30186—2013	氧化铝安全生产规范	

标　准　号	标　准　名　称	代替标准号
GB 30187—2013	铜及铜合金熔铸安全设计规范	
GB 30756—2014	镍冶炼安全生产规范	
GB 30871—2014	化学品生产单位特殊作业安全规范	
GB 32166.1—2016	个体防护装备 眼面部防护 职业眼面部防护具 第1部分：要求	
GB/T 32166.2—2015	个体防护装备 眼面部防护 职业眼面部防护具 第2部分：测量方法	
GB/T 33000—2016	企业安全生产标准化基本规范	
GB/T 35076—2018	机械安全 生产设备安全通则	
YS/T 765—2011	电子废弃物的运输安全规范	
YS/T 766—2011	电子废弃物的贮存安全规范	
YS/T 769.1—2011	铝及铝合金管、棒、型材安全生产规范 第1部分：挤压、轧制与拉伸	
YS/T 769.2—2011	铝及铝合金管、棒、型材安全生产规范 第2部分：阳极氧化与电泳涂漆	
YS/T 769.3—2011	铝及铝合金管、棒、型材安全生产规范 第3部分：静电喷涂	
YS/T 769.4—2011	铝及铝合金管、棒、型材安全生产规范 第4部分：隔热型材的生产	
YS/T 924—2013	亲水铝箔安全生产规范	
YS/T 1016—2014	铝及铝合金线坯及线材安全生产规范	
YS/T 1094—2015	铝用预焙阳极安全生产规范	
YS/T 1095—2015	铝用阴极炭块安全生产规范	
YS/T 1181—2016	海绵钛安全生产规范	
YS/T 1184—2017	原铝液贮运安全技术规范	
YS/T 1185—2017	工业硅安全生产规范	
XB/T 904—2016	离子型稀土矿原地浸出开采安全生产规范	
AQ 2028—2010	矿山在用斜井人车安全性能检验规范	
AQ 2030—2010	尾矿库安全监测技术规范	
AQ 2034—2011	金属非金属地下矿山压风自救系统建设规范	
AQ 2035—2011	金属非金属地下矿山供水施救系统建设规范	
AQ 3014—2008	液氯使用安全技术要求	
AQ/T 4212—2011	氧化铝厂防尘防毒技术规程	
AQ/T 4218—2012	铝加工厂防尘防毒技术规程	
AQ/T 9002—2006	生产经营单位安全生产事故应急预案编制导则	
JB/T 7333—2013	手动起重用夹钳	JB/T 7333—1994
JB/T 9008.1—2014	钢丝绳电动葫芦 第1部分：型式与基本参数、技术条件	JB/T 9008.1—2004
SY 6186—2007	石油天然气管道安全规程	

1.4 金属平衡管理规范

标 准 号	标 准 名 称	代替标准号
YS/T 441.1—2014	有色金属平衡管理规范 铜选矿冶炼部分	YS/T 441.1—2001
YS/T 441.2—2014	有色金属平衡管理规范 铅选矿冶炼部分	YS/T 441.2—2001
YS/T 441.3—2014	有色金属平衡管理规范 锌选矿冶炼部分	YS/T 441.3—2001
YS/T 441.4—2014	有色金属平衡管理规范 锡选矿冶炼部分	YS/T 441.4—2001
YS/T 441.5—2014	有色金属平衡管理规范 金、银冶炼部分	YS/T 441.5—2001
YS/T 442—2001	有色金属工业测量设备 A、B、C 分类管理规范	
YS/T 443—2001	铜加工企业检验、测量和试验设备导则	
YS/T 444—2001	铝加工企业检验、测量和试验设备配备规范	
YS/T 683—2008	压力（差压）变送器现场校准规范	
YS/T 684—2008	热工数字显示仪现场校准规范	

1.5 加工贸易单耗标准

标 准 号	标 准 名 称	代替标准号
HDB/YS 001—2018	阴极铜（电解铜）加工贸易单耗标准	HDB/YS 001—2000
HDB/YS 002—2000	铝锭加工贸易单耗标准	
HDB/YS 003—2000	工业纯钛及钛合金（Ti-6Al-4V）铸锭加工贸易单耗标准	
HDB/YS 004—2001	铅锭加工贸易单耗标准	
HDB/YS 005—2001	锌锭加工贸易单耗标准	
HDB/YS 006—2000	铜及铜合金板带加工贸易单耗标准	
HDB/YS 007—2005	铝材加工贸易单耗标准	
HDB/YS 008—2005	锡锭加工贸易单耗标准	
HDB/YS 009—2005	工业纯钛及钛合金（Ti-6Al-4V）棒材加工贸易单耗标准	
HDB/YS 010—2016	精炼铜管材加工贸易单耗标准	HDB/YS 010—2008
HDB/YS 011—2009	电池用泡沫镍加工贸易单耗标准	
HDB/YS 012—2012	钽管加工贸易单耗标准	
HDB/YS 013—2012	氯化亚锡加工贸易单耗标准	
HDB/YS 014—2012	硫酸亚锡加工贸易单耗标准	
HDB/YS 015—2012	金属钴（未锻轧钴）加工贸易单耗标准	
HDB/YS 016—2012	青铜带加工贸易单耗标准	
HDB/YS 017—2013	工业纯钛及 Ti-6Al-4V 钛合金棒材加工贸易单耗标准	

标　准　号	标　准　名　称	代替标准号
HDB/YS 018—2013	钽丝加工贸易单耗标准	
HDB/YS 020—2015	四氧化三钴加工贸易单耗标准	
HDB/YS 021—2015	碳酸钴加工贸易单耗标准	
HDB/YS 022—2016	热镀镀锡圆铜线加工贸易单耗标准	
HDB/YS 023—2016	草酸钴加工贸易单耗标准	

1.6　冶金机械标准

标　准　号	标　准　名　称	代替标准号
GB/T 5183—2005	叉车 货叉 尺寸	
GB/T 6104—2005	机动工业车辆 术语	
GB 10055—2007	施工升降机安全规程	GB 10055—1996
GB/T 10587—2006	盐雾试验箱技术条件	
GB/T 10592—2008	高低温试验箱技术条件	
GB/T 10598.1—2005	露天矿用牙轮钻机和旋转钻机	
GB/T 10598.2—2017	露天矿用牙轮钻机和旋转钻机 第2部分：工业试验方法	
GB/T 12761—2010	天井钻机	GB/T 12761—1991
GB/T 13343—2008	矿用三牙轮钻头	GB/T 13343—1992
GB/T 13344—2010	潜孔冲击器和潜孔钻头	GB/T 13344—1992
GB/T 13345—1992	轧机油膜轴承通用技术条件	
YS/T 2—1991	VAD/VOD型25t炉外精炼设备技术条件	
YS/T 4—1991	地行式气动打壳机	
YS/T 5—2009	双辊式铝带连续铸轧机	YS/T 5—1991
YS/T 6—1991	转台式振动成型机技术条件	
YS/T 7—2008	铝电解多功能机组	YS/T 7—1991
YS/T 8—1991	铝锭液压式半连续铸造机	
YS/T 9—2008	阳极炭块堆垛机组	YS/T 9—1991
YS/T 10—2008	阳极熔烧炉用多功能机组	YS/T 10—1991
YS/T 16—1991	单轴连续混捏机	
YS/T 17—1991	回转式铜精炼炉技术条件	
YS/T 18—1991	铜阳极板圆盘铸锭机技术条件	
YS/T 19—1991	铜阳极板自动定量浇注设备技术条件	
YS/T 21—1991	铝电解槽阳极升降机构技术条件	
YS/T 314—1994	钻石100A-D型坑内钻机	
YS/T 315—1994	钻石100A-F型坑内钻机	
YS/T 460—2003	高气压环形潜孔钻机	
YS/T 497—2005	有色金属工业计量及自动化设备服务核算规范	

标 准 号	标 准 名 称	代替标准号
YS/T 616—2006	陶瓷过滤机	
YS/T 685—2009	铝及铝合金液态测氢仪	
YS/T 737—2010	铝电解槽系列不停电停、开槽装置	
YS/T 764—2011	铝用炭素材料热膨胀系数测定装置	
YS/T 778—2011	真空脱脂烧结炉	
YS/T 878—2013	烧结用连续带式还原炉	
YS/T 963—2014	煅后石油焦粉末电阻率测定仪	
YS/T 964—2014	铝用炭块空气反应性测定仪	
YS/T 965—2014	铝用预焙阳极二氧化碳反应性测定仪	
YS/T 1106—2016	铝用炭块试样加工装置技术条件	
YS/T 1126—2016	电阻式超高温真空炉	
YS/T 1031—2015	化学气相沉积炉	

2 轻金属标准

2.1 基础标准

标 准 号	标 准 名 称	代替标准号
GB/T 3190—2008	变形铝及铝合金化学成分	GB/T 3190—1996
GB/T 3199—2007	铝及铝合金加工产品 包装、标志、运输、贮存	GB/T 3199—1996
GB/T 5153—2016	变形镁及镁合金牌号和化学成分	GB/T 5153—2003
GB/T 8005.1—2008	铝及铝合金术语 第1部分：产品及加工处理工艺	GB/T 8005—1987
GB/T 8005.2—2011	铝及铝合金术语 第2部分：化学分析	
GB/T 8005.3—2008	铝及铝合金术语 第3部分：表面处理	GB/T 11109—1989
GB/T 8013.1—2018	铝及铝合金阳极氧化膜与有机聚合物膜 第1部分：阳极氧化膜	GB/T 8013.1—2007
GB/T 8013.2—2018	铝及铝合金阳极氧化膜与有机聚合物膜 第2部分：阳极氧化复合膜	GB/T 8013.2—2007
GB/T 8013.3—2018	铝及铝合金阳极氧化膜与有机聚合物膜 第3部分：有机聚合物喷涂膜	GB/T 8013.3—2007
GB/T 16474—2011	变形铝及铝合金牌号表示方法	GB/T 16474—1996
GB/T 16475—2008	变形铝及铝合金状态代号	GB/T 16475—1996
GB/T 23612—2017	铝合金建筑型材阳极氧化与阳极氧化电泳涂漆工艺技术规范	GB/T 23612—2009
GB/T 26296—2010	铝及铝合金阳极氧化膜和有机聚合物涂层缺陷	
GB/T 26492.1—2011	变形铝及铝合金铸锭及加工产品缺陷 第1部分：铸锭缺陷	
GB/T 26492.2—2011	变形铝及铝合金铸锭及加工产品缺陷 第2部分：铸轧带材缺陷	
GB/T 26492.3—2011	变形铝及铝合金铸锭及加工产品缺陷 第3部分：板、带缺陷	
GB/T 26492.4—2011	变形铝及铝合金铸锭及加工产品缺陷 第4部分：铝箔缺陷	
GB/T 26492.5—2011	变形铝及铝合金铸锭及加工产品缺陷 第5部分：管材、棒材、型材、线材缺陷	

标 准 号	标 准 名 称	代替标准号
GB/T 27675—2011	铝及铝合金复合板、带、箔材牌号表示方法	
GB/T 29092—2012	镁及镁合金压铸缺陷术语	
GB/T 32792—2016	镁合金产品包装、标志、运输、贮存	
GB/T 34492—2017	500kA 铝电解槽技术规范	
GB/T 36159—2018	建筑用铝及铝合金表面阳极氧化膜及有机聚合物膜层、性能、检测方法的选择	
YS/T 436—2000	铝合金建筑型材图样图册	
YS/T 437—2018	铝型材截面几何参数算法及计算机程序要求	YS/T 437—2009
YS/T 591—2017	变形铝及铝合金热处理	YS/T 591—2006
YS/T 601—2012	铝熔体在线除气净化工艺规范	
YS/T 619—2007	化学品氧化铝分类命名方法	
YS/T 701—2009	铝用炭素材料及其制品的包装、标志、运输、贮存	
YS/T 714—2009	铝合金建筑型材有机聚合物喷涂工艺技术规范	
YS/T 732—2010	一般工业用铝及铝合金挤压型材截面图册	
YS/T 771—2011	铝型材热挤压模具的使用、维护与管理	
YS/T 844—2017	铝合金建筑用隔热型材复合技术规范	YS/T 844—2012
YS/T 873—2013	铝合金抛光膜层规范	
YS/T 876—2013	铝合金挤压在线固溶热处理规范	
YS/T 975—2014	铝土矿石均匀化技术规范	
YS/T 1034—2015	氧化铝生产过程草酸钠脱除技术规范	
YS/T 1189—2017	铝及铝合金无铬化学预处理膜	

2.2 理化分析方法标准

2.2.1 铝、镁

标 准 号	标 准 名 称	代替标准号
GB/T 3246.1—2012	变形铝及铝合金制品组织检验方法 第 1 部分：显微组织检验方法	GB/T 3246.1—2002
GB/T 3246.2—2012	变形铝及铝合金制品组织检验方法 第 2 部分：低倍组织检验方法	GB/T 3246.2—2002
GB/T 3250—2017	铝及铝合金铆钉用线材和棒材剪切与铆接试验方法	GB/T 3250—2007
GB/T 3251—2006	铝及铝合金管材压缩试验方法	GB/T 3251—1982
GB/T 4296—2004	变形镁合金显微组织检验方法	GB/T 4296—1984
GB/T 4297—2004	变形镁合金低倍组织检验方法	GB/T 4297—1984

标 准 号	标 准 名 称	代替标准号
GB/T 5125—2008	有色金属冲杯试验方法	GB/T 5125—1985
GB/T 5126—2013	铝及铝合金冷拉薄壁管材涡流探伤方法	GB/T 5126—2001
GB/T 6519—2013	变形铝、镁合金产品超声波检验方法	GB/T 6519—2000
GB/T 7998—2005	铝合金晶间腐蚀测定方法	GB/T 7998—1987
GB/T 7999—2007	铝及铝合金光电直读发射光谱分析方法	GB/T 7999—2000
GB/T 8014.1—2005	铝及铝合金阳极氧化 氧化膜厚度的测量方法 第1部分：测量原则	GB/T 8014—1987
GB/T 8014.2—2005	铝及铝合金阳极氧化 氧化膜厚度的测量方法 第2部分：质量损失法	GB/T 8015.1—1987
GB/T 8014.3—2005	铝及铝合金阳极氧化 氧化膜厚度的测量方法 第3部分：分光束显微镜法	GB/T 8015.2—1987
GB/T 8752—2006	铝及铝合金阳极氧化 薄阳极氧化膜连续性检验方法 硫酸铜法	GB/T 8752—1988
GB/T 8753.1—2017	铝及铝合金阳极氧化 氧化膜封孔质量的评定方法 第1部分：酸浸蚀失重法	GB/T 8753.1—2005、GB/T 8753.2—2005
GB/T 8753.3—2005	铝及铝合金阳极氧化 氧化膜封孔质量的评定方法 第3部分：导纳法	GB/T 11110—1989
GB/T 8753.4—2005	铝及铝合金阳极氧化 氧化膜封孔质量的评定方法 第4部分：酸处理后的染色斑点法	GB/T 8753—1988
GB/T 8754—2006	铝及铝合金阳极氧化 阳极氧化膜绝缘性的测定 击穿电位法	GB/T 8754—1988
GB/T 12966—2008	铝合金电导率涡流测试方法	GB/T 12966—1991
GB/T 12967.1—2008	铝及铝合金阳极氧化膜检测方法 第1部分：用喷磨试验仪测定阳极氧化膜的平均耐磨性	GB/T 12967.1—1991
GB/T 12967.2—2008	铝及铝合金阳极氧化膜检测方法 第2部分：用轮式磨损试验仪测定阳极氧化膜的耐磨性和耐磨系数	GB/T 12967.2—1991
GB/T 12967.3—2008	铝及铝合金阳极氧化膜检测方法 第3部分：铜加速乙酸盐雾试验（CASS试验）	GB/T 12967.3—1991
GB/T 12967.4—2014	铝及铝合金阳极氧化膜检测方法 第4部分：着色阳极氧化膜耐紫外光性能的测定	GB/T 12967.4—1991
GB/T 12967.5—2013	铝及铝合金阳极氧化膜检测方法 第5部分：用变形法评定阳极氧化膜的抗破裂性	GB/T 12967.5—1991
GB/T 12967.6—2008	铝及铝合金阳极氧化膜检测方法 第6部分：目视观察法检验着色阳极氧化膜色差和外观质量	GB/T 14952.3—1994
GB/T 12967.7—2010	铝及铝合金阳极氧化膜检测方法 第7部分：用落砂试验仪测定阳极氧化膜的耐磨性	
GB/T 13748.1—2013	镁及镁合金化学分析方法 第1部分：铝含量的测定	GB/T 13748.1—2005

标 准 号	标 准 名 称	代替标准号
GB/T 13748.2—2005	镁及镁合金化学分析方法 第2部分：锡含量的测定 邻苯二酚紫分光光度法	
GB/T 13748.3—2005	镁及镁合金化学分析方法 第3部分：锂含量的测定 火焰原子吸收光谱法	
GB/T 13748.4—2013	镁及镁合金化学分析方法 第4部分：锰含量的测定 高碘酸盐分光光度法	GB/T 13748.4—2005
GB/T 13748.5—2005	镁及镁合金化学分析方法 第5部分：钇含量的测定 电感耦合等离子体原子发射光谱法	
GB/T 13748.6—2005	镁及镁合金化学分析方法 第6部分：银含量的测定 火焰原子吸收光谱法	
GB/T 13748.7—2013	镁及镁合金化学分析方法 第7部分：锆含量的测定	GB/T 13748.7—2005
GB/T 13748.8—2013	镁及镁合金化学分析方法 第8部分：稀土含量的测定 重量法	GB/T 13748.8—2005
GB/T 13748.9—2013	镁及镁合金化学分析方法 第9部分：铁含量的测定 邻二氮杂菲分光光度法	GB/T 13748.9—2005
GB/T 13748.10—2013	镁及镁合金化学分析方法 第10部分：硅含量的测定 钼蓝分光光度法	GB/T 13748.10—2005
GB/T 13748.11—2005	镁及镁合金化学分析方法 第11部分：铍含量的测定 依莱铬氰蓝R分光光度法	GB/T 13748.7—1992
GB/T 13748.12—2013	镁及镁合金化学分析方法 第12部分：铜含量的测定	GB/T 13748.12—2005
GB/T 13748.13—2005	镁及镁合金化学分析方法 第13部分：铅含量的测定 火焰原子吸收光谱法	
GB/T 13748.14—2013	镁及镁合金化学分析方法 第14部分：镍含量的测定 丁二酮肟分光光度法	GB/T 13748.14—2005
GB/T 13748.15—2013	镁及镁合金化学分析方法 第15部分：锌含量的测定	GB/T 13748.15—2005
GB/T 13748.16—2005	镁及镁合金化学分析方法 第16部分：钙含量的测定 火焰原子吸收光谱法	
GB/T 13748.17—2005	镁及镁合金化学分析方法 第17部分：钾含量和钠含量的测定 火焰原子吸收光谱法	
GB/T 13748.18—2005	镁及镁合金化学分析方法 第18部分：氯含量的测定 氯化银浊度法	GB/T 4374.5—1984
GB/T 13748.19—2005	镁及镁合金化学分析方法 第19部分：钛含量的测定 二安替比啉甲烷分光光度法	
GB/T 13748.20—2009	镁及镁合金化学分析方法 第20部分：ICP-AES测定元素含量	
GB/T 13748.21—2009	镁及镁合金化学分析方法 第21部分：光电直读原子发射光谱分析方法测定元素含量	

标　准　号	标　准　名　称	代替标准号
GB/T 13748.22—2013	镁及镁合金化学分析方法 第22部分：钍含量测定	
GB/T 16865—2013	变形铝、镁及其合金加工制品拉伸试验用试样及方法	GB/T 16865—2013
GB/T 17432—2012	变形铝及铝合金化学成分分析取样方法	GB/T 17432—1998
GB/T 20503—2006	铝及铝合金阳极氧化 阳极氧化膜镜面反射率和镜面光泽度的测定 20°、45°、60°、85°角度方向	GB/T 20503—2006
GB/T 20504—2006	铝及铝合金阳极氧化 阳极氧化膜影像清晰度的测定 条标法	GB/T 20504—2006
GB/T 20505—2006	铝及铝合金阳极氧化 阳极氧化膜表面反射特性的测定 积分球法	GB/T 20505—2006
GB/T 20506—2006	铝及铝合金阳极氧化 阳极氧化膜表面反射特性的测定 遮光角度仪或角度仪法	GB/T 20506—2006
GB/T 20975.1—2018	铝及铝合金化学分析方法 第1部分：汞含量的测定	GB/T 20975.1—2007
GB/T 20975.2—2018	铝及铝合金化学分析方法 第2部分：砷含量的测定	GB/T 20975.2—2007
GB/T 20975.3—2008	铝及铝合金化学分析方法 第3部分：铜含量的测定	GB/T 6987.3—2001、GB/T 6987.29—2001
GB/T 20975.4—2008	铝及铝合金化学分析方法 铁含量的测定 邻二氮杂菲分光光度法	GB/T 6987.4—2001
GB/T 20975.5—2008	铝及铝合金化学分析方法 第5部分：硅含量的测定	GB/T 6987.5—2001、GB/T 6987.6—2001
GB/T 20975.6—2008	铝及铝合金化学分析方法 第6部分：镉含量的测定 火焰原子吸收光谱法	GB/T 6987.25—2001
GB/T 20975.7—2008	铝及铝合金化学分析方法 第7部分：锰含量的测定 高碘酸钾分光光度法	GB/T 6987.7—2001
GB/T 20975.8—2008	铝及铝合金化学分析方法 第8部分：锌含量的测定 火焰原子吸收光谱法、EDTA滴定法	GB/T 6987.8—2001、GB/T 6987.9—2001
GB/T 20975.9—2008	铝及铝合金化学分析方法 第9部分：锂含量的测定 火焰原子吸收光谱法	GB/T 6987.26—2001
GB/T 20975.10—2008	铝及铝合金化学分析方法 第10部分：锡含量的测定	GB/T 6987.10—2001
GB/T 20975.11—2018	铝及铝合金化学分析方法 第11部分：铅含量的测定	GB/T 20975.11—2008
GB/T 20975.12—2008	铝及铝合金化学分析方法 第12部分：钛含量的测定	GB/T 6987.12—2001、GB/T 6987.31—2001
GB/T 20975.13—2008	铝及铝合金化学分析方法 第13部分：钒含量的测定 苯甲酰苯胺分光光度法	GB/T 6987.13—2001

标 准 号	标 准 名 称	代替标准号
GB/T 20975.14—2008	铝及铝合金化学分析方法 第14部分：镍含量的测定	GB/T 6987.14—2001、GB/T 6987.15—2001
GB/T 20975.15—2008	铝及铝合金化学分析方法 第15部分：硼含量的测定	GB/T 6987.27—2001
GB/T 20975.16—2008	铝及铝合金化学分析方法 第16部分：镁含量的测定	GB/T 6987.16—2001、GB/T 6987.17—2001
GB/T 20975.17—2008	铝及铝合金化学分析方法 第17部分：锶含量的测定 火焰原子吸收光谱法	GB/T 6987.28—2001
GB/T 20975.18—2008	铝及铝合金化学分析方法 第18部分：铬含量的测定	GB/T 6987.18—2001、GB/T 6987.30—2001
GB/T 20975.19—2008	铝及铝合金化学分析方法 第19部分：锆含量的测定	GB/T 6987.19—2001
GB/T 20975.20—2008	铝及铝合金化学分析方法 第20部分：镓含量的测定 丁基罗丹明B分光光度法	GB/T 6987.20—2001
GB/T 20975.21—2008	铝及铝合金化学分析方法 第21部分：钙含量的测定 火焰原子吸收光谱法	GB/T 6987.21—2001
GB/T 20975.22—2008	铝及铝合金化学分析方法 第22部分：铍含量的测定 依莱铬氰兰R分光光度法	GB/T 6987.22—2001
GB/T 20975.23—2008	铝及铝合金化学分析方法 第23部分：锑含量的测定 碘化钾分光光度法	GB/T 6987.23—2001
GB/T 20975.24—2008	铝及铝合金化学分析方法 第24部分：稀土总含量的测定	GB/T 6987.24—2001、GB/T 6987.32—2001
GB/T 20975.25—2008	铝及铝合金化学分析方法 第25部分：电感耦合等离子体原子发射光谱法	
GB/T 20975.26—2013	铝及铝合金化学分析方法 第26部分：碳含量的测定 红外吸收法	
GB/T 20975.27—2018	铝及铝合金化学分析方法 第27部分：铈、镧、钪含量的测定 电感耦合等离子体原子发射光谱法	
GB/T 22638.1—2016	铝箔试验方法 第1部分：厚度的测定	GB/T 22638.1—2008
GB/T 22638.2—2016	铝箔试验方法 第2部分：针孔的检测	GB/T 22638.2—2008
GB/T 22638.3—2016	铝箔试验方法 第3部分：粘附性的检测	GB/T 22638.3—2008
GB/T 22638.4—2016	铝箔试验方法 第4部分：表面润湿张力的测定	GB/T 22638.4—2008
GB/T 22638.5—2016	铝箔试验方法 第5部分：润湿性的检测	GB/T 22638.5—2008
GB/T 22638.6—2016	铝箔试验方法 第6部分：直流电阻的测定	GB/T 22638.6—2008
GB/T 22638.7—2016	铝箔试验方法 第7部分：热封强度的测定	GB/T 22638.7—2008
GB/T 22638.8—2016	铝箔试验方法 第8部分：立方面织构含量的测定	
GB/T 22638.9—2016	铝箔试验方法 第9部分：亲水性的检测	GB/T 22638.9—2008

标 准 号	标 准 名 称	代替标准号
GB/T 22638.10—2016	铝箔试验方法 第10部分：涂层表面密度的测定	GB/T 22638.10—2008
GB/T 22639—2008	铝合金加工产品的剥落腐蚀试验方法	
GB/T 22640—2008	铝合金加工产品的环形试样应力腐蚀试验方法	
GB/T 23600—2009	镁合金铸件X射线实时成像检测方法	
GB/T 24488—2009	镁合金牺牲阳极电化学性能测试方法	
GB/T 26284—2010	变形镁合金熔剂、氧化夹杂试验方法	
GB/T 26491—2011	5×××系铝合金晶间腐蚀试验方法质量损失法	
GB/T 28289—2012	铝合金隔热型材复合性能试验方法	
GB/T 32186—2015	铝及铝合金铸锭纯净度检验方法	
GB/T 32790—2016	铝及铝合金挤压焊缝焊合性能检验方法	
GB/T 33883—2017	7×××系铝合金应力腐蚀试验 沸腾氯化钠溶液法	
GB/T 33908—2017	铝电解质初晶温度测定技术规范	
GB/T 34487—2017	结构件用铝合金产品剪切试验方法	
GB/T 34482—2017	建筑用铝合金隔热型材传热系数测定方法	
YS/T 244.1—2008	高纯铝化学分析方法 第1部分：邻二氮杂菲-硫氰酸盐光度法测定铁含量	YS/T 244.1—1994
YS/T 244.2—2008	高纯铝化学分析方法 第2部分：钼蓝萃取光度法测定硅含量	YS/T 244.2—1994
YS/T 244.3—2008	高纯铝化学分析方法 第3部分：二安替吡啉甲烷-硫氰酸盐光度法测定钛含量	YS/T 244.3—1994
YS/T 244.4—2008	高纯铝化学分析方法 第4部分：丁基罗丹明B光度法测定镓含量	YS/T 244.4—1994
YS/T 244.5—2008	高纯铝化学分析方法 第5部分：阳极溶出伏安法测定铜、锌和铅含量	YS/T 244.5—1994
YS/T 244.6—2008	高纯铝化学分析方法 第6部分：催化锰-过硫酸反应体系法测定银含量	
YS/T 244.7—2008	高纯铝化学分析方法 第7部分：二硫腙萃取光度法测定镉含量	
YS/T 244.8—2008	高纯铝化学分析方法 第8部分：结晶紫萃取光度法测定铟含量	
YS/T 244.9—2008	高纯铝化学分析方法 第9部分：电感耦合等离子体质谱法测定杂质含量	
YS/T 419—2000	铝及铝合金杯突试验方法	
YS/T 420—2000	铝合金韦氏硬度试验方法	
YS/T 600—2009	铝及铝合金液态测氢方法 闭路循环法	
YS/T 617.1—2007	铝、镁及其合金粉理化性能测定方法 第1部分：活性铝、活性镁、活性铝镁量的测定 气体容量法	

标 准 号	标 准 名 称	代替标准号
YS/T 617.2—2007	铝、镁及其合金粉理化性能测定方法 第2部分：铝镁合金粉中铝含量的测定 氟化物置换络合滴定法	
YS/T 617.3—2007	铝、镁及其合金粉理化性能测定方法 第3部分：水分的测定 干燥失重法	
YS/T 617.4—2007	铝、镁及其合金粉理化性能测定方法 第4部分：镁粉中盐酸不溶物量的测定 重量法	
YS/T 617.5—2007	铝、镁及其合金粉理化性能测定方法 第5部分：铝粉中油脂含量的测定	
YS/T 617.6—2007	铝、镁及其合金粉理化性能测定方法 第6部分：粒度分布的测定 筛分法	
YS/T 617.7—2007	铝、镁及其合金粉理化性能测定方法 第7部分：粒度分布的测定 激光散射/衍射法	
YS/T 617.8—2007	铝、镁及其合金粉理化性能测定方法 第8部分：松装密度的测定	
YS/T 617.9—2007	铝、镁及其合金粉理化性能测定方法 第9部分：铝粉附着率的测定	
YS/T 617.10—2007	铝、镁及其合金粉理化性能测定方法 第10部分：铝粉盖水面积的测定	
YS/T 799—2012	铝板带箔表面清洁度试验方法	
YS/T 805—2012	铝及铝合金中稀土分析方法 化学分析方法测定稀土含量	
YS/T 806—2012	铝及铝合金中稀土分析方法 X-射线荧光光谱法测定镧、铈、镨、钕、钐含量	
YS/T 807.1—2012	铝中间合金化学分析方法 第1部分：铁含量的测定 重铬酸钾滴定法	
YS/T 807.2—2012	铝中间合金化学分析方法 第2部分：锰含量的测定 高碘酸钾分光光度法	
YS/T 807.3—2012	铝中间合金化学分析方法 第3部分：镍含量的测定 EDTA滴定法	
YS/T 807.4—2012	铝中间合金化学分析方法 第4部分：铬含量的测定 过硫酸铵氧化-硫酸亚铁铵滴定法	
YS/T 807.5—2012	铝中间合金化学分析方法 第5部分：锆含量的测定 EDTA滴定法	
YS/T 807.6—2012	铝中间合金化学分析方法 第6部分：硼含量的测定 离子选择电极法	
YS/T 807.7—2012	铝中间合金化学分析方法 第7部分：铍含量的测定 依莱铬氰兰R分光光度法	
YS/T 807.8—2012	铝中间合金化学分析方法 第8部分：锑含量的测定 碘化钾分光光度法	

标　准　号	标　准　名　称	代替标准号
YS/T 807.9—2012	铝中间合金化学分析方法 第9部分：铋含量的测定 碘化钾分光光度法	
YS/T 807.10—2012	铝中间合金化学分析方法 第10部分：钾含量的测定 火焰原子吸收光谱法	
YS/T 807.11—2012	铝中间合金化学分析方法 第11部分：钠含量的测定 火焰原子吸收光谱法	
YS/T 807.12—2012	铝中间合金化学分析方法 第12部分：铜含量的测定 硫代硫酸钠滴定法	
YS/T 807.13—2012	铝中间合金化学分析方法 第13部分：钒含量的测定 硫酸亚铁铵滴定法	
YS/T 807.14—2012	铝中间合金化学分析方法 第14部分：锶含量的测定 EDTA滴定法	
YS/T 870—2013	高纯铝化学分析方法 痕量杂质元素的测定 电感耦合等离子体质谱法	
YS/T 871—2013	高纯铝化学分析方法 痕量杂质元素的测定 辉光放电质谱法	
YS/T 874—2013	水浸变形铝合金圆铸锭超声波检验方法	
YS/T 1002—2014	铝电解阳极效应系数和效应持续时间的计算方法	
YS/T 1036—2015	镁稀土合金光电直读发射光谱分析方法	
YS/T 1187—2017	铝及铝合金薄壁管材超声检测方法	
YS/T 1188—2017	变形铝合金铸锭超声检测方法	

2.2.2 氧化铝、氢氧化铝

标　准　号	标　准　名　称	代替标准号
GB/T 6609.1—2018	氧化铝化学分析方法和物理性能测定方法 第1部分：微量元素含量的测定 电感耦合等离子体原子发射光谱法	
GB/T 6609.2—2009	氧化铝化学分析方法和物理性能测定方法 第2部分：300℃和1000℃质量损失的测定	GB/T 6609.1—2004、GB/T 6609.2—2004
GB/T 6609.3—2004	氧化铝化学分析方法和物理性能测定方法 钼蓝光度法测定二氧化硅含量	GB/T 6609.3—1986
GB/T 6609.4—2004	氧化铝化学分析方法和物理性能测定方法 邻二氮杂菲光度法测定三氧化二铁含量	GB/T 6609.4—1986
GB/T 6609.5—2004	氧化铝化学分析方法和物理性能测定方法 氧化钠含量的测定	GB/T 6609.5—1986
GB/T 6609.6—2018	氧化铝化学分析方法和物理性能测定方法 第6部分：氧化钾含量的测定	GB/T 6609.6—2004

标　准　号	标　准　名　称	代替标准号
GB/T 6609.7—2004	氧化铝化学分析方法和物理性能测定方法 二安替吡啉甲烷光度法测定二氧化钛含量	GB/T 6609.7—1986
GB/T 6609.8—2004	氧化铝化学分析方法和物理性能测定方法 二苯基碳酰二肼光度法测定三氧化二铬含量	GB/T 6609.8—1986
GB/T 6609.9—2004	氧化铝化学分析方法和物理性能测定方法 新亚铜灵光度法测定氧化铜含量	GB/T 6609.9—1986
GB/T 6609.10—2004	氧化铝化学分析方法和物理性能测定方法 苯甲酰苯基羟胺萃取光度法测定五氧化二钒含量	GB/T 6609.10—1986
GB/T 6609.11—2004	氧化铝化学分析方法和物理性能测定方法 火焰原子吸收光谱法测定一氧化锰含量	GB/T 6609.11—1986
GB/T 6609.12—2018	氧化铝化学分析方法和物理性能测定方法 第12部分：氧化锌含量的测定 火焰原子吸收光谱法	GB/T 6609.12—2004
GB/T 6609.13—2004	氧化铝化学分析方法和物理性能测定方法 火焰原子吸收光谱法测定氧化钙含量	GB/T 6609.13—1986
GB/T 6609.14—2004	氧化铝化学分析方法和物理性能测定方法 镧-茜素络合酮分光光度法测定氟含量	GB/T 6609.14—1986
GB/T 6609.15—2004	氧化铝化学分析方法和物理性能测定方法 硫氰酸铁光度法测定氯含量	GB/T 6609.15—1986
GB/T 6609.16—2004	氧化铝化学分析方法和物理性能测定方法 姜黄素分光光度法测定三氧化二硼含量	GB/T 6609.16—1986
GB/T 6609.17—2004	氧化铝化学分析方法和物理性能测定方法 钼蓝分光光度法测定五氧化二磷含量	GB/T 6609.17—1986
GB/T 6609.18—2004	氧化铝化学分析方法和物理性能测定方法 N，N-二甲基对苯二胺分光光度法测定硫酸根含量	GB/T 6609.18—1986
GB/T 6609.19—2018	氧化铝化学分析方法和物理性能测定方法 第19部分：氧化锂含量的测定 火焰原子吸收光谱法	GB/T 6609.19—2004
GB/T 6609.20—2004	氧化铝化学分析方法和物理性能测定方法 火焰原子吸收光谱法测定氧化镁含量	
GB/T 6609.21—2004	氧化铝化学分析方法和物理性能测定方法 丁基罗丹明B分光光度法测定三氧化二镓含量	
GB/T 6609.22—2004	氧化铝化学分析方法和物理性能测定方法 取样	
GB/T 6609.23—2004	氧化铝化学分析方法和物理性能测定方法 试样的制备和贮存	
GB/T 6609.24—2004	氧化铝化学分析方法和物理性能测定方法 安息角的测定	GB/T 6521—1986

标准号	标准名称	代替标准号
GB/T 6609.25—2004	氧化铝化学分析方法和物理性能测定方法 松装密度的测定	GB/T 6522—1986
GB/T 6609.26—2004	氧化铝化学分析方法和物理性能测定方法 有效密度的测定—比重瓶法	GB/T 6523—1986
GB/T 6609.27—2009	氧化铝化学分析方法和物理性能测定方法 第27部分：粒度分析 筛分法	GB/T 6609.27—2004
GB/T 6609.28—2004	氧化铝化学分析方法和物理性能测定方法 小于60μm的细粉末粒度分布的测定—湿筛法	
GB/T 6609.29—2004	氧化铝化学分析方法和物理性能测定方法 吸附指数的测定	
GB/T 6609.30—2009	氧化铝化学分析方法和物理性能测定方法 第30部分：X射线荧光光谱法测定微量元素含量	
GB/T 6609.31—2009	氧化铝化学分析方法和物理性能测定方法 第31部分：流动角的测定	
GB/T 6609.32—2009	氧化铝化学分析方法和物理性能测定方法 第32部分：α-三氧化二铝含量的测定 X-射线衍射法	
GB/T 6609.33—2009	氧化铝化学分析方法和物理性能测定方法 第33部分：磨损指数的测定	
GB/T 6609.34—2009	氧化铝化学分析方法和物理性能测定方法 第34部分：三氧化二铝含量的计算方法	
GB/T 6609.35—2009	氧化铝化学分析方法和物理性能测定方法 第35部分：比表面积的测定 氮吸附法	
GB/T 6609.36—2009	氧化铝化学分析方法和物理性能测定方法 第36部分：流动时间的测定	
GB/T 6609.37—2009	氧化铝化学分析方法和物理性能测定方法 第37部分：粒度小于20μm颗粒含量的测定	
YS/T 438.1—2013	砂状氧化铝物理性能测定方法 第1部分：筛分法测定粒度分布	YS/T 438.1—2001
YS/T 438.2—2013	砂状氧化铝物理性能测定方法 第2部分：磨损指数的测定	YS/T 438.2—2001
YS/T 438.3—2013	砂状氧化铝物理性能测定方法 第3部分：安息角的测定	YS/T 438.3—2001
YS/T 438.4—2013	砂状氧化铝物理性能测定方法 第4部分：比表面积的测定	YS/T 438.4—2001
YS/T 438.5—2013	砂状氧化铝物理性能测定方法 第5部分：X-射线衍射法测定α-氧化铝含量	YS/T 438.5—2001

标 准 号	标 准 名 称	代替标准号
YS/T 469—2004	氧化铝、氢氧化铝白度测定方法	
YS/T 534. 1—2007	氢氧化铝化学分析方法 第1部分：重量法测定水分	YS/T 534. 1—2006
YS/T 534. 2—2007	氢氧化铝化学分析方法 第2部分：重量法测定灼烧失量	YS/T 534. 2—2006
YS/T 534. 3—2007	氢氧化铝化学分析方法 第3部分：钼蓝光度法测定二氧化硅含量	YS/T 534. 3—2006
YS/T 534. 4—2007	氢氧化铝化学分析方法 第4部分：邻二氮杂菲光度法测定三氧化二铁含量	YS/T 534. 4—2006
YS/T 534. 5—2007	氢氧化铝化学分析方法 第5部分：氧化钠含量的测定	YS/T 534. 5—2006
YS/T 618—2007	填料用氢氧化铝吸油率测定方法	
YS/T 629. 1—2007	高纯氧化铝化学分析方法 第1部分：二氧化硅含量的测定 正戊醇萃取钼蓝光度法	
YS/T 629. 2—2007	高纯氧化铝化学分析方法 第2部分：三氧化二铁含量的测定 甲基异丁酮萃取邻二氮杂非	
YS/T 629. 3—2007	高纯氧化铝化学分析方法 第3部分：氧化钠含量的测定 火焰原子吸收光谱法	
YS/T 629. 4—2007	高纯氧化铝化学分析方法 第4部分：氧化钾含量的测定 火焰原子吸收光谱法	
YS/T 629. 5—2007	高纯氧化铝化学分析方法 第5部分：氧化钙、氧化镁含量的测定 电感耦合等离子体原子发射光谱法	
YS/T 630—2016	氧化铝化学分析方法 杂质元素含量的测定 电感耦合等离子体原子发射光谱法	YS/T 630—2007
YS/T 667. 1—2008	化学品氧化铝化学分析方法 第1部分：填料用氢氧化铝及拟薄水铝石中镉、铬、钒含量的测定 电感耦合等离子体发射光谱法	
YS/T 667. 2—2009	化学品氧化铝化学分析方法 第2部分：填料用氢氧化铝及拟薄水铝石中砷、汞、铅含量的测定 氢化物发生—电感耦合等离子体发射光谱法	
YS/T 667. 3—2009	化学品氧化铝化学分析方法 第3部分：4A沸石中镉、铬、钒含量的测定 电感耦合等离子体发射光谱法	
YS/T 667. 4—2009	化学品氧化铝化学分析方法 第4部分：4A沸石中砷、汞含量的测定 氢化物发生—电感耦合等离子体发射光谱法	
YS/T 702—2009	X射线荧光光谱法测定氢氧化铝中 SiO_2、Fe_2O_3、Na_2O 含量	

标 准 号	标 准 名 称	代替标准号
YS/T 704—2009	填料用氢氧化铝分析方法 电导率的测定	
YS/T 705—2009	填料用氢氧化铝分析方法 色度的测定	
YS/T 738.1—2010	填料用氢氧化铝分析方法 第1部分：pH值的测定	
YS/T 738.2—2010	填料用氢氧化铝分析方法 第2部分：可溶碱含量的测定	
YS/T 738.3—2010	填料用氢氧化铝分析方法 第3部分：硫化物含量的测定	
YS/T 738.4—2010	填料用氢氧化铝分析方法 第4部分：粘度的测定	
YS/T 785—2012	NaA型沸石相对结晶度测定方法 X衍射法	
YS/T 869—2013	4A沸石化学成分分析方法 X射线荧光法	
YS/T 976—2014	煅烧α型氧化铝中α-Al_2O_3含量的测定 X-射线衍射法	

2.2.3 氟化盐

标 准 号	标 准 名 称	代替标准号
GB/T 21994.1—2008	氟化镁化学分析方法 第1部分：试样的制备和贮存	
GB/T 21994.2—2008	氟化镁化学分析方法 第2部分：湿存水含量的测定 重量法	
GB/T 21994.3—2008	氟化镁化学分析方法 第3部分：氟含量的测定 蒸馏—硝酸钍容量法	
GB/T 21994.4—2008	氟化镁化学分析方法 第4部分：镁含量的测定 EDTA容量法	
GB/T 21994.5—2008	氟化镁化学分析方法 第5部分：钙含量的测定 火焰原子吸收光谱法	
GB/T 21994.6—2008	氟化镁化学分析方法 第6部分：二氧化硅含量的测定 钼蓝分光光度法	
GB/T 21994.7—2008	氟化镁化学分析方法 第7部分：三氧化二铁含量的测定 邻二氮杂菲分光光度法	
GB/T 21994.8—2008	氟化镁化学分析方法 第8部分：硫酸根含量的测定 硫酸钡重量法	
GB/T 22660.1—2008	氟化锂化学分析方法 第1部分：试样的制备和贮存	
GB/T 22660.2—2008	氟化锂化学分析方法 第2部分：湿存水含量的测定 重量法	

标 准 号	标 准 名 称	代替标准号
GB/T 22660. 3—2008	氟化锂化学分析方法 第3部分：氟含量的测定 蒸馏—硝酸钍容量法	
GB/T 22660. 4—2008	氟化锂化学分析方法 第4部分：镁含量的测定 火焰原子吸收光谱法	
GB/T 22660. 5—2008	氟化锂化学分析方法 第5部分：钙含量的测定 火焰原子吸收光谱法	
GB/T 22660. 6—2008	氟化锂化学分析方法 第6部分：二氧化硅含量的测定 钼蓝分光光度法	
GB/T 22660. 7—2008	氟化锂化学分析方法 第7部分：三氧化二铁含量的测定 邻二氮杂菲分光光度法	
GB/T 22660. 8—2008	氟化锂化学分析方法 第8部分：硫酸根含量的测定 硫酸钡重量法	
GB/T 22661. 1—2008	氟硼酸钾化学分析方法 第1部分：试样的制备和贮存	
GB/T 22661. 2—2008	氟硼酸钾化学分析方法 第2部分：湿存水含量的测定重量	
GB/T 22661. 3—2008	氟硼酸钾化学分析方法 第3部分：氟硼酸钾含量的测定 氢氧化钠容量法	
GB/T 22661. 4—2008	氟硼酸钾化学分析方法 第4部分：镁含量的测定 火焰原子吸收光谱法	
GB/T 22661. 5—2008	氟硼酸钾化学分析方法 第5部分：钙含量的测定 火焰原子吸收光谱法	
GB/T 22661. 6—2008	氟硼酸钾化学分析方法 第6部分：硅含量的测定 钼蓝分光光度法	
GB/T 22661. 7—2008	氟硼酸钾化学分析方法 第7部分：钠含量的测定 火焰原子吸收光谱法	
GB/T 22661. 8—2008	氟硼酸钾化学分析方法 第8部分：游离硼酸含量的测定 氢氧化钠容量法	
GB/T 22661. 9—2008	氟硼酸钾化学分析方法 第9部分：氯含量的测定 硝酸汞容量法	
GB/T 22661. 10—2008	氟硼酸钾化学分析方法 第10部分：五氧化二磷含量的测定 钼蓝分光光度法	
GB/T 22662. 1—2008	氟钛酸钾化学分析方法 第1部分：试样的制备和贮存	
GB/T 22662. 2—2008	氟钛酸钾化学分析方法 第2部分：湿存水含量的测定 重量法	
GB/T 22662. 3—2008	氟钛酸钾化学分析方法 第3部分：氟钛酸钾含量的测定 硫酸高铁铵容量法	

标　准　号	标　准　名　称	代替标准号
GB/T 22662.4—2008	氟钛酸钾化学分析方法 第4部分：硅含量的测定 钼蓝分光光度法	
GB/T 22662.5—2008	氟钛酸钾化学分析方法 第5部分：钙含量的测定 火焰原子吸收光谱法	
GB/T 22662.6—2008	氟钛酸钾化学分析方法 第6部分：铁含量的测定 火焰原子吸收光谱法	
GB/T 22662.7—2008	氟钛酸钾化学分析方法 第7部分：铅含量的测定 火焰原子吸收光谱法	
GB/T 22662.8—2008	氟钛酸钾化学分析方法 第8部分：氯含量的测定 硝酸汞容量法	
GB/T 22662.9—2008	氟钛酸钾化学分析方法 第9部分：五氧化二磷含量的测定 钼蓝分光光度法	
YS/T 273.1—2006	冰晶石化学分析方法和物理性能测定方法 第1部分：重量法测定湿存水含量	YS/T 273.1—1994
YS/T 273.2—2006	冰晶石化学分析方法和物理性能测定方法 第2部分：灼烧减量的测定	YS/T 273.2—1994
YS/T 273.3—2012	冰晶石化学分析方法和物理性能测定方法 第3部分：氟含量的测定	YS/T 273.3—2006
YS/T 273.4—2006	冰晶石化学分析方法和物理性能测定方法 第4部分：EDTA容量法测定铝含量	YS/T 273.4—1994
YS/T 273.5—2006	冰晶石化学分析方法和物理性能测定方法 第5部分：火焰原子吸收光谱法测定钠含量	YS/T 273.5—1994
YS/T 273.6—2006	冰晶石化学分析方法和物理性能测定方法 第6部分：钼蓝分光光度法测定二氧化硅含量	YS/T 273.6—1994
YS/T 273.7—2006	冰晶石化学分析方法和物理性能测定方法 第7部分：邻二氮杂菲分光光度法测定三氧化二铁含量	YS/T 273.7—1994
YS/T 273.8—2006	冰晶石化学分析方法和物理性能测定方法 第8部分：硫酸钡重量法测定硫酸根含量	YS/T 273.8—1994
YS/T 273.9—2006	冰晶石化学分析方法和物理性能测定方法 第9部分：钼蓝分光光度法测定五氧化二磷含量	YS/T 273.9—1994
YS/T 273.10—2006	冰晶石化学分析方法和物理性能测定方法 第10部分：重量法测定游离氧化铝含量	YS/T 273.10—1994
YS/T 273.11—2006	冰晶石化学分析方法和物理性能测定方法 第11部分：X射线荧光光谱分析法测定硫含量	YS/T 273.11—1994
YS/T 273.12—2006	冰晶石化学分析方法和物理性能测定方法 第12部分：火焰原子吸收光谱法测定氧化钙含量	YS/T 273.12—1994
YS/T 273.13—2006	冰晶石化学分析方法和物理性能测定方法 第13部分：试样的制备和贮存	

标 准 号	标 准 名 称	代替标准号
YS/T 273.14—2008	冰晶石化学分析方法和物理性能测定方法 第14部分：X射线荧光光谱分析法测定元素含量	
YS/T 273.15—2012	冰晶石化学分析方法和物理性能测定方法 第15部分：X射线荧光光谱分析（压片）法测定元素含量	
YS/T 535.1—2009	氟化钠化学分析方法 第1部分：湿存水含量的测定 重量法	YS/T 535.1—2006
YS/T 535.2—2009	氟化钠化学分析方法 第2部分：氟含量的测定 蒸馏—硝酸钍滴定容量法	YS/T 535.2—2006
YS/T 535.3—2009	氟化钠化学分析方法 第3部分：硅含量的测定 钼蓝分光光度法	YS/T 535.3—2006
YS/T 535.4—2009	氟化钠化学分析方法 第4部分：铁含量的测定 邻二氮杂菲分光光度法	YS/T 535.4—2006
YS/T 535.5—2009	氟化钠化学分析方法 第5部分：可溶性硫酸盐含量的测定 浊度法	YS/T 535.5—2006
YS/T 535.6—2009	氟化钠化学分析方法 第6部分：碳酸盐含量的测定 重量法	YS/T 535.6—2006
YS/T 535.7—2009	氟化钠化学分析方法 第7部分：酸度的测定 中和法	YS/T 535.7—2006
YS/T 535.8—2009	氟化钠化学分析方法 第8部分：水不溶物含量的测定 重量法	YS/T 535.8—2006
YS/T 535.9—2009	氟化钠化学分析方法 第9部分：氯含量的测定 浊度法	YS/T 535.9—2006
YS/T 535.10—2009	氟化钠化学分析方法 第10部分：碳量的测定 高频红外吸收法	YS/T 535.10—2006
YS/T 581.1—2006	氟化铝化学分析方法和物理性能检测方法 第1部分：重量法测定湿存水含量	
YS/T 581.2—2006	氟化铝化学分析方法和物理性能检测方法 第2部分：烧减量的测定	
YS/T 581.3—2012	氟化铝化学分析方法和物理性能检测方法 第3部分：蒸馏—硝酸钍容量法测定氟含量	YS/T 581.3—2006
YS/T 581.4—2006	氟化铝化学分析方法和物理性能检测方法 第4部分：EDTA容量法测定铝含量	
YS/T 581.5—2006	氟化铝化学分析方法和物理性能检测方法 第5部分：火焰原子吸收光谱法测定钠含量	
YS/T 581.6—2006	氟化铝化学分析方法和物理性能检测方法 第6部分：钼蓝分光光度法测定二氧化硅含量	

标　准　号	标　准　名　称	代替标准号
YS/T 581.7—2006	氟化铝化学分析方法和物理性能检测方法 第7部分：邻二氮杂菲分光光度法测定三氧化二铁含量	
YS/T 581.8—2006	氟化铝化学分析方法和物理性能检测方法 第8部分：硫酸钡重量法测定硫酸根含量	
YS/T 581.9—2006	氟化铝化学分析方法和物理性能检测方法 第9部分：钼蓝分光光度法测定五氧化二磷含量	
YS/T 581.10—2006	氟化铝化学分析方法和物理性能检测方法 第10部分：X射线荧光光谱分析法测定硫含量	
YS/T 581.11—2006	氟化铝化学分析方法和物理性能检测方法 第11部分：试样的制备和贮存	
YS/T 581.12—2006	氟化铝化学分析方法和物理性能检测方法 第12部分：粒度分布的测定—筛分法	
YS/T 581.13—2006	氟化铝化学分析方法和物理性能检测方法 第13部分：安息角的测定	
YS/T 581.14—2006	氟化铝化学分析方法和物理性能检测方法 第14部分：松装密度的测定	
YS/T 581.15—2007	氟化铝化学分析方法和物理性能检测方法 第15部分：游离氧化铝含量的测定	
YS/T 581.16—2008	氟化铝化学分析方法和物理性能检测方法 第16部分：X射线荧光光谱分析法测定元素含量	
YS/T 581.17—2010	氟化铝化学分析方法和物理性能测定方法 第17部分：流动性的测定	
YS/T 581.18—2012	氟化铝化学分析方法和物理性能测定方法 第18部分：X射线荧光光谱分析（压片）法测定元素含量	
YS/T 739—2010	铝电解质分子比及主要成分的测定 X射线荧光光谱法	
YS/T 768—2011	铝电解质中锂含量的测定 火焰原子吸收光谱法	
YS/T 1035—2015	铝电解质中碳含量的测定 红外吸收光谱法	

2.2.4　炭素材料

标　准　号	标　准　名　称	代替标准号
GB/T 26293—2010	铝电解用炭素材料 冷捣糊和中温糊 未焙烧糊捣实性的测定	

标 准 号	标 准 名 称	代替标准号
GB/T 26294—2010	铝电解用炭素材料 冷捣糊中有效粘合剂含量、骨料含量及骨料粒度分布的测定 喹啉萃取法	
GB/T 26295—2010	铝电解用炭素材料 预焙阳极和阴极炭块 四点法测定抗折强度	
GB/T 26297. 1—2010	铝用炭素材料取样方法 第1部分：底部炭块	
GB/T 26297. 2—2010	铝用炭素材料取样方法 第2部分：侧部炭块	
GB/T 26297. 3—2010	铝用炭素材料取样方法 第3部分：预焙阳极	
GB/T 26297. 4—2010	铝用炭素材料取样方法 第4部分：阴极糊	
GB/T 26297. 5—2010	铝用炭素材料取样方法 第5部分：煤沥青	
GB/T 26297. 6—2010	铝用炭素材料取样方法 第6部分：煅后石油焦	
GB/T 26310. 1—2010	原铝生产用煅后石油焦检测方法 第1部分：二甲苯中密度的测定 比重瓶法	
GB/T 26310. 2—2010	原铝生产用煅后石油焦检测方法 第2部分：微量元素含量的测定 火焰原子吸收光谱法	
GB/T 26310. 3—2010	原铝生产用煅后石油焦检测方法 第3部分：表观油含量的测定 加热法	
GB/T 26310. 4—2010	原铝生产用煅后石油焦检测方法 第4部分：油含量的测定 溶剂萃取法	
GB/T 26310. 5—2010	原铝生产用煅后石油焦检测方法 第5部分：残留氢含量的测定	
GB/T 26930. 1—2011	原铝生产用炭素材料 煤沥青 第1部分：水分含量的测定 共沸蒸馏法	
GB/T 26930. 2—2011	原铝生产用炭素材料 煤沥青 第2部分：软化点的测定 环球法	
GB/T 26930. 3—2011	原铝生产用炭素材料 煤沥青 第3部分：密度的测定 比重瓶法	
GB/T 26930. 4—2011	原铝生产用炭素材料 煤沥青 第4部分：喹啉不溶物含量的测定	
GB/T 26930. 5—2011	原铝生产用炭素材料 煤沥青 第5部分：甲苯不溶物含量的测定	
GB/T 26930. 6—2014	原铝生产用炭素材料 煤沥青 第6部分：灰分的测定	
GB/T 26930. 7—2014	原铝生产用炭素材料 煤沥青 第7部分：软化点的测定（Mettler 法）	
GB/T 26930. 8—2014	原铝生产用炭素材料 煤沥青 第8部分：结焦值的测定	
GB/T 26930. 9—2014	原铝生产用炭素材料 煤沥青 第9部分：氧弹燃烧法测定硫含量	

标 准 号	标 准 名 称	代替标准号
GB/T 26930.10—2014	原铝生产用炭素材料 煤沥青 第10部分：仪器法测定硫含量	
GB/T 26930.11—2014	原铝生产用炭素材料 煤沥青 第11部分：动态粘度的测定	
GB/T 26930.12—2014	原铝生产用炭素材料 煤沥青 第12部分：挥发物含量的测定	
GB/T 26930.13—2014	原铝生产用炭素材料 煤沥青 第13部分：喹啉不溶物中C/H原子比的测定	
YS/T 63.1—2006	铝用炭素材料检测方法 第1部分：阴极糊试样焙烧方法、焙烧失重的测定及生坯试样表观密度的测定	YS/T 63—1993
YS/T 63.2—2006	铝用炭素材料检测方法 第2部分：阴极炭块和预焙阳极 室温电阻率的测定	YS/T 64—1993
YS/T 63.3—2016	铝用炭素材料检测方法 第3部分：热导率的测定 比较法	YS/T 63.3—2006
YS/T 63.4—2006	铝用炭素材料检测方法 第4部分：热膨胀系数的测定	
YS/T 63.5—2006	铝用炭素材料检测方法 第5部分：有压下底部炭块钠膨胀率的测定	
YS/T 63.6—2006	铝用炭素材料检测方法 第6部分：开气孔率的测定 液体静力学法	
YS/T 63.7—2006	铝用炭素材料检测方法 第7部分：表观密度的测定 尺寸法	
YS/T 63.8—2006	铝用炭素材料检测方法 第8部分：二甲苯中密度的测定 比重瓶法	
YS/T 63.9—2012	铝用炭素材料检测方法 第9部分：真密度的测定 氦比重计法	YS/T 63.9—2006
YS/T 63.10—2012	铝用炭素材料检测方法 第10部分：空气渗透率的测定	YS/T 63.10—2006
YS/T 63.11—2006	铝用炭素材料检测方法 第11部分：空气反应性的测定 质量损失法	
YS/T 63.12—2006	铝用炭素材料检测方法 第12部分：预焙阳极 CO_2 反应性的测定 质量损失法	
YS/T 63.13—2016	铝用炭素材料检测方法 第13部分：弹性模量的测定	YS/T 63.13—2006
YS/T 63.14—2006	铝用炭素材料检测方法 第14部分：抗折强度的测定 三点法	
YS/T 63.15—2012	铝用炭素材料检测方法 第15部分：耐压强度的测定	YS/T 63.15—2006

标　准　号	标　准　名　称	代替标准号
YS/T 63.16—2006	铝用炭素材料检测方法 第16部分：微量元素的测定 X射线荧光光谱分析方法	
YS/T 63.17—2006	铝用炭素材料检测方法 第17部分：挥发分的测定	
YS/T 63.18—2006	铝用炭素材料检测方法 第18部分：水分含量的测定	
YS/T 63.19—2012	铝用炭素材料检测方法 第19部分：灰分含量的测定	YS/T 63.19—2006
YS/T 63.20—2006	铝用炭素材料检测方法 第20部分：硫分的测定	
YS/T 63.21—2007	铝用炭素材料检测方法 第21部分：阴极糊焙烧膨胀/收缩性的测定	
YS/T 63.22—2009	铝用炭素材料检测方法 第22部分：焙烧程度的测定 等效温度法	
YS/T 63.23—2012	铝用炭素材料检测方法 第23部分：预焙阳极空气反应性的测定 热重法	
YS/T 63.24—2012	铝用炭素材料检测方法 第24部分：预焙阳极二氧化碳反应性的测定 热重法	
YS/T 63.25—2012	铝用炭素材料检测方法 第25部分：无压下底部炭块钠膨胀率的测定	
YS/T 63.26—2012	铝用炭素材料检测方法 第26部分：耐火材料抗冰晶石渗透能力的测定	
YS/T 63.27—2015	铝用炭素材料检测方法 第27部分：断裂能量的测定	
YS/T 587.1—2006	炭阳极用煅后石油焦检测方法 第1部分：灰分含量的测定	
YS/T 587.2—2007	炭阳极用煅后石油焦检测方法 第2部分：水分含量的测定	
YS/T 587.3—2007	炭阳极用煅后石油焦检测方法 第3部分：挥发分含量的测定	
YS/T 587.4—2006	炭阳极用煅后石油焦检测方法 第4部分：硫含量的测定	
YS/T 587.5—2006	炭阳极用煅后石油焦检测方法 第5部分：微量元素的测定	
YS/T 587.6—2006	炭阳极用煅后石油焦检测方法 第6部分：粉末电阻率的测定	
YS/T 587.7—2006	炭阳极用煅后石油焦检测方法 第7部分：CO_2反应性的测定	
YS/T 587.8—2006	炭阳极用煅后石油焦检测方法 第8部分：空气反应性的测定	

标　准　号	标　准　名　称	代替标准号
YS/T 587.9—2006	炭阳极用煅后石油焦检测方法 第9部分：真密度的测定	
YS/T 587.10—2016	炭阳极用煅后石油焦检测方法 第10部分：体积密度的测定	YS/T 587.10—2006
YS/T 587.11—2006	炭阳极用煅后石油焦检测方法 第11部分：颗粒稳定性的测定	
YS/T 587.12—2006	炭阳极用煅后石油焦检测方法 第12部分：粒度分布的测定	
YS/T 587.13—2007	炭阳极用煅后石油焦检测方法 第13部分：Lc值（微晶尺寸）的测定	
YS/T 587.14—2010	炭阳极用煅后石油焦检测方法 第14部分：哈氏可磨性指数（HGI）的测定	
YS/T 700—2009	铝用阴极炭块磨损试验方法	
YS/T 733—2010	铝用石墨化阴极制品石墨化度测定方法	
YS/T 734—2010	铝用炭素材料粉料布莱因细度试验方法	
YS/T 735—2010	铝用炭素材料炭胶泥中灰分含量的测定	
YS/T 736—2010	铝用炭素材料炭胶泥中挥发分的测定	
YS/T 1032—2015	铝电解用阴极炭块内部缺陷检验方法	

2.2.5　工业硅、镓

标　准　号	标　准　名　称	代替标准号
GB/T 14849.1—2007	工业硅化学分析方法 第1部分：铁含量的测定 1，10-二氮杂菲分光光度	GB/T 14849.1—1993
GB/T 14849.2—2007	工业硅化学分析方法 第2部分：铝含量的测定 铬天青—S分光光度法	GB/T 14849.2—1993
GB/T 14849.3—2007	工业硅化学分析方法 第3部分：钙含量的测定	GB/T 14849.3—1993
GB/T 14849.4—2014	工业硅化学分析方法 第4部分：杂质元素含量的测定 电感耦合等离子体原子发射光谱法	GB/T 14849.4—2008
GB/T 14849.5—2014	工业硅化学分析方法 第5部分：杂质元素含量的测定 X射线荧光光谱法	GB/T 14849.5—2010
GB/T 14849.6—2014	工业硅化学分析方法 第6部分：碳含量的测定红外吸收法	
GB/T 14849.7—2015	工业硅化学分析方法 第7部分：磷含量的测定 钼蓝分光光度法	
GB/T 14849.8—2015	工业硅化学分析方法 第8部分：铜含量的测定 PADAP分光光度法	

标 准 号	标 准 名 称	代替标准号
GB/T 14849.9—2015	工业硅化学分析方法 第9部分：钛含量的测定 二安替吡啉甲烷分光光度法	
GB/T 14849.10—2016	工业硅化学分析方法 第10部分：汞含量的测定 原子荧光光谱法	
GB/T 14849.11—2016	工业硅化学分析方法 第11部分：铬含量的测定 二苯碳酰二肼分光光度法	
YS/T 473—2015	工业镓化学分析方法 杂质元素的测定 电感耦合等离子体质谱法	YS/T 473—2005
YS/T 474—2005	高纯镓化学分析方法 痕量元素的测定 电感耦合等离子体质谱法	
YS/T 520.1—2007	镓化学分析方法 第1部分：铜含量的测定 2，9-二甲基-4，7-二苯基-1，10-二氮杂菲分光光度法	YS/T 520.1—2006
YS/T 520.2—2007	镓化学分析方法 第2部分：铅含量的测定 4-（2-吡啶偶氮）-间苯二酚分光光度法	YS/T 520.2—2006
YS/T 520.3—2007	镓化学分析方法 第3部分：铝含量的测定 铬天青S-溴化十四烷基吡啶分光光度法	YS/T 520.3—2006
YS/T 520.4—2007	镓化学分析方法 第4部分：铁含量的测定 4，7-二苯基-1，10-二氮杂菲分光光度法	YS/T 520.4—2006
YS/T 520.5—2007	镓化学分析方法 第5部分：钙含量的测定 一氧化二氮-乙炔火焰原子吸收光谱法	YS/T 520.5—2006
YS/T 520.6—2007	镓化学分析方法 第6部分：锡含量的测定 水杨基荧光酮-溴化十六烷基三甲基铵分光光度法	YS/T 520.6—2006
YS/T 520.7—2007	镓化学分析方法 第7部分：硅含量的测定 萃取-钼蓝分光光度法	YS/T 520.7—2006
YS/T 520.8—2007	镓化学分析方法 第8部分：铟含量的测定 乙基紫分光光度法	YS/T 520.8—2006
YS/T 520.9—2007	镓化学分析方法 第9部分：锗含量的测定 苯基荧光酮-聚乙二醇辛基苯基醚萃取分光光度法	YS/T 520.9—2006
YS/T 520.10—2007	镓化学分析方法 第10部分：锌含量的测定 原子吸收光谱法	YS/T 520.10—2006
YS/T 520.11—2007	镓化学分析方法 第11部分：汞含量的测定 冷原子吸收光谱法	YS/T 520.11—2006
YS/T 520.12—2007	镓化学分析方法 第12部分：铅、铜、镍、铝、铟和锌含量的测定 化学光谱法	YS/T 520.12—2006
YS/T 666—2008	工业镓化学分析方法 杂质元素的测定 电感耦合等离子体原子发射光谱法	

标　准　号	标　准　名　称	代替标准号
YS/T 872—2013	工业镓化学分析方法 汞含量的测定 原子荧光光谱法	
YS/T 1160—2016	工业硅粉定量相分析 二氧化硅含量的测定 X射线衍射K值法	

2.2.6　铝土矿

标　准　号	标　准　名　称	代替标准号
GB/T 25943—2010	铝土矿 检验取样精度的实验方法	
GB/T 25944—2010	铝土矿 批中不均匀性的实验测定	
GB/T 25945—2010	铝土矿 取样程序	
GB/T 25946—2010	铝土矿 取样偏差的检验方法	
GB/T 25947—2010	铝土矿 散装料水分含量的测定	
GB/T 25948—2010	铝土矿 铁总量的测定 三氯化钛还原法	
GB/T 25949—2010	铝土矿 样品制备	
GB/T 25950—2010	铝土矿 成分不均匀性的实验测定	
YS/T 575. 1—2007	铝土矿石化学分析方法 第1部分：EDTA滴定法测定氧化铝量	YS/T 575. 1—2006
YS/T 575. 2—2007	铝土矿石化学分析方法 第2部分：重量—钼蓝光度法测定二氧化硅量	YS/T 575. 2—2006
YS/T 575. 3—2007	铝土矿石化学分析方法 第3部分：钼蓝光度法测定二氧化硅量	YS/T 575. 3—2006
YS/T 575. 4—2007	铝土矿石化学分析方法 第4部分：重铬酸钾滴定法测定三氧化二铁量	YS/T 575. 4—2006
YS/T 575. 5—2007	铝土矿石化学分析方法 第5部分：邻二氮杂菲光度法测定三氧化二铁量	YS/T 575. 5—2006
YS/T 575. 6—2007	铝土矿石化学分析方法 第6部分：二安替吡啉甲烷光度法测定二氧化钛量	YS/T 575. 6—2006
YS/T 575. 7—2007	铝土矿石化学分析方法 第7部分：火焰原子吸收光谱法测定氧化钙量	YS/T 575. 7—2006
YS/T 575. 8—2007	铝土矿石化学分析方法 第8部分：火焰原子吸收光谱法测定氧化镁量	YS/T 575. 8—2006
YS/T 575. 9—2007	铝土矿石化学分析方法 第9部分：火焰原子吸收光谱法测定氧化钾、氧化钠量	YS/T 575. 9—2006
YS/T 575. 10—2007	铝土矿石化学分析方法 第10部分：火焰原子吸收光谱法测定氧化锰量	YS/T 575. 10—2006
YS/T 575. 11—2007	铝土矿石化学分析方法 第11部分：火焰原子吸收光谱法测定三氧化二铬量	YS/T 575. 11—2006

标 准 号	标 准 名 称	代替标准号
YS/T 575.12—2007	铝土矿石化学分析方法 第12部分：苯甲酰苯胺光度法测定五氧化二钒量	YS/T 575.12—2006
YS/T 575.13—2007	铝土矿石化学分析方法 第13部分：火焰原子吸收光谱法测定锌量	YS/T 575.13—2006
YS/T 575.14—2007	铝土矿石化学分析方法 第14部分：三溴偶氮胂光度法测定稀土氧化物总量	YS/T 575.14—2006
YS/T 575.15—2007	铝土矿石化学分析方法 第15部分：罗丹明B萃取光度法测定三氧化二镓量	YS/T 575.15—2006
YS/T 575.16—2007	铝土矿石化学分析方法 第16部分：钼蓝光度法测定五氧化二磷量	YS/T 575.16—2006
YS/T 575.17—2007	铝土矿石化学分析方法 第17部分：燃烧—碘量法测定硫量	YS/T 575.17—2006
YS/T 575.18—2007	铝土矿石化学分析方法 第18部分：燃烧—非水滴定法测定总碳量	YS/T 575.18—2006
YS/T 575.19—2007	铝土矿石化学分析方法 第19部分：重量法测定烧失量	YS/T 575.19—2006
YS/T 575.20—2007	铝土矿石化学分析方法 第20部分：预先干燥试样的制备	YS/T 575.20—2006
YS/T 575.21—2007	铝土矿石化学分析方法 第21部分：滴定法测定有机碳量	YS/T 575.21—2006
YS/T 575.22—2007	铝土矿石化学分析方法 第22部分：重量法测定分析样品中的湿存水量	YS/T 575.22—2006
YS/T 575.23—2009	铝土矿石化学分析方法 第23部分：X射线荧光光谱法测定元素含量	
YS/T 575.24—2009	铝土矿石化学分析方法 第24部分：碳和硫含量的测定 红外吸收法	
YS/T 575.25—2014	铝土矿石化学分析方法 第25部分：硫含量的测定 库仑滴定法	
YS/T 804—2012	铝土矿石磨矿功指数测量方法	

2.2.7 其他

标 准 号	标 准 名 称	代替标准号
YS/T 703—2014	石灰石化学分析方法 元素含量的测定 X射线荧光光谱法	YS/T 703—2009
YS/T 742—2010	氧化镓化学分析方法 杂质元素的测定 电感耦合等离子体质谱法	
YS/T 758—2011	铝用炭素回转窑直线度测量方法	
YS/T 784—2012	铝电解槽技术参数测量方法	

标 准 号	标 准 名 称	代替标准号
YS/T 1033—2015	干式防渗料 杂质元素含量的测定 X射线荧光光谱分析法	

2.3 产品标准

2.3.1 冶炼及矿产品标准

标 准 号	标 准 名 称	代替标准号
GB/T 1196—2017	重熔用铝锭	GB/T 1196—2008
GB/T 1475—2005	镓	GB/T 1475—1989
GB/T 2881—2014	工业硅	GB/T 2881—2008
GB/T 3499—2011	原生镁锭	GB/T 3499—2003
GB/T 4294—2010	氢氧化铝	GB/T 4294—1997
GB/T 8733—2016	铸造铝合金锭	GB/T 8733—2007
GB/T 19078—2016	铸造镁合金锭	GB/T 19078—2003
GB/T 24483—2009	铝土矿石	
GB/T 24487—2009	氧化铝	
GB/T 26028—2010	铝蒸发料	
GB/T 26495—2011	镁合金压铸转向盘骨架坯料	
GB/T 27677—2017	铝中间合金	
GB/T 29434—2012	耐热高强韧铸件用铝合金锭	
GB/T 29658—2013	电子薄膜用高纯铝及铝合金溅射靶材	
GB/T 33141—2016	镁锂合金铸锭	
GB/T 33142—2016	连铸铜包铝棒坯	
GB/T 33911—2017	4×××系铝合金圆铸锭	
GB/T 33912—2017	高纯金属为原料的变形铝及铝合金铸锭	
YS/T 67—2018	变形铝及铝合金圆铸锭	YS/T 67—2005
YS/T 89—2011	煅烧 α 型氧化铝	YS/T 89—1995
YS/T 275—2018	高纯铝	YS/T 275—2008
YS/T 309—2012	重熔用铝稀土合金锭	YS/T 309—1998
YS/T 560—2007	铝阳极导杆	YS/T 560—2000
YS/T 590—2018	变形铝及铝合金扁铸锭	YS/T 590—2006
YS/T 626—2007	便携式工具用镁合金压铸件	
YS/T 627—2013	变形镁及镁合金圆铸锭	YS/T 627—2007
YS/T 665—2018	重熔用精铝锭	YS/T 665—2009
YS/T 695—2009	变形镁及镁合金扁铸锭	
YS/T 741—2010	氧化镓	
YS/T 803—2012	冶金级氧化铝	

标　准　号	标　准　名　称	代替标准号
YS/T 845—2012	铝合金喷射成形圆锭	
YS/T 1004—2014	熔融态铝及铝合金	

2.3.2　板、带、箔产品

标　准　号	标　准　名　称	代替标准号
GB/T 3198—2010	铝及铝合金箔	GB/T 3198—2003
GB/T 3615—2016	电解电容器用铝箔	GB/T 3615—2007
GB/T 3618—2006	铝及铝合金花纹板	GB/T 3618—1989
GB/T 3880.1—2012	一般工业用铝及铝合金板、带材 第1部分：一般要求	GB/T 3880.1—2006
GB/T 3880.2—2012	一般工业用铝及铝合金板、带材 第2部分：力学性能	GB/T 3880.2—2006
GB/T 3880.3—2012	一般工业用铝及铝合金板、带材 第3部分：尺寸偏差	GB/T 3880.3—2006
GB/T 4438—2006	铝及铝合金波纹板	GB/T 4438—1998
GB/T 5154—2010	镁及镁合金板、带	GB/T 5154—2003
GB/T 6891—2018	铝及铝合金压型板	GB/T 6891—2006
GB/T 22641—2008	船用铝合金板材	
GB/T 22642—2008	电子、电力电容器用铝箔	
GB/T 22644—2008	卡纸用铝及铝合金箔	
GB/T 22645—2008	泡罩包装用铝及铝合金箔	
GB/T 22646—2008	啤酒标用铝合金箔	
GB/T 22647—2008	软包装用铝及铝合金箔	
GB/T 22648—2008	软管用铝及铝合金箔	
GB/T 22649—2008	半刚性容器用铝及铝合金箔	
GB/T 24481—2009	3C产品用镁合金薄板	
GB/T 29503—2013	铝及铝合金预拉伸板	
GB/T 31976—2015	复合通孔吸声用铝合金板材	
GB/T 32182—2015	轨道交通用铝及铝合金板材	
GB/T 32183—2015	计算机直接排版印刷版基用铝带材	
GB/T 33143—2016	锂离子电池用铝及铝合金箔	
GB/T 33227—2016	汽车用铝及铝合金板、带材	
GB/T 33229—2016	电气元件用涂层铝及铝合金带材	
GB/T 33367—2016	铠装电缆用铝合金带材	
GB/T 33368—2016	电视机用铝合金带材	
GB/T 33369—2016	钎焊用铝合金复合板、带、箔材	
GB/T 33824—2017	新能源动力电池壳及盖用铝及铝合金板、带材	

标　准　号	标　准　名　称	代替标准号
GB/T 33880—2017	热等静压铝硅合金板材	
GB/T 33881—2017	罐车用铝合金板、带材	
GB/T 33950—2017	铝及铝合金铸轧带材	
YS/T 69—2012	钎焊用铝及铝合金板材	YS/T 69—2005
YS/T 90—2008	铝及铝合金铸轧带材	YS/T 90—2002
YS/T 91—2009	瓶盖用铝及铝合金板、带、箔材	YS/T 91—2002
YS/T 95. 1—2015	空调器散热片用铝箔 第 1 部分：基材	YS/T 95. 1—2009
YS/T 95. 2—2016	空调器散热片用铝箔 第 2 部分：涂层铝箔	YS/T 95. 2—2009
YS/T 242—2009	表盘及装饰用铝及铝合金板	YS/T 242—2000
YS/T 289—2012	钎焊式热交换器用铝—钢复合带	YS/T 289—1994
YS/T 421—2017	间接排版印刷版基用铝板、带、箔材	YS/T 421—2007
YS/T 429. 1—2014	铝幕墙板 第 1 部分：板基	YS/T 429. 1—2000
YS/T 429. 2—2012	铝幕墙板 第 2 部分：有机聚合物喷涂铝单板	YS/T 429. 2—2000
YS/T 431—2009	铝及铝合金彩色涂层板、带材	YS/T 431—2000
YS/T 432—2000	铝塑复合板用铝带	
YS/T 434—2009	铝塑复合管用铝及铝合金带、箔材	YS/T 434—2000
YS/T 435—2009	易拉罐罐体用铝合金带材	YS/T 435—2000
YS/T 446—2002	钎焊式热交换器用铝合金复合箔	
YS/T 446—2011	钎焊式热交换器用铝合金复合箔、带材	YS/T 446—2002
YS/T 457—2012	铝箔用冷轧带材	YS/T 457—2003
YS/T 490—2005	铝及铝合金压花板、带材	
YS/T 496—2012	钎焊式热交换器用铝合金箔	YS/T 496—2005
YS/T 621—2007	百叶窗用铝合金带材	
YS/T 622—2007	铁道货车用铝合金板	
YS/T 687—2009	电子行业机柜用铝合金板、带材	
YS/T 688—2009	铝及铝合金深冲用板、带材	
YS/T 690—2009	天花吊顶用铝及铝合金板、带材	
YS/T 698—2009	镁及镁合金铸轧板材	
YS/T 711—2009	手机及数码产品外壳用铝及铝合金板带材	
YS/T 712—2009	手机电池壳用铝合金板、带材	
YS/T 713—2009	干式变压器用铝带、箔材	
YS/T 725—2010	汽车用铝合金板材	
YS/T 726—2010	易拉罐盖料及拉环料用铝合金板、带材	
YS/T 727—2010	电容器外壳用铝及铝合金带材	
YS/T 770—2011	铝及铝合金圆片	
YS/T 772—2011	计算机散热器用铝及铝合金带材	
YS/T 846—2012	烟包装用铝箔	
YS/T 849—2012	硬质酚醛泡沫夹芯板用涂层铝箔	
YS/T 850—2012	铝—钢复合过渡接头	
YS/T 852—2012	家用铝及铝合金箔	

标 准 号	标 准 名 称	代替标准号
YS/T 875—2013	灯具支架用高反射率涂层铝板、带材	
YS/T 906—2013	电站空冷用铝合金复合带	
YS/T 907—2013	轨道交通用铝合金板材	
YS/T 1003—2014	建筑隔热材料用铝及铝合金箔	
YS/T 1159—2016	镁锂合金板材	

2.3.3 管、棒、型、线产品标准

标 准 号	标 准 名 称	代替标准号
GB/T 3191—2010	铝及铝合金挤压棒材	GB/T 3191—1998
GB/T 3195—2016	铝及铝合金拉制圆线材	GB/T 3195—2008
GB/T 3954—2014	电工圆铝杆	GB/T 3954—2008
GB/T 4436—2012	铝及铝合金管材外形尺寸及允许偏差	GB/T 4436—1995
GB/T 4437. 1—2015	铝及铝合金热挤压管 第 1 部分：无缝圆管	GB/T 4437. 1—2000
GB/T 4437. 2—2017	铝及铝合金热挤压管 第 2 部分：有缝管	GB/T 4437. 2—2003
GB/T 5155—2013	镁合金热挤压棒	GB/T 5155—2003
GB/T 5156—2013	镁合金热挤压型材	GB/T 5156—2003
GB/T 5237. 1—2017	铝合金建筑型材 第 1 部分：基材	GB/T 5237. 1—2008
GB/T 5237. 2—2017	铝合金建筑型材 第 2 部分：阳极氧化型材	GB/T 5237. 2—2008
GB/T 5237. 3—2017	铝合金建筑型材 第 3 部分：电泳涂漆型材	GB/T 5237. 3—2008
GB/T 5237. 4—2017	铝合金建筑型材 第 4 部分：喷粉型材	GB/T 5237. 4—2008
GB/T 5237. 5—2017	铝合金建筑型材 第 5 部分：喷漆型材	GB/T 5237. 5—2008
GB/T 5237. 6—2017	铝合金建筑型材 第 6 部分：隔热型材	GB/T 5237. 6—2012
GB/T 6892—2015	一般工业用铝及铝合金挤压型材	GB/T 6892—2006
GB/T 6893—2010	铝及铝合金拉（轧）制无缝管	GB/T 6893—2000
GB/T 14846—2014	铝及铝合金挤压型材尺寸偏差	GB/T 14846—2008
GB/T 20250—2006	铝及铝合金连续挤压管	
GB/T 22643—2008	精铝丝	
GB/T 24486—2009	线缆编织用铝合金线	
GB/T 26006—2010	船用铝合金挤压管、棒、型材	
GB/T 26014—2010	非建筑用铝合金装饰型材	
GB/T 26027—2010	铝及铝合金大规格拉制无缝管	
GB/T 26494—2016	轨道交通车辆结构用铝合金挤压型材	GB/T 26494—2011
GB/T 27670—2011	车辆热交换器用复合铝合金焊管	
GB/T 27676—2011	铝及铝合金管形导体	
GB/T 29920—2013	电工用稀土高铁铝合金杆	
GB/T 30586—2014	连铸轧制铜包铝扁棒、扁线	
GB/T 30872—2014	建筑用丙烯酸喷漆铝合金型材	
GB/T 32181—2015	轨道交通焊接用铝合金线材	

标　准　号	标　准　名　称	代替标准号
GB/T 32184—2015	高电导率铝合金挤压扁棒及板	
GB/T 33226—2016	热交换器用铝及铝合金多孔型材	
GB/T 33228—2016	电站高频导电用铝合金挤压管材	
GB/T 33230—2016	铝及铝合金多孔微通道扁管型材	
GB/T 33366—2016	电子机柜用铝合金挤压棒材	
GB/T 33884—2017	重载货运列车用铝合金型材及厢块	
GB/T 33910—2017	汽车用铝及铝合金挤压型材	
GB/T 33960—2017	压力容器焊接用铝及铝合金线材	
GB/T 34488—2017	全铝桥梁结构用铝合金挤压型材	
GB/T 34489—2017	屋面结构用铝合金挤压型材和板材	
GB/T 34493—2017	易切削铝合金挤压棒材	
GB/T 34506—2017	喷射成形锭坯挤制的铝合金挤压型材、棒材和管材	
YS/T 97—2012	凿岩机用铝合金管材	YS/T 97—1997
YS/T 439—2012	铝及铝合金挤压扁棒及板	YS/T 439—2001
YS/T 447. 1—2011	铝及铝合金晶粒细化用合金线材 第 1 部分：铝—钛—硼合金线材	YS/T 447. 1—2002
YS/T 447. 2—2011	铝及铝合金晶粒细化用合金线材 第 2 部分：铝—钛—碳合金线材	
YS/T 447. 3—2011	铝及铝合金晶粒细化用合金线材 第 3 部分：铝—钛合金线材	
YS/T 493—2005	活塞用 4A11、4032 合金挤压棒材	
YS/T 495—2005	镁合金热挤压管材	
YS/T 543—2015	半导体键合用铝—1%硅细丝	YS/T 543—2006
YS/T 588—2006	镁及镁合金挤制矩形棒材	
YS/T 589—2006	煤矿支柱用铝合金棒材	
YS/T 624—2007	铝及铝合金拉制棒材	
YS/T 689—2009	衡器用铝合金挤压扁棒	
YS/T 696—2015	镁合金焊丝	YS/T 696—2009
YS/T 697—2009	镁合金热挤压无缝管	
YS/T 729—2010	铝塑复合型材	
YS/T 730—2018	建筑用铝合金木纹型材	YS/T 730—2010
YS/T 731—2010	建筑用铝—挤压木复合型材	
YS/T 773—2011	太阳能电池框架用铝合金型材	
YS/T 780—2011	电机外壳用铝合金挤压型材	
YS/T 847—2012	帐篷用高强度铝合金管	
YS/T 848—2012	铸轧铝及铝合金线坯	
YS/T 1037—2015	铝箔生产用铝管芯	

2.3.4 金属粉末、锻件、制品等其他铝、镁、工业硅产品

标 准 号	标 准 名 称	代替标准号
GB/T 2085.1—2007	铝粉 第1部分：空气雾化铝粉	GB/T 2082—1989、GB/T 2085—1989
GB/T 2085.2—2007	铝粉 第2部分：球磨铝粉	GB/T 2083—1989、GB/T 2084—1989、GB/T 2086—1989
GB/T 2085.3—2009	铝粉 第3部分：粉碎铝粉	
GB/T 2085.4—2014	铝粉 第4部分：氮气雾化铝粉	
GB/T 5149.1—2004	镁粉 第1部分：铣削镁粉	GB/T 5149—1985
GB/T 5150—2004	铝镁合金粉	GB/T 5150—1985
GB/T 8545—2012	铝及铝合金模锻件的尺寸偏差及加工余量	GB/T 8545—1987
GB/T 17171—2008	水性铝膏	GB/T 17171—1997
GB/T 17731—2015	镁合金牺牲阳极	GB/T 17731—2009
GB/T 26036—2010	汽车轮毂用铝合金模锻件	
GB/T 26287—2010	电热水器用铝合金牺牲阳极	
YS/T 92—1995	铝合金花格网	
YS/T 243—2001	纺织经编机用铝合金线轴	
YS/T 479—2005	一般工业用铝及铝合金锻件	
YS/T 628—2007	雾化镁粉	
YS/T 686—2009	活塞裙用铝合金模锻件	
YS/T 1109—2016	有机硅生产用硅粉	
YS/T 1196—2018	热水器用镁合金牺牲阳极	

2.3.5 辅助材料标准

标 准 号	标 准 名 称	代替标准号
GB/T 4291—2017	冰晶石	GB/T 4291—2007
GB/T 4292—2017	氟化铝	GB/T 4292—2007
GB/T 22666—2008	氟化锂	
GB/T 22667—2008	氟硼酸钾	
GB/T 22668—2008	氟钛酸钾	
GB/T 23615.1—2017	铝合金建筑型材用辅助材料 第1部分：聚酰胺型材	GB/T 23615.1—2009
GB/T 23615.2—2017	铝合金建筑型材用辅助材料 第2部分：聚氨酯隔热胶	GB/T 23615.2—2012
YS/T 65—2012	铝电解用阴极糊	YS/T 65—2007
YS/T 285—2012	铝电解用预焙阳极	YS/T 285—2007
YS/T 456—2014	铝电解槽用干式防渗料	YS/T 456—2003

标　准　号	标　准　名　称	代替标准号
YS/T 491—2005	变形铝及铝合金用熔剂	
YS/T 492—2012	铝及铝合金成分添加剂	YS/T 492—2005
YS/T 517—2009	氟化钠	
YS/T 623—2012	铝电解用石墨质阴极炭块	YS/T 287—2005、YS/T 623—2007
YS/T 625—2012	预焙阳极用煅后石油焦	YS/T 625—2007
YS/T 680—2016	铝合金建筑型材用粉末涂料	YS/T 680—2008
YS/T 691—2009	氟化镁	
YS/T 699—2009	铝电解用石墨化阴极炭块	
YS/T 728—2016	铝合金建筑型材用丙烯酸电泳涂料	YS/T 728—2010
YS/T 763—2011	电煅石墨化焦	
YS/T 802—2012	氧化铝生产用絮凝剂	
YS/T 842—2012	石墨化阴极炭块用石油焦原料技术要求	
YS/T 843—2012	预焙阳极用石油焦原料技术要求	
YS/T 966—2014	阴极炭块用电煅无烟煤	

2.3.6　其他

标　准　号	标　准　名　称	代替标准号
GB/T 27685—2011	便携式铝合金梯	

3 重金属标准

3.1 基础标准

标 准 号	标 准 名 称	代替标准号
GB/T 2007. 1—1987	散装矿产品取样、制样通则 手工取样方法	GB/T 2007—1980
GB/T 2007. 2—1987	散装矿产品取样、制样通则 手工制样方法	GB/T 2007—1980
GB/T 2007. 3—1987	散装矿产品取样、制样通则 评定品质波动试验方法	GB/T 2007—1980
GB/T 2007. 4—2008	散装矿产品取样、制样通则 偏差、精密度校核试验方法	GB/T 2007. 4—1987、GB/T 2007. 5—1987
GB/T 2007. 6—1987	散装矿产品取样、制样通则 水分测定方法 热干燥法	GB/T 2007—1980
GB/T 2007. 7—1987	散装矿产品取样、制样通则 粒度测定方法 手工筛分法	GB/T 2007—1980
GB/T 3771—1983	铜合金硬度与强度换算值	
GB/T 5231—2012	加工铜及铜合金牌号和化学成分	GB/T 5231—2001
GB/T 8888—2014	重有色金属加工产品包装、标志、运输、贮存和质量证明书	GB/T 8888—2003
GB/T 11086—2013	铜及铜合金术语	GB/T 11086—1989
GB/T 20424—2006	重金属精矿产品中有害元素的限量规范	
GB 20664—2006	有色金属矿产品的天然放射性限值	
GB/T 27681—2011	铜棒线材熔铸等冷却水零排放和循环利用规范	
GB/T 27683—2011	易切削铜合金车削废屑回收规范	
GB/T 29091—2012	铜及铜合金牌号和代号表示方法	
GB/T 29094—2012	铜及铜合金状态表示方法	
GB/T 29773—2013	铜选矿厂废水回收利用规范	
GB/T 29998—2013	铜矿山低品位矿石可采选效益计算方法	
GB/T 29999—2013	铜矿山酸性废水综合处理规范	
YS/T 87—2009	铜、铅电解阳极泥取制样方法	YS/T 87—1995
YS/T 418—2012	有色金属精矿产品包装、标志、运输和贮存	YS/T 418—1999
YS/T 462—2003	铜及铜合金管棒型线材产品缺陷	
YS/T 463—2003	铜及铜合金板带箔材产品缺陷	
YS/T 888—2013	废电线电缆分类	
YS/T 1209—2018	有色金属冶炼产品编码规则与条码标识	

3.2 铜标准

3.2.1 化学分析方法标准

标 准 号	标 准 名 称	代替标准号
GB/T 3884.1—2012	铜精矿化学分析方法 第1部分：铜量的测定 碘量法	GB/T 3884.1—2000
GB/T 3884.2—2012	铜精矿化学分析方法 第2部分：金和银量的测定 火焰原子吸收光谱法和火试金法	GB/T 3884.2—2000
GB/T 3884.3—2012	铜精矿化学分析方法 第3部分：硫量的测定 重量法和燃烧—滴定法	GB/T 3884.3—2000
GB/T 3884.4—2012	铜精矿化学分析方法 第4部分：氧化镁量的测定 火焰原子吸收光谱法	GB/T 3884.4—2000
GB/T 3884.5—2012	铜精矿化学分析方法 第5部分：氟量的测定 离子选择电极法	GB/T 3884.5—2000
GB/T 3884.6—2012	铜精矿化学分析方法 第6部分：铅、锌、镉和镍量的测定 火焰原子吸收光谱法	GB/T 3884.6—2000
GB/T 3884.7—2012	铜精矿化学分析方法 第7部分：铅量的测定 Na_2EDTA 滴定法	GB/T 3884.7—2000
GB/T 3884.8—2012	铜精矿化学分析方法 第8部分：锌量的测定 Na_2EDTA 滴定法	GB/T 3884.8—2000
GB/T 3884.9—2012	铜精矿化学分析方法 第9部分：砷和铋量的测定 氢化物发生—原子荧光光谱法、溴酸钾滴定法和二乙基二硫代氨基甲酸银分光光度法	GB/T 3884.9—2000
GB/T 3884.10—2012	铜精矿化学分析方法 第10部分：锑量的测定 氢化物发生—原子荧光光谱法	GB/T 3884.10—2000
GB/T 3884.11—2005	铜精矿化学分析方法 第11部分：汞量的测定 冷原子吸收光谱法	
GB/T 3884.12—2010	铜精矿化学分析方法 第12部分：氟和氯含量的测定 离子色谱法	
GB/T 3884.13—2012	铜精矿化学分析方法 第13部分：铜量测定 电解法	
GB/T 3884.14—2012	铜精矿化学分析方法 第14部分：金和银量测定 火试金重量法和原子吸收光谱法	
GB/T 3884.15—2014	铜精矿化学分析方法 第15部分：铁量的测定 重铬酸钾滴定法	
GB/T 3884.16—2014	铜精矿化学分析方法 第16部分：二氧化硅量的测定 氟硅酸钾滴定法和重量法	

标 准 号	标 准 名 称	代替标准号
GB/T 3884.17—2014	铜精矿化学分析方法 第17部分：三氧化二铝量的测定 铬天青S胶束增溶光度法和沉淀分离—氟盐置换—Na_2EDTA滴定法	
GB/T 3884.18—2014	铜精矿化学分析方法 第18部分：砷、锑、铋、铅、锌、镍、镉、钴、氧化镁、氧化钙量的测定 电感耦合等离子体原子发射光谱法	
GB/T 3884.19—2017	铜精矿化学分析方法 第19部分：铊量的测定 电感耦合等离子体质谱法	
GB/T 5121.1—2008	铜及铜合金化学分析方法 第1部分：铜量的测定	GB/T 5121.1—1996
GB/T 5121.2—2008	铜及铜合金化学分析方法 第2部分：磷量的测定	GB/T 5121.2—1996、GB/T 13293.6—1991
GB/T 5121.3—2008	铜及铜合金化学分析方法 第3部分：铅量的测定	GB/T 5121.3—1996、GB/T 13293.7—1991
GB/T 5121.4—2008	铜及铜合金化学分析方法 第4部分：碳、硫量的测定	GB/T 5121.4—1996、GB/T 13293.13—1991
GB/T 5121.5—2008	铜及铜合金化学分析方法 第5部分：镍量的测定	GB/T 5121.5—1996、GB/T 13293.8—1991
GB/T 5121.6—2008	铜及铜合金化学分析方法 第6部分：铋量的测定	GB/T 5121.6—1996、GB/T 13293.2—1991
GB/T 5121.7—2008	铜及铜合金化学分析方法 第7部分：砷量的测定	GB/T 5121.7—1996、GB/T 13293.5—1991
GB/T 5121.8—2008	铜及铜合金化学分析方法 第8部分：氧量的测定	GB/T 5121.8—1996
GB/T 5121.9—2008	铜及铜合金化学分析方法 第9部分：铁量的测定	GB/T 5121.9—1996、GB/T 13293.7—1991
GB/T 5121.10—2008	铜及铜合金化学分析方法 第10部分：锡量的测定	GB/T 5121.10—1996、GB/T 13293.9—1991
GB/T 5121.11—2008	铜及铜合金化学分析方法 第11部分：锌量的测定	GB/T 5121.11—1996、GB/T 13293.10—1991
GB/T 5121.12—2008	铜及铜合金化学分析方法 第12部分：锑量的测定	GB/T 5121.12—1996、GB/T 13293.4—1991
GB/T 5121.13—2008	铜及铜合金化学分析方法 第13部分：铝量的测定	GB/T 5121.13—1996
GB/T 5121.14—2008	铜及铜合金化学分析方法 第14部分：锰量的测定	GB/T 5121.14—1996、GB/T 13293.3—1991
GB/T 5121.15—2008	铜及铜合金化学分析方法 第15部分：钴量的测定	GB/T 5121.15—1996、GB/T 13293.7—1991
GB/T 5121.16—2008	铜及铜合金化学分析方法 第16部分：铬量的测定	GB/T 5121.16—1996、GB/T 13293.3—1991

标　准　号	标　准　名　称	代替标准号
GB/T 5121.17—2008	铜及铜合金化学分析方法 第17部分：铍量的测定	GB/T 5121.17—1996
GB/T 5121.18—2008	铜及铜合金化学分析方法 第18部分：镁量的测定	GB/T 5121.18—1996
GB/T 5121.19—2008	铜及铜合金化学分析方法 第19部分：银量的测定	GB/T 5121.19—1996、GB/T 13293.12—1991
GB/T 5121.20—2008	铜及铜合金化学分析方法 第20部分：锆量的测定	GB/T 5121.20—1996
GB/T 5121.21—2008	铜及铜合金化学分析方法 第21部分：钛量的测定	GB/T 5121.21—1996
GB/T 5121.22—2008	铜及铜合金化学分析方法 第22部分：镉量的测定	GB/T 5121.22—1996、GB/T 13293.3—1991
GB/T 5121.23—2008	铜及铜合金化学分析方法 第23部分：硅量的测定	GB/T 5121.23—1996、GB/T 13293.11—1991
GB/T 5121.24—2008	铜及铜合金化学分析方法 第24部分：硒、碲含量的测定	GB/T 13293.1—1991
GB/T 5121.25—2008	铜及铜合金化学分析方法 第25部分：硼含量的测定	
GB/T 5121.26—2008	铜及铜合金化学分析方法 第26部分：汞量的测定	
GB/T 5121.27—2008	铜及铜合金化学分析方法 第27部分：电感耦合等离子体原子发射光谱法	
GB/T 5121.28—2010	铜及铜合金化学分析方法 第28部分：铬、铁、锰、钴、镍、锌、砷、硒、银、镉、锡、锑、碲、铅、铋量的测定 电感耦合等离子体质谱法	
GB/T 5121.29—2015	铜及铜合金化学分析方法 第29部分：三氧化二铝含量的测定	
GB/T 14260—2010	散装重有色金属浮选精矿取样、制样通则	
GB/T 14263—2010	散装浮选铜精矿取样、制样方法	
GB/T 23607—2009	铜阳极泥化学分析方法 砷、铋、铁、镍、铅、锑、硒、碲量的测定 电感耦合等离子体原子发射光谱法	
GB/T 27673—2011	硫化铜、铅、锌和镍精矿 散装干物料质量损失的测定	
GB/T 27679—2011	铜、铅、锌和镍精矿 检查取样精密度的实验方法	
GB/T 27680—2011	铜、铅、锌和镍精矿 检查取样误差的实验方法	

标 准 号	标 准 名 称	代替标准号
GB/T 30082—2013	硫化铜、硫化铅和硫化锌精矿 批料中金属质量的测定	
GB/T 30083—2013	铜、铅和锌矿及精矿 计量方法的精密度和偏差	
GB/T 33948.1—2017	铜钢复合金属化学分析方法 第1部分：铜含量的测定 碘量法	
GB/T 33948.2—2017	铜钢复合金属化学分析方法 第2部分：锌含量的测定 Na_2EDTA 滴定法	
YS/T 53.1—2010	铜、铅、锌原矿和尾矿化学分析方法 第1部分：金量的测定 火试金富集—火焰原子吸收光谱法	YS/T 53.1—1992
YS/T 53.2—2010	铜、铅、锌原矿和尾矿化学分析方法 第2部分：金量的测定 流动注射—8531纤维微型柱分离富集—火焰原子吸收光谱法	YS/T 53.2—1992
YS/T 53.3—2010	铜、铅、锌原矿和尾矿化学分析方法 第3部分：银量的测定 火焰原子吸收光谱法	YS/T 53.3—1992
YS/T 87—2009	铜、铅电解阳极泥取制样方法	YS/T 87—1995
YS/T 96—2009	散装浮选铜精矿中金、银分析取制样方法	YS/T 96—1996
YS/T 325.1—2009	镍铜合金化学分析方法 第1部分：镍量的测定 Na_2EDTA 滴定法	
YS/T 325.2—2009	镍铜合金化学分析方法 第2部分：铜量的测定 电解重量法	YS/T 325—1994
YS/T 325.3—2009	镍铜合金化学分析方法 第3部分：铁量的测定 火焰原子吸收光谱法	YS/T 325—1994
YS/T 325.4—2009	镍铜合金化学分析方法 第4部分：锰量的测定 火焰原子吸收光谱法	YS/T 325—1994
YS/T 325.5—2009	镍铜合金化学分析方法 第5部分：铝量的测定 Na_2EDTA 滴定法	YS/T 325—1994
YS/T 325.6—2009	镍铜合金化学分析方法 第6部分：钛量的测定 二安替吡啉甲烷分光光度法	
YS/T 464—2003	阴极铜直读光谱分析方法	
YS/T 470.1—2004	铜铍合金化学分析方法 电感耦合等离子体发射光谱法测定铍、钴、镍、钛、铁、铝、硅、铅、镁量	
YS/T 470.2—2004	铜铍合金化学分析方法 氟化钠滴定法测定铍量	
YS/T 470.3—2004	铜铍合金化学分析方法 钼蓝分光光度法测定磷量	
YS/T 482—2005	铜及铜合金分析方法 光电发射光谱法	

标　准　号	标　准　名　称	代替标准号
YS/T 483—2005	铜及铜合金分析方法 X 射线荧光光谱法（波长色散型）	
YS/T 521. 1—2009	粗铜化学分析方法 第 1 部分：铜量的测定 碘量法	YS/T 521. 1—2006
YS/T 521. 2—2009	粗铜化学分析方法 第 2 部分：金和银量的测定 火试金法	YS/T 521. 2—2006
YS/T 521. 3—2009	粗铜化学分析方法 第 3 部分：砷量的测定 方法 1 氢化物发生—原子荧光光谱法 方法 2 溴酸钾滴定法	YS/T 521. 3—2006
YS/T 521. 4—2009	粗铜化学分析方法 第 4 部分：铅、铋、锑量的测定 火焰原子吸收光谱法	YS/T 521. 4—2006
YS/T 521. 5—2009	粗铜化学分析方法 第 5 部分：锌和镍量的测定 火焰原子吸收光谱法	
YS/T 521. 6—2009	粗铜化学分析方法 第 6 部分：砷、锑、铋、铅、锌和镍量的测定 电感耦合等离子体原子发射光谱法	
YS/T 716. 1—2009	黑铜化学分析方法 第 1 部分：铜量的测定 硫代硫酸钠滴定法	
YS/T 716. 2—2016	黑铜化学分析方法 第 2 部分：金和银量的测定 火试金法	YS/T 716. 2—2009
YS/T 716. 3—2009	黑铜化学分析方法 第 3 部分：铋、镍、铅、锑和锌量的测定 火焰原子吸收光谱法	
YS/T 716. 4—2009	黑铜化学分析方法 第 4 部分：砷量的测定 碘量法	
YS/T 716. 5—2009	黑铜化学分析方法 第 5 部分：锡量的测定 碘酸钾滴定法	
YS/T 716. 6—2009	黑铜化学分析方法 第 6 部分：砷、铋、镍、铅、锑、锡、锌量的测定 电感耦合等离子体原子发射光谱法	
YS/T 716. 7—2016	黑铜化学分析方法 第 7 部分：铂量和钯量的测定 火试金富集—电感耦合等离子体原子发射光谱法和火焰原子吸收光谱法	
YS/T 745. 1—2010	铜阳极泥化学分析方法 第 1 部分：铜量的测定 碘量法	
YS/T 745. 2—2016	铜阳极泥化学分析方法 第 2 部分：金量和银量的测定 火试金重量法	YS/T 745. 2—2010
YS/T 745. 3—2010	铜阳极泥化学分析方法 第 3 部分：铂量和钯量的测定 火试金富集—电感耦合等离子体发射光谱法	

标准号	标准名称	代替标准号
YS/T 745.4—2010	铜阳极泥化学分析方法 第4部分：硒量的测定 碘量法	
YS/T 745.5—2010	铜阳极泥化学分析方法 第5部分：碲量的测定 重铬酸钾滴定法	
YS/T 745.6—2010	铜阳极泥化学分析方法 第6部分：铅量的测定 Na_2EDTA 滴定法	
YS/T 745.7—2010	铜阳极泥化学分析方法 第7部分：铋量的测定 火焰原子吸收光谱法和 Na_2EDTA 滴定法	
YS/T 745.8—2010	铜阳极泥化学分析方法 第8部分：砷量的测定 氢化物发生-原子荧光光谱法	
YS/T 745.9—2012	铜阳极泥化学分析方法 第9部分：锑量的测定 火焰原子吸收光谱法	
YS/T 813—2012	废杂黄铜化学成分分析取制样方法	
YS/T 910—2013	黄铜中铜量的测定 碘量法	
YS/T 922—2013	高纯铜化学分析方法 痕量杂质元素含量的测定 辉光放电质谱法	
YS/T 952—2014	铜钼多金属矿化学分析方法 铜和钼量的测定 电感耦合等离子体原子发射光谱法	
YS/T 990.1—2014	冰铜化学分析方法 第1部分：铜量的测定 碘量法	
YS/T 990.2—2014	冰铜化学分析方法 第2部分：金量和银量的测定 原子吸收光谱法和火试金法	
YS/T 990.3—2014	冰铜化学分析方法 第3部分：硫量的测定 重量法和燃烧滴定法	
YS/T 990.4—2014	冰铜化学分析方法 第4部分：铋量的测定 原子吸收光谱法	
YS/T 990.5—2014	冰铜化学分析方法 第5部分：氟量的测定 离子选择电极法	
YS/T 990.6—2014	冰铜化学分析方法 第6部分：铅量的测定 原子吸收光谱法和 Na_2EDTA 滴定法	
YS/T 990.7—2014	冰铜化学分析方法 第7部分：镉量的测定 原子吸收光谱法	
YS/T 990.8—2014	冰铜化学分析方法 第8部分：砷量的测定 氢化物发生—原子荧光光谱法、二乙基二代氨基甲酸银分光光度法和溴酸钾滴定法	
YS/T 990.9—2014	冰铜化学分析方法 第9部分：铁量的测定 重铬酸钾滴定法	
YS/T 990.10—2014	冰铜化学分析方法 第10部分：二氧化硅量的测定 硅钼蓝分光光度法和氟硅酸钾滴定法	

标 准 号	标 准 名 称	代替标准号
YS/T 990.11—2014	冰铜化学分析方法 第11部分：镍量的测定 原子吸收光谱法	
YS/T 990.12—2014	冰铜化学分析方法 第12部分：三氧化二铝量的测定 铬天青S分光光度法	
YS/T 990.13—2014	冰铜化学分析方法 第13部分：氧化镁量的测定 原子吸收光谱法	
YS/T 990.14—2014	冰铜化学分析方法 第14部分：锌量的测定 原子吸收光谱法和 Na_2EDTA 滴定法	
YS/T 990.15—2014	冰铜化学分析方法 第15部分：锑量的测定 原子吸收光谱法	
YS/T 990.16—2014	冰铜化学分析方法 第16部分：汞量的测定 冷原子吸收光谱法	
YS/T 990.17—2015	冰铜化学分析方法 第17部分：钴量的测定 原子吸收光谱法	
YS/T 990.18—2014	冰铜化学分析方法 第18部分：铅、锌、镍、砷、铋、锑、钙、镁、镉、钴量的测定 电感耦合等离子体原子发射光谱法	
YS/T 1046.1—2015	铜渣精矿化学分析方法 第1部分：铜量的测定 碘量法	
YS/T 1046.2—2015	铜渣精矿化学分析方法 第2部分：金量和银量的测定 原子吸收光谱法和火试金重量法	
YS/T 1046.3—2015	铜渣精矿化学分析方法 第3部分：硫量的测定 燃烧滴定法	
YS/T 1046.4—2015	铜渣精矿化学分析方法 第4部分：铁量的测定 重铬酸钾滴定法	
YS/T 1046.5—2015	铜渣精矿化学分析方法 第5部分：二氧化硅量的测定 氟硅酸钾滴定法	
YS/T 1046.6—2015	铜渣精矿化学分析方法 第6部分：三氧化二铝量的测定 电感耦合等离子体原子发射光谱法	
YS/T 1046.7—2015	铜渣精矿化学分析方法 第7部分：砷、锑、铋、铅、锌、氧化镁量的测定 电感耦合等离子体原子发射光谱法	
YS/T 1047.1—2015	铜磁铁矿化学分析方法 第1部分：铜量的测定 2，2′-联喹啉分光光度法和火焰原子吸收光谱法	
YS/T 1047.2—2015	铜磁铁矿化学分析方法 第2部分：全铁量的测定 重铬酸钾滴定法	
YS/T 1047.3—2015	铜磁铁矿化学分析方法 第3部分：铜量和铁量的测定 硫代硫酸钠滴定法	

标 准 号	标 准 名 称	代替标准号
YS/T 1047.4—2015	铜磁铁矿化学分析方法 第4部分：硫量的测定 高频燃烧红外线吸收光谱法	
YS/T 1047.5—2015	铜磁铁矿化学分析方法 第5部分：磷量的测定 滴定法	
YS/T 1047.6—2015	铜磁铁矿化学分析方法 第6部分：铜、全铁、二氧化硅、三氧化铝、氧化钙、氧化镁、二氧化钛、氧化锰和磷量的测定 波长色散X射线荧光光谱法	
YS/T 1047.7—2015	铜磁铁矿化学分析方法 第7部分：铜、锰、铝、钙、镁、钛和磷量的测定 电感耦合等离子体原子发射光谱法	
YS/T 1047.8—2015	铜磁铁矿化学分析方法 第8部分：二氧化硅量的测定 重量法	
YS/T 1047.9—2015	铜磁铁矿化学分析方法 第9部分：金属铁量的测定 磺基水杨酸分光光度法	
YS/T 1047.10—2015	铜磁铁矿化学分析方法 第10部分：氧化亚铁量的测定 重铬酸钾滴定法	
YS/T 1047.11—2015	铜磁铁矿化学分析方法 第11部分：磁性铁量的测定 重铬酸钾滴定法	
YS/T 1115.1—2016	铜原矿和尾矿化学分析方法 第1部分：铜量的测定 火焰原子吸收光谱法	
YS/T 1115.2—2016	铜原矿和尾矿化学分析方法 第2部分：铅量的测定 火焰原子吸收光谱法	
YS/T 1115.3—2016	铜原矿和尾矿化学分析方法 第3部分：锌量的测定 火焰原子吸收光谱法	
YS/T 1115.4—2016	铜原矿和尾矿化学分析方法 第4部分：镍量的测定 火焰原子吸收光谱法	
YS/T 1115.5—2016	铜原矿和尾矿化学分析方法 第5部分：钴量的测定 火焰原子吸收光谱法	
YS/T 1115.6—2016	铜原矿和尾矿化学分析方法 第6部分：镉量的测定 火焰原子吸收光谱法	
YS/T 1115.7—2016	铜原矿和尾矿化学分析方法 第7部分：锰量的测定 火焰原子吸收光谱法	
YS/T 1115.8—2016	铜原矿和尾矿化学分析方法 第8部分：镁量的测定 火焰原子吸收光谱法	
YS/T 1115.9—2016	铜原矿和尾矿化学分析方法 第9部分：硫量的测定 高频红外吸收法和燃烧—碘酸钾滴定法	
YS/T 1115.10—2016	铜原矿和尾矿化学分析方法 第10部分：磷量的测定 钼蓝分光光度	

标　准　号	标　准　名　称	代替标准号
YS/T 1115.11—2016	铜原矿和尾矿化学分析方法 第11部分：钼量的测定 硫氰酸盐分光光度法	
YS/T 1115.12—2016	铜原矿和尾矿化学分析方法 第12部分：铜、铅、锌、镍、钴、镉、镁和锰量的测定 电感耦合等离子体原子发射光谱法	
YS/T 1115.13—2016	铜原矿和尾矿化学分析方法 第13部分：氟量的测定 离子选择电极法和离子色谱法	
YS/T 1115.14—2016	铜原矿和尾矿化学分析方法 第14部分：砷量的测定 氢化物发生原子荧光光谱法和溴酸钾滴定法	
YS/T 1158.1—2016	铜铟镓硒靶材化学分析方法 第1部分：镓量和铟量的测定 电感耦合等离子体原子发射光谱法	
YS/T 1158.2—2016	铜铟镓硒靶材化学分析方法 第2部分：硒量的测定 重量法	
YS/T 1158.3—2016	铜铟镓硒靶材化学分析方法 第3部分：铝、铁、镍、铬、锰、铅、锌、镉、钴、钼、钡、镁量的测定 电感耦合等离子体质谱法	
YS/T 1230.1—2018	阳极铜化学分析方法 第1部分：铜量的测定 碘量法和电解法	
YS/T 1230.2—2018	阳极铜化学分析方法 第2部分：金量和银量的测定 火试金法	
YS/T 1230.3—2018	阳极铜化学分析方法 第3部分：锡、铁、砷、锑、铋、铅、锌、镍量的测定 电感耦合等离子体原子发射光谱法	
YS/T 1230.4—2018	阳极铜化学分析方法 第4部分：氧量的测定 脉冲红外法	

3.2.2　理化性能试验方法标准

标　准　号	标　准　名　称	代替标准号
GB/T 2828.1—2012	计数抽样检验程序 第1部分：按接收质量限（AQL）检索的逐批检验抽样计划	GB/T 2828.1—2003
GB/T 3310—2010	铜及铜合金棒材超声波探伤方法	GB 3310—1999
GB/T 5248—2016	铜及铜合金无缝管涡流探伤方法	GB/T 5248—2008
GB/T 10119—2008	黄铜耐脱锌腐蚀性能的测定	GB/T 10119—1988
GB/T 10567.1—1997	铜及铜合金加工材残余应力检验方法 硝酸亚汞试验法	GB/T 10567—1989
GB/T 10567.2—2007	铜及铜合金加工材残余应力检验方法 氨熏试验法	GB/T 10567—1989、GB/T 8000—2001

标 准 号	标 准 名 称	代替标准号
GB/T 13557—2017	印制电路用挠性覆铜箔材料试验方法	GB/T 13557—1992
GB/T 23606—2009	铜氢脆检验方法	
GB/T 26303.1—2010	铜及铜合金加工材外形尺寸检测方法 第1部分：管材	
GB/T 26303.2—2010	铜及铜合金加工材外形尺寸检测方法 第2部分：棒、线、型材	
GB/T 26303.3—2010	铜及铜合金加工材外形尺寸检测方法 第3部分：板带材	
GB/T 29997—2013	铜及铜合金棒线材涡流探伤方法	
GB/T 32791—2016	铜及铜合金导电率涡流测试方法	
GB/T 33370—2016	铜及铜合金软化温度的测定方法	
GB/T 33817—2017	铜及铜合金管材内表面碳含量的测定方法	
GB/T 34505—2017	铜及铜合金材料 室温拉伸试验方法	
YS/T 335—2009	无氧铜含氧量金相检验方法	YS/T 335—1994
YS/T 336—2010	铜、镍及其合金管材和棒材断口检验方法	YS/T 336—1994
YS/T 347—2004	铜及铜合金平均晶粒度测定方法	YS/T 347—1994
YS/T 448—2002	铜及铜合金铸造和加工产品宏观组织检验方法	
YS/T 449—2002	铜及铜合金铸造和加工产品显微组织检验方法	
YS/T 466—2003	铜板带箔材耐热性能试验方法 硬度法	
YS/T 471—2004	铜及铜合金韦氏硬度试验方法	
YS/T 585—2013	铜及铜合金板材超声波探伤方法	YS/T 585—2006
YS/T 668—2008	铜及铜合金理化检测取样方法	
YS/T 814—2012	黄铜制成品应力腐蚀试验方法	
YS/T 815—2012	铜及铜合金力学性能和工艺性能试样的制备方法	
YS/T 864—2013	铜及铜合金板带箔材表面清洁度检验方法	
YS/T 999—2014	铜及铜合金毛细管涡流探伤方法	
YS/T 1000—2014	铜及铜合金管材超声波纵波探伤方法	
YS/T 1103—2016	铜及铜合金管材超声波（横波）检测方法	
YS/T 1210—2018	铜中含氧量的显微镜偏光检验方法	

3.2.3 产品标准

3.2.3.1 冶炼及矿产品标准

标 准 号	标 准 名 称	代替标准号
GB/T 467—2010	阴极铜	GB/T 467—1997
GB/T 20302—2014	阳极磷铜材	GB/T 20302—2006

标　准　号	标　准　名　称	代替标准号
GB/T 25953—2010	有色金属选矿回收铁精矿	
GB/T 26017—2010	高纯铜	
GB/T 29502—2013	硫铁矿烧渣	
GB/T 33140—2016	集成电路用磷铜阳极	
YS/T 70—2015	粗铜	YS/T 70—2005
YS/T 94—2017	硫酸铜（冶炼副产品）	YS/T 94—2007
YS/T 260—2016	铜铍中间合金锭	GB/T 6897—1986、YS/T 260—2004
YS/T 283—2009	铜中间合金锭	YS/T 283—1994
YS/T 318—2007	铜精矿	YS/T 318—1997
YS/T 468—2018	有色金属选矿用石灰	YS/T 468—2004
YS/T 544—2009	铸造铜合金锭	YS/T 544—2006、YS/T 545—2006
YS/T 761—2011	饮用水系统零部件用易切削铜合金铸锭	
YS/T 819—2012	电子薄膜用高纯铜溅射靶材	
YS/T 912—2013	阳极纯铜粒	
YS/T 919—2013	高纯铜铸锭	
YS/T 921—2013	冰铜	
YS/T 991—2014	铜阳极泥	
YS/T 1015—2014	铜铟合金锭	
YS/T 1083—2015	阳极铜	
YS/T 1089—2015	湿法冶金铜电积用阳极板	
YS/T 1090—2015	湿法冶金铜电积用阴极板	
YS/T 1155—2016	铜铟镓硒合金粉	
YS/T 1156—2016	铜铟镓硒靶材	

3.2.3.2　板材标准

标　准　号	标　准　名　称	代替标准号
GB/T 2040—2017	铜及铜合金板材	GB/T 2040—2008
GB/T 2056—2005	电镀用铜、锌、镉、镍、锡阳极板	GB/T 2055—1989、GB/T 2056—1980、GB/T 2057—1989、GB/T 2058—1989、GB/T 2528—1989
GB/T 2529—2012	导电用铜板和条	GB/T 2529—2005
GB/T 14594—2014	电真空器件用无氧铜板和带	GB/T 14594—2005
GB/T 17793—2010	加工铜及铜合金板带材 外形尺寸及允许偏差	GB/T 17793—1999

标　准　号	标　准　名　称	代替标准号
GB/T 26025—2010	连续铸钢结晶器用铜模板	
GB/T 26286—2010	电解用异型导电铜板	
GB/T 26299—2010	耐蚀用铜合金板、带材	
YS/T 567—2010	照相制版用铜板	YS/T 567—2006
YS/T 810—2012	导电用再生铜条	
YS/T 811—2012	高炉冷却壁用铜板	

3.2.3.3　带、箔材标准

标　准　号	标　准　名　称	代替标准号
GB/T 2059—2017	铜及铜合金带材	GB/T 2059—2008
GB/T 2061—2013	散热器散热片专用铜及铜合金箔材	GB/T 2061—2004
GB/T 2532—2014	散热器水室和主片用黄铜带	GB/T 2532—2005
GB/T 5187—2008	铜及铜合金箔材	GB/T 5187—1985、GB/T 5188—1985、GB/T 5189—1985
GB/T 5230—1995	电解铜箔	GB/T 5230—1985
GB/T 11087—2012	散热器冷却管专用黄铜带	GB/T 11087—2001
GB/T 11090—2013	雷管用铜及铜合金带	GB/T 11090—1989
GB/T 11091—2014	电缆用铜带	GB/T 11091—2005
GB/T 17793—2010	加工铜及铜合金板带材 外形尺寸及允许偏差	GB/T 17793—1999
GB/T 18813—2014	变压器铜带	GB/T 18813—2002
GB/T 20254.1—2015	引线框架用铜及铜合金带材 第1部分：平带	GB/T 20254.1—2006
GB/T 20254.2—2015	引线框架用铜及铜合金带材 第2部分：异性带	GB/T 20254.2—2006
GB/T 26007—2017	弹性元件和接插件用铜合金带箔材	GB/T 26007—2010
GB/T 26015—2010	覆合用铜带	
GB/T 26301—2010	屏蔽用锌白铜带	
GB/T 30016—2013	接触网用青铜板带	
GB/T 32468—2015	铜铝复合板带	
GB/T 33816—2017	断路器用铜带	
GB/T 33970—2017	电阻焊电极用 Al_2O_3 弥散强化铜片材	
GB/T 34497—2017	端子连接器用铜及铜合金带箔材	
GB/T 36146—2018	锂离子电池用压延铜箔	
GB/T 36162—2018	铜—钢复合薄板和带材	
YS/T 323—2012	铍青铜板材和带材	YS/T 323—2002
YS/T 566—2009	双金属带	YS/T 566—2006
YS/T 808—2012	太阳能装置用铜带	
YS/T 809—2012	接插件用铜及铜合金异型带	
YS/T 974—2014	复合触点材料用铜及铜合金带材	

标　准　号	标　准　名　称	代替标准号
YS/T 1039—2015	挠性印制线路板用压延铜箔	
YS/T 1040—2015	谐振器用锌白铜带	
YS/T 1041—2015	汽车端子连接器用铜及铜合金带	
YS/T 1043—2015	电机整流子用银无氧铜带材	
YS/T 1044—2015	服饰金属附件用铜合金带材	
YS/T 1045—2015	装饰装潢用铜—钢复合薄板和带材	
YS/T 1082—2015	灯引线支架用铜带	
YS/T 1102—2016	光电倍增管用铍青铜带	
YS/T 1104—2016	深冲压用铜—钢复合薄板和带材	
YS/T 1110—2016	连续挤压铜带坯	

3.2.3.4　管材标准

标　准　号	标　准　名　称	代替标准号
GB/T 1527—2017	铜及铜合金拉制管	GB/T 1527—2006
GB/T 1531—2009	铜及铜合金毛细管	GB/T 1531—1994
GB/T 8890—2015	热交换器用铜合金无缝管	GB/T 8890—2007
GB/T 8891—2013	铜及铜合金散热管	GB/T 8891—2000
GB/T 8892—2014	压力表用铜合金管	GB/T 8892—1988、GB/T 8892—2005
GB/T 8894—2014	铜及铜合金波导管	GB/T 8894—2007
GB/T 16866—2006	铜及铜合金无缝管材外形尺寸及允许偏差	GB/T 16866—1997
GB/T 17791—2017	空调与制冷设备用无缝铜管	GB/T 17791—2007
GB/T 18033—2017	无缝铜水管和铜气管	GB/T 18033—2007
GB/T 19447—2013	热交换器用铜及铜合金无缝翅片管	GB/T 19447—2004
GB/T 19849—2014	电缆用无缝铜管	GB/T 19849—2005
GB/T 19850—2013	导电用无缝圆形铜管	GB/T 19850—2005
GB/T 20301—2015	磁控管用无氧铜管	GB/T 20301—2006
GB/T 20928—2007	无缝内螺纹铜管	
GB/T 23609—2009	海水淡化装置用铜合金无缝管	
GB/T 26024—2010	空调与制冷系统阀件用铜及铜合金无缝管	
GB/T 26290—2010	红色黄铜无缝管	
GB/T 26291—2010	舰船用铜镍合金无缝管	
GB/T 26302—2010	热管用无缝铜及铜合金管	
GB/T 26313—2010	铍青铜无缝管	
GB/T 27672—2011	焊割用铜及铜合金无缝管	
GB/T 29093—2012	地下杆式抽油泵用无缝铜合金管	
GB/T 31977—2015	核电冷凝器用铜合金无缝管	
GB/T 33952—2017	铜包铝管	
GB/T 33949—2017	轴承保持架用铜合金环材	

标　准　号	标　准　名　称	代替标准号
YS/T 266—2012	航空散热管	YS/T 266—1994
YS/T 267—2011	拉杆天线用铜合金套管	YS/T 267—1994
YS/T 450—2013	冰箱用高清洁度铜管	YS/T 450—2002
YS/T 451—2012	塑覆铜管	YS/T 451—2002
YS/T 635—2007	卫生洁具用黄铜管	
YS/T 650—2007	医用气体和真空用无缝铜管	
YS/T 662—2007	铜及铜合金挤制管	
YS/T 669—2013	同步器齿环用挤制铜合金管	YS/T 669—2008
YS/T 670—2008	空调器连接用保温铜管	
YS/T 760—2011	导电用D型铜管	
YS/T 865—2013	铜及铜合金无缝高翅片管	
YS/T 909—2013	电真空器件用无氧铜管材	
YS/T 911—2013	铜及铜合金U型管	
YS/T 960—2014	空调与制冷设备用铝包铜管	
YS/T 961—2014	空调与制冷设备用内螺纹铝包铜管	
YS/T 962—2014	铜合金连铸管	

3.2.3.5　棒材标准

标　准　号	标　准　名　称	代替标准号
GB/T 4423—2007	铜及铜合金拉制棒	GB/T 4423—1992、GB/T 13809—1992
GB/T 26306—2010	易切削铜合金棒	
GB/T 26311—2010	再生铜及铜合金棒	
GB/T 27671—2011	导电用铜型材	
GB/T 30015—2013	接触网用青铜棒	
GB/T 30852—2014	牵引电机用导电铜合金型材	
GB/T 30853—2014	牵引电机用铜合金锻环	
GB/T 30586—2014	连铸轧制铜包铝扁棒、扁线	
GB/T 33825—2017	密封继电器用钢包铜复合棒线材	
GB/T 33945—2017	电机整流子换向片用铬锆铜棒材	
GB/T 33946—2017	电磁推射装置用铜合金型、棒材	
GB/T 33951—2017	精密仪器仪表和电讯器材用铜合金棒线	
GB/T 36161—2018	耐磨黄铜棒	
GB/T 36166—2018	液压元件用铜合金棒、型材	
YS/T 76—2010	铅黄铜拉花棒	YS/T 76—1994
YS/T 77—2011	注射器针座用铅黄铜棒	YS/T 77—1994
YS/T 334—2009	铍青铜圆形棒材	YS/T 334—1995
YS/T 551—2009	数控车床用铜合金棒	YS/T 551—2006
YS/T 583—2016	热锻水暖管件用黄铜棒	YS/T 583—2006

标　准　号	标　准　名　称	代替标准号
YS/T 584—2006	电极材料用铬、锆青铜棒材	
YS/T 615—2018	导电用铜棒	YS/T 615—2006
YS/T 647—2007	铜锌铋碲合金棒	
YS/T 648—2007	铜碲合金棒	
YS/T 649—2007	铜及铜合金挤制棒	GB/T 13808—1992
YS/T 759—2011	铜及铜合金铸棒	
YS/T 812—2012	电真空器件用无氧铜棒线	
YS/T 862—2013	再生铸造铅黄铜型材	
YS/T 863—2013	计算机散热器用铜型材	
YS/T 998—2014	Al_2O_3 弥散强化铜棒材和线材	
YS/T 1038—2015	电机换向器用铜及铜合金梯形型材	
YS/T 1042—2015	易切削铜合金拉制空心型材	
YS/T 1096—2016	电工用镉铜棒	
YS/T 1098—2016	全自动车床专用再生黄铜棒	
YS/T 1101—2016	船舶压缩机零件用铝白铜棒	
YS/T 1111—2016	磁极线圈用铜型材	
YS/T 1112—2016	精密模具材料用铜合金棒材	
YS/T 1113—2016	锌及锌合金棒材和型材	
YS/T 1114—2016	海水管系零部件用铝青铜棒材	

3.2.3.6　丝、线材标准

标　准　号	标　准　名　称	代替标准号
GB/T 2903—1998	铜—铜镍（康铜）热电偶丝	GB/T 2903—1989
GB/T 3114—2010	铜及铜合金扁线	GB/T 3114—1994
GB/T 3952—2016	电工用铜线坯	GB/T 3952—2008
GB/T 20509—2006	电力机车接触材料用铜及铜合金线坯	
GB/T 21652—2017	铜及铜合金线材	GB/T 21652—2008
GB/T 26044—2010	信号传输用单晶圆铜线及其线坯	
GB/T 26048—2010	易切削铜合金线材	
GB/T 33882—2017	换向器用银无氧铜线坯	
YS/T 571—2009	铍青铜圆形线材	YS/T 571—2006
YS/T 867—2013	镀银（银镍复合镀）铜及铜合金圆线	
YS/T 868—2013	单向走丝电火花加工用黄铜线	
YS/T 973—2014	电池集流体用黄铜线	
YS/T 1097—2016	电极材料用铬、锆铜线材	
YS/T 1099—2016	气门芯杆用黄铜线	
YS/T 1100—2016	圆珠笔芯用易切削锌白铜线材	

3.2.3.7 粉末标准

标 准 号	标 准 名 称	代替标准号
GB/T 5246—2007	电解铜粉	GB/T 5246—1985
GB/T 26034—2010	片状铜粉	
GB/T 26046—2010	氧化铜粉	
GB/T 26049—2010	银包铜粉	
YS/T 499—2015	雾化铜粉	YS/T 499—2006
YS/T 706—2009	铁青铜复合粉	

3.3 铅标准

3.3.1 化学分析方法标准

标 准 号	标 准 名 称	代替标准号
GB/T 4103.1—2012	铅及铅合金化学分析方法 第1部分：锡量的测定	GB/T 4103.1—2000
GB/T 4103.2—2012	铅及铅合金化学分析方法 第2部分：锑量的测定	GB/T 4103.2—2000
GB/T 4103.3—2012	铅及铅合金化学分析方法 第3部分：铜量的测定	GB/T 4103.3—2000
GB/T 4103.4—2012	铅及铅合金化学分析方法 第4部分：铁量的测定	GB/T 4103.4—2000
GB/T 4103.5—2012	铅及铅合金化学分析方法 第5部分：铋量的测定	GB/T 4103.5—2000
GB/T 4103.6—2012	铅及铅合金化学分析方法 第6部分：砷量的测定	GB/T 4103.6—2000
GB/T 4103.7—2012	铅及铅合金化学分析方法 第7部分：硒量的测定	GB/T 4103.7—2000
GB/T 4103.8—2012	铅及铅合金化学分析方法 第8部分：碲量的测定	GB/T 4103.8—2000
GB/T 4103.9—2012	铅及铅合金化学分析方法 第9部分：钙量的测定	GB/T 4103.9—2000
GB/T 4103.10—2012	铅及铅合金化学分析方法 第10部分：银量的测定	GB/T 4103.10—2000
GB/T 4103.11—2012	铅及铅合金化学分析方法 第11部分：锌量的测定	GB/T 4103.11—2000
GB/T 4103.12—2012	铅及铅合金化学分析方法 第12部分：铊量的测定	GB/T 4103.12—2000
GB/T 4103.13—2012	铅及铅合金化学分析方法 第13部分：铝量的测定	GB/T 4103.13—2000

标　准　号	标　准　名　称	代替标准号
GB/T 4103. 14—2009	铅及铅合金化学分析方法 第14部分：镉量的测定 火焰原子吸收光谱法	
GB/T 4103. 15—2009	铅及铅合金化学分析方法 第15部分：镍量的测定 火焰原子吸收光谱法	
GB/T 4103. 16—2009	铅及铅合金化学分析方法 第16部分：铜、银、铋、砷、锑、锡、锌量的测定 光电直读发射光谱法	
GB/T 8152. 1—2006	铅精矿化学分析方法 铅量的测定 酸溶解—EDTA滴定法	GB/T 8152. 1—1987
GB/T 8152. 2—2006	铅精矿化学分析方法 铅量的测定 硫酸铅沉淀—EDTA返滴定法	GB/T 8152. 1—1987
GB/T 8152. 3—2006	铅精矿化学分析方法 三氧化二铝量的测定 铬天青S分光光度法	GB/T 8152. 3—1987
GB/T 8152. 4—2006	铅精矿化学分析方法 锌量的测定 EDTA滴定法	GB/T 8152. 4—1987
GB/T 8152. 5—2006	铅精矿化学分析方法 砷量的测定 原子荧光光谱法	GB/T 8152. 5—1987
GB/T 8152. 6—1987	铅精矿化学分析方法 极谱法测定铋量	YB/T 495—1975
GB/T 8152. 7—2006	铅精矿化学分析方法 铜量的测定 火焰原子吸收光谱法	GB/T 8152. 7—1987
GB/T 8152. 8—1987	铅精矿化学分析方法 二硫代二安替比林甲烷分光光度法测定铋量	YB/T 495—1975
GB/T 8152. 9—2006	铅精矿化学分析方法 氧化镁的测定 火焰原子吸收光谱法	GB/T 8152. 9—1989
GB/T 8152. 10—2006	铅精矿化学分析方法 银量和金量的测定 铅析或灰吹火试金和火焰原子吸收光谱法	GB/T 8152. 10—1989、GB/T 8152. 9—1989
GB/T 8152. 11—2006	铅精矿化学分析方法 汞量的测定 原子荧光光谱法	
GB/T 8152. 12—2006	铅精矿化学分析方法 镉量的测定 火焰原子吸收光谱法	
GB/T 8152. 13—2017	铅精矿化学分析方法 第13部分：铊量的测定 电感耦合等离子体质谱法和电感耦合等离子体—原子发射光谱法	
GB/T 14262—2010	散装浮选铅精矿取样、制样方法	GB/T 14262—1993
YS/T 53. 1—2010	铜、铅、锌原矿和尾矿化学分析方法 第1部分：金量的测定 火试金富集—火焰原子吸收光谱法	YS/T 53. 1—1992
YS/T 53. 2—2010	铜、铅、锌原矿和尾矿化学分析方法 第2部分：金量的测定 流动注射—8531纤维微型柱分离富集—火焰原子吸收光谱法	YS/T 53. 2—1992

标 准 号	标 准 名 称	代替标准号
YS/T 53.3—2010	铜、铅、锌原矿和尾矿化学分析方法 第3部分：银量的测定 火焰原子吸收光谱法	YS/T 53.3—1992
YS/T 87—2009	铜、铅电解阳极泥中取制样方法	YS/T 87—1995
YS/T 229.1—2013	高纯铅化学分析方法 第1部分：银、铜、铋、铝、镍、锡、镁和铁量的测定 化学光谱法	YS/T 229.1—1994
YS/T 229.2—2013	高纯铅化学分析方法 第2部分：砷量的测定 原子荧光光谱法	YS/T 229.2—1994
YS/T 229.3—2013	高纯铅化学分析方法 第3部分：锑量的测定 原子荧光光谱法	YS/T 229.3—1994
YS/T 229.4—2013	高纯铅化学分析方法 第4部分：痕量杂质元素含量的测定 辉光放电质谱法	
YS/T 248.1—2007	粗铅化学分析方法 铅量的测定 Na_2EDTA 滴定法	YS/T 248.1—1994
YS/T 248.2—2007	粗铅化学分析方法 锡量的测定 苯基荧光酮分光光度法和碘酸钾滴定法	YS/T 248.2—1994
YS/T 248.3—2007	粗铅化学分析方法 锑量的测定 火焰原子吸收光谱法	YS/T 248.3—1994、YS/T 248.4—1994
YS/T 248.4—2007	粗铅化学分析方法 砷量的测定 砷锑钼蓝分光光度法和萃取—碘滴定法	YS/T 248.5—1994
YS/T 248.5—2007	粗铅化学分析方法 铜量的测定 火焰原子吸收光谱法	YS/T 248.6—1994
YS/T 248.6—2007	粗铅化学分析方法 金量和银量的测定 火试金法	YS/T 248.7—1994、YS/T 248.8—1994
YS/T 248.7—2007	粗铅化学分析方法 银量的测定 火焰原子吸收光谱法	YS/T 248.9—1994
YS/T 248.8—2007	粗铅化学分析方法 锌量的测定 火焰原子吸收光谱法	
YS/T 248.9—2007	粗铅化学分析方法 铋量的测定 火焰原子吸收光谱法	
YS/T 248.10—2007	粗铅化学分析方法 铁量的测定 火焰原子吸收光谱法	
YS/T 461.1—2013	混合铅锌精矿化学分析方法 第1部分：铅量与锌量的测定 沉淀分离 Na_2EDTA 法	YS/T 461.1—2003
YS/T 461.2—2013	混合铅锌精矿化学分析方法 第2部分：铁量的测定 Na_2EDTA 滴定法	YS/T 461.2—2003
YS/T 461.3—2013	混合铅锌精矿化学分析方法 第3部分：硫量的测定 燃烧—中和滴定法	YS/T 461.3—2003
YS/T 461.4—2013	混合铅锌精矿化学分析方法 第4部分：砷量的测定 碘滴定法	YS/T 461.4—2003

标　准　号	标　准　名　称	代替标准号
YS/T 461.5—2013	混合铅锌精矿化学分析方法 第5部分：二氧化硅量的测定 钼蓝分光光度法	YS/T 461.5—2003
YS/T 461.6—2013	混合铅锌精矿化学分析方法 第6部分：汞量的测定 原子荧光光谱法	YS/T 461.6—2003
YS/T 461.7—2013	混合铅锌精矿化学分析方法 第7部分：镉量的测定 火焰原子吸收光谱法	YS/T 461.7—2003
YS/T 461.8—2013	混合铅锌精矿化学分析方法 第8部分：铜量的测定 火焰原子吸收光谱法	YS/T 461.8—2003
YS/T 461.9—2013	混合铅锌精矿化学分析方法 第9部分：银量的测定 火焰原子吸收光谱法	YS/T 461.9—2003
YS/T 461.10—2013	混合铅锌精矿化学分析方法 第10部分：金量与银量的测定 火试金法	YS/T 461.10—2003
YS/T 775.1—2011	铅阳极泥化学分析方法 第1部分：铅量的测定 Na_2EDTA滴定法	
YS/T 775.2—2011	铅阳极泥化学分析方法 第2部分：铋量的测定 火焰原子吸收光谱法和Na_2EDTA滴定法	
YS/T 775.3—2011	铅阳极泥化学分析方法 第3部分：砷量的测定 溴酸钾滴定法	
YS/T 775.4—2011	铅阳极泥化学分析方法 第4部分：锑量的测定 火焰原子吸收光谱法和硫酸铈滴定法	
YS/T 775.5—2011	铅阳极泥化学分析方法 第5部分：金量和银量的测定 火试金重量法	
YS/T 775.6—2011	铅阳极泥化学分析方法 第6部分：铜量的测定 碘量法	
YS/T 775.7—2011	铅阳极泥化学分析方法 第7部分：砷、铜、硒量的测定 电感耦合等离子体原子发射光谱法	
YS/T 1050.1—2015	铅锑精矿化学分析方法 第1部分：铅量的测定 Na_2EDTA滴定法	
YS/T 1050.2—2015	铅锑精矿化学分析方法 第2部分：锑量的测定 硫酸铈滴定法	
YS/T 1050.3—2015	铅锑精矿化学分析方法 第3部分：砷量的测定 溴酸钾滴定法	
YS/T 1050.4—2015	铅锑精矿化学分析方法 第4部分：锌量的测定 Na_2EDTA滴定法	
YS/T 1050.5—2015	铅锑精矿化学分析方法 第5部分：硫量的测定 重量法	
YS/T 1050.6—2015	铅锑精矿化学分析方法 第6部分：铁量的测定 硫酸铈滴定法	

标 准 号	标 准 名 称	代替标准号
YS/T 1050.7—2015	铅锑精矿化学分析方法 第7部分：铋量和铜量的测定 火焰原子吸收光谱法	
YS/T 1050.8—2015	铅锑精矿化学分析方法 第8部分：金量和银量的测定 火试金法	
YS/T 1050.9—2015	铅锑精矿化学分析方法 第9部分：银量的测定 火焰原子吸收光谱法	
YS/T 1050.10—2015	铅锑精矿化学分析方法 第10部分：铊量的测定 电感耦合等离子体质谱法和电感耦合等离子体原子发射光谱法	

3.3.2 产品标准

3.3.2.1 冶炼及矿产品标准

标 准 号	标 准 名 称	代替标准号
GB/T 469—2013	铅锭	GB/T 469—2005
GB/T 8740—2013	铸造轴承合金锭	GB/T 8740—2005
GB/T 26011—2010	电缆护套铅锭	
GB/T 26045—2010	蓄电池板栅用铅钙合金锭	
YS/T 71—2013	粗铅	YS/T 71—2004
YS/T 265—2012	高纯铅	YS/T 265—1994
YS/T 319—2013	铅精矿	YS/T 319—2007
YS/T 452—2013	混合铅锌精矿	YS/T 452—2002
YS/T 882—2013	铅锑精矿	
YS/T 915—2013	蓄电池板栅用铅锑合金锭	
YS/T 992—2014	铅阳极泥	
YS/T 1091—2015	铅膏	
YS/T 1223—2018	冶炼副产品 铅铊合金锭	

3.3.2.2 加工产品标准

标 准 号	标 准 名 称	代替标准号
GB/T 1470—2014	铅及铅锑合金板	GB/T 1470—2005
GB/T 1472—2014	铅及铅锑合金管	GB/T 1472—2005
GB/T 3132—1982	保险铅丝	YB/T 567—1965
YS/T 498—2006	电解沉积用铅阳极板	GB/T 1471—1988
YS/T 523—2011	锡、铅及其合金箔和锌箔	YS/T 523—2006
YS/T 636—2007	铅及铅锑合金棒和线材	GB/T 1473—1979、GB/T 1474—1979

3.4 锌标准

3.4.1 化学分析方法标准

标　准　号	标　准　名　称	代替标准号
GB/T 4104—2017	直接法氧化锌白度（颜色）检验方法	GB/T 4104—2003
GB/T 4372.1—2014	直接法氧化锌化学分析方法 第1部分：氧化锌量的测定 Na_2EDTA 滴定法	GB/T 4372.1—2001
GB/T 4372.2—2014	直接法氧化锌化学分析方法 第2部分：氧化铅量的测定 火焰原子吸收光谱法	GB/T 4372.2—2001
GB/T 4372.3—2015	直接法氧化锌化学分析方法 第3部分：氧化铜量的测定 火焰原子吸收光谱法	GB/T 4372.3—2001
GB/T 4372.4—2015	直接法氧化锌化学分析方法 第4部分：氧化镉量的测定 火焰原子吸收光谱法	GB/T 4372.4—2001
GB/T 4372.5—2014	直接法氧化锌化学分析方法 第5部分：锰量的测定 火焰原子吸收光谱法	GB/T 4372.5—2001
GB/T 4372.6—2014	直接法氧化锌化学分析方法 第6部分：金属锌的检验	GB/T 4372.6—2001
GB/T 4372.7—2014	直接法氧化锌化学分析方法 第7部分：三氧化二铁量的测定 火焰原子吸收光谱法	
GB/T 8151.1—2012	锌精矿化学分析方法 第1部分：锌量的测定 沉淀分离 Na_2EDTA 滴定法和萃取分离 Na_2EDTA 滴定法	GB/T 8151.1—2000
GB/T 8151.2—2012	锌精矿化学分析方法 第2部分：硫量的测定 燃烧中和滴定法	GB/T 8151.2—2000
GB/T 8151.3—2012	锌精矿化学分析方法 第3部分：铁量的测定 Na_2EDTA 滴定法	GB/T 8151.3—2000
GB/T 8151.4—2012	锌精矿化学分析方法 第4部分：二氧化硅量的测定 钼蓝分光光度法	GB/T 8151.4—2000
GB/T 8151.5—2012	锌精矿化学分析方法 第5部分：铅量的测定 火焰原子吸收光谱法	GB/T 8151.5—2000
GB/T 8151.6—2012	锌精矿化学分析方法 第6部分：铜量的测定 火焰原子吸收光谱法	GB/T 8151.6—2000
GB/T 8151.7—2012	锌精矿化学分析方法 第7部分：砷量的测定 氢化物发生—原子荧光光谱法和溴酸钾滴定法	GB/T 8151.7—2000
GB/T 8151.8—2012	锌精矿化学分析方法 第8部分：镉量的测定 火焰原子吸收光谱法	GB/T 8151.8—2000
GB/T 8151.9—2012	锌精矿化学分析方法 第9部分：氟量的测定 离子选择电极法	GB/T 8151.9—2000

标 准 号	标 准 名 称	代替标准号
GB/T 8151.10—2012	锌精矿化学分析方法 第10部分：锡量的测定 氢化物发生—原子荧光光谱法	GB/T 8151.10—2000
GB/T 8151.11—2012	锌精矿化学分析方法 第11部分：锑量的测定 氢化物发生—原子荧光光谱法	GB/T 8151.11—2000
GB/T 8151.12—2012	锌精矿化学分析方法 第12部分：银量的测定 火焰原子吸收光谱法	GB/T 8151.12—2000
GB/T 8151.13—2012	锌精矿化学分析方法 第13部分：锗量的测定 氢化物发生—原子荧光光谱法和苯芴酮分光光度法	GB/T 8151.13—2000
GB/T 8151.14—2012	锌精矿化学分析方法 第14部分：镍量的测定 火焰原子吸收光谱法	GB/T 8151.14—2000
GB/T 8151.15—2005	锌精矿化学分析方法 汞量的测定 原子荧光光谱法	
GB/T 8151.16—2005	锌精矿化学分析方法 钴量的测定 火焰原子吸收光谱法	
GB/T 8151.17—2012	锌精矿化学分析方法 第17部分：锌量的测定 氢氧化物沉淀—Na_2EDTA滴定法	
GB/T 8151.18—2012	锌精矿化学分析方法 第18部分：锌量的测定 离子交换—Na_2EDTA滴定法	
GB/T 8151.19—2012	锌精矿化学分析方法 第19部分：金和银含量的测定 铅析或灰吹火试金和火焰原子吸收光谱法	
GB/T 8151.20—2012	锌精矿化学分析方法 第20部分：铜、铅、铁、砷、镉、锑、钙、镁量的测定 电感耦合等离子体原子发射光谱法	
GB/T 8151.21—2017	锌精矿化学分析方法 第21部分：铊量的测定 电感耦合等离子体质谱法和电感耦合等离子体原子发射光谱法	
GB/T 14261—2010	散装浮选锌精矿取样、制样方法	GB/T 14261—1993
GB/T 12689.1—2010	锌及锌合金化学分析方法 第1部分：铝量的测定 铬天青S—聚乙二醇辛基苯基醚—溴化十六烷基吡啶分光光度法、CAS分光光度法和EDTA滴定法	GB/T 12689.1—2004
GB/T 12689.2—2004	锌及锌合金化学分析方法 砷量的测定 原子荧光光谱法	GB/T 12689.4—1990
GB/T 12689.3—2004	锌及锌合金化学分析方法 镉量的测定 火焰原子吸收光谱法	GB/T 12689.12—1990
GB/T 12689.4—2004	锌及锌合金化学分析方法 铜量的测定 二乙基二硫代氨基甲酸铅分光光度法、火焰原子吸收光谱法和电解法	GB/T 12689.2—1990、GB/T 12689.9—1990

标　准　号	标　准　名　称	代替标准号
GB/T 12689. 5—2004	锌及锌合金化学分析方法 铁量的测定 磺基水杨酸分光光度法和火焰原子吸收光谱法	GB/T 12689. 3—1990、GB/T 12689. 8—1990
GB/T 12689. 6—2004	锌及锌合金化学分析方法 铅量的测定 示波极谱法	GB/T 12689. 10—1990
GB/T 12689. 7—2010	锌及锌合金化学分析方法 第7部分：镁量的测定 火焰原子吸收光谱法	GB/T 12689. 7—2004
GB/T 12689. 8—2004	锌及锌合金化学分析方法 硅量的测定 钼蓝分光光度法	GB/T 12689. 5—1990
GB/T 12689. 9—2004	锌及锌合金化学分析方法 锑量的测定 原子荧光光谱法和火焰原子吸收光谱法	GB/T 12689. 11—1990
GB/T 12689. 10—2004	锌及锌合金化学分析方法 锡量的测定 苯芴酮—溴化十六烷基三甲胺分光光度法	GB/T 12689. 6—1990
GB/T 12689. 11—2004	锌及锌合金化学分析方法 镧、铈合量的测定 三溴偶氮胂分光光度法	
GB/T 12689. 12—2004	锌及锌合金化学分析方法 铅、镉、铁、铜、锡、铝、锑、镁、镧、铈量的测定 电感耦合等离子体—发射光谱法	
GB/T 26042—2010	锌及锌合金分析方法 光电发射光谱法	
GB/T 26043—2010	锌及锌合金 取样方法	
YS/T 53. 1—2010	铜、铅、锌原矿和尾矿化学分析方法 第1部分：金量的测定 火试金富集—火焰原子吸收光谱法	YS/T 53. 1—1992
YS/T 53. 2—2010	铜、铅、锌原矿和尾矿化学分析方法 第2部分：金量的测定 流动注射—8531纤维微型柱分离富集—火焰原子吸收光谱法	YS/T 53. 2—1992
YS/T 53. 3—2010	铜、铅、锌原矿和尾矿化学分析方法 第3部分：银量的测定 火焰原子吸收光谱法	YS/T 53. 3—1992
YS/T 631—2007	锌分析方法 光电发射光谱法	
YS/T 1149. 1—2016	锌精矿焙砂化学分析方法 第1部分：锌量的测定 Na_2EDTA滴定法	
YS/T 1149. 2—2016	锌精矿焙砂化学分析方法 第2部分：酸溶锌量的测定 Na_2EDTA滴定法	
YS/T 1149. 3—2016	锌精矿焙砂化学分析方法 第3部分：硫量的测定 燃烧中和滴定法	
YS/T 1149. 4—2016	锌精矿焙砂化学分析方法 第4部分：可溶硫量的测定 硫酸钡重量法	
YS/T 1149. 5—2016	锌精矿焙砂化学分析方法 第5部分：铁量的测定 Na_2EDTA滴定法	

标 准 号	标 准 名 称	代替标准号
YS/T 1149.6—2016	锌精矿焙砂化学分析方法 第6部分：酸溶铁量的测定 火焰原子吸收光谱法和 Na_2EDTA 滴定法	
YS/T 1149.7—2016	锌精矿焙砂化学分析方法 第7部分：二氧化硅量的测定 钼蓝分光光度法	
YS/T 1149.8—2016	锌精矿焙砂化学分析方法 第8部分：酸溶二氧化硅量的测定 钼蓝分光光度法	

3.4.2 产品标准

3.4.2.1 冶炼及矿产品标准

标 准 号	标 准 名 称	代替标准号
GB/T 470—2008	锌锭	GB/T 470—1997
GB/T 3185—1992	氧化锌（间接法）	
GB/T 3494—2012	直接法氧化锌	GB/T 3494—1996
GB/T 8738—2014	铸造用锌合金锭	GB/T 8738—1988、GB/T 8738—2006
GB/T 13818—2009	压铸锌合金	GB/T 13818—1992
GB/T 13821—2009	锌合金压铸件	GB/T 13821—1992
GB/T 26035—2010	片状锌粉	
GB/T 26039—2010	无汞锌粉	
YS/T 73—2011	副产品氧化锌	YS/T 73—1994
YS/T 310—2008	热镀用锌合金锭	YS/T 310—1995
YS/T 320—2014	锌精矿	YS/T 320—2007
YS/T 883—2013	锌精矿焙砂	
YS/T 920—2013	高纯锌	
YS/T 993—2014	锌阳极泥	
YS/T 994—2014	铸造用锌中间合金锭	
YS/T 995—2014	湿法冶金电解锌用阳极板	
YS/T 1051—2015	锌基料	
YS/T 1055—2015	硒化锌	
YS/T 1088—2015	湿法冶金锌电积用阴极板	
YS/T 1153—2015	低铁锌锭	
YS/T 1224—2018	超高纯锌	
HG/T 2572—2006	工业活性氧化锌	

3.4.2.2 加工产品标准

标　准　号	标　准　名　称	代替标准号
GB/T 2056—2005	电镀用铜、锌、镉、镍、锡阳极板	GB/T 2055—1989、GB/T 2056—1980、GB/T 2057—1989、GB/T 2058—1989
GB/T 3610—2010	电池锌饼	GB/T 3610—1997
GB/T 6890—2012	锌粉	GB/T 6890—2000
GB/T 19589—2004	纳米氧化锌	
YS/T 225—2010	照相制版用微晶锌板	YS/T 225—1994
YS/T 504—2006	胶印锌板	GB/T 3496—1983
YS/T 523—2011	锡、铅及其合金箔和锌箔	YS/T 523—2006
YS/T 565—2010	电池用锌板和锌带	YS/T 565—2006
YS/T 1113—2016	锌及锌合金棒材和型材	

3.5 镍标准

3.5.1 化学分析方法标准

标　准　号	标　准　名　称	代替标准号
GB/T 8647.1—2006	镍化学分析方法 铁量的测定 磺基水杨酸分光光度法	GB/T 8647.1—1988
GB/T 8647.2—2006	镍化学分析方法 铝量的测定 电热原子吸收光谱法	GB/T 8647.2—1988
GB/T 8647.3—2006	镍化学分析方法 硅量的测定 钼蓝分光光度法	GB/T 8647.3—1988
GB/T 8647.4—2006	镍化学分析方法 磷量的测定 钼蓝分光光度法	GB/T 8647.4—1988
GB/T 8647.5—2006	镍化学分析方法 镁量的测定 火焰原子吸收光谱法	GB/T 8647.5—1988
GB/T 8647.6—2006	镍化学分析方法 镉、钴、铜、锰、铅、锌量的测定 火焰原子吸收光谱法	GB/T 8647.6—1988
GB/T 8647.7—2006	镍化学分析方法 砷、锑、铋、锡、铅量的测定 电热原子吸收光谱法	GB/T 8647.7—1988
GB/T 8647.8—2006	镍化学分析方法 硫量的测定 高频感应炉燃烧红外吸收法	GB/T 8647.8—1988、GB/T 8647.9—1988
GB/T 8647.9—2006	镍化学分析方法 碳量的测定 高频感应炉燃烧红外吸收法	GB/T 8647.10—1988

标 准 号	标 准 名 称	代替标准号
GB/T 8647.10—2006	镍化学分析方法 砷、镉、铅、锌、锑、铋、锡、钴、铜、锰、镁、硅、铝、铁量的测定 发射光谱法	GB/T 5123—1985
GB/T 15260—2016	金属和合金的腐蚀 镍合金晶间腐蚀试验方法	GB/T 15260—1994
GB/T 25952—2010	散装浮选镍精矿取样、制样方法	
GB/T 26022—2010	精炼镍取样方法	
GB/T 26305—2010	氧化镍化学分析方法 镍量的测定 电沉积法	
GB/T 32793—2016	烧结镍、氧化镍化学分析方法 镍、钴、铜、铁、锌、锰含量的测定 电解重量法—电感耦合等离子体原子发射光谱法	
YS/T 252.1—2007	高镍锍化学分析方法 镍量的测定 丁二酮肟重量法	YS/T 252.1—1994
YS/T 252.2—2007	高镍锍化学分析方法 铁量的测定 磺基水杨酸光度法	YS/T 252.2—1994
YS/T 252.3—2007	高镍锍化学分析方法 钴量的测定 火焰原子吸收光谱法	YS/T 252.3—1994
YS/T 252.4—2007	高镍锍化学分析方法 铜量的测定 硫代硫酸钠滴定法	YS/T 252.4—1994
YS/T 252.5—2007	高镍锍化学分析方法 硫量的测定 燃烧—中和滴定法	YS/T 252.5—1994
YS/T 325.1—2009	镍铜合金化学分析方法 第1部分：镍量的测定 Na_2EDTA 滴定法	
YS/T 325.2—2009	镍铜合金化学分析方法 第2部分：铜量的测定 电解重量法	YS/T 325—1994
YS/T 325.3—2009	镍铜合金化学分析方法 第3部分：铁量的测定 火焰原子吸收光谱法	YS/T 325—1994
YS/T 325.4—2009	镍铜合金化学分析方法 第4部分：锰量的测定 火焰原子吸收光谱法	YS/T 325—1994
YS/T 325.5—2009	镍铜合金化学分析方法 第5部分：铝量的测定 Na_2EDTA 滴定法	YS/T 325—1994
YS/T 325.6—2009	镍铜合金化学分析方法 第6部分：钛量的测定 二安替吡啉甲烷分光光度法	
YS/T 341.1—2006	镍精矿化学分析方法 镍量的测定 丁二酮肟沉淀分离—EDTA 滴定法	YS/T 341—1994、YB/T 743—1970
YS/T 341.2—2006	镍精矿化学分析方法 铜量的测定 火焰原子吸收光谱法	
YS/T 341.3—2006	镍精矿化学分析方法 氧化镁量的测定 EDTA 滴定法	
YS/T 341.4—2016	镍精矿化学分析方法 第4部分：锌量的测定 火焰原子吸收光谱法	

标　准　号	标　准　名　称	代替标准号
YS/T 472.1—2005	镍精矿、钴硫精矿化学分析方法 镉量的测定 火焰原子吸收光谱法	
YS/T 472.2—2005	镍精矿、钴硫精矿化学分析方法 铬量的测定 火焰原子吸收光谱法	
YS/T 472.3—2005	镍精矿、钴硫精矿化学分析方法 汞量的测定 氢化物发生 原子荧光光谱法	
YS/T 472.4—2005	镍精矿、钴硫精矿化学分析方法 铅量的测定 火焰原子吸收光谱法	
YS/T 472.5—2005	镍精矿、钴硫精矿化学分析方法 砷量的测定 氢化物发生 原子荧光光谱法	
YS/T 707—2009	羰基镍铁粉化学分析方法 镍量的测定 丁二酮肟重量法	
YS/T 820.1—2012	红土镍矿化学分析方法 第1部分：镍量的测定 火焰原子吸收光谱法	
YS/T 820.2—2012	红土镍矿化学分析方法 第2部分：镍量的测定 丁二酮肟分光光度法	
YS/T 820.3—2012	红土镍矿化学分析方法 第3部分：全铁量的测定 重铬酸钾滴定法	
YS/T 820.4—2012	红土镍矿化学分析方法 第4部分：磷量的测定 钼蓝分光光度法	
YS/T 820.5—2012	红土镍矿化学分析方法 第5部分：钴量的测定 火焰原子吸收光谱法	
YS/T 820.6—2012	红土镍矿化学分析方法 第6部分：铜量的测定 火焰原子吸收光谱法	
YS/T 820.7—2012	红土镍矿化学分析方法 第7部分：钙和镁量的测定 火焰原子吸收光谱法	
YS/T 820.8—2012	红土镍矿化学分析方法 第8部分：二氧化硅量的测定 氟硅酸钾滴定法	
YS/T 820.9—2012	红土镍矿化学分析方法 第9部分：钪、镉含量测定 电感耦合等离子体—质谱法	
YS/T 820.10—2012	红土镍矿化学分析方法 第10部分：钙、钴、铜、镁、锰、镍、磷和锌量的测定 电感耦合等离子体—原子发射光谱法	
YS/T 820.11—2012	红土镍矿化学分析方法 第11部分：氟和氯量的测定 离子色谱法	
YS/T 820.12—2012	红土镍矿化学分析方法 第12部分：锰量的测定 火焰原子吸收光谱法	
YS/T 820.13—2012	红土镍矿化学分析方法 第13部分：铅量的测定 火焰原子吸收光谱法	

标 准 号	标 准 名 称	代替标准号
YS/T 820.14—2012	红土镍矿化学分析方法 第14部分：锌量的测定 火焰原子吸收光谱法	
YS/T 820.15—2012	红土镍矿化学分析方法 第15部分：镉量的测定 火焰原子吸收光谱法	
YS/T 820.16—2012	红土镍矿化学分析方法 第16部分：碳和硫量的测定 高频燃烧红外吸收光谱法	
YS/T 820.17—2012	红土镍矿化学分析方法 第17部分：砷、锑、铋量的测定 氢化物发生—原子荧光光谱法	
YS/T 820.18—2012	红土镍矿化学分析方法 第18部分：汞量的测定 冷原子吸收光谱法	
YS/T 820.19—2012	红土镍矿化学分析方法 第19部分：铝、铬、铁、镁、锰、镍和硅量的测定 能量色散X射线荧光光谱法	
YS/T 820.20—2012	红土镍矿化学分析方法 第20部分：铝量的测定 EDTA滴定法	
YS/T 820.21—2013	红土镍矿化学分析方法 第21部分：铬量的测定 硫酸亚铁铵滴定法	
YS/T 820.22—2012	红土镍矿化学分析方法 第22部分：镁量的测定 EDTA滴定法	
YS/T 820.23—2012	红土镍矿化学分析方法 第23部分：钴、铁、镍、磷、氧化铝、氧化钙、氧化铬、氧化镁、氧化锰、二氧化硅和二氧化钛量的测定 波长色散X射线荧光光谱法	
YS/T 820.24—2012	红土镍矿化学分析方法 第24部分：湿存水量的测定 重量法	
YS/T 820.25—2012	红土镍矿化学分析方法 第25部分：化合水量的测定 重量法	
YS/T 820.26—2012	红土镍矿化学分析方法 第26部分：灼烧减量的测定 重量法	
YS/T 928.1—2013	镍、钴、锰三元素氢氧化物化学分析方法 第1部分：氯离子量的测定 氯化银比浊法	
YS/T 928.2—2013	镍、钴、锰三元素氢氧化物化学分析方法 第2部分：镍量的测定 丁二酮肟重量法	
YS/T 928.3—2013	镍、钴、锰三元素氢氧化物化学分析方法 第3部分：镍、钴、锰量的测定 电感耦合等离子体原子发射光谱法	
YS/T 928.4—2013	镍、钴、锰三元素氢氧化物化学分析方法 第4部分：铁、钙、镁、铜、锌、硅、铝、钠量的测定 电感耦合等离子体原子发射光谱法	

标　准　号	标　准　名　称	代替标准号
YS/T 928.5—2013	镍、钴、锰三元素氢氧化物化学分析方法 第5部分：铅量的测定 电感耦合等离子体质谱法	
YS/T 928.6—2013	镍、钴、锰三元素氢氧化物化学分析方法 第6部分：硫酸根离子量的测定 离子色谱法	
YS/T 950—2014	散装红土镍矿取制样方法	
YS/T 951—2014	红土镍矿 交货批水分含量的测定	
YS/T 953.1—2014	火法冶炼镍基体料化学分析方法 第1部分：镍量的测定 丁二酮肟分光光度法和丁二酮肟重量法	
YS/T 953.2—2014	火法冶炼镍基体料化学分析方法 第2部分：硅量的测定 硅钼蓝分光光度法和高氯酸脱水重量法	
YS/T 953.3—2014	火法冶炼镍基体料化学分析方法 第3部分：磷量的测定 铋磷钼蓝分光光度法	
YS/T 953.4—2014	火法冶炼镍基体料化学分析方法 第4部分：铬量的测定 硫酸亚铁铵滴定法	
YS/T 953.5—2014	火法冶炼镍基体料化学分析方法 第5部分：锰量的测定 高碘酸钾分光光度法	
YS/T 953.6—2014	火法冶炼镍基体料化学分析方法 第6部分：钴量的测定 5-Cl-PADAB分光光度法和火焰原子吸收光谱法	
YS/T 953.7—2014	火法冶炼镍基体料化学分析方法 第7部分：铜量的测定 双环己酮草酰二腙分光光度法和火焰原子吸收光谱法	
YS/T 953.8—2014	火法冶炼镍基体料化学分析方法 第8部分：铁量的测定 三氯化钛还原—重铬酸钾滴定法	
YS/T 953.9—2014	火法冶炼镍基体料化学分析方法 第9部分：碳、硫量的测定 高频燃烧红外吸收法	
YS/T 953.10—2014	火法冶炼镍基体料化学分析方法 第10部分：镍、铬、锰、钴、铜、磷量的测定 电感耦合等离子体原子发射光谱法	
YS/T 953.11—2014	火法冶炼镍基体料化学分析方法 第11部分：铅、砷、镉、汞量的测定 电感耦合等离子体质谱法	
YS/T 1012—2014	高纯镍化学分析方法 杂质元素含量的测定 辉光放电质谱法	
YS/T 1058—2015	镍、钴、锰三元素复合氧化物化学分析方法 硫量的测定 高频感应炉燃烧红外吸收法	

标 准 号	标 准 名 称	代替标准号
YS/T 1085—2015	精炼镍 硅、锰、磷、铁、铜、钴、镁、铝、锌、铬含量的测定 电感耦合等离子体发射光谱法	
YS/T 1229.1—2018	粗氢氧化镍化学分析方法 第1部分：镍量的测定 丁二酮肟重量法	
YS/T 1229.2—2018	粗氢氧化镍化学分析方法 第2部分：钴量的测定 火焰原子吸收光谱法	
YS/T 1229.3—2018	粗氢氧化镍化学分析方法 第3部分：铜、钴、锰、钙、镁、锌、铁、铝、铅、砷和镉量的测定 电感耦合等离子体原子发射光谱法	
YS/T 1229.4—2018	粗氢氧化镍化学分析方法 第4部分：氯量的测定 比浊法	

3.5.2 产品标准

3.5.2.1 冶炼及矿产品标准

标 准 号	标 准 名 称	代替标准号
GB/T 6516—2010	电解镍	GB/T 6516—1997
GB/T 7160—2008	羰基镍粉	GB/T 7160—1987
GB/T 5247—2012	电解镍粉	GB/T 5247—1985
GB/T 20251—2006	电池用泡沫镍	
GB/T 20507—2006	球形氢氧化镍	
GB/T 21179—2007	镍及镍合金废料	
GB/T 25951.1—2010	镍和镍合金 术语和定义 第1部分：材料	
GB/T 25951.2—2010	镍和镍合金 术语和定义 第2部分：精炼产品	
GB/T 25951.3—2010	镍和镍合金 术语和定义 第3部分：加工产品和铸件	
GB/T 26016—2010	高纯镍	
GB/T 26029—2010	镍钴锰三元素复合氧化物	
GB/T 26300—2010	镍、钴、锰三元素复合氢氧化物	
YS/T 277—2016	氧化亚镍	YS/T 277—2009
YS/T 340—2014	镍精矿	YS/T 340—2005
YS/T 634—2007	羰基镍铁粉	
YS/T 717—2009	雾化镍粉	
YS/T 881—2013	火法冶炼镍基体料	
YS/T 925—2013	还原镍粉	
YS/T 1087—2015	掺杂型镍钴锰三元素复合氢氧化物	

标　准　号	标　准　名　称	代替标准号
YS/T 1219—2018	草酸镍	
YS/T 1228—2018	粗氢氧化镍	

3.5.2.2　加工产品标准

标　准　号	标　准　名　称	代替标准号
GB/T 2054—2013	镍及镍合金板	GB/T 2054—2005
GB/T 2056—2005	电镀用铜、锌、镉、镍、锡阳极板	GB/T 2055—1989、GB/T 2056—1980、GB/T 2057—1989、GB/T 2058—1989
GB/T 2072—2007	镍及镍合金带	GB/T 2072—1993、GB/T 11088—1989
GB/T 2882—2013	镍及镍合金管	GB/T 2882—2005
GB/T 4435—2010	镍及镍合金棒	GB/T 4435—1984
GB/T 19588—2004	纳米镍粉	
GB/T 21653—2008	镍及镍合金线和拉制线坯	GB/T 3120—1982、GB/T 3121—1982
GB/T 26030—2010	镍和镍合金锻件	
YS/T 522—2010	镍箔	YS/T 522—2006
YS/T 908—2013	电真空器件用镍及镍合金板带材和棒材	

3.6　钴标准

3.6.1　化学分析方法标准

标　准　号	标　准　名　称	代替标准号
GB/T 23273.1—2009	草酸钴化学分析方法 第1部分：钴量的测定 电位滴定法	
GB/T 23273.2—2009	草酸钴化学分析方法 第2部分：铅量的测定 电热原子吸收光谱法	
GB/T 23273.3—2009	草酸钴化学分析方法 第3部分：砷量的测定 氢化物发生—原子荧光光谱法	
GB/T 23273.4—2009	草酸钴化学分析方法 第4部分：硅量的测定 钼蓝分光光度法	
GB/T 23273.5—2009	草酸钴化学分析方法 第5部分：钙、镁、钠量的测定 火焰原子吸收光谱法	
GB/T 23273.6—2009	草酸钴化学分析方法 第6部分：氯离子量的测定 离子选择性电极法	

标 准 号	标 准 名 称	代替标准号
GB/T 23273.7—2009	草酸钴化学分析方法 第7部分：硫酸根离子量的测定 燃烧—碘量法	
GB/T 23273.8—2009	草酸钴化学分析方法 第8部分：镍、铜、铁、锌、铝、锰、铅、砷、钙、镁、钠量的测定 电感耦合等离子体发射光谱法	
YS/T 281.1—2011	钴化学分析方法 第1部分：铁量的测定 磺基水杨酸分光光度法	YS/T 281.1—1994
YS/T 281.2—2011	钴化学分析方法 第2部分：铝量的测定 铬天青S分光光度法	YS/T 281.2—1994
YS/T 281.3—2011	钴化学分析方法 第3部分：硅量的测定 钼蓝分光光度法	YS/T 281.3—1994
YS/T 281.4—2011	钴化学分析方法 第4部分：砷量的测定 钼蓝分光光度法	YS/T 281.4—1994
YS/T 281.5—2011	钴化学分析方法 第5部分：磷量的测定 钼蓝分光光度法	YS/T 281.5—1994
YS/T 281.6—2011	钴化学分析方法 第6部分：镁量的测定 火焰原子吸收光谱法	YS/T 281.6—1994
YS/T 281.7—2011	钴化学分析方法 第7部分：锌量的测定 火焰原子吸收光谱法	YS/T 281.7—1994
YS/T 281.8—2011	钴化学分析方法 第8部分：镉量的测定 火焰原子吸收光谱法	YS/T 281.8—1994
YS/T 281.9—2011	钴化学分析方法 第9部分：铅量的测定 火焰原子吸收光谱法	YS/T 281.9—1994
YS/T 281.10—2011	钴化学分析方法 第10部分：镍量的测定 火焰原子吸收光谱法	YS/T 281.10—1994
YS/T 281.11—2011	钴化学分析方法 第11部分：铜、锰量的测定 火焰原子吸收光谱法	YS/T 281.11—1994
YS/T 281.12—2011	钴化学分析方法 第12部分：砷、锑、铋、锡、铅量的测定 电热原子吸收光谱法	YS/T 281.12—1994
YS/T 281.13—2011	钴化学分析方法 第13部分：硫量的测定 高频感应炉燃烧红外吸收法	YS/T 281.13—1994、YS/T 281.14—1994
YS/T 281.14—2011	钴化学分析方法 第14部分：碳量的测定 高频感应炉燃烧红外吸收法	YS/T 281.15—1994
YS/T 281.15—2011	钴化学分析方法 第15部分：砷、锑、铋量的测定 氢化物发生—原子荧光光谱法	
YS/T 281.16—2011	钴化学分析方法 第16部分：砷、镉、铜、锌、铅、铋、锡、锑、硅、锰、铁、镍、铝、镁量的测定 直流电弧原子发射光谱法	

标　准　号	标　准　名　称	代替标准号
YS/T 281.17—2011	钴化学分析方法 第17部分：铝、锰、镍、铜、锌、镉、锡、锑、铅、铋量的测定 电感耦合等离子体质谱法	
YS/T 281.18—2011	钴化学分析方法 第18部分：钠量的测定 火焰原子吸收光谱法	
YS/T 281.19—2011	钴化学分析方法 第19部分：钙、镁、锰、铁、镉、锌量的测定 电感耦合等离子体发射光谱法	
YS/T 281.20—2011	钴化学分析方法 第20部分：氧量的测定 脉冲—红外吸收法	
YS/T 349.1—2009	硫化钴精矿化学分析方法 第1部分：钴量的测定 电位滴定法	YS/T 349—1994
YS/T 349.2—2010	硫化钴精矿化学分析方法 第2部分：铜量的测定 火焰原子吸收光谱法	YS/T 349—1994
YS/T 349.3—2010	硫化钴精矿化学分析方法 第3部分：锰量的测定 火焰原子吸收光谱法	YS/T 349—1994
YS/T 349.4—2010	硫化钴精矿化学分析方法 第4部分：二氧化硅量的测定 氟硅酸钾容量法	YS/T 349—1994
YS/T 710.1—2009	氧化钴化学分析方法 第1部分：钴量的测定 电位滴定法	
YS/T 710.2—2009	氧化钴化学分析方法 第2部分：钠量的测定 火焰原子吸收光谱法	
YS/T 710.3—2009	氧化钴化学分析方法 第3部分：硫量的测定 高频燃烧红外吸收法	
YS/T 710.4—2009	氧化钴化学分析方法 第4部分：砷量的测定 原子荧光光谱法	
YS/T 710.5—2009	氧化钴化学分析方法 第5部分：硅量的测定 钼蓝分光光度法	
YS/T 710.6—2009	氧化钴化学分析方法 第6部分：钙、镉、铜、铁、镁、锰、镍、铅和锌量的测定 电感耦合等离子体发射光谱法	
YS/T 1011—2014	高纯钴化学分析方法 杂质元素的测定 辉光放电质谱法	
YS/T 1057—2015	四氧化三钴化学分析方法 磁性异物含量测定 磁选分离—电感耦合等离子体发射光谱法	
YS/T 1157.1—2016	粗氢氧化钴化学分析方法 第1部分：钴量的测定 电位滴定法	
YS/T 1157.2—2016	粗氢氧化钴化学分析方法 第2部分：镍、铜、铁、锰、锌、铅、砷和镉量的测定 电感耦合等离子体原子发射光谱法	

标　准　号	标　准　名　称	代替标准号
YS/T 1157.3—2016	粗氢氧化钴化学分析方法 第3部分：钙量和镁量的测定 火焰原子吸收光谱法和电感耦合等离子体原子发射光谱法	
YS/T 1157.4—2016	粗氢氧化钴化学分析方法 第4部分：锰量的测定 电位滴定法	

3.6.2 冶炼及矿产品标准

标　准　号	标　准　名　称	代替标准号
GB/T 25954—2010	钴及钴合金废料	
GB/T 26005—2010	草酸钴	
GB/T 26018—2010	高纯钴	
GB/T 26285—2010	超细钴粉	
YS/T 255—2009	钴	YS/T 255—2000
YS/T 256—2009	氧化钴	YS/T 256—2000
YS/T 301—2007	钴精矿	YS/T 301—1994
YS/T 633—2015	四氧化三钴	YS/T 633—2007
YS/T 673—2013	还原钴粉	YS/T 673—2008
YS/T 1052—2015	氧化亚钴	
YS/T 1053—2015	电子薄膜用高纯钴靶材	
YS/T 1150—2016	高纯钴铸锭	
YS/T 1152—2016	粗氢氧化钴	

3.7 锡标准

3.7.1 化学分析方法标准

标　准　号	标　准　名　称	代替标准号
GB/T 1819.1—2004	锡精矿化学分析方法 水分量的测定 称量法	GB/T 1819—1979
GB/T 1819.2—2004	锡精矿化学分析方法 锡量的测定 碘酸钾滴定法	GB/T 1820—1979
GB/T 1819.3—2004	锡精矿化学分析方法 铁量的测定 硫酸铈滴定法	GB/T 1821—1979
GB/T 1819.4—2004	锡精矿化学分析方法 铅量的测定 火焰原子吸收分光光谱法和EDTA滴定法	GB/T 1823—1979
GB/T 1819.5—2004	锡精矿化学分析方法 砷量的测定 砷锑钼蓝分光光度法和蒸馏分离碘滴定法	GB/T 1824—1979

标　准　号	标　准　名　称	代替标准号
GB/T 1819.6—2004	锡精矿化学分析方法 锑量的测定 孔雀绿分光光度法和火焰原子吸收分光光谱法	GB/T 1825—1979
GB/T 1819.7—2017	锡精矿化学分析方法 第7部分：铋量的测定 火焰原子吸收分光光谱法	GB/T 1819.7—2004
GB/T 1819.8—2017	锡精矿化学分析方法 第8部分：锌量的测定 火焰原子吸收分光光谱法	GB/T 1819.8—2004
GB/T 1819.9—2017	锡精矿化学分析方法 第9部分：三氧化钨量的测定 硫氰酸盐分光光度法	GB/T 1819.9—2004
GB/T 1819.10—2017	锡精矿化学分析方法 第10部分：硫量的测定 高频红外吸收法和燃烧碘酸钾滴定法	GB/T 1819.10—2004
GB/T 1819.11—2017	锡精矿化学分析方法 第11部分：三氧化二铝量的测定 铬天青S分光光度法	GB/T 1819.11—2004
GB/T 1819.12—2017	锡精矿化学分析方法 第12部分：二氧化硅量的测定 硅钼蓝分光光度法和氢氧化钠滴定法	GB/T 1819.12—2004
GB/T 1819.13—2017	锡精矿化学分析方法 第13部分：氧化镁量、氧化钙量的测定 火焰原子吸收分光光谱法	GB/T 1819.13—2004
GB/T 1819.14—2017	锡精矿化学分析方法 第14部分：铜量的测定 火焰原子吸收光谱法	GB/T 1819.14—2006
GB/T 1819.15—2017	锡精矿化学分析方法 第15部分：氟量的测定 离子选择电极法	GB/T 1819.15—2006
GB/T 1819.16—2017	锡精矿化学分析方法 第16部分：银量的测定 火焰原子吸收光谱法	GB/T 1819.16—2006
GB/T 1819.17—2017	锡精矿化学分析方法 第17部分：汞量的测定 冷原子吸收光谱法	GB/T 1819.17—2006
GB/T 3260.1—2013	锡化学分析方法 第1部分：铜量的测定 火焰原子吸收光谱法	GB/T 3260.1—2000
GB/T 3260.2—2013	锡化学分析方法 第2部分：铁量的测定 1，10-二氮杂菲分光光度法	GB/T 3260.2—2000
GB/T 3260.3—2013	锡化学分析方法 第3部分：铋量的测定 碘化钾分光光度法和火焰原子吸收光谱法	GB/T 3260.3—2000
GB/T 3260.4—2013	锡化学分析方法 第4部分：铅量的测定 火焰原子吸收光谱法	GB/T 3260.4—2000
GB/T 3260.5—2013	锡化学分析方法 第5部分：锑量的测定 孔雀绿分光光度法	GB/T 3260.5—2000
GB/T 3260.6—2013	锡化学分析方法 第6部分：砷量的测定 孔雀绿—砷钼杂多酸分光光度法	GB/T 3260.6—2000
GB/T 3260.7—2013	锡化学分析方法 第7部分：铝量的测定 电热原子吸收光谱法	GB/T 3260.7—2000

标 准 号	标 准 名 称	代替标准号
GB/T 3260.8—2013	锡化学分析方法 第8部分：锌量的测定 火焰原子吸收光谱法	GB/T 3260.9—2000
GB/T 3260.9—2013	锡化学分析方法 第9部分：硫量的测定 高频感应炉燃烧红外吸收法	GB/T 3260.10—2000
GB/T 3260.10—2013	锡化学分析方法 第10部分：镉量的测定 火焰原子吸收光谱法	GB/T 3260.11—2000
GB/T 10574.1—2003	锡铅焊料化学分析方法 锡量的测定	GB/T 10574.1—1989
GB/T 10574.2—2003	锡铅焊料化学分析方法 锑量的测定	GB/T 10574.2—1989、GB/T 10574.3—1989
GB/T 10574.3—2003	锡铅焊料化学分析方法 铋量的测定	GB/T 10574.4—1989
GB/T 10574.4—2003	锡铅焊料化学分析方法 铁量的测定	GB/T 10574.5—1989
GB/T 10574.5—2003	锡铅焊料化学分析方法 砷量的测定	GB/T 10574.6—1989
GB/T 10574.6—2003	锡铅焊料化学分析方法 铜量的测定	GB/T 10574.7—1989
GB/T 10574.7—2017	锡铅焊料化学分析方法 第7部分：银量的测定 火焰原子吸收光谱法和硫氰酸钾电位滴定法	GB/T 10574.7—2003
GB/T 10574.8—2017	锡铅焊料化学分析方法 第8部分：锌量的测定 火焰原子吸收光谱法	GB/T 10574.8—2003
GB/T 10574.9—2017	锡铅焊料化学分析方法 第9部分：铝量的测定 电热原子吸收光谱法	GB/T 10574.9—2003
GB/T 10574.10—2017	锡铅焊料化学分析方法 第10部分：镉量的测定 火焰原子吸收光谱法和 Na_2EDTA 滴定法	GB/T 10574.10—2003
GB/T 10574.11—2017	锡铅焊料化学分析方法 第11部分：磷量的测定 结晶紫—磷钒钼杂多酸分光光度法	GB/T 10574.11—2003
GB/T 10574.12—2017	锡铅焊料化学分析方法 第12部分：硫量的测定 高频燃烧红外吸收光谱法	GB/T 10574.12—2003
GB/T 10574.13—2017	锡铅焊料化学分析方法 第13部分：铜、铁、镉、银、金、砷、锌、铝、铋、磷量的测定	GB/T 10574.13—2003
GB/T 10574.14—2017	锡铅焊料化学分析方法 第14部分：锡、铅、锑、铋、银、铜、锌、镉和砷量的测定 光电发射光谱法	
GB/T 23274.1—2009	二氧化锡化学分析方法 第1部分：二氧化锡量的测定 碘酸钾滴定法	
GB/T 23274.2—2009	二氧化锡化学分析方法 第2部分：铁量的测定 1,10-二氮杂菲分光光度法	
GB/T 23274.3—2009	二氧化锡化学分析方法 第3部分：砷量的测定 砷锑钼蓝分光光度法	
GB/T 23274.4—2009	二氧化锡化学分析方法 第4部分：铅、铜量的测定 火焰原子吸收光谱法	

标　准　号	标　准　名　称	代替标准号
GB/T 23274.5—2009	二氧化锡化学分析方法 第5部分：锑量的测定 孔雀绿分光光度法	
GB/T 23274.6—2009	二氧化锡化学分析方法 第6部分：硫酸盐的测定 目视比浊法	
GB/T 23274.7—2009	二氧化锡化学分析方法 第7部分：盐酸可溶物的测定 重量法	
GB/T 23274.8—2009	二氧化锡化学分析方法 第8部分：灼烧失重的测定 重量法	
GB/T 23278.1—2009	锡酸钠化学分析方法 第1部分：锡量的测定 碘酸钾滴定法	
GB/T 23278.2—2009	锡酸钠化学分析方法 第2部分：铁量的测定 1,10-二氮杂菲分光光度法	
GB/T 23278.3—2009	锡酸钠化学分析方法 第3部分：砷量的测定 砷锑钼蓝分光光度法	
GB/T 23278.4—2009	锡酸钠化学分析方法 第4部分：铅量的测定 原子吸收光谱法	
GB/T 23278.5—2009	锡酸钠化学分析方法 第5部分：锑量的测定 孔雀绿分光光度法	
GB/T 23278.6—2009	锡酸钠化学分析方法 第6部分：游离碱的测定 中和滴定法	
GB/T 23278.7—2009	锡酸钠化学分析方法 第7部分：碱不溶物的测定 重量法	
GB/T 23278.8—2009	锡酸钠化学分析方法 第8部分：硝酸盐含量的测定 离子选择电极法	
YS/T 36.1—2011	高纯锡化学分析方法 第1部分：砷量的测定 砷斑法	YS/T 36.1—1992
YS/T 36.2—2011	高纯锡化学分析方法 第2部分：锑量的测定 孔雀绿分光光度法	YS/T 36.2—1992
YS/T 36.3—2011	高纯锡化学分析方法 第3部分：镁、铝、钙、铁、钴、镍、铜、锌、银、铟、金、铅、铋量的测定 电感耦合等离子体质谱法	YS/T 36.3—1992
YS/T 475.1—2005	铸造轴承合金化学分析方法 锡量的测定 碘酸钾滴定法	
YS/T 475.2—2005	铸造轴承合金化学分析方法 铅量的测定 EDTA 滴定法	
YS/T 475.3—2005	铸造轴承合金化学分析方法 锑量的测定 硫酸铈滴定法	
YS/T 475.4—2005	铸造轴承合金化学分析方法 铜量的测定 硫代硫酸钠滴定法	

标　准　号	标　准　名　称	代替标准号
YS/T 475.5—2005	铸造轴承合金化学分析方法 砷量的测定 砷锑钼蓝分光光度法	
YS/T 475.6—2005	铸造轴承合金化学分析方法 铝量的测定 铬天青S分光光度法	
YS/T 746.1—2010	无铅锡基焊料化学分析方法 第1部分：锡含量的测定 焦性没食子酸解蔽—硝酸铅滴定法	
YS/T 746.2—2010	无铅锡基焊料化学分析方法 第2部分：银含量的测定 火焰原子吸收光谱法和硫氰酸钾电位滴定法	
YS/T 746.3—2010	无铅锡基焊料化学分析方法 第3部分：铜含量的测定 火焰原子吸收光谱法和硫代硫酸钠滴定法	
YS/T 746.4—2010	无铅锡基焊料化学分析方法 第4部分：铅含量的测定 火焰原子吸收光谱法	
YS/T 746.5—2010	无铅锡基焊料化学分析方法 第5部分：铋含量的测定 火焰原子吸收和Na_2EDTA滴定法	
YS/T 746.6—2010	无铅锡基焊料化学分析方法 第6部分：锑含量的测定 火焰原子吸收光谱法	
YS/T 746.7—2010	无铅锡基焊料化学分析方法 第7部分：铁含量的测定 火焰原子吸收光谱法	
YS/T 746.8—2010	无铅锡基焊料化学分析方法 第8部分：砷含量的测定 砷锑钼蓝分光光度法	
YS/T 746.9—2010	无铅锡基焊料化学分析方法 第9部分：锌含量的测定 火焰原子吸收光谱法和Na_2EDTA滴定法	
YS/T 746.10—2010	无铅锡基焊料化学分析方法 第10部分：铝含量的测定 电热原子吸收光谱法	
YS/T 746.11—2010	无铅锡基焊料化学分析方法 第11部分：镉含量的测定 火焰原子吸收光谱法	
YS/T 746.12—2010	无铅锡基焊料化学分析方法 第12部分：铟含量的测定 Na_2EDTA滴定法	
YS/T 746.13—2010	无铅锡基焊料化学分析方法 第13部分：镍含量的测定 火焰原子吸收光谱法	
YS/T 746.14—2010	无铅锡基焊料化学分析方法 第14部分：磷含量的测定 结晶紫—磷钒钼杂多酸分光光度法	
YS/T 746.15—2010	无铅锡基焊料化学分析方法 第15部分：锗含量的测定 水杨基荧光酮分光光度法	

标准号	标准名称	代替标准号
YS/T 746.16—2010	无铅锡基焊料化学分析方法 第16部分：稀土含量的测定 偶氮胂Ⅲ分光光度法	
YS/T 746.17—2018	无铅锡基焊料化学分析方法 第17部分：银、铜、铅、铋、锑、铁、砷、锌、铝、镉、镍、铟量的测定 电感耦合等离子体原子发射光谱法	
YS/T 997.1—2014	掺锑二氧化锡化学分析方法 第1部分：锡量的测定 碘酸钾滴定法	
YS/T 997.2—2014	掺锑二氧化锡化学分析方法 第2部分：锑量的测定 硫酸铈滴定法	
YS/T 997.3—2014	掺锑二氧化锡化学分析方法 第3部分：氯量的测定 硫氰酸汞分光光度法	
YS/T 1116.1—2016	锡阳极泥化学分析方法 第1部分：锡量的测定 碘酸钾滴定法	
YS/T 1116.2—2016	锡阳极泥化学分析方法 第2部分：铋量的测定 Na_2EDTA 滴定法	
YS/T 1116.3—2016	锡阳极泥化学分析方法 第3部分：铜量、铅量和铋量的测定 火焰原子吸收光谱法	
YS/T 1116.4—2016	锡阳极泥化学分析方法 第4部分：砷量的测定 碘滴定法	
YS/T 1116.5—2016	锡阳极泥化学分析方法 第5部分：铟量的测定 火焰原子吸收光谱法	
YS/T 1116.6—2016	锡阳极泥化学分析方法 第6部分：金量和银量的测定 火试金法	
YS/T 1116.7—2016	锡阳极泥化学分析方法 第7部分：锑量的测定 硫酸铈滴定法	

3.7.2 产品标准

3.7.2.1 冶炼及矿产品标准

标准号	标准名称	代替标准号
GB/T 728—2010	锡锭	GB/T 728—1998
GB/T 8012—2013	铸造锡铅焊料	GB/T 8012—2000
GB/T 8740—2013	铸造轴承合金锭	GB/T 8740—2005
GB/T 20510—2017	氧化铟锡靶材	GB/T 20510—2006
GB/T 26013—2010	二氧化锡	
GB/T 26026—2010	硫醇甲基锡	
GB/T 26040—2010	锡酸钠	
GB/T 26304—2010	锡粉	
GB/T 29089—2012	球形焊锡粉	

标 准 号	标 准 名 称	代替标准号
YS/T 44—2011	高纯锡	YS/T 44—1992
YS/T 339—2011	锡精矿	YS/T 339—2002
YS/T 747—2010	无铅锡基焊料	
YS/T 996—2014	掺锑二氧化锡	
YS/T 1151—2016	锡蒸发料	
YS/T 1221—2018	锡粒	
YS/T 1222—2018	锡球	
YS/T 1225—2018	高纯二氧化锡	

3.7.2.2 加工产品标准

标 准 号	标 准 名 称	代替标准号
GB/T 2056—2005	电镀用铜、锌、镉、镍、锡阳极板	GB/T 2055—1989、GB/T 2056—1980、GB/T 2057—1989、GB/T 2058—1989
GB/T 3131—2001	锡铅钎料	GB/T 3131—1988
GB/T 20422—2006	无铅钎料	
YS/T 523—2011	锡、铅及其合金箔和锌箔	YS/T 523—2006
YS/T 866—2013	电容器端面用无铅锡基喷金线	

3.8 锑标准

3.8.1 化学分析方法标准

标 准 号	标 准 名 称	代替标准号
GB/T 3253.1—2008	锑及三氧化二锑化学分析方法 砷量的测定 砷钼蓝分光光度法	GB/T 3253.1—2001、GB/T 3254.2—1998
GB/T 3253.2—2008	锑及三氧化二锑化学分析方法 铁量的测定 邻二氮杂菲分光光度法	GB/T 3253.2—2001、GB/T 3254.5—1998
GB/T 3253.3—2008	锑及三氧化二锑化学分析方法 铅量的测定 火焰原子吸收光谱法	GB/T 3253.3—2001、GB/T 3254.3—1998
GB/T 3253.4—2009	锑及三氧化二锑化学分析方法 锑中硫量的测定 燃烧中和法	GB/T 3253.4—2001
GB/T 3253.5—2008	锑及三氧化二锑化学分析方法 铜量的测定 火焰原子吸收光谱法	GB/T 3253.3—2001、GB/T 3254.4—1998
GB/T 3253.6—2008	锑及三氧化二锑化学分析方法 硒量的测定 原子荧光光谱法	GB/T 3253.5—2001、GB/T 3254.6—1998

标 准 号	标 准 名 称	代替标准号
GB/T 3253.7—2009	锑及三氧化二锑化学分析方法 铋量的测定 原子荧光光谱法	GB/T 3253.6—2001
GB/T 3253.8—2009	锑及三氧化二锑化学分析方法 三氧化二锑量的测定 碘量法	GB/T 3254.1—1998
GB/T 3253.9—2009	锑及三氧化二锑化学分析方法 镉量的测定 火焰原子吸收光谱法	
GB/T 3253.10—2009	锑及三氧化二锑化学分析方法 汞量的测定 原子荧光光谱法	
GB/T 3253.11—2009	锑及三氧化二锑化学分析方法 铋量的测定 原子吸收光谱法	GB/T 3253.6—2001
YS/T 35—2012	高纯锑化学分析方法 镁、锌、镍、铜、银、镉、铁、硫、砷、金、锰、铅、铋、硅、硒含量的测定 高质量分辨率辉光放电质谱法	YS/T 35.1—1992、YS/T 35.2—1992、YS/T 35.3—1992、YS/T 35.4—1992
YS/T 239.1—2010	三硫化二锑化学分析方法 第1部分：锑量的测定 硫酸铈滴定法	YS/T 239.1—1994
YS/T 239.2—2010	三硫化二锑化学分析方法 第2部分：化合硫量的测定 燃烧中和滴定法	YS/T 239.2—1994
YS/T 239.3—2010	三硫化二锑化学分析方法 第3部分：游离硫量的测定 燃烧中和滴定法	YS/T 239.3—1994
YS/T 239.4—2010	三硫化二锑化学分析方法 第4部分：王水不溶物的测定 重量法	YS/T 239.4—1994
YS/T 239.5—2010	三硫化二锑化学分析方法 第5部分：砷量的测定 砷钼蓝分光光度法	
YS/T 239.6—2010	三硫化二锑化学分析方法 第6部分：铁量的测定 邻二氮杂菲分光光度法	
YS/T 239.7—2010	三硫化二锑化学分析方法 第7部分：铅量的测定 火焰原子吸收光谱法	
YS/T 324—2009	三氧化二锑物理检验方法	YS/T 324—1994
YS/T 556.1—2009	锑精矿化学分析方法 第1部分：锑量的测定 硫酸铈滴定法	YS/T 556.1—2006
YS/T 556.2—2009	锑精矿化学分析方法 第2部分：砷量的测定 溴酸钾滴定法	YS/T 556.2—2006
YS/T 556.3—2009	锑精矿化学分析方法 第3部分：铅量的测定 火焰原子吸收光谱法	YS/T 556.3—2006
YS/T 556.4—2009	锑精矿化学分析方法 第4部分：湿存水量的测定 重量法	YS/T 556.4—2006
YS/T 556.5—2009	锑精矿化学分析方法 第5部分：锌量的测定 火焰原子吸收光谱法	YS/T 556.5—2006

标 准 号	标 准 名 称	代替标准号
YS/T 556.6—2009	锑精矿化学分析方法 第6部分：硒量的测定 氢化物发生—原子荧光光谱法	YS/T 556.6—2006
YS/T 556.7—2009	锑精矿化学分析方法 第7部分：汞量的测定 原子荧光光谱法	YS/T 556.7—2006
YS/T 556.8—2009	锑精矿化学分析方法 第8部分：硫量的测定 燃烧中和法	YS/T 556.8—2006
YS/T 556.9—2009	锑精矿化学分析方法 第9部分：金量的测定 火试金法	YS/T 556.9—2006
YS/T 556.10—2011	锑精矿化学分析方法 第10部分：铜量的测定 火焰原子吸收光谱法	
YS/T 556.11—2011	锑精矿化学分析方法 第11部分：镉量的测定 火焰原子吸收光谱法	
YS/T 556.12—2011	锑精矿化学分析方法 第12部分：铋量的测定 火焰原子吸收光谱法	
YS/T 556.13—2011	锑精矿化学分析方法 第13部分：镍量的测定 火焰原子吸收光谱法	
YS/T 556.14—2011	锑精矿化学分析方法 第14部分：银量的测定 火焰原子吸收光谱法	
YS/T 556.16—2011	锑精矿化学分析方法 第16部分：铅、锌、铜、镉、镍量的测定 电感耦合等离子体原子发射光谱法	
YS/T 1086—2015	高纯锑化学分析方法 镁、锰、铁、镍、铜、锌、砷、硒、银、镉、金、铅、铋量的测定 电感耦合等离子体质谱法	

3.8.2 冶炼及矿产品标准

标 准 号	标 准 名 称	代替标准号
GB/T 1599—2014	锑锭	GB/T 1599—2002
GB/T 4062—2013	三氧化二锑	GB/T 4062—1998
GB/T 10117—2009	高纯锑	
YS/T 22—2010	锑酸钠	YS/T 22—1992
YS/T 385—2006	锑精矿	YS/T 385—1994
YS/T 415—2011	高铅锑锭	YS/T 415—1999
YS/T 525—2009	三硫化二锑	YS/T 525—2006
YS/T 674—2008	4N 锑	
YS/T 972—2014	乙二醇锑粉	
YS/T 1117—2016	三氧化二锑（冶炼副产品）	
YS/T 1191—2017	超高纯锑	

3.9 镉标准

3.9.1 化学分析方法标准

标 准 号	标 准 名 称	代替标准号
YS/T 74.1—2010	镉化学分析方法 第1部分：砷量的测定 氢化物发生—原子荧光光谱法	YS/T 74.1—1994
YS/T 74.2—2010	镉化学分析方法 第2部分：锑量的测定 氢化物发生—原子荧光光谱法	YS/T 74.2—1994
YS/T 74.3—2010	镉化学分析方法 第3部分：镍量的测定 电热原子吸收光谱法	YS/T 74.3—1994
YS/T 74.4—2010	镉化学分析方法 第4部分：铅量的测定 火焰原子吸收光谱法	YS/T 74.4—1994
YS/T 74.5—2010	镉化学分析方法 第5部分：铜量的测定 二乙基二硫代氨基甲酸铅分光光度法	YS/T 74.5—1994
YS/T 74.6—2010	镉化学分析方法 第6部分：锌量的测定 火焰原子吸收光谱法	YS/T 74.6—1994
YS/T 74.7—2010	镉化学分析方法 第7部分：铁量的测定 1,10-二氮杂菲分光光度法	YS/T 74.7—1994
YS/T 74.8—2010	镉化学分析方法 第8部分：铊量的测定 结晶紫分光光度法	YS/T 74.8—1994
YS/T 74.9—2010	镉化学分析方法 第9部分：锡量的测定 氢化物发生—原子荧光光谱法	YS/T 74.9—1994
YS/T 74.10—2010	镉化学分析方法 第10部分：银量的测定 火焰原子吸收光谱法	YS/T 74.10—1994
YS/T 74.11—2010	镉化学分析方法 第11部分：砷、锑、镍、铅、铜、锌、铁、铊、锡和银量的测定 电感耦合等离子体原子发射光谱法	
YS/T 917—2013	高纯镉化学分析方法 痕量杂质元素含量的测定 辉光放电质谱法	

3.9.2 产品标准

3.9.2.1 冶炼及矿产品标准

标 准 号	标 准 名 称	代替标准号
YS/T 72—2014	镉锭	YS/T 72—2005
YS/T 838—2012	碲化镉	
YS/T 916—2013	高纯镉	
YS/T 1054—2015	氯化镉	
YS/T 1190—2017	超高纯镉	

标　准　号	标　准　名　称	代替标准号
YS/T 1056—2015	高纯硫化镉	
YS/T 1216—2018	硒化镉	
YS/T 1217—2018	氧化镉	

3.9.2.2　加工产品标准

标　准　号	标　准　名　称	代替标准号
GB/T 2056—2005	电镀用铜、锌、镉、镍、锡阳极板	GB/T 2055—1989、GB/T 2056—1980、GB/T 2057—1989、GB/T 2058—1989
YS/T 247—2011	镉棒	YS/T 247—1994

3.10　铋标准

3.10.1　化学分析方法标准

标　准　号	标　准　名　称	代替标准号
YS/T 240.1—2007	铋精矿化学分析方法 铋量的测定 Na_2EDTA 滴定法	YS/T 240.1—1994
YS/T 240.2—2007	铋精矿化学分析方法 铅量的测定 Na_2EDTA 滴定法和火焰原子吸收光谱法	YS/T 240.2—1994、YS/T 240.12—1994
YS/T 240.3—2007	铋精矿化学分析方法 二氧化硅量的测定 钼蓝分光光度法和重量法	YS/T 240.3—1994
YS/T 240.4—2007	铋精矿化学分析方法 三氧化钨量的测定 硫氰酸盐分光光度法	YS/T 240.4—1994
YS/T 240.5—2007	铋精矿化学分析方法 钼量的测定 硫氰酸盐分光光度法	YS/T 240.5—1994
YS/T 240.6—2007	铋精矿化学分析方法 铁量的测定 重铬酸钾滴定法	YS/T 240.6—1994
YS/T 240.7—2007	铋精矿化学分析方法 硫量的测定 燃烧—中和滴定法	YS/T 240.7—1994
YS/T 240.8—2007	铋精矿化学分析方法 砷量的测定 DDTC-Ag 分光光度法和萃取-碘滴定法	YS/T 240.8—1994
YS/T 240.9—2007	铋精矿化学分析方法 铜量的测定 碘量法和火焰原子吸收光谱法	YS/T 240.9—1994、YS/T 240.12—1994
YS/T 240.10—2007	铋精矿化学分析方法 三氧化二铝量的测定 铬天青 S 分光光度法	YS/T 240.10—1994

标准号	标准名称	代替标准号
YS/T 240.11—2007	铋精矿化学分析方法 银量的测定 火焰原子吸收光谱法	YS/T 240.11—1994
YS/T 536.1—2009	铋化学分析方法 铜量的测定 双乙醛草酰二腙分光光度法	YS/T 536.1—2006
YS/T 536.2—2009	铋化学分析方法 铁量的测定 电热原子吸收光谱法	YS/T 536.2—2006
YS/T 536.3—2009	铋化学分析方法 锑量的测定 孔雀绿分光光度法	YS/T 536.3—2006
YS/T 536.4—2009	铋化学分析方法 银量的测定 火焰原子吸收光谱法和电热原子吸收光谱法	YS/T 536.4—2006
YS/T 536.5—2009	铋化学分析方法 锌量的测定 固液萃取分离—火焰原子吸收光谱法	YS/T 536.5—2006
YS/T 536.6—2009	铋化学分析方法 铅量的测定 电热原子吸收光谱法	YS/T 536.6—2006
YS/T 536.7—2009	铋化学分析方法 砷量的测定 原子荧光光谱法	YS/T 536.7—2006
YS/T 536.8—2009	铋化学分析方法 氯量的测定 硫氰酸汞分光光度法	YS/T 536.8—2006
YS/T 536.9—2009	铋化学分析方法 碲量的测定 砷共沉淀—示波极谱法	YS/T 536.9—2006
YS/T 536.10—2009	铋化学分析方法 锡量的测定 铍共沉淀—分光光度法	YS/T 536.10—2006
YS/T 536.11—2009	铋化学分析方法 汞量的测定 原子荧光光谱法	YS/T 536.11—2006
YS/T 536.12—2009	铋化学分析方法 镍量的测定 电热原子吸收光谱法	YS/T 536.12—2006
YS/T 536.13—2009	铋化学分析方法 镉量的测定 电热原子吸收光谱法	YS/T 536.13—2006
YS/T 923.1—2013	高纯铋化学分析方法 第1部分：铜、铅、锌、铁、银、砷、锡、镉、镁、铬、铝、金和镍量的测定 电感耦合等离子体质谱法	
YS/T 923.2—2013	高纯铋化学分析方法 第2部分：痕量杂质元素含量的测定 辉光放电质谱法	
YS/T 1014.1—2014	三氧化二铋化学分析方法 第1部分：三氧化二铋量的测定 Na_2EDTA 滴定法	
YS/T 1014.2—2014	三氧化二铋化学分析方法 第2部分：银、铜、镁、镍、钴、锰、钙、铁、镉、铅、锌、锑、铝、钠、硫量的测定 电感耦合等离子体原子发射光谱法	

标准号	标准名称	代替标准号
YS/T 1014.3—2014	三氧化二铋化学分析方法 第3部分：氯量的测定 氯化银比浊法	
YS/T 1014.4—2014	三氧化二铋化学分析方法 第4部分：灼烧减量的测定 重量法	
YS/T 1014.5—2014	三氧化二铋化学分析方法 第5部分：水分量的测定 重量法	

3.10.2 冶炼及矿产品标准

标准号	标准名称	代替标准号
GB/T 915—2010	铋	GB/T 915—1995
YS/T 321—2005	铋精矿	YS/T 321—1994
YS/T 818—2012	高纯铋	
YS/T 927—2013	三氧化二铋	
YS/T 1218—2018	铋黄	

3.11 砷、硒、碲、汞等其他标准

3.11.1 化学分析方法标准

标准号	标准名称	代替标准号
GB/T 26289—2010	高纯硒化学分析方法 硼、铝、铁、锌、砷、银、锡、锑、碲、汞、镁、钛、镍、铜、镓、镉、铟、铅、铋量的测定 电感耦合等离子体质谱法	
YS/T 34.1—2011	高纯砷化学分析方法 电感耦合等离子体质谱法（ICP-MS）测定高纯砷中杂质含量	YS/T 34.1—1992、YS/T 34.2—1992
YS/T 34.2—2011	高纯砷化学分析方法 极谱法测定硒量	YS/T 34.3—1992
YS/T 34.3—2011	高纯砷化学分析方法 极谱法测定硫量	YS/T 34.4—1992
YS/T 226.1—2009	硒化学分析方法 第1部分：铋量的测定 氢化物发生—原子荧光光谱法	YS/T 226.1—1994
YS/T 226.2—2009	硒化学分析方法 第2部分：锑量的测定 氢化物发生—原子荧光光谱法	YS/T 226.2—1994
YS/T 226.3—2009	硒化学分析方法 第3部分：铝量的测定 铬天青S-溴代十六烷基吡啶分光光度法	YS/T 226.4—1994
YS/T 226.4—2009	硒化学分析方法 第4部分：汞量的测定 双硫腙—四氯化碳滴定比色法	YS/T 226.5—1994

标 准 号	标 准 名 称	代替标准号
YS/T 226.5—2009	硒化学分析方法 第5部分：硅量的测定 硅钼蓝分光光度法	YS/T 226.7—1994
YS/T 226.6—2009	硒化学分析方法 第6部分：硫量的测定 对称二苯氨基脲分光光度法	YS/T 226.10—1994
YS/T 226.7—2009	硒化学分析方法 第7部分：镁量的测定 火焰原子吸收光谱法	YS/T 226.11—1994
YS/T 226.8—2009	硒化学分析方法 第8部分：铜量的测定 火焰原子吸收光谱法	YS/T 226.11—1994
YS/T 226.9—2009	硒化学分析方法 第9部分：铁量的测定 火焰原子吸收光谱法	YS/T 226.11—1994
YS/T 226.10—2009	硒化学分析方法 第10部分：镍量的测定 火焰原子吸收光谱法	YS/T 226.11—1994
YS/T 226.11—2009	硒化学分析方法 第11部分：铅量的测定 火焰原子吸收光谱法	YS/T 226.12—1994
YS/T 226.12—2009	硒化学分析方法 第12部分：硒量的测定 硫代硫酸钠容量法	YS/T 226.15—1994
YS/T 226.13—2009	硒化学分析方法 第13部分：银、铝、砷、硼、汞、铋、铜、镉、铁、镓、铟、镁、镍、铅、硅、锑、锡、碲、钛、锌量的测定 电感耦合等离子体质谱法	YS/T 226.3—1994、YS/T 226.6—1994、YS/T 226.8—1994、YS/T 226.13—1994
YS/T 227.1—2010	碲化学分析方法 第1部分：铋量的测定 氢化物发生—原子荧光光谱法	YS/T 227.1—1994
YS/T 227.2—2010	碲化学分析方法 第2部分：铝量的测定 铬天青S-溴代十四烷基吡啶胶束增溶分光光度法	YS/T 227.2—1994
YS/T 227.3—2010	碲化学分析方法 第3部分：铅量的测定 火焰原子吸收光谱法	YS/T 227.3—1994
YS/T 227.4—2010	碲化学分析方法 第4部分：铁量的测定 邻菲啰啉分光光度法	YS/T 227.4—1994
YS/T 227.5—2010	碲化学分析方法 第5部分：硒量的测定 2，3-二氨基萘分光光度法	YS/T 227.5—1994
YS/T 227.6—2010	碲化学分析方法 第6部分：铜量的测定 固液分离—火焰原子吸收光谱法	YS/T 227.6—1994
YS/T 227.7—2010	碲化学分析方法 第7部分：硫量的测定 电感耦合等离子体原子发射光谱法	YS/T 227.7—1994
YS/T 227.8—2010	碲化学分析方法 第8部分：镁、钠量的测定 火焰原子吸收光谱法	YS/T 227.8—1994
YS/T 227.9—2010	碲化学分析方法 第9部分：碲量的测定 重铬酸钾—硫酸亚铁铵容量法	YS/T 227.9—1994

标　准　号	标　准　名　称	代替标准号
YS/T 227.10—2010	碲化学分析方法 第10部分：砷量的测定 氢化物发生—原子荧光光谱法	YS/T 227.10—1994
YS/T 227.11—2010	碲化学分析方法 第11部分：硅量的测定 正丁醇萃取硅钼蓝分光光度法	YS/T 227.11—1994
YS/T 227.12—2011	碲化学分析方法 第12部分：铋、铝、铅、铁、硒、铜、镁、钠、砷量的测定 电感耦合等离子体原子发射光谱法	
YS/T 276.1—2011	铟化学分析方法 第1部分：砷量的测定 氢化物发生—原子荧光光谱法	YS/T 276.1—1994
YS/T 276.2—2011	铟化学分析方法 第2部分：锡量的测定 苯基荧光酮—溴代十六烷基三甲胺分光光度法	YS/T 276.2—1994
YS/T 276.3—2011	铟化学分析方法 第3部分：铊量的测定 甲基绿分光光度法	YS/T 276.3—1994
YS/T 276.4—2011	铟化学分析方法 第4部分：铝量的测定 铬天青S分光光度法	YS/T 276.4—1994
YS/T 276.5—2011	铟化学分析方法 第5部分：铁量的测定 方法1：电热原子吸收光谱法 方法2：火焰原子吸收光谱法	YS/T 276.5—1994
YS/T 276.6—2011	铟化学分析方法 第6部分：铜、镉、锌量的测定 火焰原子吸收光谱法	YS/T 276.6—1994
YS/T 276.7—2011	铟化学分析方法 第7部分：铅量的测定 火焰原子吸收光谱法	
YS/T 276.8—2011	铟化学分析方法 第8部分：铋量的测定 方法1：氢化物发生—原子荧光光谱法 方法2：火焰原子吸收光谱法	
YS/T 276.9—2011	铟化学分析方法 第9部分：铟量的测定 Na_2EDTA滴定法	
YS/T 276.10—2011	铟化学分析方法 第10部分：铋、铝、铅、铁、铜、镉、锡、铊量的测定 电感耦合等离子体原子发射光谱法	
YS/T 276.11—2011	铟化学分析方法 第11部分：砷、铝、铅、铁、铜、镉、锡、铊、锌、铋量的测定 电感耦合等离子体质谱法	
YS/T 345—1994	朱砂分析方法（硫化汞）	YB/T 749—1970
YS/T 519.1—2009	砷化学分析方法 第1部分：砷量的测定 溴酸钾滴定法	YS/T 519.1—2006
YS/T 519.2—2009	砷化学分析方法 第2部分：锑量的测定 孔雀绿分光光度法	YS/T 519.2—2006
YS/T 519.3—2009	砷化学分析方法 第3部分：硫量的测定 硫酸钡重量法	YS/T 519.3—2006

标 准 号	标 准 名 称	代替标准号
YS/T 519.4—2009	砷化学分析方法 第4部分：铋、锑、硫量的测定 电感耦合等离子体原子发射光谱法	YS/T 519.4—2006
YS/T 715.1—2009	二氧化硒化学分析方法 第1部分：二氧化硒量的测定 硫代硫酸钠滴定法	
YS/T 715.2—2009	二氧化硒化学分析方法 第2部分：砷、镉、铁、汞、铅量的测定 电感耦合等离子体原子发射光谱法	
YS/T 715.3—2009	二氧化硒化学分析方法 第3部分：氯量的测定 氯化银浊度法	
YS/T 715.4—2009	二氧化硒化学分析方法 第4部分：灼烧残渣的测定 重量法	
YS/T 715.5—2009	二氧化硒化学分析方法 第5部分：水不溶物含量的测定 重量法	
YS/T 917—2013	高纯镉化学分析方法 痕量杂质元素含量的测定 辉光放电质谱法	
YS/T 981.1—2014	高纯铟化学分析方法 镁、铝、硅、硫、铁、镍、铜、锌、砷、银、镉、锡、铊、铅的测定 高质量分辨率辉光放电质谱法	
YS/T 981.2—2014	高纯铟化学分析方法 镁、铝、铁、镍、铜、锌、银、镉、锡、铅的测定 电感耦合等离子体质谱法	
YS/T 981.3—2014	高纯铟化学分析方法 硅量的测定 硅钼蓝分光光度法	
YS/T 981.4—2014	高纯铟化学分析方法 锡量的测定 苯芴酮—溴代十六烷基三甲胺吸光光度法	
YS/T 981.5—2014	高纯铟化学分析方法 铊量的测定 罗丹明B吸光光度法	
YS/T 1013—2014	高纯碲化学分析方法 钠、镁、铝、铬、铁、镍、铜、锌、硒、银、锡、铅、铋量的测定 电感耦合等离子体质谱法	
YS/T 1084.1—2015	粗硒化学分析方法 第1部分：金量的测定 火试金重量法和原子吸收光谱法	
YS/T 1084.2—2015	粗硒化学分析方法 第2部分：银量的测定 火焰原子吸收光谱法	
YS/T 1084.3—2018	粗硒化学分析方法 第3部分：硒量的测定 盐酸羟胺还原重量法和硫代硫酸钠滴定法	
YS/T 1227.1—2018	粗碲化学分析方法 第1部分：碲量的测定 重量法	
YS/T 1227.2—2018	粗碲化学分析方法 第2部分：金、银量的测定 火试金重量法	

标　准　号	标　准　名　称	代替标准号
YS/T 1227.3—2018	粗碲化学分析方法 第3部分：铜量的测定 碘量法	

3.11.2　冶炼及矿产品标准

标　准　号	标　准　名　称	代替标准号
GB/T 913—2012	汞	GB/T 913—1985
GB/T 26721—2011	三氧化二砷	
GB/T 29502—2013	硫铁矿烧渣	
YS/T 43—2011	高纯砷	YS/T 43—1992
YS/T 68—2014	砷	YS 68—2004
YS/T 222—2010	碲锭	YS/T 222—1996
YS/T 223—2007	硒	YS/T 223—1996
YS/T 257—2009	铟锭	YS/T 99—1997、YS/T 257—1998
YS/T 264—2012	高纯铟	YS/T 264—1994
YS/T 337—2009	硫精矿	YS/T 337—1998
YS/T 507—2006	湿法朱砂技术条件	GB/T 3631—1983
YS/T 651—2007	二氧化硒	
YS/T 672—2008	碳酸二甲酯	
YS/T 816—2012	高纯硒	
YS/T 817—2012	高纯碲	
YS/T 818—2012	高纯铋	
YS/T 838—2012	碲化镉	
YS/T 926—2013	高纯二氧化碲	
YS/T 918—2013	超高纯汞	
YS/T 1154—2017	粗硒	
YS/T 1192—2017	超高纯碲	
YS/T 1194—2017	二氧化碲	
YS/T 1220—2018	铬靶材	
YS/T 1226—2018	粗碲	

3.12　选矿药剂标准

3.12.1　基础和方法标准

标　准　号	标　准　名　称	代替标准号
YS/T 237—2011	选矿药剂产品分类、牌号、命名	YS/T 237—1994

标　准　号	标　准　名　称	代替标准号
YS/T 271.1—1994	黄药化学分析方法 乙酸铅滴定法测定黄原酸盐含量	GB/T 8150.1—1987
YS/T 271.2—1994	黄药化学分析方法 乙酸滴定法测定游离碱含量	GB/T 8150.2—1987
YS/T 271.3—1994	黄药化学分析方法 红外干燥法测定水分及挥发物含量	GB/T 8150.3—1987

3.12.2 产品标准

标　准　号	标　准　名　称	代替标准号
YS/T 32—2011	浮选用松醇油	YS/T 32—1992
YS/T 33—1992	醚醇油	YB/T 2420—1982
YS/T 249—2011	25 号黑药	YS/T 249—1994
YS/T 268—2003	乙基钠（钾）黄药	YS/T 268—1994、GB/T 8147—1987
YS/T 269—2008	丁基钠（钾）黄药	YS/T 269—1994
YS/T 270—2011	乙硫氮	YS/T 270—1994
YS/T 278—2011	丁铵黑药	YS/T 278—1994
YS/T 279—1994	25 号钠黑药	GB/T 8636—1988
YS/T 280—2011	丁钠黑药	YS/T 280—1994
YS/T 354—1994	丁基黄药（干燥品）	YB/T 869—1976
YS/T 355—1994	仲辛基黄药	YB/T 870—1976
YS/T 356—1994	三号凝聚剂	YB/T 872—1976
YS/T 357—2015	乙硫氨酯	YS/T 357—1994
YS/T 381—1994	硫氮肥腈酯	YB/T 2407—1980
YS/T 382—1994	甲苯胂酸	YB/T 2408—1982
YS/T 383—2011	烷基羟肟酸（钠）	YS/T 383—1994
YS/T 384—1994	混合胺	YB/T 2413—1980
YS/T 386—1994	丁醚油技术条件	YB/T 2421—1982
YS/T 387—1994	甘苄油技术条件	YB/T 2422—1982
YS/T 388—1994	苯乙酯油技术条件	YB/T 2423—1982
YS/T 389—1994	醚氨硫酯技术条件	YB/T 2424—1982
YS/T 390—1994	苄胂酸技术条件	YB/T 2425—1982
YS/T 391—1994	磷酸乙二胺盐技术条件	YB/T 2426—1982
YS/T 392—1994	磷酸丙二胺盐技术条件	YB/T 2427—1982
YS/T 393—1994	工业二乙胺	YB/T 2428—1982
YS/T 468—2018	有色金属选矿用石灰	YS/T 468—2004
YS/T 486—2005	异丙基钠（钾）黄药	
YS/T 487—2005	异戊基钠（钾）黄药	

标　准　号	标　准　名　称	代替标准号
YS/T 488—2005	异丁基钠（钾）黄药	
YS/T 652—2007	有色金属选矿用巯基苯骈噻唑钠	
YS/T 653—2018	有色金属选矿用巯基乙酸钠	YS/T 653—2007
YS/T 671—2008	丁硫氮	
YS/T 675—2008	异丁钠黑药	
YS/T 879—2013	苯胺黑药	
YS/T 880—2013	仲丁钠黑药	
YS/T 1048—2015	异丙基黄原酸甲酸乙酯	
YS/T 1049—2015	异丁基黄原酸甲酸乙酯	
YS/T 1118—2016	正丙基钠/钾黄药	
YS/T 1211—2018	异丁铵黑药	
YS/T 1212—2018	异丙钠黑药	
YS/T 1213—2018	乙钠黑药	
YS/T 1214—2018	异戊基黄原酸丙烯酯	
YS/T 1215—2018	N-烯丙基-O-异丁基硫代氨基甲酸酯	

4 稀有金属标准

4.1 基础标准

标准号	标准名称	代替标准号
GB/T 3620. 1—2016	钛及钛合金牌号和化学成分	GB/T 3620. 1—2007
GB/T 3620. 2—2007	钛及钛合金加工产品化学成分允许偏差	GB/T 3620. 2—1994
GB/T 6611—2008	钛及钛合金术语和金相图谱	GB/T 6611—1986、GB/T 8755—1988
GB/T 8180—2007	钛及钛合金加工产品的包装、标志、运输和贮存	GB/T 8180—1987
GB/T 26314—2010	锆及锆合金牌号和化学成分	
GB/T 34647—2017	钛及钛合金产品状态代号	
YS/T 656—2015	铌及铌合金加工产品牌号和化学成分	YS/T 656—2007
YS/T 659—2007	钨及钨合金加工产品牌号和化学成分	
YS/T 660—2007	钼及钼合金加工产品牌号和化学成分	
YS/T 751—2011	钽及钽合金牌号和化学成分	
YS/T 1064—2015	镍钛形状记忆合金术语	

4.2 化学分析方法标准

4.2.1 稀有金属矿及人造富矿化学分析方法标准

标准号	标准名称	代替标准号
GB/T 6150. 1—2008	钨精矿化学分析方法 三氧化钨量的测定 钨酸铵灼烧重量法	GB/T 6150. 1—1985
GB/T 6150. 2—2008	钨精矿化学分析方法 锡量的测定 碘酸钾容量法和氢化物原子吸收光谱法	GB/T 6150. 2—1985、GB/T 6150. 3—1985
GB/T 6150. 3—2009	钨精矿化学分析方法 磷量的测定 磷钼黄分光光度法	GB/T 6150. 4—1985
GB/T 6150. 4—2008	钨精矿化学分析方法 硫量的测定 高频红外吸收法	GB/T 6150. 5—1985
GB/T 6150. 5—2008	钨精矿化学分析方法 钙量的测定 EDTA 容量法和火焰原子吸收光谱法	GB/T 6150. 6—1985、GB/T 6150. 7—1985

标 准 号	标 准 名 称	代替标准号
GB/T 6150.6—2008	钨精矿化学分析方法 湿存水量的测定 重量法	GB/T 6150.8—1985
GB/T 6150.7—2008	钨精矿化学分析方法 钽铌量的测定 等离子体发射光谱法和分光光度法	GB/T 6150.9—1985
GB/T 6150.8—2009	钨精矿化学分析方法 钼量的测定 硫氰酸盐分光光度法	GB/T 6150.10—1985
GB/T 6150.9—2009	钨精矿化学分析方法 铜量的测定 火焰原子吸收光谱法	GB/T 6150.11—1985
GB/T 6150.10—2008	钨精矿化学分析方法 铅量的测定 火焰原子吸收光谱法	GB/T 6150.12—1985
GB/T 6150.11—2008	钨精矿化学分析方法 锌量的测定 火焰原子吸收光谱法	GB/T 6150.13—1985
GB/T 6150.12—2008	钨精矿化学分析方法 二氧化硅量的测定 硅钼蓝分光光度法和重量法	GB/T 6150.14—1985
GB/T 6150.13—2008	钨精矿化学分析方法 砷量的测定 氢化物原子吸收光谱法和 DDTC-Ag 分光光度法	GB/T 6150.15—1985
GB/T 6150.14—2008	钨精矿化学分析方法 锰量的测定 硫酸亚铁铵容量法和火焰原子吸收光谱法	GB/T 6150.16—1985
GB/T 6150.15—2008	钨精矿化学分析方法 铋量的测定 火焰原子吸收光谱法	GB/T 6150.17—1985
GB/T 6150.16—2009	钨精矿化学分析方法 铁量的测定 磺基水杨酸分光光度法	GB/T 6150.18—1985
GB/T 6150.17—2008	钨精矿化学分析方法 锑量的测定 氢化物原子吸收光谱法	GB/T 6150.19—1985
GB/T 26019—2010	高杂质钨矿化学分析方法 三氧化钨量的测定 二次分离灼烧重量法	
YS/T 254.1—2011	铍精矿、绿柱石化学分析方法 第1部分：氧化铍量的测定 磷酸盐重量法	YS/T 254.1—1994
YS/T 254.2—2011	铍精矿、绿柱石化学分析方法 第2部分：三氧化二铁量的测定 EDTA 滴定法、磺基水杨酸分光光度法	YS/T 254.2—1994
YS/T 254.3—2011	铍精矿、绿柱石化学分析方法 第3部分：磷量的测定 磷钼钒酸分光光度法	YS/T 254.3—1994
YS/T 254.4—2011	铍精矿、绿柱石化学分析方法 第4部分：氧化锂量的测定 火焰原子吸收光谱法	YS/T 254.4—1994
YS/T 254.5—2011	铍精矿、绿柱石化学分析方法 第5部分：氟量的测定 离子选择电极法	YS/T 254.5—1994
YS/T 254.6—2011	铍精矿、绿柱石化学分析方法 第6部分：氧化钙量的测定 火焰原子吸收光谱法	YS/T 254.6—1994

标　准　号	标　准　名　称	代替标准号
YS/T 254.7—2011	铍精矿、绿柱石化学分析方法 第7部分：水分量的测定 重量法	YS/T 254.7—1994
YS/T 358.1—2011	钽铁、铌铁精矿化学分析方法 第1部分：钽、铌量的测定 纸上色层重量法	YS/T 358—1994
YS/T 358.2—2011	钽铁、铌铁精矿化学分析方法 第2部分：二氧化钛量的测定 双安替吡啉甲烷分光光度法	YS/T 358—1994
YS/T 358.3—2011	钽铁、铌铁精矿化学分析方法 第3部分：二氧化硅量的测定 硅钼蓝分光光度法和重量法	YS/T 358—1994
YS/T 358.4—2011	钽铁、铌铁精矿化学分析方法 第4部分：三氧化钨量的测定 硫氰酸盐分光光度法	YS/T 358—1994
YS/T 358.5—2011	钽铁、铌铁精矿化学分析方法 第5部分：铀量的测定 电感耦合等离子体发射光谱法	YS/T 358—1994
YS/T 358.6—2011	钽铁、铌铁精矿化学分析方法 第6部分：氧化钍量的测定 电感耦合等离子体发射光谱法	YS/T 358—1994
YS/T 358.7—2011	钽铁、铌铁精矿化学分析方法 第7部分：铁量的测定 电感耦合等离子体发射光谱法	
YS/T 358.8—2011	钽铁、铌铁精矿化学分析方法 第8部分：亚铁量的测定 重铬酸钾滴定法	
YS/T 358.9—2011	钽铁、铌铁精矿化学分析方法 第9部分：锑量的测定 电感耦合等离子体发射光谱法	
YS/T 358.10—2011	钽铁、铌铁精矿化学分析方法 第10部分：锡量的测定 碘酸钾滴定法	
YS/T 358.11—2011	钽铁、铌铁精矿化学分析方法 第11部分：锰量的测定 原子吸收光谱法	
YS/T 358.12—2012	钽铁、铌铁精矿化学分析方法 第12部分：湿存水量的测定 重量法	
YS/T 360.1—2011	钛铁矿精矿化学分析方法 第1部分：二氧化钛量的测定 硫酸铁铵滴定法	YS/T 360—1994
YS/T 360.2—2011	钛铁矿精矿化学分析方法 第2部分：全铁量的测定 重铬酸钾滴定法	YS/T 360—1994
YS/T 360.3—2011	钛铁矿精矿化学分析方法 第3部分：氧化亚铁量的测定 重铬酸钾滴定法	YS/T 360—1994
YS/T 360.4—2011	钛铁矿精矿化学分析方法 第4部分：氧化铝量的测定 EDTA滴定法	
YS/T 360.5—2011	钛铁矿精矿化学分析方法 第5部分：二氧化硅量的测定 硅钼蓝分光光度法	

标 准 号	标 准 名 称	代替标准号
YS/T 360.6—2011	钛铁矿精矿化学分析方法 第6部分：氧化钙、氧化镁、磷量的测定 等离子体发射光谱法	YS/T 360—1994
YS/T 509.1—2008	锂辉石、锂云母精矿化学分析方法 氧化锂、氧化钠、氧化钾量的测定 火焰原子吸收光谱法	YS/T 509.1—2006
YS/T 509.2—2008	锂辉石、锂云母精矿化学分析方法 氧化铷、氧化铯量的测定 火焰原子吸收光谱法	YS/T 509.2—2006
YS/T 509.3—2008	锂辉石、锂云母精矿化学分析方法 二氧化硅量的测定 重量—钼蓝分光光度法	YS/T 509.3—2006
YS/T 509.4—2008	锂辉石、锂云母精矿化学分析方法 三氧化二铝量的测定 EDTA络合滴定法	YS/T 509.4—2006
YS/T 509.5—2008	锂辉石、锂云母精矿化学分析方法 三氧化二铁量的测定 邻二氮杂菲分光光度法、EDTA络合滴定法	YS/T 509.5—2006、YS/T 509.6—2006
YS/T 509.6—2008	锂辉石、锂云母精矿化学分析方法 五氧化二磷量的测定 钼蓝分光光度法	YS/T 509.7—2006
YS/T 509.7—2008	锂辉石、锂云母精矿化学分析方法 氧化铍量的测定 铬天青S-CTMAB分光光度法	YS/T 509.8—2006
YS/T 509.8—2008	锂辉石、锂云母精矿化学分析方法 氧化钙、氧化镁量的测定 火焰原子吸收光谱法	YS/T 509.9—2006
YS/T 509.9—2008	锂辉石、锂云母精矿化学分析方法 氟量的测定 离子选择电极法	YS/T 509.10—2006
YS/T 509.10—2008	锂辉石、锂云母精矿化学分析方法 一氧化锰量的测定 过硫酸盐氧化分光光度法	YS/T 509.11—2006
YS/T 509.11—2008	锂辉石、锂云母精矿化学分析方法 烧失量的测定 重量法	YS/T 509.12—2006
YS/T 514.1—2009	高钛渣、金红石化学分析方法 第1部分：二氧化钛量的测定 硫酸铁铵滴定法	YS/T 514.1—2006
YS/T 514.2—2009	高钛渣、金红石化学分析方法 第2部分：全铁量的测定 重铬酸钾滴定法	YS/T 514.2—2006
YS/T 514.3—2009	高钛渣、金红石化学分析方法 第3部分：硫量的测定 高频红外吸收法	YS/T 514.5—2006、YS/T 514.6—2006
YS/T 514.4—2009	高钛渣、金红石化学分析方法 第4部分：二氧化硅量的测定 称量法、钼蓝分光光度法	YS/T 514.7—2006
YS/T 514.5—2009	高钛渣、金红石化学分析方法 第5部分：氧化铝量的测定 EDTA滴定法	YS/T 514.8—2006
YS/T 514.6—2009	高钛渣、金红石化学分析方法 第6部分：一氧化锰量的测定 火焰原子吸收光谱法	YS/T 514.9—2006

标　准　号	标　准　名　称	代替标准号
YS/T 514.7—2009	高钛渣、金红石化学分析方法 第7部分：氧化钙和氧化镁量的测定 火焰原子吸收光谱法	YS/T 514.12—2006
YS/T 514.8—2009	高钛渣、金红石化学分析方法 第8部分：磷量的测定 锑钼蓝分光光度法	YS/T 514.3—2006
YS/T 514.9—2009	高钛渣、金红石化学分析方法 第9部分：氧化钙、氧化镁、一氧化锰、磷、三氧化二铬和五氧化二钒量的测定 电感耦合等离子体发射光谱法	YS/T 514.10—2006、YS/T 514.11—2006
YS/T 514.10—2009	高钛渣、金红石化学分析方法 第10部分：碳量的测定 高频红外吸收法	YS/T 514.4—2006
YS/T 555.1—2009	钼精矿化学分析方法 钼量的测定 钼酸铅重量法	YS/T 555.1—2006
YS/T 555.2—2009	钼精矿化学分析方法 二氧化硅量的测定 硅钼蓝分光光度法和重量法	YS/T 555.2—2006
YS/T 555.3—2009	钼精矿化学分析方法 砷量的测定 原子荧光光谱法和DDTC-Ag分光光度法	YS/T 555.3—2006
YS/T 555.4—2009	钼精矿化学分析方法 锡量的测定 原子荧光光谱法	YS/T 555.4—2006
YS/T 555.5—2009	钼精矿化学分析方法 磷量的测定 磷钼蓝分光光度法	YS/T 555.5—2006
YS/T 555.6—2009	钼精矿化学分析方法 铜、铅、铋、锌量的测定 火焰原子吸收光谱法	YS/T 555.6—2006、YS/T 555.9—2006
YS/T 555.7—2009	钼精矿化学分析方法 氧化钙量的测定 火焰原子吸收光谱法	YS/T 555.7—2006
YS/T 555.8—2009	钼精矿化学分析方法 钨量的测定 硫氰酸盐分光光度法	YS/T 555.8—2006
YS/T 555.9—2009	钼精矿化学分析方法 钾量和钠量的测定 火焰原子吸收光谱法	YS/T 555.10—2006
YS/T 555.10—2009	钼精矿化学分析方法 铼量的测定 硫氰酸盐分光光度法	YS/T 555.11—2006
YS/T 555.11—2009	钼精矿化学分析方法 油和水分总含量的测定 重量法	YS/T 555.12—2006

4.2.2 稀有轻金属化学分析方法标准

标　准　号	标　准　名　称	代替标准号
GB/T 4698.1—2017	海绵钛、钛及钛合金化学分析方法 第1部分：铜量的测定 火焰原子吸收光谱法	GB/T 4698.1—1996

标 准 号	标 准 名 称	代替标准号
GB/T 4698.2—2011	海绵钛、钛及钛合金化学分析方法 铁量的测定	GB/T 4698.2—1996
GB/T 4698.3—2017	海绵钛、钛及钛合金化学分析方法 第3部分：硅量的测定 钼蓝分光光度法	GB/T 4698.3—1996
GB/T 4698.4—2017	海绵钛、钛及钛合金化学分析方法 第4部分：锰量的测定 高碘酸盐分光光度法和电感耦合等离子体原子发射光谱法	GB/T 4698.4—1996、GB/T 4698.20—1996
GB/T 4698.5—2017	海绵钛、钛及钛合金化学分析方法 第5部分：钼量的测定 硫氰酸盐分光光度法和电感耦合等离子体原子发射光谱法	GB/T 4698.5—1996
GB/T 4698.6—1996	海绵钛、钛及钛合金化学分析方法 次甲基蓝萃取分光光度法测定硼量	GB/T 4698.6—1984
GB/T 4698.7—2011	海绵钛、钛及钛合金化学分析方法 氧量、氮量的测定	GB/T 4698.7—1996、GB/T 4698.16—1996
GB/T 4698.8—2017	海绵钛、钛及钛合金化学分析方法 第8部分：铝量的测定 碱分离—EDTA络合滴定法和电感耦合等离子体原子发射光谱法	GB/T 4698.8—1996
GB/T 4698.9—2017	海绵钛、钛及钛合金化学分析方法 第9部分：锡量的测定 碘酸钾滴定法和电感耦合等离子体原子发射光谱法	GB/T 4698.9—1996
GB/T 4698.10—1996	海绵钛、钛及钛合金化学分析方法 硫酸亚铁铵滴定法测定铬量（含钒）	GB/T 4698.10—1984
GB/T 4698.11—1996	海绵钛、钛及钛合金化学分析方法 硫酸亚铁铵滴定法测定铬量（不含钒）	GB/T 4698.11—1984
GB/T 4698.12—2017	海绵钛、钛及钛合金化学分析方法 第12部分：钒量的测定 硫酸亚铁铵滴定法和电感耦合等离子体原子发射光谱法	GB/T 4698.12—1996
GB/T 4698.13—2017	海绵钛、钛及钛合金化学分析方法 第13部分：锆量的测定 EDTA络合滴定法和电感耦合等离子体原子发射光谱法	GB/T 4698.13—1996
GB/T 4698.14—2011	海绵钛、钛及钛合金化学分析方法 碳量的测定	GB/T 4698.14—1996
GB/T 4698.15—2011	海绵钛、钛及钛合金化学分析方法 氢量的测定	GB/T 4698.15—1996
GB/T 4698.17—1996	海绵钛、钛及钛合金化学分析方法 火焰原子吸收光谱法测定镁量	GB/T 3829.6—1983
GB/T 4698.18—2017	海绵钛、钛及钛合金化学分析方法 第18部分：锡量的测定 火焰原子吸收光谱法	GB/T 4698.18—1996
GB/T 4698.19—2017	海绵钛、钛及钛合金化学分析方法 第19部分：钼量的测定 硫氰酸盐示差光度法	GB/T 4698.19—1996

标 准 号	标 准 名 称	代替标准号
GB/T 4698.21—1996	海绵钛、钛及钛合金化学分析方法 发射光谱法测定锰、铬、镍、铝、钼、锡、钒、钇、铜、锆量	
GB/T 4698.22—2017	海绵钛、钛及钛合金化学分析方法 第22部分：铌量的测定 5-Br-PADAP分光光度法和电感耦合等离子体原子发射光谱法	GB/T 4698.22—1996
GB/T 4698.23—2017	海绵钛、钛及钛合金化学分析方法 第23部分：钯量的测定 氯化亚锡—碘化钾分光光度法和电感耦合等离子体原子发射光谱法	GB/T 4698.23—1996
GB/T 4698.24—2017	海绵钛、钛及钛合金化学分析方法 第24部分：镍量的测定 丁二酮肟分光光度法和电感耦合等离子体原子发射光谱法	GB/T 4698.24—1996
GB/T 4698.25—2017	海绵钛、钛及钛合金化学分析方法 第25部分：氯量的测定 氯化银分光光度法	GB/T 4698.25—1996
GB/T 4698.27—2017	海绵钛、钛及钛合金化学分析方法 第27部分：钕量的测定 电感耦合等离子体原子发射光谱法	
GB/T 4698.28—2017	海绵钛、钛及钛合金化学分析方法 第28部分：钌量的测定 电感耦合等离子体原子发射光谱法	
GB/T 11064.1—2013	碳酸锂、单水氢氧化锂、氯化锂化学分析方法 第1部分：碳酸锂量的测定 酸碱滴定法	GB/T 11064.1—1989
GB/T 11064.2—2013	碳酸锂、单水氢氧化锂、氯化锂化学分析方法 第2部分：氢氧化锂量的测定 酸碱滴定法	GB/T 11064.2—1989
GB/T 11064.3—2013	碳酸锂、单水氢氧化锂、氯化锂化学分析方法 第3部分：氯化锂量的测定 电位滴定法	GB/T 11064.3—1989
GB/T 11064.4—2013	碳酸锂、单水氢氧化锂、氯化锂化学分析方法 第4部分：钾量和钠量的测定 火焰原子吸收光谱法	GB/T 11064.4—1989、GB/T 11064.16—1989
GB/T 11064.5—2013	碳酸锂、单水氢氧化锂、氯化锂化学分析方法 第5部分：钙量的测定 火焰原子吸收光谱法	GB/T 11064.5—1989
GB/T 11064.6—2013	碳酸锂、单水氢氧化锂、氯化锂化学分析方法 第6部分：镁量的测定 火焰原子吸收光谱法	GB/T 11064.6—1989
GB/T 11064.7—2013	碳酸锂、单水氢氧化锂、氯化锂化学分析方法 第7部分：铁量的测定 邻二氮杂菲分光光度法	GB/T 11064.7—1989
GB/T 11064.8—2013	碳酸锂、单水氢氧化锂、氯化锂化学分析方法 第8部分：硅量的测定 钼蓝分光光度法	GB/T 11064.8—1989

标 准 号	标 准 名 称	代替标准号
GB/T 11064.9—2013	碳酸锂、单水氢氧化锂、氯化锂化学分析方法 第9部分：硫酸根量的测定 硫酸钡浊度法	GB/T 11064.9—1989
GB/T 11064.10—2013	碳酸锂、单水氢氧化锂、氯化锂化学分析方法 第10部分：氯量的测定 氯化银浊度法	GB/T 11064.10—1989
GB/T 11064.11—2013	碳酸锂、单水氢氧化锂、氯化锂化学分析方法 第11部分：酸不溶物量的测定 重量法	GB/T 11064.11—1989
GB/T 11064.12—2013	碳酸锂、单水氢氧化锂、氯化锂化学分析方法 第12部分：碳酸根量的测定 酸碱滴定法	GB/T 11064.12—1989
GB/T 11064.13—2013	碳酸锂、单水氢氧化锂、氯化锂化学分析方法 第13部分：铝量的测定 铬天青S-溴化十六烷基吡啶分光光度法	GB/T 11064.13—1989
GB/T 11064.14—2013	碳酸锂、单水氢氧化锂、氯化锂化学分析方法 第14部分：砷量的测定 钼蓝分光光度法	GB/T 11064.14—1989
GB/T 11064.15—2013	碳酸锂、单水氢氧化锂、氯化锂化学分析方法 第15部分：氟量的测定 离子选择电极法	GB/T 11064.15—1989
GB/T 11064.16—2013	碳酸锂、单水氢氧化锂、氯化锂化学分析方法 第16部分：钙、镁、铜、铅、锌、镍、锰、镉、铝量的测定 电感耦合等离子体原子发射光谱法	GB/T 11064.17—1989、GB/T 11064.18—1989
GB/T 20931.1—2007	锂化学分析方法 钾量的测定 火焰原子吸收光谱法	
GB/T 20931.2—2007	锂化学分析方法 钠量的测定 火焰原子吸收光谱法	
GB/T 20931.3—2007	锂化学分析方法 钙量的测定 火焰原子吸收光谱法	
GB/T 20931.4—2007	锂化学分析方法 铁量的测定 邻二氮杂菲分光光度法	
GB/T 20931.5—2007	锂化学分析方法 硅量的测定 硅钼蓝分光光度法	
GB/T 20931.6—2007	锂化学分析方法 铝量的测定 铬天青S-溴化十六烷基吡啶分光光度法	
GB/T 20931.7—2007	锂化学分析方法 镍量的测定 α-联呋喃甲酰二肟萃取光度法	
GB/T 20931.8—2007	锂化学分析方法 氯量的测定 硫氰酸盐分光光度法	
GB/T 20931.9—2007	锂化学分析方法 氮量的测定 碘化汞钾分光光度法	
GB/T 20931.10—2007	锂化学分析方法 铜量的测定 火焰原子吸收光谱法	

标 准 号	标 准 名 称	代替标准号
GB/T 20931.11—2007	锂化学分析方法 镁量的测定 火焰原子吸收光谱法	
YS/T 426.1—2000	锑铍芯块化学分析方法 氟化钾滴定法测定铍量	
YS/T 426.2—2000	锑铍芯块化学分析方法 溴化钾滴定法测定锑量	
YS/T 426.3—2000	锑铍芯块化学分析方法 8-羟基喹啉分光光度法测定铝量	
YS/T 426.4—2000	锑铍芯块化学分析方法 原子吸收光谱法测定铅、铁、锰、镁量	
YS/T 426.5—2000	锑铍芯块化学分析方法 电感耦合等离子光谱法测定硅量	
YS/T 426.6—2000	锑铍芯块化学分析方法 溴甲醇法测定氧化铍量	
YS/T 426.7—2000	锑铍芯块化学分析方法 高频—红外吸收法测定碳量	
YS/T 891—2013	高纯钛化学分析方法 痕量杂质元素的测定 辉光放电质谱法	
YS/T 892—2013	高纯钛化学分析方法 痕量杂质元素的测定 电感耦合等离子体质谱法	
YS/T 1006.1—2014	镍钴锰酸锂化学分析方法 第1部分：镍钴锰总量的测定 EDTA滴定法	
YS/T 1006.2—2014	镍钴锰酸锂化学分析方法 第2部分：锂、镍、钴、锰、钠、镁、铝、钾、铜、钙、铁、锌和硅量的测定 电感耦合等离子体原子发射光谱法	
YS/T 1028.1—2015	磷酸铁锂化学分析方法 第1部分：总铁量的测定 三氯化钛还原重铬酸钾滴定法	
YS/T 1028.2—2015	磷酸铁锂化学分析方法 第2部分：锂量的测定 火焰光度法	
YS/T 1028.3—2015	磷酸铁锂化学分析方法 第3部分：磷量的测定 磷钼酸喹啉称量法	
YS/T 1028.4—2015	磷酸铁锂化学分析方法 第4部分：碳量的测定 高频燃烧红外吸收法	
YS/T 1028.5—2015	磷酸铁锂化学分析方法 第5部分：钙、镁、锌、铜、铅、铬、钠、铝、镍、钴、锰量的测定 电感耦合等离子体原子发射光谱法	
YS/T 1262—2018	海绵钛、钛及钛合金化学分析方法 多元素含量的测定 电感耦合等离子体原子发射光谱法	

标　准　号	标　准　名　称	代替标准号
YS/T 1263. 1—2018	镍钴铝酸锂化学分析方法 第1部分：镍量的测定 丁二酮肟重量法	
YS/T 1263. 2—2018	镍钴铝酸锂化学分析方法 第2部分：钴量的测定 电位滴定法	
YS/T 1263. 3—2018	镍钴铝酸锂化学分析方法 第3部分：锂量的测定 火焰原子吸收光谱法	
YS/T 1263. 4—2018	镍钴铝酸锂化学分析方法 第4部分：铝、铁、钙、镁、铜、锌、硅、钠、锰量的测定 电感耦合等离子体原子发射光谱法	

4.2.3 稀有高熔点金属化学分析方法标准

标　准　号	标　准　名　称	代替标准号
GB/T 4324. 1—2012	钨化学分析方法 第1部分：铅量的测定 火焰原子吸收光谱法	GB/T 4324. 1—1984
GB/T 4324. 2—2012	钨化学分析方法 第2部分：铋量的测定 氢化物原子吸收光谱法	GB/T 4324. 2—1984
GB/T 4324. 3—2012	钨化学分析方法 第3部分：锡量的测定 氢化物原子吸收光谱法	GB/T 4324. 3—1984
GB/T 4324. 4—2012	钨化学分析方法 第4部分：锑量的测定 氢化物原子吸收光谱法	GB/T 4324. 4—1984
GB/T 4324. 5—2012	钨化学分析方法 第5部分：砷量的测定 氢化物原子吸收光谱法	GB/T 4324. 5—1984
GB/T 4324. 6—2012	钨化学分析方法 第6部分：铁量的测定 邻二氮杂菲分光光度法	GB/T 4324. 6—1984
GB/T 4324. 7—2012	钨化学分析方法 第7部分：钴量的测定 电感耦合等离子体原子发射光谱法	GB/T 4324. 7—1984
GB/T 4324. 8—2008	钨化学分析方法 镍量的测定 电感耦合等离子体原子发射光谱法、火焰原子吸收光谱法和丁二酮肟重量法	GB/T 4324. 8—1984、GB/T 4324. 9—1984
GB/T 4324. 9—2012	钨化学分析方法 第9部分：镉量的测定 电感耦合等离子体原子发射光谱法和火焰原子吸收光谱法	部分代替 GB/T 4324. 1—1984
GB/T 4324. 10—2012	钨化学分析方法 第10部分：铜量的测定 火焰原子吸收光谱法	GB/T 4324. 10—1984
GB/T 4324. 11—2012	钨化学分析方法 第11部分：铝量的测定 电感耦合等离子体原子发射光谱法	GB/T 4324. 11—1984
YS/T 4324. 12—2012	钨化学分析方法 第12部分：硅量的测定 氯化—钼蓝分光光度法	GB/T 4324. 12—1984

标　准　号	标　准　名　称	代替标准号
GB/T 4324.13—2008	钨化学分析方法 钙量的测定 电感耦合等离子体原子发射光谱法	GB/T 4324.13—1984
GB/T 4324.14—2012	钨化学分析方法 第14部分：氯化挥发后残渣量的测定 重量法	GB/T 4324.14—1984、GB/T 4324.29—1984
GB/T 4324.15—2008	钨化学分析方法 镁量的测定 火焰原子吸收光谱法和电感耦合等离子体原子发射光谱法	GB/T 4324.15—1984、GB/T 4324.16—1984
GB/T 4324.16—2012	钨化学分析方法 第16部分：灼烧损失量的测定 重量法	GB/T 4324.30—1984
GB/T 4324.17—2012	钨化学分析方法 第17部分：钠量的测定 火焰原子吸收光谱法	GB/T 4324.17—1984
GB/T 4324.18—2012	钨化学分析方法 第18部分：钾量的测定 火焰原子吸收光谱法	GB/T 4324.18—1984
GB/T 4324.19—2012	钨化学分析方法 第19部分：钛量的测定 二安替比林甲烷分光光度法	GB/T 4324.19—1984
GB/T 4324.20—2012	钨化学分析方法 第20部分：钒量的测定 电感耦合等离子体原子发射光谱法	GB/T 4324.20—1984
GB/T 4324.21—2012	钨化学分析方法 第21部分：铬量的测定 电感耦合等离子体原子发射光谱法	GB/T 4324.21—1984
GB/T 4324.22—2012	钨化学分析方法 第22部分：锰量的测定 电感耦合等离子体原子发射光谱法	GB/T 4324.22—1984
GB/T 4324.23—2012	钨化学分析方法 第23部分：硫量的测定 燃烧电导法和高频燃烧红外吸收法	GB/T 4324.23—1984
GB/T 4324.24—2012	钨化学分析方法 第24部分：磷量的测定 钼蓝分光光度法	GB/T 4324.24—1984
GB/T 4324.25—2012	钨化学分析方法 第25部分：氧量的测定 脉冲加热惰气熔融—红外吸收法	GB/T 4324.25—1984
GB/T 4324.26—2012	钨化学分析方法 第26部分：氮量的测定 脉冲加热惰气熔融—热导法和奈氏试剂分光光度法	GB/T 4324.26—1984
GB/T 4324.27—2012	钨化学分析方法 第27部分：碳量的测定 高频燃烧红外吸收法	GB/T 4324.27—1984
GB/T 4324.28—2012	钨化学分析方法 第28部分：钼量的测定 硫氰酸盐分光光度法	GB/T 4324.28—1984
GB/T 4325.1—2013	钼化学分析方法 第1部分：铅量的测定 石墨炉原子吸收光谱法	部分代替 GB/T 4325.1—1984
GB/T 4325.2—2013	钼化学分析方法 第2部分：镉量的测定 火焰原子吸收光谱法	部分代替 GB/T 4325.1—1984
GB/T 4325.3—2013	钼化学分析方法 第3部分：铋量的测定 原子荧光光谱法	GB/T 4325.2—1984

标 准 号	标 准 名 称	代替标准号
GB/T 4325. 4—2013	钼化学分析方法 第 4 部分：锡量的测定 原子荧光光谱法	GB/T 4325. 3—1984
GB/T 4325. 5—2013	钼化学分析方法 第 5 部分：锑量的测定 原子荧光光谱法	GB/T 4325. 4—1984
GB/T 4325. 6—2013	钼化学分析方法 第 6 部分：砷量的测定 原子荧光光谱法	GB/T 4325. 5—1984
GB/T 4325. 7—2013	钼化学分析方法 第 7 部分：铁量的测定 邻二氮杂菲分光光度法和电感耦合等离子体原子发射光谱法	GB/T 4325. 6—1984
GB/T 4325. 8—2013	钼化学分析方法 第 8 部分：钴量的测定 钴试剂分光光度法和火焰原子吸收光谱法	GB/T 4325. 7—1984
GB/T 4325. 9—2013	钼化学分析方法 第 9 部分：镍量的测定 丁二酮肟分光光度法和火焰原子吸收光谱法	GB/T 4325. 8—1984、GB/T 4325. 9—1984
GB/T 4325. 10—2013	钼化学分析方法 第 10 部分：铜量的测定 火焰原子吸收光谱法	GB/T 4325. 10—1984
GB/T 4325. 11—2013	钼化学分析方法 第 11 部分：铝量的测定 铬天青 S 分光光度法和电感耦合等离子体原子发射光谱法	GB/T 4325. 11—1984
GB/T 4325. 12—2013	钼化学分析方法 第 12 部分：硅量的测定 电感耦合等离子体原子发射光谱法	GB/T 4325. 12—1984
GB/T 4325. 13—2013	钼化学分析方法 第 13 部分：钙量的测定 火焰原子吸收光谱法	GB/T 4325. 13—1984、GB/T 4325. 14—1984
GB/T 4325. 14—2013	钼化学分析方法 第 14 部分：镁量的测定 火焰原子吸收光谱法	GB/T 4325. 15—1984、GB/T 4325. 16—1984
GB/T 4325. 15—2013	钼化学分析方法 第 15 部分：钠量的测定 火焰原子吸收光谱法	GB/T 4325. 17—1984
GB/T 4325. 16—2013	钼化学分析方法 第 16 部分：钾量的测定 火焰原子吸收光谱法	GB/T 4325. 18—1984
GB/T 4325. 17—2013	钼化学分析方法 第 17 部分：钛量的测定 二安替比林甲烷分光光度法和电感耦合等离子体原子发射光谱法	GB/T 4325. 19—1984
GB/T 4325. 18—2013	钼化学分析方法 第 18 部分：钒量的测定 钽试剂分光光度法和电感耦合等离子体原子发射光谱法	GB/T 4325. 20—1984
GB/T 4325. 19—2013	钼化学分析方法 第 19 部分：铬量的测定 二苯基碳酰二肼分光光度法	GB/T 4325. 21—1984
GB/T 4325. 20—2013	钼化学分析方法 第 20 部分：锰量的测定 火焰原子吸收光谱法	GB/T 4325. 22—1984
GB/T 4325. 21—2013	钼化学分析方法 第 21 部分：碳量和硫量的测定 高频燃烧红外吸收法	GB/T 4325. 23—1984、GB/T 4325. 27—1984

标 准 号	标 准 名 称	代替标准号
GB/T 4325.22—2013	钼化学分析方法 第22部分：磷量的测定 钼蓝分光光度法	GB/T 4325.24—1984
GB/T 4325.23—2013	钼化学分析方法 第23部分：氧量和氮量的测定 惰气熔融红外吸收法—热导法	GB/T 4325.25—1984、GB/T 4325.26—1984
GB/T 4325.24—2013	钼化学分析方法 第24部分：钨量的测定 电感耦合等离子体原子发射光谱法	GB/T 4325.28—1984
GB/T 4325.25—2013	钼化学分析方法 第25部分：氢量的测定 惰气熔融红外吸收法/热导法	
GB/T 4325.26—2013	钼化学分析方法 第26部分：铝、镁、钙、钒、铬、锰、铁、钴、镍、铜、锌、砷、镉、锡、锑、钨、铅和铋量的测定 电感耦合等离子体质谱法	
GB/T 13747.1—2017	锆及锆合金化学分析方法 第1部分：锡量的测定 碘酸钾滴定法和苯基荧光酮—聚乙二醇辛基苯基醚分光光度法	GB/T 13747.1—1992
GB/T 13747.2—1992	锆及锆合金化学分析方法 1,10-二氮杂菲分光光度法测定铁量	
GB/T 13747.3—1992	锆及锆合金化学分析方法 丁二酮肟分光光度法测定镍量	
GB/T 13747.4—1992	锆及锆合金化学分析方法 二苯卡巴肼分光光度法测定铬量	
GB/T 13747.5—1992	锆及锆合金化学分析方法 铬天青S分光光度法测定铝量	
GB/T 13747.6—1992	锆及锆合金化学分析方法 2,9-二甲基-1,10-二氮杂菲分光光度法测定铜量	
GB/T 13747.7—1992	锆及锆合金化学分析方法 高碘酸盐分光光度法测定锰量	
GB/T 13747.8—2017	锆及锆合金化学分析方法 第8部分：钴量的测定 亚硝基R盐分光光度法	GB/T 13747.8—1992
GB/T 13747.9—1992	锆及锆合金化学分析方法 火焰原子吸收光谱法测定镁量	
GB/T 13747.10—1992	锆及锆合金化学分析方法 硫氰酸盐分光光度法测定钨量	
GB/T 13747.11—2017	锆及锆合金化学分析方法 第11部分：钼量的测定 硫氰酸盐分光光度法	GB/T 13747.11—1992
GB/T 13747.12—1992	锆及锆合金化学分析方法 钼蓝分光光度法测定硅量	
GB/T 13747.13—2017	锆及锆合金化学分析方法 第13部分：铅量的测定 极谱法	GB/T 13747.13—1992

标 准 号	标 准 名 称	代替标准号
GB/T 13747.14—2017	锆及锆合金化学分析方法 第14部分：铀量的测定 极谱法	GB/T 13747.14—1992
GB/T 13747.15—2017	锆及锆合金化学分析方法 第15部分：硼量的测定 姜黄素分光光度法	GB/T 13747.15—1992
GB/T 13747.16—2017	锆及锆合金化学分析方法 第16部分：氯量的测定 氯化银浊度法和离子选择性电极法	GB/T 13747.16—1992
GB/T 13747.17—2017	锆及锆合金化学分析方法 第17部分：镉量的测定 极谱法	GB/T 13747.17—1992
GB/T 13747.18—1992	锆及锆合金化学分析方法 苯甲酰苯基羟胺分光光度法测定钒量	
GB/T 13747.19—2017	锆及锆合金化学分析方法 第19部分：钛量的测定 二安替比林甲烷分光光度法和电感耦合等离子体原子发射光谱法	GB/T 13747.19—1992
GB/T 13747.20—2017	锆及锆合金化学分析方法 第20部分：铪量的测定 电感耦合等离子体原子发射光谱法	GB/T 13747.20—1992
GB/T 13747.21—2017	锆及锆合金化学分析方法 第21部分：氢量的测定 惰气熔融红外吸收法/热导法	GB/T 13747.21—1992
GB/T 13747.22—2017	锆及锆合金化学分析方法 第22部分：氧量和氮量的测定 惰气熔融红外吸收法/热导法	GB/T 13747.22—1992
GB/T 13747.23—1992	锆及锆合金化学分析方法 蒸馏分离—奈斯勒试剂分光光度法测定氮量	
GB/T 13747.24—2017	锆及锆合金化学分析方法 第24部分：碳量的测定 高频燃烧红外吸收法	GB/T 13747.24—1992
GB/T 13747.25—2017	锆及锆合金化学分析方法 第25部分：铌量的测定 5-Br-PADAP分光光度法和电感耦合等离子体原子发射光谱法	
GB/T 15076.1—2017	钽铌化学分析方法 第1部分：铌中钽量的测定 电感耦合等离子体原子发射光谱法	GB/T 15076.1—1994
GB/T 15076.2—1994	钽铌化学分析方法 钽中铌量的测定	
GB/T 15076.3—1994	钽铌化学分析方法 铜量的测定	YB/T 942(11)—1978
GB/T 15076.4—1994	钽铌化学分析方法 铁量的测定	YB/T 942(1)—1978
GB/T 15076.5—2017	钽铌化学分析方法 第5部分：钼量和钨量的测定 电感耦合等离子体原子发射光谱法	GB/T 15076.5—1994
GB/T 15076.6—1994	钽铌化学分析方法 钽中硅量的测定	YB/T 942(3)—1978
GB/T 15076.7—1994	钽铌化学分析方法 铌中磷量的测定	YB/T 942(12)—1978
GB/T 15076.8—2008	钽铌化学分析方法 碳量和硫量的测定	GB/T 15076.8—1994、GB/T 15076.12—1994
GB/T 15076.9—2008	钽铌化学分析方法 钽中铁、铬、镍、锰、钛、铝、铜、锡、铅和锆量的测定	GB/T 15076.9—1994

标　准　号	标　准　名　称	代替标准号
GB/T 15076.10—1994	钽铌化学分析方法 铌中铁、镍、铬、钛、锆、铝和锰量的测定	YB/T 942(14)—1978
GB/T 15076.11—1994	钽铌化学分析方法 铌中砷、锑、铅、锡和铋量的测定	YB/T 942(15)—1978
GB/T 15076.12—2008	钽铌化学分析方法 钽中磷量的测定	
GB/T 15076.13—2017	钽铌化学分析方法 第13部分：氮量的测定 惰气熔融热导法	GB/T 15076.13—1994
GB/T 15076.14—2008	钽铌化学分析方法 氧量的测定	GB/T 15076.14—1994
GB/T 15076.15—2008	钽铌化学分析方法 氢量的测定	GB/T 15076.15—1994
GB/T 15076.16—2008	钽铌化学分析方法 钠量和钾量的测定	
GB/T 23368.1—2009	偏钨酸铵化学分析方法 第1部分：水不溶物量的测定 称量法	
GB/T 23368.2—2009	偏钨酸铵化学分析方法 第2部分：锌量的测定 火焰原子吸收光谱法	
GB/T 23614.1—2009	钛镍形状记忆合金化学分析方法 第1部分：镍量的测定 丁二酮肟沉淀分离—EDTA络合—氯化锌返滴定法	
GB/T 23614.2—2009	钛镍形状记忆合金化学分析方法 第2部分：钴、铜、铬、铁、铌量的测定 电感耦合等离子体发射光谱法	
YS/T 500—2013	钨铈合金中铈量的测定 氧化还原滴定法	YS/T 500—2006
YS/T 501—2013	钨钍合金中二氧化钍量的测定 重量法	YS/T 501—2006
YS/T 502—2006	钨铼合金中铼的测定 丁二酮肟比色法	GB/T 3313—1982
YS/T 508—2008	钨钼合金化学分析方法 EDTA容量法测定钼量	YS/T 508—2006
YS/T 540.1—2018	钒化学分析方法 第1部分：钒量的测定 高锰酸钾—硫酸亚铁铵滴定法	YS/T 540.1—2006
YS/T 540.2—2018	钒化学分析方法 第2部分：铬量的测定 二苯基碳酰二肼分光光度法	YS/T 540.2—2006
YS/T 540.3—2018	钒化学分析方法 第3部分：碳量的测定 高频燃烧红外吸收法	
YS/T 540.4—2018	钒化学分析方法 第4部分：铁量的测定 1,10-二氮杂菲分光光度法	YS/T 540.4—2006
YS/T 540.5—2018	钒化学分析方法 第5部分：杂质元素测定 电感耦合等离子体原子发射光谱法	YS/T 540.3—2006、YS/T 540.5—2006、YS/T 540.6—2006
YS/T 540.6—2018	钒化学分析方法 第6部分：硅量的测定 钼蓝分光光度法	
YS/T 540.7—2018	钒化学分析方法 第7部分：氧量的测定 惰气熔融红外吸收法	YS/T 540.7—2006

标 准 号	标 准 名 称	代替标准号
YS/T 558—2009	钼的发射光谱分析方法	YS/T 558—2006
YS/T 559—2009	钨的发射光谱分析方法	YS/T 559—2006
YS/T 568.1—2008	氧化锆、氧化铪化学分析方法 氧化锆和氧化铪合量的测定 苦杏仁酸重量法	YS/T 568.1—2006
YS/T 568.2—2008	氧化锆、氧化铪化学分析方法 铁量的测定 磺基水杨酸分光光度法	YS/T 568.2—2006
YS/T 568.3—2008	氧化锆、氧化铪化学分析方法 硅量的测定 钼蓝分光光度法	YS/T 568.3—2006
YS/T 568.4—2008	氧化锆、氧化铪化学分析方法 铝量的测定 铬天青S-氯化十四烷基吡啶分光光度法	YS/T 568.4—2006
YS/T 568.5—2008	氧化锆、氧化铪化学分析方法 钠量的测定 火焰原子吸收光谱法	YS/T 568.5—2006
YS/T 568.6—2008	氧化锆、氧化铪化学分析方法 钛量的测定 二安替吡啉甲烷分光光度法	YS/T 568.6—2006
YS/T 568.7—2008	氧化锆、氧化铪化学分析方法 磷量的测定 锑盐—抗坏血酸—磷钼蓝分光光度法	YS/T 568.7—2006
YS/T 568.8—2008	氧化锆、氧化铪化学分析方法 氧化锆中铝、钙、镁、锰、钠、镍、铁、钛、锌、钼、钒、铪量的测定 电感耦合等离子体发射光谱法	YS/T 568.8—2006
YS/T 568.9—2008	氧化锆、氧化铪化学分析方法 氧化铪中铝、钙、镁、锰、钠、镍、铁、钛、锌、钼、钒、锆量的测定 电感耦合等离子体发射光谱法	YS/T 568.9—2006
YS/T 568.10—2008	氧化锆、氧化铪化学分析方法 锰量的测定 高碘酸钾分光光度法	YS/T 568.10—2006
YS/T 568.11—2008	氧化锆、氧化铪化学分析方法 镍量的测定 α-联呋喃甲酰二肟分光光度法	YS/T 568.11—2006
YS/T 574.1—2009	电真空用锆粉化学分析方法 重量法测定总锆及活性锆量	YS/T 574.1—2006
YS/T 574.2—2009	电真空用锆粉化学分析方法 磺基水杨酸分光光度法测定铁量	YS/T 574.2—2006
YS/T 574.3—2009	电真空用锆粉化学分析方法 钼蓝分光光度法测定硅量	YS/T 574.3—2006
YS/T 574.4—2009	电真空用锆粉化学分析方法 钼蓝分光光度法测定磷量	YS/T 574.4—2006
YS/T 574.5—2009	电真空用锆粉化学分析方法 电感耦合等离子体发射光谱法测定钙、镁量	YS/T 574.5—2006
YS/T 574.6—2009	电真空用锆粉化学分析方法 铬天青S分光光度法测定铝量	YS/T 574.6—2006

标　准　号	标　准　名　称	代替标准号
YS/T 574.7—2009	电真空用锆粉化学分析方法 次甲基蓝分光光度法测定硫量	YS/T 574.7—2006
YS/T 574.8—2009	电真空用锆粉化学分析方法 惰性气氛加热热导法测定氢量	YS/T 574.8—2006
YS/T 861.1—2013	铌钛合金化学分析方法 第1部分：铝、镍、硅、铁、铬、铜、钽量的测定 电感耦合等离子体原子发射光谱法	
YS/T 861.2—2013	铌钛合金化学分析方法 第2部分：氧、氮量的测定 惰气熔融红外吸收/热导法	
YS/T 861.3—2013	铌钛合金化学分析方法 第3部分：氢量的测定 惰气熔融热导法	
YS/T 861.4—2013	铌钛合金化学分析方法 第4部分：碳量的测定 高频燃烧红外吸收法	
YS/T 861.5—2013	铌钛合金化学分析方法 第5部分：钛量的测定 硫酸铁铵滴定法	
YS/T 896—2013	高纯铌化学分析方法 痕量杂质元素的测定 电感耦合等离子体质谱法	
YS/T 897—2013	高纯铌化学分析方法 痕量杂质元素的测定 辉光放电质谱法	
YS/T 898—2013	高纯钽化学分析方法 痕量杂质元素的测定 电感耦合等离子体质谱法	
YS/T 899—2013	高纯钽化学分析方法 痕量杂质元素的测定 辉光放电质谱法	
YS/T 900—2013	高纯钨化学分析方法 痕量杂质元素的测定 电感耦合等离子体质谱法	
YS/T 901—2013	高纯钨化学分析方法 痕量杂质元素的测定 辉光放电质谱法	
YS/T 904.1—2013	铁铬铝纤维丝化学分析方法 第1部分：氮量的测定 惰性气体熔融热导法	
YS/T 904.2—2013	铁铬铝纤维丝化学分析方法 第2部分：铬、铝量的测定 电感耦合等离子体原子发射光谱法	
YS/T 904.3—2013	铁铬铝纤维丝化学分析方法 第3部分：硅、锰、钛、铜、镧、铈量的测定 电感耦合等离子体原子发射光谱法	
YS/T 904.4—2013	铁铬铝纤维丝化学分析方法 第4部分：磷量的测定 钼蓝分光光度法	
YS/T 904.5—2013	铁铬铝纤维丝化学分析方法 第5部分：碳、硫量的测定 高频燃烧红外吸收法	

标 准 号	标 准 名 称	代替标准号
YS/T 1075.1—2015	钒铝、钼铝中间合金化学分析方法 第1部分：铁量的测定 1,10-二氮杂菲分光光度法	
YS/T 1075.2—2015	钒铝、钼铝中间合金化学分析方法 第2部分：钼量的测定 钼酸铅重量法	
YS/T 1075.3—2015	钒铝、钼铝中间合金化学分析方法 第3部分：硅量的测定 钼蓝分光光度法	
YS/T 1075.4—2015	钒铝、钼铝中间合金化学分析方法 第4部分：钒量的测定 电感耦合等离子体原子发射光谱法和硫酸亚铁铵滴定法	
YS/T 1075.5—2015	钒铝、钼铝中间合金化学分析方法 第5部分：铝量的测定 EDTA滴定法	
YS/T 1075.6—2015	钒铝、钼铝中间合金化学分析方法 第6部分：碳量的测定 高频燃烧—红外吸收法	
YS/T 1075.7—2015	钒铝、钼铝中间合金化学分析方法 第7部分：氧量的测定 惰气熔融—红外法	
YS/T 1075.8—2015	钒铝、钼铝中间合金化学分析方法 第8部分：钼、铝量的测定 X-荧光光谱法	
YS/T 1259—2018	锆合金管材表面氟离子含量的测定 分光光度法	
YS/T 1261—2018	铪化学分析方法 杂质元素含量的测定 电感耦合等离子体原子发射光谱法	
YS/T 1289—2018	钨镧合金中三氧化二镧含量的测定 Na_2EDTA滴定法	

4.2.4 稀散金属化学分析方法标准

标 准 号	标 准 名 称	代替标准号
GB/T 23362.1—2009	高纯氢氧化铟化学分析方法 第1部分：砷量的测定 原子荧光光谱法	
GB/T 23362.2—2009	高纯氢氧化铟化学分析方法 第2部分：锡量的测定 苯基荧光酮分光光度法	
GB/T 23362.3—2009	高纯氢氧化铟化学分析方法 第3部分：锑量的测定 原子荧光光谱法	
GB/T 23362.4—2009	高纯氢氧化铟化学分析方法 第4部分：铝、铁、铜、锌、镉、铅和铊量的测定 电感耦合等离子体质谱法	
GB/T 23362.5—2009	高纯氢氧化铟化学分析方法 第5部分：氯量的测定 硫氰酸汞分光光度法	

标　准　号	标　准　名　称	代替标准号
GB/T 23362.6—2009	高纯氢氧化铟化学分析方法 第6部分：灼减量的测定 称量法	
GB/T 23364.1—2009	高纯氧化铟化学分析方法 第1部分：砷量的测定 原子荧光光谱法	
GB/T 23364.2—2009	高纯氧化铟化学分析方法 第2部分：锡量的测定 苯基荧光酮分光光度法	
GB/T 23364.3—2009	高纯氧化铟化学分析方法 第3部分：锑量的测定 原子荧光光谱法	
GB/T 23364.4—2009	高纯氧化铟化学分析方法 第4部分：铝、铁、铜、锌、镉、铅和铊量的测定 电感耦合等离子体质谱法	
GB/T 23364.5—2009	高纯氧化铟化学分析方法 第5部分：氯量的测定 硫氰酸汞分光光度法	
GB/T 23364.6—2009	高纯氧化铟化学分析方法 第6部分：灼减量的测定 称量法	
YS/T 569.1—2015	铊化学分析方法 第1部分：铜量的测定 铜试剂三氯甲烷萃取分光光度法	YS/T 569.1—2006
YS/T 569.2—2015	铊化学分析方法 第2部分：铁量的测定 邻菲啰啉分光光度法	YS/T 569.2—2006
YS/T 569.3—2015	铊化学分析方法 第3部分：汞量的测定 双硫腙四氯化碳萃取分光光度法	YS/T 569.3—2006
YS/T 569.4—2015	铊化学分析方法 第4部分：锌量的测定 双硫腙苯萃取分光光度法	YS/T 569.4—2006
YS/T 569.5—2015	铊化学分析方法 第5部分：镉量的测定 双硫腙苯萃取分光光度法	YS/T 569.5—2006
YS/T 569.6—2015	铊化学分析方法 第6部分：铅量的测定 双硫腙苯萃取分光光度法	YS/T 569.6—2006
YS/T 569.7—2015	铊化学分析方法 第7部分：铝量的测定 铬天青S分光光度法	YS/T 569.7—2006
YS/T 569.8—2015	铊化学分析方法 第8部分：铟量的测定 结晶紫苯萃取分光光度法	YS/T 569.8—2006
YS/T 569.9—2015	铊化学分析方法 第9部分：硅量的测定 硅钼蓝异戊醇萃取分光光度法	YS/T 569.9—2006
YS/T 569.10—2015	铊化学分析方法 第10部分：铊量的测定 Na_2EDTA滴定法	YS/T 569.10—2006
YS/T 833—2012	铼酸铵化学分析方法 铍、镁、铝、钾、钙、钛、铬、锰、铁、钴、铜、锌、钼、铅、钨、钠、锡、镍、硅量的测定 电感耦合等离子体原子发射光谱法	

标 准 号	标 准 名 称	代替标准号
YS/T 895—2013	高纯铼化学分析方法 痕量杂质元素的测定 辉光放电质谱法	
YS/T 902—2013	高纯铼及铼酸铵化学分析方法 铍、钠、镁、铝、钾、钙、钛、铬、锰、铁、钴、镍、铜、锌、砷、钼、镉、铟、锡、锑、钡、钨、铂、铊、铅、铋量的测定 电感耦合等离子体质谱法	

4.3 理化性能试验方法标准

标 准 号	标 准 名 称	代替标准号
GB/T 3137—2007	钽粉电性能试验方法	GB/T 3137—1995
GB/T 4414—2013	包装钨精矿取样、制样方法	GB/T 4414—1984
GB/T 5168—2008	α-β 钛合金高低倍组织检验方法	GB/T 5168—1985
GB/T 5193—2007	钛及钛合金加工产品超声波探伤方法	GB/T 5193—1985
GB/T 12969. 1—2007	钛及钛合金管材超声波探伤方法	GB/T 12969. 1—1991
GB/T 12969. 2—2007	钛及钛合金管材涡流探伤方法	GB/T 12969. 2—1991
GB/T 23601—2009	钛及钛合金棒、丝材涡流探伤方法	
GB/T 23602—2009	钛及钛合金表面除鳞和清洁方法	
GB/T 23603—2009	钛及钛合金表面污染层检测方法	
GB/T 23604—2009	钛及钛合金产品力学性能试验取样方法	
GB/T 23605—2009	钛合金 β 转变温度测定方法	
GB/T 24484—2009	钼铁试样的采取和制备方法	
GB/T 31981—2015	钛及钛合金化学成分分析取制样方法	
GB/T 34644—2017	锆及锆合金管材涡流检测方法	
GB/T 34645—2017	金属管材收缩应变比试验方法	
GB/T 34483—2017	锆及锆合金 β 相转变温度测定方法	
GB/T 34485—2017	锆及锆合金加工产品超声波检测方法	
YS/T 515—2012	钨丝下垂试验方法	YS/T 515—2006
YS/T 516—2012	钨丝二次再结晶温度测量方法	YS/T 516—2006
YS/T 557—2006	压电铌酸锂单晶体声波衰减测试方法	GB/T 15250—1994
YS/T 969—2014	镍钛形状记忆合金丝材恒温拉伸试验方法	
YS/T 970—2014	镍钛形状记忆合金相变温度测定方法	
YS/T 1001—2014	钛及钛合金薄板超声波检测方法	
YS/T 1147—2016	超弹性镍钛合金拉伸试验方法	
YS/T 1240—2018	超塑性 TC4 板材显微组织检验方法	
YS/T 1260—2018	锆及锆合金管材 环向拉伸试验方法	
YS/T 1264—2018	钛合金热稳定性能试验方法	

4.4 产品标准

4.4.1 稀有金属矿及人造富矿标准

标 准 号	标 准 名 称	代替标准号
YS/T 231—2015	钨精矿	YS/T 231—2007
YS/T 235—2016	钼精矿	YS/T 235—2007
YS/T 236—2009	锂云母精矿	YS/T 236—1994
YS/T 261—2011	锂辉石精矿	YS/T 261—1994
YS/T 262—2011	绿柱石精矿	YS/T 262—1994
YS/T 298—2015	高钛渣	YS/T 298—2007
YS/T 299—2010	人造金红石	YS/T 299—1994
YS/T 351—2015	钛铁矿精矿	YS/T 351—2007
YS/T 394—2007	钽精矿	YS/T 394—1994
YS/T 524—2011	合成白钨	YS/T 524—2006
YS/T 722—2009	锂长石	
YS/T 858—2013	锆精矿	
YS/T 947—2013	有色金属选矿回收伴生钼精矿	

4.4.2 稀有轻金属冶炼产品标准

标 准 号	标 准 名 称	代替标准号
GB/T 2524—2010	海绵钛	GB/T 2524—2002
GB/T 4369—2015	锂	GB/T 4369—2007
GB/T 8766—2013	单水氢氧化锂	GB/T 8766—2002
GB/T 10575—2007	无水氯化锂	GB/T 10575—1989
GB/T 11075—2013	碳酸锂	GB/T 11075—2003
GB/T 26008—2010	电池级单水氢氧化锂	
GB/T 26060—2010	钛及钛合金铸锭	
YS/T 40—2011	高纯碘化铯	YS/T 40—1992
YS/T 221—2011	金属铍珠	YS/T 221—1994
YS/T 322—2015	冶金用二氧化钛	YS/T 322—1994
YS/T 425—2013	锑铍芯块	YS/T 425—2000
YS/T 546—2008	高纯碳酸锂	YS/T 546—2006
YS/T 572—2007	工业氧化铍	GB/T 3135—1982
YS/T 582—2013	电池级碳酸锂	YS/T 582—2006
YS/T 637—2007	彩色荧光粉用磷酸锂	
YS/T 638—2007	彩色荧光粉用碳酸锂	
YS/T 655—2016	四氯化钛	YS/T 655—2007
YS/T 661—2016	电池级氟化锂	YS/T 661—2007
YS/T 744—2010	电池级无水氯化锂	

标 准 号	标 准 名 称	代替标准号
YS/T 756—2011	碳酸铯	
YS/T 776—2011	钛合金用铝硅中间合金	
YS/T 789—2012	碳酸铷	
YS/T 824—2012	钛合金用铝锡中间合金	
YS/T 905—2013	锂硼合金	
YS/T 967—2014	电池级磷酸二氢锂	
YS/T 968—2014	电池级氧化锂	
YS/T 1019—2015	氯化铷	
YS/T 1020—2015	硝酸铷	
YS/T 1080—2015	硫酸铯	
YS/T 1081—2015	硝酸铯	
YS/T 1141—2016	钛蒸发料	
YS/T 1145—2016	锂铝合金锭	
YS/T 1236—2018	超高纯钛锭	
YS/T 1241—2018	硫酸锂	
YS/T 1242—2018	硅酸锂	
YS/T 1243—2018	氟化铯	
YS/T 1244—2018	无水碘化锂	
YS/T 1245—2018	铯	
YS/T 1246—2018	铷	

4.4.3 稀有轻金属加工产品标准

标 准 号	标 准 名 称	代替标准号
GB/T 2965—2007	钛及钛合金棒材	GB/T 2965—1996
GB/T 3621—2007	钛及钛合金板材	GB/T 3621—1994
GB/T 3622—2012	钛及钛合金带、箔材	GB/T 3622—1999
GB/T 3623—2007	钛及钛合金丝	GB/T 3623—1998
GB/T 3624—2010	钛及钛合金无缝管	GB/T 3624—1995
GB/T 3625—2007	换热器及冷凝器用钛及钛合金管	GB/T 3625—1995
GB/T 8546—2017	钛-不锈钢复合板	GB/T 8546—2007
GB/T 8547—2006	钛-钢复合板	GB/T 8547—1987
GB/T 12769—2015	钛铜复合棒	GB/T 12769—2003
GB/T 13810—2017	外科植入物用钛及钛合金加工材	GB/T 13810—2007
GB/T 14845—2007	板式换热器用钛板	GB/T 14845—1993
GB/T 16598—2013	钛及钛合金饼和环	GB/T 16598—1996
GB/T 20930—2015	锂带	GB/T 20930—2007
GB/T 26047—2010	一次柱式锂电池绝缘子	
GB/T 26056—2010	真空热压铍材	

标　准　号	标　准　名　称	代替标准号
GB/T 26057—2010	钛及钛合金焊接管	
GB/T 26058—2010	钛及钛合金挤压管	
GB/T 26059—2010	钛及钛合金网板	
GB/T 26063—2010	铍铝合金	
GB/T 26064—2010	锂圆片	
GB/T 26723—2011	冷轧钛带卷	
GB/T 27684—2011	钛及钛合金无缝和焊接管件	
GB/T 31297—2014	TC4 ELI 钛合金板材	
GB/T 31298—2014	TC4 钛合金厚板	
GB/T 31910—2015	潜水器用钛合金板材	
GB/T 32185—2015	钛及钛合金大规格棒材	
GB/T 34486—2017	激光成型用钛及钛合金粉	
YS/T 41—2005	铍片	YS/T 41—1992
YS/T 576—2006	工业流体用钛及钛合金管	
YS/T 577—2006	钛及钛合金网篮	
YS/T 580—2006	制表用纯钛板材	
YS/T 654—2018	钛粉	YS/T 654—2007
YS/T 658—2007	焊管用钛带	
YS/T 749—2011	电站冷凝器和热交换器用钛-钢复合板	
YS/T 750—2011	热轧钛带卷	
YS/T 788—2012	氢化锂	
YS/T 794—2012	钛种板	
YS/T 795—2012	高尔夫球头用钛及钛合金板材	
YS/T 828—2012	土壤及淡水环境阴极保护用钛阳极	
YS/T 829—2012	电池级锂硅合金	
YS/T 830—2012	正丁基锂	
YS/T 859—2013	直线型超弹性钛镍合金棒、丝材	
YS/T 885—2013	钛及钛合金锻造板坯	
YS/T 886—2013	纯钛型材	
YS/T 893—2013	电子薄膜用高纯钛溅射靶材	
YS/T 971—2014	钛镍形状记忆合金丝材	
YS/T 1076—2015	钛镍合金板材	
YS/T 1077—2015	眼镜架用 TB13 钛合金棒丝材	
YS/T 1129—2016	钨钛合金靶材	
YS/T 1136—2016	医用镍—钛形状记忆合金无缝管	
YS/T 1143—2016	石油天然气用钛及钛合金管材	
YS/T 1144—2016	甲酸铯	
YS/T 1238—2018	装饰用钛板材	

4.4.4 稀有高熔点金属冶炼产品标准

标准号	标准名称	代替标准号
GB/T 3457—2013	氧化钨	GB/T 3457—1998
GB/T 3458—2006	钨粉	GB/T 3458—1982
GB/T 3459—2006	钨条	GB/T 3459—1982
GB/T 3460—2017	钼酸铵	GB/T 3460—2007
GB/T 3461—2016	钼粉	GB/T 3461—2006
GB/T 3462—2017	钼条和钼板坯	GB/T 3462—2007
GB/T 4310—2016	钒	GB/T 4310—1984
GB/T 6896—2007	铌条	GB/T 6896—1998
GB/T 8767—2010	锆及锆合金铸锭	GB/T 8767—1988
GB/T 10116—2007	仲钨酸铵	GB/T 10116—1988
GB/T 23271—2009	二硫化钼	
GB/T 24482—2009	焙烧钼精矿	
GB/T 26033—2010	偏钨酸铵	
YS/T 42—2010	钽酸锂单晶	YS/T 42—1992
YS/T 258—2011	冶金用铌粉	YS/T 258—1996
YS/T 259—2012	冶金用钽粉	YS/T 259—1996
YS/T 397—2015	海绵锆	YS/T 397—2007
YS/T 399—2013	海绵铪	YS/T 399—1994
YS/T 402—2016	二氧化锆	YS/T 402—1994
YS/T 427—2012	五氧化二钽	YS/T 427—2000
YS/T 428—2012	五氧化二铌	YS/T 428—2000
YS/T 547—2006	高纯五氧化二钽	GB/T 10577—1989
YS/T 548—2006	高纯五氧化二铌	GB/T 10578—2003
YS/T 554—2006	铌酸锂单晶	GB/T 14843—1993
YS/T 573—2006	钽粉	GB/T 3136—1995
YS/T 578—2006	氟钽酸钾	
YS/T 579—2013	钒铝中间合金	YS/T 579—2006
YS/T 639—2007	纯三氧化钼	
YS/T 676—2008	钼铝中间合金	
YS/T 692—2009	钨酸	
YS/T 826—2012	五氧化二铌靶材	
YS/T 827—2012	钽锭	
YS/T 860—2013	有色中间合金及催化剂用五氧化二钒	
YS/T 884—2013	铌锭	
YS/T 1005—2014	钽条	
YS/T 1021—2015	偏钒酸钾	
YS/T 1022—2015	偏钒酸铵	

标　准　号	标　准　名　称	代替标准号
YS/T 1023—2015	钼钒铝中间合金	
YS/T 1078—2015	钒铝锡铬中间合金	
YS/T 1079—2015	钒铝铁中间合金	
YS/T 1140—2016	二氧化铪	
YS/T 1142—2016	钒蒸发料	
YS/T 1148—2016	钨基高比重合金	
YS/T 1231—2018	锆—铜—镍—铝—银—钇非晶合金锭	
YS/T 1232—2018	锆—铜—镍—铝—银—钇非晶合金棒材	
YS/T 1233—2018	锆铌中间合金	
YS/T 1239—2018	高纯铪	

4.4.5 稀有高熔点金属加工产品标准

标　准　号	标　准　名　称	代替标准号
GB/T 3629—2017	钽及钽合金板材、带材和箔材	GB/T 3629—2006
GB/T 3630—2017	铌板材、带材和箔材	GB/T 3630—2006
GB/T 3875—2017	钨板	GB/T 3875—2006
GB/T 3876—2017	钼及钼合金板	GB/T 3876—2007
GB/T 3877—2006	钼箔	GB/T 3877—1983
GB/T 4182—2017	钼丝	GB/T 4182—2003
GB/T 8182—2008	钽及钽合金无缝管	GB/T 8182—1987
GB/T 8183—2007	铌及铌合金无缝管	GB/T 8183—1987
GB/T 8769—2010	锆及锆合金棒材和线材	GB/T 8769—1988
GB/T 14592—2014	钼圆片	GB/T 14592—1993
GB/T 14841—2008	钽及钽合金棒材	GB/T 14841—1993
GB/T 14842—2007	铌及铌合金棒材	GB/T 14842—1993
GB/T 17792—2014	钼及钼合金棒	GB/T 17792—1999
GB/T 21183—2017	锆及锆合金板、带、箔材	GB/T 21183—2007
GB/T 23272—2009	照明及电子设备用钨丝	
GB/T 26009—2010	电光源用铌锆合金无缝管	
GB/T 26012—2010	电容器用钽丝	
GB/T 26023—2010	抗射线用高精度钨板	
GB/T 26037—2010	深冲用粉末冶金钽板	
GB/T 26038—2010	钨基高比重合金板材	
GB/T 26062—2010	铌及铌锆合金丝	
GB/T 26283—2010	锆及锆合金无缝管材	
GB/T 31908—2015	电弧焊和等离子焊接、切割用钨电极	
GB/T 34503—2017	钨管	
GB/T 34498—2017	激光灯用钨阴极材料	

标 准 号	标 准 名 称	代替标准号
YS/T 39—2007	氙灯钨阳极	YS/T 39—1992
YS/T 530—2006	吸气用锆铝合金复合带材	GB/T 6453—1986
YS/T 531—2006	吸气用锆铝合金环件和片件	GB/T 6454—1986
YS/T 532—2006	释汞吸气及复合带材	GB/T 6455—1986
YS/T 640—2007	电容器用钽箔材	
YS/T 753—2011	压力容器用锆及锆合金板材	
YS/T 777—2011	锆—钢复合板	
YS/T 796—2012	钨坩埚	
YS/T 831—2012	TZM 钼合金棒材	
YS/T 853—2012	锆及锆合金铸件	
YS/T 854—2012	钨铱流口	
YS/T 887—2013	锆及锆合金焊丝	
YS/T 913—2013	锆及锆合金饼和环	
YS/T 1024—2015	溅射用钽靶材	
YS/T 1025—2015	电子薄膜用高纯钨及钨合金溅射靶材	
YS/T 1063—2015	钼靶材	
YS/T 1146—2016	钼及钼合金舟	
YS/T 1234—2018	铬钼合金（CrMo）靶材	
YS/T 1235—2018	钼钛合金（MoTi）靶材	
YS/T 1247—2018	旋压钼坩埚	

4.4.6 稀散金属冶炼及加工产品

标 准 号	标 准 名 称	代替标准号
GB/T 23361—2009	高纯氢氧化铟	
GB/T 23363—2009	高纯氧化铟	
YS/T 224—2016	铊	YS/T 224—1994
YS/T 836—2012	高铼酸	
YS/T 894—2018	铼酸铵	YS/T 894—2013
YS/T 1017—2015	铼粉	
YS/T 1018—2015	铼粒	
YS/T 1237—2018	铼片	

5 粉末冶金标准

5.1 基础标准

标　准　号	标　准　名　称	代替标准号
GB/T 2076—2007	切削刀具用可转位刀片型号表示规则	GB/T 2076—1987
GB/T 3500—2008	粉末冶金 术语	GB/T 3500—1998
GB/T 4309—2009	粉末冶金材料分类和牌号表示方法	GB/T 4309—1984
GB/T 5242—2017	硬质合金制品检验规则与试验方法	GB/T 5242—2006
GB/T 5243—2006	硬质合金制品的标志、包装、运输和贮存	GB/T 5243—1985
GB/T 5314—2011	粉末冶金用粉末 取样方法	GB/T 5314—1985
GB/T 6885—1986	硬质合金混合粉取样和试验方法	
GB/T 12767—1991	粉末冶金制品 表面粗糙度 参数及其数值	
GB/T 18376.1—2008	硬质合金牌号 第1部分：切削工具用硬质合金牌号	GB/T 18376.1—2001
GB/T 18376.2—2014	硬质合金牌号 第2部分：地质、矿山工具用硬质合金牌号	GB/T 18376.2—2001
GB/T 18376.3—2015	硬质合金牌号 第3部分：耐磨工具用硬质合金牌号	GB/T 18376.3—2001

5.2 化学分析方法标准

标　准　号	标　准　名　称	代替标准号
GB/T 5124.1—2008	硬质合金化学分析方法 总碳量的测定 重量法	GB/T 5124.1—1985
GB/T 5124.2—2008	硬质合金化学分析方法 不溶（游离）碳量的测定 重量法	GB/T 5124.2—1985
GB/T 5124.3—2017	硬质合金化学分析方法 第3部分：钴量的测定 电位滴定法	GB/T 5124.3—1985
GB/T 5124.4—2017	硬质合金化学分析方法 第4部分：钛量的测定 过氧化氢分光光度法	GB/T 5124.4—1985
GB/T 20255.1—2006	硬质合金化学分析方法 钙、钾、镁和钠量的测定 火焰原子吸收光谱法	

标　准　号	标　准　名　称	代替标准号
GB/T 20255.2—2006	硬质合金化学分析方法 钴、铁、锰和镍量的测定 火焰原子吸收光谱法	
GB/T 20255.3—2006	硬质合金化学分析方法 钼、钛和钒量的测定 火焰原子吸收光谱法	
GB/T 20255.4—2006	硬质合金化学分析方法 钴、铁、锰、钼、镍、钛和钒量的测定 火焰原子吸收光谱法	
GB/T 20255.5—2006	硬质合金化学分析方法 铬量的测定 火焰原子吸收光谱法	
GB/T 20255.6—2008	硬质合金化学分析方法 火焰原子吸收光谱法 一般要求	
GB/T 23367.1—2009	钴酸锂化学分析方法 第1部分：钴量的测定 EDTA滴定法	
GB/T 23367.2—2009	钴酸锂化学分析方法 第2部分：锂、镍、锰、镁、铝、铁、钠、钙和铜量的测定 电感耦合等离子体原子发射光谱法	
GB/T 26050—2010	硬质合金 X射线荧光测定金属元素含量 熔融法	
GB/T 26051—2010	硬质合金 钴粉中硫和碳量的测定 红外检测法	
YS/T 422.1—2000	碳化铬化学分析方法 铬量的测定	
YS/T 422.2—2000	碳化铬化学分析方法 总碳量的测定	
YS/T 422.3—2000	碳化铬化学分析方法 铁含量的测定	
YS/T 422.4—2000	碳化铬化学分析方法 硅量的测定	
YS/T 423.1—2000	核极碳化硼粉末化学分析方法 总硼量的测定	
YS/T 423.2—2000	核极碳化硼粉末化学分析方法 总碳量的测定	
YS/T 423.3—2000	核极碳化硼粉末化学分析方法 游离硼量的测定	
YS/T 423.4—2000	核极碳化硼粉末化学分析方法 铁量的测定	
YS/T 423.5—2000	核极碳化硼粉末化学分析方法 氧量的测定	
YS/T 424.1—2000	二硼化钛粉末化学分析方法 钛量的测定	
YS/T 424.2—2000	二硼化钛粉末化学分析方法 总硼量的测定	
YS/T 424.3—2000	二硼化钛粉末化学分析方法 铁量的测定	
YS/T 424.4—2000	二硼化钛粉末化学分析方法 碳量的测定	
YS/T 424.5—2000	二硼化钛粉末化学分析方法 氧量的测定	
YS/T 539.1—2009	镍基合金粉化学分析方法 第1部分：硼量的测定 酸碱滴定法	YS/T 539.1—2006
YS/T 539.2—2009	镍基合金粉化学分析方法 第2部分：铝量的测定 铬天青S分光光度法	YS/T 539.2—2006
YS/T 539.3—2009	镍基合金粉化学分析方法 第3部分：硅量的测定 高氯酸脱水称量法	YS/T 539.3—2006

标　准　号	标　准　名　称	代替标准号
YS/T 539.4—2009	镍基合金粉化学分析方法 第4部分：铬量的测定 过硫酸铵氧化滴定法	YS/T 539.4—2006
YS/T 539.5—2009	镍基合金粉化学分析方法 第5部分：锰量的测定 高碘酸钠（钾）氧化分光光度法	YS/T 539.5—2006
YS/T 539.6—2009	镍基合金粉化学分析方法 第6部分：铁量的测定 三氯化钛—重铬酸钾滴定法	YS/T 539.6—2006
YS/T 539.7—2009	镍基合金粉化学分析方法 第7部分：钴量的测定 亚硝基R盐分光光度法	YS/T 539.7—2006
YS/T 539.8—2009	镍基合金粉化学分析方法 第8部分：铜量的测定 新亚铜灵—三氯甲烷萃取分光光度法	YS/T 539.8—2006
YS/T 539.9—2009	镍基合金粉化学分析方法 第9部分：铜量的测定 硫代硫酸钠碘量法	YS/T 539.9—2006
YS/T 539.10—2009	镍基合金粉化学分析方法 第10部分：钼量的测定 硫氰酸盐分光光度法	YS/T 539.10—2006
YS/T 539.11—2009	镍基合金粉化学分析方法 第11部分：钨量的测定 辛可宁称量法	YS/T 539.11—2006
YS/T 539.12—2009	镍基合金粉化学分析方法 第12部分：磷量的测定 正丁醇—三氯甲烷萃取分光光度法	YS/T 539.12—2006
YS/T 539.13—2009	镍基合金粉化学分析方法 第13部分：氧量的测定 脉冲加热惰气熔融—红外线吸收法	YS/T 539.13—2006

5.3 理化性能试验方法标准

标　准　号	标　准　名　称	代替标准号
GB/T 1479.1—2011	金属粉末 松装密度的测定 第1部分：漏斗法	GB/T 1479—1984
GB/T 1479.2—2011	金属粉末 松装密度的测定 第2部分：斯柯特容量计法	GB/T 5060—1985
GB/T 1479.3—2017	金属粉末 松装密度的测定 第3部分：振动漏斗法	GB/T 5061—1998
GB/T 1480—2012	金属粉末 粒度组成的测定 干筛分法	GB/T 1480—1995
GB/T 1481—2012	金属粉末（不包括硬质合金粉末）在单轴压制中压缩性的测定	GB/T 1481—1998
GB/T 1482—2010	金属粉末流动性的测定 标准漏斗法（霍尔流速计）	GB/T 1482—1984
GB/T 1817—2017	硬质合金常温冲击韧性试验方法	GB/T 1817—1995
GB/T 3249—2009	金属及其化合物粉末费氏粒度的测定方法	GB/T 3249—1982
GB/T 3488.1—2014	硬质合金 显微组织的金相测定 第1部分：金相照片和描述	GB/T 3488—1983

标 准 号	标 准 名 称	代替标准号
GB/T 3488.2—2018	硬质合金 显微组织的金相测定 第2部分：WC晶粒尺寸的测定	
GB/T 3489—2015	硬质合金 孔隙度和非化合碳的金相测定	GB/T 3489—1983
GB/T 3848—2017	硬质合金矫顽（磁）力测定方法	GB/T 3848—1983
GB/T 3849.1—2015	硬质合金 洛氏硬度试验（A标尺）第1部分：试验方法	GB/T 3849—1983
GB/T 3849.2—2010	硬质合金 洛氏硬度试验（A标尺）第2部分：标准试块的制备和校准	
GB/T 3850—2015	致密烧结金属材料与硬质合金密度测定方法	GB/T 3850—1983
GB/T 3851—2015	硬质合金横向断裂强度测定方法	GB/T 3851—1983
GB/T 5158.1—2011	金属粉末 还原法测定氧含量 第1部分：总则	
GB/T 5158.2—2011	金属粉末 还原法测定氧含量 第2部分：氢还原时的质量损失（氢损）	GB/T 5158—1999
GB/T 5158.3—2011	金属粉末 还原法测定氧含量 第3部分：可被氢还原的氧	
GB/T 5158.4—2011	金属粉末 还原法测定氧含量 第4部分：还原—提取法测定总氧量	GB/T 5158.4—2001
GB/T 5159—2015	金属粉末（不包括硬质合金用粉）与成型烧结有联系的尺寸变化的测定方法	GB/T 5159—1985
GB/T 5160—2002	金属粉末 用矩形压坯的横向断裂测定压坯强度的方法	GB/T 5160—1985
GB/T 5161—2014	金属粉末 有效密度的测定 液体浸透法	GB/T 5161—1985
GB/T 5162—2006	金属粉末 振实密度的测定	GB/T 5162—1985
GB/T 5163—2006	烧结金属材料（不包括硬质合金）可渗性烧结金属材料 密度、含油率和开孔率的测定	GB/T 5163—1985、GB/T 5164—1985、GB/T 5165—1985
GB/T 5166—1998	烧结金属材料和硬质合金 弹性模量的测定	GB/T 5166—1985
GB/T 5167—1985	烧结金属材料和硬质合金 电阻率的测定	
GB/T 5249—2013	可渗透性烧结金属材料 气泡试验孔径的测定	GB/T 5249—1985
GB/T 5250—2014	可渗透性烧结金属材料 流体渗透性的测定	GB/T 5250—1993
GB/T 5318—2017	烧结金属材料（不包括硬质合金）无切口冲击试样	GB/T 5318—1985
GB/T 5319—2002	烧结金属材料（不包括硬质合金）横向断裂强度的测定方法	GB/T 5319—1985
GB/T 6524—2003	金属粉末 粒度分布的测定 光透法	GB/T 6524—1986
GB/T 6525—1986	烧结金属材料室温压缩强度的测定	
GB/T 7963—2015	烧结金属材料（不包括硬质合金）拉伸试样	GB/T 7963—1987
GB/T 7964—1987	烧结金属材料（不包括硬质合金）室温拉伸试验	

标　准　号	标　准　名　称	代替标准号
GB/T 7997—2014	硬质合金维氏硬度试验方法	GB/T 7997—1987
GB/T 8643—2002	含润滑剂金属粉末中润滑剂含量的测定 修正的索格利特（Soxhlet）萃取法	GB/T 8643—1988
GB/T 11105—2012	金属粉末 压坯拉托拉试验	GB/T 11105—1989
GB/T 11106—1989	金属粉末 用圆柱形压坯的压缩测定压坯强度的方法	
GB/T 11107—1989	金属及其化合物粉末 比表面积和粒度测定空气透过法	
GB/T 11108—2017	硬质合金热扩散率的测定方法	GB/T 11108—1989
GB/T 13220—1991	细粉末粒度分布的测定 声波筛分法	
GB/T 13221—2004	纳米粉末粒度分布的测定 X射线小角散射法	GB/T 13221—1991
GB/T 13390—2008	金属粉末比表面积的测定 氮吸附法	GB/T 13390—1992
GB/T 19587—2017	气体吸附BET法测定固态物质比表面积	GB/T 19587—2004
GB/T 23365—2009	钴酸锂电化学性能测试 首次放电比容量及首次充放电效率测试方法	
GB/T 23366—2009	钴酸锂电化学性能测试 放电平台容量比率及循环寿命测试方法	
GB/T 23369—2009	硬质合金磁饱和（MS）测定的标准试验方法	
GB/T 23370—2009	硬质合金 压缩试验方法	
GB/T 31909—2015	可渗透性烧结金属材料 透气度的测定	
GB/T 33819—2017	硬质合金 巴氏韧性试验	
GB/T 34501—2017	硬质合金 耐磨试验方法	
GB/T 34643—2017	烧结金属多孔材料 气体过滤性能的测定	
YS/T 56—2013	金属粉末 自然坡度角的测定	YS/T 56—1993
YS/T 484—2005	金属氢化物 镍电池负极用储氢合金比容量的测定	
YS/T 485—2005	烧结双金属材料剪切强度的测定方法	
YS/T 533—2006	自熔合金粉末固—液相线温度区间的测定方法	GB/T 6526—1986
YS/T 541—2006	金属热喷涂层表面洛氏硬度试验方法	GB/T 8640—1988
YS/T 542—2006	热喷涂层抗拉强度的测定	GB/T 8641—1988
YS/T 550—2006	金属热喷涂层剪切强度的测定	GB/T 13222—1991
YS/T 1009—2014	烧结金属多孔材料 剪切强度的测定	
YS/T 1010—2014	烧结金属多孔材料 环拉强度的测定	
YS/T 1130—2016	烧结金属多孔材料 焊接裂纹检测方法	
YS/T 1131—2016	烧结金属多孔材料 抗弯性能的测定	
YS/T 1132—2016	烧结金属多孔材料 压缩性能的测定	
YS/T 1133—2016	烧结金属多孔材料 拉伸性能的测定	
YS/T 1250—2018	难熔金属板材和棒材 高温拉伸性能试验方法	
YS/T 1251—2018	烧结金属多孔材料 疲劳性能的测定	

5.4 产品标准

5.4.1 金属与合金粉末标准

标准号	标准名称	代替标准号
GB/T 2967—2017	铸造碳化钨	GB/T 2967—2008
GB/T 4295—2008	碳化钨粉	
GB/T 7160—2017	羰基镍粉	GB/T 7160—2008
GB/T 19588—2004	纳米镍粉	
GB/T 19589—2004	纳米氧化锌	
GB/T 20251—2006	电池用泡沫镍	
GB/T 20252—2014	钴酸锂	GB/T 20252—2006
GB/T 20507—2006	球形氢氧化镍	
GB/T 20508—2006	碳化钽粉	
GB/T 24485—2009	碳化铌粉	
GB/T 26031—2010	镍酸锂	
GB/T 26053—2010	硬质合金喷焊粉	
GB/T 26054—2010	硬质合金再生混合料	
GB/T 26055—2010	再生碳化钨粉	
GB/T 26061—2010	钽铌复合碳化物	
GB/T 26725—2011	超细碳化钨粉	
GB/T 26726—2011	超细钨粉	
YS/T 218—2011	超细羰基镍粉	YS/T 218—1994
YS/T 510—2012	镍包氧化铝复合粉	YS/T 510—2006
YS/T 511—2014	钴包碳化钨复合粉	YS/T 511—2006
YS/T 512—2013	镍包铬复合粉	YS/T 512—2006
YS/T 513—2013	镍包铜复合粉	YS/T 513—2006
YS/T 526—2006	Ni-B-Si 系自熔合金粉	GB/T 5315—1985
YS/T 527—2014	Ni-Cr-B-Si 系自熔合金粉	YS/T 527—2006
YS/T 528—2013	铝包镍复合粉	YS/T 528—2006
YS/T 529—2009	吸气用锆铝合金粉	YS/T 529—2006
YS/T 537—2006	镍基喷涂合金粉	GB/T 8548—1987
YS/T 538—2016	Fe-Cr-B-Si 系自熔合金粉	YS/T 538—2006
YS/T 673—2013	还原钴粉	
YS/T 677—2016	锰酸锂	YS/T 677—2008
YS/T 723—2009	荧光灯、节能灯、冷阴极灯用释汞吸气材料	
YS/T 752—2011	复合氧化锆粉体	
YS/T 798—2012	镍钴锰酸锂	
YS/T 822—2012	镍铬—碳化铬复合粉末	
YS/T 825—2012	钛酸锂	

标　准　号	标　准　名　称	代替标准号
YS/T 889—2013	粉末冶金用再生镍粉	
YS/T 890—2013	粉末冶金用再生钴粉	
YS/T 925—2013	还原镍粉	
YS/T 972—2014	乙二醇锑粉	
YS/T 1008—2014	包覆钴粉	
YS/T 1027—2015	磷酸铁锂	
YS/T 1125—2016	镍钴铝酸锂	
YS/T 1127—2016	镍钴铝三元素复合氢氧化物	
YS/T 1128—2016	热喷涂用 NiCoCrAlYTa 合金粉末	
YS/T 1030—2017	富锂锰基正极材料	
YS/T 1253—2018	钴铬钨（CoCrW）系合金粉末	

5.4.2　粉末冶金材料与制品标准

标　准　号	标　准　名　称	代替标准号
GB/T 2077—1987	硬质合金可转位刀片圆角半径	GB/T 2077—1980
GB/T 2078—2007	带圆角圆孔固定的硬质合金可转位刀片尺寸	GB/T 2078—1987
GB/T 2079—2015	带圆角、无固定孔的可转位刀片尺寸	GB/T 2079—1987
GB/T 2080—2007	带圆角沉孔固定的硬质合金可转位刀片尺寸	GB/T 2080—1987
GB/T 2081—1987	硬质合金可转位铣刀片	
GB/T 2527—2008	矿山、油田钻头用硬质合金齿	GB/T 2527—1989
GB/T 3612—2008	量规、量具用硬质合金毛坯	GB/T 3612—1989、 GB/T 10565—1989
GB/T 3879—2008	钢结硬质合金材料毛坯	GB/T 3879—1983
GB/T 6883—2017	线、棒和管拉模用硬质合金模坯	GB/T 6883—1995
GB/T 6886—2017	烧结不锈钢过滤元件	GB/T 6886—2008
GB/T 6887—2007	烧结金属过滤元件	GB/T 6887—1986、 GB/T 6888—1986、 GB/T 6889—1986
GB/T 11101—2009	硬质合金圆棒毛坯	GB/T 11101—1989
GB/T 11102—2008	地质勘探工具用硬质合金制品	GB/T 11102—1989
GB/T 14445—2017	煤炭采掘工具用硬质合金制品	GB/T 14445—1993
GB/T 19076—2003	烧结金属材料规范	
GB/T 20253—2006	可充电电池用冲孔镀镍钢带	
GB/T 21182—2007	硬质合金废料	
GB/T 26052—2010	硬质合金管状焊条	
GB/T 32930—2016	微晶硬质合金棒材	

标　准　号	标　准　名　称	代替标准号
GB/T 34646—2017	烧结金属膜过滤材料及元件	
GB/T 34508—2017	粉床电子束增材制造 TC4 合金材料	
YS/T 60—2006	硬质合金密封环毛坯	YS/T 60—1993
YS/T 61—2007	高速线材轧制用硬质合金辊环	YS/T 61—1993
YS/T 79—2006	硬质合金焊接刀片	YS/T 79—1994、 YS/T 253—1994
YS/T 80—2011	硬质合金拉伸模坯	YS/T 80—1994
YS/T 241—2013	钢球冷镦模具用硬质合金毛坯	YS/T 241—1994
YS/T 245—2011	粉冶钼合金顶头	YS/T 245—1994
YS/T 291—2012	标准螺栓缩径模具用硬质合金毛坯	YS/T 291—1994
YS/T 292—2013	六方螺母冷镦模具用硬质合金毛坯	YS/T 292—1994
YS/T 293—2011	标准螺栓镦粗模具用硬质合金毛坯	YS/T 293—1994
YS/T 294—2011	冲压电池壳用硬质合金毛坯	YS/T 294—1994
YS/T 295—1994	建材加工工具用硬质合金制品	GB/T 11103—1989
YS/T 296—2011	凿岩工具用硬质合金制品	YS/T 296—1994
YS/T 412—2014	硬质合金球粒	YS/T 412—1999
YS/T 413—2016	硬质合金螺旋刀片	YS/T 413—1999
YS/T 453—2002	烧结不锈钢纤维毡	
YS/T 503—2009	硬质合金顶锤与压缸	YS/T 503—2006
YS/T 518—2006	金属陶瓷热挤压模坯	GB/T 4308—1984
YS/T 552—2009	硬质合金旋转锉毛坯	YS/T 552—2006
YS/T 553—2009	重型刀具用硬质合金刀片毛坯	YS/T 553—2006
YS/T 718—2009	平面磁控溅射靶材 光学薄膜用铌靶	
YS/T 719—2009	平面磁控溅射靶材 光学薄膜用硅靶	
YS/T 720—2009	烧结镍片	
YS/T 721—2009	烧结钴片	
YS/T 797—2012	便携式锂离子电池用铝壳	
YS/T 821—2012	铝合金电池用盖板	
YS/T 823—2012	烧结钨板坯	
YS/T 877—2013	可充电电池用镀镍壳	
YS/T 914—2013	动力锂电池用铝壳	
YS/T 1026—2015	金属注射成型高比重钨合金球粒	
YS/T 1007—2014	过滤用烧结不锈钢复合丝网	
YS/T 1029—2015	离子源弧室用钨顶板	
YS/T 1129—2016	钨钛合金靶材	
YS/T 1134—2016	铁铝金属间化合物烧结多孔材料过滤元件	

标　准　号	标　准　名　称	代替标准号
YS/T 1135—2016	钛铝金属间化合物烧结多孔材料管状过滤元件	
YS/T 1137—2016	硬质合金板材	
YS/T 1138—2016	硬质合金六方拼模	
YS/T 1139—2016	增材制造 TC4 钛合金蜂窝结构零件	
YS/T 1248—2018	硬质合金防滑钉	
YS/T 1249—2018	钛铝金属间化合物多孔膜材料	
YS/T 1252—2018	硬质合金用复式碳化物	
YS/T 1254—2018	钨舟	

6 贵金属标准

6.1 基础标准

标 准 号	标 准 名 称	代替标准号
GB/T 17684—2008	贵金属及其合金术语	GB/T 17684—1999
GB/T 18035—2000	贵金属及其合金牌号表示方法	GB/T 340—1976
GB/T 19445—2004	贵金属及其合金产品的包装、标志、运输、贮存	
GB/T 23608—2009	铂族金属废料分类和技术条件	
GB/T 26020—2010	金废料、分类和技术条件	
YS/T 371—2006	贵金属合金化学分析方法总则	YS/T 371—1994

6.2 方法标准

标 准 号	标 准 名 称	代替标准号
GB/T 1423—1996	贵金属及其合金密度的测试方法	GB 1423—1978
GB/T 1424—1996	贵金属及其合金材料电阻系数测试方法	GB 1424—1978
GB/T 1425—1996	贵金属及其合金熔化温度范围的测定 热分析试验方法	GB 1425—1978
GB/T 7739. 1—2007	金精矿化学分析方法 第1部分：金量和银量的测定	GB/T 7739. 1—1987
GB/T 7739. 2—2007	金精矿化学分析方法 第2部分：银量的测定	GB/T 7739. 2—1987
GB/T 7739. 3—2007	金精矿化学分析方法 第3部分：砷量的测定	GB/T 7739. 3—1987、GB/T 7739. 4—1987
GB/T 7739. 4—2007	金精矿化学分析方法 第4部分：铜量的测定	
GB/T 7739. 5—2007	金精矿化学分析方法 第5部分：铅量的测定	
GB/T 7739. 6—2007	金精矿化学分析方法 第6部分：锌量的测定	
GB/T 7739. 7—2007	金精矿化学分析方法 第7部分：铁量的测定	
GB/T 7739. 8—2007	金精矿化学分析方法 第8部分：硫量的测定	
GB/T 7739. 9—2007	金精矿化学分析方法 第9部分：碳量的测定	
GB/T 7739. 10—2007	金精矿化学分析方法 第10部分：锑量的测定	
GB/T 11066. 1—2008	金化学分析方法 火试金法测定金量	GB/T 11066. 1—1989

标　准　号	标　准　名　称	代替标准号
GB/T 11066.2—2008	金化学分析方法 火焰原子吸收光谱法测定银量	GB/T 11066.2—1989
GB/T 11066.3—2008	金化学分析方法 火焰原子吸收光谱法测定铁量	GB/T 11066.3—1989
GB/T 11066.4—2008	金化学分析方法 火焰原子吸收光谱法测定铜、铅、铋和锑量	GB/T 11066.4—1989
GB/T 11066.5—2008	金化学分析方法 发射光谱法测定银、铜、铁、铅、锑和铋含量	GB/T 11066.5—1989
GB/T 11066.6—2009	金化学分析方法 镁、镍、锰和钯量的测定 火焰原子吸收光谱法	
GB/T 11066.7—2009	金化学分析方法 银、铜、铁、铅、锑、铋、钯、镁、锡、镍、锰和铬量的测定 火花原子发射光谱法	
GB/T 11066.8—2009	金化学分析方法 银、铜、铁、铅、锑、铋、钯、镁、镍、锰和铬量的测定 乙酸乙酯萃取—电感耦合等离子体原子发射光谱法	
GB/T 11066.9—2009	金化学分析方法 砷和锡量的测定 氢化物发生—原子荧光光谱法	
GB/T 11066.10—2009	金化学分析方法 硅量的测定 钼蓝分光光度法	
GB/T 11067.1—2006	银化学分析方法 氯化银沉淀—火焰原子吸收光谱法	GB/T 11067.1—1989
GB/T 11067.2—2006	银化学分析方法 铜量的测定 火焰原子吸收光谱法	GB/T 11067.2—1989、GB/T 11067.7—1989
GB/T 11067.3—2006	银化学分析方法 硒和碲量的测定 电感耦合等离子体原子发射光谱法	
GB/T 11067.4—2006	银化学分析方法 锑量的测定 电感耦合等离子体原子发射光谱法	GB/T 11067.4—1989
GB/T 11067.5—2006	银化学分析方法 铅和铋量的测定 火焰原子吸收光谱法	GB/T 11067.3—1989、GB/T 11067.7—1989
GB/T 11067.6—2006	银化学分析方法 铁量的测定 火焰原子吸收光谱法	GB/T 11067.3—1989、GB/T 11067.7—1989
GB/T 13449—1992	金块矿取样和制样方法 手工方法	
GB/T 15072.1—2008	贵金属合金化学分析方法 金、铂、钯合金中金量的测定 硫酸亚铁电位滴定法	GB/T 15072.1—1994
GB/T 15072.2—2008	贵金属合金化学分析方法 银合金中银量的测定 氯化钠电位滴定法	GB/T 15072.2—1994
GB/T 15072.3—2008	贵金属合金化学分析方法 金、铂、钯合金中铂量的测定 高锰酸钾电流滴定法	GB/T 15072.3—1994

标 准 号	标 准 名 称	代替标准号
GB/T 15072.4—2008	贵金属合金化学分析方法 钯、银合金中钯量的测定 二甲基乙二醛肟重量法	GB/T 15072.4—1994
GB/T 15072.5—2008	贵金属合金化学分析方法 金、钯合金中银量的测定 碘化钾电位滴定法	GB/T 15072.5—1994
GB/T 15072.6—2008	贵金属合金化学分析方法 铂、钯合金中铱量的测定 硫酸亚铁电流滴定法	GB/T 15072.6—1994
GB/T 15072.7—2008	贵金属合金化学分析方法 金合金中铬和铁量的测定 电感耦合等离子体原子发射光谱法	GB/T 15072.18—1994、GB/T 15072.19—1994、GB/T 15072.7—1994
GB/T 15072.8—2008	贵金属合金化学分析方法 金、钯、银合金中铜量的测定 硫脲析出 EDTA 络合返滴定法	GB/T 15072.8—1994
GB/T 15072.9—2008	贵金属合金化学分析方法 金合金中铟量的测定 EDTA 络合返滴定法	GB/T 15072.9—1994
GB/T 15072.10—2008	贵金属合金化学分析方法 金合金中镍量的测定 EDTA 络合返滴定法	GB/T 15072.10—1994
GB/T 15072.11—2008	贵金属合金化学分析方法 金合金中钆和铍量的测定 电感耦合等离子体原子发射光谱法	GB/T 15072.11—1994
GB/T 15072.12—2008	贵金属合金化学分析方法 银合金中钒量的测定 过氧化氢分光光度法	GB/T 15072.12—1994
GB/T 15072.13—2008	贵金属合金化学分析方法 银合金中锡、铈和镧量的测定 电感耦合等离子体原子发射光谱法	GB/T 15072.13—1994
GB/T 15072.14—2008	贵金属合金化学分析方法 银合金中铝和镍量的测定 电感耦合等离子体原子发射光谱法	GB/T 15072.14—1994
GB/T 15072.15—2008	贵金属合金化学分析方法 金、银、钯合金中镍、锌和锰量的测定 电感耦合等离子体原子发射光谱法	GB/T 15072.15—1994
GB/T 15072.16—2008	贵金属合金化学分析方法 金合金中铜和锰量的测定 电感耦合等离子体原子发射光谱法	GB/T 15072.16—1994
GB/T 15072.17—2008	贵金属合金化学分析方法 铂合金中钨量的测定 三氧化钨重量法	GB/T 15072.17—1994
GB/T 15072.18—2008	贵金属合金化学分析方法 金合金中锆和镓量的测定 电感耦合等离子体原子发射光谱法	GB/T 15072.18—1994
GB/T 15072.19—2008	贵金属合金化学分析方法 银合金中钒和镁量的测定 电感耦合等离子体原子发射光谱法	GB/T 15072.19—1994
GB/T 15077—2008	贵金属及其合金材料几何尺寸测量方法	GB/T 15077—1994
GB/T 15078—2008	贵金属电触点材料接触电阻的测量方法	GB/T 15078—1994
GB/T 17473.1—2008	微电子技术用贵金属浆料测试方法 固体含量测定	GB/T 17473.1—1998

标 准 号	标 准 名 称	代替标准号
GB/T 17473.2—2008	厚膜微电子技术用贵金属浆料测试方法 细度测定	GB/T 17473.2—1998
GB/T 17473.3—2008	厚膜微电子技术用贵金属浆料测试方法 方阻测定	GB/T 17473.3—1998
GB/T 17473.4—2008	厚膜微电子技术用贵金属浆料测试方法 附着力测定	GB/T 17473.4—1998
GB/T 17473.5—2008	厚膜微电子技术用贵金属浆料测试方法 粘度测定	GB/T 17473.5—1998
GB/T 17473.6—2008	厚膜微电子技术用贵金属浆料测试方法 分辨率测定	GB/T 17473.6—1998
GB/T 17473.7—2008	厚膜微电子技术用贵金属浆料测试方法 可焊性、耐焊性试验	GB/T 17473.7—1998
GB/T 18036—2008	铂铑热电偶细丝的热电动势测量方法	GB/T 18036—2000
GB/T 19198—2008	贵金属及其合金对铂、对铜热电动势的测量方法	GB/T 19198—2003
GB/T 23514—2009	核级银—铟—镉合金化学分析方法	
GB/T 23524—2009	石油化工废催化剂中铂含量的测定 电感耦合等离子体原子发射光谱法	
GB/T 23275—2009	钌粉化学分析方法 铅、铁、镍、铝、铜、银、金、铂、铱、钯、铑、硅量的测定 辉光放电质谱法	
GB/T 23276—2009	钯化合物分析方法 钯量的测定 二甲基乙二醛肟析出 EDTA 络合滴定法	
GB/T 23277—2009	贵金属催化剂化学分析方法 汽车尾气净化催化剂中铂、钯、铑量的测定 分光光度法	
GB/T 23613—2009	锇粉化学分析方法 镁、铁、镍、铝、铜、银、金、铂、铱、钯、铑、硅量的测定 电感耦合等离子体原子发射光谱法	
GB/T 33909—2017	纯铂化学分析方法 钯、铑、铱、钌、金、银、铝、铋、铬、铜、铁、镍、铅、镁、锰、锡、锌、硅量的测定 电感耦合等离子体质谱法	
GB/T 33913.1—2017	三苯基膦氯化铑化学分析方法 第 1 部分：铑量的测定 电感耦合等离子体原子发射光谱法	
GB/T 33913.2—2017	三苯基膦氯化铑化学分析方法 第 2 部分：铅、铁、铜、钯、铂、铝、镍、镁、锌量的测定 电感耦合等离子体原子发射光谱法	
GB/T 34499.1—2017	铱化合物化学分析方法 第 1 部分：铱量的测定 硫酸亚铁电流滴定法	

标　准　号	标　准　名　称	代替标准号
GB/T 34499. 2—2017	铱化合物化学分析方法 第2部分：银、金、铂、钯、铑、钌、铝、铜、铁、镍、铅、镁、锰、锡、锌、钙、钠、钾、硅的测定 电感耦合等离子体原子发射光谱法	
GB/T 34609. 1—2017	铑化合物化学分析方法 第1部分：铑量的测定 硝酸六氨合钴重量法	
YS/T 361—2006	纯铂中杂质元素的发射光谱分析	YS/T 361—1994
YS/T 362—2006	纯钯中杂质元素的发射光谱分析	YS/T 362—1994
YS/T 363—2006	纯铑中杂质元素的发射光谱分析	YS/T 363—1994
YS/T 364—2006	纯铱中杂质元素的发射光谱分析	YS/T 364—1994
YS/T 365—2006	高纯铂中杂质元素的发射光谱分析	YS/T 365—1994
YS/T 366—2006	贵金属及其合金对铜热电动势的测量方法	YS/T 366—1994
YS/T 368—2015	热偶丝材热电势测量方法	YS/T 368—1994
YS/T 370—2006	贵金属及其合金的金相试样制备方法	YS/T 370—1994
YS/T 372. 1—2006	贵金属合金元素分析方法 银量的测定 碘化钾电位滴定法	YS/T 372. 2—1994、YS/T 372. 13—1994、YS/T 372. 14—1994、YS/T 374. 2—1994、YS/T 375. 4—1994、YS/T 375. 5—1994
YS/T 372. 2—2006	贵金属合金元素分析方法 铂量的测定 高锰酸钾电流滴定法	YS/T 373. 1—1994、YS/T 374. 1—1994、YS/T 374. 2—1994、YS/T 374. 3—1994、YS/T 374. 4—1994、YS/T 374. 5—1994、YS/T 374. 7—1994
YS/T 372. 3—2006	贵金属合金元素分析方法 钯量的测定 丁二肟析出 EDTA 络合滴定法	YS/T 372. 1—1994、YS/T 373. 2—1994、YS/T 374. 1—1994
YS/T 372. 4—2006	贵金属合金元素分析方法 铜量的测定 硫脲析出 EDTA 络合滴定法	YS/T 372. 4—1994、YS/T 372. 10—1994、YS/T 372. 13—1994、YS/T 373. 3—1994、YS/T 373. 7—1994、YS/T 373. 9—1994、YS/T 373. 10—1994、YS/T 373. 11—1994、YS/T 375. 3—1994、YS/T 375. 4—1994、YS/T 375. 6—1994

标　准　号	标　准　名　称	代替标准号
YS/T 372.5—2006	贵金属合金元素分析方法 PtCu合金中铜量的测定 EDTA络合滴定法	YS/T 374.4—1994
YS/T 372.6—2006	贵金属合金元素分析方法 铜锰量的测定 火焰原子吸收光谱法	YS/T 372.10—1994、YS/T 372.14—1994、YS/T 373.5—1994
YS/T 372.7—2006	贵金属合金元素分析方法 钴量的测定 EDTA络合滴定法	YS/T 375.5—1994
YS/T 372.8—2006	贵金属合金元素分析方法 PtCo合金中钴量的测定 EDTA络合滴定法	YS/T 374.3—1994
YS/T 372.9—2006	贵金属合金元素分析方法 镍量的测定 EDTA络合滴定法	YS/T 372.10—1994、YS/T 372.11—1994、YS/T 372.12—1994、YS/T 372.13—1994、YS/T 373.7—1994、YS/T 374.5—1994、YS/T 375.6—1994
YS/T 372.10—2006	贵金属合金元素分析方法 AuNi及PdNi合金中镍量的测定 EDTA络合滴定法	YS/T 372.3—1994、YS/T 375.2—1994
YS/T 372.11—2006	贵金属合金元素分析方法 镁量的测定 EDTA络合滴定法	YS/T 373.6—1994
YS/T 372.12—2006	贵金属合金元素分析方法 锌量的测定 EDTA络合滴定法	YS/T 373.9—1994
YS/T 372.13—2006	贵金属合金元素分析方法 锡量的测定 EDTA络合滴定法	YS/T 373.11—1994
YS/T 372.14—2006	贵金属合金元素分析方法 锰量的测定 高锰酸钾电位滴定法	YS/T 373.5—1994
YS/T 372.15—2006	贵金属合金元素分析方法 锑量的测定 火焰原子吸收光谱法	YS/T 372.6—1994
YS/T 372.16—2006	贵金属合金元素分析方法 镓量的测定 EDTA络合滴定法	YS/T 372.5—1994
YS/T 372.17—2006	贵金属合金元素分析方法 钨量和铼量的测定 钨酸重量法和硫脲分光光度法	YS/T 374.7—1994
YS/T 372.18—2006	贵金属合金元素分析方法 钆量的测定 偶氮氯膦Ⅲ分光光度法	YS/T 372.11—1994
YS/T 372.19—2006	贵金属合金元素分析方法 钇量的测定 偶氮氯膦Ⅲ分光光度法	YS/T 372.12—1994
YS/T 372.20—2006	贵金属合金元素分析方法 镉量的测定 碘化钾析出EDTA络合滴定法	YS/T 373.4—1994
YS/T 372.21—2006	贵金属合金元素分析方法 锆量的测定 EDTA络合滴定法	YS/T 372.7—1994

标 准 号	标 准 名 称	代替标准号
YS/T 372.22—2006	贵金属合金元素分析方法 铟量的测定 EDTA 络合滴定法	YS/T 373.10—1994
YS/T 445.1—2001	银精矿化学分析方法 金和银量的测定	
YS/T 445.2—2001	银精矿化学分析方法 铜量的测定	
YS/T 445.3—2001	银精矿化学分析方法 砷和铋量的测定	
YS/T 445.4—2001	银精矿化学分析方法 三氧化二铝量的测定	
YS/T 445.5—2001	银精矿化学分析方法 硫量的测定	
YS/T 445.6—2001	银精矿化学分析方法 氧化镁量的测定	
YS/T 445.7—2001	银精矿化学分析方法 铅量的测定	
YS/T 445.8—2001	银精矿化学分析方法 锌量的测定	
YS/T 445.9—2001	银精矿化学分析方法 铅、锌量的测定	
YS/T 561—2009	贵金属合金化学分析方法 铂铑合金中铑量的测定 硝酸六氨合钴重量法	YS/T 561—2006
YS/T 562—2009	贵金属合金化学分析方法 铂钌合金中钌量的测定 硫脲分光光度法	YS/T 562—2006
YS/T 563—2009	贵金属合金化学分析方法 铂钯铑合金中钯量、铑量的测定 丁二肟重量法、氯化亚锡分光光度法	YS/T 563—2005
YS/T 644—2007	铂钌合金薄膜测试方法 X 射线光电子能谱法测定合金态铂及合金态钌含量	
YS/T 645—2017	金化合物化学分析方法 金量的测定 硫酸亚铁电位滴定法	YS/T 645—2007
YS/T 646.1—2017	铂化合物化学分析方法 第 1 部分：铂量的测定 高锰酸钾电流滴定法	YS/T 646—2007
YS/T 646.2—2017	铂化合物化学分析方法 第 2 部分：银、金、钯、铑、铱、钌、铅、镍、铜、铁、锡、铬、锌、镁、锰、铝、钙、钠、硅、铋、钾的测定 电感耦合等离子体原子发射光谱法	
YS/T 832—2012	丁辛醇废催化剂化学分析方法 铑量的测定 电感耦合等离子体原子发射光谱法	
YS/T 834—2012	废铂重整催化剂烧失率的测定方法	
YS/T 835—2012	尾气净化用金属载体催化剂中铂、钯和铑量的测定 火焰原子吸收光谱法	
YS/T 837—2012	溅射靶材—背板结合质量超声波检验方法	
YS/T 938.1—2013	齿科烤瓷修复用金基和钯基合金化学分析方法 第 1 部分：金量的测定 亚硝酸钠还原重量法	
YS/T 938.2—2013	齿科烤瓷修复用金基和钯基合金化学分析方法 第 2 部分：钯量的测定 丁二酮肟重量法	

标　准　号	标　准　名　称	代替标准号
YS/T 938. 3—2013	齿科烤瓷修复用金基和钯基合金化学分析方法 第3部分：银量的测定 火焰原子吸收光谱法和电位滴定法	
YS/T 938. 4—2013	齿科烤瓷修复用金基和钯基合金化学分析方法 第4部分：金、铂、钯、铜、锡、铟、锌、镓、铍、铁、锰、锂量的测定 电感耦合等离子体原子发射光谱法	
YS/T 955. 1—2014	粗银化学分析方法 第1部分：银量的测定 火试金法	
YS/T 955. 2—2014	粗银化学分析方法 第2部分：钯量的测定 火焰原子吸收光谱法	
YS/T 956. 1—2014	金锗合金化学分析方法 第1部分：锗量的测定 电感耦合等离子体发射光谱法	
YS/T 956. 2—2014	金锗合金化学分析方法 第2部分：锗量的测定 碘酸钾电位滴定法	
YS/T 958—2014	银化学分析方法 铜、铋、铁、铅、锑、钯、硒和碲量的测定 电感耦合等离子体原子发射光谱法	
YS/T 959—2014	银化学分析方法 铜、铋、铁、铅、锑、钯、硒和碲量的测定 火花原子发射光谱法	
YS/T 1071—2015	双氧水用废催化剂化学分析方法 钯量的测定 分光光度法	
YS/T 1072—2015	钯炭化学分析方法 钯量的测定 电感耦合等离子体原子发射光谱法	
YS/T 1073—2015	钯炭化学分析方法 铅、铜、铁量的测定 电感耦合等离子体原子发射光谱法	
YS/T 1074—2015	无焊料贵金属饰品化学分析方法 镁、钛、铬、锰、铁、镍、铜、锌、砷、钌、铑、钯、银、镉、锡、锑、铱、铂、铅、铋量测定 电感耦合等离子体质谱法	
YS/T 1119—2016	海绵钯化学分析方法 镁、铝、硅、铬、锰、铁、镍、铜、锌、钌、铑、银、锡、铱、铂、金、铅、铋的测定 电感耦合等离子体质谱法	
YS/T 1120. 1—2016	金锡合金化学分析方法 第1部分：金量的测定 火试金重量法	
YS/T 1120. 2—2016	金锡合金化学分析方法 第2部分：锡量的测定 氟化物析出EDTA络合滴定法	
YS/T 1120. 3—2016	金锡合金化学分析方法 第3部分：铁、铜、银、铅、钯、镉、锌量的测定 电感耦合等离子体原子发射光谱法	

标 准 号	标 准 名 称	代替标准号
YS/T 1121.1—2016	氯化钯化学分析方法 第1部分：钯量的测定 丁二酮肟重量法	
YS/T 1121.2—2016	氯化钯化学分析方法 第2部分：镁、铝、铬、锰、铁、镍、铜、锌、钌、铑、银、锡、铱、铂、金、铅、铋量的测定 电感耦合等离子体质谱法	
YS/T 1122.1—2016	氯铂酸化学分析方法 第1部分：铂量的测定 氯化铵沉淀重量法	
YS/T 1122.2—2016	氯铂酸化学分析方法 第2部分：钯、铑、铱、金、银、铬、铜、铁、镍、铅、锡量的测定 电感耦合等离子体质谱法	
YS/T 1124—2016	磁性溅射靶材透磁率测试方法	
YS/T 1197—2017	钯化合物化学分析方法 金、银、铂、铑、铱、钌、铅、镍、铜、铁、锡、铬、锌、镁、锰、铝、钙、钠、硅、铋、钾、镉的测定 电感耦合等离子体原子发射光谱法	
YS/T 1198—2017	银化学分析方法 铜、铋、铁、铅、锑、钯、硒、碲、砷、钴、锰、镍、锡、锌、镉量的测定 电感耦合等离子体质谱法	
YS/T 1200.1—2017	1,1'-双二苯基膦二茂铁二氯化钯化学分析方法 第1部分：钯量的测定 丁二酮肟重量法	
YS/T 1200.2—2017	1,1'-双二苯基膦二茂铁二氯化钯化学分析方法 第2部分：铅、镍、铜、镉、铬、铂、金、铑、铱量的测定 电感耦合等离子体原子发射光谱法	
YS/T 1201.1—2017	三氯化钌化学分析方法 第1部分：钌量的测定 氢还原重量法	
YS/T 1201.2—2017	三氯化钌化学分析方法 第2部分：铝、钙、镉、铜、铁、锰、镁、钠量的测定 电感耦合等离子体原子发射光谱法	
YS/T 1207—2017	氧化铝基钌料中钌量化学分析方法 钌量的测定 氢还原重量法	
YS/T 1208.1—2017	双（乙腈）二氯化钯化学分析方法 第1部分：钯量的测定 丁二酮肟重量法	
YS/T 1208.2—2017	双（乙腈）二氯化钯化学分析方法 第2部分：铅、镍、铜、镉、铬、铁、铂、金、铑量的测定 电感耦合等离子体原子发射光谱法	

6.3 产品标准

标　准　号	标　准　名　称	代替标准号
GB/T 1419—2015	海绵铂	GB/T 1419—2004
GB/T 1420—2015	海绵钯	GB/T 1420—2004
GB/T 1421—2004	铑粉	GB/T 1421—1989
GB/T 1422—2004	铱粉	GB/T 1422—1989
GB/T 1773—2008	片状银粉	GB/T 1773—1995
GB/T 1774—2009	超细银粉	GB/T 1774—1995
GB/T 1775—2009	超细金粉	GB/T 1775—1995
GB/T 1776—2009	超细铂粉	GB/T 1776—1995
GB/T 1777—2009	超细钯粉	GB/T 1777—1995
GB/T 4134—2015	金锭	GB/T 4134—2003
GB/T 4135—2016	银锭	GB/T 4135—2002
GB/T 8184—2004	铑电镀液	GB/T 8184—1987
GB/T 8185—2004	氯化钯	GB/T 8185—1987
GB/T 8750—2014	半导体封装用键合金丝	GB/T 8750—2007
GB/T 15159—2008	贵金属及其合金复合带材	GB/T 15159—1994
GB 17168—2013	牙科学 固定和活动修复用金属材料	GB/T 17168—2008
GB/T 17472—2008	贵金属浆料规范	
GB/T 18034—2000	微型热电偶用铂铑细偶丝规范	
GB/T 18762—2017	贵金属及其合金钎料	GB/T 18762—2002
GB/T 19446—2004	异型接点带通用规范	
GB/T 23515—2009	保险管用银铜合金丝	
GB/T 23516—2009	贵金属及其合金异型丝材	
GB/T 23517—2009	钌炭	
GB/T 23518—2009	钯炭	
GB/T 23519—2009	三苯基膦氯化铑	
GB/T 23520—2009	阴极保护用铂/铌复合阳极板	
GB/T 23521—2009	钽电容器用银铜合金棒、管、带材	
GB/T 23610—2009	Pt77Co 合金板材	
GB/T 23611—2009	金靶材	
GB/T 25942—2010	核级银—铟—镉合金棒	
GB/T 26004—2010	表面喷涂用特种导电涂料	
GB/T 26010—2010	电接触银镍稀土材料	
GB/T 26021—2010	金条	
GB/T 26041—2010	限流熔断器用银及银合金丝、带材	
GB/T 26288—2010	二氯二氨钯	
GB/T 26292—2010	金锗蒸发料	

标 准 号	标 准 名 称	代替标准号
GB/T 26298—2010	氯铂酸	
GB/T 26307—2010	银靶	
GB/T 26309—2010	银蒸发料	
GB/T 26312—2010	蒸发金	
GB/T 34502—2017	封装键合用镀金银及银合金丝	
GB/T 34649—2017	磁控溅射用钌靶	
GB/T 34507—2017	封装键合用镀钯铜丝	
YS/T 81—2006	高纯海绵铂	YS/T 81—1994
YS/T 82—2006	光谱分析用铂基体	YS/T 82—1994
YS/T 83—2006	光谱分析用钯基体	YS/T 83—1994
YS/T 84—2006	光谱分析用铱基体	YS/T 84—1994
YS/T 85—2006	光谱分析用铑基体	YS/T 85—1994
YS/T 93—2015	膏状软钎料规范	YS/T 93—1996
YS/T 201—2007	贵金属及其合金板、带材	YS/T 201—1994
YS/T 202—2009	贵金属及其合金箔材	
YS/T 203—2009	贵金属及其合金丝、线、棒材	YS/T 203—1994、YS/T 204—1994、YS/T 205—1994
YS/T 207—2013	导电环用贵金属及其合金管材	YS/T 207—1994
YS/T 208—2006	氢气净化器用钯合金箔材	YS/T 208—1994
YS/T 210—2009	柴油机排气净化球型铂催化剂	YS/T 210—1994
YS/T 376—2010	物理纯铂丝	YB/T 1527—1979、YS/T 376—1994
YS/T 377—2010	标准热电偶用铂铑 10-铂偶丝	YB/T 1528—1979、YS/T 377—1994
YS/T 378—2009	工业热电偶用铂铑 10-铂偶丝	与 YS/T 379—1994 整合
YS/T 408. 1—2013	贵金属器皿制品 第 1 部分：铂及其合金器皿制品	YS/T 408—1998
YS/T 408. 2—2016	贵金属器皿制品 第 2 部分：银及其合金器皿制品	
YS/T 416—2016	氢气净化用钯合金管材	YS/T 416—1999
YS/T 433—2016	银精矿	YS/T 433—2001
YS/T 476—2005	照相用硝酸银	
YS/T 505—2005	超细水合二氧化钌粉技术条件	
YS/T 506—2005	超细氧化钯粉技术条件	
YS/T 564—2009	铱坩埚	YS/T 564—2006
YS/T 592—2006	电镀用氰化亚金钾	
YS/T 593—2006	水合三氯化铑	
YS/T 594—2016	硝酸铑	YS/T 594—2006

标 准 号	标 准 名 称	代替标准号
YS/T 595—2006	氯铱酸	
YS/T 596—2006	二亚硝基二氨铂	
YS/T 597—2006	电容式变送器用铂铱合金毛细管	
YS/T 598—2006	超细水合二氧化钌粉	GB/T 3502—1983
YS/T 599—2006	超细氧化钯粉	GB/T 3502—1983
YS/T 603—2006	烧结型银导体浆料	
YS/T 604—2006	金基厚膜导体浆料	
YS/T 605—2006	介质浆料	
YS/T 606—2006	固化型银导体浆料	
YS/T 607—2006	钌基厚膜电阻浆料	
YS/T 608—2006	电位器用钌电阻浆料	
YS/T 609—2006	铂电极浆料	
YS/T 610—2006	包封玻璃浆料	
YS/T 611—2006	PTC 陶瓷用电极浆料	
YS/T 612—2014	太阳能电池用浆料	YS/T 612—2006
YS/T 613—2006	碳膜电位器用电阻浆料	
YS/T 614—2006	银钯厚膜导体浆料	
YS/T 642—2016	阴极保护用铂/铌复合阳极丝	YS/T 642—2007
YS/T 643—2007	水合三氯化铱	
YS/T 657—2016	氯亚铂酸钾	YS/T 657—2007
YS/T 678—2008	半导体器件键合用铜丝	
YS/T 681—2008	锇粉	
YS/T 682—2008	钌粉	
YS/T 754—2011	二氧化铂	
YS/T 755—2011	亚硝酰基硝酸钌	
YS/T 790—2012	铱管	
YS/T 791—2012	铂靶	
YS/T 855—2012	金粒	
YS/T 856—2012	银粒	
YS/T 857—2012	银条	
YS/T 929—2013	醋酸钯	
YS/T 930—2013	二氯四氨钯	
YS/T 931—2013	硝酸钯	
YS/T 932—2013	硝酸铂	
YS/T 933—2013	辛酸铑	
YS/T 934—2013	氧化物弥散强化铂和铂铑板、片材	
YS/T 936—2013	集成电路器件用镍钒合金靶材	
YS/T 937—2013	镍铂靶材	
YS/T 939—2013	二氯四氨铂	
YS/T 940—2013	柠檬酸金钾	

标 准 号	标 准 名 称	代替标准号
YS/T 941—2013	三碘化铑	
YS/T 942—2013	微波磁控管器件用贵金属及其合金钎料	
YS/T 943—2013	硫酸钯	
YS/T 944—2013	银二氧化锡/铜及铜合金复合板材	
YS/T 954—2014	金砷蒸发料	
YS/T 957—2014	氯铑酸铵	
YS/T 1068—2015	制备钌靶用钌粉	
YS/T 1069—2015	金铍蒸发料	
YS/T 1070—2015	真空断路器用银及其合金钎料环	
YS/T 1105—2016	半导体封装用键合银丝	
YS/T 1123—2016	铂蒸发料	
YS/T 1199—2017	1,1'-双二苯基膦二茂铁二氯化钯	
YS/T 1202—2017	双（乙腈）二氯化钯	
YS/T 1203—2017	双（三苯基膦）二氯化钯	
YS/T 1204—2017	三（二亚苄基丙酮）二钯	
YS/T 1205—2017	三苯基膦乙酰丙酮羰基铑	
YS/T 1206—2017	四（三苯基膦）钯	

7 半金属及半导体材料标准

7.1 基础标准

标 准 号	标 准 名 称	代替标准号
GB/T 8756—1988	锗晶体缺陷图谱	
GB/T 13389—2014	掺硼掺磷掺砷硅单晶电阻率与掺杂剂浓度换算规程	GB/T 13389—1992
GB/T 14264—2009	半导体材料术语	GB/T 14264—1993
GB/T 14844—1993	半导体材料牌号表示方法	
GB/T 16595—1996	晶片通用网格规范	
GB/T 16596—1996	确定晶片坐标系规范	
GB/T 30453—2013	硅材料原生缺陷图谱	
GB/T 32279—2015	硅片订货单格式输入规范	
GB/T 34479—2017	硅片字母数字标志规范	
GB/T 35316—2017	蓝宝石晶体缺陷图谱	
YS/T 28—2015	硅片包装	YS/T 28—1992
YS/T 986—2014	晶片正面系列字母数字标志规范	

7.2 方法标准

标 准 号	标 准 名 称	代替标准号
GB/T 1550—1997	非本征半导体材料导电类型测试方法	GB/T 1550—1979、GB/T 5256—1985
GB/T 1551—2009	硅单晶电阻率测定方法	GB/T 1551—1995、GB/T 1552—1995
GB/T 1553—2009	硅和锗体内少数载流子寿命测定 光电导衰减法	GB/T 1553—1997
GB/T 1554—2009	硅晶体完整性化学择优腐蚀检验方法	GB/T 1554—1995
GB/T 1555—2009	半导体单晶晶向测定方法	GB/T 1555—1997
GB/T 1557—2006	硅晶体中间隙氧含量的红外吸收测量方法	GB/T 1557—1989、GB/T 14143—1993
GB/T 1558—2009	硅中代位碳原子含量红外吸收测量方法	GB/T 1558—1997
GB/T 4058—2009	硅抛光片氧化诱生缺陷的检验方法	GB/T 4058—1995

标 准 号	标 准 名 称	代替标准号
GB/T 4059—2009	硅多晶气氛区熔基磷检验方法	GB/T 4059—1983
GB/T 4060—2009	硅多晶真空区熔基硼检验方法	GB/T 4060—1983
GB/T 4061—2009	硅多晶断面夹层化学腐蚀检验方法	GB/T 4061—1983
GB/T 4326—2006	非本征半导体单晶霍尔迁移率和霍尔系数测量方法	GB/T 4326—1984
GB/T 5252—2006	锗单晶位错腐蚀坑密度测量方法	GB/T 5252—1985
GB/T 6616—2009	半导体硅片电阻率及硅薄膜薄层电阻测试方法 非接触涡流法	GB/T 6616—1995
GB/T 6617—2009	硅片电阻率测定 扩展电阻探针法	GB/T 6617—1995
GB/T 6618—2009	硅片厚度和总厚度变化测试方法	GB/T 6618—1995
GB/T 6619—2009	硅片弯曲度测试方法	GB/T 6619—1995
GB/T 6620—2009	硅片翘曲度非接触式测试方法	GB/T 6620—1995
GB/T 6621—2009	硅片表面平整度测试方法	GB/T 6621—1995
GB/T 6624—2009	硅抛光片表面质量目测检验方法	GB/T 6624—1995
GB/T 8757—2006	砷化镓中载流子浓度等离子共振测量方法	GB/T 8757—1988
GB/T 8758—2006	砷化镓外延层厚度红外干涉测量方法	GB/T 8758—1988
GB/T 8760—2006	砷化镓单晶位错密度的测量方法	GB/T 8760—1988
GB/T 11068—2006	砷化镓外延层载流子浓度电容—电压测量方法	GB/T 11068—1989
GB/T 11073—2007	硅片径向电阻率变化的测量方法	GB/T 11073—1989
GB/T 13387—2009	硅及其他电子材料晶片参考面长度测量方法	GB/T 13387—1992
GB/T 13388—2009	硅片参考面结晶学取向 X 射线测试方法	GB/T 13388—1992
GB/T 14140—2009	硅片直径测量方法	GB/T 14140. 1—1993、GB/T 14140. 2—1993
GB/T 14141—2009	硅外延层、扩散层和离子注入层薄层电阻的测定 直排四探针法	GB/T 14141—1993
GB/T 14142—2017	硅外延层晶体完整性检验方法 腐蚀法	GB/T 14142—1993
GB/T 14144—2009	硅晶体中间隙氧含量径向变化测量方法	GB/T 14144—1993
GB/T 14146—2009	硅外延层载流子浓度测定 汞探针电容—电压法	GB/T 14146—1993
GB/T 14847—2010	重掺杂衬底上轻掺杂硅外延层厚度的红外反射测量方法	GB/T 14847—1993
GB/T 17170—2015	半绝缘砷化镓单晶深施主 EL2 浓度红外吸收测试方法	GB/T 17170—1997
GB/T 18032—2000	砷化镓单晶 AB 微缺陷检验方法	
GB/T 19199—2015	半绝缘砷化镓单晶中碳浓度的红外吸收测试方法	GB/T 19199—2003
GB/T 19444—2004	硅片氧沉淀特性的测定—间隙氧含量减少法	
GB/T 19921—2005	硅抛光片表面颗粒测试方法	
GB/T 19922—2005	硅片局部平整度非接触式标准测试方法	

标　准　号	标　准　名　称	代替标准号
GB/T 23513.1—2009	锗精矿化学分析方法 第1部分：锗量的测定 碘酸钾滴定法	
GB/T 23513.2—2009	锗精矿化学分析方法 第2部分：砷量的测定 硫酸亚铁铵滴定法	
GB/T 23513.3—2009	锗精矿化学分析方法 第3部分：硫量的测定 硫酸钡重量法	
GB/T 23513.4—2009	锗精矿化学分析方法 第4部分：氟量的测定 离子选择电极法	
GB/T 23513.5—2009	锗精矿化学分析方法 第5部分：二氧化硅量的测定 重量法	
GB/T 24574—2009	硅单晶中Ⅲ—Ⅴ族杂质的光致发光测试方法	
GB/T 24575—2009	硅和外延片表面 Na、Al、K 和 Fe 的二次离子质谱检测方法	
GB/T 24576—2009	高分辨率 X 射线衍射测量 GaAs 衬底生长的 AlGaAs 中 Al 成分的试验方法	
GB/T 24577—2009	热解吸气相色谱法测定硅片表面的有机污染物	
GB/T 24578—2015	硅片表面金属沾污的全反射 X 光荧光光谱测试方法	GB/T 24578—2009
GB/T 24579—2009	酸浸取 原子吸收光谱法测定多晶硅表面金属污染物	
GB/T 24580—2009	重掺 n 型硅衬底中硼沾污的二次离子质谱检测方法	
GB/T 24581—2009	低温傅立叶变换红外光谱法测量硅单晶中Ⅲ、Ⅴ族杂质含量的测试方法	
GB/T 24582—2009	酸浸取—电感耦合等离子质谱仪测定多晶硅表面金属杂质	
GB/T 26066—2010	硅晶片上浅腐蚀坑检测的测试方法	
GB/T 26067—2010	硅片切口尺寸测试方法	
GB/T 26068—2010	硅片载流子复合寿命的无接触微波反射光电导衰减测试方法	
GB/T 26070—2010	化合物半导体抛光晶片亚表面损伤的反射差分谱测试方法	
GB/T 26074—2010	锗单晶电阻率直流四探针测量方法	
GB/T 29056—2012	硅外延用三氯氢硅化学分析方法 硼、铝、磷、钒、铬、锰、铁、钴、镍、铜、钼、砷和锑量的测定 电感耦合等离子体质谱法	
GB/T 29057—2012	用区熔拉晶法和光谱分析法评价多晶硅棒的规程	
GB/T 29505—2013	硅片平坦表面的表面粗糙度测量方法	

标 准 号	标 准 名 称	代替标准号
GB/T 29507—2013	硅片平整度、厚度及总厚度变化测试 自动非接触扫描法	
GB/T 30653—2014	Ⅲ族氮化物外延片结晶质量测试方法	
GB/T 30654—2014	Ⅲ族氮化物外延片晶格常数测试方法	
GB/T 30655—2014	氮化物 LED 外延片内量子效率测试方法	
GB/T 30857—2014	蓝宝石衬底片厚度及厚度变化测试方法	
GB/T 30859—2014	太阳能电池用硅片翘曲度和波纹度测试方法	
GB/T 30860—2014	太阳能电池用硅片表面粗糙度及切割线痕测试方法	
GB/T 30869—2014	太阳能电池用硅片厚度及总厚度变化测试方法	
GB/T 31093—2014	蓝宝石晶锭应力测试方法	
GB/T 31351—2014	碳化硅单晶抛光片微管密度无损检测方法	
GB/T 31352—2014	蓝宝石衬底片翘曲度测试方法	
GB/T 31353—2014	蓝宝石衬底片弯曲度测试方法	
GB/T 32188—2015	氮化镓单晶衬底片 X 射线双晶摇摆曲线半高宽测试方法	
GB/T 32189—2015	氮化镓单晶衬底表面粗糙度的原子力显微镜检验法	
GB/T 32277—2015	硅的仪器中子活化分析测试方法	
GB/T 32278—2015	碳化硅单晶片平整度测试方法	
GB/T 32280—2015	硅片翘曲度测试 自动非接触扫描法	
GB/T 32281—2015	太阳能级硅片和硅料中氧、碳、硼和磷量的测定 二次离子质谱法	
GB/T 32282—2015	氮化镓单晶位错密度的测量 阴极荧光显微镜法	
GB/T 33763—2017	蓝宝石单晶位错密度测量方法	
GB/T 34210—2017	蓝宝石单晶晶向测定方法	
GB/T 34481—2017	低位错密度锗单晶片腐蚀坑密度（EPD）的测量方法	
GB/T 34504—2017	蓝宝石抛光衬底片表面残留金属元素测量方法	
GB/T 34612—2017	蓝宝石晶体 X 射线双晶衍射摇摆曲线测量方法	
GB/T 35306—2017	硅单晶中碳、氧含量的测定 低温傅立叶变换红外光谱法	
GB/T 35309—2017	用区熔法和光谱分析法评价颗粒状多晶硅的规程	
YS/T 14—2015	异质外延层和硅多晶层厚度的测量方法	YS/T 14—1991
YS/T 15—2015	硅外延层和扩散层厚度测定 磨角染色法	YS/T 15—1991

标　准　号	标　准　名　称	代替标准号
YS/T 23—2016	硅外延层厚度测定 堆垛层错尺寸法	YS/T 23—1992
YS/T 24—2016	外延钉缺陷的检验方法	YS/T 24—1992
YS/T 26—2016	硅片边缘轮廓检验方法	YS/T 26—1992
YS/T 35—2012	高纯锑化学分析方法 镁、锌、镍、铜、银、镉、铁、硫、砷、金、锰、铅、铋、硅、硒含量的测定 高质量分辨率辉光放电质谱法	YS/T 35.1—1992、YS/T 35.2—1992、YS/T 35.3—1992、YS/T 35.4—1992
YS/T 37.1—2007	高纯二氧化锗化学分析方法 硝酸银比浊法测定氯量	YS/T 37.1—1992
YS/T 37.2—2007	高纯二氧化锗化学分析方法 钼蓝分光光度法测定硅量	YS/T 37.2—1992
YS/T 37.3—2007	高纯二氧化锗化学分析方法 石墨炉原子吸收光谱法测定砷量	YS/T 37.3—1992
YS/T 37.4—2007	高纯二氧化锗化学分析方法 电感耦合等离子体质谱法测定镁、铝、钴、镍、铜、锌、铟、铅、钙、铁和砷量	YS/T 37.4—1992
YS/T 37.5—2007	高纯二氧化锗化学分析方法 石墨炉原子吸收光谱法测定铁量	YS/T 37.5—1992
YS/T 38.1—2009	高纯镓化学分析方法 第1部分：硅量的测定 钼蓝分光光度法	YS/T 38.1—1992
YS/T 38.2—2009	高纯镓化学分析方法 第2部分：镁、钛、铬、锰、镍、钴、铜、锌、镉、锡、铅、铋量的测定 电感耦合等离子体质谱法	YS/T 38.2—1992、YS/T 38.3—1992
YS/T 602—2017	区熔锗锭电阻率测试方法 两探针法	YS/T 602—2007
YS/T 679—2008	非本征半导体中少数载流子扩散长度的稳态表面光电压测试方法	
YS/T 839—2012	硅衬底上绝缘体薄膜厚度及折射率的椭圆偏振测试方法	
YS/T 980—2014	高纯三氧化二镓杂质含量的测定 电感耦合等离子体质谱法	
YS/T 981.1—2014	高纯铟化学分析方法 镁、铝、硅、硫、铁、镍、铜、锌、砷、银、镉、锡、铊、铅的测定 高质量分辨率辉光放电质谱法	
YS/T 981.2—2014	高纯铟化学分析方法 镁、铝、铁、镍、铜、锌、银、镉、锡、铅的测定 电感耦合等离子体质谱法	
YS/T 981.3—2014	高纯铟化学分析方法 硅量的测定 硅钼蓝分光光度法	
YS/T 981.4—2014	高纯铟化学分析方法 锡量的测定 苯芴酮-溴代十六烷基三甲胺吸光光度法	

标 准 号	标 准 名 称	代替标准号
YS/T 981.5—2014	高纯铟化学分析方法 铊量的测定 罗丹明B吸光光度法	
YS/T 983—2014	多晶硅还原炉和氢化炉尾气成分的测定方法	
YS/T 984—2014	硅粉化学分析方法 硼、磷含量的测定	
YS/T 987—2014	氯硅烷中碳杂质的测定方法 甲基二氯氢硅的测定	
YS/T 1059—2015	硅外延用三氯氢硅中总碳的测定 气相色谱法	
YS/T 1060—2015	硅外延用三氯氢硅中其他氯硅烷含量的测定 气相色谱法	
YS/T 1086—2015	高纯锑化学分析方法 镁、锰、铁、镍、铜、锌、砷、硒、银、镉、金、铅、铋量的测定 电感耦合等离子体质谱法	
YS/T 1107—2016	羧乙基锗倍半氧化物化学分析方法	
YS/T 1164—2016	硅材料用高纯石英制品中杂质含量的测定 电感耦合等离子体发射光谱法	
YS/T 1165—2016	高纯四氯化锗中铜、锰、铬、钴、镍、钒、锌、铅、铁、镁、铟和砷的测定 电感耦合等离子体质谱法	
YS/T 1166—2016	高纯四氯化锗红外透过率的测定方法	
SJ/T 11627—2016	太阳能电池用硅片电阻率在线测试方法	
SJ/T 11628—2016	太阳能电池用硅片尺寸及电学表征在线测试方法	
SJ/T 11629—2016	太阳能电池用硅片和电池片的在线光致发光分析方法	
SJ/T 11630—2016	太阳能电池用硅片几何尺寸测试方法	
SJ/T 11631—2016	太阳能电池用硅片外观缺陷测试方法	
SJ/T 11632—2016	太阳能电池用硅片微裂纹缺陷的测试方法	
YB/T 4590—2017	硅材料用高纯石墨制品中杂质含量的测定 电感耦合等离子体发射光谱法	

7.3 产品标准

标 准 号	标 准 名 称	代替标准号
GB/T 5238—2009	锗单晶和锗单晶片	GB/T 5238—1995、GB/T 15713—1995
GB/T 10117—2009	高纯锑	GB/T 10117—1988
GB/T 10118—2009	高纯镓	GB/T 10118—1988
GB/T 11069—2017	高纯二氧化锗	GB/T 11069—2006

标　准　号	标　准　名　称	代替标准号
GB/T 11070—2017	还原锗锭	GB/T 11070—2006
GB/T 11071—2006	区熔锗锭	GB/T 11071—1989
GB/T 11072—2009	锑化铟多晶、单晶及切割片	GB/T 11072—1989
GB/T 11093—2007	液封直拉法砷化镓单晶及切割片	GB/T 11093—1989
GB/T 11094—2007	水平法砷化镓单晶及切割片	GB/T 11094—1989
GB/T 12962—2015	硅单晶	GB/T 12962—2005
GB/T 12963—2014	电子级多晶硅	GB/T 12963—2009
GB/T 12964—2003	硅单晶抛光片	GB/T 12964—1996
GB/T 12965—2005	硅单晶切割片和研磨片	GB/T 12965—1996
GB/T 14139—2009	硅外延片	GB/T 14139—1993
GB/T 20228—2006	砷化镓单晶	
GB/T 20229—2006	磷化镓单晶	
GB/T 20230—2006	磷化铟单晶	
GB/T 25074—2017	太阳能级多晶硅	GB/T 25074—2010
GB/T 25075—2010	太阳能电池用砷化镓单晶	
GB/T 25076—2010	太阳电池用硅单晶	
GB/T 26065—2010	硅单晶抛光试验片规范	
GB/T 26069—2010	硅退火片规范	
GB/T 26071—2010	太阳能电池用硅单晶切割片	
GB/T 26072—2010	太阳能电池用锗单晶	
GB/T 29054—2012	太阳能级铸造多晶硅块	
GB/T 29055—2012	太阳电池用多晶硅片	
GB/T 29504—2013	300mm 硅单晶	
GB/T 29506—2013	300mm 硅单晶抛光片	
GB/T 29508—2013	300mm 硅单晶切割片和磨削片	
GB/T 30652—2014	硅外延用三氯氢硅	
GB/T 30656—2014	碳化硅单晶抛光片	
GB/T 30854—2014	LED 发光用氮化镓基外延片	
GB/T 30855—2014	LED 外延芯片用磷化镓衬底	
GB/T 30856—2014	LED 外延芯片用砷化镓衬底	
GB/T 30858—2014	蓝宝石单晶衬底抛光片	
GB/T 30861—2014	太阳能电池用锗衬底片	
GB/T 31092—2014	蓝宝石单晶晶锭	
GB/T 34213—2017	蓝宝石衬底用高纯氧化铝	
GB/T 35305—2017	太阳能电池用砷化镓单晶抛光片	
GB/T 35307—2017	流化床法颗粒硅	
GB/T 35308—2017	太阳能电池用锗基Ⅲ—Ⅴ族化合物外延片	
GB/T 35310—2017	200mm 硅外延片	
YS/T 13—2015	高纯四氯化锗	YS/T 13—2007
YS/T 264—2012	高纯铟	YS/T 264—1994

标 准 号	标 准 名 称	代替标准号
YS/T 300—2015	锗精矿	YS/T 300—2008
YS/T 724—2016	多晶硅用硅粉	YS/T 724—2009
YS/T 792—2012	单晶炉用碳/碳复合材料坩埚	
YS/T 838—2012	碲化镉	
YS/T 977—2014	单晶炉碳/碳复合材料保温筒	
YS/T 978—2014	单晶炉碳/碳复合材料导流筒	
YS/T 979—2014	高纯三氧化二镓	
YS/T 982—2014	氢化炉碳/碳复合材料 U 形发热体	
YS/T 985—2014	硅抛光回收片	
YS/T 988—2014	羧乙基锗倍半氧化物	
YS/T 989—2014	锗粒	
YS/T 1061—2015	改良西门子法多晶硅用硅芯	
YS/T 1162—2016	铟条	
YS/T 1163—2016	粗铟	
YS/T 1167—2016	硅单晶腐蚀片	
YS/T 1168—2016	饰品用锗合金	
YS/T 1195—2017	多晶硅副产品 四氯化硅	
YB/T 4585—2017	铸锭炉用板状结构炭/炭复合材料	
YB/T 4586—2017	铸锭炉保温用炭/炭复合材料	
YB/T 4587—2017	单晶炉用炭/炭复合材料发热体	
YB/T 4588—2017	单晶炉用板状结构炭/炭复合材料	
YB/T 4589—2017	单晶炉保温用炭/炭复合材料	

8 稀土标准

8.1 基础标准

标 准 号	标 准 名 称	代替标准号
GB/T 15676—2015	稀土术语	GB/T 15676—1995
GB/T 17803—2015	稀土产品牌号表示方法	GB/T 17803—1999

8.2 化学分析方法标准

标 准 号	标 准 名 称	代替标准号
GB/T 12690.1—2015	稀土金属及其氧化物中非稀土杂质化学分析方法 第1部分：碳、硫量的测定 高频—红外吸收法测定	GB/T 12690.1—2002、GB/T 12690.13—1990
GB/T 12690.2—2015	稀土金属及其氧化物中非稀土杂质化学分析方法 第2部分：稀土氧化物中灼减量的测定 重量法	GB/T 12690.2—2002
GB/T 12690.3—2015	稀土金属及其氧化物中非稀土杂质化学分析方法 第3部分：稀土氧化物中水分量的测定 重量法	GB/T 12690.3—2002
GB/T 12690.4—2003	稀土金属及其氧化物中非稀土杂质化学分析方法 氧、氮量的测定 脉冲—红外吸收法和脉冲—热导法	GB/T 12690.12—1990、GB/T 15917.4—1995
GB/T 12690.5—2017	稀土金属及其氧化物中非稀土杂质化学分析方法 铝、铬、锰、铁、钴、镍、铜、锌、铅的测定 电感耦合等离子体发射光谱法（方法1）钴、锰、铅、镍、铜、锌、铝、铬的测定 电感耦合等离子体质谱法（方法2）	GB/T 8762.4—1988、GB/T 8762.6—1988、GB/T 11074.4—1989、GB/T 12690.14—1990、GB/T 12690.19—1990、GB/T 12690.24—1990、GB/T 12690.5—2003
GB/T 12690.6—2017	稀土金属及其氧化物中非稀土杂质化学分析方法 铁量的测定 硫氰酸钾、1，10-二氮杂菲分光光度法	GB/T 11074.3—1989、GB/T 12690.20—1990、GB/T 12690.6—2003

标 准 号	标 准 名 称	代替标准号
GB/T 12690.7—2003	稀土金属及其氧化物中非稀土杂质化学分析方法 硅量的测定 钼蓝分光光度法	GB/T 8762.3—1988、GB/T 11074.5—1989、GB/T 12690.22—1990、GB/T 12690.23—1990
GB/T 12690.8—2003	稀土金属及其氧化物中非稀土杂质化学分析方法 钠量的测定 火焰原子吸收光谱法	GB/T 12690.26—1990
GB/T 12690.9—2003	稀土金属及其氧化物中非稀土杂质化学分析方法 氯量的测定 硝酸银比浊法	GB/T 11074.7—1989、GB/T 12690.18—1990
GB/T 12690.10—2003	稀土金属及其氧化物中非稀土杂质化学分析方法 磷量的测定 钼蓝分光光度法	GB/T 12690.21—1990
GB/T 12690.11—2003	稀土金属及其氧化物中非稀土杂质化学分析方法 镁量的测定 火焰原子吸收光谱法	GB/T 12690.25—1990
GB/T 12690.12—2003	稀土金属及其氧化物中非稀土杂质化学分析方法 钍量的测定 偶氮胂Ⅲ分光光度法和电感耦合等离子体质谱法	GB/T 12690.15—1990
GB/T 12690.13—2003	稀土金属及其氧化物中非稀土杂质化学分析方法 钼、钨量的测定 电感耦合等离子体发射光谱法和电感耦合等离子体质谱法	
GB/T 12690.14—2006	稀土金属及其氧化物化学分析方法 钛量的测定	
GB/T 12690.15—2006	稀土金属及其氧化物化学分析方法 钙量的测定	GB/T 12690.16—1990、GB/T 12690.28—2000
GB/T 12690.16—2010	稀土金属及其氧化物中非稀土杂质化学分析方法 第16部分：氟量的测定 离子选择性电极法	
GB/T 12690.17—2010	稀土金属及其氧化物中非稀土杂质化学分析方法 第17部分：稀土金属中铌、钽量的测定	
GB/T 12690.18—2017	稀土金属及其氧化物中非稀土杂质化学分析方法 第18部分：锆量的测定	
GB/T 14635—2008	稀土金属及其化合物化学分析方法 稀土总量的测定	GB/T 8762.1—1988、GB/T 12687.1—1990、GB/T 14635.1—1993、GB/T 14635.2—1993、GB/T 14635.3—1993、GB/T 16484.19—1996、GB/T 18882.1—2002
GB/T 16477.1—2010	稀土硅铁合金及镁硅铁合金化学分析方法 第1部分：稀土总量的测定	GB/T 16477.1—1996

标　准　号	标　准　名　称	代替标准号
GB/T 16477.2—2010	稀土硅铁合金及镁硅铁合金化学分析方法 第2部分：钙、镁、锰量的测定 电感耦合等离子体发射光谱法	GB/T 16477.2—1996
GB/T 16477.3—2010	稀土硅铁合金及镁硅铁合金化学分析方法 第3部分：氧化镁量的测定 电感耦合等离子体发射光谱法	GB/T 16477.3—1996
GB/T 16477.4—2010	稀土硅铁合金及镁硅铁合金化学分析方法 第4部分：硅量的测定	GB/T 16477.4—1996
GB/T 16477.5—2010	稀土硅铁合金及镁硅铁合金化学分析方法 第5部分：钛量的测定 电感耦合等离子体发射光谱法	GB/T 16477.5—1996
GB/T 16484.1—2009	氯化稀土、碳酸轻稀土化学分析方法 第1部分：氧化铈量的测定 硫酸亚铁铵滴定法	GB/T 16484.1—1996
GB/T 16484.2—2009	氯化稀土、碳酸轻稀土化学分析方法 第2部分：氧化铕量的测定 电感耦合等离子体质谱法	GB/T 16484.2—1996
GB/T 16484.3—2009	氯化稀土、碳酸轻稀土化学分析方法 第3部分：15个稀土元素氧化物配分量的测定 电感耦合等离子体发射光谱法	GB/T 16484.3—1996
GB/T 16484.4—2009	氯化稀土、碳酸轻稀土化学分析方法 第4部分：氧化钍量的测定 偶氮胂Ⅲ分光光度法	GB/T 16484.4—1996
GB/T 16484.5—2009	氯化稀土、碳酸轻稀土化学分析方法 第5部分：氧化钡量的测定 电感耦合等离子体发射光谱法	GB/T 16484.5—1996
GB/T 16484.6—2009	氯化稀土、碳酸轻稀土化学分析方法 第6部分：氧化钙量的测定 火焰原子吸收光谱法	GB/T 16484.6—1996
GB/T 16484.7—2009	氯化稀土、碳酸轻稀土化学分析方法 第7部分：氧化镁量的测定 火焰原子吸收光谱法	GB/T 16484.7—1996
GB/T 16484.8—2009	氯化稀土、碳酸轻稀土化学分析方法 第8部分：氧化钠量的测定 火焰原子吸收光谱法	GB/T 16484.8—1996
GB/T 16484.9—2009	氯化稀土、碳酸轻稀土化学分析方法 第9部分：氧化镍量的测定 火焰原子吸收光谱法	GB/T 16484.9—1996
GB/T 16484.10—2009	氯化稀土、碳酸轻稀土化学分析方法 第10部分：氧化锰量的测定 火焰原子吸收光谱法	GB/T 16484.10—1996
GB/T 16484.11—2009	氯化稀土、碳酸轻稀土化学分析方法 第11部分：氧化铅量的测定 火焰原子吸收光谱法	GB/T 16484.11—1996
GB/T 16484.12—2009	氯化稀土、碳酸轻稀土化学分析方法 第12部分：硫酸根量的测定 比浊法（方法1）重量法（方法2）	GB/T 16484.12—1996

标 准 号	标 准 名 称	代替标准号
GB/T 16484.13—2017	氯化稀土、碳酸轻稀土化学分析方法 第13部分：氯化铵量的测定	GB/T 16484.13—1996、GB/T 16484.13—2009
GB/T 16484.14—2009	氯化稀土、碳酸轻稀土化学分析方法 第14部分：磷酸根量的测定 锑磷钼蓝分光光度法	GB/T 16484.14—1996
GB/T 16484.15—2009	氯化稀土、碳酸轻稀土化学分析方法 第15部分：碳酸轻稀土中氯量的测定 硝酸银比浊法	GB/T 16484.15—1996
GB/T 16484.16—2009	氯化稀土、碳酸轻稀土化学分析方法 第16部分：氯化稀土中水不溶物量的测定 重量法	GB/T 16484.16—1996
GB/T 16484.18—2009	氯化稀土、碳酸轻稀土化学分析方法 第18部分：碳酸稀土中灼减量的测定 重量法	GB/T 16484.18—1996
GB/T 16484.20—2009	氯化稀土、碳酸轻稀土化学分析方法 第20部分：氧化镍、氧化锰、氧化铅、氧化铝、氧化锌、氧化钍量的测定 电感耦合等离子体质谱法	
GB/T 16484.21—2009	氯化稀土、碳酸轻稀土化学分析方法 第21部分：氧化铁量的测定 1，10-二氮杂菲分光光度法	
GB/T 16484.22—2009	氯化稀土、碳酸轻稀土化学分析方法 第22部分：氧化锌量的测定 火焰原子吸收光谱法	
GB/T 16484.23—2009	氯化稀土、碳酸轻稀土化学分析方法 第23部分：碳酸轻稀土中酸不溶物量的测定 重量法	
GB/T 18114.1—2010	稀土精矿化学分析方法 第1部分：稀土氧化物总量的测定 重量法	GB/T 18114.1—2000
GB/T 18114.2—2010	稀土精矿化学分析方法 第2部分：氧化钍量的测定	GB/T 18114.2—2000
GB/T 18114.3—2010	稀土精矿化学分析方法 第3部分：氧化钙量的测定	GB/T 18114.3—2000
GB/T 18114.4—2010	稀土精矿化学分析方法 第4部分：氧化铌、氧化锆、氧化钛量的测定 电感耦合等离子发射光谱法	GB/T 18114.4—2000、GB/T 18114.5—2000
GB/T 18114.5—2010	稀土精矿化学分析方法 第5部分：氧化铝量的测定	
GB/T 18114.6—2010	稀土精矿化学分析方法 第6部分：二氧化硅量的测定	GB/T 18114.6—2000
GB/T 18114.7—2010	稀土精矿化学分析方法 第7部分：氧化铁量的测定 重铬酸钾滴定法	GB/T 18114.7—2000
GB/T 18114.8—2010	稀土精矿化学分析方法 第8部分：十五个稀土元素氧化物配分量的测定 电感耦合等离子体发射光谱法	GB/T 18114.8—2000

标　准　号	标　准　名　称	代替标准号
GB/T 18114.9—2010	稀土精矿化学分析方法 第9部分：五氧化二磷量的测定 磷铋钼蓝分光光度法	GB/T 18114.9—2000
GB/T 18114.10—2010	稀土精矿化学分析方法 第10部分：水分的测定 重量法	GB/T 18114.10—2000
GB/T 18114.11—2010	稀土精矿化学分析方法 第11部分：氟量的测定 蒸馏—EDTA滴定法	
GB/T 18115.1—2006	稀土金属及其氧化物中稀土杂质化学分析方法 镧中铈、镨、钕、钐、铕、钆、铽、镝、钬、铒、铥、镱、镥和钇量的测定	GB/T 18115.1—2000
GB/T 18115.2—2006	稀土金属及其氧化物中稀土杂质化学分析方法 铈中镧、镨、钕、钐、铕、钆、铽、镝、钬、铒、铥、镱、镥和钇量的测定	GB/T 18115.2—2000
GB/T 18115.3—2006	稀土金属及其氧化物中稀土杂质化学分析方法 镨中镧、铈、钕、钐、铕、钆、铽、镝、钬、铒、铥、镱、镥和钇量的测定	GB/T 18115.3—2000
GB/T 18115.4—2006	稀土金属及其氧化物中稀土杂质化学分析方法 钕中镧、铈、镨、钐、铕、钆、铽、镝、钬、铒、铥、镱、镥和钇量的测定	GB/T 18115.4—2000
GB/T 18115.5—2006	稀土金属及其氧化物中稀土杂质化学分析方法 钐中镧、铈、镨、钕、铕、钆、铽、镝、钬、铒、铥、镱、镥和钇量的测定	GB/T 11074.1—1989、GB/T 11074.2—1989、GB/T 18115.5—2000
GB/T 18115.6—2006	稀土金属及其氧化物中稀土杂质化学分析方法 铕中镧、铈、镨、钕、钐、钆、铽、镝、钬、铒、铥、镱、镥和钇量的测定	GB/T 8762.7—1988、GB/T 8762.8—2000
GB/T 18115.7—2006	稀土金属及其氧化物中稀土杂质化学分析方法 钆中镧、铈、镨、钕、钐、铕、铽、镝、钬、铒、铥、镱、镥和钇量的测定	GB/T 18115.6—2000
GB/T 18115.8—2006	稀土金属及其氧化物中稀土杂质化学分析方法 铽中镧、铈、镨、钕、钐、铕、钆、镝、钬、铒、铥、镱、镥和钇量的测定	GB/T 18115.7—2000
GB/T 18115.9—2006	稀土金属及其氧化物中稀土杂质化学分析方法 镝中镧、铈、镨、钕、钐、铕、钆、铽、钬、铒、铥、镱、镥和钇量的测定	GB/T 18115.8—2000
GB/T 18115.10—2006	稀土金属及其氧化物中稀土杂质化学分析方法 钬中镧、铈、镨、钕、钐、铕、钆、铽、镝、铒、铥、镱、镥和钇量的测定	GB/T 18115.9—2000
GB/T 18115.11—2006	稀土金属及其氧化物中稀土杂质化学分析方法 铒中镧、铈、镨、钕、钐、铕、钆、铽、镝、钬、铥、镱、镥和钇量的测定	GB/T 18115.10—2000

标 准 号	标 准 名 称	代替标准号
GB/T 18115.12—2006	稀土金属及其氧化物中稀土杂质化学分析方法 钇中镧、铈、镨、钕、钐、铕、钆、铽、镝、钬、铒、铥、镱和镥量的测定	GB/T 16480.1—1996、GB/T 8762.5—1988
GB/T 18115.13—2010	稀土金属及其氧化物中稀土杂质化学分析方法 第13部分：铥中镧、铈、镨、钕、钐、铕、钆、铽、镝、钬、铒、镱、镥和钇量的测定	
GB/T 18115.14—2010	稀土金属及其氧化物中稀土杂质化学分析方法 第14部分：镱中镧、铈、镨、钕、钐、铕、钆、铽、镝、钬、铒、铥、镥和钇量的测定	
GB/T 18115.15—2010	稀土金属及其氧化物中稀土杂质化学分析方法 第15部分：镥中镧、铈、镨、钕、钐、铕、钆、铽、镝、钬、铒、铥、镱和钇量的测定	
GB/T 18116.1—2012	氧化钇铕化学分析方法 第1部分：氧化镧、氧化铈、氧化镨、氧化钕、氧化钐、氧化钆、氧化铽、氧化镝、氧化钬、氧化铒、氧化铥、氧化镱和氧化镥量的测定	GB/T 18116.1—2000
GB/T 18116.2—2008	氧化钇铕化学分析方法 氧化铕量的测定	GB/T 18116.2—2000、GB/T 18116.3—2000
GB/T 18882.1—2008	离子型稀土矿混合稀土氧化物化学分析方法 十五个稀土元素氧化物配分量的测定	GB/T 18882.2—2002、GB/T 18882.3—2002
GB/T 18882.2—2017	离子型稀土矿混合稀土氧化物化学分析方法 EDTA滴定法测定三氧化二铝量	GB/T 18882.2—2008
GB/T 20166.1—2012	稀土抛光粉化学分析方法 第1部分：氧化铈量的测定 滴定法	GB/T 20166.1—2006
GB/T 20166.2—2012	稀土抛光粉化学分析方法 第2部分：氟量的测定 比色法	GB/T 20166.2—2006
GB/T 23594.1—2009	钐铕钆富集物化学分析方法 第1部分：稀土氧化物总量的测定 重量法	
GB/T 23594.2—2009	钐铕钆富集物化学分析方法 第2部分：十五个稀土元素氧化物配分量的测定 电感耦合等离子发射光谱法	
GB/T 26416.1—2010	镝铁合金化学分析方法 第1部分：稀土总量的测定 重量法	
GB/T 26416.2—2010	镝铁合金化学分析方法 第2部分：稀土杂质含量的测定 电感耦合等离子发射光谱法	
GB/T 26416.3—2010	镝铁合金化学分析方法 第3部分：钙、镁、铝、硅、镍、钼、钨量的测定 等离子发射光谱法	

标　准　号	标　准　名　称	代替标准号
GB/T 26416.4—2010	镝铁合金化学分析方法 第4部分：铁量的测定 重铬酸钾容量法	
GB/T 26416.5—2010	镝铁合金化学分析方法 第5部分：氧量的测定 脉冲红外吸收法	
GB/T 26417—2010	镨钕合金及其化合物化学分析方法 稀土配分量的测定	
GB/T 29916—2013	镧镁合金化学分析方法	
GB/T 29656—2013	镨钕镝合金化学分析方法	
XB/T 601.1—2008	六硼化镧化学分析方法 硼量的测定 酸碱滴定法	XB/T 601.1—1993
XB/T 601.2—2008	六硼化镧化学分析方法 铁、钙、镁、铬、锰、铜量的测定 电感耦合等离子体发射光谱法	XB/T 601.2—1993
XB/T 601.3—2008	六硼化镧化学分析方法 钨量的测定 电感耦合等离子体发射光谱法	XB/T 601.3—1993
XB/T 601.4—2008	六硼化镧化学分析方法 碳量的测定 高频感应燃烧红外线吸收法测定	XB/T 601.4—1993
XB/T 601.5—2008	六硼化镧化学分析方法 酸溶硅量的测定 硅钼蓝分光光度法	XB/T 601.5—1993
XB/T 607—2011	汽油车排气净化催化剂涂层材料试验方法	XB/T 607—2003
XB/T 610.1—2015	钐钴永磁合金化学分析方法 第1部分：钐、钴、铜、铁、锆、钆、镨配分量的测定	GB/T 15679.1—1995
XB/T 610.2—2015	钐钴永磁合金化学分析方法 第2部分：钙、铁量的测定 原子吸收光谱法	GB/T 15679.3—1995、GB/T 15679.2—1995
XB/T 610.3—2015	钐钴永磁合金化学分析方法 第3部分：氧量的测定 脉冲—红外吸收法	GB/T 15679.4—1995
XB/T 611—2009	草酸稀土化学分析方法 灼减量的测定	
XB/T 613.1—2010	铈铽氧化物化学分析方法 第1部分：氧化铈和氧化铽量的测定 电感耦合等离子体发射光谱法	
XB/T 613.2—2010	铈铽氧化物化学分析方法 第2部分：氧化镧、氧化镨、氧化钕、氧化钐、氧化铕、氧化钆、氧化镝、氧化钬、氧化铒、氧化铥、氧化镱、氧化镥和氧化钇量的测定 电感耦合等离子体发射光谱法	
XB/T 614.1—2011	钆镁合金化学分析方法 第1部分：稀土总量的测定 重量法	
XB/T 614.2—2011	钆镁合金化学分析方法 第2部分：镁量的测定 EDTA滴定法	

标 准 号	标 准 名 称	代替标准号
XB/T 614.3—2011	钆镁合金化学分析方法 第3部分：碳量的测定 高频—红外吸收法	
XB/T 614.4—2011	钆镁合金化学分析方法 第4部分：氟量的测定 水蒸气蒸馏分光光度法	
XB/T 614.5—2011	钆镁合金化学分析方法 第5部分：稀土杂质含量的测定	
XB/T 614.6—2011	钆镁合金化学分析方法 第6部分：铝、钙、铜、铁、镍、硅量的测定 电感耦合等离子体原子发射光谱法	
XB/T 615—2012	氟化稀土化学分析方法 氟量的测定 水蒸汽蒸馏—EDTA 滴定法	
XB/T 616.1—2012	钆铁合金化学分析方法 第1部分：稀土总量的测定 重量法	
XB/T 616.2—2012	钆铁合金化学分析方法 第2部分：稀土杂质含量的测定 电感耦合等离子体原子发射光谱法	
XB/T 616.3—2012	钆铁合金化学分析方法 第3部分：钙、镁、铝、锰量的测定 电感耦合等离子体原子发射光谱法	
XB/T 616.4—2012	钆铁合金化学分析方法 第4部分：铁量的测定 重铬酸钾容量法	
XB/T 616.5—2012	钆铁合金化学分析方法 第5部分：硅量的测定 硅酸蓝分光光度法	
XB/T 617.1—2014	钕铁硼合金化学分析方法 第1部分：稀土总量的测定 草酸盐重量法	
XB/T 617.2—2014	钕铁硼合金化学分析方法 第2部分：十五个稀土元素量的测定 电感耦合等离子体原子发射光谱法	
XB/T 617.3—2014	钕铁硼合金化学分析方法 第3部分：硼、铝、铜、钴、镁、硅、钙、钒、铬、锰、镍、锌和镓量的测定 电感耦合等离子体原子发射光谱法	
XB/T 617.4—2014	钕铁硼合金化学分析方法 第4部分：铁量的测定 重铬酸钾滴定法	
XB/T 617.5—2014	钕铁硼合金化学分析方法 第5部分：锆、铌、钼、钨和钛量的测定 电感耦合等离子体原子发射光谱法	
XB/T 617.6—2014	钕铁硼合金化学分析方法 第6部分：碳量的测定 高频-红外吸收法	

标　准　号	标　准　名　称	代替标准号
XB/T 617.7—2014	钕铁硼合金化学分析方法 第7部分：氧、氮量的测定 脉冲—红外吸收法和脉冲—热导法	
XB/T 618.1—2015	钕镁合金化学分析方法 第1部分：铝、铜、铁、镍和硅量的测定 电感耦合等离子体原子发射光谱法	
XB/T 618.2—2015	钕镁合金化学分析方法 第2部分：镧、铈、镨、钐、铕、钆、铽、镝、钬、铒、铥、镱、镥和钇量的测定 电感耦合等离子体原子发射光谱法	
XB/T 619—2015	离子型稀土原矿化学分析方法 离子相稀土总量的测定	
XB/T 621.1—2016	钬铁合金化学分析方法 第1部分：稀土总量的测定 重量法	
XB/T 621.2—2016	钬铁合金化学分析方法 第2部分：稀土杂质含量的测定 电感耦合等离子体原子发射光谱法	
XB/T 622.1—2017	稀土系贮氢合金化学分析方法 第1部分：稀土总量的测定 草酸盐重量法	
XB/T 622.2—2017	稀土系贮氢合金化学分析方法 第2部分：镍、镧、铈、镨、钕、钐、钇、钴、锰、铝、铁、镁、锌、铜配分量的测定	
XB/T 622.3—2017	稀土系贮氢合金化学分析方法 第3部分：铁、镁、锌、铜量的测定 电感耦合等离子体原子发射光谱法	
XB/T 622.4—2017	稀土系贮氢合金化学分析方法 第4部分：硅量的测定 硅钼蓝分光光度法	
XB/T 622.5—2017	稀土系贮氢合金化学分析方法 第5部分：碳量的测定 高频燃烧红外吸收法	
XB/T 622.6—2017	稀土系贮氢合金化学分析方法 第6部分：氧量的测定 脉冲加热红外吸收法	
XB/T 622.7—2017	稀土系贮氢合金化学分析方法 第7部分：铅、镉量的测定	

8.3　理化性能试验方法标准

标　准　号	标　准　名　称	代替标准号
GB/T 14634.1—2010	灯用稀土三基色荧光粉试验方法 第1部分：相对亮度的测定	GB/T 14634.1—2002

标 准 号	标 准 名 称	代替标准号
GB/T 14634.2—2010	灯用稀土三基色荧光粉试验方法 第2部分：发射主峰和色度性能的测定	GB/T 14634.2—2002
GB/T 14634.3—2010	灯用稀土三基色荧光粉试验方法 第3部分：热稳定性的测定	GB/T 14634.3—2002
GB/T 14634.5—2010	灯用稀土三基色荧光粉试验方法 第5部分：密度的测定	GB/T 14634.5—2002
GB/T 14634.6—2010	灯用稀土三基色荧光粉试验方法 第6部分：比表面积的测定	GB/T 14634.6—2002
GB/T 14634.7—2010	灯用稀土三基色荧光粉试验方法 第7部分：热猝灭性的测定	
GB/T 20167—2012	稀土抛光粉物理性能测试方法 抛蚀量和划痕的测定	GB/T 20167—2006
GB/T 20170.1—2006	稀土金属及其化合物物理性能测试方法 稀土化合物粒度分布的测定	
GB/T 20170.2—2006	稀土金属及其化合物物理性能测试方法 稀土化合物比表面积的测定	
GB/T 23595.1—2009	白光LED灯用稀土黄色荧光粉试验方法 第1部分：光谱性能的测定	
GB/T 23595.2—2009	白光LED灯用稀土黄色荧光粉试验方法 第2部分：相对亮度的测定	
GB/T 23595.3—2009	白光LED灯用稀土黄色荧光粉试验方法 第3部分：色品坐标的测定	
GB/T 23595.4—2009	白光LED灯用稀土黄色荧光粉试验方法 第4部分：热稳定性的测定	
GB/T 23595.5—2009	白光LED灯用稀土黄色荧光粉试验方法 第5部分：pH值的测定	
GB/T 23595.6—2009	白光LED灯用稀土黄色荧光粉试验方法 第6部分：电导率的测定	
GB/T 23595.7—2010	白光LED灯用稀土黄色荧光粉试验方法 第7部分：热猝灭性能的测定	
GB/T 24981.1—2010	稀土长余辉荧光粉试验方法 第1部分：发射主峰和色品坐标的测定	
GB/T 24981.2—2010	稀土长余辉荧光粉试验方法 第2部分：相对亮度的测定	
GB/T 29918—2013	稀土系AB5型贮氢合金压力—组成等温线（PCI）的测试方法	
GB/T 30457—2013	灯用稀土紫外发射荧光粉试验方法	
GB/T 30454—2013	LED用稀土硅酸盐荧光粉试验方法	
GB/T 31967.1—2015	稀土永磁材料物理性能测试方法 第1部分：磁通温度特性的测定	

标　准　号	标　准　名　称	代替标准号
GB/T 31967.2—2015	稀土永磁材料物理性能测试方法 第2部分：抗弯强度和断裂韧度的测定	
GB/T 31969—2015	灯用稀土三基色荧光粉试验方法 荧光粉二次特性的测定	
XB/T 701—2015	钐钴永磁合金粉物理性能测试方法 平均粒度及激光粒度分布的测定	XB/T 701—1996、XB/T 701—2007

8.4　产品标准

标　准　号	标　准　名　称	代替标准号
GB/T 2526—2008	氧化钆	GB/T 2526—1996
GB/T 2968—2008	金属钐	GB/T 2968—1994
GB/T 2969—2008	氧化钐	GB/T 2969—1994
GB/T 3503—2015	氧化钇	GB/T 3503—1993、GB/T 3503—2006
GB/T 3504—2015	氧化铕	GB/T 3504—1993、GB/T 3504—2006
GB/T 4137—2015	稀土硅铁合金	GB/T 4137—1993、GB/T 4137—2004
GB/T 4138—2015	稀土镁硅铁合金	GB/T 4138—1993、GB/T 4138—2004
GB/T 4148—2015	混合氯化稀土	GB/T 4148—1993、GB/T 4148—2003
GB/T 4153—2015	混合稀土金属	GB/T 4153—1993、GB/T 4153—2008
GB/T 4154—2015	氧化镧	GB/T 4154—1993、GB/T 4154—2006
GB/T 4155—2012	氧化铈	GB/T 4155—1992、GB/T 4155—2003
GB/T 5239—2015	氧化镨	GB/T 5239—1993、GB/T 5239—2006
GB/T 5240—2015	氧化钕	GB/T 5240—1992、GB/T 5240—2006
GB/T 9967—2010	金属钕	GB/T 9967—2001
GB/T 12144—2009	氧化铽	GB/T 12144—2000
GB/T 13219—2010	氧化钪	GB/T 13219—1991
GB/T 13558—2008	氧化镝	GB/T 13558—1992

标准号	标准名称	代替标准号
GB/T 13560—2017	烧结钕铁硼永磁材料	GB/T 13560—2000、GB/T 13560—2009
GB/T 14633—2010	灯用稀土三基色荧光粉	GB/T 14633—2002
GB/T 15071—2008	金属镝	GB/T 15071—1994
GB/T 15677—2010	金属镧	GB/T 15677—1995
GB/T 15678—2010	氧化铒	GB/T 15678—1995
GB/T 16476—2010	金属钪	GB/T 16476—1996
GB/T 16479—2008	碳酸轻稀土	GB/T 16479—1996
GB/T 16482—2009	荧光级氧化钇铕	GB/T 16482—1996
GB/T 16661—2008	碳酸铈	GB/T 16661—1996
GB/T 18113—2010	铬酸镧高温电热元件	GB/T 18113—2000
GB/T 18880—2012	粘结钕铁硼永磁材料	GB/T 18880—2002
GB/T 18881—2017	轻型汽油车排气净化催化剂	GB/T 18881—2002、GB/T 18881—2009
GB/T 19395—2013	金属镨	
GB/T 19396—2012	铽镝铁大磁致伸缩材料	
GB/T 20165—2012	稀土抛光粉	GB/T 20165—2006
GB/T 20168—2017	快淬钕铁硼永磁粉	GB/T 20168—2006
GB/T 20169—2015	离子型稀土矿混合稀土氧化物	GB/T 20169—2006
GB/T 20892—2007	镨钕合金	
GB/T 20893—2007	金属铽	
GB/T 23589—2009	草酸钆	
GB/T 23590—2009	氟化镨钕	
GB/T 23591—2009	镧铈铽氧化物	
GB/T 23592—2017	摩托车排气净化催化剂	GB/T 23592—2009
GB/T 23593—2009	钇铕钆氧化物	
GB/T 24980—2010	稀土长余辉荧光粉	
GB/T 24982—2010	白光 LED 灯用稀土黄色荧光粉	
GB/T 26412—2010	金属氢化物—镍电池负极用稀土系 AB5 型贮氢合金粉	
GB/T 26413—2010	重稀土氧化物富集物	
GB/T 26414—2010	钆镁合金	
GB/T 26415—2010	镝铁合金	
GB/T 28400—2012	钕镁合金	
GB/T 28882—2012	离子型稀土矿碳酸稀土	
GB/T 29914—2017	柴油车排气净化氧化催化剂	GB/T 29914—2013
GB/T 29915—2013	镧镁合金	
GB/T 29917—2013	镨钕镝合金	
GB/T 29655—2013	钕铁硼速凝薄片合金	
GB/T 29657—2013	钇镁合金	

标　准　号	标　准　名　称	代替标准号
GB/T 30076—2013	LED 用稀土硅酸盐荧光粉	
GB/T 30075—2013	LED 用稀土氮化物红色荧光粉	
GB/T 30455—2013	灯用稀土磷酸盐绿色荧光粉	
GB/T 30456—2013	灯用稀土紫外发射荧光粉	
GB/T 31963—2015	金属氢化物—镍电池负极用稀土镁系超晶格贮氢合金粉	
GB/T 31964—2015	无水氯化镧	
GB/T 31965—2015	镨钕氧化物	
GB/T 31966—2015	钇铝合金	
GB/T 31968—2015	稀土复合钇锆陶瓷粉	
GB/T 31978—2015	金属铈	
GB/T 34490—2017	再生烧结钕铁硼永磁材料	
GB/T 34491—2017	烧结钕铁硼表面镀层	
GB/T 34494—2017	氢碎钕铁硼永磁粉	
GB/T 34495—2017	热压钕铁硼永磁材料	
GB/T 34496—2017	燃气重型车用排气净化催化剂	
XB/T 101—2011	高稀土铁矿石	
XB/T 102—2017	氟碳铈矿—独居石混合精矿	XB/T 102—1995、XB/T 102—2007
XB/T 103—2010	氟碳铈镧矿精矿	XB/T 103—1995
XB/T 104—2015	独居石精矿	XB/T 104—2000
XB/T 105—2011	磷钇矿精矿	XB/T 105—1995
XB/T 107—2011	稀土富渣	XB/T 107—1995
XB/T 201—2016	氧化钬	XB/T 201—1995、XB/T 201—2006
XB/T 202—2010	氧化铥	XB/T 202—1995
XB/T 203—2017	氧化镱	XB/T 203—1995、XB/T 203—2006
XB/T 204—2017	氧化镥	XB/T 204—1995、XB/T 204—2006
XB/T 209—2012	氟化轻稀土	GB/T 4152—1984、XB/T 209—1995
XB/T 211—2015	钐铕钆富集物	XB/T 211—2007
XB/T 212—2015	金属钆	XB/T 212—1995、XB/T 212—2006
XB/T 214—2015	氟化钕	XB/T 214—1995、XB/T 214—2006
XB/T 215—2015	氟化镝	XB/T 215—1995、XB/T 215—2006
XB/T 218—2016	金属钇	XB/T 218—2007

标 准 号	标 准 名 称	代替标准号
XB/T 219—2015	硝酸铈	XB/T 219—2007
XB/T 220—2008	铈铽氧化物	
XB/T 221—2008	硝酸铈铵	
XB/T 222—2008	氢氧化铈	
XB/T 223—2009	氟化镧	
XB/T 224—2013	镧镨钕氧化物	
XB/T 225—2013	铈钆铽氧化物	
XB/T 226—2015	金属钬	
XB/T 227—2015	金属铒	
XB/T 301—2013	高纯金属镝	
XB/T 302—2013	高纯金属铽	
XB/T 401—2010	轻稀土复合孕育剂	XB/T 401—2000
XB/T 402—2016	钪铝合金	XB/T 402—2008
XB/T 403—2012	钆铁合金	
XB/T 404—2015	钬铁合金	
XB/T 405—2016	铈铁合金	
XB/T 501—2008	六硼化镧	XB/T 501—1993
XB/T 502—2007	钐钴 1-5 型永磁合金粉	XB/T 502—1993
XB/T 504—2008	稀土有机络合物饲料添加剂	XB 504—1993
XB/T 505—2011	汽油车排气净化催化剂载体	XB/T 505—2003
XB/T 507—2009	2：17 型钐钴永磁材料	

9　有色金属标准样品

注：有效年限栏目中的“超期”是指超过标准样品的有效期。

9.1　有色金属矿标准样品

标准样品编号	标准样品名称	定值元素	国、行标	有效年限
GBW 07203	矿石中金银化学系列标样		国标	售罄
GBW 07204	矿石中金银化学系列标样		国标	售罄
GBW 07205	矿石中金银化学系列标样		国标	售罄
GBW 07206	矿石中金银化学系列标样		国标	售罄
GBW 07207	矿石中金银化学系列标样	SiO_2、Al_2O_3、Fe_2O_3、FeO、MnO、TiO_2、CaO、MgO、K_2O、Na_2O、P_2O_5、CO_2、有机碳、H_2O、Cu、Pb、Zn、Ni、Co、Sr、Th、Be、Se、Te、Ga、In、Tl、V、Au、Ag、Ge、S	国标	售罄
GBW 07208	矿石中金银化学系列标样	SiO_2、Al_2O_3、Fe_2O_3、FeO、MnO、TiO_2、CaO、MgO、K_2O、Na_2O、P_2O_5、CO_2、有机碳、H_2O、Cu、Pb、Zn、Ni、Co、Sr、Th、Be、Se、Te、Ga、In、Tl、V、Au、Ag、Ge、S	国标	售罄
GBW 07209	矿石中金银化学系列标样	SiO_2、Al_2O_3、Fe_2O_3、FeO、MnO、TiO_2、CaO、MgO、K_2O、Na_2O、P_2O_5、CO_2、有机碳、H_2O、Cu、Pb、Zn、Ni、Co、Sr、Th、Be、Se、Te、Ga、In、Tl、V、Au、Ag、Ge、S	国标	售罄
GBW 07231	锡精矿	Sn、Pb、Fe、As、Bi、Zn、S、Ag、Cu、Si、WO_3	国标	2021
GBW 07232	锡精矿	Sn、Pb、Fe、As、Bi、Zn、S、Ag、Cu、Si、WO_3	国标	2021

标准样品编号	标准样品名称	定值元素	国、行标	有效年限
GSB 04—1644—2003	锡精矿标准样品	As、Bi、Cu、Fe、Pb、Sb、Cd、Zn、Al	国标	2023
GSB 04—1703—2004	铝土矿	SiO_2、Fe_2O_3、Al_2O_3、TiO_2、CaO、MgO、K_2O、MnO、P_2O_5、Ga_2O_3、ZnO、全S	国标	售罄
GSB 04—1704—2004	铝土矿	SiO_2、Fe_2O_3、Al_2O_3、TiO_2、CaO、MgO、K_2O、MnO、P_2O_5、Ga_2O_3、ZnO、全S	国标	售罄
GSB 04—1705—2004	铝土矿	SiO_2、Fe_2O_3、Al_2O_3、TiO_2、CaO、MgO、K_2O、MnO、P_2O_5、Ga_2O_3、ZnO、全S	国标	售罄
GSB 04—2192—2008	铅矿石标准样品	Pb、Zn、Cu、Sn、Fe、As、Ag、g/t	国标	2022
GSB 04—2193—2008	锌矿石标准样品	Zn、Pb、Cd、Fe、SiO_2、CaO、MgO	国标	2022
GSB 04—2606—2010	铝土矿X-射线荧光光谱标准样品	Al_2O_3、SiO_2、Fe_2O_3、TiO_2、K_2O、Na_2O、CaO、MgO、灼减	国标	2022
GSB 04—2709—2011	硫精矿(硫铁矿)标准样品	S全硫、S有效硫、As、F、Pb、Zn、Co	国标	2016
GSB 04—2710—2011	铜矿石和铜精矿标准样品	Cu、S、MgO、As、Zn、Pb、Ag、Sb、Au、Fe、Mn、Cd、Ni、F、Bi	国标	2021 2016
GSB 04—2995—2013	锌精矿标准样品(Zn 50)	SiO_2、As、Zn、Sb、Ag、Cd、Pb、Cu、S、Fe	国标	售罄
GSB 04—3093—2013	载金炭标准样品(Au 0.5g/kg)	Au、Ag、Cu、Fe、Ca、Mg	国标	2023
GSB 04—3094—2013	载金炭标准样品(Au 2g/kg)	Au、Ag、Cu、Fe、Ca、Mg	国标	2023
GSB 04—3095—2013	载金炭标准样品(Au 5g/kg)	Au、Ag、Cu、Fe、Ca、Mg	国标	2023
GSB 04—3096—2013	载金炭标准样品(Au 8g/kg)	Au、Ag、Cu、Fe、Ca、Mg	国标	2023
GSB 04—3226—2014	红土镍矿标准样品	Ni、Fe、Ca、Mg、Cr、Al、Mn、Co、Cu、Zn、C、P、S、Pb、Cd	国标	2019
GSB 04—3309—2016	白云鄂博稀土精矿标准样品(REO)	REO、La_2O_3/REO、CeO_2/REO、Pr_6O_{11}/REO、Nd_2O_3/REO、Sm_2O_3/REO、Eu_2O_3/REO、Gd_2O_3/REO、Y_2O_3/REO	国标	2026
GSB 04—3310—2016	白云鄂博稀土精矿标准样品(REO)	REO、La_2O_3/REO、CeO_2/REO、Pr_6O_{11}/REO、Nd_2O_3/REO、Sm_2O_3/REO、Eu_2O_3/REO、Gd_2O_3/REO、Y_2O_3/REO	国标	2026

标准样品编号	标准样品名称	定值元素	国、行标	有效年限
GSB 04—3311—2016	白云鄂博稀土精矿标准样品(REO)	REO、La_2O_3/REO、CeO_2/REO、Pr_6O_{11}/REO、Nd_2O_3/REO、Sm_2O_3/REO、Eu_2O_3/REO、Gd_2O_3/REO、Y_2O_3/REO	国标	2026
GSB 04—3357—2016	铅精矿标准样品	Pb、Cu、Zn、As、Ag、Au、Al_2O_3、SiO_2	国标	2021
GSB 04—3358—2016	锗精矿标准样品(Ge 5%)	Ge	国标	2021
GSB 04—3359—2016	锗精矿标准样品(Ge 10%)	Ge	国标	2021
GSB 04—3360—2016	锗精矿标准样品(Ge 19%)	Ge	国标	2021
GSB 04—3361—2016	锗精矿标准样品(Ge 24%)	Ge	国标	2021
GSB 04—2995—2017	锌精矿标准样品(Zn 50%)	SiO_2、As、Zn、Sb、Ag(g/t)、Cd、Pb、Cu、S、Fe	国标	2022
GSB 04—3421—2017	钛矿石与钛精矿X射线荧光光谱分析与化学分析用标准样品	TFe、TiO_2、SiO_2、Al_2O_3、CaO、MgO、S、P、V_2O_5、Cr_2O_3、FeO、Mn、Ni、Cu、Co、Zn	国标	2027
GSB 04—3458—2018	锗矿标准样品(Ge 0.005%)	Ge	国标	2023
GSB 04—3459—2018	锗矿标准样品(Ge 0.02%)	Ge	国标	2023
GSB 04—3460—2018	锗矿标准样品(Ge 0.03%)	Ge	国标	2023
GSB 04—3461—2018	锗矿标准样品(Ge 0.04%)	Ge	国标	2023
BY 0108—1	砂锡原矿	Sn、Pb、Fe、As、Sb、Zn、Ag、Cu	行标	2022
BY 0109—1	脉锡原矿	Sn、Pb、As、Bi、Zn、Cu、SiO_2	行标	2022
BY 0110—1	锌精矿	Sn、Pb、Fe、As、Zn、Cu、SiO_2、Cd	行标	售罄
BY 0111—1	铅精矿	Sn、Pb、Fe、As、Sb、Bi、Zn、S、Ag、Cu	行标	售罄
BY 14—7301	钛精矿	TiO_2、CaO、MgO、TFe、FeO、P	行标	超期
YSS 019—2004	锰矿(原编号YT9101)	Fe、Mn、S、P、MnO_2、CaO、MgO、SiO_2、Al_2O_3	行标	售罄
YSS 020—2004	锰矿(原编号YT9102)	Mn、Pb、Cu、Zn、Fe、As、Ni、Co、MnO_2	行标	2022
YSS 021—2004	铜精矿(原编号YT9103)	Cu、Pb、Zn、As、S、F、Ag、Au、MgO	行标	售罄
YSS 022—2004	铜精矿(原编号YT9104)	Cu、Pb、Zn、As、S、F、Ag、Au、MgO	行标	售罄

标准样品编号	标准样品名称	定值元素	国、行标	有效年限
YSS 023—2004	铜铅锌原矿(原编号YT9301)	Cu、Pb、Zn、Fe、Mn、S	行标	售罄
YSS 029—2006	铜精矿	Cu、S、As、Zn、Pb、Cd、Bi、MgO、Au、Ag	行标	售罄
YSS 030—2006	锌精矿	Zn、Fe、S、Pb、Cu、Cd、Ag、SiO_2、As、Sb	行标	售罄
YSS 041—2007	锰矿石标准样品	Mn、P、Fe、SiO_2、CaO、MgO、Al_2O_3、S	行标	2022
YSS 064—2013	矾土(Al_2O_3—46)标准样品	Al_2O_3、CaO、MgO、P_2O_5、Fe_2O_3、TiO_2、MnO、SiO_2、K_2O、Na_2O、烧减量、C	行标	2023
YSS 065—2013	矾土(Al_2O_3—60)标准样品	Al_2O_3、CaO、MgO、P_2O_5、Fe_2O_3、TiO_2、MnO、SiO_2、K_2O、Na_2O、烧减量、C	行标	2023
YSS 066—2013	矾土(Al_2O_3—70)标准样品	Al_2O_3、CaO、MgO、P_2O_5、Fe_2O_3、TiO_2、MnO、SiO_2、K_2O、Na_2O、烧减量、C	行标	2023
YSS 067—2013	矾土(Al_2O_3—83)标准样品	Al_2O_3、CaO、MgO、P_2O_5、Fe_2O_3、TiO_2、MnO、SiO_2、K_2O、Na_2O、烧减量、C	行标	2023
YSS 068—2013	矾土(Al_2O_3—88)标准样品	Al_2O_3、CaO、MgO、P_2O_5、Fe_2O_3、TiO_2、MnO、SiO_2、K_2O、Na_2O、烧减量、C	行标	2023
YSS 069—2013	镍矿石标准样品	Ni、Co、Cu、MgO、Pb、Zn、As、Au、Ag、Pt、Pd	行标	2018

9.2 轻金属基体标准样品

9.2.1 铝基体标准样品

标准样品编号	标准样品名称	定值元素	国、行标	有效年限
GBW 02201	变形铝合金成分分析标准样品	Cu、Mg、Mn、Fe、Si、Zn、Ti、Ni、Be 等	国标	2021
GBW 02202	变形铝合金成分分析标准样品	Cu、Mg、Mn、Fe、Si、Zn、Ti、Ni、Be 等	国标	2021

标准样品编号	标准样品名称	定值元素	国、行标	有效年限
GBW 02203	变形铝合金成分分析标准样品	Cu、Mg、Mn、Fe、Si、Zn、Ti、Ni、Be 等	国标	2021
GBW 02204	铸造铝合金	Cu、Fe、Mg、Si、Ti、V、Zr、Cd、B	国标	超期
GBW 02205	精铝	Si、Fe、Cu	国标	售罄
GBW 02206	精铝	Si、Fe、Cu	国标	售罄
GBW 02207	精铝	Si、Fe、Cu	国标	售罄
GBW 02208	精铝	Si、Fe、Cu	国标	售罄
GBW 02209	精铝	Si、Fe、Cu	国标	售罄
GBW 02210	精铝 $\phi10$	Si、Fe、Cu	国标	售罄
GBW 02211	精铝 $\phi10$	Si、Fe、Cu	国标	售罄
GBW 02212	精铝 $\phi10$	Si、Fe、Cu	国标	售罄
GBW 02213	精铝 $\phi10$	Si、Fe、Cu	国标	售罄
GBW 02214	精铝 $\phi10$	Si、Fe、Cu	国标	售罄
GBW 02220	铝合金 LD8	Si、Fe、Cu、Ni、Mg、Zn、Mn、Ti	国标	2021
GBW 02221	铝合金 LY12	Si、Fe、Cu、Ni、Mg、Zn、Mn、Ti	国标	2021
GBW 02223	铸造铝合金光谱分析标准物质	Cu、Mg、Mn、Fe、Si、Zn、Ti、Ni、Pb、Sn	国标	售罄
GBW 02224	铸造铝合金光谱分析标准物质	Cu、Mg、Mn、Fe、Si、Zn、Ti、Ni、Pb、Sn	国标	售罄
GBW 02225	铸造铝合金光谱分析标准物质	Cu、Mg、Mn、Fe、Si、Zn、Ti、Ni、Pb、Sn	国标	售罄
GBW 02226	铸造铝合金光谱分析标准物质	Cu、Mg、Mn、Fe、Si、Zn、Ti、Ni、Pb、Sn	国标	售罄
GBW 02227	铸造铝合金光谱分析标准物质	Cu、Mg、Mn、Fe、Si、Zn、Ti、Ni、Pb、Sn	国标	售罄
GBW 02228	铝合金光谱分析标准样品	Ti、Ni、V、Pb、Sn、Gd、Cd、Ce、Ca、Sb、Na、B	国标	2021
GBW 02229	铝合金光谱分析标准样品	Ti、Ni、V、Pb、Sn、Gd、Cd、Ce、Ca、Sb、Na、B	国标	2021
GBW 02230	铝合金光谱分析标准样品	Ti、Ni、V、Pb、Sn、Gd、Cd、Ce、Ca、Sb、Na、B	国标	2021
GBW 02231	铝合金光谱分析标准样品	Ti、Ni、V、Pb、Sn、Gd、Cd、Ce、Ca、Sb、Na、B	国标	2021
GBW 02232	铝合金光谱分析标准样品	Ti、Ni、V、Pb、Sn、Gd、Cd、Ce、Ca、Sb、Na、B	国标	2021
GBW 02233	铝合金光谱分析标准样品	Ti、Ni、V、Pb、Sn、Gd、Cd、Ce、Ca、Sb、Na、B	国标	2021
GBW 02234	铝合金光谱分析标准样品	Ti、Ni、V、Pb、Sn、Gd、Cd、Ce、Ca、Sb、Na、B	国标	2021

标准样品编号	标准样品名称	定值元素	国、行标	有效年限
GBW 02235	铝合金光谱分析标准样品	Ti、Ni、V、Pb、Sn、Gd、Cd、Ce、Ca、Sb、Na、B	国标	2021
GBW 02236	铝合金光谱分析标准样品	Ti、Ni、V、Pb、Sn、Gd、Cd、Ce、Ca、Sb、Na、B	国标	2021
GBW 02237	铝合金光谱分析标准样品	Ti、Ni、V、Pb、Sn、Gd、Cd、Ce、Ca、Sb、Na、B	国标	2021
GBW 04—1054—1999	工业高纯铝光谱标准样品	Cu、Mg、Mn、Fe、Si、Zn、Ti、Ni、Cr、Ga、Zr	国标	2021
GBW(E)020006	铸造铝合金光谱标准样品	Si、Mg、Mn、Cu、Fe、Zn、Ti、Pb、Ni、Sn	国标	超期
GBW(E)020007	铸造铝合金光谱标准样品	Si、Mg、Mn、Cu、Fe、Zn、Ti、Pb、Ni、Sn	国标	超期
GBW(E)020008	铸造铝合金光谱标准样品	Si、Mg、Mn、Cu、Fe、Zn、Ti、Pb、Ni、Sn	国标	超期
GBW(E)020009	铸造铝合金光谱标准样品	Si、Mg、Mn、Cu、Fe、Zn、Ti、Pb、Ni、Sn	国标	超期
GBW(E)020010	铸造铝合金光谱标准样品	Si、Mg、Mn、Cu、Fe、Zn、Ti、Pb、Ni、Sn	国标	超期
GSB 02215	铝合金(6063)	Fe、Si、Cu、Mg、Mn、Zn、Ti、Cr	国标	售罄
GSB 02216	铝合金(6063)	Fe、Si、Cu、Mg、Mn、Zn、Ti、Cr	国标	售罄
GSB 02217	铝合金(6063)	Fe、Si、Cu、Mg、Mn、Zn、Ti、Cr	国标	售罄
GSB 02218	铝合金(6063)	Fe、Si、Cu、Mg、Mn、Zn、Ti、Cr	国标	售罄
GSB 02219	铝合金(6063)	Fe、Si、Cu、Mg、Mn、Zn、Ti、Cr	国标	售罄
GSB 04—1309—2000	铝锂合金光谱标准样品,$\phi 45\times 40$mm	Si、Fe、Cu、Mn、Mg、Cr、Zn、Li、Ti、Zr	国标	2021
GSB 04—1311—2000	铝块状光谱标准样品	Si、Fe、Cu、Mg、Ga、Mn、Zn、Ti、Ni、Cr、V	国标	售罄
GSB 04—1431—2001	5A66 铝合金光谱标准样品	Si、Fe、Cu、Mn、Mg、Ni、Zn、Ti	国标	2022
GSB 04—1476—2002	冰晶石化学分析用标准样品	F、Al、Na、SiO_2、Fe_2O_3、SO_4^{2-}、CaO、P_2O_5灼失	国标	售罄
GSB 04—1477—2002	氟化铝化学分析用标准样品	F、Al、Na、SiO_2、Fe_2O_3、SO_4^{2-}、P_2O_5、H_2O	国标	售罄
GSB 04—1518—2002	氧化铝化学成分系列标准样品	SiO_2、Fe_2O_3、Na_2O、TiO_2、V_2O_5、P_2O_5、ZnO	国标	超期
GSB 04—1520—2002	ZLD205A 高强度铸铝光谱标准样品	Si、Fe、Cu、Mn、Mg、Zn、Ti、B、V、Zr、Cd	国标	2018

标准样品编号	标准样品名称	定值元素	国、行标	有效年限
GSB 04—1521—2002	轨道列车用铝型材(6005、7005)光谱标准样品	Si、Fe、Cu、Mn、Mg、Cr、Zn、Ti、Ni、Zr	国标	2021
GSB 04—1542—2003	建筑型材铝合金 6063 光谱标准样品	Si、Fe、Cu、Mn、Mg、Zn、Ti、Cr、Ni	国标	2023
GSB 04—1543—2003	建筑型材铝合金 6063 化学标准样品	Al、Zn、Mn、Be、Si、Fe、Cu、Ni	国标	2023
GSB 04—1654—2003	5 系(防锈铝系列)铝合金光谱标准样品	Si、Fe、Cu、Mn、Mg、Zn、Ti、Cr、Ni、Be	国标	2023
GSB 04—1655—2003	5 系(防锈铝系列)铝合金化学标准样品	Si、Fe、Cu、Mn、Mg、Zn、Ti、Cr、Ni、Be	国标	2023
GSB 04—1656—2003	5 系(防锈铝系列)铝合金化学标准样品	Si、Fe、Cu、Mn、Mg、Zn、Ti、Cr、Ni、Be	国标	2023
GSB 04—1657—2003	5 系(防锈铝系列)铝合金化学标准样品	Si、Fe、Cu、Mn、Mg、Zn、Ti、Cr、Ni、Be	国标	2023
GSB 04—1658—2003	5 系(防锈铝系列)铝合金化学标准样品	Si、Fe、Cu、Mn、Mg、Zn、Ti、Cr、Ni、Be	国标	2023
GSB 04—1659—2003	5 系(防锈铝系列)铝合金化学标准样品	Si、Fe、Cu、Mn、Mg、Zn、Ti、Cr、Ni、Be	国标	2023
GSB 04—1660—2003	ADC12 压铸铝合金光谱标准样品	Si、Fe、Cu、Mn、Mg、Zn、Ti、Ni、Pb、Sn、Sb	国标	售罄
GSB 04—1661—2003	A356 铸造铝合金光谱标准样品	Si、Fe、Cu、Mn、Mg、Zn、Pb、Zn、Ni、Ti、Cr、Sr、Ca	国标	2018
GSB 04—1706—2004	FYD(反应堆)用铝光谱标准样品	Ca、Li、Cd、B、Co、Mg	国标	2021
GSB 04—1707—2004	含 Ag2195 铝合金光谱标准样品	Ag、Cu、Mg、Li、Ti、Zr	国标	超期
GSB 04—1708—2004	含 Pb3003 铝合金光谱标准样品	Si、Fe、Cu、Mn、Mg、Zn、Ti、Ni、Pb	国标	售罄
GSB 04—1814—2005	氢氧化铝标准样品 1	SiO_2、Fe_2O_3、Na_2O、K_2O、TiO_2、V_2O_5、P_2O_5、ZnO、Li_2O、CaO、MgO、Cr_2O_3、灼减、CuO	国标	2023
GSB 04—1815—2005	氢氧化铝标准样品 2	SiO_2、Fe_2O_3、Na_2O、K_2O、TiO_2、V_2O_5、P_2O_5、ZnO、Li_2O、CaO、MgO、Cr_2O_3、灼减、CuO	国标	2023
GSB 04—1816—2005	氢氧化铝标准样品 3	SiO_2、Fe_2O_3、Na_2O、K_2O、TiO_2、V_2O_5、P_2O_5、ZnO、Li_2O、CaO、MgO、Cr_2O_3、灼减、CuO	国标	2023

标准样品编号	标准样品名称	定值元素	国、行标	有效年限
GSB 04—1817—2005	氢氧化铝标准样品 4	SiO_2、Fe_2O_3、Na_2O、K_2O、TiO_2、V_2O_5、P_2O_5、ZnO、Li_2O、CaO、MgO、Cr_2O_3、灼减、CuO	国标	2023
GSB 04—1818—2005	氢氧化铝标准样品 5	SiO_2、Fe_2O_3、Na_2O、K_2O、TiO_2、V_2O_5、P_2O_5、ZnO、Li_2O、CaO、MgO、Cr_2O_3、灼减、CuO	国标	2023
GSB 04—1819—2005	氧化铝标准样品 1	SiO_2、Fe_2O_3、Na_2O、K_2O、TiO_2、CaO、ZnO、Li_2O、MgO、V_2O_5、P_2O_5、Cr_2O_3、灼减、CuO	国标	2023
GSB 04—1820—2005	氧化铝标准样品 2	SiO_2、Fe_2O_3、Na_2O、K_2O、TiO_2、CaO、ZnO、Li_2O、MgO、V_2O_5、P_2O_5、Cr_2O_3、灼减、CuO	国标	2023
GSB 04—1821—2005	氧化铝标准样品 3	SiO_2、Fe_2O_3、Na_2O、K_2O、TiO_2、CaO、ZnO、Li_2O、MgO、V_2O_5、P_2O_5、Cr_2O_3、灼减、CuO	国标	2023
GSB 04—1822—2005	氧化铝标准样品 4	SiO_2、Fe_2O_3、Na_2O、K_2O、TiO_2、CaO、ZnO、Li_2O、MgO、V_2O_5、P_2O_5、Cr_2O_3、灼减、CuO	国标	2023
GSB 04—1823—2005	氧化铝标准样品 5	SiO_2、Fe_2O_3、Na_2O、K_2O、TiO_2、CaO、ZnO、Li_2O、MgO、V_2O_5、P_2O_5、Cr_2O_3、灼减、CuO	国标	2023
GSB 04—1920—2005	铝合金牺牲阳极光谱分析标准样品	Zn、In、Cd、Cu、Fe、Si	国标	2015
GSB 04—1990—2006	2219 铝合金光谱标准样品	Si、Fe、Cu、Mn、Mg、Zn、Ti、Ni、Zr、V	国标	2022
GSB 04—1991—2006	6063 铝合金光谱标准样品	Si、Fe、Cu、Mg、Mn、Zn、Ti、Cr	国标	2022
GSB 04—1992—2006	6063 铝合金光谱标准样品	Si、Fe、Cu、Mg、Mn、Zn、Ti、Cr	国标	2022
GSB 04—1993—2006	6063 铝合金光谱标准样品	Si、Fe、Cu、Mg、Mn、Zn、Ti、Cr	国标	2022
GSB 04—1994—2006	6063 铝合金光谱标准样品	Si、Fe、Cu、Mg、Mn、Zn、Ti、Cr	国标	2022
GSB 04—1995—2006	6063 铝合金光谱标准样品	Si、Fe、Cu、Mg、Mn、Zn、Ti、Cr	国标	2022
GSB 04—1996—2006	A380 铸造铝合金光谱标准样品	Si、Fe、Cu、Mg、Mn、Zn、Ti、Ni、Pb、Sn	国标	2016

标准样品编号	标准样品名称	定值元素	国、行标	有效年限
GSB 04—1997—2006	A380 铸造铝合金光谱标准样品	Si、Fe、Cu、Mg、Mn、Zn、Ti、Ni、Pb、Sn	国标	2016
GSB 04—1998—2006	A380 铸造铝合金光谱标准样品	Si、Fe、Cu、Mg、Mn、Zn、Ti、Ni、Pb、Sn	国标	2016
GSB 04—1999—2006	A380 铸造铝合金光谱标准样品	Si、Fe、Cu、Mg、Mn、Zn、Ti、Ni、Pb、Sn	国标	2016
GSB 04—2000—2006	A380 铸造铝合金光谱标准样品	Si、Fe、Cu、Mg、Mn、Zn、Ti、Ni、Pb、Sn	国标	2016
GSB 04—2001—2006	ZLD108 铝合金光谱标准样品	Si、Fe、Cu、Mg、Mn、Zn、Pb、Sn、Ni、Ti、Cr、Co、RE	国标	2016
GSB 04—2002—2006	ZLD108 铝合金光谱标准样品	Si、Fe、Cu、Mg、Mn、Zn、Pb、Sn、Ni、Ti、Cr、Co、RE	国标	2016
GSB 04—2003—2006	ZLD108 铝合金光谱标准样品	Si、Fe、Cu、Mg、Mn、Zn、Pb、Sn、Ni、Ti、Cr、Co、RE	国标	2016
GSB 04—2004—2006	ZLD108 铝合金光谱标准样品	Si、Fe、Cu、Mg、Mn、Zn、Pb、Sn、Ni、Ti、Cr、Co、RE	国标	2016
GSB 04—2005—2006	ZLD108 铝合金光谱标准样品	Si、Fe、Cu、Mg、Mn、Zn、Pb、Sn、Ni、Ti、Cr、Co、RE	国标	2016
GSB 04—2012—2006	6000 系铝合金光谱标准样品	Si、Fe、Cu、Mg、Mn、Zn、Ti、Cr、Ni	国标	2021
GSB 04—2013—2006	纯铝块状光谱标准样品	Si、Fe、Cu、Mg、Mn、Zn、Ti、Ga、V、Cr、B、Ni	国标	2016
GSB 04—2013—2016	纯铝块状光谱标准样品	Si、Fe、Cu、Mg、Mn、Zn、Ti、Ga、V、Cr、B、Ni	国标	2031
GSB 04—2016—2006	冰晶石标准样品	F、Al、Na、SiO_2、Fe_2O_3、SO_4^{2-}、P_2O_5、CaO、灼减	国标	2018
GSB 04—2162—2007	纯铝光谱标准样品	Si、Fe、Cu、Mg、Mn、Zn、Ga、Ti、Ni、Cr、V	国标	2022
GSB 04—2163—2007	铝镁锰合金(3004—3005)光谱标准样品	Si、Fe、Cu、Mg、Mn、Zn、Ti、Ni、Cr	国标	2017
GSB 04—2171—2007	铝镁合金 5454 光谱标准样品	Si、Fe、Cu、Mg、Mn、Zn、Ti、Cr	国标	2017
GSB 04—2172—2007	铝锰合金(3003—3A21)光谱标准样品	Si、Fe、Cu、Mg、Mn、Zn、Ti、Cr、Zr	国标	2017
GSB 04—2173—2007	罐料用 5182(含 Na、Pb、Cd)铝合金光谱标准样品	Si、Fe、Cu、Mn、Mg、Cr、Ni、Zn、Pb、Ti、Cd、Na	国标	2022

标准样品编号	标准样品名称	定值元素	国、行标	有效年限
GSB 04—2174—2007	罐料用 3104(含 Na、Pb、Cd、Ga)铝合金光谱标准样品	Si、Fe、Cu、Mn、Mg、Zn、Ti、Ni、Cd、V、Na、Ga、Pb	国标	2022
GSB 04—2188—2008	7 系铝合金光谱标准样品	Si、Fe、Cu、Mn、Mg、Cr、Ni、Zn、Ti、Be、Zr	国标	2022
GSB 04—2189—2008	7 系铝合金化学标准样品	Si、Fe、Cu、Mn、Mg、Cr、Ni、Zn、Ti、Be、Zr	国标	2022
GSB 04—2190—2008	车轮毂用铸造铝合金光谱分析用标准样品	Fe、Cu、Mg、Mn、Zn、Sn、Pb、Ni、Ti、Cr、Sr、Ca、V、Ga、Zr、Cd、Be、B、P	国标	2018
GSB 04—2191—2008	车轮毂用铸造铝合金化学分析用标准样品	Fe、Cu、Mg、Mn、Zn、Sn、Pb、Ni、Ti、Cr、Sr、Ca、V、Ga、Zr、Cd、Be、B、P	国标	2018
GSB 04—2194—2008	氟化铝标准样品	F、Al、Na、SiO_2、Fe_2O_3、SO_4^{2-}、P_2O_5、灼减	国标	2021
GSB 04—2352—2008	铝合金 7050(含 Na、Ca 等)光谱标准样品	Si、Fe、Cu、Mn、Mg、Cr、Ni、Zn、Ti、Zr、Ca、Na	国标	2018
GSB 04—2356—2008	铝合金 2011(含 Pb、Bi 等)光谱标准样品	Si、Fe、Cu、Mn、Mg、Ni、Zn、Ti、Pb、Bi	国标	2018
GSB 04—2407—2008	氧化铝白度标准样品	氧化铝白度	国标	售罄
GSB 04—2408—2008	α—氧化铝标准样品	α—氧化铝	国标	2018
GSB 04—2409—2008	变形铝合金 2D70 光谱标准样品	Si、Fe、Cu、Mn、Mg、Cr、Ni、Zn、Ti、Pb、Sn、Zr	国标	2018
GSB 04—2410—2008	变形铝合金 2D70 化学标准样品	Si、Fe、Cu、Mn、Mg、Cr、Ni、Zn、Ti、Pb、Sn、Zr	国标	2018
GSB 04—2411—2008	变形铝合金 2D70 化学标准样品	Si、Fe、Cu、Mn、Mg、Cr、Ni、Zn、Ti、Pb、Sn、Zr	国标	2018
GSB 04—2412—2008	变形铝合金 2D70 化学标准样品	Si、Fe、Cu、Mn、Mg、Cr、Ni、Zn、Ti、Pb、Sn、Zr	国标	2018
GSB 04—2413—2008	变形铝合金 2D70 化学标准样品	Si、Fe、Cu、Mn、Mg、Cr、Ni、Zn、Ti、Pb、Sn、Zr	国标	2018
GSB 04—2414—2008	变形铝合金 2D70 化学标准样品	Si、Fe、Cu、Mn、Mg、Cr、Ni、Zn、Ti、Pb、Sn、Zr	国标	2018
GSB 04—2548—2010	铝合金 2B25(1161)光谱标准样品	Si、Fe、Cu、Mn、Mg、Cr、Ni、Zn、Ti、Zr、Be	国标	2020
GSB 04—2549—2010	铝合金 7A12(1933)光谱标准样品	Si、Fe、Cu、Mn、Mg、Cr、Ni、Zn、Ti、Zr	国标	2020
GSB 04—2550—2010	铝合金 7D04(1973)光谱标准样品	Si、Fe、Cu、Mn、Mg、Cr、Ni、Zn、Ti、Zr	国标	2020

标准样品编号	标准样品名称	定值元素	国、行标	有效年限
GSB 04—2605—2010	氧化铝 X-射线荧光光谱标准样品	SiO_2、Fe_2O_3、Na_2O、K_2O、CaO、ZnO、Ga_2O_3、TiO_2、V_2O_5、Li_2O	国标	2020
GSB 04—2607—2010	铝电解质 X-射线荧光光谱标准样品	F、Al、Na、Ca、Mg、Li、K、SiO_2、Fe_2O_3、Al_2O_3	国标	2022
GSB 04—2609—2010	铝合金阳极氧化膜标准样品	氧化膜厚度	国标	2020
GSB 04—2611—2010	铝合金 2524 光谱控制标准样品	Si、Fe、Cu、Mn、Mg、Ni、Zn、Ti、Zr	国标	2020
GSB 04—2612—2010	铝合金 7085 光谱控制标准样品	Si、Fe、Cu、Mn、Mg、Cr、Ni、Zn、Ti	国标	2020
GSB 04—2613—2010	铝合金 7475 光谱控制标准样品	Si、Fe、Cu、Mn、Mg、Cr、Ni、Zn、Ti	国标	2020
GSB 04—2691—2011	3 系铸造铝合金光谱标准样品	Si、Fe、Cu、Mn、Mg、Ni、Zn、Sn、Ti、Sr、Pb、Be、Sb、Zr、Cr、Ga	国标	2021
GSB 04—2692—2011	3 系铸造铝合金化学标准样品 1	Si、Fe、Cu、Mn、Mg、Ni、Zn、Sn、Ti、Sr、Pb、Be、Sb、Zr、Cr、Ga	国标	2021
GSB 04—2693—2011	3 系铸造铝合金化学标准样品 2	Si、Fe、Cu、Mn、Mg、Ni、Zn、Sn、Ti、Sr、Pb、Be、Sb、Zr、Cr、Ga	国标	2021
GSB 04—2694—2011	3 系铸造铝合金化学标准样品 3	Si、Fe、Cu、Mn、Mg、Ni、Zn、Sn、Ti、Sr、Pb、Be、Sb、Zr、Cr、Ga	国标	2021
GSB 04—2695—2011	3 系铸造铝合金化学标准样品 4	Si、Fe、Cu、Mn、Mg、Ni、Zn、Sn、Ti、Sr、Pb、Be、Sb、Zr、Cr、Ga	国标	2021
GSB 04—2696—2011	3 系铸造铝合金化学标准样品 5	Si、Fe、Cu、Mn、Mg、Ni、Zn、Sn、Ti、Sr、Pb、Be、Sb、Zr、Cr、Ga	国标	2021
GSB 04—2697—2011	3 系铸造铝合金化学标准样品 6	Si、Fe、Cu、Mn、Mg、Ni、Zn、Sn、Ti、Sr、Pb、Be、Sb、Zr、Cr、Ga	国标	2021
GSB 04—2698—2011	变形铝合金 4032 光谱标准样品	Si、Fe、Cu、Mn、Mg、Cr、Ni、Zn、Ti、Pb、Sn、Na	国标	2021
GSB 04—2699—2011	变形铝合金 4032 化学标准样品 1	Si、Fe、Cu、Mn、Mg、Cr、Ni、Zn、Ti、Pb、Sn、Na	国标	2021
GSB 04—2700—2011	变形铝合金 4032 化学标准样品 2	Si、Fe、Cu、Mn、Mg、Cr、Ni、Zn、Ti、Pb、Sn、Na	国标	2021
GSB 04—2701—2011	变形铝合金 4032 化学标准样品 3	Si、Fe、Cu、Mn、Mg、Cr、Ni、Zn、Ti、Pb、Sn、Na	国标	2021
GSB 04—2702—2011	变形铝合金 4032 化学标准样品 4	Si、Fe、Cu、Mn、Mg、Cr、Ni、Zn、Ti、Pb、Sn、Na	国标	2021
GSB 04—2703—2011	变形铝合金 4032 化学标准样品 5	Si、Fe、Cu、Mn、Mg、Cr、Ni、Zn、Ti、Pb、Sn、Na	国标	2021

标准样品编号	标准样品名称	定值元素	国、行标	有效年限
GSB 04—2704—2011	系列铝合金再校准光谱标准样品	Si、Fe、Cu、Mn、Mg、Cr、Ni、Zn、Ti、Ag、As、B、Be、Bi、Ca、Cd	国标	2021
GSB 04—2711—2011	铝合金 3003(含 Zn1.2~1.8)光谱标准样品	Si、Fe、Cu、Mn、Mg、Ni、Zn、Ti	国标	2021
GSB 04—2798—2011	硅铜锌铸造铝合金光谱分析用标准样品	Si、Fe、Cu、Mn、Mg、Ni、Sn、Ti、Zr、Pb、Cr、Zn、V	国标	2021
GSB 04—2799—2011	硅铜锌铸造铝合金化学分析用标准样品 1	Si、Fe、Cu、Mn、Mg、Ni、Sn、Ti、Zr、Pb、Cr、Zn、V	国标	2021
GSB 04—2800—2011	硅铜锌铸造铝合金化学分析用标准样品 2	Si、Fe、Cu、Mn、Mg、Ni、Sn、Ti、Zr、Pb、Cr、Zn、V	国标	2021
GSB 04—2801—2011	硅铜锌铸造铝合金化学分析用标准样品 3	Si、Fe、Cu、Mn、Mg、Ni、Sn、Ti、Zr、Pb、Cr、Zn、V	国标	2021
GSB 04—2802—2011	硅铜锌铸造铝合金化学分析用标准样品 4	Si、Fe、Cu、Mn、Mg、Ni、Sn、Ti、Zr、Pb、Cr、Zn、V	国标	2021
GSB 04—2803—2011	硅铜锌铸造铝合金化学分析用标准样品 5	Si、Fe、Cu、Mn、Mg、Ni、Sn、Ti、Zr、Pb、Cr、Zn、V	国标	2021
GSB 04—2804—2011	硅铜锌铸造铝合金化学分析用标准样品 6	Si、Fe、Cu、Mn、Mg、Ni、Sn、Ti、Zr、Pb、Cr、Zn、V	国标	2021
GSB 04—2806—2011	铝合金 5A12 光谱标准样品	Si、Fe、Cu、Mn、Mg、Zn、Ti、Ni、Be、Sb	国标	2021
GSB 04—3227—2014	铝合金 3003(含 Pb)光谱标准样品	Si、Fe、Cu、Mn、Mg、Ni、Zn、Ti、Pb	国标	2024
GSB 65001	稀土铝合金	Si、Fe、Cu、La、Ce、Pr、Nd、Sm、RE	国标	超期
GSB 65002	稀土铝合金	Si、Fe、Cu、La、Ce、Pr、Nd、Sm、RE	国标	超期
GSB 65003	稀土铝合金	Si、Fe、Cu、La、Ce、Pr、Nd、Sm、RE	国标	超期
GSB 65004	稀土铝合金	Si、Fe、Cu、La、Ce、Pr、Nd、Sm、RE	国标	超期
GSB 65005	稀土铝合金	Si、Fe、Cu、La、Ce、Pr、Nd、Sm、RE	国标	超期
GSB A64003—86	HZL205 铝合金	Cu、Mn、Fe、Si、Zn、Mg、Sb、Pb	国标	超期
GSB A64004—86	ZL205 铝合金	Cu、Mn、Ti、Fe、Si、Zr、V、Mg、Cd、B	国标	超期
GSB A64026—89	ZLD202 铸造铝合金	Si、Fe、Cu、Mn、Zn、Ni	国标	超期
GSB A64028—89	高锡铝合金	Si、Fe、Cu、Sn	国标	售罄
GSB A64029—89	高铜铝合金	Si、Fe、Cu、Mn、Mg、Zn、Ni	国标	售罄
GSB A64030—89	稀土铝合金	Si、Fe、Cu、ΣRE	国标	售罄
GSB A64031—89	稀土铝合金	Si、Fe、Cu、ΣRE	国标	售罄
GSB A64032—89	稀土铝合金	Si、Fe、Cu、ΣRE	国标	售罄
GSB A68024—89	ZLD104 铸造铝合金		国标	超期
GSB A68025—89	ZLD104 铸造铝合金		国标	超期
GSB A68026—89	ZLD104 铸造铝合金		国标	超期

标准样品编号	标准样品名称	定值元素	国、行标	有效年限
GSB A68027—89	ZLD104 铸造铝合金		国标	超期
GSB A68028—89	ZLD104 铸造铝合金		国标	超期
GSB A68038—89	纯铝	Si、Fe、Cu、Mg、Zn、Ti、Ni、Mn	国标	售罄
GSB A68039—89	纯铝	Si、Fe、Cu、Mg、Zn、Ti、Ni、Mn	国标	售罄
GSB A68040—89	纯铝	Si、Fe、Cu、Mg、Zn、Ti、Ni、Mn	国标	售罄
GSB A68041—89	纯铝	Si、Fe、Cu、Mg、Zn、Ti、Ni、Mn	国标	售罄
GSB A68042—89	纯铝	Si、Fe、Cu、Mg、Zn、Ti、Ni、Mn	国标	售罄
GSB A68043—89	纯铝	Si、Fe、Cu、Mg、Zn、Ti、Ni、Mn	国标	售罄
GSB A68044	纯铝	Si、Fe、Cu、Mg、Zn、Ti、Ni、Mn	国标	售罄
GSB A68045—89	LY12 铝合金	Si、Fe、Cu、Mg、Zn、Ti、Ni、Mn	国标	售罄
GSB A68046—89	LY12 铝合金	Si、Fe、Cu、Mg、Zn、Ti、Ni、Mn	国标	售罄
GSB A68047—89	LY12 铝合金	Si、Fe、Cu、Mg、Zn、Ti、Ni、Mn	国标	售罄
GSB A68048—89	LY12 铝合金	Si、Fe、Cu、Mg、Zn、Ti、Ni、Mn	国标	售罄
GSB A68049—89	LY12 铝合金	Si、Fe、Cu、Mg、Zn、Ti、Ni、Mn	国标	售罄
GSB A68050—89	纯铝光谱标样		国标	售罄
GSB A68051—89	纯铝光谱标样		国标	售罄
GSB A68052—89	纯铝光谱标样		国标	售罄
GSB A68053—89	纯铝光谱标样		国标	售罄
GSB A68054—89	纯铝光谱标样		国标	售罄
GSB A68055—89	纯铝光谱标样		国标	售罄
GSB A68056—89	纯铝光谱标样		国标	售罄
GSB H60001—88	稀土铝合金光谱标样(5 点)		国标	超期
GSB H6001—1997	食品、药品包装及器皿用铝光谱标样	As、Cd、Pb	国标	2022
GSB H61001—96	防锈铝合金 LF3		国标	售罄
GSB H61002—96	锻铝合金 LD7	Cu、Mg、Mn、Fe、Si、Zn、Ti、Ni、Cr	国标	超期
GSB H61003—96	铸造铝合金 ZL101		国标	超期
GSB H61004—96	工业纯铝 L2	Cu、Mg、Mn、Fe、Si、Zn、Ti、Ni	国标	超期
GSB H61005—96	超硬 LC4R 铝合金	Cu、Mg、Mn、Fe、Si、Zn、Ti、Ni	国标	超期
GSB H61006—96	超硬铝合金 LC4CS		国标	超期
GSB H61007—96	高合金硬铝 LY12		国标	超期
GSB H61008—96	超硬铝 LC4		国标	超期
GSB H61009—96	铝合金 ZL105		国标	超期
GSB H61012—98	铸造铝合金 ZLD102	Si、Fe、Cu、Mg、Mn、Zn、Ti	国标	2018
GSB H61013—98	铸造铝合金 ZLD104	Si、Fe、Cu、Mg、Mn、Zn、Ti	国标	2018
GSB H61014—98	铸造铝合金 ZLD110	Si、Fe、Cu、Mg、Mn、Zn	国标	2018
GSB 04—3067—2013	纯铝光谱标准样品	Si、Fe、Cu、Mn、Mg、Ni、Zn、Ti、Ga	国标	2023

标准样品编号	标准样品名称	定值元素	国、行标	有效年限
GSB 04—3068—2013	铝合金 2A12 光谱标准样品	Si、Fe、Cu、Mn、Mg、Zn、Ti、Ni	国标	2023
GSB 04—3069—2013	铝合金 6A02 光谱标准样品	Si、Fe、Cu、Mn、Mg、Cr、Ni、Zn、Ti	国标	2023
GSB 04—3070—2013	铸造铝合金 YLD112(铸造铝合金 380Y.1)光谱标准样品	Si、Fe、Cu、Mn、Mg、Ni、Zn、Pb、Sn	国标	2023
GSB 04—3071—2013	铝锂合金 1420(含钠,铝合金 5A90)光谱标准样品	Si、Fe、Cu、Mn、Mg、Ni、Zn、Ti、Zr、Li、Na	国标	2023
GSB 04—3416—2017	铝合金 4032 光谱单点标准样品	Si、Fe、Cu、Mn、Mg、Cr、Ni、Zn、Ti、Zr、Sr、Pb、Sn	国标	2027
GSB 04—3417—2017	铝合金 4A99 光谱单点标准样品	Si、Fe、Cu、Mn、Mg、Ni、Zn、Ti、Sr	国标	2027
GSB 04—3418—2017	铸造铝合金 328Z.1 光谱单点标准样品	Si、Fe、Cu、Mn、Mg、Ni、Zn、Ti、Pb、Sn	国标	2027
GSB 04—3419—2017	铝锂合金 2A97 光谱单点标准样品	Si、Fe、Cu、Mn、Mg、Zn、Ti、Zr、Li、Be、Na	国标	2032
GSB 04—3420—2017	铝锂合金 2099 光谱单点标准样品	Si、Fe、Cu、Mn、Mg、Zn、Ti、Zr、Li、Be、Na	国标	2032
GSB 04—3422—2017	铝合金 6016 光谱单点标准样品	Si、Fe、Cu、Mn、Mg、Cr、Ni、Zn、Ti	国标	2032
GSB 04—3462—2018	铸造铝合金 354Z.1 光谱单点标准样品	Si、Fe、Cu、Mn、Mg、Ni、Zn、Ti、Pb、Sn、Zr	国标	2033
GSB 04—3463—2018	铸造铝合金 356Z.5 光谱单点标准样品	Si、Fe、Cu、Mn、Mg、Cr、Ni、Zn、Ti、Pb、Sn、Zr、Be	国标	2033
GSB 04—3464—2018	铸造铝合金 360Z.2 光谱单点标准样品	Si、Fe、Cu、Mn、Mg、Ni、Zn、Ti、Pb、Sn、Zr	国标	2033
GSB 04—3465—2018	铸造铝合金 380Y.1 光谱单点标准样品	Si、Fe、Cu、Mn、Mg、Cr、Ni、Zn、Ti、Pb、Sn	国标	2033
BY 02102—1—1	铝合金 6063	Si、Fe、Cu、Mg、Zn、Mn、Ti、Cr	行标	超期
BY 02102—1—2	铝合金 6063	Si、Fe、Cu、Mg、Zn、Mn、Ti、Cr	行标	超期
BY 02102—1—3	铝合金 6063	Si、Fe、Cu、Mg、Zn、Mn、Ti、Cr	行标	超期
BY 02102—1—4	铝合金 6063	Si、Fe、Cu、Mg、Zn、Mn、Ti、Cr	行标	超期
BY 02102—1—5	铝合金 6063	Si、Fe、Cu、Mg、Zn、Mn、Ti、Cr	行标	超期
BY 0609,1	纯铝	Si、Cu、Mg、Mn、Zn、Ti、Ca、Fe	行标	售罄
BY 0609,2	纯铝	Si、Cu、Mg、Mn、Zn、Ti、Ca、Fe	行标	售罄
BY 0609,3	纯铝	Si、Cu、Mg、Mn、Zn、Ti、Ca、Fe	行标	售罄
BY 0609,4	纯铝	Si、Cu、Mg、Mn、Zn、Ti、Ca、Fe	行标	售罄

标准样品编号	标准样品名称	定值元素	国、行标	有效年限
BY 0609,5	纯铝	Si、Cu、Mg、Mn、Zn、Ti、Ca、Fe	行标	售罄
BY 0610	纯铝	Si、Fe、Cu、Mg、Zn、Mn、Ti、Ga	行标	超期
BY 0685—1,01	纯铝	Si、Fe、Cu	行标	超期
BY 0685—1,02	纯铝	Si、Fe、Cu	行标	超期
BY 0685—1,03	纯铝	Si、Fe、Cu	行标	超期
BY 0685—1,04	纯铝	Si、Fe、Cu	行标	超期
BY 0685—1,05	纯铝	Si、Fe、Cu	行标	超期
BY 2121—1	铝合金 LF2	Si、Fe、Cu、Mn、Mg、Zn、Ni、Ti	行标	2015
BY 2123—1	铝合金 LF5	Si、Fe、Cu、Mn、Mg、Zn、Ni、Ti	行标	2015
BY 2125—1	铝合金 LF12	Si、Fe、Cu、Mn、Mg、Zn、Ni、Ti、CeO、Sb、Be、Zr	行标	2015
BY 2132—1	铝合金 LY12	Si、Fe、Cu、Mn、Mg、Zn、Ni、Ti	行标	2015
BY 2133—1	铝合金 LY16	Si、Fe、Cu、Mn、Mg、Zn、Ni、Ti	行标	2015
BY 2134—1	铝合金 LY11	Si、Fe、Cu、Mn、Mg、Zn、Ni、Ti	行标	2015
BY 2140—1	铝合金 LD2	Si、Fe、Cu、Mn、Mg、Zn、Cr、Ni、Ti	行标	2015
BY 2142—1	铝合金 LD8	Si、Fe、Cu、Mn、Mg、Zn、Ni、Ti	行标	2015
BY 2143—1	铝合金 LD9	Si、Fe、Cu、Mn、Mg、Zn、Ni、Ti	行标	2015
BY 2144—1	铝合金 LD31	Si、Fe、Cu、Mn、Mg、Zn、Cr、Ni、Ti	行标	售罄
BY 2160—1	铝合金 LC4	Si、Fe、Cu、Mn、Mg、Zn、Cr	行标	2015
BY 2170—1	铝合金 LT1	Si、Fe、Cu、Mn、Mg、Zn、Ni、Ti	行标	2015
BY 2171—1	铝合金 LT2	Si、Fe、Cu、Mn、Mg、Zn、Ni、Ti	行标	2015
BY 2172—1	铝合金 LT43	Si、Fe、Cu、Mn、Mg、Zn、Cr、Ni、Ti	行标	2015
BY 2202—1	铸造铝合金	Si、Fe、Cu、Ni、Mg、Zn、Mn	行标	超期
BY 2207—1	铸造铝合金 ZL12	Si、Fe、Cu、Mg、Zn、Mn	行标	超期
BY 2210—1	铸造铝合金 ZL15	Si、Fe、Cu、Mg、Zn、Mn	行标	超期
BYG 0202—1,1	铝合金 6063	Fe、Si、Cu、Mg、Mn、Zn、Ti、Cr	行标	售罄
BYG 0202—1,2	铝合金 6063	Fe、Si、Cu、Mg、Mn、Zn、Ti、Cr	行标	售罄
BYG 0202—1,3	铝合金 6063	Fe、Si、Cu、Mg、Mn、Zn、Ti、Cr	行标	售罄
BYG 0202—1,4	铝合金 6063	Fe、Si、Cu、Mg、Mn、Zn、Ti、Cr	行标	售罄
BYG 0202—1,5	铝合金 6063	Fe、Si、Cu、Mg、Mn、Zn、Ti、Cr	行标	售罄
BYG 0607,1	纯铝 $\phi7$	Fe、Si、Cu、Ga、Mg、Mn	行标	售罄
BYG 0607,2	纯铝 $\phi7$	Fe、Si、Cu、Ga、Mg、Mn	行标	售罄
BYG 0607,3	纯铝 $\phi7$	Fe、Si、Cu、Ga、Mg、Mn	行标	售罄
BYG 0607,4	纯铝 $\phi7$	Fe、Si、Cu、Ga、Mg、Mn	行标	售罄
BYG 0607,5	纯铝 $\phi7$	Fe、Si、Cu、Ga、Mg、Mn	行标	售罄
BYG 0608,1	纯铝 $\phi40$	Fe、Si、Cu、Ga、Mg、Mn、Zn、Ti	行标	售罄
BYG 0608,2	纯铝 $\phi40$	Fe、Si、Cu、Ga、Mg、Mn、Zn、Ti	行标	售罄
BYG 0608,3	纯铝 $\phi40$	Fe、Si、Cu、Ga、Mg、Mn、Zn、Ti	行标	售罄
BYG 0608,4	纯铝 $\phi40$	Fe、Si、Cu、Ga、Mg、Mn、Zn、Ti	行标	售罄

标准样品编号	标准样品名称	定值元素	国、行标	有效年限
BYG 0608,5	纯铝 ϕ40	Fe、Si、Cu、Ga、Mg、Mn、Zn、Ti	行标	售罄
BYG 0608,6	纯铝 ϕ40	Fe、Si、Cu、Ga、Mg、Mn、Zn、Ti	行标	售罄
BYG 0621,1	纯铝大 K	Fe、Si、Cu、Ga、Mg	行标	售罄
BYG 0621,2	纯铝大 K	Fe、Si、Cu、Ga、Mg	行标	售罄
BYG 0621,3	纯铝大 K	Fe、Si、Cu、Ga、Mg	行标	售罄
BYG 0621,4	纯铝大 K	Fe、Si、Cu、Ga、Mg	行标	售罄
BYG 0621,5	纯铝大 K	Fe、Si、Cu、Ga、Mg	行标	售罄
BYG 0694,1	精铝(ϕ45、ϕ10)	Fe、Si、Cu、Zn、Ti	行标	超期
BYG 0694,2	精铝(ϕ45、ϕ10)	Fe、Si、Cu、Zn、Ti	行标	超期
BYG 0694,3	精铝(ϕ45、ϕ10)	Fe、Si、Cu、Zn、Ti	行标	超期
BYG 0694,4	精铝(ϕ45、ϕ10)	Fe、Si、Cu、Zn、Ti	行标	超期
BYG 0694,5	精铝(ϕ45、ϕ10)	Fe、Si、Cu、Zn、Ti	行标	超期
BYG 2101—2	铝(L6)	Si、Fe、Cu、Mn、Mg、Ti、Ni、Zn	行标	2015
BYG 2110—2	LF21 铝合金(ϕ7 × 120mm)	Cu、Mg、Mn、Fe、Si、Zr、Ti、Ni、Cr	行标	2015
BYG 2120—2	LF2 铝合金(ϕ7 × 120mm)	Cu、Mg、Mn、Fe、Si、Zr、Ti、Ni、Cr	行标	2015
BYG 2121—2	LF6 铝合金(ϕ7 × 120mm)	Cu、Mg、Mn、Fe、Si、Zr、Ti、Ni、Cr	行标	2015
BYG 2131—2	LY11 铝合金(ϕ7 × 120mm)	Cu、Mg、Mn、Fe、Si、Zr、Ti、Ni、Cr	行标	2015
BYG 2132—3	LY12 铝	Cu、Mg、Mn、Fe、Si、Zn、Ti、Ni	行标	2015
BYG 2140—2	铝 LD2	Cu、Mg、Mn、Fe、Si、Zn、Ti、Ni	行标	2015
BYG 2141—1	铝棒 6063(LD31)	Si、Fe、Cu、Mn、Mg、Ti、Ni、Zn、Cr	行标	2015
BYG 2150—2	LD7.8 铝合金(ϕ55× 30mm)	Cu、Mg、Mn、Fe、Si、Zn、Ti、Ni	行标	售罄
BYG 2160—3	LC4 铝合金(ϕ7 × 130mm)	Cu、Mg、Mn、Fe、Si、Zn、Ti、Ni、Cr	行标	2015
BYG 22,ADC12—1,181	ADC 系列	Cu、Mg、Mn、Fe、Si、Zn、Sn、Ni	行标	超期
BYG 22,ADC12—1,182	ADC 系列	Cu、Mg、Mn、Fe、Si、Zn、Sn、Ni	行标	超期
BYG 22,ADC12—1,183	ADC 系列	Cu、Mg、Mn、Fe、Si、Zn、Sn、Ni	行标	超期
BYG 22,ADC12—1,184	ADC 系列	Cu、Mg、Mn、Fe、Si、Zn、Sn、Ni	行标	超期
BYG 22,ADC12—1,185	ADC 系列	Cu、Mg、Mn、Fe、Si、Zn、Sn、Ni	行标	超期
BYG 2202	铸铝(ZLD102)	Si、Fe、Cu、Mg、Mn、Zn、Ni	行标	售罄
BYG 2203	铸铝(ZLD103B)	Si、Cu、Mg、Zn、Ti、Fe	行标	售罄
BYG 2204	铸造铝合金(ZLD104)	Si、Fe、Cu、Mg、Mn、Zn、Ti、Sn、Pb、Zr	行标	售罄
BYG 2209	ZLD109 铸造铝合金,ϕ40	Si、Cu、Mg、Mn、Zn、Ti、Fe、Pb、Sn、Ni	行标	售罄

标准样品编号	标准样品名称	定值元素	国、行标	有效年限
BYG 2210	ZLD109 铸造铝合金,ϕ40	Si、Cu、Mg、Mn、Zn、Fe、Pb、Sn、Ni	行标	售罄
BYG 2210	铝合金 ZLD110	Fe、Si、Cu、Mg、Mn、Zn、Ni、Sn、Pb	行标	超期
BYG 22101—3	ZLD101 铸造铝合金	Si、Mg、Fe、Cu、Mn、Zn、Sn、Pb、Al 余量	行标	超期
BYG 22102—2	ZLD102 铸造铝合金	Si、Mg、Fe、Cu、Mn、Zn、Ti、Al 余量	行标	超期
BYG 22104—2	ZLD104	Si、Mg、Fe、Cu、Zn、Sn、Pb	行标	超期
BYG 22105—2	ZLD105	Si、Mg、Fe、Cu、Zn、Sn、Pb	行标	超期
BYG 22108—1	ZLD108	Si、Mg、Fe、Cu、Mn、Zn、Al 余量	行标	超期
BYG 22108—2	ZLD108 铸造铝合金	Si、Mg、Fe、Cu、Mn、Zn、Sn、Pb、Ti、Ni	行标	2014
BYG 22109—1	铸造铝合金(ZLD109)	Si、Fe、Cu、Mn、Mg、Ti、Sn、Pb、Ni、Zn、Al(余量)	行标	2015
BYG 22110—2	ZLD110 铸造铝合金	Si、Mg、Fe、Cu、Mn、Zn、Sn、Pb、Ni	行标	超期
BYG 2212	ADC12 铸造铝合金,ϕ40	Si、Cu、Mg、Mn、Zn、Fe、Pb、Sn、Ni	行标	售罄
BYG 2213	A356.2 铸造铝合金,ϕ40	Si、Cu、Mg、Mn、Zn、Ti、Fe、Pb	行标	售罄
BYG 2213	铸造铝合金 A356.2	Cu、Mg、Mn、Fe、Si、Zn、Ti、Sr	行标	售罄
BYG 2220,1	铝合金(6061)	Fe、Si、Cu、Ca、Mg、Mn、Zn、Ti	行标	售罄
BYG 2220,2	铝合金(6061)	Fe、Si、Cu、Ca、Mg、Mn、Zn、Ti	行标	售罄
BYG 2220,3	铝合金(6061)	Fe、Si、Cu、Ca、Mg、Mn、Zn、Ti	行标	售罄
BYG 2220,4	铝合金(6061)	Fe、Si、Cu、Ca、Mg、Mn、Zn、Ti	行标	售罄
BYG 2220,5	铝合金(6061)	Fe、Si、Cu、Ca、Mg、Mn、Zn、Ti	行标	售罄
BYG 22202—1	铸铝(ZLD202)	Cu、Mn、Fe、Si、Zn、Ni	行标	超期
BYG 22203—1	ZLD203	Si、Fe、Cu、Mn、Mg、Zn、Sn、Pb、Al 余量	行标	超期
BYG 2221	铸造铝合金 ZLD106	Fe、Si、Cu、Ca、Mg、Mn、Zn、Ti	行标	售罄
BYG 22210—1	ZL10	Si、Fe、Cu、Mn、Mg、Zn、Sn、Ti、Al 余量	行标	超期
BYG 2222	铸造铝合金 A380	Fe、Si、Cu、Ca、Mg、Mn、Zn、Ni、Sn	行标	售罄
BYG 2223	铸造铝合金 ZLA356—1	Fe、Si、Cu、Ca、Mg、Mn、Zn、Ti、Ni、Sn、Pb、Sr	行标	售罄
BYG 2224	铸造铝合金 ZLD106	Fe、Si、Cu、Mg、Mn、Zn、Ti、Ni、Sn、Pb	行标	售罄
BYG 2225	铸造铝合金 ZLD107	Fe、Si、Cu、Mg、Mn、Zn、Ti、Ni、Sn、Pb	行标	售罄
BYG 2226	纯铝大 K	Fe、Si、Cu、Ca、Mg	行标	售罄
BYG 2227	防锈铝合金	Fe、Si、Cu、Cr、Mg、Mn、Zn、Ti	行标	售罄

标准样品编号	标准样品名称	定值元素	国、行标	有效年限
BYG 22302—1	铸铝(ZLD302)	Si、Fe、Cu、Mn、Mg、Zn	行标	超期
BYG 22401	ZLD401	Cu、Mg、Mn、Fe、Si、Zn	行标	超期
YSS 007—2001	Al—Si 光谱标准样品	Si、Fe、Cu、Mn、Mg、Zn、Ti、Ni、Cr、Pb、Sn	行标	售罄
YSS 008—2001	Al—Mn 光谱标准样品	Si、Fe、Cu、Mn、Mg、Zn、Ti、Ni、Cr、Pb、Sn	行标	售罄
YSS 009—2001	Al—Fe 光谱标准样品	Si、Fe、Cu、Mn、Mg、Zn、Ni	行标	售罄
YSS 010—2003	工业纯铝光谱标样(原编号 YSS1001X-1)	Cu、Mg、Mn、Fe、Si、Zn、Ti、Ni	行标	2015
YSS 011—2003	工业纯铝化学标样 L_2(原编 BYG0601-1-2)	Cu、Mg、Mn、Fe、Si、Zn、Ti、Ni	行标	2015
YSS 012—2003	工业纯铝化学标样 L_4(原编 BYG0601-1-4)	Cu、Mg、Mn、Fe、Si、Zn、Ti、Ni、Cr、Pb、Sn、Cd、Re	行标	2015
YSS 013—2003	工业硬铝光谱标样(原编号 YSS2001X-1)	Cu、Mg、Mn、Fe、Si、Zn、Ti、Ni、Cr	行标	2015
YSS 014—2003	工业硬铝化学标样 L_{Y2}(原编号 YSS2001X-1-2932)	Cu、Mg、Mn、Fe、Si、Zn、Ti、Ni、Cr	行标	2015
YSS 015—2003	工业硬铝化学标样 L_{Y12}(原编号 YSS2001X-1-2933)	Cu、Mg、Mn、Fe、Si、Zn、Ti、Ni、Cr	行标	2015
YSS 016—2003	工业锻铝光谱标样(原编号 YSS6001X-1)	Cu、Mg、Mn、Fe、Si、Zn、Ti、Ni、Cr	行标	2015
YSS 017—2003	工业锻铝化学标样 L_{D31}(原编号 YSS6001X-1-6931)	Cu、Mg、Mn、Fe、Si、Zn、Ti、Ni、Cr	行标	2015
YSS 018—2003	工业锻铝化学标样 L_{D2}(原编号 YSS6001X-1-6932)	Cu、Mg、Mn、Fe、Si、Zn、Ti、Ni、Cr	行标	2015
YSS 025—2006	3A21 铝合金光谱控制样品	Si、Fe、Cu、Mn、Mg、Zn、Ti、Cr、Ni、Ga	行标	2022
YSS 026—2006	3A21 铝合金化学标准样品	Si、Fe、Cu、Mn、Mg、Zn、Ti、Cr、Ni、Ga	行标	2022

标准样品编号	标准样品名称	定值元素	国、行标	有效年限
YSS 027—2006	6063 铝合金光谱控制样品	Si、Fe、Cu、Mn、Mg、Zn、Ti、Cr、Ni、Ga	行标	2022
YSS 028—2006	6063 铝合金化学标准样品	Si、Fe、Cu、Mn、Mg、Zn、Ti、Cr、Ni、Ga	行标	2022
YSS 031—2006	5A70、5A71 铝钪合金光谱标准样品	Si、Fe、Cu、Mn、Mg、Cr、Ni、Zn、Ti、Be、Zr、B、Sc	行标	2022
YSS 032—2006	MgZnCeZr、MgZnZr 镁合金标准样品	Si、Fe、Cu、Mn、Ni、Zn、Ce、Zr	行标	2022
YSS 035—2007	4004 铝合金光谱控制样品	Si、Fe、Cu、Mn、Mg、Cr、Ni、Zn、Ti、Pb、Sn	行标	2022
YSS 036—2007	4004 铝合金化学标准样品	Si、Fe、Cu、Mn、Mg、Cr、Ni、Zn、Ti、Pb、Sn	行标	2022
YSS 037—2007	4A11 铝合金光谱控制样品	Si、Fe、Cu、Mn、Mg、Cr、Ni、Zn、Ti、Pb、Sn	行标	2022
YSS 038—2007	4A11 铝合金化学标准样品	Si、Fe、Cu、Mn、Mg、Cr、Ni、Zn、Ti、Pb、Sn	行标	2022
YSS 039—2007	6061 铝合金光谱控制样品	Si、Fe、Cu、Mn、Mg、Cr、Zn、Ti	行标	售罄
YSS 040—2007	6063 铝合金光谱控制样品	Si、Fe、Cu、Mn、Mg、Cr、Zn、Ti	行标	售罄
YSS 058—2012	变形铝合金 3003 光谱标准样品	Si、Fe、Cu、Mn、Mg、Cr、Ni、Zn、Ti	行标	2022
YSS 059—2012	变形铝合金 3003 化学标准样品(Mn0.25)	Si、Fe、Cu、Mn、Mg、Cr、Ni、Zn、Ti	行标	2022
YSS 060—2012	变形铝合金 3003 化学标准样品(Mn0.6)	Si、Fe、Cu、Mn、Mg、Cr、Ni、Zn、Ti	行标	2022
YSS 061—2012	变形铝合金 3003 化学标准样品(Mn1.2)	Si、Fe、Cu、Mn、Mg、Cr、Ni、Zn、Ti	行标	2022
YSS 062—2012	变形铝合金 3003 化学标准样品(Mn1.6)	Si、Fe、Cu、Mn、Mg、Cr、Ni、Zn、Ti	行标	2022
YSS 063—2012	变形铝合金 3003 化学标准样品(Mn2.0)	Si、Fe、Cu、Mn、Mg、Cr、Ni、Zn、Ti	行标	2022
YSS 096—2018	铝合金 2219 铸态单点光谱标准样品	Si、Fe、Cu、Mn、Mg、Cr、Ni、Zn、Ti、Zr、V	行标	2033
YSS 097—2018	铝合金 2A06 铸态单点光谱标准样品	Si、Fe、Cu、Mn、Mg、Cr、Ni、Zn、Ti、Be	行标	2033
YSS 098—2018	铝合金 2A12 铸态单点光谱标准样品	Si、Fe、Cu、Mn、Mg、Cr、Ni、Zn、Ti	行标	2033

标准样品编号	标准样品名称	定值元素	国、行标	有效年限
YSS 099—2018	铝合金 2A14 铸态单点光谱标准样品	Si、Fe、Cu、Mn、Mg、Cr、Ni、Zn、Ti	行标	2033
YSS 100—2018	铝合金 2A50 铸态单点光谱标准样品	Si、Fe、Cu、Mn、Mg、Cr、Ni、Zn、Ti	行标	2033
	LC4 光谱标准样品	Si、Fe、Cu、Mn、Mg、Cr、Ni、Zn、Ti、Zr	行标	售罄
	LD2 光谱标准样品	Cu、Mg、Mn、Fe、Si、Zn、Ti、Ni、Cr	行标	售罄
	LF2 光谱标准样品	Si、Fe、Cu、Mn、Mg、Cr、Ni、Zn、Ti	行标	售罄
	LF6 光谱标准样品	Si、Fe、Cu、Mn、Mg、Cr、Ni、Zn、Ti、Be	行标	2021

9.2.2 镁基体标准样品

标准样品编号	标准样品名称	定值元素	国、行标	有效年限
GBW 02351	稀土镁合金	Cu、Mn、Ni、RE、Zn、Zr	国标	超期
GSB 04—1519—2002	镁合金(MgAlZn、MgAlMn、MgAlSi)光谱标准样品	Si、Fe、Cu、Mn、Ni、Zn、Al、Be	国标	2021
GSB 04—1541—2003	镁合金(MgAlZnMn)光谱标准样品	Al、Zn、Mn、Be、Si、Fe、Cu、Ni	国标	售罄
GSB 04—2006—2006	原生镁锭(纯镁)光谱标准样品	Si、Fe、Cu、Mn、Ni、Zn、Al、Pb、Ti	国标	2021
GSB 04—2551—2010	氟化镁化学标准样品	F、Mg、Ca、SiO_2、Fe_2O_3、SO_4^{2-}、P_2O_5	国标	2022
GSB 04—2608—2010	纯镁光谱标准样品	Si、Fe、Cu、Al、Mn、Zn、Ni、Pb、Cl、Na	国标	2020
GSB 04—2996—2013	镁合金 MgAlZnY 光谱标准样品	Al、Zn、Y	国标	2023
GSB 04—2997—2013	镁合金 MgZnCuMnY 光谱标准样品	Zn、Cu、Mn、Y	国标	2023
GSB 04—3466—2018	稀土镁合金(WE43)标准样品	Y、Nd、Zr	国标	2028
BY 0702—1	精镁	Si、Mn、Ni、Cu、Al、Fe	行标	超期
BY 0702—2	精镁	Si、Mn、Ni、Cu、Al、Fe	行标	超期
BYG 0701,1	精镁光谱分析用标准样品(ϕ10)	Si、Cu、Mn、Fe、Ni、Al	行标	超期
BYG 0701,2	精镁光谱分析用标准样品(ϕ10)	Si、Cu、Mn、Fe、Ni、Al	行标	超期

标准样品编号	标准样品名称	定值元素	国、行标	有效年限
BYG 0701,3	精镁光谱分析用标准样品(ϕ10)	Si、Cu、Mn、Fe、Ni、Al	行标	超期
BYG 0701,4	精镁光谱分析用标准样品(ϕ10)	Si、Cu、Mn、Fe、Ni、Al	行标	超期
BYG 0701,5	精镁光谱分析用标准样品(ϕ10)	Si、Cu、Mn、Fe、Ni、Al	行标	超期
BYG 0703,1	精镁光谱分析用标准样品(ϕ10)	Si、Cu、Mn、Fe、Ni、Al	行标	超期
BYG 0703,2	精镁光谱分析用标准样品(ϕ10)	Si、Cu、Mn、Fe、Ni、Al	行标	超期
BYG 0703,3	精镁光谱分析用标准样品(ϕ10)	Si、Cu、Mn、Fe、Ni、Al	行标	超期
BYG 0703,4	精镁光谱分析用标准样品(ϕ10)	Si、Cu、Mn、Fe、Ni、Al	行标	超期
BYG 0703,5	精镁光谱分析用标准样品(ϕ10)	Si、Cu、Mn、Fe、Ni、Al	行标	超期
BYG 0704,1	精镁(ϕ40)	Fe、Si、Cu、Mn、Al、Ni、Ti	行标	超期
BYG 0704,2	精镁(ϕ40)	Fe、Si、Cu、Mn、Al、Ni、Ti	行标	超期
BYG 0704,3	精镁(ϕ40)	Fe、Si、Cu、Mn、Al、Ni、Ti	行标	超期
BYG 0704,4	精镁(ϕ40)	Fe、Si、Cu、Mn、Al、Ni、Ti	行标	超期
BYG 0704,5	精镁(ϕ40)	Fe、Si、Cu、Mn、Al、Ni、Ti	行标	超期
YSS 044—2009	镁合金 MgZnCu 光谱标准样品	Al、Si、Fe、Cu、Mn、Ni、Zn	行标	2022

9.2.3 其他轻金属基体标准样品

标准样品编号	标准样品名称	定值元素	国、行标	有效年限
GSB 04—2797—2011	氟化钠仪器分析用标准样品	F、Na、SiO_2、Fe_2O_3、P_2O_5、SO_4^{2-}	国标	2019

9.3 重金属基体标准样品

9.3.1 铜基体标准样品

标准样品编号	标准样品名称	定值元素	国、行标	有效年限
GBW 02101	铁黄铜成分分析标准样品	Cu、Fe、Mn、Al、Sn、Pb、Sb、Bi、P	国标	售罄

标准样品编号	标准样品名称	定值元素	国、行标	有效年限
GBW 02102	铝青铜成分分析标准样品	Fe、Mn、Al、Sn、Pb、Sb、P、Zn、Ni、Si、As	国标	售罄
GBW 02103	锰青铜成分分析标准样品	Cu、Fe、Mn、Al、Sn、Pb、Sb、P	国标	售罄
GBW 02104	锌白铜成分分析标准样品	Fe、Mn、Pb、Sb、Bi、P、Zn、Ni、Si、As、Mg	国标	售罄
GBW 02105	锌白铜光谱分析标准样品	Fe、Mn、Pb、Sb、Bi、Zn、Ni、Si、As、Mg	国标	售罄
GBW 02106	锌白铜光谱分析标准样品	Fe、Mn、Pb、Sb、Bi、Zn、Ni、Si、As、Mg	国标	售罄
GBW 02107	锌白铜光谱分析标准样品	Fe、Mn、Pb、Sb、Bi、Zn、Ni、Si、As、Mg	国标	售罄
GBW 02108	锌白铜光谱分析标准样品	Fe、Mn、Pb、Sb、Bi、Zn、Ni、Si、As、Mg	国标	售罄
GBW 02109	锌白铜光谱分析标准样品	Fe、Mn、Pb、Sb、Bi、Zn、Ni、Si、As、Mg	国标	售罄
GBW 02110	铝黄铜成分分析标准样品	Cu、Fe、Al、Sn、Pb、Sb	国标	售罄
GBW 02111	纯铜光谱标准样品	Bi、Zn、Ni、As、Fe、Sn、Pb、Sb	国标	售罄
GBW 02112	纯铜光谱标准样品	Bi、Zn、Ni、As、Fe、Sn、Pb、Sb	国标	售罄
GBW 02113	纯铜光谱标准样品	Bi、Zn、Ni、As、Fe、Sn、Pb、Sb	国标	售罄
GBW 02114	纯铜光谱标准样品	Bi、Zn、Ni、As、Fe、Sn、Pb、Sb	国标	售罄
GBW 02115	纯铜光谱标准样品	Bi、Zn、Ni、As、Fe、Sn、Pb、Sb	国标	售罄
GBW 02116	铝黄铜成分分析标准样品	Cu、Fe、Al、Sn、Pb、Sb	国标	售罄
GBW 02117	铝青铜成分分析标准样品	Al、Mn、Fe、Ni、Pb、Si、Sn、Zn、P	国标	售罄
GBW 02118	铝青铜成分分析标准样品	Al、Mn、Fe、Ni、Pb、Si、Sn、Zn、P	国标	售罄
GBW 02119	铝青铜成分分析标准样品	Al、Mn、Fe、Ni、Pb、Si、Sn、Zn、P	国标	售罄
GBW 02121	铝青铜光谱分析标准样品	Al、Mn、Fe、Ni、Pb、Si、Sn、Zn	国标	售罄
GBW 02122	铝青铜光谱分析标准样品	Al、Mn、Fe、Ni、Pb、Si、Sn、Zn	国标	售罄
GBW 02123	铝青铜光谱分析标准样品	Al、Mn、Fe、Ni、Pb、Si、Sn、Zn	国标	售罄
GBW 02124	铝青铜光谱分析标准样品	Al、Mn、Fe、Ni、Pb、Si、Sn、Zn	国标	售罄

标准样品编号	标准样品名称	定值元素	国、行标	有效年限
GBW 02125	铝青铜光谱分析标准样品	Al、Mn、Fe、Ni、Pb、Si、Sn、Zn	国标	售罄
GBW 02126	铝青铜光谱分析标准样品	Al、Mn、Fe、Ni、Pb、Si、Sn、Zn	国标	售罄
GBW 02127	铜合金成分分析标准样品	Sn、Cu、Pb、Ni	国标	超期
GBW 02128	铜合金成分分析标准样品	Sn、Cu、Pb、Ni	国标	超期
GBW 02129	铜合金成分分析标准样品	Sn、Cu、Pb、Ni	国标	超期
GBW 02130	铜合金成分分析标准样品	Sn、Cu、Pb、Ni	国标	超期
GBW 02131	铜合金成分分析标准样品	Sn、Cu、Pb、Ni	国标	超期
GBW 02132	磷青铜成分分析标准样品	Cu、Sn、P、Pb、Fe、Sb、Si	国标	超期
GBW 02133	锡磷青铜成分分析标准样品	Cu、Sn、P、Pb、Fe、Sb、Si	国标	超期
GBW 02134	锡磷青铜成分分析标准样品	Cu、Sn、P、Pb、Fe、Sb、Si	国标	超期
GBW 02135	锡磷青铜成分分析标准样品	Cu、Sn、P、Pb、Fe、Sb、Si	国标	超期
GBW 02136	锡磷青铜成分分析标准样品	Cu、Sn、P、Pb、Fe、Sb、Si	国标	超期
GBW 02137	青铜成分分析标准样品	Cu、Sn、Pb、Zn	国标	超期
GBW 02138	青铜成分分析标准样品	Cu、Sn、Pb、Zn	国标	超期
GBW 02139	青铜成分分析标准样品	Cu、Sn、Pb、Zn	国标	超期
GBW 0214	纯铜成分分析标准样品	Cu、Sn、P、As、Bi、Sb、Zn、Pb、Fe、Ni、S、Ag	国标	超期
GBW 02140	青铜成分分析标准样品	Cu、Sn、Pb、Zn	国标	超期
GBW 02613	铜中氧分析标准样品	O	国标	超期
GBW 02614	铜中氧分析标准样品	O	国标	超期
GBW 02615	铜中氧分析标准样品	O	国标	超期
GBW 02616	铜中氧分析标准样品	O	国标	超期
GBW 02753	铜纯度标准样品	Cu 99. 99	国标	2015

标准样品编号	标准样品名称	定值元素	国、行标	有效年限
GBW(E)020011	铜中杂质成分分析标准样	Bi、Fe、Ni、P、Pb、S、Sb、Zn、Sn、Cu	国标	超期
GSB 04—1428—2001	光谱分析用纯铜系列(棒状)	Pb、Fe、Bi、Sb、As、Sn、Ni、Zn、P	国标	2022
GSB 04—1429—2001	光谱分析用纯铜系列(圆柱状)	Pb、Fe、Bi、Sb、As、Sn、Ni、Zn、P	国标	售罄
GSB 04—1430—2001	化学分析用TP2二号磷脱氧铜	Cu、P、Ag、Fe、Ni、Sn、Pb、As、Sb、Bi	国标	2022
GSB 04—1824—2005	系列普通黄铜控制样品1	Cu、Pb、Fe、Ni、Al、As、Bi、Sb、P	国标	2020
GSB 04—1825—2005	系列普通黄铜控制样品2	Cu、Pb、Fe、Ni、Al、As、Bi、Sb、P	国标	2020
GSB 04—1826—2005	系列普通黄铜控制样品3	Cu、Pb、Fe、Ni、Al、As、Bi、Sb、P	国标	2020
GSB 04—1827—2005	系列普通黄铜控制样品4	Cu、Pb、Fe、Ni、Al、As、Bi、Sb、P	国标	2020
GSB 04—1828—2005	系列普通黄铜控制样品5	Cu、Pb、Fe、Ni、Al、As、Bi、Sb、P	国标	2020
GSB 04—1923—2011	铅黄铜控制标准样品3	Cu、Pb、Fe、Ni、Al、Sn、As、Si、P、B	国标	2026
GSB 04—1928—2005	系列铅黄铜控制样品(1~8)	Cu、Pb、Fe、Ni、Mn、Al、Sn、Si、As、Bi、Sb、P	国标	2020
GSB 04—2160—2007	铋黄铜化学分析用标准样品	Cu、Zn、Bi、Pb、Fe、Sn、Ni、Al、As、Sb、P、Si、Mg、Cr、S	国标	2022
GSB 04—2161—2007	系列铁青铜标准样品	Pb、Fe、Zn、P、Bi、Ni、Sb、As、Sn、Co、Mg、S	国标	2020
GSB 04—2166—2007	系列铋黄铜标准样品	Cu、Bi、Pb、Fe、Sn、Ni、Sb、As、P、S	国标	2020
GSB 04—2167—2007	系列铋黄铜标准样品	Cu、Bi、Pb、Fe、Sn、Ni、Sb、As、P、S	国标	2020
GSB 04—2168—2007	系列铋黄铜标准样品	Cu、Bi、Pb、Fe、Sn、Ni、Sb、As、P、S	国标	2020
GSB 04—2169—2007	系列铋黄铜标准样品	Cu、Bi、Pb、Fe、Sn、Ni、Sb、As、P、S	国标	2020
GSB 04—2170—2007	系列铋黄铜标准样品	Cu、Bi、Pb、Fe、Sn、Ni、Sb、As、P、S	国标	2020
GSB 04—2355—2008	黄铜光谱标准样品	Cu、Pb、Zn、P、Fe、Sn、Sb、Bi、Al、Mn、Ni、Si	国标	2018
GSB 04—2403—2008	铜中氧气体标准样品	O	国标	2023
GSB 04—2415—2008	系列纯铜光谱标准样品	Pb、Fe、Bi、Sb、As、Sn、Ni、Zn、P、S、Se、Te	国标	2023
GSB 04—2416—2008	系列铅黄铜光谱标准样品	Cu、Pb、Fe、Ni、Mn、Al、Si、Sn、Bi、Sb、P、S	国标	2023

标准样品编号	标准样品名称	定值元素	国、行标	有效年限
GSB 04—2554—2010	阴极铜光谱与化学标准样品	Se、Te、Bi、Cr、Mn、Sb、Cd、As、P、Pb、S、Sn、Ni、Fe、Si、Zn、Co、Ag	国标	2025
GSB 04—2707—2011	铸造锡青铜光谱标准样品	Sn、Zn、Pb、Ni、P、Al、Fe、Sb、S、Si	国标	2026
GSB A64027—89	H68 黄铜		国标	售罄
GSB A68029—89	68 黄铜	Cu、Pb、Fe、Bi、Sb、As、P	国标	售罄
GSB A68030—89	68 黄铜	Cu、Pb、Fe、Bi、Sb、As、P	国标	售罄
GSB A68031—89	68 黄铜	Cu、Pb、Fe、Bi、Sb、As、P	国标	售罄
GSB A68032—89	68 黄铜	Cu、Pb、Fe、Bi、Sb、As、P	国标	售罄
GSB H40115—96	镍铬钼铜光谱标准样品	C、Si、Mn、P、S、Ni、Cr、Cu、As	国标	超期
GSB H60002—88	62 黄铜光谱标样(5 点)		国标	售罄
GSB H60002—88	黄铜 H62	P、Cu、Pb、Fe、Sb、Bi	国标	售罄
GSB H60003	锡黄铜 HSn70—1	Sn、P、Cu、Pb、Fe、Sb、Bi	国标	售罄
GSB H60003—88	70—1 锡黄铜化学标样		国标	售罄
GSB H60005—91	铜中氧标准样品	O	国标	售罄
GSB H60006—91	铜中氧标准样品	O	国标	售罄
GSB H60011—91	铜中氧	O	国标	超期
GSB H60012—91	铜中氧	O	国标	超期
GSB H60013—91	铜中氧	O	国标	超期
GSB H60014—91	铜中硫	S	国标	超期
GSB H60015—91	铜中硫	S	国标	超期
GSB H60016—91	无氧铜中氧	O	国标	超期
GSB H6003—88	锡黄铜	Cu、Sn、Fe、As、Pb、P、Sb、Bi	国标	超期
GSB H62011—96	普通黄铜 X 射线荧光光谱	Cu、Pb、Fe、Bi、P、Sb	国标	2023
GSB H62012—96	H68 铜化学标准样品	Cu、Pb、Fe、Bi、P、As	国标	2023
GSB H62013—96	H68 铜光谱标样	Cu、Pb、Fe、Bi、P、Sb	国标	2023
GSB H62014—96	H62 铜光谱标样	Cu、Pb、Fe、Bi、Sb、P	国标	2023
GSB H62015—96	ZH62 变形黄铜	Cu、Pb、Fe、Bi、Sb	国标	超期
GSB H62016—96	ZQAL9—4 铝铁青铜	Cu、Pb、Fe、Bi、Sb	国标	超期
GSB H62017—96	纯铜 T2		国标	超期
GSB H62018—96	铝黄铜 ZHAl66—6—3—2		国标	超期
GSB H62019—96	锰黄铜 ZHMn58—2		国标	超期
GSB H62020—96	锡青铜 QSn6. 5—0. 1		国标	超期
GSB H62021—96	铍青铜	Cu、Pb、Fe、Bi、Sb、As、P	国标	超期

标准样品编号	标准样品名称	定值元素	国、行标	有效年限
GSB 04—1824—2013	普通黄铜控制样品 1	Cu、Pb、Fe、Ni、Sn、Mn、Al、Bi、Sb、P、As	国标	2028
GSB 04—1825—2013	普通黄铜控制样品 2	Cu、Pb、Fe、Ni、Sn、Mn、Al、Bi、Sb、P、As	国标	2028
GSB 04—1921—2013	铅黄铜控制标准样品 1	Cu、Pb、Fe、Ni、Sn、Mn、Al、Bi、Sb、P、As、Si	国标	2028
GSB 04—1924—2013	铅黄铜控制标准样品 4	Cu、Pb、Fe、Ni、Sn、Mn、Al、Bi、Sb、P、As、Si	国标	2028
BY 0212—1	TuP 纯铜	Cu、Pb、Ni、Fe、P、Zn、Bi、Sn、Sb、As	行标	售罄
BY 1807—1	NCu28—2.5—1.5	Cu、Pb、Mn、Fe、Bi、Sb、P、As	行标	售罄
BY 1807—2	NCu28—2.5—1.5	Si、Mg	行标	售罄
BY 1901—1—1	黄铜 H96	Cu	行标	超期
BY 1901—2	QAl10—4—4		行标	售罄
BY 1901—2	黄铜 H90	P、Cu、Pb、Fe、Sb、Bi	行标	超期
BY 1902	纯铜 TuMn	Cu、P、Mn、As、Pb、Ni、Sb、Zn、Fe、Sn、Bi	行标	2021
BY 1902—1	黄铜 H68	P、Cu、Pb、Fe、Sb、Bi	行标	售罄
BY 1902—1A	黄铜 H62	Cu	行标	售罄
BY 1902—2	黄铜 H68	P、Cu、Pb、Fe、Sb、Bi	行标	售罄
BY 1902—2	H68		行标	超期
BY 1902—3	H62		行标	超期
BY 1902—4	H62		行标	超期
BY 1902—5	H68		行标	超期
BY 1903—1	HPb63—0.1		行标	超期
BY 1903—1—1	黄铜 H68	Cu	行标	售罄
BY 1903—2—3	H68、H68A 黄铜	Cu、Fe、Pb、Sb、Bi、P、As	行标	超期
BY 1904—2	青铜 QAl9—2		行标	售罄
BY 1905—1	青铜 QA15、QA17	Al、Pb、Ni、Mn、Fe、Sb、P、Si、As、Zn、Sn	行标	售罄
BY 1905—2	HPb63—3 铅黄铜	Cu、Fe、Al、Sn、Pb、Sb、Bi	行标	售罄
BY 1906—1	HPb59—1 铅黄铜	Cu、Fe、Pb、Sb、Bi、P、As	行标	超期
BY 1906—1—2	HPb59—1	Cu、Fe、Pb、Sb、Bi、P、As	行标	超期
BY 1906—3—1	HPb59—1 铅黄铜	Cu、Fe、Al、Pb、Sb、Bi、P	行标	售罄
BY 1908—1	HSn62—1 锡黄铜	Cu、Fe、Bi、Sb、P、Sn、Ni	行标	售罄
BY 1908—2	HSn62—1 锡黄铜	Cu、Sn	行标	售罄
BY 1909—1	铝黄铜 HAl77—2A	Cu、Fe、Al、Sn、Pb、Sb、Bi、P、As	行标	售罄
BY 1911—1	HAl60—1—1 铝黄铜	Cu、Al、Mn、Fe、Pb、Sb、Bi、P	行标	超期
BY 1912—1	HAl59—3—2 铝黄铜	Al、Ni、Cu	行标	超期

标准样品编号	标准样品名称	定值元素	国、行标	有效年限
BY 1913—1—2	HAl66—6—3—2 铝黄铜	Sn、P、Cu、Pb、Fe、Mn、Al、Sb	行标	超期
BY 1913—2	HAl66—6—3—2 铝黄铜	Sn、P、Cu、Pb、Fe、Mn、Al、Sb	行标	超期
BY 1914—1	HMn57—3—1 锰黄铜	Cu、Al、Mn、Pb、Fe、Sb、Bi、P	行标	超期
BY 1914—2	HMn58—2 锰黄铜	Cu、Fe、Pb、Fe、Sb、Bi、P	行标	超期
BY 1915—1—2	HMn55—3—1 锰黄铜	Cu、Fe、Mn、Al、Sn	行标	售罄
BY 1916—2	HFe59—1—1 铁黄铜	Cu、Fe、Mn、Al、Sn、P	行标	售罄
BY 1931—2—1	QSn4—3 锡青铜	Zn、Sn	行标	售罄
BY 1932—2—1	QSn4—4—2.5 锡青铜	Zn、Sn、Pb	行标	售罄
BY 1941—1	青铜 QSn4—3	Pb、Fe、Bi、Sb、P、Si、As、Zn、Sn	行标	售罄
BY 1942—1	青铜 QSn4—4—4	Pb、Fe、Bi、Sb、P、Si、Zn、Sn	行标	售罄
BY 1943—3—1	QSn6.5—0.1 锡青铜	Cu、Fe、Al、Sn、Pb	行标	售罄
BY 1944—1	QSn7—0.2 锡青铜		行标	超期
BY 1946—1	铝青铜 QAl10—3—1.5	Al、Pb、Ni、Mn、Fe、Sb、P、Si、As、Zn、Sn	行标	售罄
BY 1946—1—1	QAl9—2 铝青铜	Fe、Mn、Al、Ni、Zn、Sn、Pb、P、Si	行标	售罄
BY 1946—1—2	QAl9—2 铝青铜	Mn、Al	行标	售罄
BY 1946—2	铝青铜 QAl10—3—1.5	Al、Pb、Ni、Mn、Fe、Sb、P、Si、As、Zn、Sn	行标	售罄
BY 1946—3	QAl10—3—1.5 铝青铜	Al、Mn、Fe	行标	售罄
BY 1947—1—1	QAl10—3—1.5 铝青铜	Fe、Mn、Al、Ni、Zn、Sn、Pb、As、Sb、P、Si	行标	售罄
BY 1948—2	铝青铜 QAl—4	Al、Fe	行标	售罄
BY 1948—2	QAl9—4 铝青铜	Al、Fe	行标	超期
BY 1949—1—1	QAl10—4—4 铝青铜	Fe、Mn、Al、Ni、Zn、Sn、Pb、As、Sb、P、Si	行标	售罄
BY 1950—2	QBe2.15 铍青铜	Fe、Mg、Be、Al、Ni、Pb、Bi、P、Si	行标	售罄
BY 1952—1	QSi1—3 硅青铜	Pb、Ni、Mn、Fe、P、Si、Zn、Sn	行标	售罄
BY 1953—1	QSi3—1 硅青铜	Pb、Ni、Mn、Fe、Sb、P、Si、As、Zn、Sn	行标	售罄
BY 1953—2	QSi3—1 硅青铜	Mn、Si	行标	售罄
BY 1955—1	QMn—5 锰青铜	Pb、Fe、Sb、P、Ni、Zn、Si、Sn、As	行标	超期
BY 1956—1	QCd1.0 镉青铜	Cd	行标	售罄
BY 1957—1	QCr0.5(QCr0.5—0.2—0.1)铬青铜	Al、Cr、Ng	行标	超期
BY 1957—2	QCr0.5(QCr0.5—0.2—0.1)铬青铜	Al、Cr、Ng	行标	超期
BY 1958—1	QZr0.2 锆青铜	Ni、Fe、Sn、Pb、Sb、Bi、Zr	行标	售罄

标准样品编号	标准样品名称	定值元素	国、行标	有效年限
BY 1958—2	QZr0.4 锆青铜	Ni、Fe、Sn、Pb、Sb、Bi、Zr	行标	售罄
BY 1980	HSi80—3 硅黄铜	Cu、Ni、Pb、Fe、Sb、Bi、P、Sn、Al	行标	超期
BY 1986—3	BMn40—1.5 锰白铜	Mn、Ni、C、S	行标	售罄
BY 1987—1	白铜 BFe30—1—1	P、Pb、Mg、Fe、Mn、C、Sb、Bi、As、Ni、S	行标	超期
BY 1989—2—2	BZn15—20 锌白铜	Ni、Zn	行标	超期
BY 2001—1	ZQSnPb8—12 铸造铜合金	Fe、Pb、Sn、Bi、P、Si、Mg、Al、As	行标	售罄
BY 2001—2	锡青铜	Sn、Pb、Ni、Zn	行标	售罄
BY 2002	铸造铜合金	Cu、Pb、Sn、Bi、Fe、Al、Mn、Si	行标	售罄
BY 2002—1	ZHAFeMn66—6—3—2 铸造铜合金	Cu、Fe、Pb、Sn、Mn、Al	行标	售罄
BY 2002—1(7402)	ZHAl77—2 铸造铜合金	Cu、Fe、Pb、Sb、Bi、P、Al	行标	售罄
BY 2002—2	ZQSn3~6 锡青铜	Sn、Pb、Ni、Zn	行标	售罄
BY 2002—3	ZQSn3~6 锡青铜	Sn、Pb、Ni、Zn	行标	售罄
BY 2002—4	ZQSn3~6 锡青铜	Sn、Pb、Ni、Zn	行标	售罄
BY 2002—5	ZQSn3~6 锡青铜	Sn、Pb、Ni、Zn	行标	售罄
BY 2002—6	ZQSn3~6 锡青铜	Sn、Pb、Ni、Zn	行标	售罄
BY 2003	铸造铜合金	Cu、Pb、Sn、Bi、Fe、Al、Mn、Si	行标	售罄
BY 2004	铸造铜合金	Cu、Pb、Sn、Bi、Fe、Al、Mn、Si	行标	售罄
BY 2004—1(7404)	ZHNi65—5 铸造铜合金	Cu、Fe、Pb、Sb、Bi、P、Ni	行标	售罄
BY 2005	铸造铜合金	Cu、Pb、Sn、Bi、Fe、Al、Mn、Si	行标	售罄
BY 2005—1(7405)	ZHFe59—1—1 铸造铜合金	Cu、Fe、Pb、Sn、Sb、Bi、P、Mn、Al	行标	售罄
BY 2006	铸造铜合金	Cu、Pb、Sn、Bi、Fe、Al、Mn、Si	行标	售罄
BY 2007	铸造铜合金	Cu、Pb、Sn、Bi、Fe、Al、Mn、Si	行标	售罄
BY 2007—1(7406)	ZHMn58—2 铸造铜合金	Cu、Fe、Pb、Sb、Bi、P、Mn	行标	售罄
BY 2008	铸造铜合金	Cu、Pb、Sn、Bi、Fe、Al、Mn、Si	行标	售罄
BY 2008—1(7407)	ZHMn57—3—1 铸造铜合金	Cu、Fe、Pb、Sb、Bi、P、Mn、Al	行标	售罄
BY 2009	铸造铜合金	Cu、Pb、Sn、Bi、Fe、Al、Mn、Si	行标	售罄
BY 2011	硅黄铜 HSi80—3	Cu、P、Zn、Fe、Mn	行标	售罄
BY 2012	硅青铜 QSi3—1	Cu、P、Zn、Fe、Mn、Si	行标	售罄
BY 2015	铸造铜合金	Sn、Cu、Pb、Ni、Fe、Al、Mn	行标	售罄
BY 2053(7902)	ZQAlD7—1.5—1.5 铝青铜	Fe、Pb、Zn、Sn、Sb、P、Si、Mn、Al	行标	售罄

标准样品编号	标准样品名称	定值元素	国、行标	有效年限
BY 2054—1(7903)	ZQAlD10—4—4 铝青铜	Fe、Pb、Zn、Sn、Sb、P、Si、Mn、Al、Ni	行标	售罄
BY 2058—1(7802)	ZQSnD3—7—5—1 锡青铜	Fe、Pb、Zn、Sn、Sb、Si、Ni	行标	售罄
BY 2061—1—3	ZQ10—1A	Sn、P	行标	售罄
BY 2062—1—1	QSn4—0.3、QSn6—0.4、QSn6.5~0.1	Sn、P	行标	售罄
BY 2062—1—2	QSn4—0.3、QSn6—0.4、QSn6.5~0.1	Sn、P	行标	售罄
BY 2062—1—3	QSn4—0.3、QSn6—0.4、QSn6.5~0.1	Sn、P	行标	售罄
BY 2062—1—4	QSn4—0.3、QSn6—0.4、QSn6.5~0.1	Sn、P	行标	售罄
BY 2062—1—5	QSn4—0.3、QSn6—0.4、QSn6.5~0.1	Sn、P	行标	售罄
BY 2062—1—6	QSn4—0.3、QSn6—0.4、QSn6.5~0.1	Sn、P	行标	售罄
BY 2062—1—7	QSn4—0.3、QSn6—0.4、QSn6.5~0.1	Sn、P	行标	售罄
BY 8701	HPb59—1		行标	超期
BY 8702	H96		行标	超期
BY 8703	HSn70—1+As		行标	超期
BY 8704	QAl9—2		行标	售罄
BYG 02—01,1	高纯阴极铜	As、Sb、Bi、Fe、Ni、Pb、Zn、Sn、Mn、Co、Ce、Ag、Cd、Te	行标	售罄
BYG 02—01,2	高纯阴极铜	As、Sb、Bi、Fe、Ni、Pb、Zn、Sn、Mn、Co、Ce、Ag、Cd、Te	行标	售罄
BYG 02—01,3	高纯阴极铜	As、Sb、Bi、Fe、Ni、Pb、Zn、Sn、Mn、Co、Ce、Ag、Cd、Te	行标	售罄
BYG 02—01,4	高纯阴极铜	As、Sb、Bi、Fe、Ni、Pb、Zn、Sn、Mn、Co、Ce、Ag、Cd、Te	行标	售罄
BYG 02—01,5	高纯阴极铜	As、Sb、Bi、Fe、Ni、Pb、Zn、Sn、Mn、Co、Ce、Ag、Cd、Te	行标	售罄
BYG 0201—2,1	纯铜	Fe、Ni、Zn、Sn、Pb、As、Sb、Bi	行标	售罄
BYG 0201—2,2	纯铜	Fe、Ni、Zn、Sn、Pb、As、Sb、Bi	行标	售罄
BYG 0201—2,3	纯铜	Fe、Ni、Zn、Sn、Pb、As、Sb、Bi	行标	售罄
BYG 0201—2,4	纯铜	Fe、Ni、Zn、Sn、Pb、As、Sb、Bi	行标	售罄
BYG 0201—2,5	纯铜	Fe、Ni、Zn、Sn、Pb、As、Sb、Bi	行标	售罄
BYG 0211—2,21	纯铜 T_2	Pb、Fe、Bi、Sb、P、Zn、Sn、As、Ni	行标	超期

标准样品编号	标准样品名称	定值元素	国、行标	有效年限
BYG 0211—2,22	纯铜 T_2	Pb、Fe、Bi、Sb、P、Zn、Sn、As、Ni	行标	超期
BYG 0211—2,23	纯铜 T_2	Pb、Fe、Bi、Sb、P、Zn、Sn、As、Ni	行标	超期
BYG 0211—2,24	纯铜 T_2	Pb、Fe、Bi、Sb、P、Zn、Sn、As、Ni	行标	超期
BYG 0211—2,25	纯铜 T_2	Pb、Fe、Bi、Sb、P、Zn、Sn、As、Ni	行标	超期
BYG 0211—2,26	纯铜 T_2	Pb、Fe、Bi、Sb、P、Zn、Sn、As、Ni	行标	超期
BYG 02—4,1	氧化铜	As、Sb、Bi、Fe、Ni、Pb、Zn、Sn	行标	超期
BYG 02—4,2	氧化铜	As、Sb、Bi、Fe、Ni、Pb、Zn、Sn	行标	超期
BYG 02—4,3	氧化铜	As、Sb、Bi、Fe、Ni、Pb、Zn、Sn	行标	超期
BYG 02—4,4	氧化铜	As、Sb、Bi、Fe、Ni、Pb、Zn、Sn	行标	超期
BYG 02—4,5	氧化铜	As、Sb、Bi、Fe、Ni、Pb、Zn、Sn	行标	超期
BYG 10—1	青铜 QAl_5、QAl_7 $\phi22\times22\times75$mm	Pb、Fe、Zn、Mn、Si、Sn、As、Ni、Sb、Al、P	行标	超期
BYG 10—1	青铜 QAl_5、QAl_7 $\phi22\times22\times75$mm	Al	行标	超期
BYG 1807—1	白铜 NCu28—2.5—1.5	Fe、Pb、As、Sb、Bi、Cu、P、Mn、Mg、Si	行标	售罄
BYG 1807—1	白铜 NCu28—2.5—1.5	(主成分):Fe、Cu、Mn	行标	售罄
BYG 1902—2,1	黄铜	Cu、Pb、Fe、Bi、Sb	行标	售罄
BYG 1902—2,2	黄铜	Cu、Pb、Fe、Bi、Sb	行标	售罄
BYG 1902—2,3	黄铜	Cu、Pb、Fe、Bi、Sb	行标	售罄
BYG 1902—2,4	黄铜	Cu、Pb、Fe、Bi、Sb	行标	售罄
BYG 1902—2,5	黄铜	Cu、Pb、Fe、Bi、Sb	行标	售罄
BYG 1903—2,1	黄铜 H68	Cu、Fe、Pb、Bi、Sb、As、P	行标	超期
BYG 1903—2,2	黄铜 H68	Cu、Fe、Pb、Bi、Sb、As、P	行标	超期
BYG 1903—2,3	黄铜 H68	Cu、Fe、Pb、Bi、Sb、As、P	行标	超期
BYG 1903—2,4	黄铜 H68	Cu、Fe、Pb、Bi、Sb、As、P	行标	超期
BYG 19051	铅黄铜 HPb63—3	Fe、Ni、Pb、Sb、Bi、P、Si	行标	售罄
BYG 19052	铅黄铜 HPb63—3	Fe、Ni、Pb、Sb、Bi、P、Si	行标	售罄
BYG 19053	铅黄铜 HPb63—3	Fe、Ni、Pb、Sb、Bi、P、Si	行标	售罄
BYG 19054	铅黄铜 HPb63—3	Fe、Ni、Pb、Sb、Bi、P、Si	行标	售罄
BYG 19055	铅黄铜 HPb63—3	Fe、Ni、Pb、Sb、Bi、P、Si	行标	售罄
BYG 19056	铅黄铜 HPb63—3	Fe、Ni、Pb、Sb、Bi、P、Si	行标	售罄
BYG 1906—2,1	铅黄铜 HPb59—1	Cu、Pb、Fe、Bi、Sb、Sn、Si、P、Ni	行标	超期
BYG 1906—2,2	铅黄铜 HPb59—1	Cu、Pb、Fe、Bi、Sb、Sn、Si、P、Ni	行标	超期
BYG 1906—2,3	铅黄铜 HPb59—1	Cu、Pb、Fe、Bi、Sb、Sn、Si、P、Ni	行标	超期
BYG 1906—2,4	铅黄铜 HPb59—1	Cu、Pb、Fe、Bi、Sb、Sn、Si、P、Ni	行标	超期
BYG 1906—2,5	铅黄铜 HPb59—1	Cu、Pb、Fe、Bi、Sb、Sn、Si、P、Ni	行标	超期
BYG 1906—2,6	铅黄铜 HPb59—1	Cu、Pb、Fe、Bi、Sb、Sn、Si、P、Ni	行标	超期
BYG 1906—3,1	铅黄铜 HPb59—1	Fe、Al、Sn、Pb、Sb、Bi、P、Si	行标	超期

标准样品编号	标准样品名称	定值元素	国、行标	有效年限
BYG 1906—3,2	铅黄铜 HPb59—1	Fe、Al、Sn、Pb、Sb、Bi、P、Si	行标	超期
BYG 1906—3,3	铅黄铜 HPb59—1	Fe、Al、Sn、Pb、Sb、Bi、P、Si	行标	超期
BYG 1906—3,4	铅黄铜 HPb59—1	Fe、Al、Sn、Pb、Sb、Bi、P、Si	行标	超期
BYG 1906—3,5	铅黄铜 HPb59—1	Fe、Al、Sn、Pb、Sb、Bi、P、Si	行标	超期
BYG 1908—1	HSn62—1	Cu、Pb、Fe、Bi、Sb、P、As	行标	售罄
BYG 19—1	QAl5、QAl7（20×20×60mm）	Sn、Pb、Si、Zn、Ni、Sb、As、Al、Fe、Mn、P	行标	售罄
BYG 1911—1,1	铝黄铜 HAl60—1—1	Cu、Fe、Mn、Al、Pb、Sb、Bi、P	行标	超期
BYG 1911—1,2	铝黄铜 HAl60—1—1	Cu、Fe、Mn、Al、Pb、Sb、Bi、P	行标	超期
BYG 1911—1,3	铝黄铜 HAl60—1—1	Cu、Fe、Mn、Al、Pb、Sb、Bi、P	行标	超期
BYG 1911—1,4	铝黄铜 HAl60—1—1	Cu、Fe、Mn、Al、Pb、Sb、Bi、P	行标	超期
BYG 1911—1,5	铝黄铜 HAl60—1—1	Cu、Fe、Mn、Al、Pb、Sb、Bi、P	行标	超期
BYG 1912—1,1	铝黄铜 HAl59—3—2	Cu、Al、Ni、Pb、Fe、Bi、Sb、P	行标	超期
BYG 1912—1,2	铝黄铜 HAl59—3—2	Cu、Al、Ni、Pb、Fe、Bi、Sb、P	行标	超期
BYG 1912—1,3	铝黄铜 HAl59—3—2	Cu、Al、Ni、Pb、Fe、Bi、Sb、P	行标	超期
BYG 1912—1,4	铝黄铜 HAl59—3—2	Cu、Al、Ni、Pb、Fe、Bi、Sb、P	行标	超期
BYG 1912—1,5	铝黄铜 HAl59—3—2	Cu、Al、Ni、Pb、Fe、Bi、Sb、P	行标	超期
BYG 1914—1,1	锰黄铜 HMn57—3—1	Cu、Al、Pb、Fe、Bi、Sb、P、Mn	行标	超期
BYG 1914—1,2	锰黄铜 HMn57—3—1	Cu、Al、Pb、Fe、Bi、Sb、P、Mn	行标	超期
BYG 1914—1,3	锰黄铜 HMn57—3—1	Cu、Al、Pb、Fe、Bi、Sb、P、Mn	行标	超期
BYG 1914—1,4	锰黄铜 HMn57—3—1	Cu、Al、Pb、Fe、Bi、Sb、P、Mn	行标	超期
BYG 1914—1,5	锰黄铜 HMn57—3—1	Cu、Al、Pb、Fe、Bi、Sb、P、Mn	行标	超期
BYG 1914—2,1	锰黄铜 HMn58—2	Cu、Pb、Fe、Bi、Sb、P	行标	超期
BYG 1914—2,2	锰黄铜 HMn58—2	Cu、Pb、Fe、Bi、Sb、P	行标	超期
BYG 1914—2,3	锰黄铜 HMn58—2	Cu、Pb、Fe、Bi、Sb、P	行标	超期
BYG 1914—2,4	锰黄铜 HMn58—2	Cu、Pb、Fe、Bi、Sb、P	行标	超期
BYG 1914—2,5	锰黄铜 HMn58—2	Cu、Pb、Fe、Bi、Sb、P	行标	超期
BYG 1916—1,0	铝青铜 QAl10—3—1.5	Al、Fe、Mn、Zn、Sn、Ni、Pb、Si、As、Sb、P	行标	2021
BYG 1916—1,1	铝青铜 QAl10—3—1.5	Al、Fe、Mn、Zn、Sn、Ni、Pb、Si、As、Sb、P	行标	2021
BYG 1916—1,2	铝青铜 QAl10—3—1.5	Al、Fe、Mn、Zn、Sn、Ni、Pb、Si、As、Sb、P	行标	2021
BYG 1916—1,2	铁黄铜 HFe59—1—1	Cu、Fe、Mn、Al、Sn、Pb、Bi、Sb	行标	售罄
BYG 1916—1,3	铝青铜 QAl10—3—1.5	Al、Fe、Mn、Zn、Sn、Ni、Pb、Si、As、Sb、P	行标	2021
BYG 1916—1,3	铁黄铜 HFe59—1—1	Cu、Fe、Mn、Al、Sn、Pb、Bi、Sb	行标	售罄
BYG 1916—1,4	铝青铜 QAl10—3—1.5	Al、Fe、Mn、Zn、Sn、Ni、Pb、Si、As、Sb、P	行标	2021

标准样品编号	标准样品名称	定值元素	国、行标	有效年限
BYG 1916—1,4	铁黄铜 HFe59—1—1	Cu、Fe、Mn、Al、Sn、Pb、Bi、Sb	行标	售罄
BYG 1916—1,5	铝青铜 QAl10—3—1.5	(主成分):Al、Fe、Mn	行标	2021
BYG 1916—1,5	铁黄铜 HFe59—1—1	Cu、Fe、Mn、Al、Sn、Pb、Bi、Sb	行标	售罄
BYG 1916—1,6	铝青铜 QAl10—3—1.5	(主成分):Al、Fe、Mn	行标	2021
BYG 1916—1,6	铁黄铜 HFe59—1—1	Cu、Fe、Mn、Al、Sn、Pb、Bi、Sb	行标	售罄
BYG 1916—1,7	铝青铜 QAl10—3—1.5	(主成分):Al、Fe、Mn	行标	2021
BYG 1916—1,7	铁黄铜 HFe59—1—1	Cu、Fe、Mn、Al、Sn、Pb、Bi、Sb	行标	售罄
BYG 1916—1,8	铝青铜 QAl10—3—1.5	(主成分):Al、Fe、Mn	行标	2021
BYG 1916—1,9	铝青铜 QAl10—3—1.5	(主成分):Al、Fe、Mn	行标	2021
BYG 1919—1,1	硅黄铜 HSi80—3	Cu、Pb、Fe、Bi、Sb、Mn、Sn、Al、Si、P	行标	超期
BYG 1919—1,2	硅黄铜 HSi80—3	Cu、Pb、Fe、Bi、Sb、Mn、Sn、Al、Si、P	行标	超期
BYG 1919—1,3	硅黄铜 HSi80—3	Cu、Pb、Fe、Bi、Sb、Mn、Sn、Al、Si、P	行标	超期
BYG 1919—1,4	硅黄铜 HSi80—3	Cu、Pb、Fe、Bi、Sb、Mn、Sn、Al、Si、P	行标	超期
BYG 1919—1,5	硅黄铜 HSi80—3	Cu、Pb、Fe、Bi、Sb、Mn、Sn、Al、Si、P	行标	超期
BYG 1919—1,6	硅黄铜 HSi80—3	Cu、Pb、Fe、Bi、Sb、Mn、Sn、Al、Si、P	行标	超期
BYG 19—2	QAl9—2 (20 × 20 × 60mm)	Al、Mn	行标	售罄
BYG 19—2	QAl9—4 (20 × 20 × 60mm)	Pb、Zn、Mn、Si、Sn、Ni、As、Sb、Al、Fe	行标	售罄
BYG 19—2	QAl9—4 (20 × 20 × 60mm)	Al、Fe	行标	售罄
BYG 19—2	QAl10—4—4(22×22×75mm)	Pb、Zn、Mn、Si、Sn、Ni、As、Sb、Al、Fe、P	行标	售罄
BYG 19—2	QAl10—4—4(22×20×75mm)	Ni、Al、Fe	行标	售罄
BYG 1921—1,1	H96		行标	超期
BYG 1921—1,2	H96		行标	超期
BYG 1921—1,3	H96		行标	超期
BYG 1921—1,4	H96		行标	超期
BYG 1921—1,5	H96		行标	超期
BYG 1923—1,1	黄铜 H75	Cu、Pb、Fe、Bi、Sb、P、Zn	行标	超期
BYG 1923—1,2	黄铜 H75	Cu、Pb、Fe、Bi、Sb、P、Zn	行标	超期
BYG 1923—1,3	黄铜 H75	Cu、Pb、Fe、Bi、Sb、P、Zn	行标	超期
BYG 1923—1,4	黄铜 H75	Cu、Pb、Fe、Bi、Sb、P、Zn	行标	超期
BYG 1923—1,5	黄铜 H75	Cu、Pb、Fe、Bi、Sb、P、Zn	行标	超期
BYG 1924—1,1	黄铜 H46	Cu、Pb、Fe、Bi、Sb、P、Sn、As、S	行标	超期
BYG 1924—1,2	黄铜 H46	Cu、Pb、Fe、Bi、Sb、P、Sn、As、S	行标	超期
BYG 1924—1,3	黄铜 H46	Cu、Pb、Fe、Bi、Sb、P、Sn、As、S	行标	超期
BYG 1924—1,4	黄铜 H46	Cu、Pb、Fe、Bi、Sb、P、Sn、As、S	行标	超期

标准样品编号	标准样品名称	定值元素	国、行标	有效年限
BYG 1924—1,5	黄铜 H46	Cu、Pb、Fe、Bi、Sb、P、Sn、As、S	行标	超期
BYG 1924—1,6	黄铜 H46	Cu、Pb、Fe、Bi、Sb、P、Sn、As、S	行标	超期
BYG 1925—1,1	H37		行标	超期
BYG 1925—1,2	H37		行标	超期
BYG 1925—1,3	H37		行标	超期
BYG 1925—1,4	H37		行标	超期
BYG 1925—1,5	H37		行标	超期
BYG 1925—1,6	H37		行标	超期
BYG 1941—1	青铜 QSn4—3	Pb、Fe、Bi、Sb、P、Si、As、Zn、Sn	行标	2021
BYG 1941—1	青铜 QSn4—3(主成分)	Sn、Zn	行标	售罄
BYG 1942—1	青铜 QSn4—4—4	Pb、Fe、Bi、Sb、P、Si、Zn、Sn	行标	2021
BYG 1943—1	锡青铜 QSn6. 5—0. 1	Fe、P、Ni、Zn、Sn、Pb、As、Sb、Bi、Si	行标	售罄
BYG 1943—2	锡青铜 QSn6. 5—0. 1	Fe、P、Ni、Zn、Sn、Pb、As、Sb、Bi、Si	行标	售罄
BYG 1943—3	锡青铜 QSn6. 5—0. 1	Fe、P、Ni、Zn、Sn、Pb、As、Sb、Bi、Si	行标	售罄
BYG 1943—4	锡青铜 QSn6. 5—0. 1	Fe、P、Ni、Zn、Sn、Pb、As、Sb、Bi、Si	行标	售罄
BYG 1943—5	锡青铜 QSn6. 5—0. 1	Fe、P、Ni、Zn、Sn、Pb、As、Sb、Bi、Si	行标	售罄
BYG 1943—6	锡青铜 QSn6. 5—0. 1	Fe、P、Ni、Zn、Sn、Pb、As、Sb、Bi、Si	行标	售罄
BYG 1947—1,1	铝青铜 QAl10—3—5	Fe、Mn、Al、Ni、Zn、Sn、Pb、Si	行标	售罄
BYG 1947—1,2	铝青铜 QAl10—3—5	Fe、Mn、Al、Ni、Zn、Sn、Pb、Si	行标	售罄
BYG 1947—1,3	铝青铜 QAl10—3—5	Fe、Mn、Al、Ni、Zn、Sn、Pb、Si	行标	售罄
BYG 1947—1,4	铝青铜 QAl10—3—5	Fe、Mn、Al、Ni、Zn、Sn、Pb、Si	行标	售罄
BYG 1947—1,5	铝青铜 QAl10—3—5	Fe、Mn、Al、Ni、Zn、Sn、Pb、Si	行标	售罄
BYG 1948—1,1	铝青铜 QAl9—4	Fe、Mn、Al、Ni、Zn、Sn、Pb、As、Sb、Si	行标	超期
BYG 1948—1,2	铝青铜 QAl9—4	Fe、Mn、Al、Ni、Zn、Sn、Pb、As、Sb、Si	行标	超期
BYG 1948—1,3	铝青铜 QAl9—4	Fe、Mn、Al、Ni、Zn、Sn、Pb、As、Sb、Si	行标	超期
BYG 1948—1,4	铝青铜 QAl9—4	Fe、Mn、Al、Ni、Zn、Sn、Pb、As、Sb、Si	行标	超期
BYG 1948—1,5	铝青铜 QAl9—4	Fe、Mn、Al、Ni、Zn、Sn、Pb、As、Sb、Si	行标	超期
BYG 195021	铍青铜	Fe、Al、Ni、Pb、Be、Bi、Si、Mg	行标	售罄
BYG 195022	铍青铜	Fe、Al、Ni、Pb、Be、Bi、Si、Mg	行标	售罄
BYG 195023	铍青铜	Fe、Al、Ni、Pb、Be、Bi、Si、Mg	行标	售罄
BYG 195024	铍青铜	Fe、Al、Ni、Pb、Be、Bi、Si、Mg	行标	售罄
BYG 195025	铍青铜	Fe、Al、Ni、Pb、Be、Bi、Si、Mg	行标	售罄
BYG 1952—1	QSi1—3 硅青铜	Al、Pb、Ni、Mn、Fe、P、Si、Zn、Sn	行标	售罄

标准样品编号	标准样品名称	定值元素	国、行标	有效年限
BYG 1952—1	QSi1—3 硅青铜(主成分)	Al、Pb、Ni、Mn、Fe、P、Si、Zn、Sn	行标	售罄
BYG 1953—1,1	硅青铜 QSi3—1	Fe、Mn、Zn、Sn、Ni、Pb、Si、As、Sb、P	行标	2021
BYG 1953—1,2	硅青铜 QSi3—1	Fe、Mn、Zn、Sn、Ni、Pb、Si、As、Sb、P	行标	2021
BYG 1953—1,3	硅青铜 QSi3—1	Fe、Mn、Zn、Sn、Ni、Pb、Si、As、Sb、P	行标	2021
BYG 1953—1,4	硅青铜 QSi3—1	Fe、Mn、Zn、Sn、Ni、Pb、Si、As、Sb、P	行标	2021
BYG 1953—1,5	硅青铜 QSi3—1	Fe、Mn、Zn、Sn、Ni、Pb、Si、As、Sb、P	行标	2021
BYG 1958—21	锆青铜	Fe、Ni、Pb、Bi、Zr、Sn、Sb	行标	售罄
BYG 1958—22	锆青铜	Fe、Ni、Pb、Bi、Zr、Sn、Sb	行标	售罄
BYG 1958—23	锆青铜	Fe、Ni、Pb、Bi、Zr、Sn、Sb	行标	售罄
BYG 1958—24	锆青铜	Fe、Ni、Pb、Bi、Zr、Sn、Sb	行标	售罄
BYG 1958—25	锆青铜	Fe、Ni、Pb、Bi、Zr、Sn、Sb	行标	售罄
BYG 19841	白铜	Fe、Mn、Ni、Pb、As、Sb、Bi、P、Si、Mg	行标	售罄
BYG 19842	白铜	Fe、Mn、Ni、Pb、As、Sb、Bi、P、Si、Mg	行标	售罄
BYG 19843	白铜	Fe、Mn、Ni、Pb、As、Sb、Bi、P、Si、Mg	行标	售罄
BYG 19844	白铜	Fe、Mn、Ni、Pb、As、Sb、Bi、P、Si、Mg	行标	售罄
BYG 19845	白铜	Fe、Mn、Ni、Pb、As、Sb、Bi、P、Si、Mg	行标	售罄
BYG 19846	白铜	Fe、Mn、Ni、Pb、As、Sb、Bi、P、Si、Mg	行标	售罄
BYG 19861	锰白铜 BMn40—1.5	Fe、Mn、Ni、Pb、As、Sb、Bi、Si、Mg	行标	售罄
BYG 19862	锰白铜 BMn40—1.5	Fe、Mn、Ni、Pb、As、Sb、Bi、Si、Mg	行标	售罄
BYG 19863	锰白铜 BMn40—1.5	Fe、Mn、Ni、Pb、As、Sb、Bi、Si、Mg	行标	售罄
BYG 19864	锰白铜 BMn40—1.5	Fe、Mn、Ni、Pb、As、Sb、Bi、Si、Mg	行标	售罄
BYG 19865	锰白铜 BMn40—1.5	Fe、Mn、Ni、Pb、As、Sb、Bi、Si、Mg	行标	售罄
BYG 2003—1	铸造锡青铜	Sn、Zn、Pb、Fe、Sb、P、Al、Si、Ni、Cu	行标	售罄
BYG 2003—2	铸造锡青铜	Sn、Zn、Pb、Fe、Sb、P、Al、Si、Ni、Cu	行标	售罄
BYG 2003—3	铸造锡青铜	Sn、Zn、Pb、Fe、Sb、P、Al、Si、Ni、Cu	行标	售罄
BYG 2003—4	铸造锡青铜	Sn、Zn、Pb、Fe、Sb、P、Al、Si、Ni、Cu	行标	售罄
BYG 2003—5	铸造锡青铜	Sn、Zn、Pb、Fe、Sb、P、Al、Si、Ni、Cu	行标	售罄
BYG 2004—1	铸造锡青铜	Sn、Zn、Pb、Fe、Sb、P、Al、Si、Ni、Cu	行标	售罄
BYG 2004—2	铸造锡青铜	Sn、Zn、Pb、Fe、Sb、P、Al、Si、Ni、Cu	行标	售罄
BYG 2004—3	铸造锡青铜	Sn、Zn、Pb、Fe、Sb、P、Al、Si、Ni、Cu	行标	售罄
BYG 2004—4	铸造锡青铜	Sn、Zn、Pb、Fe、Sb、P、Al、Si、Ni、Cu	行标	售罄
BYG 2004—5	铸造锡青铜	Sn、Zn、Pb、Fe、Sb、P、Al、Si、Ni、Cu	行标	售罄
YSS 024—2005	系列铜合金再校准样品	Cu、Ag、Sn、Ni、Fe、Si、Zn、C、S、Cd、Pb、Cr、Zr、Mg、Co、Mn、Sb、Al、As、P、Se、Te、Bi	行标	2020
YSS 033—2007	纯铜类控制样品	Pb、Fe、Bi、Sb、As、Sn、Ni、Zn、P、S、Se、Cd、Te、Ag	行标	2020

标准样品编号	标准样品名称	定值元素	国、行标	有效年限
YSS 034—2007	纯铜类控制样品	Pb、Fe、Bi、Sb、As、Sn、Ni、Zn、P、S、Se、Cd、Te、Ag	行标	2020
YSS 050—2011	硅青铜类控制样品 1	Ni、Si、Mn、Pb、Fe、Sn、Zn、P、Al、Cr、Mg	行标	2026
YSS 051—2011	硅青铜类控制样品 3	Ni、Si、Mn、Pb、Fe、Sn、Zn、P、Al、Cr、Mg	行标	2026
YSS 052—2011	系列铝青铜控制样品 1	Al、Mn、Fe、Ni、Sn、Si、Zn、Pb、P、As、Mg	行标	2026
YSS 053—2011	系列铝青铜控制样品 2	Al、Mn、Fe、Ni、Sn、Si、Zn、Pb、P、As、Mg	行标	2026
YSS 054—2011	系列铝青铜控制样品 3	Al、Mn、Fe、Ni、Sn、Si、Zn、Pb、P、As、Mg	行标	2026
YSS 055—2011	系列铝青铜控制样品 4	Al、Mn、Fe、Ni、Sn、Si、Zn、Pb、P、As、Mg	行标	2026
YSS 056—2011	系列铝青铜控制样品 5	Al、Mn、Fe、Ni、Sn、Si、Zn、Pb、P、As、Mg	行标	2026
YSS 057—2011	系列铝青铜控制样品 6	Al、Mn、Fe、Ni、Sn、Si、Zn、Pb、P、As、Mg	行标	2026

9.3.2 铅基体标准样品

标准样品编号	标准样品名称	定值元素	国、行标	有效年限
GBW 02238	高硅高铜铸造铅合金光谱分析标准样品	Si、Mg、Mn、Fe、Cu、Zn	国标	超期
GBW 02239	高硅高铜铸造铅合金光谱分析标准样品	Si、Mg、Mn、Fe、Cu、Zn	国标	超期
GBW 02240	高硅高铜铸造铅合金光谱分析标准样品	Si、Mg、Mn、Fe、Cu、Zn	国标	超期
GBW 02241	高硅高铜铸造铅合金光谱分析标准样品	Si、Mg、Mn、Fe、Cu、Zn	国标	超期
GBW 02242	高硅高铜铸造铅合金光谱分析标准样品	Si、Mg、Mn、Fe、Cu、Zn	国标	超期
GBW 02243	高硅高铜铸造铅合金光谱分析标准样品	Si、Mg、Mn、Fe、Cu、Zn	国标	超期
GBW 02401	铅基合金	Pb、Sn、Sb、Bi、As	国标	超期
GBW 02402	铅基合金	Pb、Sn、Sb、Bi、As	国标	超期
GSB 04—2552—2010	铅锭光谱与化学标准样品	Cu、Ag、Bi、As、Sb、Sn、Zn、Ni、Cd、Fe	国标	2025

标准样品编号	标准样品名称	定值元素	国、行标	有效年限
GSB 04—2553—2010	铅锡钙合金光谱与化学标准样品	Ca、Sn、Al、Bi、Ag	国标	2025
GSB 04—2706—2011	铅锑合金光谱与化学标准样品	Cu、Ag、Bi、As、Sb、Sn、Zn、Te、Cd、Se	国标	2026
GSB 04—3287—2016	铅锭光谱与化学标准样品	Cu、Ag、Bi、As、Sb、Sn、Zn、Ni、Cd、Fe	国标	2031
GSB H6004—88	铅光谱标准样品	Ag、Cu、Bi、As、Sb、Sn、Zn	国标	超期
GSB H62001—91	铅基合金	Sb、Cu、Sn、As、Fe、Bi、Zn	国标	超期
GSB H62003,1	铅基合金光谱标准样品	Cu、Fe、Pb、Zn、Sn、Sb、Bi	国标	超期
GSB H62003,2	铅基合金光谱标准样品	Cu、Fe、Pb、Zn、Sn、Sb、Bi	国标	超期
GSB H62003,3	铅基合金光谱标准样品	Cu、Fe、Pb、Zn、Sn、Sb、Bi	国标	超期
GSB H62003,4	铅基合金光谱标准样品	Cu、Fe、Pb、Zn、Sn、Sb、Bi	国标	超期
GSB H62003,5	铅基合金光谱标准样品	Cu、Fe、Pb、Zn、Sn、Sb、Bi	国标	超期
GSB H62005—91	铅基合金	Sb、Cu、Sn、As、Fe、Bi、Zn	国标	超期
GSB H62006—91	铅基合金	Sb、Cu、Sn、As、Fe、Bi、Zn	国标	超期
GSB H62007—91	铅基合金	Sb、Cu、Sn、As、Fe、Bi、Zn	国标	超期
GSB H62008—91	铅基合金	Sb、Cu、Sn、As、Fe、Bi、Zn	国标	超期
GSB H62009—91	铅基合金	Sb、Cu、Sn、As、Fe、Bi、Zn	国标	超期
GSB H62010—91	铅基合金	Sb、Cu、Sn、As、Fe、Bi、Zn	国标	超期
BYG 03—6,1	铅光谱标准样品	Cu、Zn、Bi、Sn、Sb、Ag、As	行标	售罄
BYG 03—6,2	铅光谱标准样品	Cu、Zn、Bi、Sn、Sb、Ag、As	行标	售罄
BYG 03—6,3	铅光谱标准样品	Cu、Zn、Bi、Sn、Sb、Ag、As	行标	售罄
BYG 03—6,4	铅光谱标准样品	Cu、Zn、Bi、Sn、Sb、Ag、As	行标	售罄
BYG 03—6,5	铅光谱标准样品	Cu、Zn、Bi、Sn、Sb、Ag、As	行标	售罄
BYG 03—7,1	铅光谱标准样品	Cu、Zn、Bi、Sn、Sb、Ag、As	行标	超期
BYG 03—7,2	铅光谱标准样品	Cu、Zn、Bi、Sn、Sb、Ag、As	行标	超期
BYG 03—7,3	铅光谱标准样品	Cu、Zn、Bi、Sn、Sb、Ag、As	行标	超期
BYG 03—7,4	铅光谱标准样品	Cu、Zn、Bi、Sn、Sb、Ag、As	行标	超期
BYG 03—7,5	铅光谱标准样品	Cu、Zn、Bi、Sn、Sb、Ag、As	行标	超期
YSS 045—2009	火试金用铅箔标准样品	Au、Ag	行标	2024

9.3.3 锌基体标准样品

标准样品编号	标准样品名称	定值元素	国、行标	有效年限
GBW 02701	锌成分分析标准样品	Pb、Cd、Fe、Cu	国标	售罄
GBW 02702	锌成分分析标准样品	Pb、Cd、Fe、Cu	国标	2023
GBW 02703	锌成分分析标准样品	Pb、Cd、Fe、Cu、As、Sb、Sn	国标	2023
GBW 02704	锌合金成分分析标准样品	Al、Cu、Mg、Sn、Pb、Cd、Fe	国标	售罄
GBW 02705	锌合金光谱分析标准样品	Al、Cu、Mg、Sn、Pb、Cd、Fe、Zn 余量	国标	超期
GBW 02706	锌合金光谱分析标准样品	Al、Cu、Mg、Sn、Pb、Cd、Fe、Zn 余量	国标	超期
GBW 02707	锌合金光谱分析标准样品	Al、Cu、Mg、Sn、Pb、Cd、Fe、Zn 余量	国标	超期
GBW 02708	锌合金光谱分析标准样品	Al、Cu、Mg、Sn、Pb、Cd、Fe、Zn 余量	国标	超期
GBW 02709	锌合金光谱分析标准样品	Al、Cu、Mg、Sn、Pb、Cd、Fe、Zn 余量	国标	超期
GSB 04—1055—1999	锌(棒状)光谱标准样品	Pb、Cd、Fe、Cu、Sn、Zn 余量	国标	售罄
GSB 04—1056—1999	锌(圆柱状)光谱标准样品	Pb、Cd、Fe、Cu、Sn、Zn 余量	国标	售罄
GSB 04—1307—2000	锌(棒状)光谱标准样品	Al	国标	售罄
GSB 04—1308—2000	锌(圆柱状)标准样品	Al	国标	售罄
GSB 04—2555—2010	(铸态)锌铝锑热镀锌合金光谱标准样品	Al、Sb、Pb、Cd、Fe、Cu、Sn	国标	2020
GSB 04—2708—2011	含铝纯锌光谱与化学标准样品	Pb、Cd、Fe、Cu、Sn、Al	国标	2026
GSB 04—2809—2011	锌光谱标准样品	Pb、Cd、Fe、Cu、Sn、A	国标	2026
GSB H62022—96	锌合金		国标	超期
BY 0402	锌	Cu、Fe、Pb、Cd	行标	售罄
BY 0403	锌	Cu、Fe、Pb、Cd	行标	售罄
BY 0404	锌	Cu、Fe、Pb、Cd	行标	售罄
BY 0406	锌	Cu、Fe、Pb、Cd、Sn、As、Sb	行标	售罄
BY 0421—1	胶印锌片		行标	超期
BY 0421—2	胶印锌片		行标	超期
BY 2504	铸造锌合金	Mg、Cd、Cu、Sn、Pb、Fe、Al	行标	售罄
BYG 0401—3,1	一类锌光谱标准样品	Pb、Cd、Fe、Cu	行标	售罄
BYG 0401—3,2	一类锌光谱标准样品	Pb、Cd、Fe、Cu	行标	售罄

标准样品编号	标准样品名称	定值元素	国、行标	有效年限
BYG 0401—3,3	一类锌光谱标准样品	Pb、Cd、Fe、Cu	行标	售罄
BYG 0401—3,4	一类锌光谱标准样品	Pb、Cd、Fe、Cu	行标	售罄
BYG 0401—3,5	一类锌光谱标准样品	Pb、Cd、Fe、Cu	行标	售罄
BYG 0402—3, 2—1	二类锌光谱标准样品	Pb、Cd、Fe、Cu	行标	售罄
BYG 0402—3, 2—2	二类锌光谱标准样品	Pb、Cd、Fe、Cu	行标	售罄
BYG 0402—3, 2—3	二类锌光谱标准样品	Pb、Cd、Fe、Cu	行标	售罄
BYG 0402—3, 2—4	二类锌光谱标准样品	Pb、Cd、Fe、Cu	行标	售罄
BYG 0402—3, 2—5	二类锌光谱标准样品	Pb、Cd、Fe、Cu	行标	售罄
BYG 0403,3—1	三类锌光谱标准样品	Pb、Cd、Fe、Cu、As、Sb、Sn	行标	超期
BYG 0403,3—2	三类锌光谱标准样品	Pb、Cd、Fe、Cu、As、Sb、Sn	行标	超期
BYG 0403,3—3	三类锌光谱标准样品	Pb、Cd、Fe、Cu、As、Sb、Sn	行标	超期
BYG 0403,3—4	三类锌光谱标准样品	Pb、Cd、Fe、Cu、As、Sb、Sn	行标	超期
BYG 0403,3—5	三类锌光谱标准样品	Pb、Cd、Fe、Cu、As、Sb、Sn	行标	超期
BYG 0501	锌光谱标准样品(220×350mm)	Cu、Fe、Cd、Pb、Sn	行标	售罄
BYG 0502	锌光谱标准样品(220×350mm)	Cu、Fe、Cd、Pb、Sn	行标	售罄
BYG 0503	锌光谱标准样品(220×350mm)	Cu、Fe、Cd、Pb、Sn	行标	售罄
BYG 0504	锌光谱标准样品(220×350mm)	Cu、Fe、Cd、Pb、Sn	行标	售罄
BYG 0505	锌光谱标准样品(220×350mm)	Cu、Fe、Cd、Pb、Sn	行标	售罄
YSS 006—1998	直接法氧化锌白度标准样品		行标	超期

9.3.4 镍、钴基体标准样品

标准样品编号	标准样品名称	定值元素	国、行标	有效年限
GBW 02619	镍基铸造高温合金气体分析标准样品	O、N	国标	超期
GBW 02620	铁镍基铸造高温合金气体分析标准样品	O、N	国标	超期
BYG 08—2,1	氧化镍光谱标准样品	Zn、Cd、Bi、Sb、Sn、Pb、As、Cu、Al、Mg、Mn、Fe、Si、Co	行标	超期
BYG 08—2,2	氧化镍光谱标准样品	Zn、Cd、Bi、Sb、Sn、Pb、As、Cu、Al、Mg、Mn、Fe、Si、Co	行标	超期

标准样品编号	标准样品名称	定值元素	国、行标	有效年限
BYG 08—2,3	氧化镍光谱标准样品	Zn、Cd、Bi、Sb、Sn、Pb、As、Cu、Al、Mg、Mn、Fe、Si、Co	行标	超期
BYG 08—2,4	氧化镍光谱标准样品	Zn、Cd、Bi、Sb、Sn、Pb、As、Cu、Al、Mg、Mn、Fe、Si、Co	行标	超期
BYG 08—2,5	氧化镍光谱标准样品	Zn、Cd、Bi、Sb、Sn、Pb、As、Cu、Al、Mg、Mn、Fe、Si、Co	行标	超期
YSS 005—1998	钴光谱标准样品	Al、Sb、Bi、Cd、Cu、Fe、Ni、Pb、Zn、Sn、Al、Mg、Mn、Si	行标	超期
YSS094—2018	钴光谱标准样品	C、S、Mn、Fe、Ni、Cu、As、Pb、Zn、Si、Cd、Mg、P、Al、Sn、Sb、Bi、Ca、Na	行标	2028
YSS095—2018	镍光谱标准样品	C、P、S、Si、Fe、Cu、Zn、As、Cd、Sn、Sb、Pb、Bi、Al、Mn、Mg、Co、Ag、Se、Te、Tl、Ca、K、Na	行标	2028

9.3.5 锡、锑、铋、镉基体标准样品

标准样品编号	标准样品名称	定值元素	国、行标	有效年限
GBW 02301	锡基合金	Sn、Sb、Cu、Pb、Bi、As	国标	超期
GBW 02302	锡基合金	Sn、Sb、Cu、Pb、Bi、As	国标	超期
GSB 04—1330—2000	锡铅焊料	Cu、Fe、Pb、Sn、As、Sb、Bi、Zn、Ag、Cd、Al	国标	售罄
GSB 04—1331—2000	锡	Al、As、Bi、Cd、Cu、Fe、Pb、Sb、Zn	国标	2022
GSB 04—1829—2005	锡直读光谱分析标准样品	As、Bi、Cu、Fe、Pb、Sb、Cd、Zn、Al	国标	2020
GSB A68033—89	氧化镉光谱标准样品	Cu、Fe、Ti、Pb、Zn、As、Sb、Sn	国标	2019
GSB A68034—89	氧化镉光谱标准样品	Cu、Fe、Ti、Pb、Zn、As、Sb、Sn	国标	2019
GSB A68035—89	氧化镉光谱标准样品	Cu、Fe、Ti、Pb、Zn、As、Sb、Sn	国标	2019
GSB A68036—89	氧化镉光谱标准样品	Cu、Fe、Ti、Pb、Zn、As、Sb、Sn	国标	2019
GSB A68037—89	氧化镉光谱标准样品	Cu、Fe、Ti、Pb、Zn、As、Sb、Sn	国标	2019
GSB H62006—91	锡基合金	Sb、Cu、Pb、As、Fe、Bi、Zn、Al	国标	超期
GSB 04—1330—2013	锡铅焊料标准样品	Sn、Ag、Fe、Cu、Zn、Sb、As、Cd、Bi、Al	国标	2023
GSB 04—3225—2014	无铅锡基焊料光谱标准样品	Ag、Cu、Bi、Sb、Pb、Fe、As、Cd、Ni、Al	国标	2029
BY 0502—2	锡化学标准样品	Pb、Sb、Bi、As、Cu、Fe、Sn	行标	2022
BYG 0501—2	锡光谱标准样品 $\phi8\times120$mm	SiO_2、Al_2O_3、TFe、FeO、CaO、MgO、MnO	行标	售罄

9.4 稀有金属、粉末冶金标准样品

9.4.1 钛基体标准样品

标准样品编号	标准样品名称	定值元素	国、行标	有效年限
GBW 02501	钛合金	Si、Mn、Ni、Cu、Al、Fe	国标	超期
GBW 02502	钛合金	Si、Mn、Ni、Cu、Al、Fe	国标	超期
GBW 02610	钛中氢分析标准样品	H	国标	超期
GBW 02611	钛中氢分析标准样品	H	国标	超期
GBW 02612	钛中氢分析标准样品	H	国标	超期
GBW 02618	钛合金中氮分析标准样品	N	国标	超期
GBW 2601	钛中氮成分分析标准样品	N	国标	超期
GBW 2602	钛合金中氮分析标准样品	N	国标	超期
GBW 2603	钛合金中氧、氮分析标准样品	O、N	国标	超期
GBW 2604	钛中氧、氮分析标准样品	N、O	国标	超期
GBW 2605	钛中氧分析标准样品	O	国标	超期
GSB 04—2404—2008	钛及钛合金化学标准样品	Al、Cr、Mn、Mo、Sn、V、Zr、Fe、Si、C	国标	2028
GSB 04—2404—2011	钛合金（TC4、TC11）化学标准样品	Al、V、Mo、Zr、Fe、Si、C	国标	2031
GSB 04—2405—2008	钛及钛合金氧、氮标准样品	O、N	国标	2028
GSB H60001—91	钛中氢标准样品	H	国标	超期
GSB H60002—91	钛中氢标准样品	H	国标	超期
GSB H60003—91	钛中氢标准样品	H	国标	超期
GSB H60004—91	钛中氢标准样品	H	国标	超期
GSB H60007—91	钛中氢	H	国标	超期
GSB H60008—91	钛中氢	H	国标	超期
GSB H60009—91	钛中氢	H	国标	超期
GSB H60010—91	钛中氢	H	国标	超期
GSB H6006	钛合金	Al、C、Ce、Fe、Si、Mo、Sn	国标	超期
GSB H64001—97	钛合金	Al、Mn、Fe、Si、C、N	国标	超期

9.4.2 钨、钼基体标准样品

标准样品编号	标准样品名称	定值元素	国、行标	有效年限
GBW 02551	高温合金成分分析标准物质	C、Mn、Si、S、P、Cr、Al、Ti、Cu、Nb、B、Fe、Zr、Ce	国标	超期
GBW 02801	碳化钨总碳成分分析标准样品	C	国标	售罄
GSB 04—1310—2000	碳化钨粉总碳标准样品	C	国标	售罄
GSB 04—1310—2007	碳化钨粉总碳标准样品	C	国标	售罄
GSB 04—1310—2016	碳化钨粉总碳国家标准样品	C	国标	2026
YSS 001—96	氧化钨光谱标准样品	Al、As、Bi、Ca、Cd、Cr、Co、Cu、Fe、Mg、Mn、Mo、Ni、Pb、Sb、Si、Sn、Ti、V	行标	2015
YSS 002—96	氧化钨化学标样	K、Na、P、S	行标	2015
YSS 003—96	氧化钼光谱标准样品	Al、Bi、Ca、Cd、Co、Cr、Cu、Fe、Mg、Mn、Ni、Pb、Sb、Si、Sn、Ti、V、W	行标	2015
YSS 004—96	氧化钼化学标样	K、Na、P、S	行标	2015

9.4.3 其他稀有金属、粉末冶金标准样品

标准样品编号	标准样品名称	定值元素	国、行标	有效年限
GSB 04—2406—2008	镓标准样品	Cu、Pb、Sn、In、Zn、Ni、Fe、Al、Mg	国标	2018

9.5 贵金属基体标准样品

9.5.1 金基体标准样品

标准样品编号	标准样品名称	定值元素	国、行标	有效年限
GBW 02751	金纯度标准样品	Au99.994（相对不确定度0.037%）	国标	2015
GSB A70122—97	金	Ag、Au	国标	超期
GSB A70123—97	22K 金	Au、Ag	国标	超期
GSB A70124—97	18K 金	Au、Ag	国标	超期
GSB A70125—97	12K 金	Au、Ag	国标	超期

标准样品编号	标准样品名称	定值元素	国、行标	有效年限
GSB H20006	纯金光谱分析用标准样品	Au、Ag、Fe、Cu、Pb、Bi、Sb	国标	超期
GSB H20007	纯金光谱分析用标准样品	Au、Ag、Fe、Cu、Pb、Bi、Sb	国标	超期
GSB H20008	纯金光谱分析用标准样品	Au、Ag、Fe、Cu、Pb、Bi、Sb	国标	超期
GSB H20009	纯金光谱分析用标准样品	Au、Ag、Fe、Cu、Pb、Bi、Sb	国标	超期
GSB H20010	纯金光谱分析用标准样品	Au、Ag、Fe、Cu、Pb、Bi、Sb	国标	超期
GSB H20011	纯金光谱分析用标准样品	Au、Ag、Fe、Cu、Pb、Bi、Sb	国标	超期
GSB 04—3312—2016	金光谱与化学标准样品	Mg、Ti、Cr、Mn、Fe、Ni、Cu、Zn、As、Ru、Rh、Pd、Ag、Cd、Sn、Sb、Ir、Pt、Pb、Bi、Si	国标	2031
GSB 04—3455—2018	白色金合金标准样品	Y、Nd、Zr	国标	2033

9.5.2 银基体标准样品

标准样品编号	标准样品名称	定值元素	国、行标	有效年限
GBW 02752	银纯度标准样品	Ag99.994（相对不确定度0.044%）	国标	2015
GSB H68001—97	银饰品标准样品	Ag、Cu、Zn、Ni	国标	售罄
GSB 04—3314—2016	银饰品标准样品	Ag、Cu、Zn、Co、Cd、Ni	国标	2031
GSB 04—3456—2018	银(99.99%～99.95%)单点光谱及化学标准样品	Al、Au、Bi、Cd、Co、Cu、Fe、Mg、Mn、Ni、Pb、Pd、Pt、Rh、Se、Te、Sn、Zn、Ca、Si、As、Sb	国标	2033
BYG 17—3,1	银光谱标样	As、Sb、Bi、Fe、Pb、Zn	行标	2015
BYG 17—3,2	银光谱标样	As、Sb、Bi、Fe、Pb、Zn	行标	2015
BYG 17—3,3	银光谱标样	As、Sb、Bi、Fe、Pb、Zn	行标	2015
BYG 17—3,4	银光谱标样	As、Sb、Bi、Fe、Pb、Zn	行标	2015
BYG 17—3,5	银光谱标样	As、Sb、Bi、Fe、Pb、Zn	行标	2015

9.5.3 铂基、钯基体标准样品

标准样品编号	标准样品名称	定值元素	国、行标	有效年限
GSB 04—2353—2008	钯合金饰品标准样品	Pd、Cu、Ag	国标	2023

标准样品编号	标准样品名称	定值元素	国、行标	有效年限
GSB 04—2354—2008	钯饰品标准样品	Pd	国标	2023
GSB H68002—98	铂饰品标准样品	Pt、Pd	国标	超期
GSB 04—3313—2016	铂饰品标准样品	Pt、Pd、Cu、Ni、Rh、Ru、In、Co、Au、Ir、Ga	国标	2031
GSB 04—3457—2018	铂—铜—钴合金标准样品	Pt、Cu、Co、Ag、Pb、As、Cr、Cd	国标	2033
YSS 042—2007	铂光谱分析标准样品	Au、Pb、Si、Fe、Ni、Al、Cu、Ir、Pd	行标	2017
YSS 043—2007	钯光谱分析标准样品	Au、Pb、Si、Fe、Ni、Al、Cu、Ir、Pt	行标	2017

9.5.4 铑基、铱基体标准样品

标准样品编号	标准样品名称	定值元素	国、行标	有效年限
YSS 048—2010	铑光谱分析用标准样品	Au、Ir、Si、Fe、Pt、Cu、Ag、Al、Pd、Pb、Mn、Mg、Sn、Ni、Ru、Zn	行标	2020
YSS 049—2010	铱光谱分析用标准样品	Au、Pb、Si、Fe、Cu、Pt、Pd、Ag、Rh、Al、Mn、Ni、Mg、Sn、Ru、Zn	行标	2020

9.6 半导体材料标准样品

标准样品编号	标准样品名称	定值元素	国、行标	有效年限
BY 01506—1	纯硅	Fe、Ca、Al	行标	超期
BY 01507—1	纯硅	Fe、Ca、Al	行标	超期
GSB 04—3415—2017	工业硅标准样品	Fe、Al、Ca、Mn、Ni、Ti、V、P	国标	2027

9.7 稀土标准样品

标准样品编号	标准样品名称	定值元素	国、行标	有效年限
GBW 02901	氧化钇成分分析标准样品	CeO_2、Pr_2O_{11}、Tb_4O_7、Dy_2O_3、CaO、CuO、Fe_2O_3、NiO、PbO、SiO_2	国标	售罄
GBW 02902	氧化铕成分分析标准样品	La_2O_3、CeO_2、Pr_2O_{11}、Na_2O_3、Sm_2O_3、GdO_3、Tb_4O_7、Dy_2O_3、Ho_2O_3、Er_2O_3、Tm_2O_3、Xb_2O_3、Lu_2O_3、Y_2O_3、Nd_2O、NiO、CuO、ZnO、PbO、SiO_2(酸溶)、碱溶、CaO、Fe_2O_3	国标	超期

标准样品编号	标准样品名称	定值元素	国、行标	有效年限
GBW 02903	氧化铈成分分析标准样品	La_2O_3、Na_2O_3、Sm_2O_3、Gd_2O_3、Y_2O_3、Nd_2O、SiO_2、CaO、Fe_2O_3、CuO	国标	超期
GSB 04—1645—2003	氧化镧标准样品(99%,99.9%)	CeO_2、Pr_6O_{11}、Nd_2O_3、Sm_2O_3、Y_2O_3	国标	2015
GSB 04—1646—2003	氧化镧标准样品(99%,99.9%)	CeO_2、Pr_6O_{11}、Nd_2O_3、Sm_2O_3、Y_2O_3	国标	2015
GSB 04—1647—2003	氧化钕标准样品(99%,99.9%)	La_2O_3、CeO_2、Pr_6O_{11}、Sm_2O_3、Y_2O_3	国标	2015
GSB 04—1648—2003	氧化钕标准样品(99%,99.9%)	La_2O_3、CeO_2、Pr_6O_{11}、Sm_2O_3、Y_2O_3	国标	2015
GSB 04—1709—2004	氧化钇铕标准样品	Eu_2O_3	国标	2014
GSB 04—1710—2004	氧化钇铕标准样品	Eu_2O_3	国标	2014
GSB 04—1711—2004	氧化钇铕标准样品	Eu_2O_3	国标	2014
GSB 04—2068—2007	氧化钇标准样品	La_2O_3、CeO_2、Pr_6O_{11}、Nd_2O_3、Sm_2O_3、Eu_2O_3、Gd_2O_3、Tb_4O_7、Dy_2O_3、Ho_2O_3、Er_2O_3、Tm_2O_3、Yb_2O_3、Lu_2O_3	国标	2022
GSB 04—2069—2007	氧化钇标准样品	La_2O_3、CeO_2、Pr_6O_{11}、Nd_2O_3、Sm_2O_3、Eu_2O_3、Gd_2O_3、Tb_4O_7、Dy_2O_3、Ho_2O_3、Er_2O_3、Tm_2O_3、Yb_2O_3、Lu_2O_3	国标	2022
GSB 04—2602—2010	氧化镧标准样品 1	CeO_2、Pr_6O_{11}、Nd_2O_3、Sm_2O_3、Eu_2O_3、Gd_2O_3、Tb_4O_7、Dy_2O_3、Ho_2O_3、Er_2O_3、Tm_2O_3、Yb_2O_3、Lu_2O_3、Y_2O_3	国标	2020
GSB 04—2603—2010	氧化镧标准样品 2	CeO_2、Pr_6O_{11}、Nd_2O_3、Sm_2O_3、Eu_2O_3、Gd_2O_3、Tb_4O_7、Dy_2O_3、Ho_2O_3、Er_2O_3、Tm_2O_3、Yb_2O_3、Lu_2O_3、Y_2O_3	国标	2020
GSB 04—2604—2010	氧化镧标准样品 3	CeO_2、Pr_6O_{11}、Nd_2O_3、Sm_2O_3、Eu_2O_3、Gd_2O_3、Tb_4O_7、Dy_2O_3、Ho_2O_3、Er_2O_3、Tm_2O_3、Yb_2O_3、Lu_2O_3、Y_2O_3	国标	2020
GSB 04—2805—2011	镨钕氧化物标准样品	Cl^-/REO、SO_4^{2-}、酸溶 SiO_2、酸溶 Al_2O_3、Fe_2O_3、CaO、MgO、Mo、W、Y_2O_3/REO、La_2O_3/REO、CeO_2/REO、Pr_6O_{11}/REO	国标	2022
GSB 04—3064—2013	混合轻稀土氧化物稀土配分标准样品	La_2O_3/REO、CeO_2/REO、Pr_6O_{11}/REO、Nd_2O_3/REO、Sm_2O_3/REO、Eu_2O_3/REO、Gd_2O_3/REO、Y_2O_3/REO	国标	2023

标准样品编号	标准样品名称	定值元素	国、行标	有效年限
GSB 04—3065—2013	混合轻稀土少铕氧化物稀土配分标准样品	La_2O_3/REO、CeO_2/REO、Pr_6O_{11}/REO、Nd_2O_3/REO	国标	2023
GSB 04—3425—2017	钕铁硼合金标准样品	Pr、Nd、Dy、Tb、B、Co、Nb、Zr、Mn、Al、Cu	国标	2022
GSB 04—3426—2017	稀土抛光粉标准样品	La_2O_3/REO、CeO_2/REO、REO、F	国标	2027

9.8 液体标准样品

标准样品编号	标准样品名称	定值元素	国、行标	有效年限
GSB 04—1712—2004	ICP 分析用标准溶液 1(单元素)	Ag	国标	2019
GSB 04—1713—2004	ICP 分析用标准溶液 2(单元素)	Al	国标	2019
GSB 04—1714—2004	ICP 分析用标准溶液 3(单元素)	As	国标	2019
GSB 04—1715—2004	ICP 分析用标准溶液 4(单元素)	Au	国标	2019
GSB 04—1716—2004	ICP 分析用标准溶液 5(单元素)	B	国标	2019
GSB 04—1717—2004	ICP 分析用标准溶液 6(单元素)	Ba	国标	2019
GSB 04—1718—2004	ICP 分析用标准溶液 7(单元素)	Be	国标	2019
GSB 04—1719—2004	ICP 分析用标准溶液 8(单元素)	Bi	国标	2019
GSB 04—1720—2004	ICP 分析用标准溶液 9(单元素)	Ca	国标	2019
GSB 04—1721—2004	ICP 分析用标准溶液 10(单元素)	Cd	国标	2019
GSB 04—1722—2004	ICP 分析用标准溶液 11(单元素)	Co	国标	2019
GSB 04—1723—2004	ICP 分析用标准溶液 12(单元素)	Cr	国标	2019
GSB 04—1724—2004	ICP 分析用标准溶液 13(单元素)	Cs	国标	2019
GSB 04—1725—2004	ICP 分析用标准溶液 14(单元素)	Cu	国标	2019

标准样品编号	标准样品名称	定值元素	国、行标	有效年限
GSB 04—1726—2004	ICP分析用标准溶液15(单元素)	Fe	国标	2019
GSB 04—1727—2004	ICP分析用标准溶液16(单元素)	Ga	国标	2019
GSB 04—1728—2004	ICP分析用标准溶液17(单元素)	Ge	国标	2019
GSB 04—1729—2004	ICP分析用标准溶液18(单元素)	Hg	国标	2019
GSB 04—1730—2004	ICP分析用标准溶液19(单元素)	Hf	国标	2019
GSB 04—1731—2004	ICP分析用标准溶液20(单元素)	In	国标	2019
GSB 04—1732—2004	ICP分析用标准溶液21(单元素)	Ir	国标	2019
GSB 04—1733—2004	ICP分析用标准溶液22(单元素)	K	国标	2019
GSB 04—1734—2004	ICP分析用标准溶液23(单元素)	Li	国标	2019
GSB 04—1735—2004	ICP分析用标准溶液24(单元素)	Mg	国标	2019
GSB 04—1736—2004	ICP分析用标准溶液25(单元素)	Mn	国标	2019
GSB 04—1737—2004	ICP分析用标准溶液26(单元素)	Mo	国标	2019
GSB 04—1738—2004	ICP分析用标准溶液27(单元素)	Na	国标	2019
GSB 04—1739—2004	ICP分析用标准溶液28(单元素)	Nb	国标	2019
GSB 04—1740—2004	ICP分析用标准溶液29(单元素)	Ni	国标	2019
GSB 04—1741—2004	ICP分析用标准溶液30(单元素)	P	国标	2019
GSB 04—1742—2004	ICP分析用标准溶液31(单元素)	Pb	国标	2019
GSB 04—1743—2004	ICP分析用标准溶液32(单元素)	Pd	国标	2019
GSB 04—1744—2004	ICP分析用标准溶液33(单元素)	Pt	国标	2019

标准样品编号	标准样品名称	定值元素	国、行标	有效年限
GSB 04—1745—2004	ICP 分析用标准溶液 34(单元素)	Re	国标	2019
GSB 04—1746—2004	ICP 分析用标准溶液 35(单元素)	Rh	国标	2019
GSB 04—1747—2004	ICP 分析用标准溶液 36(单元素)	Ru	国标	2019
GSB 04—1748—2004	ICP 分析用标准溶液 37(单元素)	Sb	国标	2019
GSB 04—1749—2004	ICP 分析用标准溶液 38(单元素)	Sb	国标	2019
GSB 04—1750—2004	ICP 分析用标准溶液 39(单元素)	Sc	国标	2019
GSB 04—1751—2004	ICP 分析用标准溶液 40(单元素)	Se	国标	2019
GSB 04—1752—2004	ICP 分析用标准溶液 41(单元素)	Si	国标	2019
GSB 04—1753—2004	ICP 分析用标准溶液 42(单元素)	Sn	国标	2019
GSB 04—1754—2004	ICP 分析用标准溶液 43(单元素)	Sr	国标	2019
GSB 04—1755—2004	ICP 分析用标准溶液 44(单元素)	Ta	国标	2019
GSB 04—1756—2004	ICP 分析用标准溶液 45(单元素)	Te	国标	2019
GSB 04—1757—2004	ICP 分析用标准溶液 46(单元素)	Ti	国标	2019
GSB 04—1758—2004	ICP 分析用标准溶液 47(单元素)	Tl	国标	2019
GSB 04—1759—2004	ICP 分析用标准溶液 48(单元素)	V	国标	2019
GSB 04—1760—2004	ICP 分析用标准溶液 49(单元素)	W	国标	2019
GSB 04—1761—2004	ICP 分析用标准溶液 50(单元素)	Zn	国标	2019
GSB 04—1762—2004	ICP 分析用标准溶液 51(单元素)	Zr	国标	2019
GSB 04—1763—2004	ICP 分析用标准溶液 52(单元素)	K、Na	国标	2019

标准样品编号	标准样品名称	定值元素	国、行标	有效年限
GSB 04—1770—2004	稀土分析用标准溶液1(阴离子)	Cl^-	国标	2019
GSB 04—1771—2004	稀土分析用标准溶液2(阴离子)	F^-	国标	2019
GSB 04—1772—2004	稀土分析用标准溶液3(阴离子)	NO^{3-}	国标	2019
GSB 04—1773—2004	稀土分析用标准溶液4(阴离子)	SO_4^{2-}	国标	2019
GSB 04—1774—2004	稀土分析用标准溶液5(单元素)	La	国标	2019
GSB 04—1775—2004	稀土分析用标准溶液6(单元素)	Ce	国标	2019
GSB 04—1776—2004	稀土分析用标准溶液7(单元素)	Pr	国标	2019
GSB 04—1777—2004	稀土分析用标准溶液8(单元素)	Nd	国标	2019
GSB 04—1779—2004	稀土分析用标准溶液10(阴离子)	Eu	国标	2019
GSB 04—1780—2004	稀土分析用标准溶液11(阴离子)	Gd	国标	2019
GSB 04—1781—2004	稀土分析用标准溶液12(阴离子)	Tb	国标	2019
GSB 04—1782—2004	稀土分析用标准溶液13(阴离子)	Dy	国标	2019
GSB 04—1783—2004	稀土分析用标准溶液14(阴离子)	Ho	国标	2019
GSB 04—1784—2004	稀土分析用标准溶液15(单元素)	Er	国标	2019
GSB 04—1785—2004	稀土分析用标准溶液16(单元素)	Tm	国标	2019
GSB 04—1786—2004	稀土分析用标准溶液17(单元素)	Yb	国标	2019
GSB 04—1787—2004	稀土分析用标准溶液18(单元素)	Lu	国标	2019
GSB 04—1788—2004	稀土分析用标准溶液19(单元素)	Y	国标	2019
GSB 04—2070—2007	阴离子标准溶液	NO^{3-}(1000μg/mL)	国标	2022
GSB 04—2071—2007	阴离子标准溶液	NO^{3-}(100μg/mL)	国标	2022
GSB 04—2072—2007	阴离子标准溶液	F^-(1000μg/mL)	国标	2022

标准样品编号	标准样品名称	定值元素	国、行标	有效年限
GSB 04—2073—2007	阴离子标准溶液	F^-(100μg/mL)	国标	2022
GSB 04—2074—2007	阴离子标准溶液	SO_4^{2-}(1000μg/mL)	国标	2022
GSB 04—2075—2007	阴离子标准溶液	SO_4^{2-}(100μg/mL)	国标	2022
GSB 04—2076—2007	阴离子标准溶液	Cl^-(1000μg/mL)	国标	2022
GSB 04—2077—2007	阴离子标准溶液	Cl^-(100μg/mL)	国标	2022
GSB 04—2078—2007	阴离子标准溶液	Br^-(1000μg/mL)	国标	2022
GSB 04—2079—2007	阴离子标准溶液	Br^-(100μg/mL)	国标	2022
GSB 04—2080—2007	阴离子标准溶液	I^-(1000μg/mL)	国标	2022
GSB 04—2081—2007	阴离子标准溶液	I^-(100μg/mL)	国标	2022
GSB 04—2831—2011	离子色谱分析用氨标准溶液	氨 NH_3	国标	2021
GSB 04—2832—2011	离子色谱分析用氨氮标准溶液	氨氮 NH_3-N	国标	2021
GSB 04—2833—2011	离子色谱分析用铵标准溶液	铵 NH^{4+}	国标	2021
GSB 04—2834—2011	离子色谱分析用碘化物标准溶液	碘 I^-	国标	2021
GSB 04—2835—2011	离子色谱分析用磷酸盐标准溶液	磷酸盐 PO_4^{3-}	国标	2021
GSB 04—2836—2011	离子色谱分析用铷标准溶液	铷 Rb	国标	2021
GSB 04—2837—2011	离子色谱分析用硝酸盐氮标准溶液	硝酸盐氮 NO_3^--N	国标	2021
GSB 04—2838—2011	离子色谱分析用溴化物标准溶液	溴 Br^-	国标	2021
GSB 04—2839—2011	离子色谱分析用亚硝酸盐标准溶液	亚硝酸盐 NO_2^-	国标	2021
GSB 04—2840—2011	离子色谱分析用亚硝酸盐氮标准溶液	亚硝酸盐氮 NO_2^--N	国标	2021
YSS 047—2009	等离子体质谱仪用系列标准溶液(单元素)	Al、Sb、H_3AsO_4 · 1/2 H_2O、$BaCO_3$、$Be_4O(C_2H_3O_2)_6$、Bi、Cd、$Ca(NO_3)_2$、$Cr(NO_3)_3$ · $9H_2O$、$CoCO_3$、Cu、$(NH_4)_2GeF_6$、Au、In、$Fe(NO_3)_3$、Pb、$Mg(NO_3)_2$、Mn、Hg、Mo、Ni、KNO_3、$RhCl_3$ · $3H_2O$、Sc_2O_3、Se、Ag、Na_2CO_3、Tb_4O_7、$TlNO_3$、$Th(NO_3)_4$ · 4 H_2O、Sn、$(NH_4)_2TiF_6$、U_3O_8、NH_4VO_3、Y_2O_3、Zn	行标	2014

标准样品编号	标准样品名称	定值元素	国、行标	有效年限
GSB 04—1764—2004	ICP 分析用标准溶液53(多元素混合)	As、La、Li、Mn、Mo、Ni、Sc、Na、K、S、P	国标	2019
GSB 04—1765—2004	ICP 分析用标准溶液54(多元素混合)	As、Sb、Bi、Pb、Sn、Cd	国标	2019
GSB 04—1766—2004	ICP 分析用标准溶液55(多元素混合)	Al、As、Ba、Be、Bi、Cd、Co、Cr、Cu、Fe、Mg、Mn、Ni、Sb、Sn、Ti、V、Zn、Zr	国标	2019
GSB 04—1767—2004	ICP 分析用标准溶液56(多元素混合)	Al、As、B、Ba、Be、Bi、Cd、Co、Cr、Cu、Fe、Ga、Li、Mg、Mn、Ni、Pb、Sb、Sn、Sr、Ti、Tl、V、Zn	国标	2019
GSB 04—1768—2004	ICP 分析用标准溶液57(多元素混合)	Zr、Hf、W、Mo、Ta、Nb、Ti	国标	2019
GSB 04—1769—2004	ICP 分析用标准溶液58(多元素混合)	Au、Pd、Pt、Ir、Ru	国标	2019
GSB 04—1778—2004	稀土分析用标准溶液9(单元素)	Sm	国标	2019
GSB 04—1789—2004	稀土分析用标准溶液20(多元素混合)	La、Ce、Pr、Nd、Sm、Eu、Gd、Tb、Dy、Ho、Er、Tm、Yb、Lu、Y	国标	2019
GSB 04—2810—2011	铝合金化学分析用多元素标准溶液系列1	Cu、Fe、Mn、Mg、Ni、Zn、Zr、Ti、Cr、V	国标	售罄
GSB 04—2811—2011	铝合金化学分析用多元素标准溶液系列2	Mg、Fe、Mn、Cu、Cr、Zn、Zr、Ti、Ni	国标	售罄
GSB 04—2812—2011	铝合金化学分析用多元素标准溶液系列3	Mg、Mn、Fe、Cu、Zn、Cr、Ti	国标	售罄
GSB 04—2813—2011	铝合金化学分析用多元素标准溶液系列4	Zn、Mg、Cu、Fe、Mn、Cr、Zr、Ti	国标	售罄
GSB 04—2814—2011	铝合金化学分析用多元素标准溶液系列5	B、Ca、Ga、Sb、Sr、Sn、Pb、V	国标	售罄
GSB 04—2815—2011	镁合金化学分析用多元素标准溶液系列	Al、Mn、Nd、Y、Zn、Z	国标	售罄
GSB 04—2816—2011	铜合金化学分析用多元素标准溶液系列1	Al、Be、Fe、Mn、Ni、P、Pb、Sn、Zn	国标	售罄
GSB 04—2817—2011	铜合金化学分析用多元素标准溶液系列2	Al、Bi、Co、Fe、Mg、Mn、Ni、Pb、Sn、Ti、Zn	国标	售罄
GSB 04—2818—2011	铜合金化学分析用多元素标准溶液系列3	B、Cd、In、Te、V、Zr	国标	售罄
GSB 04—2819—2011	铜合金化学分析用多元素标准溶液系列4	Al、Co、Fe、Mg、Mn、Ni、Pb、Sn、Ti、Zn	国标	售罄
GSB 04—2820—2011	离子色谱分析用多元素混合标准溶液1	PO_4^{3-}、SO_4^{2-}、NO_3^-、Br^-、Cl^-、F^-	国标	2021

标准样品编号	标准样品名称	定值元素	国、行标	有效年限
GSB 04—2821—2011	离子色谱分析用多元素混合标准溶液 2	SO_4^{2-}、NO_3^-、Br^-、Cl^-、F^-	国标	2021
GSB 04—2822—2011	离子色谱分析用多元素混合标准溶液 3	Ca、NH_4^+、K、Na、Mg、Li	国标	2021
GSB 04—2823—2011	离子色谱分析用多元素混合标准溶液 4	Ba、Sr、Ca、Mg	国标	2021
GSB 04—2824—2011	离子色谱分析用多元素混合标准溶液 5	Li、Na、K、NH_4^+、Mg、Ca、Sr、Ba	国标	2021
GSB 04—2825—2011	离子色谱分析用多元素混合标准溶液 6	As、Be、Cd、Cr、Ni、Pb、Se、Tl	国标	2021
GSB 04—2826—2011	离子色谱分析用多元素混合标准溶液 7	Bi、Ge、In、Rh、Sc、Tb、Y	国标	2021
GSB 04—2827—2011	离子色谱分析用多元素混合标准溶液 8	Sc、Cs、In、Rh	国标	2021
GSB 04—2828—2011	离子色谱分析用多元素混合标准溶液 9	Bi、Ge、In、Lu、Rh、Sc、Tb、Y	国标	2021
GSB 04—2829—2011	离子色谱分析用多元素混合标准溶液 10	Ba、Be、Ce、Co、In、Li、Mg、Pb、Rh、Tl、Y	国标	2021
GSB 04—2830—2011	离子色谱分析用多元素混合标准溶液 11	As、Bi、Ga、Ge、In、Pb、Sb、Se、Sn、Te、Tl	国标	2021
GSB 04—3362—2016	30 种元素混合标准溶液(10μg/mL)	Ag、Al、As、B、Ba、Be、Bi、Ca、Cd、Co、Cr、Cu、Fe、Ga、In、K、Li、Mg、Mn、Na、Ni、P、Pb、Rb、Se、Sr、Te、Tl、V、Zn	国标	2021
GSB 04—3363—2016	12 种难熔金属元素混合标准溶液(10μg/mL)	Ge、Hf、Mo、Nb、Sb、Si、Sn、Ta、Te、Ti、W、Zr	国标	2021
GSB 04—3364—2016	8 种贵金属元素混合标准溶液(10μg/mL)	Au、Ir、Pd、Pt、Re、Rh、Ru、Te	国标	2021
GSB 04—3365—2016	8 种 ROHS 指令检测用无机元素混合标准溶液(100μg/mL)	As、Ba、Cd、Cr、Hg、Pb、Sb、Se	国标	2021
GSB 04—3366—2016	13 种过渡金属元素混合标准溶液(100μg/mL)	Ag、Cd、Co、Cr、Cu、Fe、Hg、Mn、Ni、Pb、Tl、V、Zn	国标	2021
GSB 04—3367—2016	16 种稀土元素混合标准溶液(10μg/mL)	La、Ce、Pr、Nd、Sm、Eu、Gd、Tb、Dy、Ho、Er、Tm、Yb、Lu、Y、Sc	国标	2021
GSB 04—3368—2016	10 种碱金属及碱土金属元素混合标准溶液(10μg/mL)	Ba、Be、Ca、Cs、K、Li、Mg、Na、Rb、Sr	国标	2021

标准样品编号	标准样品名称	定值元素	国、行标	有效年限
GSB 04—3369—2016	7种无机阴离子混合标准溶液(100μg/mL)	F^-、Cl^-、Br^-、SO_4^{2-}、NO_2^-、NO^{3-}、PO_4^{3-}	国标	2021
YSS 046—2009	等离子体质谱仪用系列标准溶液(多元素)	Ce、Dy、Er、Eu、Gd、Ho、La、Lu、Nd、Pr、Sc、Sm、Tb、Th、Tm、Y、Yb; Ag、Al、As、Ba、Be、Bi、Ca、Cd、Co、Cr、Cs、Cu、Fe、Ga、In、K、Li、Mg、Mn、Na、Ni、Pb、Rb、Se、Sr、Tl、U、V、Zn; Au、Al、As、Ba、Be、Bi、Cd、Co、Cr、Cu、Fe、Mg、Mn、Ni、Sb、Sn、Ti、V、Zn、Zr; Au、Hf、Ir、Pd、Pt、Rh、Ru、Sb、Sn、Te; B、Ge、Mo、Nb、P、Re、S、Si、Ta、Ti、W、Zr; Be、Bi、Ce、Co、In、Mg、Ni、Pb、U	行标	售罄

9.9 其他基体成分标准样品

标准样品编号	标准样品名称	定值元素	国、行标	有效年限
GSB 04—2195—2008	铝用炭素材料微量元素标准样品	S、V、Na、Si、Fe、Ti、Ni、Ca、Zn	国标	2018
GSB 04—3286—2016	汽车尾气净化催化剂贵金属分析用标准样品	Pt、Pd、Rh	国标	2026
GSB 04—3308—2016	焙烧等效温度测定用煅后石油焦标准样品	热处理温度	国标	2024

9.10 物理性能标准样品

标准样品编号	标准样品名称	定值元素	国、行标	有效年限
GSB 04—1649—2003	灯用稀土荧光粉标样	相对亮度、比表面积	国标	售罄
GSB 04—1650—2003	灯用稀土荧光粉标样	相对亮度、比表面积	国标	售罄
GSB 04—1651—2003	灯用稀土荧光粉标样	相对亮度、比表面积	国标	售罄
GSB 04—1652—2003	灯用稀土荧光粉标样	相对亮度、比表面积	国标	售罄

标准样品编号	标准样品名称	定值元素	国、行标	有效年限
GSB 04—1653—2003	灯用稀土荧光粉标样	相对亮度、比表面积	国标	售罄
GSB 04—2014—2006	炭块电阻率标准样品	电阻率	国标	售罄
GSB 04—2015—2006	炭块电阻率标准样品	电阻率	国标	售罄
GSB 04—2164—2007	硅片电阻率标准样品	电阻率	国标	2023
GSB 04—2165—2007	硅片厚度标准样品	厚度	国标	2023
GSB 04—2263—2008	锻后石油焦 CO_2 反应性标准样品	CO_2 反应性	国标	2021
GSB 04—2264—2008	锻后石油粉末电阻率标准样品	电阻率	国标	2021
GSB 04—2265—2008	锻后石油焦空气反应性标准样品	空气反应性	国标	2021
GSB 04—2534—2009	稀土蓄光型(长余辉)荧光粉相对亮度标准样品	相对亮度	国标	2015
GSB 04—2535—2009	白光 LED 灯用稀土黄色荧光粉相对亮度标准样品	相对亮度	国标	2015
GSB 04—2705—2011	灯用稀土三基色荧光粉相对亮度标准样品	相对亮度	国标	2022
GSB 04—3066—2013	LED 用稀土硅酸盐荧光粉相对亮度标准样品	相对亮度	国标	2015
GSB 04—3097—2013	灯用稀土紫外发射荧光粉相对发射强度标准样品	相对发射强度	国标	2022

下篇　国际标准和国外标准

GUOJI BIAOZHUN HE GUOWAI BIAOZHUN

10 国际标准

10.1 通用标准

10.1.1 ISO基础标准

标 准 号	标 准 名 称	所属委员会
ISO 6353-1：1982	化学分析用试剂 第1部分：一般试验方法	ISO/TC 47
ISO 6353-2：1983	化学分析用试剂 第2部分：规范 第一系列	ISO/TC 47
ISO 6353-3：1987	化学分析用试剂 第3部分：规范 第二系列	ISO/TC 47
ISO 8213：1986	工业用化学制品 取样技术 从粉末到粒的颗粒状固体化学制品	ISO/TC 47
ISO 9000：2015	质量管理体系 基本原理和词汇	ISO/TC 176
ISO 9001：2015	质量管理体系 要求	ISO/TC 176
ISO 9004：2018	质量管理体系 业绩改进指南	ISO/TC 176
ISO 10002：2018	质量管理 顾客满意度 组织中对投诉处理的指南	ISO/TC 176
ISO 10005：2018	质量管理体系 质量计划指南	ISO/TC 176
ISO 10006：2017	质量管理体系 项目质量管理指南	ISO/TC 176
ISO 10007：2017	质量管理体系 技术状态管理指南	ISO/TC 176
ISO/TR 10013：2001	质量管理体系文件编制指南	ISO/TC 176
ISO 10019：2005	质量管理体系顾问选择和享受其所提供服务的导则	ISO/TC 176
ISO 14001：2015	环境管理体系 要求及使用指南	ISO/TC 207

10.1.2 ISO理化性能试验方法标准

标 准 号	标 准 名 称	所属委员会
ISO 376：2011	金属材料 检验单轴试验机用力验仪的校准	ISO/TC 164
ISO 1099：2017	金属材料 轴向载荷疲劳试验	ISO/TC 164
ISO 1143：2010	金属 旋转棒弯曲疲劳试验	ISO/TC 164
ISO 1461：2009	金属镀层 加工的钢铁制品的热镀锌层	ISO/TC 107
ISO 1463：2003	金属和氧化物镀层 镀层厚度的测定显微镜法	ISO/TC 107
ISO 2177：2003	金属镀层 镀层厚度的测量 阳极分解的电量计法	ISO/TC 107
ISO 2178：2016	磁性基质的外磁性镀层 镀层厚度的测量 磁性法	ISO/TC 107
ISO 2360：2017	外磁性基体金属上的非导体镀层 镀层厚度的测量 振幅灵敏性涡流法	ISO/TC 107

标 准 号	标 准 名 称	所属委员会
ISO 2815：2003	色漆和清漆、布考耳兹（Buchholg）压痕试验	ISO/TC 35
ISO 3310-1：2016	试验用筛 技术要求和试验 第1部分：金属线材的试验用筛	ISO/TC 24
ISO 3310-2：2013	试验用筛 技术要求和试验 第2部分：金属孔板的试验用筛	ISO/TC 24
ISO 3310-3：1990	试验用筛 技术要求和试验 第3部分：金属电镀板的试验用筛	ISO/TC 24
ISO 3882：2003	金属镀层和其它无机物镀层 厚度测量方法述评	ISO/TC 107
ISO 3892：2000	金属材料的转化涂层 单位面积、涂层质量的测定重量分析法	ISO/TC 107
ISO 4520：1981	电镀锌和镉镀层上的铬酸盐转化镀层	ISO/TC 107
ISO 4521：2008	金属和其他无机覆盖层 工程用银和银合金电镀层规范和试验方法	ISO/TC 107
ISO 4525：2003	金属镀层 塑料材料上镍电镀层上的铬电镀层	ISO/TC 107
ISO 4541：1978	金属镀层和其它无机物涂层 涂膏密室耐腐蚀试验（CORR 试验）	ISO/TC 107
ISO 4543：1981	金属镀层和其它无机物涂层 适用于储存情况的腐蚀试验一般规则	ISO/TC 107
ISO 4965：1979	轴向载荷疲劳试验机 动力校准 应变测量技术	ISO/TC 164
ISO 5580：1985	无损检验 工业用X射线照相照明设备 最低要求	ISO/TC 135
ISO 6506-1：2014	金属材料 布氏硬度试验 第1部分：试验方法	ISO/TC 164
ISO 6506-2：2017	金属材料 布氏硬度试验 第2部分：试验机的检验和校准	ISO/TC 164
ISO 6506-3：2014	金属材料 布氏硬度试验 第3部分：标准样块的标定	ISO/TC 164
ISO 6506-4：2014	金属材料 布氏硬度试验 第4部分：有价值的硬度值图表	ISO/TC 164
ISO 6507-1：2018	金属材料 维氏硬度试验 第1部分：试验方法	ISO/TC 164
ISO 6507-2：2018	金属材料 维氏硬度试验 第2部分：试验机的检验和校准	ISO/TC 164
ISO 6507-3：2018	金属材料 维氏硬度试验 第3部分：标准样块的标定	ISO/TC 164
ISO 6507-4：2018	金属材料 维氏硬度试验 第4部分：有价值的硬度值图表	ISO/TC 164
ISO 6508-1：2016	金属材料 洛氏硬度试验 第1部分：试验方法（A、B、C、D、E、F、G、H、K、N、T标尺）	ISO/TC 164
ISO 6508-2：2015	金属材料 洛氏硬度试验 第2部分：试验机的检验和校准（A、B、C、D、E、F、G、H、K、N、T标尺）	ISO/TC 164

标 准 号	标 准 名 称	所属委员会
ISO 6508-3：2015	金属材料 洛氏硬度试验 第3部分：标准样块的标定（A、B、C、D、E、F、G、H、K、N、T标尺）	ISO/TC 164
ISO 6892-1：2016	金属材料抗拉试验 第1部分：室温下的试验方法	ISO/TC 164
ISO 6988：1985	金属涂层和其它无机物涂层 在一般水分冷凝作用下的二氧化硫试验	ISO/TC 107
ISO 7384：1986	人工环境下的腐蚀试验 一般要求	ISO/TC 156
ISO 7438：2016	金属材料 弯曲试验	ISO/TC 164
ISO 7500-1：2018	金属材料 静态单轴向试验机的校准 第1部分：拉伸试验机	ISO/TC 164
ISO 7500-2：2006	金属材料 静态单轴向试验机的校准 第2部分：拉伸蠕变试验机	ISO/TC 164
ISO 7539-1：2012	金属及合金的腐蚀 应力腐蚀试验 第1部分：试验总则	ISO/TC 156
ISO 7539-2：1989	金属及合金的腐蚀 应力腐蚀试验 第2部分：弯曲梁的试样制备和使用	ISO/TC 156
ISO 7539-3：1989	金属及合金的腐蚀 应力腐蚀试验 第3部分：U型梁试样的制备和应用	ISO/TC 156
ISO 7539-4：1989	金属及合金的腐蚀 应力腐蚀试验 第4部分：单轴载荷拉伸试样的制备和应用	ISO/TC 156
ISO 7539-5：1989	金属及合金的腐蚀 应力腐蚀试验 第5部分：C-环状试样的制备和应用	ISO/TC 156
ISO 7539-6：2011	金属及合金的腐蚀 应力腐蚀试验 第6部分：预裂试样的制备和应用	ISO/TC 156
ISO 7539-7：2005	金属及合金的腐蚀 应力腐蚀试验 第7部分：慢应变率试验方法	ISO/TC 156
ISO 7539-8：2000	金属及合金的腐蚀 应力腐蚀试验 第8部分：焊件试样的制备和应用	ISO/TC 156
ISO 7539-9：2003	金属及合金的腐蚀 应力腐蚀试验 第9部分：增加负载和位置上升下的预裂试样的制备和应用	ISO/TC 156
ISO 7539-10：2013	金属及合金的腐蚀 应力腐蚀试验 第10部分：U型反复弯曲试验	ISO/TC 156
ISO 7539-11：2013	金属和合金的腐蚀 应力腐蚀试验 第11部分：金属和合金抗氢脆和氢致裂纹试验导则	ISO/TC 156
ISO 7799：1985	金属材料 ≤3mm薄板和带 反复弯曲试验	ISO/TC 164
ISO 7800：2012	金属材料 线 单向扭转试验	ISO/TC 164
ISO 7801：1984	金属材料 线 反复弯曲试验	ISO/TC 164
ISO 7802：2013	金属材料 线 缠绕试验	ISO/TC 164
ISO 8044：2015	金属及合金的腐蚀 基本术语和定义	ISO/TC 156
ISO 9513：2012	金属材料 单轴向试验用伸长仪的校验	ISO/TC 164

10.2 专业标准

10.2.1 TC18 锌及锌合金

标准号	标准名称	所属委员会
ISO 301：2006	铸造用锌合金锭	ISO/TC 18
ISO 714：1975	锌 铁含量的测定 光度法	ISO/TC 18
ISO 752：2004	锌锭	ISO/TC 18
ISO 1169：2006	锌合金 铝含量的测定 滴定法	ISO/TC 18
ISO 1976：1975	锌合金 铜含量的测定 电解法	ISO/TC 18
ISO 3750：2006	锌合金 镁含量的测定 火焰原子吸收光谱法	ISO/TC 18
ISO 3815-1：2005	锌和锌合金 第1部分：固体样分析 发射光谱法	ISO/TC 18
ISO 3815-2：2005	锌及锌合金 第2部分：分析 电感耦合等离子发射光谱法	ISO/TC 18
ISO 15201：2006	锌及锌合金 铸件 规范	ISO/TC 18
ISO 20081：2005	锌及锌合金 取样方法 规范	ISO/TC 18

10.2.2 TC26 铜及铜合金

标准号	标准名称	所属委员会
ISO 196：1978	加工铜及铜合金 残余应力测定 硝酸亚汞试验	ISO/TC 26
ISO 197-1：1983	铜及铜合金 术语和定义 第1部分：材料	ISO/TC 26
ISO 197-2：1983	铜及铜合金 术语和定义 第2部分：未加工产品精炼型材	ISO/TC 26
ISO 197-3：1983	铜及铜合金 术语和定义 第3部分：加工产品	ISO/TC 26
ISO 197-4：1983	铜及铜合金 术语和定义 第4部分：铸件	ISO/TC 26
ISO 197-5：1980	铜及铜合金 术语和定义 第5部分：加工和处理方法	ISO/TC 26
ISO 431：1981	铜精炼锭	ISO/TC 26
ISO 1190-1：1982	铜及铜合金 牌号表示方法 第1部分：材料牌号	ISO/TC 26
ISO 1554：1976	加工及铸造铜合金 铜量的测定 电解法	ISO/TC 26
ISO 1811-1：1988	铜及铜合金 化学分析用样品的选取与制备 第1部分：铸造未加工产品的取样	ISO/TC 26
ISO 1811-2：1988	铜及铜合金 化学分析用样品的选取及制备 第2部分：加工产品与铸件的取样	ISO/TC 26
ISO 1812：1976	铜合金 铁量的测定 1，10—二氮杂菲分光光度法	ISO/TC 26
ISO 2624：1990	铜及铜合金 平均晶粒度的测定	ISO/TC 26
ISO 2626：1973	铜 氢脆试验	ISO/TC 26
ISO 3220：1975	铜及铜合金 砷量的测定 光度法	ISO/TC 26

标　准　号	标　准　名　称	所属委员会
ISO 4739：1985	加工铜及铜合金 力学试验用试样和试件的选取与制备	ISO/TC 26
ISO 4741：1984	铜及铜合金 磷量的测定 钒钼酸盐光度法	ISO/TC 26
ISO 4742：1984	铜合金 镍量的测定 重量法	ISO/TC 26
ISO 4744：1984	铜及铜合金 铬量的测定 火焰原子吸收光谱法	ISO/TC 26
ISO 4746：1977	无氧铜 氧化膜粘附性试验	ISO/TC 26
ISO 4748：1984	铜合金 铁量的测定 Na_2EDTA 滴定法	ISO/TC 26
ISO 4749：1984	铜合金 铅量的测定 火焰原子吸收光谱法	ISO/TC 26
ISO 4751：1984	铜及铜合金 锡量的测定 分光光度法	ISO/TC 26
ISO 5956：1984	铜及铜合金 锑量的测定 罗丹明 B 光度法	ISO/TC 26
ISO 5959：1984	铜及铜合金 铋量的测定 二乙基二硫代氨基甲酸酯光度法	ISO/TC 26
ISO 5960：1984	铜合金 镉量的测定 火焰原子吸收光度法	ISO/TC 26
ISO 6437：1984	铜合金 铬量的测定 滴定法	ISO/TC 26
ISO 6957：1988	铜合金 抗应力腐蚀氨熏试验方法	ISO/TC 26
ISO 7266：1984	铜及铜合金 硫量的测定 燃烧滴定法	ISO/TC 26

10.2.3　TC79 轻金属及其合金

标　准　号	标　准　名　称	所属委员会
ISO 791：1973	镁合金 铝的测定 8—羟基喹啉硫酸盐重量分析法	ISO/TC 79
ISO 792：1973	镁及镁合金 铁的测定 邻菲啰啉光度法	ISO/TC 79
ISO 793：1973	铝及铝合金 铁的测定 邻菲啰啉光度法	ISO/TC 79
ISO 794：1976	镁及镁合金 铜的测定 草酰二酰肼光度法	ISO/TC 79
ISO 795：1976	铝及铝合金 铜的测定 草酰二酰肼光度法	ISO/TC 79
ISO 796：1973	铝合金 铜的测定 电解法	ISO/TC 79
ISO 797：1973	铝及铝合金 硅的测定 重量法	ISO/TC 79
ISO 808：1973	铝及铝合金 硅的测定 还原硅钼络合物分光光度法	ISO/TC 79
ISO 809：1973	镁及镁合金 锰的测定 过碘酸盐光度法（含量为 0.01%~0.08%）	ISO/TC 79
ISO 810：1973	镁及镁合金 锰的测定 过碘酸盐光度法（含量小于 0.01%）	ISO/TC 79
ISO 886：1973	镁及镁合金 锰的测定 光度法（锰含量为 0.005%~1.5%）	ISO/TC 79
ISO 1118：1978	铝及铝合金 钛的测定 铬变酸分光光度法	ISO/TC 79
ISO 1178：1976	镁合金 可溶性锆的测定 茜素磺酸盐光度法	ISO/TC 79
ISO 1783：1973	镁合金 锌的测定 容量法	ISO/TC 79
ISO 1784：1976	铝合金 锌的测定 EDTA 滴定法	ISO/TC 79
ISO 1975：1973	镁及镁合金 硅的测定 还原硅钼铬合物分光光度法	ISO/TC 79

标 准 号	标 准 名 称	所属委员会
ISO 2297：1973	铝及铝合金化学分析 镁的络合滴定法测定	ISO/TC 79
ISO 2353：1972	镁及镁合金 含锆、稀土、钍和银的镁合金中锰含量的测定 高碘酸光度法	ISO/TC 79
ISO 2354：1976	镁合金 不溶性锆的测定 茜素磺酸盐光度法	ISO/TC 79
ISO 2355：1972	镁及镁合金化学分析 稀土的测定 重量法	ISO/TC 79
ISO 3255：1974	镁及镁合金 铝的测定 铬天青 S 光度法	ISO/TC 79
ISO 3256：1977	铝及铝合金 镁的测定 原子吸收分光光度法	ISO/TC 79
ISO 3978：1976	铝及铝合金 铬的测定 萃取后用二苯卡巴肼分光光度法	ISO/TC 79
ISO 3980：1977	铝及铝合金 铜的测定 原子吸收分光光度法	ISO/TC 79
ISO 3981：1977	铝及铝合金 镍的测定 原子吸收分光光度法	ISO/TC 79
ISO 4192：1981	铝及铝合金 铅含量的测定 火焰原子吸收光谱法	ISO/TC 79
ISO 4193：1981	铝及铝合金 铬含量的测定 火焰原子吸收光谱法	ISO/TC 79
ISO 4194：1981	镁合金 锌含量的测定 火焰原子吸收光谱法	ISO/TC 79
ISO 5194：1981	铝及铝合金 锌含量的测定 火焰原子吸收光谱法	ISO/TC 79
ISO 5196-1：1980	镁合金 钍的测定 第 1 部分：重量法	ISO/TC 79
ISO 5196-2：1980	镁合金 钍的测定 第 2 部分：滴定法	ISO/TC 79
ISO 6827：1981	铝及铝合金 钛含量的测定：二安替比林基代甲烷分光光度法	ISO/TC 79
ISO/TR 7242：1981	轻金属及其合金化学分析 实验室间实验结果的统计分析	ISO/TC 79
ISO 2085：2010	铝及铝合金阳极氧化 阳极氧化膜连续性试验硫酸铜法	ISO/TC 79/SC 2
ISO 2106：2011	铝及铝合金阳极氧化 阳极氧化膜单位面积（表面密度）重量的测定 重量法	ISO/TC 79/SC 2
ISO 2128：2010	铝及铝合金阳极氧化 阳极氧化膜厚度的测定 分光束显微镜测量法	ISO/TC 79/SC 2
ISO 2135：2017	铝及铝合金阳极氧化 着色阳极氧化膜的耐光性加速试验	ISO/TC 79/SC 2
ISO 2143：2017	铝及铝合金阳极氧化 阳极氧化膜封闭后吸附能力的损失评定 酸处理后的染色斑点试验	ISO/TC 79/SC 2
ISO 2376：2010	铝及铝合金阳极氧化 应用击穿电位测定法检验绝缘性	ISO/TC 79/SC 2
ISO 2931：2017	铝及铝合金阳极氧化 通过测定导纳或阻抗来评定阳极氧化膜封孔质量	ISO/TC 79/SC 2
ISO 3210：2017	铝及铝合金阳极氧化 通过测量在磷铬酸溶液中浸入后的质量损失评价阳极氧化膜封孔质量	ISO/TC 79/SC 2
ISO 3211：2010	铝及其合金的阳极氧化 阳极氧化物镀层抗变形破裂的评定	ISO/TC 79/SC 2

标 准 号	标 准 名 称	所属委员会
ISO 6581：2010	铝及铝合金阳极氧化 着色阳极氧化膜的耐紫外线性能的测定	ISO/TC 79/SC 2
ISO 6719：2010	铝及铝合金阳极氧化 用积算球仪进行铝表面反射性能的测定	ISO/TC 79/SC 2
ISO 7583：2013	铝及铝合金阳极氧化 术语	ISO/TC 79/SC 2
ISO 7599：2018	铝及铝合金阳极氧化 铝阳极氧化膜的一般技术条件	ISO/TC 79/SC 2
ISO 7668：2018	铝及铝合金阳极氧化 20°、45°、60°或85°角的镜面反射率和镜面光泽的测定	ISO/TC 79/SC 2
ISO 7759：2010	铝及铝合金阳极氧化 用遮光测角光度计或测角光度计测定铝表面反射性能	ISO/TC 79/SC 2
ISO 8251：2011	铝及铝合金阳极氧化 用研磨磨损试验仪测定阳极氧化膜的耐磨性和磨损指数	ISO/TC 79/SC 2
ISO 8993：2010	铝及铝合金阳极氧化 点腐蚀法评定阳极氧化膜 图表法	ISO/TC 79/SC 2
ISO 8994：2011	铝及铝合金阳极氧化 点腐蚀法评定阳极氧化膜 网格法	ISO/TC 79/SC 2
ISO 10074：2017	铝及铝合金硬质阳极氧化膜规范	ISO/TC 79/SC 2
ISO 10215：2018	铝及铝合金阳极氧化 阳极氧化膜图像清晰度的目视测定 图表比例尺法	ISO/TC 79/SC 2
ISO 10216：2017	铝及铝合金阳极氧化 阳极氧化膜图像清晰度的仪器测定 仪器法	ISO/TC 79/SC 2
ISO/TS 16688：2017	建筑用铝表面涂膜膜层、性能、检测方法的选择	ISO/TC 79/SC 2
ISO/TR 16689：2012	铝及铝合金阳极氧化 关于替代磷酸/铬酸预浸试验的研究 相关性评价	ISO/TC 79/SC 2
ISO 28340：2013	铝及铝合金复合膜 电泳有机膜—阳极氧化膜复合膜	ISO/TC 79/SC 2
ISO 115：2003	重熔用铝锭 分类和化学成分	ISO/TC 79/SC 4
ISO 3116：2007	镁及镁合金 变形镁合金 化学成分和力学性能	ISO/TC 79/SC 5
ISO 8287：2011	原生镁锭 化学成分	ISO/TC 79/SC 5
ISO 11707：2011	镁及镁合金 铅含量和镉含量的测定	ISO/TC 79/SC 5
ISO 16220：2017	镁及镁合金 镁合金铸锭和铸件	ISO/TC 79/SC 5
ISO 16374：2016	镁及镁合金铸锭洁净度评价方法	ISO/TC 79/SC 5
ISO 23079：2005	镁及镁合金 废料 要求、分类及验收	ISO/TC 79/SC 5
ISO 26202：2007	镁及镁合金 铸造阳极	ISO/TC 79/SC 5
ISO 7271：2011	铝及铝合金 箔和薄带：尺寸偏差	ISO/TC 79/SC 6
ISO 6361-1：2011	变形铝及铝合金薄板 带和中厚板 第1部分：验收和交货技术条件	ISO/TC 79/SC 6
ISO 6361-2：2014	变形铝及铝合金薄板 带和中厚板 第2部分：力学性能	ISO/TC 79/SC 6
ISO 6361-3：2014	变形铝及铝合金薄板 带和中厚板 第3部分：形位公差和尺寸	ISO/TC 79/SC 6

标 准 号	标 准 名 称	所属委员会
ISO 6361-4：2014	变形铝及铝合金薄板 带和中厚板 第4部分：薄板和中厚板 形位公差和尺寸	ISO/TC 79/SC 6
ISO 6361-5：2011	变形铝及铝合金薄板 带和中厚板 第5部分：化学成分	ISO/TC 79/SC 6
ISO 6362-1：2012	变形铝及铝合金挤压杆、棒、管和型材 第1部分：验收和交货技术条件	ISO/TC 79/SC 6
ISO 6362-2：2014	变形铝及铝合金挤压杆、棒、管和型材 第2部分：力学性能	ISO/TC 79/SC 6
ISO 6362-3：2012	铝及铝合金挤压棒、条、管和型材、挤压矩形条 尺寸和形位公差	ISO/TC 79/SC 6
ISO 6362-4：2012	变形铝及铝合金挤压杆、棒、管和型材 第4部分：挤压型材 形位公差和尺寸	ISO/TC 79/SC 6
ISO 6362-5：2012	变形铝及铝合金挤压杆、棒、管和型材 第5部分：挤压圆形、正方形和六角形棒形位和尺寸偏差	ISO/TC 79/SC 6
ISO 6362-6：2012	变形铝及铝合金挤压杆、棒、管和型材 第6部分：挤压圆形、正方形、矩形和六角形管尺寸和形位偏差	ISO/TC 79/SC 6
ISO 6362-7：2014	变形铝及铝合金挤压杆、棒、管和型材 第7部分：化学成分	ISO/TC 79/SC 6
ISO 6363-1：2012	变形铝及铝合金冷拉棒材和管材 第1部分：验收和交货技术条件	ISO/TC 79/SC 6
ISO 6363-2：2012	变形铝及铝合金冷拉棒材和管材 第2部分：机械性能	ISO/TC 79/SC 6
ISO 6363-3：2012	变形铝及铝合金冷拉棒材和管材 第3部分：拉制圆棒和线材尺寸和形位偏差（正负对称公差）	ISO/TC 79/SC 6
ISO 6363-4：2012	变形铝及铝合金冷拉棒材和管材 第4部分：拉制矩形棒尺寸和形位偏差	ISO/TC 79/SC 6
ISO 6363-5：2012	变形铝及铝合金冷拉棒材和管材 第5部分：冷拉方形和六角形棒尺寸和形位偏差	ISO/TC 79/SC 6
ISO 6363-6：2012	变形铝及铝合金冷拉棒材和管材 第6部分：拉制圆管尺寸和形位偏差	ISO/TC 79/SC 6
ISO 209：2007	变形铝及铝合金 化学成分	ISO/TC 79/SC 6
ISO 3522：2007	铝及铝合金 铸件 化学成分和力学性能	ISO/TC 79/SC 7
ISO 17615：2007（ISO 17615：2007/Cor 1：2008）	铝及铝合金 重熔用合金锭 牌号	ISO/TC 79/SC 7
ISO 2107：2007	铝及铝合金加工材 状态代号	ISO/TC 79/SC 9
ISO 13092：2012	钛及钛合金 海绵钛	ISO/TC 79/SC 11
ISO 18762：2016	钛及钛合金管 冷凝器和热交换器用焊接管 交货技术条件	ISO/TC 79/SC 11

标　准　号	标　准　名　称	所属委员会
ISO 22960：2008	钛及钛合金 铁量的测定 1，10—二氮杂菲分光光度法	ISO/TC 79/SC 11
ISO 22961：2008	钛及钛合金 铁量的测定 原子吸收光谱法	ISO/TC 79/SC 11
ISO 22962：2008	钛及钛合金 铁量的测定 电感耦合等离子体原子发射光谱法	ISO/TC 79/SC 11
ISO 22963：2008	钛及钛合金 氧量的测定 惰气熔融红外法	ISO/TC 79/SC 11
ISO 25902-1：2009	钛及钛合金管 无损检测 第1部分：涡流探伤	ISO/TC 79/SC 11
ISO 25902-2：2010	钛及钛合金管 无损检测 第2部分：纵向缺陷的超声波探伤	ISO/TC 79/SC 11
ISO 28401：2010	轻金属及其合金 钛及钛合金 分类和术语	ISO/TC 79/SC 11
ISO 6139：1993	铝土矿 分配器的均匀分配的实验室测定	ISO/TC 79/SC 12
ISO 8685：1992	铝土矿 取样程序	ISO/TC 79/SC 12

10.2.4　TC119 粉末冶金

标　准　号	标　准　名　称	所属委员会
ISO 3252：1999	粉末冶金 术语	ISO/TC 119
ISO 5755：2012	烧结金属材料规范	ISO/TC 119
ISO 22068：2012	烧结金属注射成型材料 规范	ISO/TC 119
ISO 3923-1：2018	金属粉末 松装密度的测定 第1部分：漏斗法	ISO/TC 119/SC2
ISO 3923-2：1981	金属粉末 松装密度的测定 第2部分：斯柯特容量计法	ISO/TC 119/SC2
ISO 3927：2017	金属粉末（不包括硬质合金）单轴向压制时压缩性的测定	ISO/TC 119/SC2
ISO 3953：2011	金属粉末 振实密度的测定	ISO/TC 119/SC2
ISO 3954：2007	粉末冶金用粉末 取样	ISO/TC 119/SC2
ISO 3995：1985	金属粉末 生坯强度的测定 矩形压坯横向断裂法	ISO/TC 119/SC2
ISO 4490：2018	金属粉末 用校准漏斗（霍尔流量计）测定流动性	ISO/TC 119/SC2
ISO 4491-1：1989	金属粉末 还原法测定氧含量 第1部分：总则	ISO/TC 119/SC2
ISO 4491-2：1997	金属粉末 还原法测定氧含量 第2部分：氢还原时质量损失（氢损）	ISO/TC 119/SC2
ISO 4491-3：1997	金属粉末 还原法测定氧含量 第3部分：氢可还原的氧量	ISO/TC 119/SC2
ISO 4491-4：2013	金属粉末 还原法测定氧含量 第4部分：还原提取法测定总氧量	ISO/TC 119/SC2
ISO 4492：2017	金属粉末（不包括硬质合金）与成型烧结有关的尺寸变化的测定	ISO/TC 119/SC2
ISO 4496：2017	金属粉末 铁、铜、锡及青铜粉中酸不溶物含量的测定	ISO/TC 119/SC2

标 准 号	标 准 名 称	所属委员会
ISO 4497：1983	金属粉末 干筛分法测定粒度	ISO/TC 119/SC2
ISO 10070：1991	金属粉末 稳态流动条件粉末层透气性试验 外比表面的测定	ISO/TC 119/SC2
ISO 13517：2013	金属粉末 利用带刻度漏斗进行流量的测定（古斯塔弗森流量计）	ISO/TC 119/SC2
ISO 13944：2012	含润滑剂的金属粉末混合物 润滑剂含量的测定 修正的索格利特（Soxhlet）萃取法	ISO/TC 119/SC2
ISO 13947：2011	金属粉末 用铸造粉末样品测定金属粉末中非金属夹杂物的试验方法	ISO/TC 119/SC2
ISO 14168：2011	金属粉末（不包括硬质合金）铜基浸渗粉检验方法	ISO/TC 119/SC2
ISO 18549-1：2009	金属粉末 高温时松装密度和流速的测定 第1部分：高温时松装密度的测定	ISO/TC 119/SC2
ISO 18549-2：2009	金属粉末 高温时松装密度和流速的测定 第2部分：高温时流速的测定	ISO/TC 119/SC2
ISO 2738：1999	烧结金属材料（不包括硬质合金）可渗性烧结金属材料 密度、含油率和开孔率的测定	ISO/TC 119/SC3
ISO 2739：2012	烧结金属衬套 径向抗压强度的测定	ISO/TC 119/SC3
ISO 2740：2009	烧结金属材料（不包括硬质合金）拉伸试样	ISO/TC 119/SC3
ISO 3312：1987	烧结金属材料和硬质合金 弹性模量的测定	ISO/TC 119/SC3
ISO 3325：1996	烧结金属材料（不包括硬质合金）横向断裂强度的测定	ISO/TC 119/SC3
ISO 3325：1996/Amd 1：2001	精密度的表示	ISO/TC 119/SC3
ISO 3369：2006	不可渗性烧结金属和硬质合金 密度的测定	ISO/TC 119/SC3
ISO 3928：2016	烧结金属材料（不包括硬质合金）疲劳试验试样	ISO/TC 119/SC3
ISO 4003：1977	可渗性烧结金属材料 气泡试验孔径的测定	ISO/TC 119/SC3
ISO 4022：1987	可渗性烧结金属材料 液体可渗性检验	ISO/TC 119/SC3
ISO 4498：2010	烧结金属材料（不包括硬质合金）表观硬度和显微硬度检验	ISO/TC 119/SC3
ISO 4507：2000	渗碳或碳氮共渗的烧结铁基材料 维氏显微硬度法测定和检验有效表面硬化深度	ISO/TC 119/SC3
ISO 5754：2017	烧结金属材料（不包括硬质合金）无缺口冲击试样	ISO/TC 119/SC3
ISO 7625：2012	烧结金属材料（不包括硬质合金）测定碳含量用化学分析样品的制备	ISO/TC 119/SC3
ISO 14317：2015	烧结金属材料（不包括硬质合金）压缩屈服强度的测定	ISO/TC 119/SC3
ISO 23519：2010	烧结金属材料（不包括硬质合金）表面粗糙度的测定	ISO/TC 119/SC3
ISO 28279：2010	烧结金属材料 粉末冶金制品清洁度的测定	ISO/TC 119/SC3
ISO 3327：2009	硬质合金 横向断裂强度的测定	ISO/TC 119/SC4

标　准　号	标　准　名　称	所属委员会
ISO 3738-1：1982	硬质合金 洛氏硬度试验（标尺 A）第 1 部分：试验方法	ISO/TC 119/SC4
ISO 3738-2：1988	硬质合金 洛氏硬度试验（标尺 A）第 2 部分：标准试块的制备和校准	ISO/TC 119/SC4
ISO 3878：1983	硬质合金 维氏硬度试验	ISO/TC 119/SC4
ISO 3907：2009	硬质合金 总碳含量的测定 重量法	ISO/TC 119/SC4
ISO 3908：2009	硬质合金 不溶（游离）碳量的测定 重量法	ISO/TC 119/SC4
ISO 3909：1976	硬质合金 钴含量的测定 电位滴定法	ISO/TC 119/SC4
ISO 4489：1978	烧结硬质合金 取样和试验方法	ISO/TC 119/SC4
ISO 4499-1：2008	硬质合金 显微组织的金相检验 第 1 部分：显微照片及描述	ISO/TC 119/SC4
ISO 4499-2：2008	硬质合金 显微组织的金相检验 第 2 部分：WC 晶粒度测定	ISO/TC 119/SC4
ISO 4499-3：2016	硬质合金 显微组织的金相测定 第 3 部分：Ti（C，N）和 WC 立方碳化物基硬质合金显微组织的金相测定	ISO/TC 119/SC4
ISO 4499-4：2016	硬质合金 显微组织的金相测定 第 4 部分：孔隙度、非化合碳缺陷和脱碳相的金相测定	ISO/TC 119/SC4
ISO 4501：1978	硬质合金 钛的测定 过氧化氢光度法	ISO/TC 119/SC4
ISO 4503：1978	硬质合金 X 射线荧光测定金属元素含量 熔融法	ISO/TC 119/SC4
ISO 4506：2018	硬质合金 压缩试验	ISO/TC 119/SC4
ISO 4883：1978	硬质合金 X 射线荧光测定金属元素的含量 溶液法	ISO/TC 119/SC4
ISO 4884：1978	硬质合金 用烧结试件进行粉末的取样和试验方法	ISO/TC 119/SC4
ISO 7627-1：1983	硬质合金 火焰原子吸收光谱法 第 1 部分：一般要求	ISO/TC 119/SC4
ISO 7627-2：1983	硬质合金 火焰原子吸收光谱法 第 2 部分：0.001%～0.02%的钙、钾、镁和钠量的测定	ISO/TC 119/SC4
ISO 7627-3：1983	硬质合金 火焰原子吸收光谱法 第 3 部分：0.01%～0.5%的钴、铁、锰和镍量的测定	ISO/TC 119/SC4
ISO 7627-4：1983	硬质合金 火焰原子吸收光谱法 第 4 部分：0.01%～0.5%的钼、钛和钒量的测定	ISO/TC 119/SC4
ISO 7627-5：1983	硬质合金 火焰原子吸收光谱法 第 5 部分：0.5%～2%的钴、铁、锰、钼、镍、钛及钒量的测定	ISO/TC 119/SC4
ISO 7627-6：1985	硬质合金 火焰原子吸收光谱法 第 6 部分：0.01%～2%的铬量的测定	ISO/TC 119/SC4
ISO 11873：2005	硬质合金 钴粉中硫量和碳量的测定 红外检测法	ISO/TC 119/SC4
ISO 11873：2005/Cor 1：2008	硬质合金 钴粉中硫量和碳量的测定 红外检测法	ISO/TC 119/SC4
ISO 11876：2010	硬质合金 钴粉中钙、铜、铁、钾、镁、锰、钠、镍和锌量的测定 火焰原子吸收光谱法	ISO/TC 119/SC4

标 准 号	标 准 名 称	所属委员会
ISO 11877：2008	硬质合金 钴粉中硅量的测定 分光光度法	ISO/TC 119/SC4
ISO 17352：2008	硬质合金 钴粉中硅量的测定 石墨炉原子吸收法	ISO/TC 119/SC4
ISO 26482：2010	硬质合金 铅量和镉量的测定	ISO/TC 119/SC4
ISO 28079：2009	硬质合金 Palmqvist 韧性试验	ISO/TC 119/SC4
ISO 28080：2011	硬质合金 耐磨试验	ISO/TC 119/SC4

10.2.5 TC155 镍及镍合金

标 准 号	标 准 名 称	所属委员会
ISO 6283：2017	精炼镍	ISO/TC 155
ISO 6351：1985	镍、银、铋、镉、钴、铜、铁、锰、铅和锌含量的测定 火焰 原子吸收分光光度法	ISO/TC 155
ISO 6352：1985	镍铁 镍含量的测定 二甲基乙二肟重量分析法	ISO/TC 155
ISO 6372：2017	镍和镍合金 术语和定义	ISO/TC 155
ISO 6501：1988	镍铁 技术与交货条件	ISO/TC 155
ISO 7520：1985	镍铁 钴量的测定 火焰原子吸收光谱法	ISO/TC 155
ISO 7523：1985	镍、银、砷、铋、镉、铅、锑、硒、锡、碲、铊和钍含量的测定 电热原子吸收光谱法	ISO/TC 155
ISO 7524：1985	镍、镍铁和镍合金 碳含量的测定 感应炉燃烧后红外吸收法	ISO/TC 155
ISO 7525：1985	镍、硫含量的测定 生成硫化氢后的甲基蓝分子吸收光谱法	ISO/TC 155
ISO 7526：1985	镍、镍铁和镍合金 硫含量的测定 感应炉燃烧后红外吸收法	ISO/TC 155
ISO 7527：1985	镍、镍铁和镍合金 硫含量的测定 感应炉燃烧后的碘量滴定法	ISO/TC 155
ISO 7529：2017	镍合金 铬含量的测定 用硫酸铵铁电位滴定法	ISO/TC 155
ISO 7530-1：2015	镍合金 火焰原子吸收光谱测定分析方法 第1部分：一般要求和试样溶解	ISO/TC 155
ISO 7530-2：1990	镍合金 火焰原子吸收光谱测定分析方法 第2部分：钴含量的测定	ISO/TC 155
ISO 7530-7：1992	镍合金 火焰原子吸收光谱法 第7部分：铝含量的测定	ISO/TC 155
ISO 7530-8：1992	镍合金 火焰原子吸收光谱法 第8部分：硅含量的测定	ISO/TC 155
ISO 7530-9：1993	镍合金 火焰原子吸收光谱法 第9部分：钒含量的测定	ISO/TC 155
ISO 8049：2016	镍铁丸 分析试样取样方法	ISO/TC 155
ISO 8050：1988	镍铁锭或块 分析试样取样方法	ISO/TC 155

标 准 号	标 准 名 称	所属委员会
ISO 8343：1985	镍铁 硅含量的测定 重量法	ISO/TC 155
ISO 9388：1992	镍合金、磷量的测定 钼蓝分光光度法	ISO/TC 155
ISO 9725：2017	镍和镍合金锻件	ISO/TC 155
ISO 11400：1992	镍、镍铁及镍合金 二氧磷钒基钼酸盐（磷钒钼蓝）分光光度法 测定磷含量	ISO/TC 155
ISO 11433：1993	镍合金 钛含量的测定 二安替比啉基甲烷分光光度法 测定钛含量	ISO/TC 155
ISO 11435：2011	镍合金 钼量的测定 电感耦合等离子体发射光谱法	ISO/TC 155
ISO 11436：1993	镍及镍合金 姜黄素分光光度法测定总硼量	ISO/TC 155
ISO 11437：2018	镍合金 微量元素的测定 电热原子吸收光谱法 第1部分：一般要求和样品分解	ISO/TC 155
ISO 12725：1997	镍和镍合金铸件	ISO/TC 155
ISO 18223：2015	镍合金 镍含量的测定 电感耦合等离子体原子发射光谱法	ISO/TC 155
ISO 22033：2011	镍合金 铌含量的测定 电感耦合等离子体原子发射光谱法	ISO/TC 155

10.2.6 TC183 铜铅锌镍精矿

标 准 号	标 准 名 称	所属委员会
ISO 9599：2015	铜、铅和硫化锌精矿 在分析样品中湿存水的测定 重量法	ISO/TC 183
ISO 10251：2006	铜铅锌镍精矿散装干物料质量损失的测定	ISO/TC 183
ISO 10258：2018	硫化铜精矿中铜量的测定 滴定法	ISO/TC 183
ISO 10378：2016	硫化铜铅锌精矿中金和银含量测定 火试金和原子吸收光谱法	ISO/TC 183
ISO 10469：2006	硫化铜精矿中铜量的测定 电解法	ISO/TC 183
ISO 11441：1995	硫化铅精矿中铅量测定 硫酸铅沉淀后 EDTA 反滴定法	ISO/TC 183
ISO 11790：2017	铜、铅、锌、镍精矿 机械取样系统检验导则	ISO/TC 183
ISO 11794：2017	铜、铅、锌和镍精矿—浆料取样	ISO/TC 183
ISO 12739：2006	硫化锌精矿中锌量测定 离子交换/EDTA 滴定法	ISO/TC 183
ISO 12740：1998	硫化铅精矿 金和银含量的测定 采用铅析法或灰吹法 进行火试金和火焰原子吸收光谱法	ISO/TC 183
ISO 12742：2007	硫化铜、铅和锌精矿 可流动极限水分的测定 流盘法	ISO/TC 183
ISO 12743：2006	硫化铜、铅和锌精矿 测定金属和水分含量的取样程序	ISO/TC 183
ISO 12744：2006	硫化铜铅锌矿和精矿 检查取样精密度的试验方法	ISO/TC 183

标 准 号	标 准 名 称	所属委员会
ISO 12745：2008	铜铅锌矿和精矿 质量测量技术的精度和偏差	ISO/TC 183
ISO 13291：2006	硫化锌精矿 锌含量的测定 溶剂萃取 EDTA 滴定法	ISO/TC 183
ISO 13292：2006	铜、铅、锌、镍精矿 校准取样误差的试验方法	ISO/TC 183
ISO 13543：2016	硫化铜、铅和锌精矿 批料中金属质量的测定	ISO/TC 183
ISO 13545：2000	硫化铅精矿 铅含量测定 酸解后 EDTA 滴定法	ISO/TC 183
ISO 13547-1：2014	铜、铅、锌和硫化镍精矿中砷的测定—第1部分：氢氧化铁浓度和电感耦合等离子体原子发射光谱法	ISO/TC 183
ISO 13547-2：2014	铜、铅、锌和硫化镍精矿中砷的测定—第2部分：酸消解和电感耦合等离子体原子发射光谱法	ISO/TC 183
ISO 13658：2000	硫化锌精矿 锌量的测定 氢氧化物沉淀 EDTA 滴定法	ISO/TC 183
ISO 15247：2015	硫化锌精矿中银量的测定 酸溶解和火焰原子吸收光谱法	ISO/TC 183
ISO 15248：1998	硫化锌精矿 金和银含量的测定 用铅析法或灰吹法进行火试金和火焰原子吸收光谱法	ISO/TC 183
ISO 15249：1998	硫化锌精矿 金量的测定 酸溶解/选择萃取/火焰原子吸收光谱法	ISO/TC 183
ISO/TR 15855：2001	铜、铅和硫化锌浓度 静止刻度盘测试的分步程序	ISO/TC 183

10.2.7 TC226 原铝生产用原材料

标 准 号	标 准 名 称	所属委员会
ISO 802：1976	原铝生产用氧化铝 试样的制备和贮存	ISO/TC 226
ISO 804：1976	原铝生产用氧化铝 分析溶液的制备碱溶法	ISO/TC 226
ISO 806：2004	原铝生产用氧化铝 在1000℃和1200℃下质量损失的测定	ISO/TC 226
ISO 901：1976	原铝生产用氧化铝 绝对密度的测定 比重计法	ISO/TC 226
ISO 902：1976	原铝生产用氧化铝 安息角的测定	ISO/TC 226
ISO 1619：1976	天然和人造冰晶石 试样的制备与贮存	ISO/TC 226
ISO 1620：1976	天然和人造冰晶石 试样的制备与贮存	ISO/TC 226
ISO 1693：1976	天然和人造冰晶石 二氧化硅含量的测定还原硅钼酸盐分光光度法	ISO/TC 226
ISO 1694：1976	天然和人造冰晶石 氟含量的测定 改进的威拉德·温特（Willard Winter）法	ISO/TC 226
ISO 2073：1976	原铝生产用氧化铝 分析用溶液的制备加压盐酸浸蚀法	ISO/TC 226
ISO 2366：1974	天然和人造冰晶石 钠含量的测定 火焰发射和原子吸收分光光度法	ISO/TC 226
ISO 2367：1972	天然和人造冰晶石 铝含量的测定 8-羟基喹啉重量法	ISO/TC 226

标 准 号	标 准 名 称	所属委员会
ISO 2828：1973	原铝生产用氧化铝 氟含量的测定茜素络合酮和氯化镧分光光度法	ISO/TC 226
ISO 2829：1973	原铝生产用氧化铝 磷含量的测定还原磷钼酸盐分光光度法	ISO/TC 226
ISO 2830：1973	天然和人造冰晶石 铝含量的测定 原子吸收法	ISO/TC 226
ISO 2865：1973/Cor 1：1991	原铝生产用氧化铝 硼含量的测定姜黄素分光光度法	ISO/TC 226
ISO 2926：2013	铝生产用氧化铝 粒度分析 筛分法	ISO/TC 226
ISO 2927：1973	原铝生产用氧化铝 取样	ISO/TC 226
ISO 2961：1974	原铝生产用氧化铝 吸附指数的测定	ISO/TC 226
ISO 3391：1976	原铝生产用氧化铝 锰含量的测定火焰原子吸收法	ISO/TC 226
ISO 3393：1976	天然和人造冰晶石 湿度的测定 重量法	ISO/TC 226
ISO 3429：1976	主要用于铝生产的氟化钠 铁含量的测定 1，10-菲啰啉光度测定法	ISO/TC 226
ISO 3430：1976	主要用于铝生产的氟化钠 二氧化硅含量的测定 还原硅钼酸盐分光光度法	ISO/TC 226
ISO 3431：1976	主要用于铝生产的氟化钠 可溶性硫酸盐含量的测定比浊法	ISO/TC 226
ISO 3566：1976	主要用于铝生产的氟化钠 氯化物含量的测定 比浊法	ISO/TC 226
ISO 3699：1976	工业用无水氟化氢 水含量的测定 卡尔-费舍法	ISO/TC 226
ISO/TR 4277：2009	天然和人工冰晶石 游离氟化盐评价常规试验	ISO/TC 226
ISO 4280：1977	工业用天然和人造冰晶石及氟化铝 硫酸盐含量的测定 硫酸钡重量法	ISO/TC 226
ISO 5930：1979	工业用天然和人造冰晶石及氟化铝 磷含量的测定磷钼酸盐还原光度法	ISO/TC 226
ISO 5931：2000	铝生产用炭素材料 煅后石油焦及其制品 总硫含量的测定	ISO/TC 226
ISO 5938：1979	工业用天然和人造冰晶石及氟化铝 硫含量的测定 X射线荧光光谱测定法	ISO/TC 226
ISO 5939：1980	铝生产用炭素材料 电极用沥青 水含量的测定 共沸蒸馏法（迪安-斯达克法）	ISO/TC 226
ISO 5940：1981	铝生产用炭素材料 电极用沥青 软化点的测定 环-球法（ring-and ball method）	ISO/TC 226
ISO 5940-2：2007	铝生产用炭素材料 电极用沥青 软化点的测定 环-球法（Mettler 法）	ISO/TC 226
ISO 6257：2002	铝生产用炭素材料 电极用沥青 取样	ISO/TC 226
ISO 6374：1981	工业用天然和人造冰晶石及氟化铝 磷含量的测定萃取后原子吸收光谱法	ISO/TC 226
ISO 6375：1980	铝生产用炭素材料 电极用焦 取样	ISO/TC 226

标 准 号	标 准 名 称	所属委员会
ISO 6376：1980	铝生产用炭素材料 电极用沥青 甲苯不溶物含量的测定	ISO/TC 226
ISO 6791：1981	铝生产用炭素材料 电极用沥青 喹啉不溶物含量的测定	ISO/TC 226
ISO 6997：1985	铝生产用炭素材料 煅后石油焦 表面油含量的测定 加热法	ISO/TC 226
ISO 6998：1997/Cor 1：1999	铝生产用炭素材料 电极用沥青 焦化值的测定	ISO/TC 226
ISO 6999：1983	铝生产用炭素材料 电极用沥青 密度的测定 比重计法	ISO/TC 226
ISO 8003：1985	铝生产用炭素材料 电极用沥青 动态粘度的测定	ISO/TC 226
ISO 8004：1985	铝生产用炭素材料 煅烧焦及煅烧炭素产品在二甲苯中测定密度 比重计法	ISO/TC 226
ISO 8005：2005	铝生产用炭素材料 生焦和熔烧焦 灰分的测定	ISO/TC 226
ISO 8006：1985	铝生产用炭素材料 电极用沥青 灰分的测定	ISO/TC 226
ISO 8007-1：1999	铝生产用炭素材料 取样方法 第1部分：阴极炭块	ISO/TC 226
ISO 8007-2：1999	铝生产用炭素材料 取样方法 第2部分：预焙阳极	ISO/TC 226
ISO 8007-3：2003	铝生产用炭素材料 取样方法 第3部分：底部炭块	ISO/TC 226
ISO 8008：2005	原铝生产用氧化铝 氮吸附测定比表面积 单点法	ISO/TC 226
ISO 8220：1986	原铝生产用氧化铝 细颗粒分布的测定（<60μm）电沉积筛分法	ISO/TC 226
ISO 8658：1997	铝生产用炭素材料 生焦及煅后石油焦 微量元素含量的测定 火焰原子吸收光谱法	ISO/TC 226
ISO 8723：1986	铝生产用炭素材料 煅烧焦炭 油含量的测定 溶剂萃取法	ISO/TC 226
ISO 9055：1988	铝生产用炭素材料 电极用沥青 氧弹法测定硫含量	ISO/TC 226
ISO 9088：1997	铝生产用炭素材料 阳极炭块及预焙阳极 二甲苯中密度的测定 比重法	ISO/TC 226
ISO 9406：1995	铝生产用炭素材料 生焦 重量法测定挥发物的含量	ISO/TC 226
ISO 10142：1996	铝生产用炭素材料 煅烧焦 实验室振动机测定粒度稳定性	ISO/TC 226
ISO 10143：2014	铝生产用炭素材料 电极用煅烧焦 焦粒电阻率的测定	ISO/TC 226
ISO 10236：1995	铝生产用炭素材料 电极用生焦及煅烧焦 散装（捣实）密度的测定	ISO/TC 226
ISO 10237：1997	铝生产用炭素材料 煅烧焦残留氢含量的测定	ISO/TC 226
ISO 10238：1999	铝生产用炭素材料 电极用沥青 硫含量的测定 仪器法	ISO/TC 226
ISO 11412：1998	铝生产用炭素材料 煅烧焦 水含量的测定	ISO/TC 226
ISO 11706：2012	铝生产用炭素材料 预焙阳极 断裂能的测定	ISO/TC 226

标　准　号	标　准　名　称	所属委员会
ISO 11713：2000	铝生产用炭素材料 阴极炭块及预焙阳极 室温下电阻系数的测定	ISO/TC 226
ISO 12315：2010	原铝生产用氧化铝 冶金级 Al_2O_3 含量的计算	ISO/TC 226
ISO 12926：2012	工业用氟化铝 痕量元素的测定 压片法—波长色散X射线荧光光谱法	ISO/TC 226
ISO 12977：1999	铝生产用炭素材料 电极用沥青 挥发物含量的测定	ISO/TC 226
ISO 12979：1999	铝生产用炭素材料 电极用沥青 不溶于喹啉物中C/H比的测定	ISO/TC 226
ISO 12980：2000	铝生产用炭素材料 生焦及电极用煅后石油焦 X射线荧光光谱法测定元素含量	ISO/TC 226
ISO 12981-1：2000	铝生产用炭素材料 煅后石油焦 二氧化碳反应性的测定 第1部分：质量损失法	ISO/TC 226
ISO 12982-1：2000	铝生产用炭素材料 煅后石油焦 空气反应性的测定 第1部分：燃点法	ISO/TC 226
ISO 12984：2018	铝生产用炭素材料 煅后石油焦 粒度分布的测定	ISO/TC 226
ISO 12985-1：2018	铝生产用炭素材料 阴极炭块及预焙阳极 第1部分：尺寸法测定表观密度	ISO/TC 226
ISO 12985-2：2018	铝生产用炭素材料 阴极炭块及预焙阳极 第2部分：流体静力学法测定表观密度和开气孔率	ISO/TC 226
ISO 12986-1：2014	铝生产用炭素材料 阴极炭块及预焙阳极 第1部分：三点法测定抗弯/抗剪强度	ISO/TC 226
ISO 12986-2：2014	铝生产用炭素材料 阴极炭块及预焙阳极 第2部分：四点法测定挠曲强度	ISO/TC 226
ISO 12987：2004	铝生产用炭素材料 阳极、阴极炭块、侧部炭块、焙烧冷捣糊 比较法测定热导率	ISO/TC 226
ISO 12988-1：2000	铝生产用炭素材料 预焙阳极 二氧化碳反应性的测定 第1部分：质量损失法	ISO/TC 226
ISO 12988-2：2004	铝生产用炭素材料 预焙阳极 二氧化碳反应性的测定 第1部分：热重法	ISO/TC 226
ISO 12989-1：2000	铝生产用炭素材料 预焙阳极及侧部炭块 空气反应性的测定 第1部分：质量损失法	ISO/TC 226
ISO 12989-2：2004	铝生产用炭素材料 预焙阳极及侧部炭块 空气反应性的测定 第2部分：热重法	ISO/TC 226
ISO 14420：2005	铝生产用炭素材料 预焙阳极及定型炭素制品 线性热膨胀系数的测定	ISO/TC 226
ISO 14422：1999	铝生产用炭素材料 冷捣糊 取样方法	ISO/TC 226
ISO 14427：2004	铝生产用炭素材料 冷捣糊及热捣糊 未焙烧试样的制备以及制样后表观密度的测定	ISO/TC 226
ISO 14428：2005	铝生产用炭素材料 冷捣糊及温捣糊 焙烧过程中膨胀/收缩的测定	ISO/TC 226

标　准　号	标　准　名　称	所属委员会
ISO 14435：2005	铝生产用炭素材料 石油焦 ICP 法测定微量元素	ISO/TC 226
ISO 15379-1：2015	铝生产用炭素材料 阴极炭块 第1部分：有压下钠膨胀系数的测定	ISO/TC 226
ISO 15379-2：2015	铝生产用炭素材料 阴极炭块 第2部分：无压下钠膨胀系数的测定	ISO/TC 226
ISO 15906：2007	铝生产用炭素材料 焙烧阳极 空气渗透度的测定	ISO/TC 226
ISO 17499：2006	铝生产用炭素材料 焙烧程度的测定（以焙烧温度表示）	ISO/TC 226
ISO 17500：2006	铝生产用氧化铝 磨损指数的测定	ISO/TC 226
ISO 17544：2004	铝生产用炭素材料 冷捣糊 未焙烧糊料可捣性的测定	ISO/TC 226
ISO 18142：2014	铝生产用炭素材料 焙烧阳极 共振法测定动态弹性模量	ISO/TC 226
ISO 18515：2014	铝生产用炭素材料 阴极炭块和焙烧阳极 抗压强度的测定	ISO/TC 226
ISO 18842：2015	铝生产用氧化铝 振实密度和非振实密度的测定	ISO/TC 226
ISO 18843：2015	铝生产用氧化铝 流程时间的测定	ISO/TC 226
ISO 19950：2015	铝生产用氧化铝 α 氧化铝含量的测定 X 射线衍射峰面积法	ISO/TC 226
ISO 20202：2004	铝生产用炭素材料 冷捣糊及热捣糊 焙烧试样的制备以及焙烧中质量损失的测定	ISO/TC 226
ISO 20203：2005	铝生产用炭素材料 煅后石油焦 微晶尺寸的测定 X 射线衍射法	ISO/TC 226
ISO 20292：2009	铝生产用材料 致密耐火砖 耐冰晶石性的测定	ISO/TC 226
ISO 21687：2007	铝生产用炭素材料 固体材料 以氦气为分析气体的气体比重法测定密度	ISO/TC 226
ISO 23201：2015	铝生产用氧化铝 痕量元素的测定 波长色散 X 射线荧光光谱法	ISO/TC 226
ISO 23202：2006	铝生产用氧化铝 通过 20 微米孔径筛颗粒含量的测定	ISO/TC 226

10.3 贵金属标准

标　准　号	标　准　名　称	所属委员会
ISO 3160-1：1998	表壳及其附件 金合金覆盖层 第1部分：一般要求	ISO/TC 114
ISO 3160-2：2015	表壳和附件 金合金壳 第2部分：光洁度、厚度、抗腐蚀性和粘附性测定	ISO/TC 114
ISO 4521：2008	金属和其他无机覆盖层 工程用银和银合金电镀层规范和试验方法	ISO/TC 107

标　准　号	标　准　名　称	所属委员会
ISO 4524-2：2000	金属覆盖层 金和金合金电镀层的试验方法 第2部分：混合流动气体（MFG）环境试验	ISO/TC 107
ISO 4524-3：1985	金属覆盖层 金和金合金电镀层的试验方法 第3部分：孔隙率的电图试验	ISO/TC 107
ISO 4524-6：1988	金属覆盖层 金和金合金电镀层的试验方法 第6部分：残留盐的测定	ISO/TC 107
ISO 6200：1999	缩微摄影技术 源文件第一代银明胶型缩微品 密度规范和检测方法	ISO/TC 171
ISO 8442-2：1997	与食品接触的材料和制品 刀具与凹形餐具 第2部分：不锈钢及镀银刀具的要求	ISO/TC 186
ISO 8442-3：1997	与食品接触的材料和制品 刀具与凹形餐具 第3部分：银盘和装饰性凹盘的要求	ISO/TC 186
ISO 8442-4：1997	与食品接触的材料和制品 刀具和凹型餐具 第4部分：镀金餐具的要求	ISO/TC 186
ISO 8442-6：2000	与食品接触的材料和制品 刀具与凹形餐具 第6部分：用漆膜保护的光亮镀银餐具	ISO/TC 186
ISO 8442-7：2000	与食品接触的材料和制品 刀具和凹形餐具 第7部分：银、其他贵金属及其合金制餐刀的要求	ISO/TC 186
ISO 8442-8：2000	与食品接触的材料和制品 刀具与凹形餐具 第8部分：银制餐具和装饰性杯盘的要求	ISO/TC 186
ISO 8653：2016	首饰 戒指尺寸 定义、测量和命名	ISO/TC 174
ISO 8654：2018	首饰 金合金颜色 定义、颜色范围和命名	ISO/TC 174
ISO 9202：2014	首饰 贵金属合金纯度	ISO/TC 174
ISO 10348：1993	摄影技术 冲洗废液 银含量测定	ISO/TC 42
ISO 10713：1992	首饰 金合金覆盖层	ISO/TC 174
ISO 11210：2014	首饰 铂合金首饰中含铂量的测定 氯铂酸铵沉淀后重量法	ISO/TC 174
ISO 11426：2014	首饰 金合金首饰中含金量的测定 灰吹法（火试金法）	ISO/TC 174
ISO 11427：2014	首饰 银合金首饰中含银量的测定 溴化钾容量法（电位滴定）	ISO/TC 174
ISO 11489：1995	铂合金首饰中含铂量的测定 氯化汞还原重量法	ISO/TC 174
ISO 11490：2015	首饰 钯合金首饰中含钯量的测定 丁二酮肟重量法	ISO/TC 174
ISO 11494：2014	首饰 铂首饰中铂的测定 用钇内部标准元素电感耦合等离子体（ICP）溶液光谱测定法	ISO/TC 174
ISO 11495：2008	珠宝 钯珠宝合金中钯的测定 用钇作为内部标准元素的感应耦合等离子体（ICP）溶液光谱测定法	ISO/TC 174
ISO 11596：2008	珠宝 珠宝及其相关产品用/中贵金属合金的取样	ISO/TC 174
ISO 13756：2015	银制珠宝合金用银的测定 采用氯化钠或氯化钾的容量方法（电势测定法）	ISO/TC 174

标 准 号	标 准 名 称	所属委员会
ISO 14647：2000	金属覆盖层 金属基体上金镀层孔隙率的测定 硝酸蒸气法	ISO/TC 107
ISO 15093：2015	珠宝 999 <0/00>金、铂和铂珠宝合金中贵金属的测定 用感应耦合等离子体发射光谱法（ICP-OES）的差分法	ISO/TC 174
ISO 15096：2014	珠宝 999 <0/00>银珠宝合金中银的测定 用感应耦合等离子体发射光谱法（ICP-OES）的差分法	ISO/TC 174
ISO 15720：2001	金属涂层 孔隙率检测 用涂胶块阳极电解法检测基体上金或钯涂层的孔隙率	ISO/TC 107
ISO 15721：2001	金属涂层 孔隙率检测 用硫酸/二氧化硫蒸汽法检测基体上金或钯涂层的孔隙率	ISO/TC 107
ISO 16253：2017	表壳和配件-气相沉积涂层	ISO/TC 114
ISO 18323：2015	珠宝——钻石行业的消费者信心	ISO/TC 174
ISO 18901：2010	成像材料 加工银胶质类黑白底片 稳定性规范	ISO/TC 42
ISO 18915：2000	成像材料 抗氧化的银成像化学变化效果的评定方法	ISO/TC 42
ISO 23160：2011	表壳和附件-耐磨，耐刮擦和耐冲击的试验	ISO/TC 114
ISO 27874：2008	金属和其它无机涂层 电气、电子和工程用电镀金和金合金涂层 规范和试验方法	ISO/TC 107
ISO 25537：2008	建筑玻璃-镀银平板玻璃镜	ISO/TC 160

10.4 SEMI 标准目录

10.4.1 材料

标准号	标准名称
SEMI M1—1117	硅单晶抛光片规范
SEMI M8—0312	硅单晶抛光试验片规范
SEMI M9—0816	砷化镓单晶抛光片规范
SEMI M9. 1—0813	电子设备用 50. 8mm 圆形砷化镓单晶抛光片规范
SEMI M9. 2—0813	电子设备用 76. 2mm 圆形砷化镓单晶抛光片规范
SEMI M9. 3—0812	光电用 2 英寸圆形砷化镓单晶抛光片规范
SEMI M9. 4—0812	光电用 3 英寸圆形砷化镓单晶抛光片规范
SEMI M9. 5—0813	电子设备用 100mm 圆形砷化镓单晶抛光片规范
SEMI M9. 6—0813	125mm 圆形砷化镓单晶抛光片规范
SEMI M9. 7—0914	150mm 圆形砷化镓单晶抛光片规范
SEMI M9. 8—0306（0812）	200mm 圆形砷化镓单晶抛光片规范
SEMI M10—0218	识别砷化镓晶片结构和特性的术语
SEMI M12—0706（0318）	晶片正面系列字母和数字标志规范

标准号	标准名称
SEMI M13—0706（0318）	硅片字母数字标志规范
SEMI M14—89	半绝缘砷化镓单晶离子注入与激活工艺规范
SEMI M15—0298	半绝缘砷化镓抛光片缺陷限度表
SEMI M16—1110（1015）	多晶硅规范
SEMI M17—1110（1015）	晶片通用网格指南
SEMI M18—0912	硅片订货单格式输入指南
SEMI M19—91	砷化镓体单晶衬底电学性能规范
SEMI M20—0215	确定晶片坐标系规范
SEMI M21—0318	笛卡儿坐标系的矩形单元地址分配规范
SEMI M23—0811（0218）	磷化铟单晶抛光片规范
SEMI M23. 1—0211（0218）	50mm 磷化铟单晶抛光片规范
SEMI M23. 2—0211（0218）	3 英寸（76. 2mm）磷化铟单晶抛光片规范
SEMI M23. 3—0600（撤销 0811）	矩形磷化铟单晶抛光片
SEMI M23. 4—0211（0218）	电子和光电设备（楔形榫）用 100mm 磷化铟单晶抛光片规范
SEMI M23. 5—0211（0218）	电子和光电设备（V 形槽）用 100mm 磷化铟单晶抛光片规范
SEMI M23. 6—0703（0218）	150mm 磷化铟单晶抛光片规范
SEMI M24—0612	优质硅单晶抛光片规范
SEMI M26—0304（1110）	晶片运输用 100mm、125mm、150mm 和 200 mm 片盒重复使用指南
SEMI M29—1296（1110）	300mm 运输盒规范
SEMI M31—0708	300mm 晶片发货运输用正面开启运输盒规范
SEMI M32—0307（0512）	技术规范统计指南
SEMI M35—1114	自动检测硅片表面特征的发展规范指南
SEMI M36—0699	低位错密度砷化镓晶片中腐蚀坑密度（EPD）的测试方法
SEMI M37—0699	低位错密度磷化铟晶片中腐蚀坑密度（EPD）的测试方法
SEMI M38—0312	硅抛光回收片规范
SEMI M39—0999	半绝缘砷化镓单晶电阻率、霍尔系数和霍尔迁移率的测试方法
SEMI M40—1114	抛光片表面粗糙度的测试指南
SEMI M41—0615	功率器件用绝缘衬底硅（SOI）规范
SEMI M42—0816	化合物半导体外延片规范
SEMI M43—0418	编制晶片纳米形貌报告的指南
SEMI M44—0305（0211）	硅中间隙氧含量转换因子指南
SEMI M45—1110（0817）	300mm 晶片运输系统规范
SEMI M46—1101E（0915）	外延层结构中载流子浓度的 ECV 剖面分布测试方法
SEMI M49—1016	线宽 130nm~16nm 硅片几何尺寸测试系统的指南
SEMI M50—1116	采用覆盖法确定表面扫描检测系统捕获率和虚假计数的测试方法

标准号	标准名称
SEMI M51—1012	硅片栅极氧化层完整性特性的测试方法
SEMI M52—0214	用于130nm~11nm线宽工艺硅片的扫描表面检查系统的指南
SEMI M53—0418	采用无图形半导体晶片表面沉积单个分散的有资质的参照球的方法校准扫描表面检查系统的规程
SEMI M54—0304（0611）	半绝缘砷化镓材料技术参数指南
SEMI M55—0817	碳化硅单晶抛光片规范
SEMI M56—0307（0512）	确定由于测量差异性和偏差引起的测量仪器成本构成的方法
SEMI M57—0316	硅退火片规范
SEMI M58—1109（0614）	基于粒子沉积系统和工艺评价DMA的测试方法
SEMI M59—1014	硅技术术语
SEMI M60—1014	用SiO_2薄膜与时间相关的介电击穿特性评价硅片的方法
SEMI M61—0612	埋层硅外延片规范
SEMI M62—0317	硅外延片规范
SEMI M63—0915	高分辨率X射线衍射法测试砷化镓衬底上生长的AlGaAs中铝含量的方法
SEMI M64—0915	半绝缘砷化镓单晶中深能级EL2浓度的红外吸收光谱测试方法
SEMI M65—0816	化合物半导体外延片用蓝宝石衬底片规范
SEMI M66—1110（1015）	在氧化物和高—K（介电材料）栅堆叠中应用MIS平带电压—绝缘体厚度技术获取有效功函数的试验方法
SEMI M67—1015	采用ESFQR、ESFQD和ESBIR度量获得的厚度数据阵列确定晶片近边缘几何形态的方法
SEMI M68—1015	采用曲率度量（ZDD）获得的高度数据阵列确定晶片近边缘几何形态的方法
SEMI M70—1015	用部分晶片局部平整度确定晶片近边缘几何形态的方法
SEMI M71—0912	CMOS LSI用硅—绝缘体（SOI）晶片规范
SEMI M73—1013	测量晶片边缘轮廓获取相关特征的方法
SEMI M74—1108（0413）	450mm机械处理抛光片规范
SEMI M75—0816	锑化镓单晶抛光片规范
SEMI M76—0710	450mm硅单晶抛光片规范
SEMI M77—1015	硅片近边缘几何形态的ROA测定方法
SEMI M78—0618	规模生产中130 nm ~ 22 nm线宽用无图形硅片纳米形貌的测试指南
SEMI M79—0218	太阳能电池用100mm圆形锗单晶抛光片规范
SEMI M80—0116	450mm晶片运输用运输盒规范
SEMI M81—0418	碳化硅单晶衬底片缺陷指南
SEMI M82—0813	半绝缘砷化镓单晶中受主碳浓度的红外吸收光谱测试方法
SEMI M83—0913	Ⅲ—Ⅴ族化合物半导体单晶中位错腐蚀坑密度的测试方法

标准号	标准名称
SEMI M84—0414E	硅基氮化镓用硅单晶抛光片规范
SEMI M85—1114	硅片表面金属沾污的测试 电感耦合等离子质谱法
SEMI M86—0915	c—面氮化镓单晶抛光片规范
SEMI M87—0116	半绝缘半导体材料的电阻率非接触测试方法

10.4.2 光伏

标准号	标准名称
SEMI PV1—0211（0318）	太阳能级电池用硅料中痕量元素的测定 高分辨率辉光放电质谱法
SEMI PV2—0709E	光伏设备通信接口指南（PVECI）
SEMI PV3—0310（1115）	光伏电池用高纯水指南
SEMI PV4—0311	光伏薄膜用第五代衬底尺寸范围规范
SEMI PV5—1110（1115）	光伏用氧气指南
SEMI PV6—1110（1115）	光伏用氩气指南
SEMI PV7—1110（1115）	光伏用氢气指南
SEMI PV8—1110（1115）	光伏用氮气指南
SEMI PV9—0611（1215）	光伏级硅材料中复合载流子衰变的测试 短光照脉冲下非接触微波反射法
SEMI PV10—0716	硅的仪器中子活化分析测试方法（INNA）
SEMI PV11—1115	光伏用氢氟酸规范
SEMI PV12—1115	光伏用磷酸规范
SEMI PV13—0714	硅片、硅锭和硅块中多数载流子复合寿命的测试 非接触涡流传感法
SEMI PV14—0211（1215）	光伏用三氯氧磷指南
SEMI PV15—0211（1215）	确定监测光伏材料表面粗糙度和织构的角分辨光散射法测试条件的指南
SEMI PV16—0316	光伏用硝酸规范
SEMI PV17—1012	光伏用原生硅料规范
SEMI PV18—0912	光伏用焊带要求指南
SEMI PV19—0712	光伏用焊带性能检测指南
SEMI PV20—0316	光伏用盐酸规范
SEMI PV21—1016	光伏用硅烷指南
SEMI PV22—0817	太阳能电池用硅片规范
SEMI PV23—1011	晶硅光伏组件运输环境中机械振动的测试方法
SEMI PV24—1016	光伏用钢瓶氨气指南
SEMI PV25—0317	太阳能级硅片和硅料中氧、碳、硼和磷含量的同时测定 二次离子质谱法
SEMI PV26—1016	光伏用钢瓶硒化氢指南

标准号	标准名称
SEMI PV27—0316	光伏用氨水规范
SEMI PV28—0316	电阻率或薄层电阻的单面非接触涡流测试方法
SEMI PV29—0212	光伏硅片正面二维矩阵符号标记规范
SEMI PV30—0316	光伏用异—丙醇规范
SEMI PV31—0212（0317）	光伏用 TCO 反射光谱和透射雾的测试方法
SEMI PV32—0312	光伏硅块表面和晶片边缘的标记规范
SEMI PV33—0316	光伏用硫酸规范
SEMI PV34—0213	光伏硅块、硅片和太阳能电池制造商的识别码分配方法
SEMI PV36—0316	光伏用过氧化氢规范
SEMI PV37—0912	光伏用氟气（F_2）指南
SEMI PV38—0912	晶硅太阳能电池在运输环境中机械振动的测试方法
SEMI PV39—0513	光伏硅片中裂纹的在线测试 暗室红外成像法
SEMI PV40—0513	多线切片技术获得的光伏用硅片上线痕的在线测试方法
SEMI PV41—0912	太阳能级硅片厚度及厚度变化的在线测试 非接触电容探针法
SEMI PV42—0314	多线切片技术获取的光伏用硅片波纹度的在线测试方法
SEMI PV43—0113	太阳能电池用硅材料中氧含量的测试 惰性气体熔融红外法
SEMI PV44—0513	光伏组件包装保护技术规范
SEMI PV45—0513	光伏组件用乙烯—醋酸乙烯共聚物（EVA）中醋酸乙烯酯（VA）含量的测定 热重分析法（TGA 法）
SEMI PV46—0613	光伏用方形和准方形硅片的侧面尺寸特征的在线测试方法
SEMI PV47—0513	晶体硅光伏组件用减反射镀膜玻璃规范
SEMI PV48—0613	光伏用硅片晶向基准标记规范
SEMI PV49—0613	太阳能电池用硅料中杂质元素含量的测定 基体消解—电感耦合等离子体质谱法
SEMI PV50—0114	多晶硅料包装用聚乙烯材料中杂质规范
SEMI PV51—0214	光伏用硅片特征的光致发光在线测试方法
SEMI PV52—0214	光伏用硅片晶粒尺寸的在线表征方法
SEMI PV53—0514	卧式扩散炉恒温区的在线监测方法
SEMI PV54—0514	晶体硅太阳能电池 N+扩散层连接用银浆规范
SEMI PV55—0415	光伏制造系统用设备间通讯规范的数据定义
SEMI PV56—1214	光伏用电池和组件包装性能测试方法
SEMI PV57—1214	有机太阳能电池和染料敏化太阳能电池 I-V 特性测试方法
SEMI PV58—0115	晶硅太阳能电池背场用铝浆规范
SEMI PV59—0115	硅粉中总碳含量的测定 感应炉燃烧红外吸收法
SEMI PV60—0115	光伏组件用硅片裂纹的测试 激光扫描法
SEMI PV61—0115	光伏组件用封框胶带
SEMI PV62—0215	背接触太阳能电池和组件术语
SEMI PV63—0215	光伏组件用超薄玻璃规范

标准号	标准名称
SEMI PV64—0715	光伏用硅粉中B、P、Al、Ca含量的测定 电感耦合等离子发射光谱法
SEMI PV65—0715	基于RGB的晶体硅太阳能电池颜色的测试方法
SEMI PV66—0715	太阳能电池电极栅线高宽比测试 激光扫描共聚焦显微镜法
SEMI PV67—0815	硅片腐蚀速率的测试 称重法
SEMI PV68—0815	多线切割张力测试方法
SEMI PV69—1015	有机太阳能电池和染料敏化太阳能电池光谱响应的测试方法
SEMI PV70—0116	用激光三角测量传感器在线测试光伏用硅片表面线痕的方法
SEMI PV71—0116	用激光三角测量传感器在线非接触式测试光伏用硅片厚度及厚度变化的方法
SEMI PV72—0316	光伏封装的加速热防潮性能的评价方法
SEMI PV73—0216	薄膜硅光伏组件光辐照性能的测试方法
SEMI PV74—0216	硅中氯离子含量的测定 离子色谱法
SEMI PV75—1016	太阳能电池和组件封装材料的电位诱发衰减率的测试方法
SEMI PV76—0117	低光强有机光伏和染料敏化太阳能电池的耐久性测试方法
SEMI PV77—0817	光伏组件紫外测试校准指南
SEMI PV78—0817	柔性薄膜光伏组件弯曲性能的测试方法
SEMI PV79—0817	光伏电池耐醋酸蒸汽腐蚀性能的测试方法
SEMI PV80—0218	光伏发电室内照明的模拟器要求规范
SEMI PV81—0318	低压卧式扩散炉操作指南
SEMI PV82—0318	地面用晶体硅太阳能电池双玻组件规范
SEMI PV83—0318	光伏背板性能测试用样品的制样指南

10.4.3 硅材料及工艺控制

标准号	标准名称
SEMI ME1392—0116	对镜面或漫反射表面角的分辨光散射测试指南
SEMI MF26—0714E	半导体单晶晶向测定方法
SEMI MF28—0317	锗和硅体中少数载流子寿命的测试 光电导衰减法
SEMI MF42—0316	非本征半导体材料导电类型测试方法
SEMI MF43—0316	半导体材料电阻率的测试方法
SEMI MF81—1105（0316）	硅片径向电阻率变化的测试方法
SEMI MF 84—0312	硅片电阻率的直排四探针测试方法
SEMI MF95—1107（1012）	重掺杂硅衬底上轻掺杂硅外延层厚度的测试 红外色散分光光度法
SEMI MF110—1107（0912）	硅外延层或扩散层厚度的测试 磨角染色法
SEMI MF154—1105（0316）	鉴别镜面硅片表面结构和沾污的指南

标准号	标准名称
SEMI MF374—0312	硅外延层、扩散层、多晶硅层和离子注入层薄层电阻的测试 直排四探针法
SEMI MF391—0310E	非本征半导体中少数载流子扩散长度的测试 稳态表面光电压法
SEMI MF397—0812	硅棒电阻率的测定 两探针法
SEMI MF523—1107（1012）	硅抛光片表面质量的目视检测方法
SEMI MF525—0312	硅片电阻率的测定 扩展电阻探针法
SEMI MF533—0310（0416）	硅片厚度及厚度变化的测试方法
SEMI MF534—0707（撤销 0115）	硅片弯曲度的测试方法
SEMI MF576—0812	硅衬底上绝缘体厚度及折射率的椭圆偏振测试方法
SEMI MF657—0707E（撤销 0914）	硅片翘曲度及总厚度变化的测试 非接触扫描法
SEMI MF671—0312	硅片及其他电子材料晶片参考面长度的测试方法
SEMI MF672—0412	垂直于硅片表面纵向电阻率分布的测定 扩展电阻探针法
SEMI MF673—0317	半导体晶片电阻率和薄膜薄层电阻率的测试 非接触涡流法
SEMI MF674—0316	扩展电阻测试用硅样品的制备方法
SEMI MF723—0307E（0412）E	掺硼掺磷掺砷硅材料的电阻率与掺杂剂或载流子浓度的换算规程
SEMI MF728—1106（0317）	尺寸测量用光学显微镜设置规范
SEMI MF847—0316	硅单晶片参考面结晶学取向的 X 射线测试方法
SEMI MF928—0317	圆形半导体晶片和硬盘衬底片边缘轮廓的检测方法
SEMI MF950—1107（0912）	硅片表面机械加工引起的晶体损伤深度的测试 角度抛光和缺陷腐蚀法
SEMI MF951—0305（0316）	硅片间隙氧含量径向变化的测试方法
SEMI MF978—1106（0317）	半导体深能级的瞬态电容测试方法
SEMI MF1048—0217	全积分散射的反射测试方法
SEMI MF1049—0308（0413）	硅片上浅腐蚀坑的检测方法
SEMI MF1152—0316	硅片切口尺寸的测试方法
SEMI MF1153—1110（1015）	金属—氧化物—硅（MOS）结构特性的测试 电容—电压法
SEMI MF1188—1107（0912）	硅中间隙氧原子含量的测试 短基线红外吸收法
SEMI MF1239—0305（0416）	硅片氧沉淀特性的测试 间隙氧还原法
SEMI MF1366—0308（0413）	重掺杂硅衬底中氧含量的测试 二次离子质谱法
SEMI MF1388—0707（0412）	硅材料产生寿命和产生速度的测试 MOS 电容器的电容—时间法
SEMI MF1389—1115	硅单晶中Ⅲ—Ⅴ族杂质的光致发光分析方法
SEMI MF1390—0218	硅片弯曲度和翘曲度的测试 自动非接触扫描法
SEMI MF1391—1107（0912）	硅中代位碳原子含量的测试 红外吸收法
SEMI MF1392—0307（0512）	硅片中净载流子浓度分布的测试 汞探针电容—电压法
SEMI MF1451—0707（0512）	硅片峰谷差的测试 自动非接触扫描法
SEMI MF1527—0412	硅电阻率测量仪器校准和管理用合格参考材料和参考晶片的使用指南

标准号	标准名称
SEMI MF1528—0413	重掺 N 型硅衬底中硼沾污的测试 二次离子质谱法
SEMI MF1529—1110（1115）	薄层电阻均匀性的测试 双位直排四探针法
SEMI MF1530—0707（0512）	硅片平整度、厚度和总厚度变化的测试 自动非接触扫描法
SEMI MF1535—1015	电子级硅片中载流子复合寿命的测试 非接触微波反射光电导衰减法
SEMI MF1569—0307（0512）	半导体技术用标准参考材料的生产指南
SEMI MF1617—0304（0416）	硅和硅外延衬底表面上钠、铝、钾和铁含量的测定 二次离子质谱法
SEMI MF1618—1110（1115）	硅片上薄膜均匀性的测试方法
SEMI MF1619—1107（0912）	硅片间隙氧含量的测定 布鲁斯特角入射 P 偏振辐射红外吸收光谱法
SEMI MF1630—1107（0912）	硅单晶中Ⅲ—Ⅴ族杂质的低温 FT—IR 分析方法
SEMI MF1708—1104	用区熔—光谱法评价颗粒状多晶硅的规程
SEMI MF1723—1104	用区熔拉晶法和光谱分析法评价多晶硅棒的规程
SEMI MF1724—1104	多晶硅表面金属沾污的测试 酸浸取—原子吸收光谱法
SEMI MF1725—1110（1115）	硅锭结晶学完整性分析方法
SEMI MF1726—1110（1115）	硅片结晶学完整性分析方法
SEMI MF1727—1110（1115）	硅抛光片氧化诱生缺陷的检验方法
SEMI MF1763—0318	线性偏光镜对比度的测试方法
SEMI MF1771—0416	栅极氧化层完整性的电压斜坡评价方法
SEMI MF1809—1110（1115）	显示硅结构缺陷用腐蚀溶液的选择和使用指南
SEMI MF1810—1110（1115）	经择优腐蚀或缀饰的硅片表面缺陷的计数方法
SEMI MF1811—1116	从表面轮廓数据估计功谱密度函数和相关加工参数的指南
SEMI MF1982—0317	硅片表面有机污染物的测定 热解吸气相色谱法
SEMI MF2074—0912	硅和其他半导体晶片直径的测试指南
SEMI MF2139—1103（0416）	硅衬底中氮原子含量的测定 二次离子质谱法
SEMI MF2166—1110（撤销 1015）	用特定参考片监测非接触介电特性系统的方法

11 美国材料与试验协会标准

11.1 通用标准

11.1.1 ASTM 基础标准

标准号	标准名称	卷号
ASTM B258—2014	导电用实心圆线的美国线规的标准公称直径和横截面积的尺寸	02.03
ASTM B275—2014	某些有色金属及合金铸造和加工产品的牌号	02.04
ASTM B354—2016	非绝缘金属电导体的术语	02.03
ASTM B899—2016	有色金属及其合金术语	02.04
ASTM E527—2015	统一编号系统（UNS）中金属和合金编号的标准方法	03.03
ASTM B774—2000（2014）	低熔点合金	02.04
ASTM E1916—2011	混合金属识别指南	03.05

11.1.2 ASTM 理化性能试验方法标准

标准号	标准名称	卷号
ASTM B63—2007（2013）	金属导体和接触材料的电阻率试验方法	02.04
ASTM B70—1990（2013）	电热用金属材料随温度变化电阻的试验方法	02.04
ASTM B76—1990（2013）	电热用镍—铬和镍—铬—铁合金快速寿命试验方法	02.04
ASTM B77—2007（2013）	电阻合金热电功率的试验方法	02.04
ASTM B78—90（2013）	电加热测定铁铬铝合金加速寿命的方法	02.04
ASTM B84—2007（2013）	精密电阻器用合金丝的温度—电阻系数的试验方法	02.04
ASTM B106—2008（2013）	恒温金属挠性的测试方法	02.04
ASTM B114—2007（2013）	分流器和精密电阻器用薄板的温度-电阻系数测试方法	02.04
ASTM B193—2016	导电材料电阻率测试方法	02.03
ASTM B223—2008（2013）	双金属弹性模量的测试方法（悬臂梁法）	02.04
ASTM B263—2014	标准导线横截面积的测定方法	02.03
ASTM B277—1995（2012）	电接触材料硬度的测试方法	02.04

标准号	标准名称	卷号
ASTM B362—1991（2016）	恒温双金属制螺旋线圈的机械扭转率的试验方法	02.04
ASTM B478—1985（2016）	恒温金属横向弯曲的试验方法	02.04
ASTM B487—1985（2013）	用横断面显微镜法测定金属及氧化膜厚度的方法	03.03
ASTM B527—2015	用塔普-帕克（Tap-Pak）容量计测定难熔金属及其化合物粉末的塔普密度的试验方法	03.03
ASTM B539—2002（2013）	电气连接（固定连接）的接点电阻测定方法	02.05
ASTM B576—1994（2016）	电接点材料的电弧腐蚀试验指南	02.04
ASTM B826—2003（2015）	用电阻探头监测大气腐蚀试验的标准试验方法	02.04
ASTM B845—1997（2013）	电触点的混流气体试验方法导则	02.04
ASTM B854—1998（2016）	间歇式导电率测定指南	02.04
ASTM E3—2001（2007）	金相试样的制备	03.01
ASTM E6—2009b	机械试验方法相关术语	03.01
ASTM E7—2003（2009）	金相学相关术语	03.01
ASTM E8/E8M—2009	金属材料拉伸试验方法	03.01
ASTM E9—2009	金属材料压缩室温试验方法	03.01
ASTM E10—2010	金属材料布氏硬度试验方法	03.01
ASTM E18—2008	金属材料洛氏硬度试验方法	03.01
ASTM E21—2009	金属材料升温拉伸试验用标准试验方法	03.01
ASTM E23—2007	金属材料的切口棒材冲击测试用标准试验方法	03.01
ASTM E29—2008	按规定的极限值确定试验数据有效位数的方法	14.02
ASTM E55—2011	有色金属及其合金加工产品化学成分分析取样方法	03.05
ASTM E112—1996（2004）	平均晶粒度的测定方法	03.01
ASTM E252—2006	重量法测定金属箔和金属膜厚度试验方法	02.02
ASTM E2014—1999（2005）	金相实验室安全的标准指南	03.01
ASTM E2148—2006	与金属加工或金属切削液卫生与安全性相关的使用文献标准指南	11.03
ASTM E2239—2004	铅危害领域的记录保存和维护的标准实施规程	04.12
ASTM E2293—03（2013）	用于金属矿、精矿和相关冶金材料中汞量的测定的干燥实施规程	03.05

11.2 轻金属标准

11.2.1 基础标准

标准号	标准名称	卷号
ASTM B253—2011（2017）	电镀用铝合金的制备	02.05
ASTM B296—2003（2014）	铸造和变形镁合金状态代号表示方法	02.02

标准号	标准名称	卷号
ASTM B449—1993（2015）	铝铬酸盐处理	02.05
ASTM B480—1988（2017）	电镀用镁及镁合金制备规程	02.05
ASTM B580—1979（2014）	铝的阳极氧化膜	02.05
ASTM B660—2015	铝、镁制品包装规范	02.02
ASTM B661—2012	镁合金热处理规范	02.02
ASTM B666/B666M—2015	铝、镁制品标志规范	02.02
ASTM B788/B788M—2009（2014）	机械加工铝波纹管和排水管安装规范	02.02
ASTM B789/B789M—2016	暗渠及排水用铝构波纹管材安装规范	02.02
ASTM B790/B790M—2016	铝波纹管结构设计规范	02.02
ASTM B807/B807M—2013	铝合金挤压固溶热处理	02.02
ASTM B893—1998（2013）	工程用镁阳极氧化硬膜层规范	02.05
ASTM B881—2017	铝、镁合金产品术语	02.02
ASTM B917/B917M—2012	铸造铝合金热处理规范	02.02
ASTM B918/B918M—2017	变形铝合金热处理规范	02.02
ASTM B921—2008（2013）	铝及铝合金表面无铬处理规范	02.05
ASTM B945—2006（2014）	T1、T2、T5和T10状态的高温成型铝合金工艺规范	02.02
ASTM B947—2014	铝合金厚板的热轧固溶热处理规范	02.02
ASTM B951—2011（2018）	原镁、镁合金、铸件和加工材编号规范	02.02
ASTM B985—2012（2016）	铝锭、坯料、铸造和精制/半精制变形铝合金成分分析取样规范	02.02
ASTM D1730—2009（2014）	喷涂用铝及铝合金表面的制备	02.05
ASTM D1731—2009（2014）	喷涂用热浸铝表面的制备	02.05
ASTM D1932—2013	喷涂用镁合金表面的制备	02.05

11.2.2 检测方法标准

标准号	标准名称	卷号
ASTM B136—1984（2013）	铝阳极氧化膜着色度的测定方法	02.05
ASTM B137—1995（2014）	铝阳极氧化膜质量的测定方法	02.05
ASTM B244—2009（2014）	用涡流仪测量铝阳极氧化膜及其他非磁性基底金属不导电镀层厚度的测量方法	02.05
ASTM B457—1967（2013）	铝表面阳极氧化膜阻抗的测量方法	02.05
ASTM B548—2003（2017）	压力容量用铝合金板超声波检测方法	02.02
ASTM B557—2015	变形及铸造铝合金、镁合金拉伸试验方法	02.02
ASTM B565—2004（2015）	铝及铝合金铆钉、冷镦线和棒材的剪切试验方法	02.02
ASTM B594—2013	变形铝合金制品超声波检测方法	02.02
ASTM B645—2015	铝合金线弹性表面应变断裂韧性试验方法	02.02

标准号	标准名称	卷号
ASTM B646—2017	铝合金断裂韧性试验方法	02.02
ASTM B647—2010（2016）	用维氏硬度仪测定铝合金压痕硬度试验方法	02.02
ASTM B648—2010（2015）	用巴氏硬度仪测定铝合金压痕硬度试验方法	02.02
ASTM B680—1980（2014）	铝阳极氧化膜封孔质量的测定 酸溶法	02.05
ASTM B769—2011（2016）	铝合金剪切试验方法	02.02
ASTM B831—2014	薄铝合金制品剪切试验方法	02.02
ASTM B871—2001（2013）	铝合金产品撕裂试验方法	02.02
ASTM B926—2009（2017）	铝及铝合金箔材针孔试验方法	02.02
ASTM B953—2013	镁及镁合金光谱分析取样方法	02.02
ASTM B954—2015	镁及镁合金测试方法 原子发射光谱法	02.02
ASTM D480—1988（2014）	片状铝粉和铝浆的取样和试验方法	06.03
ASTM D857—2017	铝在水中的试验方法	11.01
ASTM D3260—2001（2017）	挤压铝材工厂加工的透明涂层的耐酸和耐灰浆试验方法	06.02
ASTM D5502—2000（2015）	铝工业用手工阳极和阴极炭块表观密度的物理试验方法	05.02
ASTM D6353—2006（2017）	铝生产用预焙阳极的取样计划和取样	05.02
ASTM D6354—2012（2017）	铝产品用阴极炭块的取样计划和取样	05.02
ASTM E34—2011	铝及铝合金化学分析方法	03.05
ASTM E127—2015	铝合金超声波标准试验块的制备和检查	03.03
ASTM E155—2015	铝和镁铸件检测的参考图谱	03.03
ASTM E215—2016	铝合金无缝管的电磁试验设备	03.03
ASTM E252—2006（2013）	重量法测定箔材、薄板和膜厚度的方法	02.02
ASTM E505—2015	铝和镁模铸件检测的标准图谱	03.03
ASTM E716—2016	铝及铝合金光谱分析取样及样品制备	03.05
ASTM E1251—2017a	铝及铝合金分析方法 火花原子发射光谱法	03.06
ASTM E1648—2015	铝熔化焊的试验标准图谱	03.03
ASTM F1593—2008（2016）	质谱法测定电子级铝中痕量杂质含量	10.04
ASTM G34—2001（2013）	2 系和 7 系铝合金的剥落腐蚀（EXCO）试验	03.02
ASTM G38—2001（2013）	C—环形应力腐蚀试验样品的制备和应用	03.02
ASTM G47—1998（2011）	2 系和 7 系铝合金产品的应力腐蚀开裂敏感度的测定	03.02
ASTM G64—1999（2013）	可热处理强化的铝合金的耐应力开裂等级分类	03.02
ASTM G66—1999（2013）	5 系铝合金的剥落腐蚀性能评定（ASSET）试验方法	03.02
ASTM G67—2013	5 系铝合金的晶间腐蚀性能（NAMLT）试验	03.02
ASTM G69—2012	铝合金耐腐蚀性测定方法	03.02
ASTM G97—1997（2013）	地下应用的镁合金牺牲阳极试样试验室评估	03.02
ASTM G103—1997（2016）	低铜 7 系 Al-Zn-Mg-Cu 合金在沸腾的 6% NaCl 溶液中的耐应力腐蚀开裂性能评价	03.02

标准号	标准名称	卷号
ASTM G110—1992（2015）	将可热处理铝合金浸入 $NaCl+H_2O_2$ 溶液中后评价的耐晶间腐蚀能力的评价方法	03.02
ASTM G112—1992（2015）	铝合金的剥落腐蚀试验导则	03.02
ASTM G139—2005（2015）	通过施加断裂荷载测定可热处理强化的铝合金产品抗应力腐蚀开裂性能的试验方法	03.02

11.2.3 产品标准

标准号	标准名称	卷号
ASTM B26/B26M—2014	铝合金砂型铸件	02.02
ASTM B37—2008（2013）	炼钢用铝	02.02
ASTM B80—2015	镁合金砂型铸件	02.02
ASTM B85/B85M—2014	铝合金压铸件	02.02
ASTM B90/B90M—2015	镁合金薄板和厚板	02.02
ASTM B91—2017	镁合金锻件	02.02
ASTM B92/B92M—2017	重熔用镁锭和镁棒	02.02
ASTM B93/B93M—2015	砂型铸件、永久模铸件和压铸件用镁合金锭	02.02
ASTM B94—2018	镁合金压铸件	02.02
ASTM B107/B107M—2013	镁合金挤压棒材、条材、型材、管材和线材	02.02
ASTM B108/B108M—2015	铝合金永久型模铸件	02.02
ASTM B179—2014	铝合金锭	02.02
ASTM B199—2017	镁合金永久型模铸件	02.02
ASTM B209—2014	铝及铝合金薄板和厚板	02.02
ASTM B210—2012	铝及铝合金拉制无缝管	02.02
ASTM B211—2012e1	铝及铝合金棒材、条材和线材	02.02
ASTM B221—2014	铝及铝合金挤压棒材、条材、线材、型材和管材	02.02
ASTM B230/B230M—2007（2016）	电气用 1350—H19 铝导线	02.03
ASTM B234—2017	冷凝器和热交换器用铝及铝合金拉制无缝管	02.02
ASTM B236—2007（2015）	电气用铝棒（汇流排）	02.02
ASTM B241/B241M—2016	铝及铝合金无缝管和挤压无缝管	02.02
ASTM B247/B247M—2015	铝及铝合金压锻件、自由锻件和轧制环形锻件	02.02
ASTM B308/B308M—2010	轧制或挤压 6061—T6 铝合金标准结构型材	02.02
ASTM B316/B316M—2015	铝及铝合金铆钉、冷镦丝和条材	02.02
ASTM B317/B317M—2007（2015）	电气用铝合金挤压棒、条、管和结构型材（汇流排）	02.02
ASTM B324—2001（2016）	电工用矩形和方形铝线	02.03
ASTM B361—2016	铝及铝合金焊接连接件的锻制	02.02
ASTM B398/B398M—2015	电工用 6201—T81、6021—T83 铝合金线	02.03
ASTM B403—2012	镁合金熔模铸件	02.02
ASTM B429/B429M—2010e1	铝及铝合金挤压结构管	02.02

标准号	标准名称	卷号
ASTM B483/B483M—2013e1	一般用铝及铝合金拉制管	02.02
ASTM B491/B491M—2015	一般用铝及铝合金挤压圆管	02.02
ASTM B524/B524M—1999（2016）	同心绞捻铝及铝合金导线	02.03
ASTM B547/B547M—2010	成形和电弧焊铝及铝合金圆管	02.02
ASTM B609/B609M—2012（2016）	电工用退火和中间状态铝1350圆线	02.03
ASTM B618/B618M—2014	铝合金熔模铸件	02.02
ASTM B632/B632M—2015	铝合金轧制花纹板	02.02
ASTM B686/B686M—2014	高强度铝合金铸件	02.02
ASTM B744/B744M—2015	波纹铝管用铝合金薄板	02.02
ASTM B745/B745M—2015	排水用铝合金波纹铝管	02.02
ASTM B746/B746M—2016	装配螺栓管、拱形管用波纹铝合金结构板	02.02
ASTM B778—2014	线状致密同芯绞捻铝导线	02.03
ASTM B800—2005（2015）	电工用退火和中间状态8系铝合金线	02.03
ASTM B843—2018e1	镁合金牺牲阳极	02.02
ASTM B864/B864M—2013	铝波纹箱体管	02.02
ASTM B928/B928M—2015	海洋及相似环境用高镁铝合金产品	02.02
ASTM B941—2016	电工用耐热铝锆合金线	02.03
ASTM B955/B955M—2014	铝合金离心铸件	02.02
ASTM B969/B969M—2014	铝合金压铸件、触熔压铸、流变半固状态压铸产品	02.02
ASTM F7—1995（2016）	氧化铝粉末	10.04
ASTM F487—2013（2018）	半导体用铝—1%硅引线	10.04
ASTM F1513—1999（2011）	电子薄膜用纯铝	10.04
ASTM F1594—1995（2011）	真空涂层用纯铝	10.04

11.3 重金属标准

11.3.1 基础标准

标准号	标准名称	卷号
ASTM B601—2016	加工及铸造用铜和铜合金状态代号	02.01
ASTM B846—2011	铜和铜合金术语	02.01
ASTM B900—2016（2010）	美国政府机构用铜和铜合金轧制品包装的标准实施规程	02.01
ASTM B950—2017	铜和铜合金产品规范编辑程序和形式导则	02.01
ASTM B644—2011	铜合金添加剂	02.01
ASTM B224—2016	铜分类法	02.01

11.3.2 性能检测方法标准

标准号	标准名称	卷号
ASTM B153—2011	铜和铜合金管扩口（顶芯）试验法	02.01
ASTM B154—2016	铜和铜合金硝酸亚汞试验方法	02.01
ASTM B428—2009	矩形和正方形铜和铜合金管扭转角的试验方法	02.01
ASTM B577—2016	铜氢脆试验方法	02.01
ASTM B593—1996（2009）	铜合金弹性材料弯曲疲劳试验方法	02.01
ASTM B598—2014	铜合金屈服强度的测定	02.01
ASTM B754—2017	铜及铜合金带材平直度偏差的测定和记录方法	02.01
ASTM B820—2014	铜合金带材可成型性的弯曲试验方法	02.01
ASTM B858—2006（2012）	用氨熏法测定铜合金对应力腐蚀断裂敏感性的试验方法	02.01
ASTM B968/B968M—2016	铜及铜合金管材压扁试验方法	02.01
ASTM E243—2013	铜及铜合金管材涡流探伤方法	03.03
ASTM E112—2013	平均晶粒尺寸的测定方法	03.01
ASTM E8M—2015	金属材料拉伸试验方法	03.01
ASTM E571—2012	镍及镍合金管电磁（涡电流）检验规程	02.04

11.3.3 化学分析方法标准

标准号	标准名称	卷号
ASTM E1805—2013	火试金重量法测定铜精砂中的金含量	02.04
ASTM E1898—0213	火焰原子吸收光谱法测定铜精矿中银含量	02.04
ASTM E255—2007（2014）	测定铜和铜合金化学成分的取样标准实施规范	02.04
ASTM E478—2008（2017）	铜合金化学分析方法	02.04
ASTM B982—2014	直读光谱或电感耦合等离子体发射光谱用铅及铅合金的取制样方法	02.04
ASTM E37—2005（2011）	铅锭化学分析的标准试验方法	02.04
ASTM E2239—2004	铅危害领域的记录保存和维护的标准实施规程	04.12
ASTM E536—2016	锌和锌合金的化学分析的标准试验方法	02.04
ASTM E634—2012	火花原子光谱分析锌和锌合金成分的取样标准实施规程	02.04
ASTM E945—2012	锌矿石、精矿中锌含量的试验方法 EDTA 络合滴定法	02.04
ASTM E1277—2014	锌-5%铝-铈合金化学分析方法 ICP 发射光谱法	02.04
ASTM B880—2014	镍、镍合金及钴合金的化学检验分析限值一般要求	02.04
ASTM E1019—2011	燃烧熔融法测定钢、铁、镍和钴合金中碳、硫、氮和氧含量的标准试验方法	02.04

标准号	标准名称	卷号
ASTM E1473—2016	镍、钴和高温合金化学分析方法	02.04
ASTM E1587—2017	精制镍化学分析方法	02.04
ASTM E1834—2011	镍合金试验方法 石墨炉原子吸收光谱法	02.04
ASTM E1835—2014	镍合金试验方法 火焰原子吸收光谱法	02.04
ASTM E1917—2013	磷钒钼分光光度计法测定镍、镍铁和镍合金中磷含量的标准试验方法	02.04
ASTM E1938—2013	用二安替吡啉甲烷分光光度计法测定镍合金中钛含量的试验方法	02.04
ASTM E2465—2013	用波长色散X射线荧光光谱法分析镍基合金	02.04
ASTM E2594—2009（2014）	用电感耦合等离子体原子发射光谱法分析镍合金	02.04
ASTM E2823—2017	用电感耦合等离子体光谱法分析镍合金	02.04
ASTM E3047—2016	火花原子发射光谱法测定镍合金	02.04
ASTM E396—2012	镉的化学分析标准试验方法	02.04
ASTM E2293—03（2013）	用于金属矿、精矿和相关冶金材料中汞量的测定的干燥实施规程	02.04

11.3.4 冶炼产品标准

标准号	标准名称	卷号
ASTM B5—2016	电解精炼高导电韧铜锭	02.01
ASTM B30—2016	铜合金铸锭	02.01
ASTM B49—2017	电工用铜线坯	02.01
ASTM B115—2010	阴极铜	02.01
ASTM B170—1999（2010）	电解无氧铜 精炼锭	02.01
ASTM B216—2016	火法精炼韧铜锭	02.01
ASTM B379—2011	精炼磷铜锭	02.01
ASTM B29—2014	精炼铅	02.04
ASTM B6—2013	锌	02.04
ASTM B86—2013	铸造及压铸用锌及锌合金	02.04
ASTM B240—2013	铸造和压铸用锌及锌铝合金锭	02.04
ASTM B327—2016	压铸锌合金用中间合金	02.04
ASTM B418—2016	阴极保护用铸造和加工的锌阳极	02.04
ASTM B750—2016	热浸镀用锌5%铝铈合金锭	02.04
ASTM B792—2016	空壳铸造用锌合金锭	02.04
ASTM B793—2016	薄板金属成型压模和塑料注模用铸造锌合金锭	02.04
ASTM B852—2016	薄钢板热浸镀锌用连续热浸镀锌级（CGG）锌合金	02.04
ASTM B860—2016	热镀用锌合金	02.04

标准号	标准名称	卷号
ASTM B892—2010（2015）	压模铸造用锌铜铝合金锭	02.04
ASTM B897—2013	锌及锌合金大铸锭和坯锭的形状	02.04
ASTM B907—2016	焊料用锌，锡和镉基合金	02.04
ASTM B908—2014	锌合金铸锭的颜色标识规范	02.04
ASTM B914—2013	钢的热浸镀锌中使用的锌及锌合金锭颜色标识	02.04
ASTM B949—2013	锌及锌合金产品一般要求	02.04
ASTM B952/B952M—2014	旋转铸件用锌合金锭	02.04
ASTM B960—2013	初级再生（PWG—R）锌	02.04
ASTM B989—2014	薄壁压铸件用高流动性（HF）锌铝合金锭	02.04
ASTM B997—2016	热浸镀用锌铝合金锭	02.04
ASTM B23—2000（2014）	轴承合金（商品名称为“巴氏合金”）	02.04
ASTM B32—2008（2014）	焊料金属	02.04
ASTM B339—2012	锡锭	02.04
ASTM B560—2000（2014）	新型锡铅合金	02.04
ASTM B774—2000（2014）	低熔点合金	02.04
ASTM B39—1979（2013）	镍	02.04
ASTM B237—2001（2014）	精炼锑	02.04
ASTM B440—2012	镉	02.04

11.3.5 重熔铸件标准

标准号	标准名称	卷号
ASTM B22—2017	桥梁和转车台用青铜铸件	02.01
ASTM B61—2015	蒸气或阀门青铜铸件	02.01
ASTM B62—2017	混合青铜或少量金属铸件	02.01
ASTM B66—2015	蒸汽机车易损部件用青铜铸件	02.01
ASTM B148—2014	铝青铜砂型铸件	02.01
ASTM B176—2017	铜合金压模铸件	02.01
ASTM B208—2014	砂型铸造、硬模铸造、离心铸造和连续铸造铜合金铸件抗拉试验用试样制备的标准实施规范	02.01
ASTM B271—2015	离心铸造铜基合金铸件	02.01
ASTM B369—2009	铜镍合金铸件	02.01
ASTM B427—2009	齿轮用青铜合金铸件	02.01
ASTM B505/B505M—2014	连续浇铸的铜基合金配件的	02.01
ASTM B584—2014	通用铜合金砂型铸件	02.01
ASTM B763—2015	阀门用铜合金砂型铸件	02.01
ASTM B770—2015	一般用途的铜铍合金砂型铸件	02.01
ASTM B806—2014	通用铜合金永久铸模铸件	02.01
ASTM B824—2017	铜合金铸件一般要求的	02.01
ASTM B894—2010（2015）	锌铜铝（ACuZinc5）合金压铸件	02.04

11.3.6 铜及铜合金加工材标准

11.3.6.1 管材

标准号	标准名称	卷号
ASTM B42—2015	无缝铜管标准尺寸	02.01
ASTM B43—2015	标准规格的无缝红黄铜管	02.01
ASTM B68M—2011	光亮退火的无缝铜管	02.01
ASTM B75M—2011	无缝铜管	02.01
ASTM B88M—2016	无缝铜水管	02.01
ASTM B111/B111M—2016	铜和铜合金无缝冷凝器管和管口密套件	02.01
ASTM B135M—2010	无缝黄铜管	02.01
ASTM B188—2015	导电用无缝铜管	02.01
ASTM B251M—2017（2003）	加工铜及铜合金无缝管的一般要求	02.01
ASTM B280—2016	空调及制冷设备用无缝铜管	02.01
ASTM B302—2017	无螺纹铜管	02.01
ASTM B306—2013	铜排水管（DWV）	02.01
ASTM B315—2012	铜合金无缝管	02.01
ASTM B359/B359M—2015	冷凝器及热交换器用铜和铜合金无缝翅片管	02.01
ASTM B360—2015	限流器用冷拉铜毛细管	02.01
ASTM B372—2017	铜及铜合金无缝矩形波导管	02.01
ASTM B395/B395M—2016	热交换器和冷凝器管用U型无缝铜和铜合金管	02.01
ASTM B447—2012	焊接铜管	02.01
ASTM B466/B466M—2014	铜镍合金无缝管	02.01
ASTM B467—2014	铜镍合金焊接管	02.01
ASTM B543—2012	热交换器用铜及铜合金焊接管	02.01
ASTM B552—2012	海水淡化厂用无缝和焊接铜镍合金管	02.01
ASTM B587—2012	焊接黄铜管	02.01
ASTM B608—2011	焊接铜合金管	02.01
ASTM B640—2012	空调及制冷设备用焊接铜管	02.01
ASTM B643—2012	铜铍合金无缝管	02.01
ASTM B687—1999（2005）	镀黄铜、镀铜和镀铬管接头	02.01
ASTM B698—2010	无缝铜和铜合金管和管道的标准分类	02.01
ASTM B706—2000（2006）	无缝铜合金（UNS C69100）管	02.01
ASTM B743—2012	无缝铜盘管	02.01
ASTM B813—2016	铜和铜合金管钎焊用液体和软膏状助溶剂	02.01
ASTM B819—2000（2006）	医用气体系统用无缝铜管	02.01
ASTM B828—2016	铜和铜合金管和管接头钎焊毛细焊接规范	02.01
ASTM B837—2010	天然气和液化石油气燃料分配系统用无缝铜管	02.01
ASTM B903—2015	内部增强的热交换器用无缝铜管	02.01
ASTM B919—2012	内部增强的热交换器用焊接铜管	02.01

标准号	标准名称	卷号
ASTM B937—2015	铜铍合金无缝管规范（NUS No. C17500 和 C17510）	02.01
ASTM B944—2011	（UNS No. C17510）铜铍合金焊接热交换器和冷凝器管	02.01
ASTM B956—2010	带完整翅片的焊接铜及铜合金热交换器和冷凝器管	02.01
ASTM B1003—16	线架装置用无缝铜管	02.01

11.3.6.2 板带箔材

标准号	标准名称	卷号
ASTM B19—2015	弹壳用黄铜薄板，带，中厚板，条及盘	02.01
ASTM B36/B36M—2013	黄铜中厚板、薄板、带材及轧制棒材	02.01
ASTM B96/96M—2016	一般用途或压力容器用铜硅合金中厚板，薄板，带和轧制条材	02.01
ASTM B100—2013	桥梁和其它结构用轧制铜合金支承和伸缩中厚板及薄板	02.01
ASTM B101—2012	建筑结构用镀铅铜薄板和带材	02.01
ASTM B103/B103M—2015	磷青铜板、薄板、带材和轧制的棒材	02.01
ASTM B121/B121M—2016	铅黄铜中厚板、薄板、带材和轧制棒材	02.01
ASTM B122/B122M—2016	铜镍锡合金、铜镍锌合金（镍银）和铜镍合金板、薄板、带材及轧制棒材	02.01
ASTM B129—2017	黄铜弹壳火帽壳	02.01
ASTM B130—2013	弹头壳用商用青铜带材	02.01
ASTM B131—2017	弹头火帽壳用铜合金	02.01
ASTM B152/B152M—2013	铜薄板、带材、厚板和轧制条材	02.01
ASTM B169/B169M—2015	铝青铜薄板、带材和轧制条材	02.01
ASTM B171/B171M—2012	压力容器、冷凝器和热交换器用铜合金板材和带材	02.01
ASTM B194—2015	铜铍合金中厚板、薄板、带材和轧制棒材	02.01
ASTM B248/248M—2017	加工铜及铜合金板、薄板、带材及轧制的条材一般要求	02.01
ASTM B272—2012	具有精制（轧制或拉制的）边部的扁平铜产品（扁线或带）	02.01
ASTM B370—2012	建筑结构用铜薄板和带材	02.01
ASTM B422—2017	铜铝硅钴合金、铜镍硅镁合金、铜镍硅合金、铜镍铝镁合金及铜镍锡合金薄板和带材	02.01
ASTM B432—2014	铜及铜合金复合钢板	02.01
ASTM B465—2016	铜铁合金厚板、薄板、带材和轧制棒材	02.01
ASTM B506—2016	建筑用铜钢复合薄板、带材	02.01

标准号	标准名称	卷号
ASTM B508—2016	弹性金属软管用铜合金带材	02.01
ASTM B534—2014	铜钴铍合金及铜镍铍合金板、薄板、带材和轧制棒材	02.01
ASTM B569—2014	热交换器管用窄而薄的黄铜带材	02.01
ASTM B591—2015	铜锌锡和铜锌锡铁镍合金板、薄板、带材及轧制的棒材	02.01
ASTM B592—2015	铜锌铝钴合金、铜锌锡铁板、薄板、带材及轧制的棒材	02.01
ASTM B694—2013	电缆护套用铜、铜合金、包铜青铜和包铜不锈钢薄板和带材	02.01
ASTM B740—2009	铜镍锡亚稳分解（spinodal）合金带材	02.01
ASTM B747—2015	铜锆合金钢板材和带材	02.01
ASTM B768—2011	铜钴铍合金及铜镍铍合金带材和板材	02.01
ASTM B882—2017	建筑用有绿锈铜	02.01
ASTM B888—2017	电连接器或弹簧触点生产用铜合金带材	02.01
ASTM B936—2013	铜—铬—铁—钛合金中厚板，薄板，带和轧制棒材	02.01

11.3.6.3 棒线型锻件

标准号	标准名称	卷号
ASTM B16/B16M—2010	螺纹切削机用易切削黄铜棒、条材和型材	02.01
ASTM B21/B21M—2014	海军用黄铜条，棒和型材	02.01
ASTM B98/B98M—2013	铜硅合金粗、细棒材和型材技术规范	02.01
ASTM B99/B99M—2015	一般用途的铜硅合金线	02.01
ASTM B105—2005	电导体用硬拉铜合金线	02.01
ASTM B124/B124M—2017	铜和铜合金锻制条材、棒材和型材	02.01
ASTM B134/B134M—2015	黄铜线	02.01
ASTM B138/B138M—2011	锰青铜杆材、棒材和型材	02.01
ASTM B139/B139M—2012	磷青铜条材、棒材和型材	02.01
ASTM B140/B140M—2012	铜锌铅（铅红黄铜或硬青铜）棒材和型材	02.01
ASTM B150/B150M—2012	铝青铜杆材、棒材和型材	02.01
ASTM B151/B151M—2013	铜镍锌合金（镍银）和铜镍杆材和棒材	02.01
ASTM B159/B159M—2017	磷青铜线	02.01
ASTM B187/B187M—2016	铜母线用棒、条和型材及一般用途的棒、条和型材	02.01
ASTM B196/B196M—2007	铜铍合金条材和棒材	02.01
ASTM B197/B197M—2007	铜铍合金线	02.01
ASTM B206/B206M—2012	铜镍锌合金（镍银）和铜镍合金线	02.01

标准号	标准名称	卷号
ASTM B249/B249M—2017	加工铜及铜合金条材、棒材、型材和锻件一般要求	02.01
ASTM B250/B250M—2016	加工铜合金线材一般要求	02.01
ASTM B283—2017	铜及铜合金压模锻件（热压）	02.01
ASTM B301/B301M—2015	易切削的铜棒、条、线、型材	02.01
ASTM B371/B371M—2015	铜锌硅合金棒材	02.01
ASTM B411/B411M—2014	铜镍硅合金杆材和棒材	02.01
ASTM B441—2016	C17500、C17510、C17465 铜钴铍及铜镍铍条和棒	02.01
ASTM B453/B453M—2011	铜锌铅合金（含铅青铜）杆材、棒材和型材	02.01
ASTM B455—2010	铜锌铅合金（含铅黄铜）挤压型材	02.01
ASTM B570—2016	C17000 和 C17200 铜铍合金锻件和挤压件	02.01
ASTM B870—2008	C17500 和 C17510 铜—铍合金锻制和挤制合金	02.01
ASTM B927—2017	黄铜棒、条和型材	02.01
ASTM B929—2017	铜镍锡合金棒材	02.01
ASTM B967/B967M—2016	铜锌锡铋合金棒线材	02.01
ASTM B974/B974M—2016	易切削铋黄铜棒和线材	02.01
ASTM B1001M—2017	焊接钢罐用铜电极线	02.01
ASTM F68—2010	电子器件用无氧铜加工材	02.01

11.3.7 镍及镍合金加工材标准

标准号	标准名称	卷号
ASTM B127—2005（2014）	镍铜合金（UNS N04400）板、薄板和带材	02.04
ASTM B160—2005（2014）	镍条和镍棒	02.04
ASTM B161—2005（2014）	无缝镍管	02.04
ASTM B162—1999（2014）	镍板、薄板和带材	02.04
ASTM B163—2011（2017）	冷凝器及热交换器用无缝镍及镍合金管	02.04
ASTM B164—2003（2014）	镍铜合金棒材和线材	02.04
ASTM B165—2005（2014）	镍铜合金无缝管	02.04
ASTM B166—2011	镍铬铁合金（UNS N06600，N06601，N06603，N06690，N06693，N06025 和 N06045）及镍铬钴钼合金（UNS N06617）条	02.04
ASTM B167—2011（2016）	镍铬铁合金（UNS N06600，N06601，N06603，N06690，N06693，N06025 和 N06045）和镍铬钴钼合金（UNS N06617）无缝管	02.04
ASTM B168—2011（2016）	镍铬铁合金（UNS N06600，N06601，N06603，N06690，N06693，N06025 和 N06045）和镍铬钴钼合金（UNS N06617）板、薄板和带材	02.04

标准号	标准名称	卷号
ASTM B267—2001（2013）	绕线电阻器用线材	02. 04
ASTM B333—2003（2013）	镍钼合金板、薄板和带材	02. 04
ASTM B335—2003（2013）	镍钼合金棒	02. 04
ASTM B344—2014	电热元件用拉制或轧制镍铬和镍铬铁合金	02. 04
ASTM B366—2016	工厂加工的锻制镍和镍合金焊接配件	02. 04
ASTM 388—2006（2012）	恒温双金属薄板和带材	02. 04
ASTM 389—1981（2016）	恒温双金属螺旋形线圈的热偏转率试验方法	02. 04
ASTM B407—2008（2014）	镍铁铬合金无缝管	02. 04
ASTM B408—2006（2016）	镍铁铬合金杆材棒材	02. 04
ASTM B409—2006（2016）	镍铁铬合金板、薄板和带材	02. 04
ASTM B423—2011（2016）	镍铁铬钼铜合金（UNS N08825、N08221 和 N06845）无缝管	02. 04
ASTM B424—2011（2016）	镍铁铬钼铜合金（UNS N08825、UNS N08221 和 N06845）板、薄板及带材	02. 04
ASTM B425—2011（2017）	镍铁铬钼铜合金（UNS N08825、UNS N08221 和 N06845）棒材	02. 04
ASTM B434—2006（2016）	镍钼铬铁合金（UNS N10003, UNS N10242）板、薄板和带材	02. 04
ASTM B435—2006（2016）	UNS N06002、UNS N06230、UNS N12160 和 UNS R30556 板、薄板和带材	02. 04
ASTM B443—2000（2014）	镍铬钼铌合金（UNS N06625）和镍铬钼硅合金（UNS N06219）板、薄板和带材	02. 04
ASTM B444—2016	镍铬钼铌合金（UNS N06625）和镍铬钼硅合金（UNS N06219）管	02. 04
ASTM B446—2003（2016）	镍铬钼铌合金（UNS N06625）、镍铬钼硅合金（UNS N06219）和镍铬钼钨合金（UNS N06650）杆材和棒材	02. 04
ASTM B462—2015	高温耐蚀设备用锻制或轧制的 UNS N06030, UNS N06022, UNS N06035, UNS N06200, UNS N06059, UNS N10362, UNS N06686, UNS N08020, UNS N08367, UNS N10276, UNS N10665, UNS N10675, UNS N10629, UNS N08031, UNS N06045, UNS N06025, UNS R20033 合金法兰、锻造件、阀门配件	02. 04
ASTM B463—2010（2016）	UNS N08020 合金板、薄板和带材	02. 04
ASTM B464—2015	UNS N08020 合金焊接管道	02. 04
ASTM B468—2010（2016）	UNS N08020 合金焊接管	02. 04
ASTM B472—2010（2015）	再锻用镍合金坯料和棒材	02. 04
ASTM B473—2007（2013）	UNS N08020、UNS N08024 及 UNS N08026 镍合金棒材和线材	02. 04

标准号	标准名称	卷号
ASTM B474—2015	镍及镍合金电熔焊管	02.04
ASTM B475—2007（2013）	编织用 UNS N08020、UNS N08026 及 UNS N08024 镍合金圆线	02.04
ASTM B511—2016	镍铁铬硅合金棒和型材	02.04
ASTM B512—2004（2014）	镍铬硅合金坯料和棒材	02.04
ASTM B514—2005（2014）	镍铁铬合金焊接管	02.04
ASTM B515—1995（2014）	镍合金（UNS N08120、UNS N08800、UNS N08810 和 UNS N08811）焊接管	02.04
ASTM B516—2015	镍铬铁合金（UNS N06600、UNS N06601、UNS N06603、UNS N06025、UNS N06045、UNS N06690 和 UNS N06693）焊接管	02.04
ASTM B517—2005（2014）	镍铬铁合金（UNS N06600、UNS N06603、UNS N06025 和 UNS N06045）焊接管道	02.04
ASTM B535—2006（2011）	镍铁铬硅合金无缝管	02.04
ASTM B536—2007（2013）	镍铁铬硅合金板、薄板及带材	02.04
ASTM B546—2004（2014）	镍铬钴钼合金（UNS N06617）、镍铁铬硅合金（UNS N08330 和 UNS N08332）、镍铬铁铝合金（UNS N06603）、镍铬铁合金（UNS N06025）、镍铬铁硅合金（UNS N06045）电熔焊接管	02.04
ASTM B564—2015	镍合金锻件	02.04
ASTM B572—2006（2016）	UNS N06002、UNS N06230、UNS N12160 和 UNS R30556 镍合金棒材	02.04
ASTM B573—2006（2016）	镍钼铬铁合金棒	02.04
ASTM B574—2015	低碳镍钼铬、低碳镍铬钼、低碳镍钼铬钽、低碳镍铬钼铜和低碳镍铬钼钨合金棒	02.04
ASTM B575—2015	低碳镍钼铬、低碳镍铬钼、低碳镍铬钼铜、低碳镍铬钼钽和低碳镍铬钼钨合金板、薄板和带材规范	02.04
ASTM B581—2002（2013）	镍铬铁钼铜合金棒	02.04
ASTM B582—2007（2013）	镍铬铁钼铜合金板、薄板及带材	02.04
ASTM B599—1992（2014）	镍铁铬钼铜稳定合金板、薄板及带材	02.04
ASTM B619—2015	镍和镍钴合金焊接管道	02.04
ASTM B620—2003（2013）	镍铁铬钼合金板、薄板及带材	02.04
ASTM B621—2002（2016）	镍铁铬钼合金棒材	02.04
ASTM B622—2015	无缝镍和镍钴合金管	02.04
ASTM B625—2014	UNS N08925、UNS N08031、UNS N08932、UNS N08926、UNS N08354、UNS N08830 和 UNS R20033 板、薄板和带材	02.04
ASTM B626—2015	镍和镍钴合金焊接管	02.04

标准号	标准名称	卷号
ASTM B637—2016	中高温用沉淀硬化和冷加工镍合金棒、锻件及锻造坯料	02.04
ASTM B639—2002（2013）	高温用沉积硬化含钴（UNS R30155 和 UNS R30816）合金条材、棒材、锻件和锻造坯锭	02.04
ASTM B649—2006（2016）	镍铁铬钼铜氮低碳合金（UNS N08925，UNS N08031，UNS N0835 和 UNS N08926）和铬镍铁氮低碳合金（UNS R20033）棒线和铬镍铁氮合金（UNS N08936）线	02.04
ASTM B668—2014	UNS N08028 和 UNS N08029 无缝管	02.04
ASTM B670—2007（2013）	高温用沉淀淬火镍合金（UNS N07718）厚板、薄板及带材	02.04
ASTM B672—2002（2013）	镍铁铬钼铌稳定合金（UNS N08700）棒材及线材	02.04
ASTM B673—2005（2016）	UNS N08925、UNS N08354 及 UNS N08926 焊接管道	02.04
ASTM B674—2005（2016）	UNS N08925、UNS N08354 及 UNS N08926 焊接管	02.04
ASTM B675—2002（2013）	UNS N08367 焊接管道	02.04
ASTM B676—2003（2014）	UNS N08367 焊接管	02.04
ASTM B677—2005（2016）	UNS N08925、UNS N08354 及 UNS N08926 无缝管	02.04
ASTM B688—1996（2014）	铬镍钼铁板、薄板及带材	02.04
ASTM B690—2002（2013）	铁镍铬钼合金无缝管	02.04
ASTM B691—2002（2013）	铁镍铬钼合金杆材、棒及线材	02.04
ASTM B704—2003（2014）	UNS N06625、UNS N06219 和 UNS N08825 合金焊接管	02.04
ASTM B705—2005（2014）	镍合金（UNS N06625，N06219 和 N08825）焊接管道	02.04
ASTM B709—2004（2014）	铁镍铬钼合金（UNS N08028）板、薄板和带材	02.04
ASTM B710—2004（2015）	镍铁铬硅合金焊接管	02.04
ASTM B718—2000（2016）	镍铬钼钴钨铁硅合金板，薄板和带材	02.04
ASTM B719—2000（2014）	镍铬钼钴钨铁硅合金（UNS N06333）棒	02.04
ASTM B722—2006（2016）	镍铬钼钴钨铁硅合金（UNS N06333）无缝管	02.04
ASTM B723—2000（2014）	镍铬钼钴钨铁硅合金（UNS N06333）焊接管	02.04
ASTM B725—2005（2014）	镍（UNS N02200/UNS N02201）和镍铜合金（UNS N04400）焊接管道	02.04
ASTM B726—2002（2014）	镍铬钼钴钨铁硅合金（UNS N06333）焊接管	02.04
ASTM B729—2005（2014）	UNS N08020，UNS N08026 和 UNS N08024 镍合金无缝管	02.04
ASTM B730—2008（2013）	镍（UNS N02200/UNS N02201）和镍铜合金（UNS N04400）焊接管	02.04

标准号	标准名称	卷号
ASTM B739—2003（2013）	铝铁铬硅合金焊接管	02.04
ASTM B751—2008（2013）	镍和镍合金焊接管一般要求	02.04
ASTM B753—2007（2013）	热双金属组件用合金	02.04
ASTM B755—2000（2016）	镍铬钼钨合金（UNS N06110）板、薄板和带材	02.04
ASTM B756—2000（2006）	镍铬钼钨合金（UNS N06110）条和棒	02.04
ASTM B757—2000（2006）	镍铬钼钨合金（UNS N06110）焊接管道	02.04
ASTM B758—2000（2006）	镍铬钼钨合金（UNS N06110）焊接管	02.04
ASTM B759—2000（2006）	镍铬钼钨合金（UNS N06110）管	02.04
ASTM B775—2015	镍和镍合金焊接管一般要求	02.04
ASTM B804—2002（2013）	UNS N08367 和 UNS N08926 焊接管	02.04
ASTM B805—2006（2011）	沉淀硬化镍合金棒材和线材	02.04
ASTM B814—2006（2016）	镍铬铁钼钨合金（UNS N06920）厚板、薄板和带材	02.04
ASTM B815—2002（2016）	钴铬镍钼钨合金（UNS R31233）杆	02.04
ASTM B818—2003（2013）	钴铬镍钼钨合金（UNS R31233）板、薄板和带材	02.04
ASTM B829—2004（2009）	镍和镍合金无缝管一般要求	02.04
ASTM B834—2015	压力强化粉末冶金铁镍铬钼（UNS N08367）和镍铬钼铌（Nb）（UNS N06625）、镍铬铁合金（UNS N06600 and N06690）和镍钴铁铌钼合金（UNS N07718）管法兰、管配件、阀门和零件	02.04
ASTM B865—2004（2015）	沉淀硬化镍铜铝合金（UNS N05500）棒材、杆材、线材、锻件和锻坯	02.04
ASTM B872—2006（2016）	沉淀硬化镍合金板、薄板及带材	02.04
ASTM B906—2002（2012）	压延镍和镍合金板材、薄板和带材的一般要求	02.04
ASTM B924—2002（2012）	具有整体散热叶片的冷凝器及热交换器用镍合金无缝焊接管	02.04
ASTM B983—2016	沉淀强化或冷加工无缝镍合金管材	02.04

11.3.8 其他重金属加工材标准

标准号	标准名称	卷号
ASTM B749—2014	铅和铅合金带材、薄板和板材产品	02.04
ASTM B69—2013	轧制锌	02.04
ASTM B833—2013	热喷镀用锌和锌合金线（喷镀金属）	02.04
ASTM B943—2016	电子应用热喷镀用锌锡合金线	02.04

11.4 稀有金属标准

11.4.1 基础标准

标准号	标准名称	卷号
ASTM F2005—2005（2015）	镍—钛记忆合金术语	13.01
ASTM E1320—2015	钛铸件参考射线照片	03.03

11.4.2 化学分析方法标准

标准号	标准名称	卷号
ASTM B890—2007（2012）	X射线荧光光谱法测定钨合金及钨硬质合金的金属组分	02.05
ASTM E367—2016	铌铁化学分析法	03.05
ASTM E439—2017	铍化学分析法	03.05
ASTM E539—2011	钛合金化学分析方法 X射线荧光光谱法	03.05
ASTM E1409—2013	惰气熔融法测定钛及钛合金中的氧和氮	03.05
ASTM E1447—2009（2016）	惰气熔融热导/红外检测法测定钛及钛合金中的氢	03.05
ASTM E1941—2010（2016）	燃烧法测定难熔和活性金属及合金中的碳量	03.05
ASTM E2371—2013	钛及钛合金分析方法 电感耦合等离子体原子发射光谱法	03.05
ASTM E2994—2016	钛及钛合金分析方法 火花原子发射光谱法和辉光放电原子发射光谱法	03.05
ASTM F1710—2008（2016）	用高分辨率辉光发电质谱仪测定电子级钛中痕量金属杂质	10.04
ASTM F2516—2014	镍—钛超弹性材料拉伸试验方法	13.02

11.4.3 理化性能试验方法标准

标准号	标准名称	卷号
ASTM F945—2012	航空发动机清洗材料对钛合金的应力腐蚀试验方法	15.03
ASTM F2004—2017	热分析测量镍钛合金相变温度试验方法	13.01
ASTM F2082/2082M—2016	通过弯曲和自由回复测定镍钛成型记忆合金相变温度的试验方法	13.01
ASTM G2/2M—2006（2011）	锆、铪及其合金产品在680°F（360℃）或蒸汽中在750°F（400℃）水中腐蚀试验的标准试验方法	02.04

11.4.4 产品标准

标准号	标准名称	卷号
ASTM A102—2004（2014）	钒铁	01.02
ASTM A132—2004（2014）	钼铁	01.02
ASTM A144—2004（2014）	钨铁	01.02
ASTM A146—2004（2014）	氧化钼	01.02
ASTM A324—2008（2013）	钛铁	01.02
ASTM A550—2016	铌铁	01.02
ASTM B265—2015	钛及钛合金带、薄板和板	02.04
ASTM B299—2013	海绵钛	02.04
ASTM B338—2017	冷凝器及换热器用钛及钛合金无缝管和焊接管	02.04
ASTM B348—2013	钛及钛合金棒和坯	02.04
ASTM B349/349M—2016	核工业用海绵锆和其他形式的原生金属	02.04
ASTM B350/350M—2011（2016）	核工业用锆及锆合金锭核工业用锆及锆合金铸锭	02.04
ASTM B351/351M—2013（2018）	核工业用热轧和冷加工锆及锆合金棒、杆和丝	02.04
ASTM B352/B352M—2017	核工业用锆及锆合金薄板、带和板材	02.04
ASTM B353—2017	核设施（核燃料包壳除外）用锻制的锆及锆合金无缝与焊接管	02.04
ASTM B363—2014	无缝和焊接的纯钛及钛合金焊接配件	02.04
ASTM B364—2018	钽及钽合金锭	02.04
ASTM B365—2012	钽及钽合金杆和丝	02.04
ASTM B367—2013（2017）	钛及钛合金铸件	02.04
ASTM B381—2013	钛及钛合金锻件	02.04
ASTM B386—2003（2011）	钼及钼合金板、薄板、带和箔材	02.04
ASTM B387—2010	钼及钼合金棒、杆和丝	02.04
ASTM B391—2018	铌及铌合金锭	02.04
ASTM B392—2018	铌及铌合金棒、杆和丝	02.04
ASTM B393—2018	铌及铌合金带、薄板和板	02.04
ASTM B394—2018	铌及铌合金无缝和焊接管	02.04
ASTM B481—1968（2013）	电镀用钛和钛合金的制备	02.05
ASTM B482—1985（2013）	电镀用钨及钨合金板的制备	02.05
ASTM B493/493M—2014	锆及锆合金锻件	02.04
ASTM B494/494M—2008（2014）	原生锆	02.04
ASTM B495—2010（2017）	锆及锆合金锭	02.04
ASTM B521—2012	钽及钽合金无缝和焊接管	02.04
ASTM B523/B523M—2012a	锆及锆合金无缝和焊接管	02.04
ASTM B550/550M—2007（2012）	锆及锆合金棒材和线材	02.04
ASTM B551/551M—2012（2017）	锆及锆合金带材、薄板和厚板	02.04

标准号	标准名称	卷号
ASTM B600—2011（2017）	钛及钛合金表面除鳞和清洁方法	02.04
ASTM B614—2016	锆及锆合金表面除鳞和清洁方法	02.04
ASTM B652/652M—2010	铌铪合金锭	02.04
ASTM B653/653M—2011(2016)	锆和锆合金无缝焊接配件	02.04
ASTM B654/654M—2010	铌铪合金箔、薄板、带和板材	02.04
ASTM B655/655M—2010	铌铪合金棒、条和线	02.04
ASTM B658/658M—2011(2016)	锆及锆合金无缝和焊接管	02.04
ASTM B708—2012	钽及钽合金板、薄板和带	02.04
ASTM B737—2010（2015）	热轧和冷加工铪条和丝	02.04
ASTM B752—2006（2011）	通用抗腐蚀锆基铸件	02.04
ASTM B760—2007（2013）	钨板、薄板和箔材	02.04
ASTM B776—2012	铪及铪合金带、薄板和板	02.04
ASTM B777—2015	钨基高密度金属	02.04
ASTM B811—2013（2017）	核反应堆燃料包壳用锻制锆合金无缝管	02.04
ASTM B861—2014	钛及钛合金无缝管	02.04
ASTM B862—2014	钛及钛合金焊接管	02.04
ASTM B863—2014	钛及钛合金丝	02.04
ASTM B884—2011	超导用铌钛合金坯、棒和条	02.04
ASTM B891—2012	装整体散热片的冷凝器和热交换器用钛及钛合金无缝和焊接管	02.04
ASTM B898—2011(2016)	活性和难熔金属复合板	02.04
ASTM B977—2013	钛及钛合金锭	02.04
ASTM F67—2013(2017)	外科植入物用纯钛	13.01
ASTM F136—2013	外科植入用变形 Ti-6Al-4V ELI（超低间隙）合金	13.01
ASTM F620—2011（2015）	外科植入用 α+β 钛合金挤压件	13.01
ASTM F1108—2014	外科植入用 Ti-6Al-4V 合金铸件	13.01
ASTM F1295—2016	外科植入物用变形 Ti-6Al-7Nb 合金	13.01
ASTM F1472—2014	外科植入物用变形 Ti-6Al-4V 合金	13.01
ASTM F1580—2012	外科植入物涂层用钛及 Ti-6Al-4V 合金粉末	13.01
ASTM F1709—1997（2016）	电子薄膜用高纯度钛溅射靶材	10.04
ASTM F1713—2008（2013）	外科植入物用变形 Ti-13Nb-13Zr 合金	13.01
ASTM F1813—2013	外科植入用变形 Ti-12Mo-6Zr-2Fe 合金	13.01
ASTM F2063—2012	医疗设备和外科植入物用变形镍—钛形状记忆合金	13.01
ASTM F2066—2018	外科植入物用变形 Ti-15Mo 合金形状记忆合金无缝管	13.01
ASTM F2633—2013	医疗设备和外科植入物用变形镍—钛形状记忆合金无缝管	13.02
ASTM F2146—2013	外科植入用变形 Ti-3Al-2.5V 合金无缝管	13.01

11.5 粉末冶金标准

11.5.1 基础标准

标准号	标准名称	卷号
ASTM B215—2015	金属粉末取样方法	02.05
ASTM B243—2017	粉末冶金术语	02.05
ASTM B925—2015	粉末冶金（PM）试样的取样和制备规程	02.05

11.5.2 化学分析方法标准

标准号	标准名称	卷号
ASTM B890—2007（2012）	X射线荧光光谱法测定钨合金和硬质合金成分的试验方法	02.05
ASTM E159—2017	钴、铜、钨和铁粉的氢损耗试样方法	02.05
ASTM E194—2010（2015）	铜粉和铁粉中酸不溶物含量的试验方法	02.05
ASTM E2050—2017	燃烧红外吸收法测定铸模粉末中的总碳量	03.05

11.5.3 理化性能试验方法标准

标准号	标准名称	卷号
ASTM B212—2017	自由流动状态金属粉末表观密度的试验方法 霍尔流速计法	02.05
ASTM B213—2017	金属粉末流动速率的测试方法 霍尔流速计法	02.05
ASTM B214—2016	金属粉末筛分试验方法	02.05
ASTM B276—2005（2015）	硬质合金表观孔隙度的试验方法	02.05
ASTM B294—2017	硬质合金硬度试验方法	02.05
ASTM B311—2017	孔隙率小于2%的粉末冶金材料密度的测定	02.05
ASTM B312—2014	压制金属粉末试样压坯强度试验方法	02.05
ASTM B329—2014	难熔金属粉末和化合物表观密度的试验方法 斯科特容量计法	02.05
ASTM B330—2015	难熔金属及其化合物平均粒度的测定方法 空气透过法	02.05
ASTM B331—2016	金属粉末单轴压制中压缩性的标准试验方法	02.05
ASTM B406—1996（2015）	硬质合金横向断裂强度试验方法	02.05
ASTM B417—2013	非自由流动金属粉末表观密度试验方法	02.05
ASTM B527—2015	金属粉末及化合物振实密度的测定	02.05
ASTM B528—2016	烧结金属粉末试样的横向断裂强度试验方法	02.05
ASTM B610—2013	金属粉末样品烧结后尺寸变化的测量	02.05

标准号	标准名称	卷号
ASTM B657—2011	硬质合金显微组织金相测定指南	02.05
ASTM B665—2008（2012）	碳化钨硬质合金金相试样制备指南	02.05
ASTM B703—2017	用阿诺德（Arnold）仪器测定金属粉末表观密度试验方法	02.05
ASTM B761—2017	用重量沉积 X 光控制法测定金属粉末及化合物粒度分布试验方法	02.05
ASTM B771—2011（2017）	硬质合金试样断裂韧性试验方法	02.05
ASTM B821—2010（2016）	粒度分析用金属粉末和相关化合物的液体分散指南	02.05
ASTM B822—2017	光散射法测定金属粉末和相关化合物的粒度分布试验方法	02.05
ASTM B855—2017	阿诺德流量计和霍尔流量计测量金属粉末体积流量的标准试验方法	02.05
ASTM B859—2013	难熔金属粉末及其化合物粒度分析前分散规范	02.05
ASTM B873—2017	ASTM B212，B329 和 B417 中使用的表观密度杯体积测量的标准试验方法	02.05
ASTM B886—2012	硬质合金磁饱和（MS）测定试验方法	02.05
ASTM B887—2012	硬质合金矫顽力（HCS）测定试验方法	02.05
ASTM B922—2017	气体吸附法测定金属粉末比表面积	02.05
ASTM B930—2003（2017）	硬质合金中异常大晶粒的粒度和频率评定的标准试验方法	02.05
ASTM B933—2016	粉末冶金材料显微压痕硬度试验方法	02.05
ASTM B939—2015	粉末冶金（PM）轴承和结构材料径向抗压强度 K 的标准试验方法	02.05
ASTM B946—2011（2016）	粉末冶金（PM）产品表面光洁度试验方法	02.05
ASTM B962—2017	压制或烧结粉末冶金（PM）产品密度的标准试验方法 阿基米德原理法	02.05
ASTM B963—2017	烧结粉末冶金（PM）产品的含油量、油浸效率和表面连接孔隙率的标准试验方法 阿基米德原理	02.05
ASTM B964—2016	卡尼漏斗法测定金属粉末流量的标准试验方法	02.05

11.5.4 材料与制品标准

标准号	标准名称	卷号
ASTM B595—2011（2016）	铝烧结结构件	02.05
ASTM B823—2015	铜基粉末冶金结构件规范	02.05

标准号	标准名称	卷号
ASTM B834—2017	压力强化粉末冶金铁镍铬钼（UNS N08367）、镍铬钼铌（Nb）（NS066）、镍铬铁合金（UNS N06600 和 N06690）和镍铬铁铌钼（UNS N07718）合金管法兰、管连接件、阀门和零件	02.04
ASTM B853—2016	粉末冶金硼不锈钢结构件的标准技术规范	02.05
ASTM B883—2017	金属注射成型材料 规范	02.05
ASTM F2886—2017	外科植入物用金属注射成型钴—28 铬—6 钼元件规范	13.02
ASTM F2989—2013	外科植入物用金属注射成型非合金钛构件规范	13.02

11.6 贵金属标准

标准号	标准名称	卷号
ASTM B122/B122M—2016	铜镍锡合金、铜镍锌合金（镍银）和铜镍合金板材、薄板材、带材及轧制棒材的标准规范	02.01
ASTM B151/B151M—2013	铜镍锌合金（镍银）和铜镍杆材及棒材规范	02.01
ASTM B206/B206M—2012(2017)	铜镍锌合金（镍银）丝和铜镍合金丝规格	02.01
ASTM B277—2018	电接触材料硬度测试	02.04
ASTM B298—2012（2017）	镀银的软或退火铜线用标准规范	02.03
ASTM B413—1997a（2017）	精炼银	02.04
ASTM B476—2001（2017）	锻造贵金属电接触材料一般要求	02.04
ASTM B477—1997（2017）	电接触用金—银—镍合金	02.04
ASTM B488—2011	工程用金电镀层规范	02.05
ASTM B501—2010（2015）	电子设施用镀银包铜钢丝标准规范	02.03
ASTM B522—2001（2017）	电接触用金—银—铂合金	02.04
ASTM B540—1997（2017）	电接触用钯合金	02.04
ASTM B541—2001（2012）	电接触金合金	02.04
ASTM B542—2013	与电触点及其使用有关的标准术语	02.04
ASTM B561—1994（2012）	精炼铂	02.04
ASTM B562—1995（2017）	精炼金	02.04
ASTM B563—2001（2017）	电接触用铂—银—铜合金	02.04
ASTM B576—1994（2016）	电接触材料电弧腐蚀试验的标准指南	02.04
ASTM B589—1994（2016）	精炼钯	02.04
ASTM B596—1989（2017）	电接触用金铜合金	02.04
ASTM B613—2017	用于滑动电触头的复合材料微型刷制备规范的标准指南	02.04
ASTM B616—1996（2012）	精炼铑	02.04
ASTM B617—1998（2016）	铸银电接触合金	02.04

标准号	标准名称	卷号
ASTM B628—1998（2016）	电接触用银—铜共晶合金	02. 04
ASTM B631—1993（2016）	电接触用银—钨材料	02. 04
ASTM B634—2014a	工程用铑电镀层规范	02. 05
ASTM B662—1994（2012）	电接触用银—钼材料	02. 04
ASTM B663—1994（2006）	电接触用银—碳化钨材料	02. 04
ASTM B664—1990（2012）	80%银-20%石墨滑动接触材料的标准规范	02. 04
ASTM B671—1981（2017）	精炼铱	02. 04
ASTM B679—1998（2015）	工程用钯的电镀层规范	02. 05
ASTM B683—2001（2012）	电接触用纯铂材料	02. 04
ASTM B684—1997（M—16）	电接触用铂—铱材料	02. 04
ASTM B685—2001（2012）	电接触用铂—铜材料	02. 04
ASTM B692—1990（2012）	75Ag-25 石墨滑动触电材料	02. 04
ASTM B693—1991（2006）	银—镍电接触材料规范	02. 04
ASTM B700—2008（2014）	工程用银电镀层规范	02. 05
ASTM B717—1996（2012）	精炼钌	02. 04
ASTM B731—1996（2012）	电接触用 60Pt-40Ag 合金电接触材料	02. 04
ASTM B735—2016	用硝酸蒸汽测试金属基体上金涂层孔隙率的方法	02. 04
ASTM B742—1990（2012）	纯银电接触焊接材料	02. 04
ASTM B772—1997（2012）	（电弧和非电弧）电接触材料化学成分清单标准指南	02. 04
ASTM B798—1995（2014）	用凝胶体电谱法测定金属基上金或钯涂层孔隙度的标准试验方法	02. 04
ASTM B799—1995（2014）	用亚硫酸/SO_2 蒸汽测试金和钯镀层孔隙度的方法	02. 04
ASTM B780—1998（2016）	电接触用 75Ag，24. 5Cu 和 0. 5Ni 电接触合金	02. 04
ASTM B781—1993a（2012）	银-氧化镉接触材料标准指南	02. 04
ASTM B844—1998（2016）	银-氧化锡接触材料标准指南	02. 04
ASTM B867—1995（2018）	工程用钯—镍电镀层规范	02. 05
ASTM B920—2016	采用次氯酸钠溶液蒸汽测量金属基材上金钯合金镀层的孔隙度试验	02. 04
ASTM B984—2012	工程用钯钴合金电沉积涂层的标准规范	02. 05
ASTM C752—2013（2016）	核级银铟镉合金标准规范	12. 01
ASTM C760—1990（2015）	核纯级银铟镉合金的化学及光谱分析方法	12. 01
ASTM C1503—2008（2013）	镀银平板玻璃镜的标准规范	15. 02
ASTM C1165—2017	用控制电位库仑计法在铂工作电极上测定硫酸中钚的标准试验方法	12. 01
ASTM D3766—2008（2013）	与催化剂和催化有关的标准术语	05. 06
ASTM D3866—2018	水中银含量的标准测试方法	11. 01

标准号	标准名称	卷号
ASTM D3908—2003（2015）	采用真空容量法分析氢化学吸收在负载铂中作用的试验方法	05.06
ASTM D4642—2004（2016）	湿化学法测定重整催化剂中铂的试验方法	05.06
ASTM D4782—2010（2016）	用湿化学法测定分子筛催化剂中钯的方法	05.06
ASTM D5153—2010（2016）	用原子吸收法测定分子筛催化剂中钯的方法	05.06
ASTM D5288—2010	使用多种电极材料（不包括铂）测定电绝缘材料痕迹指数的试验方法	10.02
ASTM E3—2011（2017）	金相试样制备的标准指南	03.01
ASTM E407—2007（2015）e1	微蚀刻金属和合金的标准实施规程	03.01
ASTM E786—1981（2017）	铂蒸发皿	14.04
ASTM E956—1983（2015）	市政混合有色金属（MNM）的标准分类	11.04
ASTM E1114—2009（2014）	测定定铱 Ir-192 工业 X 射线源的聚焦尺寸的标准试验方法	03.03
ASTM E1137/E1137M—2008	工业铂电阻温度计规范	14.03
ASTM E1159—1998（2009）	铂—铑合金和铂热电偶材料规范	14.03
ASTM E1335—2008（2017）	灰吹法测定金条中金含量	03.05
ASTM E1351—2001（2012）	现场金相复制品的生产和评估标准规范	03.01
ASTM E1446—2013	采用直流等离子发射光谱法测定精炼金中化学成分分析	03.05
ASTM E1447—2009	惰性气氛熔解下热传导方法钛及钛合金中氢含量测试方法	03.05
ASTM E1568—2013	用火试金重量法测定活性炭中金的标准试验方法	03.05
ASTM E1600—2015	用原子吸收光谱法测定氰化物溶液中金的方法	03.05
ASTM E1652—2010	金属外壳的铂电阻温度表、基金属热电偶和贵金属温差热电偶制造中使用的氧化镁和氧化铝粉末及压扁绝缘子的标准规范	14.03
ASTM E1805—2013	重量分析法测定铜浓缩物中金的火试金分析方法	03.05
ASTM E1898—2013	用火焰原子吸收光谱测定法测定铜精矿中银的标准试验方法	03.05
ASTM E1920—2003（2014）	热喷涂金相制备标准指南	03.01
ASTM E2181/E2181M—2011	压实的矿物绝缘、金属护套的贵金属热电偶和温差点偶规范	14.03
ASTM E2294—2003（2013）	用火试金重量分析法验证含金属矿物、浓缩物及相关材料中银修正值的标准实施规范	03.05
ASTM E2295—2013	用熔渣和灰吹法中的银测定法在含金属矿物、浓缩物及相关冶金材料的分析中测定火试金法银修正值的标准实施规范	03.05

标准号	标准名称	卷号
ASTM E2296—2003（2008）e1	通过燃烧试验熔渣再利用和灰皿验证重量测定法修正含金属矿、精矿和相关冶金材料中的银修正值的标准规程	03.05
ASTM E2593—2017	工业铂电阻温度计精度验证标准指南	14.03
ASTM E3025—2016	用于检测和表征纺织品中银纳米材料的分层方法的标准指南	14.02
ASTM F72—2017	半导体键合用金丝规范	10.04
ASTM F106—2012（2017）	电子器件用钎焊填充金属的标准规范	10.04
ASTM F180—1994（2015）	电子器件用细线和带状线密度的标准试验方法	10.04
ASTM F357—1978（2002）	测定厚膜导体可焊性的标准实施规程（撤回2008）	
ASTM F375—1989（2015）	集成电路引线框架材料的标准规范	10.04
ASTM F459—2013（2018）	微电子器件金属丝连接抗拉强度测量的标准试验方法	10.04
ASTM F487—2013（2018）	用于半导体引线键合的细铝-1%硅线的标准规范	10.04
ASTM F508—1977（2002）	厚膜浆料的标准规范（撤回2008）	10.04
ASTM F584—2006e1	半导体引线连接线的外观检查用标准实施规范（撤回2015）	10.04
ASTM F692—1997（2002）	测量可焊薄膜与基材粘合强度的标准试验方法（撤回2008）	10.04
ASTM F1076—1987（2010）	管用扩张焊接及银黄铜套管连接件标准	01.07
ASTM F1269—2013（2018）	球焊的破坏性剪切试验的标准试验方法	10.04
ASTM F1512—1994（2011）	溅射目标垫板部件的超声波C扫描粘结评定标准规程	10.04
ASTM F1513—1999（2003）	电子薄膜器件用纯铝（非合金）原材料标准规范	10.04
ASTM F1711—1996（2016）	用四点探针法测量平板显示器制造用薄膜导体的薄层电阻的标准实施规程	10.04
ASTM F1761—2000（2011）	圆形磁控溅射靶通过磁通的标准试验方法	10.04
ASTM F1844—1997（2016）	用非接触式涡流量计测量平板显示器制造用薄膜导体的薄层电阻的标准实施规程	10.04
ASTM F1996—2014	薄膜开关电路银迁移的标准试验方法	10.04
ASTM F2113—2001（2011）	分析和报告电子薄膜应用的杂质含量和高纯度金属溅射靶材等级的标准指南	10.04
ASTM F2923—2014	儿童珠宝消费品安全标准规范	15.11
ASTM F2999—2014	成人珠宝标准消费者安全规范	15.11

11.7 半导体材料标准

标准号	标准名称	卷号
ASTM F76—2008（2016）	半导体单晶电阻率、霍尔系数和霍尔迁移率的测试方法	10.04
ASTM F1894—1998（2011）	硅化钨半导体工艺薄膜组分和厚度的测量方法	10.04
ASTM E772—2015	太阳能转换术语标准	12.02

11.8 稀土标准

标准号	标准名称	卷号
ASTM A1102—2016	烧结钐钴永磁材料标准规范	03.07
ASTM A1101—2016	烧结全致密钕铁硼永磁材料标准规范	03.07

12 欧盟标准

12.1 通用标准

标准号	标准名称
EN 2032-1：2014	航空航天系列 金属材料 第1部分：规范命名
EN 2032-2：1994	航空航天系列 金属材料 第2部分：交货条件中冶金条件的规定

12.2 轻金属标准

标准号	标准名称
EN 485-1：2016	铝及铝合金 薄板、带材和厚板 第1部分：检验和交货的技术条件
EN 485-2：2016	铝及铝合金 薄板、带材和厚板 第2部分：力学性能
EN 485-3：2003	铝及铝合金 薄板、带材和厚板 第3部分：热轧产品的尺寸和形位偏差
EN 485-4：1993	铝及铝合金 薄板、带材和厚板 第4部分：冷轧产品的尺寸和形位偏差
EN 486：2009	铝及铝合金 挤压用锭坯
EN 487：2009	铝及铝合金 轧制用锭坯
EN 515：2017	变形铝及铝合金产品状态代号
EN 541：2006	铝及铝合金 罐、密封容器和盖用轧制产品
EN 546-1：2006	铝及铝合金 箔 第1部分：检验和交货的技术条件
EN 546-2：2006	铝及铝合金 箔 第2部分：力学性能
EN 546-3：2006	铝及铝合金 箔 第3部分：尺寸偏差
EN 546-4：2006	铝及铝合金 箔 第4部分：特殊性能要求
EN 570：2007	铝及铝合金 冲挤铝坯 规范
EN 573-1：2004	变形铝及铝合金产品化学成分和产品形式 第1部分：数字牌号体系
EN 573-2：1994	变形铝及铝合金产品化学成分和产品形式 第2部分：化学元素符号牌号体系
EN 573-3：2013	变形铝及铝合金产品化学成分和产品形式 第3部分：化学成分和产品形式

标准号	标准名称
EN 573-5：2007	变形铝及铝合金产品化学成分和产品形式 第5部分：产品代号
EN 575：1995	铝及铝合金 熔制中间合金
EN 576：2003	铝及铝合金 重熔用铝锭
EN 577：1995	铝及铝合金 液态金属
EN 586-1：1997	铝及铝合金 锻件 第1部分：检验和交货的技术条件
EN 586-2：1994	铝及铝合金 锻件 第2部分：力学性能和其他性能要求
EN 586-3：2001	铝及铝合金 锻件 第3部分：尺寸和形位偏差
EN 601：2004	铝及铝合金 铸件 食品包装用铸件化学成分
EN 602：2004	变形铝及铝合金产品 用于食品包装的半成品化学成分
EN 603-1：1996	变形铝及铝合金锻坯 第1部分：检验和交货的技术条件
EN 603-2：1996	变形铝及铝合金锻坯 第2部分：力学性能
EN 603-3：2000	变形铝及铝合金锻坯 第3部分：尺寸和形位偏差
EN 604-1：1997	铸造铝及铝合金锻坯 第1部分：检验和交货的技术条件
EN 604-2：1997	铸造铝及铝合金锻坯 第2部分：尺寸和形位偏差
EN 683-1：2006	铝及铝合金 翅片坯料 第1部分：检验和交货的技术条件
EN 683-2：2006	铝及铝合金 翅片坯料 第2部分：机械性能
EN 683-3：2006	铝及铝合金 翅片坯料 第3部分：尺寸和形位偏差
EN 754-1：2016	铝及铝合金 冷拉棒材和管材 第1部分：检验和交货的技术条件
EN 754-2：2016	铝及铝合金 冷拉棒材和管材 第2部分：力学性能
EN 754-3：2008	铝及铝合金 冷拉棒材和管材 第3部分：圆管 尺寸和形位偏差
EN 754-4：2008	铝及铝合金 冷拉棒材和管材 第4部分：方棒 尺寸和形位偏差
EN 754-5：2008	铝及铝合金 冷拉棒材和管材 第5部分：矩形棒 尺寸和形位偏差
EN 754-6：2008	铝及铝合金 冷拉棒材和管材 第6部分：六角棒 尺寸和形位偏差
EN 754-7：2016	铝及铝合金 冷拉棒材和管材 第7部分：无缝管 尺寸和形位偏差
EN 754-8：2016	铝及铝合金 冷拉棒材和管材 第8部分：穿孔管材 尺寸和形位偏差
EN 755-1：2016	铝及铝合金 挤压棒材、管材和型材 第1部分：检验和交货的技术条件
EN 755-2：2016	铝及铝合金 挤压棒材、管材和型材 第2部分：力学性能
EN 755-3：2008	铝及铝合金 挤压棒材、管材和型材 第3部分：圆棒 尺寸和形位偏差
EN 755-4：2008	铝及铝合金 挤压棒材、管材和型材 第4部分：方棒 尺寸和形位偏差

标准号	标准名称
EN 755-5：2008	铝及铝合金 挤压棒材、管材和型材 第5部分：矩形棒 尺寸和形位偏差
EN 755-6：2008	铝及铝合金 挤压棒材、管材和型材 第6部分：六角棒 尺寸和形位偏差
EN 755-7：2016	铝及铝合金 挤压棒材、管材和型材 第7部分：无缝管 尺寸和形位偏差
EN 755-8：2016	铝及铝合金 挤压棒材、管材和型材 第8部分：穿孔管材尺寸和形位偏差
EN 755-9：2016	铝及铝合金 挤压棒材、管材和型材 第9部分：型材尺寸和形位偏差
EN 851：2014	烹饪器具用铝及铝合金圆片和圆形坯料
EN 941：2014	一般用铝及铝合金圆片及圆形坯料
EN 1301-1：2008	铝及铝合金 拉制线材 第1部分：检验和交货技术条件
EN 1301-2：2008	铝及铝合金 拉制线材 第2部分：力学性能
EN 1301-3：2008	铝及铝合金 拉制线材 第3部分：尺寸公差
EN 1386：2007	铝及铝合金 花纹铝板
EN 1396：2015	铝及铝合金 一般用途的涂层带材
EN 1559-4：2015	铸造 交货技术条件 第4部分：铝合金铸件的附加要求
EN 1592-1：1997	铝及铝合金 HF接缝焊接管 第1部分：检验和交货条件
EN 1592-2：1997	铝及铝合金 HF接缝焊接管 第2部分：机械性能
EN 1592-3：1997	铝及铝合金 HF接缝焊接管 第3部分：圆形管的尺寸和外形公差
EN 1592-4：1997	铝及铝合金 HF接缝焊接管 第4部分：方形、矩形和异形管的尺寸和外形公差
EN 1669：1996	铝及铝合金 实验方法 薄板材和带材的耳子试验
EN 1676：2010	铝及铝合金 重熔用合金锭 规范
EN 1706：2010	铝及铝合金 铸件 化学成分和机械性能
EN 1715-1：2008	铝及铝合金 拉制坯料 第1部分：检验和交货的一般要求和技术条件
EN 1715-2：2008	铝及铝合金 拉制坯料 第2部分：电工用产品的要求
EN 1715-3：2008	铝及铝合金 拉制坯料 第3部分：机械用（不包括焊接）产品的要求
EN 1715-4：2008	铝及铝合金 拉制坯料 第4部分：焊接用产品的要求
EN 1780-1：2002	铝及铝合金 重熔用、中间合金用、铸造用铝合金锭牌号 第1部分：数字牌号体系
EN 1780-2：2002	铝及铝合金 重熔用、中间合金用、铸造用铝合金锭牌号 第2部分：化学元素符号牌号体
EN 1780-3：2002	铝及铝合金 重熔用、中间合金用、铸造用铝合金锭牌号 第3部分：化学成分的表示方法

标准号	标准名称
EN 12020-1：2008	铝及铝合金 EN AW—6060、EN AW—6063 精密挤压型材 第 1 部分：检验和交货的技术条件
EN 12020-2：2016	铝及铝合金 EN AW—6060、EN AW—6063 精密挤压型材 第 2 部分：尺寸和形位偏差
EN 12258-1：2012	铝及铝合金术语和定义 第 1 部分：一般术语
EN 12258-2：2004	铝及铝合金术语和定义 第 2 部分：化学分析
EN 12258-3：2003	铝及铝合金术语和定义 第 3 部分：废料
EN 12258-4：2004	铝及铝合金术语和定义 第 4 部分：铝工业残余
EN 12392：2016	变形铝及铝合金产品 抗压设备用产品的特殊要求
EN 12482-1：1998	铝及铝合金 一般用途的再轧制用坯料 第 1 部分：热轧坯料
EN 12482-2：1998	铝及铝合金 一般用途的再轧制用坯料 第 2 部分：冷轧坯料
EN 13195：2013	铝及铝合金 航海设备用加工及铸造产品
EN 13920-1：2003	铝及铝合金 废料 第 1 部分：一般要求 取样和检验
EN 13920-2：2003	铝及铝合金 废料 第 2 部分：纯铝废料
EN 13920-3：2003	铝及铝合金 废料 第 3 部分：导线和电缆废料
EN 13920-4：2003	铝及铝合金 废料 第 4 部分：由单一变形合金构成的废料
EN 13920-5：2003	铝及铝合金 废料 第 5 部分：由同系列两种或更多种变形合金构成的废料
EN 13920-6：2003	铝及铝合金 废料 第 6 部分：由两种或更多种变形合金构成的废料
EN 13920-7：2003	铝及铝合金 废料 第 7 部分：由铸件组成的废料
EN 13920-8：2003	铝及铝合金 废料 第 8 部分：待铝分离处理的有色金属切碎废料
EN 13920-9：2003	铝及铝合金 废料 第 9 部分：经铝分离处理后的有色金属碎料
EN 13920-10：2003	铝及铝合金 废料 第 10 部分：由使用过的铝制饮料罐组成的废料
EN 13920-11：2003	铝及铝合金 废料 第 11 部分：铝铜散热器废料
EN 13920-12：2003	铝及铝合金 废料 第 12 部分：单一合金组成的切屑废料
EN 13920-13：2003	铝及铝合金 废料 第 13 部分：由两种或多种合金构成的混合切屑
EN 13920-14：2003	铝及铝合金 废料 第 14 部分：旧的铝制包装件组成的废料
EN 13920-15：2003	铝及铝合金 废料 第 15 部分：去除涂层的旧铝包装件废料
EN 13920-16：2003	铝及铝合金 废料 第 16 部分：由撇渣、浮渣、溢出物和金属粒子组成的废料
EN 13957：2008	铝及铝合金 一般用途挤制圆形盘管
EN 13958：2008	铝及铝合金 一般用途的冷拉圆形盘管
EN 13981-1：2003	铝及铝合金 铁路结构用产品 检验和交货的技术条件 第 1 部分：挤压产品

标准号	标准名称
EN 13981-2：2004	铝及铝合金 铁路结构用产品 检验和交货的技术条件 第2部分：厚板与薄板
EN 13981-3：2006	铝及铝合金 铁路结构用产品 检验和交货的技术条件 第3部分：铸件
EN 13981-4：2006	铝及铝合金 铁路结构用产品 检验和交货的技术条件 第4部分：锻件
EN 14121：2009	铝及铝合金 电工用薄板、带和厚板
EN 14242：2004	铝及铝合金 化学分析 电感耦合等离子体发射光谱法
EN 14286：2008	铝及铝合金 危险品的存储和运输罐用可焊接轧制产品
EN 14287：2004	铝及铝合金 包装和包装元件制造用产品的化学成分特殊要求
EN 14361：2004	铝及铝合金 化学分析 金属熔体取样
EN 14392：2007	铝及铝合金 与食品接触的阳极化处理产品的要求
EN 14726：2005	铝及铝合金 化学分析 发射光谱分析一般要求
EN 15088：2005	铝及铝合金 结构件用铝产品 检验和交货技术条件
EN 15530：2008	铝及铝合金 铝产品环境因素 确定标准相关内容的一般性指南
EN 16773：2016	铝及铝合金 半刚性食品容器用铝箔坯料生产指南
EN 16914：2017	铝及铝合金 装甲板用热轧可焊接铝合金 交货技术条件
EN ISO 2085：2010	铝及铝合金阳极氧化 阳极氧化膜连续性试验硫酸铜法
EN ISO 2106：2011	铝及铝合金阳极氧化 阳极氧化膜单位面积（表面密度）重量的测定 重量法
EN ISO 2128：2010	铝及铝合金阳极氧化 阳极氧化膜厚度的测定 分光束显微镜测量法
EN ISO 2143：2017	铝及铝合金阳极氧化 阳极氧化膜封闭后吸附能力的损失评定 酸处理后的染色斑点试验
EN ISO 2376：2010	铝及铝合金阳极氧化 应用击穿电位测定法检验绝缘性
EN ISO 2931：2018	铝及铝合金阳极氧化 通过测定导纳或阻抗来评定阳极氧化膜封孔质量
EN ISO 3210：2017	铝及铝合金阳极氧化 通过测量在磷铬酸溶液中浸入后的质量损失评价阳极氧化膜封孔质量
EN ISO 3211：2010	铝及其合金的阳极氧化、阳极氧化物镀层抗变形破裂的评定
EN ISO 6581：2010	铝及铝合金阳极氧化 着色阳极氧化膜的耐紫外线性能的测定
EN ISO 6719：2010	铝及铝合金阳极氧化 用积算球仪进行铝表面反射性能的测定
EN ISO 7599：2018	铝及铝合金阳极氧化 铝阳极氧化膜的一般技术条件
EN ISO 7668：2018	铝及铝合金阳极氧化 20°、45°、60°或85°角的镜面反射率和镜面光泽的测定

标准号	标准名称
EN ISO 7759：2010	铝及铝合金阳极氧化 用遮光测角光度计或测角光度计测定铝表面反射性能
EN ISO 8251：2011	铝及铝合金阳极氧化 用研磨磨损试验仪测定阳极氧化膜的耐磨性和磨损指数
EN ISO 8993：2010	铝及铝合金阳极氧化 点腐蚀法评定阳极氧化膜 图表法
EN ISO 8994：2011	铝及铝合金阳极氧化 点腐蚀法评定阳极氧化膜 网格法
EN ISO 10215：2018	铝及铝合金阳极氧化 阳极氧化膜图像清晰度的目视测定 图表比例尺法

12.3 重金属标准

12.3.1 铜及铜合金

12.3.1.1 基础标准

标准号	标准名称
EN 1173：2008	铜和铜合金 材料和状态代号
EN 1412：2016	铜和铜合金 欧洲编号系统
EN 1655：1997	铜和铜合金 质量一致性证明书
CEN/TS 13388：2015	铜和铜合金 化学成分及产品形状

12.3.1.2 性能检测方法标准

标准号	标准名称
EN ISO 196：1995	加工铜及铜合金 残余应力检验 硝酸亚汞试验法
EN 723：2009	铜和铜合金 铜管或配件内表面上碳含量的测定 燃烧法
EN 1971-1：2011	铜和铜合金 用于测量无缝铜圆管和铜合金圆管缺陷的涡流试验 第1部分：在外表面放置环绕试验线圈的试验方法
EN 1971-2：2011	铜与铜合金 测定无缝铜与铜合金圆管缺陷的涡流试验 第2部分：将内部探针放在内表面上的试验
EN ISO 2624：1995	铜及铜合金 平均晶粒度评定
EN ISO 2626：1995	铜 氢脆试验方法
EN 12384：1999	铜和铜合金 带材弹性弯曲极限的测定
EN 12893：2000	铜和铜合金 螺旋拉伸数的测定
EN 13147：2001	铜和铜合金 窄带材边界区域中残余应力的测定
EN 13603：2013	铜和铜合金 评估导电用拉制圆铜线上的保护锡镀层的试验方法
EN 14977：2006	铜和铜合金 抗拉应力的检测 5%氨试验
EN 16090：2011	铜及铜合金 平均晶粒度的超声波评定方法

12.3.1.3 化学分析方法标准

标准号	标准名称
EN 14935：2006	铜及铜合金 纯铜中杂质含量的测定 电热原子吸收光谱法
EN 14936-1：2006	铜及铜合金 铝含量的测定 第1部分：滴定法
EN 14936-2：2006	铜及铜合金 铝含量的测定 第2部分：火焰原子吸收光谱法
EN 14937-1：2006	铜及铜合金 锑含量的测定 第1部分：分光光度法
EN 14937-2：2006	铜及铜合金 锑含量的测定 第2部分：火焰原子吸收光谱法
EN 14938-2：2010	铜及铜合金 铋含量的测定 第2部分：火焰原子吸收光谱法
EN 14939：2006	铜及铜合金 铍含量的测定 火焰原子吸收光谱法
CEN/TS 14940-1：2009	铜和铜合金 铬含量的测定 第1部分：滴定法
EN 14940-2：2006	铜及铜合金 铬含量的测定 第2部分：火焰原子吸收光谱法
EN 14941：2006	铜及铜合金 钴含量的测定 火焰原子吸收光谱法
EN 14942-2：2006	铜及铜合金 砷含量的测定 第2部分：火焰原子吸收光谱法
CEN/TS 15022-2：2009	铜和铜合金 锡含量的测定 第2部分：分光光度法
EN 15022-3：2006	铜及铜合金 锡含量的测定 第3部分：低锡含量 火焰原子吸收光谱法
EN 15022-4：2011	铜及铜合金 锡含量的测定 第4部分：中锡含量 火焰原子吸收光谱法
EN 15023-3：2010	铜及铜合金 镍含量的测定 第3部分：火焰原子吸收光谱法
EN 15024-2：2018	铜及铜合金 锌含量的测定 第2部分：火焰原子吸收光谱法
EN 15025：2010	铜及铜合金 镁含量的测定 火焰原子吸收光谱法
EN 15063-1：2014	铜及铜合金 X射线荧光光谱法（波长色散型）测定主成分和杂质成分 第1部分：操作导则
EN 15063-2：2006	铜及铜合金 X射线荧光光谱法（波长色散型）测定主成分和杂质成分 第2部分：操作方法
EN 15079：2015	铜及铜合金分析 火花源发射光谱法
EN 15605：2010	铜及铜合金 电感耦合等离子体发射光谱法
EN 15616：2012	铜及铜合金 镉含量的测定 火焰原子吸收光谱法
EN 15622：2010	铜及铜合金 铅含量的测定 火焰原子吸收光谱法
CEN/TS 15656：2015	铜和铜合金 磷含量的测定 第2部分：分光光度法
EN 15690-2：2009	铜及铜合金 铁含量的测定 第2部分：火焰原子吸收光谱法
CEN/TS 15703-1：2009	铜和铜合金 锰含量的测定 第1部分：分光光度法

标准号	标准名称
EN 15703-2：2014	铜及铜合金 锰含量的测定 第 2 部分：火焰原子吸收光谱法
EN 15915：2010	铜及铜合金 银含量的测定 火焰原子吸收光谱法
CEN/TS 15916-1：2011	铜和铜合金 碲含量的测定 第 1 部分：低碲含量 火焰原子吸收光谱法
EN 15916-2：2010	铜及铜合金 碲含量的测定 第 2 部分：中碲含量 火焰原子吸收光谱法
EN 16117-1：2011	铜及铜合金 铜含量的测定 第 1 部分：电解法测定铜含量小于 99.85%的铜
EN 16117-2：2012	铜及铜合金 铜含量的测定 第 2 部分：电解法测定铜含量大于 99.80%的铜

12.3.1.4 冶炼产品标准

标准号	标准名称
EN 1976：2012	铜及铜合金 未加工的铜产品铸件
EN 1977：2013	铜及铜合金 铜拉制坯料（线坯材）
EN 1978：1998	铜及铜合金 阴极铜
EN 1981：2003	铜及铜合金 中间合金
EN 1982：2017	铜和铜合金 铸锭和铸件
EN 12861：2018	铜与铜合金 废料

12.3.1.5 加工产品标准

标准号	标准名称
EN 1057：2006	铜及铜合金 卫生及热力用无缝圆形铜水管和铜气管
EN 1172：2011	铜和铜合金 建筑用薄板和带材
EN 1254-1：1998	铜和铜合金 管件 第 1 部分：与铜管毛细软焊或硬焊连接用带端头配件
EN 1254-2：1998	铜和铜合金 管件 第 2 部分：与铜管连接用带压紧端头配件
EN 1254-3：1998	铜和铜合金 管件 第 3 部分：与塑料管道连接用带压紧端头配件
EN 1254-4：1998	铜和铜合金 管件 第 4 部分：带毛细焊或压紧端头的化合连接配件
EN 1254-5：1998	铜和铜合金 管件 第 5 部分：与铜管硬焊连接用带短端头配件
EN 1254-6：2012	铜和铜合金 管件 第 6 部分：带推入配合端头配件
EN 1254-8：2012	铜和铜合金 管件 第 8 部分：与塑料和多分子管道连接用带压紧端头配件
EN 1652：1997	铜和铜合金 一般用途的板材、薄板材、带材和圆形材

标准号	标准名称
EN 1652：1997	铜和铜合金 一般用途的板材、薄板材、带材和圆形材
EN 1653：1997	铜和铜合金 锅炉、压力容器和蓄热水器用的板材、薄板材和圆形材
EN 1653：1997	铜和铜合金 锅炉、压力容器和蓄热水器用的板材、薄板材和圆形材
EN 1654：1997	铜和铜合金 弹簧和连接器用带材
EN 1654：1997	铜和铜合金 弹簧和连接器用带材
EN 1758：1997	铜及铜合金 引线框架用带材
EN 12163：2016	铜和铜合金 一般用途的棒材
EN 12164：2016	铜和铜合金 易切削用的棒材
EN 12165：2016	铜和铜合金 已加工和未加工的锻坯
EN 12166：2016	铜和铜合金 一般用途的线材
EN 12167：2016	铜及铜合金 一般用途的型材和矩形棒材
EN 12168：2016	铜和铜合金 易切削用的空心棒材
EN 12420：2014	铜和铜合金 锻件
EN 12449：2016	铜和铜合金 一般用途的无缝圆管
EN 12450：2012	铜和铜合金 无缝圆形毛细管
EN 12451：2012	铜和铜合金 热交换器用无缝圆管
EN 12452：2012	铜和铜合金 热交换器用轧制无缝翅片管
EN 12735-1：2016	铜和铜合金 空调和制冷用无缝圆铜管 第1部分：管道系统用管
EN 12735-2：2016	铜和铜合金 空调和制冷用无缝圆铜管 第2部分：设备用管材
EN 13148：2010	铜和铜合金 热浸镀锡带材
EN 13348：2016	铜和铜合金 医用气体或真空用无缝圆铜管
EN 13349：2002	铜和铜合金 带实心覆盖层的预绝缘铜管
EN 13599：2014	铜和铜合金 导电用铜板材、薄板材和带材
EN 13600：2013	铜和铜合金 导电用的无缝铜管
EN 13601：2013	铜和铜合金 一般导电用的铜棒材和线材
EN 13602：2013	铜和铜合金 用于制造导电体的拉制圆铜线
EN 13604：2013	铜和铜合金 电子管、半导体器件和真空设备用高导电铜
EN 13605：2013	铜和铜合金 导电用的铜型材和型线材
EN 14436：2004	铜及铜合金 电镀锡带材

12.3.2 锌及锌合金

12.3.2.1 化学分析方法标准

标准号	标准名称
EN ISO 3815-1：2005	锌和锌合金 第1部分：发射光谱固体样的分析

标准号	标准名称
EN ISO 3815-2：2005	锌和锌合金 第2部分：电感耦合等离子体原子发射光谱法分析
EN 12060：1997	锌和锌合金 取样方法
EN 12441-1：2001	锌和锌合金化学分析 第1部分：锌合金中铝含量的测定 滴定法
EN 12441-1：2001	锌和锌合金化学分析 第1部分：锌合金中铝含量的测定 滴定法
EN 12441-2：2001	锌和锌合金化学分析 第2部分：锌合金中镁含量的测定 火焰原子吸收光谱法
EN 12441-2：2001	锌和锌合金化学分析 第2部分：锌合金中镁含量的测定 火焰原子吸收光谱法
EN 12441-2：2001	锌和锌合金化学分析 第2部分：锌合金中镁含量的测定 火焰原子吸收光谱法
EN 12441-3：2001	锌和锌合金化学分析 第3部分：铅、镉和铜含量的测定 火焰原子吸收光谱法
EN 12441-4：2003	锌和锌合金化学分析 第4部分：锌合金中铁含量的测定 分光光度法
EN 12441-5：2003	锌和锌合金化学分析 第5部分：纯锌中铁含量的测定 分光光度法
EN 12441-6：2003	锌和锌合金化学分析 第6部分：铝和铁含量的测定 火焰原子吸收光谱法
EN 12441-7：2004	锌和锌合金化学分析 第7部分：锡含量的测定 萃取后火焰原子吸收光谱法
EN 12441-8：2004	锌和锌合金化学分析 第8部分：再生锌中锡含量的测定 火焰原子吸收光谱法
EN 12441-9：2004	锌和锌合金化学分析 第9部分：锌合金中镍含量的测定 火焰原子吸收光谱法
EN 12441-10：2004	锌和锌合金化学分析 第10部分：锌合金中铬和钛含量的测定 分光光度法
EN 12441-11：2006	锌和锌合金化学分析 第11部分：锌合金中硅含量的测定 分光光度法

12.3.2.2 冶炼产品标准

标准号	标准名称
EN 1179：2003	锌和锌合金 初级锌
EN 1559-6：1998	铸造 交货的技术条件 第6部分：锌合金铸件附加要求
EN 1774：1997	锌和锌合金 铸造用合金 铸锭和铸液
EN 12844：1998	锌和锌合金 铸件 规范
EN 13283：2002	锌和锌合金 再生锌
EN 14290：2004	锌及锌合金 再生原材料

12.3.2.3 加工产品标准

标准号	标准名称
EN 988：1996	锌和锌合金 建筑用轧制板材

12.3.3 镍

标准号	标准名称
EN ISO 8049：2016	镍铁弹丸 分析取样方法
EN 26352：1991	镍铁 镍含量测定 丁二酮肟重量法
EN 26501：1992	镍铁 交货技术规范
EN 27520：1991	镍铁 钴含量测定 火焰原子吸收光谱法
EN 27526：1991	镍、镍铁、镍合金 硫含量测定 高频燃烧后红外线吸收光谱法
EN 27527：1991	镍、镍铁、镍合金 硫含量测定 高频燃烧后碘滴定法
EN 28050：1992	镍铁锭和块 分析取样方法
EN 28343：1991	镍铁 硅含量测定 重量法

12.3.4 铅

标准号	标准名称
EN 12402：1999	铅及铅合金 分析取样方法
EN 12548：1999	铅及铅合金 电缆护套和套管用铅合金锭
EN 12588：2006	铅及铅合金 建筑用轧制铅板
EN 12659：2006	铅及铅合金 铅
ENV 12908：1997	铅及铅合金 带火花激励的直读光谱（OES）分析方法
EN 13086：2000	铅及铅合金 氧化铅
ENV 13800：2000	铅及铅合金 不分离铅基体下化学分析方法 火焰原子吸收光谱法（FAAS）或电感耦合等离子体发射光谱法（ICP ES）
ENV 14029：2001	铅及铅合金 分离铅基体后化学分析方法 火焰原子吸收光谱法（FAAS）或电感耦合等离子体发射光谱法（ICP ES）
EN 14057：2003	铅及铅合金 废料 术语和定义
ENV 14138：2001	铅及铅合金 共沉淀分离火焰原子吸收光谱法或电感耦合等离子体发射光谱法（ICP ES）分析

12.3.5 锡

标准号	标准名称
EN 610：1995	锡及锡合金 锡锭
EN 611-1：1995	锡和锡合金 锡铅合金和锡铅合金器皿 第 1 部分：锡铅合金

标准号	标准名称
EN 611-2：1995	锡和锡合金 锡铅合金和锡铅合金器皿 第2部分：锡铅合金器皿
EN 12938：1999	锡铅合金化学分析方法 合金元素及杂质元素的测定 原子吸收光谱法
EN 12938：1999	锡铅合金化学分析方法 合金元素及杂质元素的测定 原子吸收光谱法
EN 13615：2001	锡锭分析法 通过原子光谱法测定等级为99.9%和99.85%的锡中杂质元素含量
EN 13615：2001	锡锭分析法 通过原子光谱法测定等级为99.9%和99.85%的锡中杂质元素含量

12.4 稀有金属标准

标准号	标准名称
EN 2003-009：2007	航空航天系列 钛及钛合金试验方法 第9部分：表面污染的测定
EN 2003-010：2007	航空航天系列 钛及钛合金试验方法 第10部分：氢含量测定取样
EN 2338：2001	航空材料系列 钛及钛合金热轧薄板材 厚度0.8mm~6mm
EN 2339：2001	航空航天系列 钛及钛合金冷轧板 厚度0.2mm~6mm
EN 2497：1989	航空航天系列 钛及钛合金的喷砂处理
EN 2545-1：1995	航空航天系列 钛及钛合金重熔毛坯和铸件 第1部分：一般要求
EN 2545-2：1995	航空航天系列 钛及钛合金重熔毛坯和铸件 第2部分：重熔毛坯
EN 2545-3：1995	航空航天系列 钛及钛合金重熔毛坯和铸件 第3部分：预制铸件和产品铸件
EN 2617：2001	航空航天系列 钛及钛合金板 厚度6mm~100mm
EN 2808：1997	航空航天系列 钛及钛合金阳极氧化
EN 2858-1：1994	航空航天系列 钛及钛合金锻坯和锻件 第1部分：一般要求
EN 2858-2：1994	航空航天系列 钛及钛合金锻坯和锻件 第2部分：锻坯
EN 2858-3：1994	航空航天系列 钛及钛合金锻坯和锻件 第3部分：预制锻件和产品锻件
EN 2955：1993	航空航天系列 钛及钛合金废料的回收
EN 3683：2007	航空航天系列 钛合金锻造产品试验方法 初级α含量的测定 截点法和截距法
EN 3684：2007	航空航天系列 钛合金锻造产品试验方法 β转变温度的测定 金相法

标准号	标准名称
EN 3892：2001	航空航天系列 钛合金 Ti-W64001 焊接填料
EN 3893：2001	航空航天系列 钛合金 Ti-W19001 焊接填料
EN 3965：2001	航空航天系列 钛合金 Ti-B17001 钎焊填料：轧制箔
EN 4058：2001	航空航天系列 钛及钛合金焊丝和焊条 直径 0.5mm ~5.0mm
EN 4267：2001	航空航天系列 钛及钛合金圆棒 直径 6mm~160mm
EN 4342：2001	航空航天系列 钛合金 Ti-W99001 焊丝和焊条
EN 4675：2011	航空航天系列 钛合金 Ti-P63002 棒材 直径<110mm R_m ≥1300MPa
EN 4685：2011	航空航天系列 钛合金 Ti10V2Fe3Al 棒材 直径<110mm R_m ≥1240MPa
EN 4800-001：2010	航空航天系列 钛和钛合金技术规范 第 1 部分：板、薄板和带材
EN 4800-002：2010	航空航天系列 钛和钛合金技术规范 第 2 部分：棒材
EN 4800-003：2010	航空航天系列 钛和钛合金技术规范 第 3 部分：管材
EN 4800-004：2010	航空航天系列 钛和钛合金技术规范 第 4 部分：丝材
EN 4800-005：2010	航空航天系列 钛和钛合金技术规范 第 5 部分：锻坯
EN 4800-006：2010	航空航天系列 钛和钛合金技术规范 第 6 部分：锻坯的试产与生产
EN 4800-007：2010	航空航天系列 钛和钛合金技术规范 第 7 部分：重熔钛锭
EN 4800-008：2010	航空航天系列 钛和钛合金技术规范 第 8 部分：铸件的试产与生产

12.5 粉末冶金标准

标准号	标准名称
EN 23312：1993	烧结金属材料和硬质合金 弹性模量的测定
EN 23878：1993	硬质合金 维氏硬度试验
EN 23909：1993	硬质合金 钴含量的测定 电位滴定法
EN 23923-2：1993	金属粉末 表观密度的测定 第 2 部分：斯柯特容量计法
EN 23995：1993	金属粉末 用矩形压坯的横断裂测定压坯强度
EN 24003：1993	可渗性烧结金属材料 气泡试验孔径的测定
EN 24489：1993	烧结硬质合金 取样和试验方法
EN 24491-1：1993	金属粉末 还原法测定氧含量 第 1 部分：总则
EN 24497：1993	金属粉末 干筛分法测定粉末粒度
EN 24501：1993	硬质合金 钛含量的测定 过氧化氢光度法
EN 24503：1993	硬质合金 X 射线荧光测定金属元素 熔融法
EN 24883：1993	硬质合金 X 射线荧光测定金属元素的含量 溶液法

标准号	标准名称
EN 24884：1993	硬质合金 用烧结试件进行粉末的取样和试验方法
EN 27627-1：1993	硬质合金 火焰原子吸收光谱法 第1部分：一般要求
EN 27627-2：1993	硬质合金 火焰原子吸收光谱法 第2部分：0.001%~0.02%的钙、钾、镁和钠量的测定
EN 27627-3：1993	硬质合金 火焰原子吸收光谱法 第3部分：0.01%~0.5%的钴、铁、锰和镍量的测定
EN 27627-4：1993	硬质合金 火焰原子吸收光谱法 第4部分：0.01%~0.5%的钼、钛和钒量的测定
EN 27627-5：1993	硬质合金 火焰原子吸收光谱法 第5部分：0.5%~2%的钴、铁、锰、钼、镍、钛及钒量的测定
EN 27627-6：1993	硬质合金 火焰原子吸收光谱法 第6部分：0.01%~2%的铬量的测定
EN ISO 2738：1999	烧结金属材料（不包括硬质合金）密度、含油率和开孔率的测定
EN ISO 2739：2012	烧结金属衬套 径向抗压强度的测定
EN ISO 2740：2009	烧结金属材料（不包括硬质合金）拉伸试验试样
EN ISO 3252：2000	粉末冶金 术语
EN ISO 3325：1999	烧结金属材料（不包括硬质合金）横向断裂强度的测定
EN ISO 3325：1996	烧结金属材料（不包括硬质合金）横向断裂强度的测定—修改单1：精密度的表示
EN ISO 3327：2009	硬质合金 横向断裂强度的测定
EN ISO 3369：2010	不可渗性烧结金属和硬质合金 密度的测定
EN ISO 3738-1：2010	硬质合金 洛氏硬度试验（标尺A）第1部分：试验方法
EN ISO 3738-2：2006	硬质合金 洛氏硬度试验（标尺A）第2部分：标准试块的制备和校准
EN ISO 3907：2009	硬质合金 总碳含量的测定 重量法
EN ISO 3908：2009	硬质合金 不溶（游离）碳量的测定 重量法
EN ISO 3923-1：2010	金属粉末 表观密度的测定 第1部分：漏斗法
EN ISO 3927：2017	金属粉末（不包括硬质合金）单轴向压制时压缩性的测定
EN ISO 3928：2016	烧结金属材料（不包括硬质合金）疲劳试验试样
EN ISO 3953：2011	金属粉末 振实密度的测定
EN ISO 3954：2007	粉末冶金用粉末 取样
EN ISO 4022：2006	可渗性烧结金属材料 液体可渗性检验
EN ISO 4490：2014	金属粉末 用校准漏斗（霍尔流量计）测定流动性
EN ISO 4491-2：1999	金属粉末 还原法测定氧含量 第2部分：还原时氢的质量损失（氢损）
EN ISO 4491-3：2006	金属粉末 还原法测定氧含量 第3部分：氢可还原的氧量
EN ISO 4491-4：2013	金属粉末 还原法测定氧含量 第4部分：还原提取法测定总氧含量

标准号	标准名称
EN ISO 4492：2017	金属粉末（不包括硬质合金）与成型烧结有关的尺寸变化的测定
EN ISO 4496：2017	金属粉末 铁、铜、锡及青铜粉中酸不溶物含量的测定
EN ISO 4498：2010	烧结金属材料（不包括硬质合金）表观硬度和显微硬度检验
EN ISO 4499-1：2010	硬质合金 显微组织的金相检验 第1部分：显微照片及描述
EN ISO 4499-2：2010	硬质合金 显微组织的金相检验 第2部分：WC晶粒度测定
EN ISO 4499-3：2016	硬质合金 显微组织的金相测定 第3部分：Ti（C，N）和WC立方碳化物基硬质合金显微组织的金相测定
EN ISO 4499-4：2016	硬质合金 显微组织的金相测定 第4部分：孔隙度、非化合碳缺陷和脱碳相的金相测定
EN ISO 4506：2018	硬质合金 压缩试验
EN ISO 4507：2007	渗碳或碳氮共渗的烧结铁基材料 维氏显微硬度法测定和检验有效表面硬化深度
EN ISO 5754：2017	烧结金属材料（不包括硬质合金）无缺口冲击试样
EN ISO 5755：2012	烧结金属材料规范
EN ISO 7625：2012	烧结金属材料（不包括硬质合金）测定碳含量用化学分析样品的制备
EN ISO 11876：2010	硬质合金 钴粉中钙、铜、铁、钾、镁、锰、钠、镍和锌量的测定 火焰原子吸收光谱法
EN ISO 13517：2013	金属粉末 利用带刻度漏斗进行流量的测定（古斯塔弗森流量计）
EN ISO 13944：2012	含润滑剂的金属粉末混合物 润滑剂含量的测定 修正的索格利特（Soxhlet）萃取法
EN ISO 22068：2014	烧结金属注射成型材料 规范

12.6 贵金属标准

标准号	标准名称
EN 1904：2000	贵重金属 用于贵重金属珠宝合金的焊料的细度
EN 2786：2008	航空航天系列 紧固件的电解镀银
EN 3960：2001	航空航天系列 金基合金 AU—B40001（AuNi18）金属钎焊料 粉末或浆料
EN 3961：2001	航空航天系列 金基合金 AU—B40001 金属钎焊料 轧制箔片

标准号	标准名称
EN 3952：2001	航空航天系列 银基合金 AG—B10001（AgCu28）钎焊用填缝金属丝
EN 3953：2001	航空航天系列 银基合金 AG—B12401（AgCu40Zn5Ni）钎焊用填缝金属丝
EN 3954：2001	航空航天系列 银基合金 AG—B12401（AgCu40Zn5Ni）钎焊用填缝金属粉末和浆料
EN 3955：2001	航空航天系列 银基合金 AG—B12401（AgCu40Zn5Ni）钎焊用填缝金属轧制箔
EN 3956：2002	航空航天系列 银基合金 AG—B14001（AgCu42Ni2）钎焊用填缝金属丝
EN 3957：2001	航空航天系列 银基合金 AG—B14001（AgCu42Ni2）硬钎焊用填充金属 粉末或浆料
EN 3958：2001	航空航天系列 银基合金 AG—B14001（AgCu42Ni2）铜焊用填充金属 轧制箔片
EN 3960：2001	航空航天系列 金基合金 AU—B40001（AuNi18）钎焊用填缝金属粉末和浆料
EN 3961：2001	航空航天系列 银基合金 AG—B14001（AgCu42Ni2）铜焊用填充金属 轧制箔片
EN 3962：2001	航空航天系列 金基合金 AU—B40001 钎焊用填缝金属丝
EN ISO 4521：2008	金属和其他无机镀层 工程用电镀银和银合金镀层 规范和试验方法
EN ISO 8442-2：1997	与食品接触的材料和制品 刀具与凹形餐具 第 2 部分：不锈钢及镀银刀具的要求
EN ISO 4524-3：1995	金属覆盖层 金和金合金电镀层的试验方法 第 3 部分：孔隙率的电图试验
EN ISO 4524-6：1994	金属覆盖层 金和金合金电镀层的试验方法 第 6 部分：残留盐的测定
EN ISO 8442-4：1997	与食品接触的材料和制品 刀具与凹形餐具 第 4 部分：镀金刀具的要求
EN ISO 8442-7：2000	与食品接触的材料和制品 刀具与凹形餐具 第 7 部分：银、其他贵金属及其合金制餐刀的要求
EN ISO 8442-8：2000	与食品接触的材料和制品 刀具与凹形餐具 第 8 部分：银制餐具和装饰性杯盘的要求
EN ISO 8654：2018	首饰-金合金颜色-定义，颜色范围和名称
EN ISO 9202：2016	珠宝-贵金属合金的细度
EN ISO 11210：2016	铂合金首饰中含铂量的测定 氯铂酸铵沉淀后重量法
EN ISO 11426：2016	金合金首饰中含金量的测定 灰吹法（火试金法）
EN ISO 11427：2016	首饰-银首饰合金中银的测定-使用溴化钾的容量（电位）法
EN ISO 11489：1995	铂合金首饰中含铂量的测定 氯化汞还原重量法

标准号	标准名称
EN ISO 11490：2016	钯合金首饰中含钯量的测定 丁二酮肟重量法
EN ISO 11494：2016	首饰-铂首饰合金中铂的测定-以钇为内标元素的 ICP-OES 方法
EN ISO 11495：2016	首饰-钯首饰合金中钯的测定-以钇为内标元素的 ICP-OES 方法
CEN/TR 14547：2005	贵金属制品纯度一致性评价的取样方法
EN 15030：2006	人类用水处理的化学试剂 非连续使用饮用水的保存用银盐
EN ISO 15720：2001	金属涂层 孔隙率试验 胶材料电版术法测定金属衬底上金和钯涂层空隙度
EN ISO 15721：2001	金属涂层 孔隙率试验 用亚硫酸和二氧化硫蒸气测定金和钯涂层孔隙率
EN 15915：2010	铜及铜合金 银量的测定 火焰原子吸收分光光度法
EN ISO 27874：2008	金属和其它无机涂层 电气、电子和工程用电镀金和金合金涂层．规范和试验方法
EN 28654：1992	金合金颜色 定义、颜色范围和标记
EN 29202：1992	首饰 贵金属合金的纯度
EN 31427：1994	银合金首饰中银含量的测定 溴化钾容量法（电位滴定）

13 日本标准

13.1 通用标准

13.1.1 基础标准

标准号	标准名称	组别号
JIS H0321：1973	有色金属材料的检查通则	H03
JIS K0050：2005	化学分析方法通则	K00
JIS K0060：1992	工业废弃物的取样方法	K00
JIS K0069：1992	化学制品筛余部分的试验方法	K00
JIS K0111：1983	极谱分析方法通则	K01
JIS K0115：2004	吸光光度分析方法通则	K01
JIS K0117：2000	红外光分析方法通则	K01
JIS K0120：2005	荧光光度分析方法通则	K01
JIS K0121：2006	原子吸收光谱分析方法通则	K01
JIS K0211：2013	分析化学术语（通则部分）	K02
JIS K0212：2007	分析化学术语（光学部分）	K02
JIS K0213：2006	分析化学术语（电化学部分）	K02
JIS K0214：2013	分析化学术语（色谱法部分）	K02
JIS M7001：1989	矿山安全警告标志	M70
JIS M8083：2001	散装有色金属浮选矿粉取样方法	M70
JIS M8101：1988	有色金属矿石中的采样试样制备及水分判定方法	M70
JIS Z0301：1989	防湿包装方法	Z03
JIS Z0303：2009	防锈包装方法通则	Z03
JIS Z2300：2009	无损检测术语	Z26
JIS Z2611：1977	金属材料光电发射光谱分析方法通则	Z26
JIS Z2612：1977	金属材料照相发射光谱分析方法通则	Z26
JIS Z2613：1992	金属材料中氧的定量分析方法通则	Z26
JIS Z2614：1990	金属材料中氢的定量分析方法通则	Z26
JIS Z8103：2000	测试术语	Z26
JIS Z8203：2000	国际单位制（SI）及其用法	Z26
JIS Z8402-1：1999	测量方法和测量结果的精确性 第1部分：一般原理和定义	Z26

标准号	标准名称	组别号
JIS Z8402-2：1999	测量方法和测量结果的精确性 第 2 部分：标准测量方法的重复性和再现性测定的基本方法	Z26
JIS Z8402-3：1999	测量方法和测量结果的精确性 第 3 部分：标准测量方法的精确度的间歇性测量	Z26
JIS Z8402-4：1999	测量方法和测量结果的精确性 第 4 部分：标准测量方法真实性测定的基本方法	Z26
JIS Z8402-5：2002	测量方法和测量结果的准确性（可靠性和精度） 第 5 部分：确定标准测量方法精确性的选用方法	Z26
JIS Z8402-6：1999	测量方法和测量结果的精确性 第 6 部分：精确值的实际应用	Z26

13.1.2 理化性能试验方法标准

标准号	标准名称	组别号
JIS H0505：1975	有色金属材料的电阻率及导电率测量方法	
JIS Z2241：2011	金属材料拉伸试验方法	Z22
JIS Z2242：2005	金属材料的摆式冲击试验方法	Z22
JIS Z2243：2008	布氏硬度试验 试验方法	Z22
JIS Z2244：2009	维氏硬度试验 试验方法	Z22
JIS Z2245：2005	洛氏硬度试验 试验方法	Z22
JIS Z2246：2000	肖氏硬度试验 试验方法	Z22
JIS Z2247：2006	埃里克森杯突试验方法	Z22
JIS Z2248：2006	金属材料 弯曲试验	Z22
JIS Z2249：2010	圆锥杯形拉伸试验方法	Z22
JIS Z2273：1978	金属材料疲劳试验方法通则	Z22
JIS Z2274：1978	金属材料旋转弯曲疲劳试验方法	Z22
JIS Z2275：1978	金属材料平面弯曲疲劳试验方法	Z22
JIS Z2276：2012	金属材料拉伸应力松弛试验方法	Z22
JIS Z2277：2000	金属材料在液体氮中拉伸试验方法	Z22
JIS Z2278：1992	金属材料热疲劳试验方法	Z22
JIS Z2280：1993	金属材料高温杨氏模量试验方法	Z22
JIS Z2343-1：2001	无损检验 渗透性检验 第 1 部分：总则．液体渗透检验方法和渗透指示的分类	Z23
JIS Z2343-2：2009	无损试验 渗透性检验 第 2 部分：渗透材料试验	Z23
JIS Z2343-3：2001	无损检验 渗透性检验 第 3 部分：标准测试块	Z23
JIS Z2343-4：2001	无损检验 渗透性检验 第 4 部分：设备	Z23
JIS Z2344：1993	金属材料的脉冲反射超声波探伤试验方法 通则	Z23
JIS Z2502：2012	金属粉末流动性试验方法	Z25

标准号	标准名称	组别号
JIS Z2504：2000	金属粉末松装密度试验方法	Z25
JIS Z3111：2005	电镀金属拉伸试验及冲击试验方法	Z31
JIS Z3114：1990	电镀金属硬度试验方法	Z31
JIS Z3122：2013	对焊接头定向弯曲试验方法	

13.2 轻金属标准

13.2.1 基础标准

标准号	标准名称
JIS H0001：1998	铝、镁及其合金 状态代号
JIS H0201：1998	铝表面处理术语
JIS H0211：1992	干法表面处理术语
JIS H1331：2018	镁合金分析方法通则
JIS H1351：1972	铝及铝合金化学分析一般规则
JIS H2120：2002	镁及镁合金废料分类
JIS H2119：1984	铝及铝合金废料分类标准
JIS H8601：1999	铝及铝合金阳极氧化膜
JIS H8602：2010	铝及铝合金阳极氧化膜着色复合涂层
JIS H8603：1999	铝及铝合金工业用硬质阳极氧化膜
JIS H8651：2011	镁合金阳极氧化膜

13.2.2 检测方法标准

标准号	标准名称
JIS H0521：1996	铝及铝合金耐候试验方法
JIS H0522：1999	铝铸件射线照相试验方法及分类
JIS H0541：2003	镁及镁合金碱盐试验方法
JIS H0542：2008	镁合金板带平均晶粒尺寸测定方法
JIS H1303：1976	铝锭发射分光光谱分析方法
JIS H1305：2005	铝及铝合金光电发射分光光谱分析方法
JIS H1306：1999	铝及铝合金原子吸收光谱分析方法
JIS H1307：1993	铝及铝合金 ICP-AES 分析方法
JIS H1322：2017	镁锭发射分光光谱分析方法
JIS H1332：1999	镁及镁合金中铝含量的测定方法
JIS H1333：1991	镁合金中锌含量测定方法
JIS H1334：1999	镁及镁合金中锰含量的测定方法
JIS H1335：1998	镁及镁合金中硅含量的测定方法

标准号	标准名称
JIS H1336：1999	镁及镁合金中铜含量的测定方法
JIS H1337：1999	镁及镁合金中镍含量的测定方法
JIS H1338：1999	镁及镁合金中铁含量的测定方法
JIS H1339：2010	镁及镁合金中铍含量的测定方法
JIS H1340：1998	镁合金中锆含量的测定方法
JIS H1341：1990	镁合金中钙含量的测定方法
JIS H1342：2008	镁及镁合金中锡含量的测定方法
JIS H1343：2008	镁及镁合金中铅含量的测定方法
JIS H1344：2010	镁及镁合金中镉含量的测定方法
JIS H1345：1998	镁合金中稀土含量的测定方法
JIS H1352：2007	铝及铝合金中硅含量的测定方法
JIS H1353：1999	铝及铝合金中铁含量的测定方法
JIS H1354：1999	铝及铝合金中铜含量的测定方法
JIS H1355：1999	铝及铝合金中锰含量的测定方法
JIS H1356：1999	铝及铝合金中锌含量的测定方法
JIS H1357：1999	铝及铝合金中镁含量的测定方法
JIS H1358：1998	铝及铝合金中铬含量的测定方法
JIS H1359：1998	铝及铝合金中钛含量的测定方法
JIS H1360：1997	铝及铝合金中镍含量的测定方法
JIS H1361：1997	铝及铝合金中锡含量的测定方法
JIS H1362：1994	铝及铝合金中钒含量的测定方法
JIS H1363：2003	铝合金中锆含量的测定方法
JIS H1364：2002	铝合金中铋和铅含量的测定方法
JIS H1365：2003	铝合金中硼含量的测定方法
JIS H1366：2002	铝及铝合金中铅含量的测定方法
JIS H1367：2005	铝及铝合金中铍含量的测定方法
JIS H1368：2005	铝及铝合金中镓含量的测定方法
JIS H1369：2009	铝及铝合金中钙含量的测定方法
JIS H1370：2010	铝及铝合金中汞含量的测定方法
JIS H7701：2008	机动车用高强铝合金板带卷边试验方法
JIS H7702：2003	机动车用铝合金板带材拉伸弯曲中的复原评价方法
JIS H8679-1：2013	铝及铝合金阳极氧化膜点腐蚀评价方法 第 1 部分：图表法
JIS H8679-2：2013	铝及铝合金阳极氧化膜点腐蚀评价方法 第 2 部分：格子法
JIS H8680-1：1998	铝及铝合金阳极氧化膜厚度的测定 第 1 部分：显微镜法
JIS H8680-2：1998	铝及铝合金阳极氧化膜厚度的测定 第 2 部分：涡流法
JIS H8680-3：2013	铝及铝合金阳极氧化膜厚度的测定 第 3 部分：分束显微镜无损检测法

标准号	标准名称
JIS H8681-1：1999	铝及铝合金阳极氧化膜耐腐蚀性的测定 第1部分：耐碱试验
JIS H8681-2：1999	铝及铝合金阳极氧化膜耐腐蚀性的测定 第2部分：CASS试验
JIS H8682-1：2013	铝及铝合金阳极氧化膜耐磨性的测定 第1部分：轮磨损试验
JIS H8682-2：2013	铝及铝合金阳极氧化膜耐磨性的测定 第2部分：喷砂磨损试验
JIS H8682-3：2013	铝及铝合金阳极氧化膜耐磨性的测定 第3部分：落砂磨损试验
JIS H8683-1：2013	铝及铝合金阳极氧化膜封孔质量的测定 第1部分：染色点试验
JIS H8683-2：2013	铝及铝合金阳极氧化膜封孔质量的测定 第2部分：磷铬酸盐溶液侵蚀试验
JIS H8683-3：2013	铝及铝合金阳极氧化膜封孔质量的测定 第3部分：导纳试验
JIS H8684：2013	变形法测定铝及铝合金阳极氧化膜抗破裂能力
JIS H8685-1：2013	铝及铝合金有色阳极氧化膜加速耐候性 第1部分：人工光源
JIS H8685-2：2013	铝及铝合金有色阳极氧化膜加速耐候性 第2部分：紫外光源
JIS H8686-1：2013	铝及铝合金阳极氧化膜图像清晰度的测定 第1部分：表格法
JIS H8686-2：2013	铝及铝合金阳极氧化膜图像清晰度的测定 第2部分：仪器法
JIS H8687：2013	铝及铝合金阳极氧化膜绝缘强度的测定方法
JIS H8688：2013	铝及铝合金阳极氧化膜单位面积重量的测定 重力法
JIS H8689：2013	铝及铝合金阳极氧化薄膜连续性的测定 硫酸铜试验
JIS H8711：2000	铝合金应力腐蚀剥落试验
JIS Z2371：2015	盐雾试验方法
JIS Z2381：2017	大气暴露试验要求
JIS Z3811：2000	铝焊接技术合格
JIS Z3871：1987	铝焊接区超声波深伤技术合格检定试验方法及评定标准
JIS Z8723：2000	表面颜色视觉对比试验
JIS Z8741：1997	光泽度反射试验方法

13.2.3 产品标准

标准号	标准名称
JIS H2102：2011	重熔用铝锭

标准号	标准名称
JIS H2103：1965	再生铝锭
JIS H2110：1968（2009）	电工用原铝锭
JIS H2118：2006	模铸铝合金锭
JIS H2150：2017	镁锭
JIS H2211：2010	铸造用铝锭
JIS H2221：2006	铸造用镁锭
JIS H2222：2006	压铸用镁合金锭
JIS H4000：2014	铝及铝合金薄板、带材和厚板
JIS H4001：2006	铝及铝合金涂漆板和带
JIS H4040：2015	铝及铝合金棒材及线材
JIS H4080：2015	铝及铝合金挤压管和冷拔管
JIS H4090：1990（2006）	铝及铝合金焊接管
JIS H4100：2015	铝及铝合金挤压型材
JIS H4140：1988	铝及铝合金锻件
JIS H4160：1994（2006）	铝及铝合金箔材
JIS H4170：1991（2006）	高纯铝箔
JIS H4201：2018	镁合金薄板、厚板和带材
JIS H4202：2011	镁合金无缝管
JIS H4203：2011	镁合金棒
JIS H4204：2011	镁合金挤压型材
JIS H5202：2010	铝合金铸锭
JIS H5203：2006	镁合金铸锭
JIS H5302：2006	铝合金硬模铸锭
JIS H5303：2006	镁合金硬模铸锭
JIS H6125：1995	镁合金牺牲阳极
JIS Z1520：1990	衬纸铝箔
JIS Z3232：2009	铝及铝合金焊条及焊丝
JIS Z3263：2002	铝合金钎接复合板

13.3 重金属标准

13.3.1 基础标准

标准号	标准名称
JIS H0301：1997	有色金属的抽样、样品制备和分析检验的通用规则
JIS H0321：1973	有色金属材料检查的通用规则
JIS H0500：1998	加工铜和铜合金术语
JIS H2109：2006	铜和铜合金废料分类标准

13.3.2 性能检测方法标准

标准号	标准名称
JIS C3002：1992	导电铜和铝线试验方法
JIS H0502：1986	铜和铜合金管材涡流探伤方法
JIS H0530：1993	冷凝器铜管电磁极化电阻的测定方法
JIS H7304：2017	超导电性 超导体的体积比矩阵测量 Cu/Nb—Ti 复合超导线的铜超导体积比
JIS H7308：2017	超导电性 超导体的体积比矩阵测量 Nb3Sn 复合超导线的铜对非铜超导体积比
JIS K2513：2000	石油产品对铜的腐蚀作用 铜带试验
JIS Z3198-1：2014	无铅焊料试验方法 第 1 部分：熔化温度范围的测定方法
JIS Z3198-2：2003	无铅焊料试验方法 第 2 部分：力学性能试验方法 拉伸试验
JIS Z3198-3：2003	无铅焊料试验方法 第 3 部分：延展试验方法
JIS Z3198-4：2003	无铅焊料试验方法 第 4 部分：可焊性试验方法 沾锡平衡法和触角法
JIS Z3198-5：2003	无铅焊料试验方法 第 5 部分：焊接点上的拉伸试验和剪切试验方法
JIS Z3198-6：2003	无铅焊料试验方法 第 6 部分：断路器上的焊接点 45°拉伸试验方法
JIS Z3198-7：2003	无铅焊料试验方法 第 7 部分：片式元件上的焊接点抗剪强度试验方法
JIS Z4501：2011	X 射线防护装置用铅当量的试验方法
JIS Z3044：1991	镍及镍合金包覆钢用焊接质量试验方法
JIS H0401：2013	热浸镀层试验方法

13.3.3 化学分析方法标准

标准号	标准名称
JIS H1012：2001	铜及铜合金化学分析通则
JIS H1051：2013	铜及铜合金中的铜的测定方法
JIS H1052：2010（2013）	铜及铜合金中锡含量的测定方法
JIS H1053：2009	铜及铜合金中铅含量的测定方法
JIS H1054：2002	铜及铜合金中铁含量测定方法
JIS H1055：2003	铜及铜合金中锰含量的测定方法
JIS H1056：2003（2013）	铜及铜合金中镍含量的测定方法
JIS H1057：1999	铜及铜合金中的铝的测定方法
JIS H1058：2013	铜及铜合金中的磷的测定方法
JIS H1059：2015	铜及铜合金中的砷的测定方法

标准号	标准名称
JIS H1060：2002（2013）	铜及铜合金中的钴含量测定方法
JIS H1061：2006	铜及铜合金中的硅的测定方法
JIS H1062：2006（2013）	铜及铜合金中的锌的测定方法
JIS H1063：2002	铜合金中的铍含量测定方法
JIS H1064：1992	铜中碲的测定方法
JIS H1065：2006	铜及铜合金中的硒的测定方法
JIS H1066：1993	铜中汞的测定方法
JIS H1067：2002（2006）	铜中氧含量的测定方法
JIS H1068：2005	铜及铜合金中铋的测定方法
JIS H1069：2006	铜及铜合金中镉量测定方法
JIS H1070：2013	铜及铜合金中硫含量的测定方法
JIS H1071：1999	铜及铜合金中铬的测定方法
JIS H1072：1999	铜及铜合金中的锑的测定方法
JIS H1073：2001	铜合金中钛含量测定方法
JIS H1074：2012	铜合金中锆含量测定方法
JIS H1101：2013	电解阴极铜的化学分析方法
JIS H1103：1995	电解阴极铜的光电发射光谱化学分析法
JIS H1292：2005	铜合金的 X 射线荧光分光分析法
JIS H1413：1996	铜镍电阻材料的化学分析方法
JIS H1414：1996	铜锰合金的化学分析方法
JIS H1552：1976	磷铜锭的化学分析方法
JIS M8082：1999	铜废料熔炼——取样、样品的制备和水分的测定方法
JIS M8083：2001	铜、铅、锌硫化精矿——取样规程和水分的测定方法
JIS M8102：1993	粗铜——取样规程和水分的测定方法
JIS M8114：1999	粗铜中金和银的测定方法
JIS M8125：1997（2016）	粗铜中铜的测定方法
JIS Z3902：1984	黄铜硬钎料化学分析方法
JIS H1121：1995	铅金属化学分析方法
JIS H1123：1995	铅金属 光电发射光谱法分析
JIS H1111：2014	锌金属 化学分析方法
JIS H1113：2014	锌金属 光电发射光谱法分析
JIS H1551：2016	压力铸造锌合金 化学分析方法
JIS H1560：2016	压力铸造锌合金 光电发射光谱法分析
JIS G1281：1977	镍铬铁合金化学分析方法
JIS H1151：1999	镍金属 化学分析方法
JIS H1270：2015	镍及镍合金 分析方法取样和通则
JIS H1272：1998	镍和镍合金中铜含量的测定方法
JIS H1273：1998	镍和镍合金中铁含量的测定方法
JIS H1274：1998	镍和镍合金铸件中锰含量的测定方法
JIS H1275：1998	镍和镍合金铸件中碳含量的测定方法

标准号	标准名称
JIS H1276：1998	镍和镍合金铸件中硅含量的测定方法
JIS H1277：1998	镍和镍合金铸件中硫含量的测定方法
JIS H1278：1998	镍和镍合金铸件中磷含量的测定方法
JIS H1279：1998	镍合金中铬含量测定方法
JIS H1280：1998	镍合金中钼含量测定方法
JIS H1281：1998	镍合金中钒含量测定方法
JIS H1282：1998	镍合金中钨含量测定方法
JIS H1283：1999	镍及镍合金中钴含量的测定方法
JIS H1284：1999	镍合金中铝含量测定方法
JIS H1285：1999	镍和镍合金中硼含量的测定方法
JIS H1286：1999	镍合金中钛含量测定方法
JIS H1287：2015	镍和镍合金 X 射线荧光光谱法
JIS H1288：2015	镍和镍合金 电火花原子发射光谱法
JIS H1289：2015	镍和镍合金 ICP 原子发射光谱法 铌、钽、锆的测定
JIS H1412：1996	镍铬电加热处理化学分析方法
JIS H1141：1993	锡金属化学分析方法
JIS H1501：1975	白金属化学分析方法
JIS H1161：1991	镉金属化学分析方法
JIS H1163：1991	镉金属 光电发射光谱法分析

13.3.4 冶炼产品标准

标准号	标准名称
JIS A5011-3：2016	炉渣混凝土 第 3 部分：铜炉渣
JIS H2121：1961	电解阴极铜
JIS H2123：1999（2009）	铜坯和铸锭
JIS H2202：2016	铸造用铜合金锭
JIS H2501：1982	磷铜金属
JIS H2105：1955	铅锭
JIS H5601：1990	硬铅铸件
JIS H8624：1999	锡铅合金镀层
JIS K8701：1994	铅
JIS Z4817：1995	辐射防护铅块
JIS H2107：2015	锌锭
JIS H2201：2015	压力铸造用锌合金锭
JIS H5301：1990	锌合金压力铸件
JIS H8300：2011	热喷涂 锌、铝及其合金
JIS H8641：2007	热浸镀锌层
JIS K1410：1995	氧化锌

标准号	标准名称
JIS K8012：2006	锌
JIS K8013：2016	锌粉（试剂）
JIS K8405：2018	氧化锌（试剂）
JIS H2104：1997	精炼镍
JIS K9062：1994	镍
JIS H2108：1996	金属锡
JIS H5401：1958	白色金属
JIS H8619：1999	锡电镀层
JIS H8624：1999	锡铅合金电镀层
JIS H2113：1961	镉金属

13.3.5 铜及铜合金加工材标准

标准号	标准名称
JIS C2521：1999	抗电阻性用铜镍合金线、轧制线、带和薄板
JIS C2522：1999	抗电阻性用铜锰合金线、棒和薄板
JIS C2523：1990	抗电阻性用氧化铜镍合金线
JIS C3001：1981	导电用铜材料电阻
JIS C3101：1994	导电用硬拉铜线
JIS C3102：1984	导电用退火铜线
JIS C3103：1984	绕组线用退火铜线
JIS C3104：1994	导电用扁铜线
JIS C3105：1994	绞线用硬拉铜线
JIS C3106：1976	导电用铜盘条
JIS C3151：1994	镀锡硬拉铜线
JIS C3152：1984	镀锡退火铜线
JIS C6515：1998	印刷电路板用铜箔
JIS E2102：1990	硬拉铜圆形接触导线
JIS F0506：1996	造船—铜管的应用规程
JIS G3604：2012	铜及铜合金包覆钢
JIS H3100：2018	铜及铜合金薄板、板材和带材
JIS H3110：2012	磷青铜和镍银合金板和带材
JIS H3130：2012	弹簧用铜铍合金、铜钛合金、磷青铜、铜镍锡合金和镍银薄板材、板材和带材
JIS H3140：2018	铜导电棒材
JIS H3250：2015	铜及铜合金条材和棒材
JIS H3260：2018	铜及铜合金线材
JIS H3270：2012	铜铍合金、磷青铜和镍银杆材、棒材及丝材
JIS H3300：2012	铜和铜合金无缝管

标准号	标准名称
JIS H3320：2006	铜和铜合金焊接管
JIS H3330：2003	塑料包覆铜管
JIS H3401：2001	铜及铜合金的管连接件
JIS H3510：2012	电子器件用无氧铜薄片、板材、带材、无缝钢管、杆材、棒材和线材
JIS H5120：2016	铜及铜合金铸件
JIS H5121：2016	铜合金连续铸件
JIS H8646：1991	无电镀铜板
JIS M7615：1987	无火花铍铜合金工具
JIS Z3202：1999（2007）	铜及铜合金气焊条
JIS Z3231：1999（2007）	铜及铜合金带焊皮焊条
JIS Z3234：1999	铜合金电阻焊焊条
JIS Z3262：1998	铜及铜合金硬钎料
JIS Z3264：1998	磷铜硬钎料
JIS Z3341：1999（2007）	气体保护电弧焊用铜及铜合金棒、线材
JIS Z0320：1997	铜及铜合金用挥发性防锈剂
JIS Z0321：1997	铜及铜合金用挥发性防锈纸

13.3.6 镍及镍合金加工材标准

标准号	标准名称
JIS G3602：2012	镍及镍合金包覆钢
JIS G7214：2000	镍及镍合金无缝管
JIS H4551：2000	镍及镍合金板、薄板及带材
JIS H4553：1999	镍及镍合金棒材
JIS H4554：1999	镍和镍合金丝和拉制坯
JIS T6101：2005	牙科用镍铬合金线
JIS T6102：2005	牙科用镍铬合金板
JIS Z3224：2010	镍及镍合金包覆电极
JIS Z3334：2017	镍及镍合金焊料用棒、线和带状电极
JIS Z3335：2014	电弧焊用含熔剂芯镍及镍合金焊条
JIS Z3265：1998	镍硬钎料

13.3.7 其他重金属加工材标准

标准号	标准名称
JIS H4301：2009	铅薄板和板及硬铅薄板和板
JIS H4303：1993	DM 铅薄板和板
JIS T7402-3：2005	外科植入物用钴基合金 第 3 部分：加工钴-铬-钨-镍合金

标准号	标准名称
JIS T7402-4：2005	外科植入物用钴基合金 第4部分：加工钴-铬-镍-钼-铁合金
JIS T6104：2005	牙科用钴铬合金线
JIS T6115：2013	牙科用钴铬合金铸件

13.4 稀有金属标准

13.4.1 基础标准

标准号	标准名称
JIS H7001：2009	形状记忆合金术语
JIS H7002：1989	阻尼材料术语
JIS H7003：2007	吸氢合金术语
JIS H7006：1991	金属基体复合材料术语
JIS H7007：2002	金属超塑性材料术语
JIS H1610：2008	钛及钛合金 取样方法

13.4.2 化学分析方法标准

标准号	标准名称
JIS H1402：2006	钨粉及碳化钨粉化学分析方法
JIS H1403：2001	钨材料化学分析方法
JIS H1404：2001	钼材料化学分析方法
JIS H1405：2016	含钍钨材料化学分析方法
JIS H1611：2008	钛及钛合金 化学分析方法通则
JIS H1612：1993	钛及钛合金中氮含量测定方法
JIS H1613：1997	钛及钛合金中锰含量测定方法
JIS H1614：1995	钛及钛合金中铁含量测定方法
JIS H1615：1997	钛中氯含量测定方法
JIS H1616：1995	钛及钛合金中镁含量测定方法
JIS H1617：1995	钛及钛合金中碳含量测定方法
JIS H1618：2012	钛和钛合金中硅含量测定方法
JIS H1619：2012	钛及钛合金中氢含量测定方法
JIS H1620：1995	钛及钛合金中氧含量测定方法
JIS H1621：1992	钛合金中钯含量测定方法
JIS H1622：1998	钛合金中铝含量测定方法
JIS H1623：1995	钛中钠含量测定方法
JIS H1624：2005	钛合金中钒含量测定方法

标准号	标准名称
JIS H1625：2005	钛合金中镧、铈、镨和钕含量测定方法
JIS H1626：2005	钛合金中硫含量测定方法
JIS H1630：1995	钛的发射光谱分析方法
JIS H1631：2008	钛的 X 荧光分析方法
JIS H1632-1：2014	钛的原子发射光谱分析方法 第 1 部分：样品
JIS H1632-2：2014	钛的原子发射光谱分析方法 第 2 部分：钯、锰、铁、镁、硅、铝、钒、镍、铬、锡、铜、钼、锆、铌、钽、钴和钇含量的测定
JIS H1632-3：2014	钛的原子发射光谱分析方法 第 3 部分：硼含量的测定
JIS H1650：1988	锆及锆合金化学分析方法通则
JIS H1653：1991	锆及锆合金中氮含量测定方法
JIS H1664：2006	锆及锆合金中氢含量测定方法
JIS H1665：2006	锆及锆合金中氧含量测定方法
JIS H1680：2002	钽化学分析方法通则
JIS H1681：2000	钽中碳含量测定方法
JIS H1683：2002	钽的原子发射光谱分析法
JIS H1685：2000	钽中氮含量测定方法
JIS H1695：2006	钽中氧含量测定方法
JIS H1696：2000	钽中氢含量测定方法
JIS H1699：2006	钽的原子发射光谱分析方法

13.4.3 理化性能试验方法标准

标准号	标准名称
JIS H0511：2015	海绵钛布氏硬度测定方法
JIS H0515：1992	钛及钛合金管涡流检验方法
JIS H0516：1992	钛及钛合金管超声波检验方法
JIS H0517：2004	钛合金焊接管压差检验方法
JIS H4460：2002	照明及电子设备用钨钼材料测试通则
JIS H7101：2002	形状记忆合金相变点的测定方法
JIS H7103：2012	Ti-Ni 类形状记忆合金线的恒温拉力试验方法
JIS H7105：2012	形状记忆合金螺旋弹簧的固定应变试验方法
JIS H7106：2002	形状记忆合金螺旋弹簧的固定应变热循环试验方法
JIS H7151：1991	非晶形金属的结晶温度测定方法
JIS H7152：1996	用单板试验机测量非晶形金属磁性能的方法
JIS H7153：1991	非晶形金属磁芯高频磁芯损耗的测量方法
JIS H7201：2007	吸氢合金的压力-组成等温线（PCT 线）的测定方法
JIS H7202：2007	吸氢合金氢吸收率的测定方法
JIS H7203：2007	吸氢合金循环吸收/解吸氢特性的评估方法

标准号	标准名称
JIS H7204：1995	对吸氢合金氢化反作用产生热的测量方法
JIS H7205：2003	可充电镍氢电池负极用吸氢合金的放电容量测量方法

13.4.4 产品标准

标准号	标准名称
JIS G2306：1998	钨铁
JIS G2307：1998	钼铁
JIS G2308：1998	钒铁
JIS G2309：1998	钛铁
JIS G2319：1998	铌铁
JIS H2116：2002	钨粉及碳化钨粉
JIS H2151：2015	海绵钛
JIS H4461：2002	照明和电子设备用钨丝
JIS H4463：2002	照明及电子设备用涂钍钨丝、杆
JIS H4600：2012	钛及钛合金薄板、板及带材
JIS H4630：2012	钛及钛合金无缝管
JIS H4631：2012	热交换器用钛及钛合金管
JIS H4635：2012	钛及钛合金管焊接管
JIS H4650：2016	钛及钛合金棒材
JIS H4657：2016	钛及钛合金管锻件
JIS H4670：2016	钛及钛合金丝
JIS H4701：2001	钽轧制板、杆和丝
JIS H4751：2016	锆合金管
JIS H5801：2000	钛及钛合金铸件
JIS H7107：2009	钛镍形状记忆合金丝材、带材及管材
JIS H8690：1993	干处理钛化氮镀层
JIS T7401-1：2002	外科植入物用钛材料 第 1 部分：纯钛
JIS T7401-2：2002	外科植入物用钛材料 第 2 部分：变形 Ti-6Al-4V 合金
JIS T7401-3：2002	外科植入物用钛材料 第 3 部分：变形 Ti-6Al-2Nb-1Ta 合金
JIS T7401-4：2009	外科植入物用钛材料 第 4 部分：变形 Ti-15Zr-4Nb-4Ta 合金
JIS T7401-5：2002	外科植入物用钛材料 第 5 部分：变形 Ti-6Al-7Nb 合金
JIS T7401-6：2002	外科植入物用钛材料 第 6 部分：变形 Ti-15Mo-5Zr-3Al 合金
JIS T7401-6：2002	植入物用 Ti-Ni 合金
JIS Z3331：2011	钛及钛合金焊条及实心线

13.5 粉末冶金标准

标准号	标准名称
JIS Z2500：2000（2014）	粉末冶金术语
JIS Z2501：2000（2014）	烧结金属材料 密度、含油率和开孔率的测定
JIS Z2502：2012（2017）	金属粉末 标准漏斗法测定流动性（霍尔流量计）
JIS Z2503：2000（2014）	冶金用金属粉末取样方法
JIS Z2504：2012（2017）	金属粉末 松装密度的测定 漏斗法
JIS Z2507：2000（2014）	烧结金属轴承 径向抗压强度的测定
JIS Z2508：2004（2013）	金属粉末（不包括硬质合金用粉末）单轴向压制中压缩性的测定
JIS Z2509：2004（2013）	金属粉末（不包括硬质合金用粉末）与成型烧结有关的尺寸变化的测定方法
JIS Z2510：2004（2013）	金属粉末 干筛分法测定颗粒尺寸
JIS Z2511：2006（2016）	金属粉末 用矩形压坯的横向断裂来测定压坯强度
JIS Z2512：2012（2017）	金属粉末 振实密度的测定
JIS Z2550：2016	烧结金属材料规范

13.6 贵金属标准

标准号	标准名称
JIS C1604：2013	耐电阻温度 铂电阻温度计
JIS H1181：1996	银条化学谱分析方法
JIS H1183：2007/修订 1：2012	银条发射光谱分析方法
JIS H1621：1992	钛合金中钯的测定
JIS H1701：1988	铂化学分析方法
JIS H2141：1964	银条
JIS H3110：2006	磷青铜和镍银合金薄板、板材和带材
JIS H3130：2006	弹簧用铜铍合金、铜钛合金、磷青铜、铜镍锡合金和镍银薄板材、板材和带材
JIS H3270：2006	铜铍合金、磷青铜和镍银杆材、棒材及丝材
JIS H6201：1986	化学分析用铂坩埚
JIS H6202：1986	化学分析用铂器皿
JIS H6203：1986	化学分析用铂舟
JIS H6309：1999（2014）	珠宝．贵金属合金的纯度
JIS H6310：2005	在含金首饰中金量的测定方法
JIS H6311：2002	在含银首饰中银量的测定方法
JIS H6312：2005	铂首饰用合金中的铂的测定方法

标准号	标准名称
JIS H6313：2006（2016）	钯珠宝合金．钯的测定方法
JIS H8620：1998	工程用途的金和金合金电镀层
JIS H8621：1998	工程用银电镀层
JIS H8622：1993	装饰用金和金合金电镀层
JIS H8623：1993	装饰用银静电涂层规范
JIS K8154：1995	二氯化钯
JIS K8550：2006	硝酸银
JIS K8965：1994	硫酸银
JIS K9512：1992	银化 N、N-二乙基二硫代磷酸盐
JIS M8111：1998	矿石中金银含量的测定方法
JIS M8114：1999	粗铜锭中金和银的测定方法
JIS M8115：1999	金银合金锭中金和银的测定方法
JIS T6105：2011	牙科用可锻金银钯合金
JIS T6106：2011	牙科铸造用金银钯合金
JIS T6107：2011	牙科用金银钯合金焊剂
JIS T6108：2005	牙科铸件用银合金
JIS T6111：2005	牙科用银合金钎焊材料
JIS T6113：2015	牙科用铸件 14K 金合金
JIS T6114：2015	牙科用铸件 14K 金合金的附加金属
JIS T6116：2012	牙科用铸造金合金
JIS T6116：2000/ AMENDMENT 1：2005	牙科铸件用金合金（修改件 1）
JIS T6117：2011	牙科用金合金硬钎焊材料
JIS T6117：2000/ AMENDMENT 1：2005	牙科用金合金钎焊材料（修改件 1）
JIS T6118：2012（2017）	金属陶瓷的牙科修复系统．贵金属
JIS T6122：2012（2017）	贵金属含量在 25%至 75%之间的牙科铸件用合金
JIS T6124：2005	牙科用锻制金合金
JIS T6125：2005	牙科用锻制低含金量合金
JIS T6126：2014	牙科铸造用金合金的附加金属
JIS Z3261：1998	银铜焊金属焊料
JIS Z3266：1998	金铜焊金属焊料
JIS Z3267：1998	钯铜焊金属焊料
JIS Z3268：1998	真空用铜焊贵金属焊料
JIS Z3891：2003	银钎焊技术标准合格鉴定程序
JIS Z3900：1974	贵重硬钎焊填充金属取样方法
JIS Z3901：1988	银硬钎焊填充金属化学分析方法
JIS Z3904：1979	金硬钎焊填充金属化学分析方法
JIS Z3906：1988	钯硬钎焊填充金属化学分析方法

13.7 半导体材料标准

标准号	标准名称
JIS H0601：2014	锗电阻率测试方法
JIS H0602：2015	硅单晶和硅片电阻率的测试 四探针法
JIS H0603：2014	锗中少数载流子寿命的测试 光电导衰减法
JIS H0604：2014	硅单晶少数载流子寿命的测试 光电导衰减法
JIS H0607：2014	锗导电类型的测试 热电势法
JIS H0609：2014	硅晶体缺陷的测试 择优腐蚀法
JIS H0610：2014	锗晶体腐蚀坑密度的测试方法
JIS H0611：2015	硅片厚度、厚度变化和弯曲度的测试方法
JIS H0613：2014	硅切割片、研磨片的目视检查方法
JIS H0614：2015	镜面硅片的目视检查方法
JIS H0615：2015	硅晶体中杂质含量的测定 光致发光光谱法

附录　标准顺序号目录（国内部分）

BIAOZHUN SHUNXUHAO MULU (GUONEI BUFEN)

1 国家标准

序号	标 准 号	标 准 名 称	代替标准号
1	GB/T 1. 1—2009	标准化工作导则 第 1 部分：标准的结构和编写	GB/T 1. 1—2000、GB/T 1. 2—2002
2	GB 190—2008	危险货物包装标志	GB 190—1990
3	GB/T 191—2008	包装储运图示标志	GB/T 191—2000
4	GB/T 228. 1—2010	金属材料 拉伸试验 第 1 部分：室温试验方法	GB/T 228—2010
5	GB/T 228. 2—2015	金属材料 拉伸试验 第 2 部分：高温试验方法	GB/T 4338—2006
6	GB/T 229—2007	金属材料 夏比摆锤冲击试验方法	GB/T 229—1994
7	GB/T 230. 1—2018	金属材料 洛氏硬度试验 第 1 部分：试验方法（A、B、C、D、E、F、G、H、K、N、T 标尺）	GB/T 230. 1—2009
8	GB/T 230. 2—2012	金属材料 洛氏硬度试验 第 2 部分：硬度计（A、B、C、D、E、F、G、H、K、N、T 标尺）的检验与校准	GB/T 230. 2—2004
9	GB/T 230. 3—2012	金属材料 洛氏硬度试验 第 3 部分：标准硬度块（A、B、C、D、E、F、G、H、K、N、T 标尺）的标定	GB/T 230. 3—2004
10	GB/T 231. 1—2018	金属材料 布氏硬度试验 第 1 部分：试验方法	GB/T 231. 1—2009
11	GB/T 231. 2—2012	金属材料 布氏硬度试验 第 2 部分：硬度计的检验与校准	GB/T 231. 2—2002
12	GB/T 231. 3—2012	金属材料 布氏硬度试验 第 3 部分：标准硬度块的标定	GB/T 231. 3—2002
13	GB/T 231. 4—2009	金属材料 布氏硬度试验 第 4 部分：硬度值表	
14	GB/T 232—2010	金属材料 弯曲试验方法	GB/T 232—1999
15	GB/T 235—2013	金属材料 薄板和薄带 反复弯曲试验方法	GB/T 235—1999
16	GB/T 238—2013	金属材料 线材 反复弯曲试验方法	GB/T 238—2002
17	GB/T 239. 1—2012	金属材料 线材 第 1 部分：单向扭转试验方法	GB/T 239—1999
18	GB/T 239. 2—2012	金属材料 线材 第 2 部分：双向扭转试验方法	GB/T 239—1999

序号	标 准 号	标 准 名 称	代替标准号
19	GB/T 241—2007	金属管 液压试验方法	GB/T 241—1990
20	GB/T 242—2007	金属管 扩口试验方法	GB/T 242—1997
21	GB/T 244—2008	金属管 弯曲试验方法	GB/T 244—1997
22	GB/T 245—2016	金属材料 管 卷边试验方法	GB/T 245—2008
23	GB/T 246—2017	金属材料 管 压扁试验方法	GB/T 246—2007
24	GB/T 351—1995	金属材料电阻系数测量方法	
25	GB/T 467—2010	阴极铜	GB/T 467—1997
26	GB/T 469—2013	铅锭	GB/T 469—2005
27	GB/T 470—2008	锌锭	GB/T 470—1997
28	GB/T 728—2010	锡锭	GB/T 728—1998
29	GB/T 913—2012	汞	GB/T 913—1985
30	GB/T 915—2010	铋	GB/T 915—1995
31	GB/T 1196—2017	重熔用铝锭	GB/T 1196—2008
32	GB/T 1419—2015	海绵铂	GB/T 1419—2004
33	GB/T 1420—2015	海绵钯	GB/T 1420—2004
34	GB/T 1421—2004	铑粉	GB/T 1421—1989
35	GB/T 1422—2004	铱粉	GB/T 1422—1989
36	GB/T 1423—1996	贵金属及其合金密度的测试方法	GB 1423—1978
37	GB/T 1424—1996	贵金属及其合金材料电阻系数测试方法	
38	GB/T 1424—1996	贵金属及其合金材料电阻系数测试方法	GB 1424—1978
39	GB/T 1425—1996	贵金属及其合金熔化温度范围的测定 热分析试验方法	GB 1425—1978
40	GB/T 1467—2008	冶金产品化学分析方法标准的总则及一般规定	GB/T 1467—1978
41	GB/T 1470—2014	铅及铅锑合金板	GB/T 1470—2005
42	GB/T 1472—2014	铅及铅锑合金管	GB/T 1472—2005
43	GB/T 1475—2005	镓	GB/T 1475—1989
44	GB/T 1479. 1—2011	金属粉末 松装密度的测定 第 1 部分：漏斗法	GB/T 1479—1984
45	GB/T 1479. 2—2011	金属粉末 松装密度的测定 第 2 部分：斯柯特容量计法	GB/T 5060—1985
46	GB/T 1479. 3—2017	金属粉末松装密度的测定 第 3 部分：振动漏斗法	GB/T 5061—1998
47	GB/T 1480—2012	金属粉末粒度组成的测定 干筛分法	GB/T 1480—1995
48	GB/T 1481—2012	金属粉末（不包括硬质合金粉末）在单轴压制中压缩性的测定	GB/T 1481—1998
49	GB/T 1482—2010	金属粉末流动性的测定 标准漏斗法（霍尔流速计）	GB/T 1482—1984
50	GB/T 1527—2017	铜及铜合金拉制管	GB/T 1527—2006
51	GB/T 1531—2009	铜及铜合金毛细管	GB/T 1531—1994

序号	标　准　号	标　准　名　称	代替标准号
52	GB/T 1550—1997	非本征半导体材料导电类型测试方法	GB/T 1550—1979、GB/T 5256—1985
53	GB/T 1551—2009	硅单晶电阻率测定方法	GB/T 1551—1995、GB/T 1552—1995
54	GB/T 1553—2009	硅和锗体内少数载流子寿命测定 光电导衰减法	GB/T 1553—1997
55	GB/T 1554—2009	硅晶体完整性化学择优腐蚀检验方法	GB/T 1554—1995
56	GB/T 1555—2009	半导体单晶晶向测定方法	GB/T 1555—1997
57	GB/T 1557—2006	硅晶体中间隙氧含量的红外吸收测量方法	GB/T 1557—1989、GB/T 14143—1993
58	GB/T 1558—2009	硅中代位碳原子含量红外吸收测量方法	GB/T 1558—1997
59	GB/T 1599—2014	锑锭	GB/T 1599—2002
60	GB/T 1773—2008	片状银粉	GB/T 1773—1995
61	GB/T 1774—2009	超细银粉	GB/T 1774—1995
62	GB/T 1775—2009	超细金粉	GB/T 1775—1995
63	GB/T 1776—2009	超细铂粉	GB/T 1776—1995
64	GB/T 1777—2009	超细钯粉	GB/T 1777—1995
65	GB/T 1786—2008	锻制圆饼超声波检验方法	GB/T 1786—1990
66	GB/T 1817—2017	硬质合金常温冲击韧性试验方法	GB/T 1817—1995
67	GB/T 1819. 1—2004	锡精矿化学分析方法 水分量的测定 称量法	GB/T 1819—1979
68	GB/T 1819. 2—2004	锡精矿化学分析方法 锡量的测定 碘酸钾滴定法	GB/T 1820—1979
69	GB/T 1819. 3—2004	锡精矿化学分析方法 铁量的测定 硫酸铈滴定法	GB/T 1821—1979
70	GB/T 1819. 4—2004	锡精矿化学分析方法 铅量的测定 火焰原子吸收分光光谱法和 EDTA 滴定法	GB/T 1823—1979
71	GB/T 1819. 5—2004	锡精矿化学分析方法 砷量的测定 砷锑钼蓝分光光度法和蒸馏分离碘滴定法	GB/T 1824—1979
72	GB/T 1819. 6—2004	锡精矿化学分析方法 锑量的测定 孔雀绿分光光度法和火焰原子吸收分光光谱法	GB/T 1825—1979
73	GB/T 1819. 7—2017	锡精矿化学分析方法 第 7 部分：铋量的测定 火焰原子吸收分光光谱法	GB/T 1819. 7—2004
74	GB/T 1819. 8—2017	锡精矿化学分析方法 第 8 部分：锌量的测定 火焰原子吸收分光光谱法	GB/T 1819. 8—2004
75	GB/T 1819. 9—2017	锡精矿化学分析方法 第 9 部分：三氧化钨量的测定 硫氰酸盐分光光度法	GB/T 1819. 9—2004
76	GB/T 1819. 10—2017	锡精矿化学分析方法 第10部分：硫量的测定 高频红外吸收法和燃烧碘酸钾滴定法	GB/T 1819. 10—2004

序号	标 准 号	标 准 名 称	代替标准号
77	GB/T 1819.11—2017	锡精矿化学分析方法 第11部分：三氧化二铝量的测定 铬天青S分光光度法	GB/T 1819.11—2004
78	GB/T 1819.12—2017	锡精矿化学分析方法 第12部分：二氧化硅量的测定 硅钼蓝分光光度法和氢氧化钠滴定法	GB/T 1819.12—2004
79	GB/T 1819.13—2017	锡精矿化学分析方法 第13部分：氧化镁量、氧化钙量的测定 火焰原子吸收分光光谱法	GB/T 1819.13—2004
80	GB/T 1819.14—2017	锡精矿化学分析方法 第14部分：铜量的测定 火焰原子吸收光谱法	GB/T 1819.14—2006
81	GB/T 1819.15—2017	锡精矿化学分析方法 第15部分：氟量的测定 离子选择电极法	GB/T 1819.15—2006
82	GB/T 1819.16—2017	锡精矿化学分析方法 第16部分：银量的测定 火焰原子吸收光谱法	GB/T 1819.16—2006
83	GB/T 1819.17—2017	锡精矿化学分析方法 第17部分：汞量的测定 冷原子吸收光谱法	GB/T 1819.17—2006
84	GB/T 2007.1—1987	散装矿产品取样、制样通则 手工取样方法	GB/T 2007—1980
85	GB/T 2007.2—1987	散装矿产品取样、制样通则 手工制样方法	GB/T 2007—1980
86	GB/T 2007.3—1987	散装矿产品取样、制样通则 评定品质波动试验方法	GB/T 2007—1980
87	GB/T 2007.4—2008	散装矿产品取样、制样通则 偏差、精密度校核试验方法	GB/T 2007.4—1987、GB/T 2007.5—1987
88	GB/T 2007.6—1987	散装矿产品取样、制样通则 水分测定方法 热干燥法	GB/T 2007—1980
89	GB/T 2007.7—1987	散装矿产品取样、制样通则 粒度测定方法 手工筛分法	GB/T 2007—1980
90	GB/T 2039—2012	金属材料 单轴拉伸蠕变试验方法	GB/T 2039—1997
91	GB/T 2040—2017	铜及铜合金板材	GB/T 2040—2008
92	GB/T 2054—2013	镍及镍合金板	GB/T 2054—2005
93	GB/T 2056—2005	电镀用铜、锌、镉、镍、锡阳极板	GB/T 2055—1989、GB/T 2056—1980、GB/T 2057—1989、GB/T 2058—1989、GB/T 2528—1989
94	GB/T 2056—2005	电镀用铜、锌、镉、镍、锡阳极板	GB/T 2055—1989、GB/T 2056—1980、GB/T 2057—1989、GB/T 2058—1989

序号	标　准　号	标　准　名　称	代替标准号
95	GB/T 2059—2017	铜及铜合金带材	GB/T 2059—2008
96	GB/T 2061—2013	散热器散热片专用铜及铜合金箔材	GB/T 2061—2004
97	GB/T 2072—2007	镍及镍合金带	GB/T 2072—1993、GB/T 11088—1989
98	GB/T 2076—2007	切削刀具用可转位刀片型号表示规则	GB/T 2076—1987
99	GB/T 2077—1987	硬质合金可转位刀片圆角半径	GB/T 2077—1980
100	GB/T 2078—2007	带圆角圆孔固定的硬质合金可转位刀片尺寸	GB/T 2078—1987
101	GB/T 2079—2015	带圆角、无固定孔的可转位刀片尺寸	GB/T 2079—1987
102	GB/T 2080—2007	带圆角沉孔固定的硬质合金可转位刀片尺寸	GB/T 2080—1987
103	GB/T 2081—1987	硬质合金可转位铣刀片	
104	GB/T 2085. 1—2007	铝粉 第1部分：空气雾化铝粉	GB/T 2082—1989、GB/T 2085—1989
105	GB/T 2085. 2—2007	铝粉 第2部分：球磨铝粉	GB/T 2083—1989、GB/T 2084—1989、GB/T 2086—1989
106	GB/T 2085. 3—2009	铝粉 第3部分：粉碎铝粉	
107	GB/T 2085. 4—2014	铝粉 第4部分：氮气雾化铝粉	
108	GB/T 2524—2010	海绵钛	GB/T 2524—2002
109	GB/T 2526—2008	氧化钆	GB/T 2526—1996
110	GB/T 2527—2008	矿山、油田钻头用硬质合金齿	GB/T 2527—1989
111	GB/T 2529—2012	导电用铜板和条	GB/T 2529—2005
112	GB/T 2532—2014	散热器水室和主片用黄铜带	GB/T 2532—2005
113	GB/T 2587—2009	用能设备能量平衡通则	
114	GB/T 2589—2008	综合能耗计算通则	
115	GB 2811—2007	安全帽	GB 2811—1989
116	GB/T 2828. 1—2012	计数抽样检验程序 第1部分：按接收质量限（AQL）检索的逐批检验抽样计划	GB/T 2828. 1—2003
117	GB/T 2881—2014	工业硅	GB/T 2881—2008
118	GB/T 2882—2013	镍及镍合金管	GB/T 2882—2005
119	GB 2893—2008	安全色	
120	GB/T 2893. 1—2013	图形符号 安全色和安全标志 第1部分：安全标志和安全标记的设计原则	GB/T 2893. 1—2004
121	GB/T 2893. 2—2008	图形符号 安全色和安全标志 第2部分：产品安全标签的设计原则	
122	GB/T 2893. 3—2010	图形符号 安全色和安全标志 第3部分：安全标志用图形符号设计原则	
123	GB/T 2893. 4—2013	图形符号 安全色和安全标志 第4部分：安全标志材料的色度属性和光度属性	

序号	标　准　号	标　准　名　称	代替标准号
124	GB 2894—2008	安全标志及其使用导则	
125	GB/T 2903—1998	铜-铜镍（康铜）热电偶丝	GB/T 2903—1989
126	GB/T 2965—2007	钛及钛合金棒材	GB/T 2965—1996
127	GB/T 2967—2017	铸造碳化钨	GB/T 2967—2008
128	GB/T 2968—2008	金属钐	GB/T 2968—1994
129	GB/T 2969—2008	氧化钐	GB/T 2969—1994
130	GB/T 2976—2004	金属材料 线材 缠绕试验方法	GB/T 2976—1988
131	GB/T 3075—2008	金属材料 疲劳试验 轴向力控制方法	GB/T 3075—1982
132	GB 3095—2012	环境空气质量标准	GB 3095—1996
133	GB 3096—2008	声环境质量标准	
134	GB 3100—1993	国际单位制及其应用	
135	GB/T 3101—1993	有关量、单位和符号的一般原则	
136	GB 3102. 1—1993	空间和时间的量和单位	GB 3102. 1—1986
137	GB 3102. 2—1993	周期及其有关现象的量和单位	GB 3102. 2—1986
138	GB 3102. 3—1993	力学的量和单位	GB 3102. 3—1986
139	GB 3102. 4—1993	热学的量和单位	GB 3102. 4—1986
140	GB 3102. 5—1993	电学和磁学的量和单位	GB 3102. 5—1986
141	GB 3102. 6—1993	光及有关电磁辐射的量和单位	GB 3102. 6—1986
142	GB 3102. 7—1993	声学的量和单位	GB 3102. 7—1986
143	GB 3102. 8—1993	物理化学和分子物理学的量和单位	GB 3102. 8—1986
144	GB 3102. 9—1993	原子物理学和核物理学的量和单位	GB 3102. 9—1986
145	GB 3102. 10—1993	核反应和电离辐射的量和单位	GB 3102. 10—1986
146	GB 3102. 11—1993	物理科学和技术中使用的数学符号	GB 3102. 11—1986
147	GB 3102. 12—1993	特征数	GB 3102. 12—1986
148	GB 3102. 13—1993	固体物理学的量和单位	GB 3102. 13—1986
149	GB/T 3114—2010	铜及铜合金扁线	GB/T 3114—1994
150	GB/T 3131—2001	锡铅钎料	GB/T 3131—1988
151	GB/T 3132—1982	保险铅丝	YB/T 567—1965
152	GB/T 3137—2007	钽粉电性能试验方法	GB/T 3137—1995
153	GB/T 3185—1992	氧化锌（间接法）	
154	GB/T 3190—2008	变形铝及铝合金化学成分	GB/T 3190—1996
155	GB/T 3191—2010	铝及铝合金挤压棒材	GB/T 3191—1998
156	GB/T 3195—2016	铝及铝合金拉制圆线材	GB/T 3195—2008
157	GB/T 3198—2010	铝及铝合金箔	GB/T 3198—2003
158	GB/T 3199—2007	铝及铝合金加工产品 包装、标志、运输、贮存	GB/T 3199—1996
159	GB/T 3246. 1—2012	变形铝及铝合金制品组织检验方法 第1部分：显微组织检验方法	GB/T 3246. 1—2002
160	GB/T 3246. 2—2012	变形铝及铝合金制品组织检验方法 第2部分：低倍组织检验方法	GB/T 3246. 2—2002

序号	标　准　号	标　准　名　称	代替标准号
161	GB/T 3249—2009	金属及其化合物粉末费氏粒度的测定方法	GB/T 3249—1982
162	GB/T 3250—2017	铝及铝合金铆钉用线材和棒材剪切与铆接试验方法	GB/T 3250—2007
163	GB/T 3251—2006	铝及铝合金管材压缩试验方法	GB/T 3251—1982
164	GB/T 3253. 1—2008	锑及三氧化二锑化学分析方法 砷量的测定 砷钼蓝分光光度法	GB/T 3253. 1—2001、GB/T 3254. 2—1998
165	GB/T 3253. 2—2008	锑及三氧化二锑化学分析方法 铁量的测定 邻二氮杂菲分光光度法	GB/T 3253. 2—2001、GB/T 3254. 5—1998
166	GB/T 3253. 3—2008	锑及三氧化二锑化学分析方法 铅量的测定 火焰原子吸收光谱法	GB/T 3253. 3—2001、GB/T 3254. 3—1998
167	GB/T 3253. 4—2009	锑及三氧化二锑化学分析方法 锑中硫量的测定 燃烧中和法	GB/T 3253. 4—2001
168	GB/T 3253. 5—2008	锑及三氧化二锑化学分析方法 铜量的测定 火焰原子吸收光谱法	GB/T 3253. 3—2001、GB/T 3254. 4—1998
169	GB/T 3253. 6—2008	锑及三氧化二锑化学分析方法 硒量的测定 原子荧光光谱法	GB/T 3253. 5—2001、GB/T 3254. 6—1998
170	GB/T 3253. 7—2009	锑及三氧化二锑化学分析方法 铋量的测定 原子荧光光谱法	GB/T 3253. 6—2001
171	GB/T 3253. 8—2009	锑及三氧化二锑化学分析方法 三氧化二锑量的测定 碘量法	GB/T 3254. 1—1998
172	GB/T 3253. 9—2009	锑及三氧化二锑化学分析方法 镉量的测定 火焰原子吸收光谱法	
173	GB/T 3253. 10—2009	锑及三氧化二锑化学分析方法 汞量的测定 原子荧光光谱法	
174	GB/T 3253. 11—2009	锑及三氧化二锑化学分析方法 铋量的测定 原子吸收光谱法	GB/T 3253. 6—2001
175	GB/T 3260. 1—2013	锡化学分析方法 第 1 部分：铜量的测定 火焰原子吸收光谱法	GB/T 3260. 1—2000
176	GB/T 3260. 2—2013	锡化学分析方法 第 2 部分：铁量的测定 1，10-二氮杂菲分光光度法	GB/T 3260. 2—2000
177	GB/T 3260. 3—2013	锡化学分析方法 第 3 部分：铋量的测定 碘化钾分光光度法和火焰原子吸收光谱法	GB/T 3260. 3—2000
178	GB/T 3260. 4—2013	锡化学分析方法 第 4 部分：铅量的测定 火焰原子吸收光谱法	GB/T 3260. 4—2000
179	GB/T 3260. 5—2013	锡化学分析方法 第 5 部分：锑量的测定 孔雀绿分光光度法	GB/T 3260. 5—2000
180	GB/T 3260. 6—2013	锡化学分析方法 第 6 部分：砷量的测定 孔雀绿-砷钼杂多酸分光光度法	GB/T 3260. 6—2000

序号	标　准　号	标　准　名　称	代替标准号
181	GB/T 3260.7—2013	锡化学分析方法 第7部分：铝量的测定 电热原子吸收光谱法	GB/T 3260.7—2000
182	GB/T 3260.8—2013	锡化学分析方法 第8部分：锌量的测定 火焰原子吸收光谱法	GB/T 3260.9—2000
183	GB/T 3260.9—2013	锡化学分析方法 第9部分：硫量的测定 高频感应炉燃烧红外吸收法	GB/T 3260.10—2000
184	GB/T 3260.10—2013	锡化学分析方法 第10部分：镉量的测定 火焰原子吸收光谱法	GB/T 3260.11—2000
185	GB/T 3310—2010	铜及铜合金棒材超声波探伤方法	GB 3310—1999
186	GB/T 3457—2013	氧化钨	GB/T 3457—1998
187	GB/T 3458—2006	钨粉	GB/T 3458—1982
188	GB/T 3459—2006	钨条	GB/T 3459—1982
189	GB/T 3460—2017	钼酸铵	GB/T 3460—2007
190	GB/T 3461—2016	钼粉	GB/T 3461—2006
191	GB/T 3462—2017	钼条和钼板坯	GB/T 3462—2007
192	GB/T 3484—2009	企业能量平衡通则	
193	GB/T 3488.1—2014	硬质合金 显微组织的金相测定 第1部分：金相照片和描述	GB/T 3488—1983
194	GB/T 3488.2—2018	硬质合金 显微组织的金相测定 第2部分：WC晶粒尺寸的测定	
195	GB/T 3489—2015	硬质合金 孔隙度和非化合碳的金相测定	GB/T 3489—1983
196	GB/T 3494—2012	直接法氧化锌	GB/T 3494—1996
197	GB/T 3499—2011	原生镁锭	GB/T 3499—2003
198	GB/T 3500—2008	粉末冶金 术语	GB/T 3500—1998
199	GB/T 3503—2015	氧化钇	GB/T 3503—1993、GB/T 3503—2006
200	GB/T 3504—2015	氧化铕	GB/T 3504—1993、GB/T 3504—2006
201	GB/T 3610—2010	电池锌饼	GB/T 3610—1997
202	GB/T 3612—2008	量规、量具用硬质合金毛坯	GB/T 3612—1989、GB/T 10565—1989
203	GB/T 3615—2016	电解电容器用铝箔	GB/T 3615—2007
204	GB/T 3618—2006	铝及铝合金花纹板	GB/T 3618—1989
205	GB/T 3620.1—2016	钛及钛合金牌号和化学成分	GB/T 3620.1—2007
206	GB/T 3620.2—2007	钛及钛合金加工产品化学成分允许偏差	GB/T 3620.2—1994
207	GB/T 3621—2007	钛及钛合金板材	GB/T 3621—1994
208	GB/T 3622—2012	钛及钛合金带、箔材	GB/T 3622—1999
209	GB/T 3623—2007	钛及钛合金丝	GB/T 3623—1998
210	GB/T 3624—2010	钛及钛合金无缝管	GB/T 3624—1995
211	GB/T 3625—2007	换热器及冷凝器用钛及钛合金管	GB/T 3625—1995

序号	标　准　号	标　准　名　称	代替标准号
212	GB/T 3629—2017	钽及钽合金板材、带材和箔材	GB/T 3629—2006
213	GB/T 3630—2017	铌板材、带材和箔材	GB/T 3630—2006
214	GB/T 3651—2008	金属高温导热系数测量方法	GB/T 3651—1983
215	GB/T 3658—2008	软磁材料交流磁性能环形试样的测量方法	GB/T 3658—1990
216	GB/T 3771—1983	铜合金硬度与强度换算值	
217	GB 3838—2002	地表水环境质量标准	
218	GB/T 3848—2017	硬质合金矫顽（磁）力测定方法	GB/T 3848—1983
219	GB/T 3849.1—2015	硬质合金 洛氏硬度试验（A 标尺）第 1 部分：试验方法	GB/T 3849—1983
220	GB/T 3849.2—2010	硬质合金 洛氏硬度试验（A 标尺）第 2 部分：标准试块的制备和校准	
221	GB/T 3850—2015	致密烧结金属材料与硬质合金密度测定方法	GB/T 3850—1983
222	GB/T 3851—2015	硬质合金横向断裂强度测定方法	GB/T 3851—1983
223	GB/T 3875—2017	钨板	GB/T 3875—2006
224	GB/T 3876—2017	钼及钼合金板	GB/T 3876—2007
225	GB/T 3877—2006	钼箔	GB/T 3877—1983
226	GB/T 3879—2008	钢结硬质合金材料毛坯	GB/T 3879—1983
227	GB/T 3880.1—2012	一般工业用铝及铝合金板、带材 第 1 部分：一般要求	GB/T 3880.1—2006
228	GB/T 3880.2—2012	一般工业用铝及铝合金板、带材 第 2 部分：力学性能	GB/T 3880.2—2006
229	GB/T 3880.3—2012	一般工业用铝及铝合金板、带材 第 3 部分：尺寸偏差	GB/T 3880.3—2006
230	GB/T 3884.1—2012	铜精矿化学分析方法 第 1 部分：铜量的测定 碘量法	GB/T 3884.1—2000
231	GB/T 3884.2—2012	铜精矿化学分析方法 第 2 部分：金和银量的测定 火焰原子吸收光谱法和火试金法	GB/T 3884.2—2000
232	GB/T 3884.3—2012	铜精矿化学分析方法 第 3 部分：硫量的测定 重量法和燃烧-滴定法	GB/T 3884.3—2000
233	GB/T 3884.4—2012	铜精矿化学分析方法 第 4 部分：氧化镁量的测定 火焰原子吸收光谱法	GB/T 3884.4—2000
234	GB/T 3884.5—2012	铜精矿化学分析方法 第 5 部分：氟量的测定 离子选择电极法	GB/T 3884.5—2000
235	GB/T 3884.6—2012	铜精矿化学分析方法 第 6 部分：铅、锌、镉和镍量的测定 火焰原子吸收光谱法	GB/T 3884.6—2000
236	GB/T 3884.7—2012	铜精矿化学分析方法 第 7 部分：铅量的测定 Na_2EDTA 滴定法	GB/T 3884.7—2000

序号	标 准 号	标 准 名 称	代替标准号
237	GB/T 3884.8—2012	铜精矿化学分析方法 第8部分：锌量的测定 Na_2EDTA 滴定法	GB/T 3884.8—2000
238	GB/T 3884.9—2012	铜精矿化学分析方法 第9部分：砷和铋量的测定 氢化物发生-原子荧光光谱法、溴酸钾滴定法和二乙基二硫代氨基甲酸银分光光度法	GB/T 3884.9—2000
239	GB/T 3884.10—2012	铜精矿化学分析方法 第10部分：锑量的测定 氢化物发生-原子荧光光谱法	GB/T 3884.10—2000
240	GB/T 3884.11—2005	铜精矿化学分析方法 第11部分：汞量的测定 冷原子吸收光谱法	
241	GB/T 3884.12—2010	铜精矿化学分析方法 第12部分：氟和氯含量的测定 离子色谱法	
242	GB/T 3884.13—2012	铜精矿化学分析方法 第13部分：铜量测定 电解法	
243	GB/T 3884.14—2012	铜精矿化学分析方法 第14部分：金和银量测定 火试金重量法和原子吸收光谱法	
244	GB/T 3884.15—2014	铜精矿化学分析方法 第15部分：铁量的测定 重铬酸钾滴定法	
245	GB/T 3884.16—2014	铜精矿化学分析方法 第16部分：二氧化硅量的测定 氟硅酸钾滴定法和重量法	
246	GB/T 3884.17—2014	铜精矿化学分析方法 第17部分：三氧化二铝量的测定 铬天青S胶束增溶光度法和沉淀分离-氟盐置换-Na_2EDTA 滴定法	
247	GB/T 3884.18—2014	铜精矿化学分析方法 第18部分：砷、锑、铋、铅、锌、镍、镉、钴、氧化镁、氧化钙量的测定 电感耦合等离子体原子发射光谱法	
248	GB/T 3884.19—2017	铜精矿化学分析方法 第19部分：铊量的测定 电感耦合等离子体质谱法	
249	GB/T 3952—2016	电工用铜线坯	GB/T 3952—2008
250	GB/T 3954—2014	电工圆铝杆	GB/T 3954—2008
251	GB/T 4058—2009	硅抛光片氧化诱生缺陷的检验方法	GB/T 4058—1995
252	GB/T 4059—2009	硅多晶气氛区熔基磷检验方法	GB/T 4059—1983
253	GB/T 4060—2009	硅多晶真空区熔基硼检验方法	GB/T 4060—1983
254	GB/T 4061—2009	硅多晶断面夹层化学腐蚀检验方法	GB/T 4061—1983
255	GB/T 4062—2013	三氧化二锑	GB/T 4062—1998
256	GB/T 4067—1999	金属材料 电阻温度特征参数的测定	GB/T 4067—1983
257	GB/T 4103.1—2012	铅及铅合金化学分析方法 第1部分：锡量的测定	GB/T 4103.1—2000

序号	标 准 号	标 准 名 称	代替标准号
258	GB/T 4103. 2—2012	铅及铅合金化学分析方法 第 2 部分：锑量的测定	GB/T 4103. 2—2000
259	GB/T 4103. 3—2012	铅及铅合金化学分析方法 第 3 部分：铜量的测定	GB/T 4103. 3—2000
260	GB/T 4103. 4—2012	铅及铅合金化学分析方法 第 4 部分：铁量的测定	GB/T 4103. 4—2000
261	GB/T 4103. 5—2012	铅及铅合金化学分析方法 第 5 部分：铋量的测定	GB/T 4103. 5—2000
262	GB/T 4103. 6—2012	铅及铅合金化学分析方法 第 6 部分：砷量的测定	GB/T 4103. 6—2000
263	GB/T 4103. 7—2012	铅及铅合金化学分析方法 第 7 部分：硒量的测定	GB/T 4103. 7—2000
264	GB/T 4103. 8—2012	铅及铅合金化学分析方法 第 8 部分：碲量的测定	GB/T 4103. 8—2000
265	GB/T 4103. 9—2012	铅及铅合金化学分析方法 第 9 部分：钙量的测定	GB/T 4103. 9—2000
266	GB/T 4103. 10—2012	铅及铅合金化学分析方法 第 10 部分：银量的测定	GB/T 4103. 10—2000
267	GB/T 4103. 11—2012	铅及铅合金化学分析方法 第 11 部分：锌量的测定	GB/T 4103. 11—2000
268	GB/T 4103. 12—2012	铅及铅合金化学分析方法 第 12 部分：铊量的测定	GB/T 4103. 12—2000
269	GB/T 4103. 13—2012	铅及铅合金化学分析方法 第 13 部分：铝量的测定	GB/T 4103. 13—2000
270	GB/T 4103. 14—2009	铅及铅合金化学分析方法 第 14 部分：镉量的测定 火焰原子吸收光谱法	
271	GB/T 4103. 15—2009	铅及铅合金化学分析方法 第 15 部分：镍量的测定 火焰原子吸收光谱法	
272	GB/T 4103. 16—2009	铅及铅合金化学分析方法 第 16 部分：铜、银、铋、砷、锑、锡、锌量的测定 光电直读发射光谱法	
273	GB/T 4104—2017	直接法氧化锌白度（颜色）检验方法	GB/T 4104—2003
274	GB/T 4134—2015	金锭	GB/T 4134—2003
275	GB/T 4135—2016	银锭	GB/T 4135—2002
276	GB/T 4137—2015	稀土硅铁合金	GB/T 4137—1993、GB/T 4137—2004
277	GB/T 4138—2015	稀土镁硅铁合金	GB/T 4138—1993、GB/T 4138—2004
278	GB/T 4148—2015	混合氯化稀土	GB/T 4148—1993、GB/T 4148—2003

序号	标 准 号	标 准 名 称	代替标准号
279	GB/T 4153—2015	混合稀土金属	GB/T 4153—1993、GB/T 4153—2008
280	GB/T 4154—2015	氧化镧	GB/T 4154—1993、GB/T 4154—2006
281	GB/T 4155—2012	氧化铈	GB/T 4155—1992、GB/T 4155—2003
282	GB/T 4156—2007	金属材料 薄板和薄带埃里克森杯突试验	GB/T 4156—1984
283	GB/T 4157—2017	金属在硫化氢环境中抗硫化物应力开裂和应力腐蚀开裂的实验室试验方法	GB/T 4157—2006
284	GB/T 4161—2007	金属材料 平面应变断裂韧度 KIC 试验方法	
285	GB/T 4182—2017	钼丝	GB/T 4182—2003
286	GB/T 4200—2008	高温作业分级	
287	GB/T 4291—2017	冰晶石	GB/T 4291—2007
288	GB/T 4292—2017	氟化铝	GB/T 4292—2007
289	GB/T 4294—2010	氢氧化铝	GB/T 4294—1997
290	GB/T 4295—2008	碳化钨粉	
291	GB/T 4296—2004	变形镁合金显微组织检验方法	GB/T 4296—1984
292	GB/T 4297—2004	变形镁合金低倍组织检验方法	GB/T 4297—1984
293	GB/T 4309—2009	粉末冶金材料分类和牌号表示方法	GB/T 4309—1984
294	GB/T 4310—2016	钒	GB/T 4310—1984
295	GB/T 4324. 1—2012	钨化学分析方法 第 1 部分：铅量的测定 火焰原子吸收光谱法	GB/T 4324. 1—1984
296	GB/T 4324. 2—2012	钨化学分析方法 第 2 部分：铋量的测定 氢化物原子吸收光谱法	GB/T 4324. 2—1984
297	GB/T 4324. 3—2012	钨化学分析方法 第 3 部分：锡量的测定 氢化物原子吸收光谱法	GB/T 4324. 3—1984
298	GB/T 4324. 4—2012	钨化学分析方法 第 4 部分：锑量的测定 氢化物原子吸收光谱法	GB/T 4324. 4—1984
299	GB/T 4324. 5—2012	钨化学分析方法 第 5 部分：砷量的测定 氢化物原子吸收光谱法	GB/T 4324. 5—1984
300	GB/T 4324. 6—2012	钨化学分析方法 第 6 部分：铁量的测定 邻二氮杂菲分光光度法	GB/T 4324. 6—1984
301	GB/T 4324. 7—2012	钨化学分析方法 第 7 部分：钴量的测定 电感耦合等离子体原子发射光谱法	GB/T 4324. 7—1984
302	GB/T 4324. 8—2008	钨化学分析方法 镍量的测定 电感耦合等离子体原子发射光谱法、火焰原子吸收光谱法和丁二酮肟重量法	GB/T 4324. 8—1984、GB/T 4324. 9—1984

序号	标　准　号	标　准　名　称	代替标准号
303	GB/T 4324. 9—2012	钨化学分析方法 第 9 部分：镉量的测定 电感耦合等离子体原子发射光谱法和火焰原子吸收光谱法	部分代替 GB/T 4324. 1—1984
304	GB/T 4324. 10—2012	钨化学分析方法 第 10 部分：铜量的测定 火焰原子吸收光谱法	GB/T 4324. 10—1984
305	GB/T 4324. 11—2012	钨化学分析方法 第 11 部分：铝量的测定 电感耦合等离子体原子发射光谱法	GB/T 4324. 11—1984
306	GB/T 4324. 12—2012	钨化学分析方法 第 12 部分：硅量的测定 氯化-钼蓝分光光度法	GB/T 4324. 12—1984
307	GB/T 4324. 13—2008	钨化学分析方法 钙量的测定 电感耦合等离子体原子发射光谱法	GB/T 4324. 13—1984
308	GB/T 4324. 14—2012	钨化学分析方法 第 14 部分：氯化挥发后残渣量的测定 重量法	GB/T 4324. 14—1984、GB/T 4324. 29—1984
309	GB/T 4324. 15—2008	钨化学分析方法 镁量的测定 火焰原子吸收光谱法和电感耦合等离子体原子发射光谱法	GB/T 4324. 15—1984、GB/T 4324. 16—1984
310	GB/T 4324. 16—2012	钨化学分析方法 第 16 部分：灼烧损失量的测定 重量法	GB/T 4324. 30—1984
311	GB/T 4324. 17—2012	钨化学分析方法 第 17 部分：钠量的测定 火焰原子吸收光谱法	GB/T 4324. 17—1984
312	GB/T 4324. 18—2012	钨化学分析方法 第 18 部分：钾量的测定 火焰原子吸收光谱法	GB/T 4324. 18—1984
313	GB/T 4324. 19—2012	钨化学分析方法 第 19 部分：钛量的测定 二安替比林甲烷分光光度法	GB/T 4324. 19—1984
314	GB/T 4324. 20—2012	钨化学分析方法 第 20 部分：钒量的测定 电感耦合等离子体原子发射光谱法	GB/T 4324. 20—1984
315	GB/T 4324. 21—2012	钨化学分析方法 第 21 部分：铬量的测定 电感耦合等离子体原子发射光谱法	GB/T 4324. 21—1984
316	GB/T 4324. 22—2012	钨化学分析方法 第 22 部分：锰量的测定 电感耦合等离子体原子发射光谱法	GB/T 4324. 22—1984
317	GB/T 4324. 23—2012	钨化学分析方法 第 23 部分：硫量的测定 燃烧电导法和高频燃烧红外吸收法	GB/T 4324. 23—1984
318	GB/T 4324. 24—2012	钨化学分析方法 第 24 部分：磷量的测定 钼蓝分光光度法	GB/T 4324. 24—1984
319	GB/T 4324. 25—2012	钨化学分析方法 第 25 部分：氧量的测定 脉冲加热惰气熔融-红外吸收法	GB/T 4324. 25—1984
320	GB/T 4324. 26—2012	钨化学分析方法 第 26 部分：氮量的测定 脉冲加热惰气熔融-热导法和奈氏试剂分光光度法	GB/T 4324. 26—1984

序号	标准号	标准名称	代替标准号
321	GB/T 4324.27—2012	钨化学分析方法 第27部分：碳量的测定 高频燃烧红外吸收法	GB/T 4324.27—1984
322	GB/T 4324.28—2012	钨化学分析方法 第28部分：钼量的测定 硫氰酸盐分光光度法	GB/T 4324.28—1984
323	GB/T 4325.1—2013	钼化学分析方法 第1部分：铅量的测定 石墨炉原子吸收光谱法	部分代替 GB/T 4325.1—1984
324	GB/T 4325.2—2013	钼化学分析方法 第2部分：镉量的测定 火焰原子吸收光谱法	部分代替 GB/T 4325.1—1984
325	GB/T 4325.3—2013	钼化学分析方法 第3部分：铋量的测定 原子荧光光谱法	GB/T 4325.2—1984
326	GB/T 4325.4—2013	钼化学分析方法 第4部分：锡量的测定 原子荧光光谱法	GB/T 4325.3—1984
327	GB/T 4325.5—2013	钼化学分析方法 第5部分：锑量的测定 原子荧光光谱法	GB/T 4325.4—1984
328	GB/T 4325.6—2013	钼化学分析方法 第6部分：砷量的测定 原子荧光光谱法	GB/T 4325.5—1984
329	GB/T 4325.7—2013	钼化学分析方法 第7部分：铁量的测定 邻二氮杂菲分光光度法和电感耦合等离子体原子发射光谱法	GB/T 4325.6—1984
330	GB/T 4325.8—2013	钼化学分析方法 第8部分：钴量的测定 钴试剂分光光度法和火焰原子吸收光谱法	GB/T 4325.7—1984
331	GB/T 4325.9—2013	钼化学分析方法 第9部分：镍量的测定 丁二酮肟分光光度法和火焰原子吸收光谱法	GB/T 4325.8—1984、GB/T 4325.9—1984
332	GB/T 4325.10—2013	钼化学分析方法 第10部分：铜量的测定 火焰原子吸收光谱法	GB/T 4325.10—1984
333	GB/T 4325.11—2013	钼化学分析方法 第11部分：铝量的测定 铬天青S分光光度法和电感耦合等离子体原子发射光谱法	GB/T 4325.11—1984
334	GB/T 4325.12—2013	钼化学分析方法 第12部分：硅量的测定 电感耦合等离子体原子发射光谱法	GB/T 4325.12—1984
335	GB/T 4325.13—2013	钼化学分析方法 第13部分：钙量的测定 火焰原子吸收光谱法	GB/T 4325.13—1984、GB/T 4325.14—1984
336	GB/T 4325.14—2013	钼化学分析方法 第14部分：镁量的测定 火焰原子吸收光谱法	GB/T 4325.15—1984、GB/T 4325.16—1984
337	GB/T 4325.15—2013	钼化学分析方法 第15部分：钠量的测定 火焰原子吸收光谱法	GB/T 4325.17—1984
338	GB/T 4325.16—2013	钼化学分析方法 第16部分：钾量的测定 火焰原子吸收光谱法	GB/T 4325.18—1984

序号	标　准　号	标　准　名　称	代替标准号
339	GB/T 4325.17—2013	钼化学分析方法 第17部分：钛量的测定 二安替比林甲烷分光光度法和电感耦合等离子体原子发射光谱法	GB/T 4325.19—1984
340	GB/T 4325.18—2013	钼化学分析方法 第18部分：钒量的测定 钽试剂分光光度法和电感耦合等离子体原子发射光谱法	GB/T 4325.20—1984
341	GB/T 4325.19—2013	钼化学分析方法 第19部分：铬量的测定 二苯基碳酰二肼分光光度法	GB/T 4325.21—1984
342	GB/T 4325.20—2013	钼化学分析方法 第20部分：锰量的测定 火焰原子吸收光谱法	GB/T 4325.22—1984
343	GB/T 4325.21—2013	钼化学分析方法 第21部分：碳量和硫量的测定 高频燃烧红外吸收法	GB/T 4325.23—1984、GB/T 4325.27—1984
344	GB/T 4325.22—2013	钼化学分析方法 第22部分：磷量的测定 钼蓝分光光度法	GB/T 4325.24—1984
345	GB/T 4325.23—2013	钼化学分析方法 第23部分：氧量和氮量的测定 惰气熔融红外吸收法-热导法	GB/T 4325.25—1984、GB/T 4325.26—1984
346	GB/T 4325.24—2013	钼化学分析方法 第24部分：钨量的测定 电感耦合等离子体原子发射光谱法	GB/T 4325.28—1984
347	GB/T 4325.25—2013	钼化学分析方法 第25部分：氢量的测定 惰气熔融红外吸收法/热导法	
348	GB/T 4325.26—2013	钼化学分析方法 第26部分：铝、镁、钙、钒、铬、锰、铁、钴、镍、铜、锌、砷、镉、锡、锑、钨、铅和铋量的测定 电感耦合等离子体质谱法	
349	GB/T 4326—2006	非本征半导体单晶霍尔迁移率和霍尔系数测量方法	GB/T 4326—1984
350	GB/T 4337—2015	金属材料 疲劳试验 旋转弯曲方法	GB/T 4337—2008
351	GB/T 4339—2008	金属材料 热膨胀特征参数的测定	GB/T 4339—1999
352	GB/T 4340.1—2009	金属材料 维氏硬度试验 第1部分：试验方法	GB/T 4340.1—1999
353	GB/T 4340.2—1999	金属维氏硬度试验 第2部分：硬度计的检验	
354	GB/T 4340.3—1999	金属维氏硬度试验 第3部分：标准硬度块的标定	
355	GB/T 4340.4—2009	金属材料 维氏硬度试验 第4部分：硬度值表	
356	GB/T 4341.1—2014	金属材料 肖氏硬度试验 第1部分：试验方法	GB/T 4341—2001
357	GB/T 4369—2015	锂	GB/T 4369—2007

序号	标 准 号	标 准 名 称	代替标准号
358	GB/T 4372.1—2014	直接法氧化锌化学分析方法 第1部分：氧化锌量的测定 Na_2EDTA滴定法	GB/T 4372.1—2001
359	GB/T 4372.2—2014	直接法氧化锌化学分析方法 第2部分：氧化铅量的测定 火焰原子吸收光谱法	GB/T 4372.2—2001
360	GB/T 4372.3—2015	直接法氧化锌化学分析方法 第3部分：氧化铜量的测定 火焰原子吸收光谱法	GB/T 4372.3—2001
361	GB/T 4372.4—2015	直接法氧化锌化学分析方法 第4部分：氧化镉量的测定 火焰原子吸收光谱法	GB/T 4372.4—2001
362	GB/T 4372.5—2014	直接法氧化锌化学分析方法 第5部分：锰量的测定 火焰原子吸收光谱法	GB/T 4372.5—2001
363	GB/T 4372.6—2014	直接法氧化锌化学分析方法 第6部分：金属锌的检验	GB/T 4372.6—2001
364	GB/T 4372.7—2014	直接法氧化锌化学分析方法 第7部分：三氧化二铁量的测定 火焰原子吸收光谱法	
365	GB 4387—2008	工业企业厂内铁路、道路运输安全规程	
366	GB/T 4414—2013	包装钨精矿取样、制样方法	GB/T 4414—1984
367	GB/T 4423—2007	铜及铜合金拉制棒	GB/T 4423—1992、GB/T 13809—1992
368	GB/T 4435—2010	镍及镍合金棒	GB/T 4435—1984
369	GB/T 4436—2012	铝及铝合金管材外形尺寸及允许偏差	GB/T 4436—1995
370	GB/T 4437.1—2015	铝及铝合金热挤压管 第1部分：无缝圆管	GB/T 4437.1—2000
371	GB/T 4437.2—2017	铝及铝合金热挤压管 第2部分：有缝管	GB/T 4437.2—2003
372	GB/T 4438—2006	铝及铝合金波纹板	GB/T 4438—1998
373	GB/T 4470—1998	火焰发射、原子吸收和原子荧光光谱分析法术语	
374	GB/T 4698.1—2017	海绵钛、钛及钛合金化学分析方法 第1部分：铜量的测定 火焰原子吸收光谱法	GB/T 4698.1—1996
375	GB/T 4698.2—2011	海绵钛、钛及钛合金化学分析方法 铁量的测定	GB/T 4698.2—1996
376	GB/T 4698.3—2017	海绵钛、钛及钛合金化学分析方法 第3部分：硅量的测定 钼蓝分光光度法	GB/T 4698.3—1996
377	GB/T 4698.4—2017	海绵钛、钛及钛合金化学分析方法 第4部分：锰量的测定 高碘酸盐分光光度法和电感耦合等离子体原子发射光谱法	GB/T 4698.4—1996、GB/T 4698.20—1996
378	GB/T 4698.5—2017	海绵钛、钛及钛合金化学分析方法 第5部分：钼量的测定 硫氰酸盐分光光度法和电感耦合等离子体原子发射光谱法	GB/T 4698.5—1996

序号	标　准　号	标　准　名　称	代替标准号
379	GB/T 4698.6—1996	海绵钛、钛及钛合金化学分析方法 次甲基蓝萃取分光光度法测定硼量	GB/T 4698.6—1984
380	GB/T 4698.7—2011	海绵钛、钛及钛合金化学分析方法 氧量、氮量的测定	GB/T 4698.7—1996、GB/T 4698.16—1996
381	GB/T 4698.8—2017	海绵钛、钛及钛合金化学分析方法 第8部分：铝量的测定 碱分离-EDTA络合滴定法和电感耦合等离子体原子发射光谱法	GB/T 4698.8—1996
382	GB/T 4698.9—2017	海绵钛、钛及钛合金化学分析方法 第9部分：锡量的测定 碘酸钾滴定法和电感耦合等离子体原子发射光谱法	GB/T 4698.9—1996
383	GB/T 4698.10—1996	海绵钛、钛及钛合金化学分析方法 硫酸亚铁铵滴定法测定铬量（含钒）	GB/T 4698.10—1984
384	GB/T 4698.11—1996	海绵钛、钛及钛合金化学分析方法 硫酸亚铁铵滴定法测定铬量（不含钒）	GB/T 4698.11—1984
385	GB/T 4698.12—2017	海绵钛、钛及钛合金化学分析方法 第12部分：钒量的测定 硫酸亚铁铵滴定法和电感耦合等离子体原子发射光谱法	GB/T 4698.12—1996
386	GB/T 4698.13—2017	海绵钛、钛及钛合金化学分析方法 第13部分：锆量的测定 EDTA络合滴定法和电感耦合等离子体原子发射光谱法	GB/T 4698.13—1996
387	GB/T 4698.14—2011	海绵钛、钛及钛合金化学分析方法 碳量的测定	GB/T 4698.14—1996
388	GB/T 4698.15—2011	海绵钛、钛及钛合金化学分析方法 氢量的测定	GB/T 4698.15—1996
389	GB/T 4698.17—1996	海绵钛、钛及钛合金化学分析方法 火焰原子吸收光谱法测定镁量	GB/T 3829.6—1983
390	GB/T 4698.18—2017	海绵钛、钛及钛合金化学分析方法 第18部分：锡量的测定 火焰原子吸收光谱法	GB/T 4698.18—1996
391	GB/T 4698.19—2017	海绵钛、钛及钛合金化学分析方法 第19部分：钼量的测定 硫氰酸盐示差光度法	GB/T 4698.19—1996
392	GB/T 4698.21—1996	海绵钛、钛及钛合金化学分析方法 发射光谱法测定锰、铬、镍、铝、钼、锡、钒、钇、铜、锆量	
393	GB/T 4698.22—2017	海绵钛、钛及钛合金化学分析方法 第22部分：铌量的测定 5-Br-PADAP分光光度法和电感耦合等离子体原子发射光谱法	GB/T 4698.22—1996

序号	标 准 号	标 准 名 称	代替标准号
394	GB/T 4698.23—2017	海绵钛、钛及钛合金化学分析方法 第23部分：钯量的测定 氯化亚锡-碘化钾分光光度法和电感耦合等离子体原子发射光谱法	GB/T 4698.23—1996
395	GB/T 4698.24—2017	海绵钛、钛及钛合金化学分析方法 第24部分：镍量的测定 丁二酮肟分光光度法和电感耦合等离子体原子发射光谱法	GB/T 4698.24—1996
396	GB/T 4698.25—2017	海绵钛、钛及钛合金化学分析方法 第25部分：氯量的测定 氯化银分光光度法	GB/T 4698.25—1996
397	GB/T 4698.27—2017	海绵钛、钛及钛合金化学分析方法 第27部分：钕量的测定 电感耦合等离子体原子发射光谱法	
398	GB/T 4698.28—2017	海绵钛、钛及钛合金化学分析方法 第28部分：钌量的测定 电感耦合等离子体原子发射光谱法	
399	GB/T 4754—2017	国民经济行业分类	GB/T 4754—2011
400	GB/T 5027—2016	金属材料 薄板和薄带 塑性应变比（r值）的测定	GB/T 5027—2007
401	GB/T 5028—2008	金属薄板和薄带拉伸应变硬化指数（n值）试验方法	GB/T 5028—1999
402	GB 5082—1985	起重吊运指挥信号	
403	GB 5083—1999	生产设备安全卫生设计总则	
404	GB 5085.1—2007	危险废物鉴别标准 腐蚀性鉴别	GB 5085.1—1996
405	GB 5085.2—2007	危险废物鉴别标准 急性毒性初筛	GB 5085.2—1996
406	GB 5085.3—2007	危险废物鉴别标准 浸出毒性鉴别	GB 5085.3—1996
407	GB 5085.4—2007	危险废物鉴别标准 易燃性鉴别	
408	GB 5085.5—2007	危险废物鉴别标准 反应性鉴别	
409	GB 5085.6—2007	危险废物鉴别标准 毒性物质含量鉴别	
410	GB 5085.7—2007	危险废物鉴别标准 通则	
411	GB/T 5121.1—2008	铜及铜合金化学分析方法 第1部分：铜量的测定	GB/T5121.1—1996
412	GB/T 5121.2—2008	铜及铜合金化学分析方法 第2部分：磷量的测定	GB/T 5121.2—1996、GB/T 13293.6—1991
413	GB/T 5121.3—2008	铜及铜合金化学分析方法 第3部分：铅量的测定	GB/T 5121.3—1996、GB/T 13293.7—1991
414	GB/T 5121.4—2008	铜及铜合金化学分析方法 第4部分：碳、硫量的测定	GB/T 5121.4—1996、GB/T 13293.13—1991
415	GB/T 5121.5—2008	铜及铜合金化学分析方法 第5部分：镍量的测定	GB/T 5121.5—1996、GB/T 13293.8—1991

序号	标　准　号	标　准　名　称	代替标准号
416	GB/T 5121.6—2008	铜及铜合金化学分析方法 第6部分：铋量的测定	GB/T 5121.6—1996、GB/T 13293.2—1991
417	GB/T 5121.7—2008	铜及铜合金化学分析方法 第7部分：砷量的测定	GB/T 5121.7—1996、GB/T 13293.5—1991
418	GB/T 5121.8—2008	铜及铜合金化学分析方法 第8部分：氧量的测定	GB/T 5121.8—1996
419	GB/T 5121.9—2008	铜及铜合金化学分析方法 第9部分：铁量的测定	GB/T 5121.9—1996、GB/T 13293.7—1991
420	GB/T 5121.10—2008	铜及铜合金化学分析方法 第10部分：锡量的测定	GB/T 5121.10—1996、GB/T 13293.9—1991
421	GB/T 5121.11—2008	铜及铜合金化学分析方法 第11部分：锌量的测定	GB/T 5121.11—1996、GB/T 13293.10—1991
422	GB/T 5121.12—2008	铜及铜合金化学分析方法 第12部分：锑量的测定	GB/T 5121.12—1996、GB/T 13293.4—1991
423	GB/T 5121.13—2008	铜及铜合金化学分析方法 第13部分：铝量的测定	GB/T 5121.13—1996
424	GB/T 5121.14—2008	铜及铜合金化学分析方法 第14部分：锰量的测定	GB/T 5121.14—1996、GB/T 13293.3—1991
425	GB/T 5121.15—2008	铜及铜合金化学分析方法 第15部分：钴量的测定	GB/T 5121.15—1996、GB/T 13293.7—1991
426	GB/T 5121.16—2008	铜及铜合金化学分析方法 第16部分：铬量的测定	GB/T 5121.16—1996、GB/T 13293.3—1991
427	GB/T 5121.17—2008	铜及铜合金化学分析方法 第17部分：铍量的测定	GB/T 5121.17—1996
428	GB/T 5121.18—2008	铜及铜合金化学分析方法 第18部分：镁量的测定	GB/T 5121.18—1996
429	GB/T 5121.19—2008	铜及铜合金化学分析方法 第19部分：银量的测定	GB/T 5121.19—1996、GB/T 13293.12—1991
430	GB/T 5121.20—2008	铜及铜合金化学分析方法 第20部分：锆量的测定	GB/T 5121.20—1996
431	GB/T 5121.21—2008	铜及铜合金化学分析方法 第21部分：钛量的测定	GB/T 5121.21—1996
432	GB/T 5121.22—2008	铜及铜合金化学分析方法 第22部分：镉量的测定	GB/T 5121.22—1996、GB/T 13293.3—1991
433	GB/T 5121.23—2008	铜及铜合金化学分析方法 第23部分：硅量的测定	GB/T 5121.23—1996、GB/T 13293.11—1991
434	GB/T 5121.24—2008	铜及铜合金化学分析方法 第24部分：硒、碲含量的测定	GB/T 13293.1—1991
435	GB/T 5121.25—2008	铜及铜合金化学分析方法 第25部分：硼含量的测定	

序号	标 准 号	标 准 名 称	代替标准号
436	GB/T 5121.26—2008	铜及铜合金化学分析方法 第26部分：汞量的测定	
437	GB/T 5121.27—2008	铜及铜合金化学分析方法 第27部分：电感耦合等离子体原子发射光谱法	
438	GB/T 5121.28—2010	铜及铜合金化学分析方法 第28部分：铬、铁、锰、钴、镍、锌、砷、硒、银、镉、锡、锑、碲、铅、铋量的测定 电感耦合等离子体质谱法	
439	GB/T 5121.29—2015	铜及铜合金化学分析方法 第29部分：三氧化二铝含量的测定	
440	GB/T 5124.1—2008	硬质合金化学分析方法 总碳量的测定 重量法	GB/T 5124.1—1985
441	GB/T 5124.2—2008	硬质合金化学分析方法 不溶（游离）碳量的测定 重量法	GB/T 5124.2—1985
442	GB/T 5124.3—2017	硬质合金化学分析方法 第3部分：钴量的测定 电位滴定法	GB/T 5124.3—1985
443	GB/T 5124.4—2017	硬质合金化学分析方法 第4部分：钛量的测定 过氧化氢分光光度法	GB/T 5124.4—1985
444	GB/T 5125—2008	有色金属冲杯试验方法	GB/T 5125—1985
445	GB/T 5126—2013	铝及铝合金冷拉薄壁管材涡流探伤方法	GB/T 5126—2001
446	GB/T 5149.1—2004	镁粉 第1部分：铣削镁粉	GB/T 5149—1985
447	GB/T 5150—2004	铝镁合金粉	GB/T 5150—1985
448	GB/T 5153—2016	变形镁及镁合金牌号和化学成分	GB/T 5153—2003
449	GB/T 5154—2010	镁及镁合金板、带	GB/T 5154—2003
450	GB/T 5155—2013	镁合金热挤压棒	GB/T 5155—2003
451	GB/T 5156—2013	镁合金热挤压型材	GB/T 5156—2003
452	GB/T 5158.1—2011	金属粉末 还原法测定氧含量 第1部分：总则	
453	GB/T 5158.2—2011	金属粉末 还原法测定氧含量 第2部分：氢还原时的质量损失（氢损）	GB/T 5158—1999
454	GB/T 5158.3—2011	金属粉末 还原法测定氧含量 第3部分：可被氢还原的氧	
455	GB/T 5158.4—2011	金属粉末 还原法测定氧含量 第4部分：还原-提取法测定总氧量	GB/T 5158.4—2001
456	GB/T 5159—2015	金属粉末（不包括硬质合金用粉）与成型烧结有联系的尺寸变化的测定方法	GB/T 5159—1985
457	GB/T 5160—2002	金属粉末 用矩形压坯的横向断裂测定压坯强度的方法	GB/T 5160—1985
458	GB/T 5161—2014	金属粉末 有效密度的测定 液体浸透法	GB/T 5161—1985
459	GB/T 5162—2006	金属粉末 振实密度的测定	GB/T 5162—1985

序号	标　准　号	标　准　名　称	代替标准号
460	GB/T 5163—2006	烧结金属材料（不包括硬质合金）可渗性烧结金属材料 密度、含油率和开孔率的测定	GB/T 5163—1985、GB/T 5164—1985、GB/T 5165—1985
461	GB/T 5166—1998	烧结金属材料和硬质合金 弹性模量的测定	GB/T 5166—1985
462	GB/T 5167—1985	烧结金属材料和硬质合金 电阻率的测定	
463	GB/T 5168—2008	α-β 钛合金高低倍组织检验方法	GB/T 5168—1985
464	GB/T 5183—2005	叉车 货叉 尺寸	
465	GB/T 5187—2008	铜及铜合金箔材	GB/T 5187—1985、GB/T 5188—1985、GB/T 5189—1985
466	GB/T 5193—2007	钛及钛合金加工产品超声波探伤方法	GB/T 5193—1985
467	GB/T 5225—1985	金属材料定量相分析 X 射线衍射 K 值法	
468	GB/T 5230—1995	电解铜箔	GB/T 5230—1985
469	GB/T 5231—2012	加工铜及铜合金牌号和化学成分	GB/T 5231—2001
470	GB/T 5237. 1—2017	铝合金建筑型材 第 1 部分：基材	GB/T 5237. 1—2008
471	GB/T 5237. 2—2017	铝合金建筑型材 第 2 部分：阳极氧化型材	GB/T 5237. 2—2008
472	GB/T 5237. 3—2017	铝合金建筑型材 第 3 部分：电泳涂漆型材	GB/T 5237. 3—2008
473	GB/T 5237. 4—2017	铝合金建筑型材 第 4 部分：喷粉型材	GB/T 5237. 4—2008
474	GB/T 5237. 5—2017	铝合金建筑型材 第 5 部分：喷漆型材	GB/T 5237. 5—2008
475	GB/T 5237. 6—2017	铝合金建筑型材 第 6 部分：隔热型材	GB/T 5237. 6—2012
476	GB/T 5238—2009	锗单晶和锗单晶片	GB/T 5238—1995、GB/T 15713—1995
477	GB/T 5239—2015	氧化镨	GB/T 5239—1993、GB/T 5239—2006
478	GB/T 5240—2015	氧化钕	GB/T 5240—1992、GB/T 5240—2006
479	GB/T 5242—2017	硬质合金制品检验规则与试验方法	GB/T 5242—2006
480	GB/T 5243—2006	硬质合金制品的标志、包装、运输和贮存	GB/T 5243—1985
481	GB/T 5246—2007	电解铜粉	GB/T 5246—1985
482	GB/T 5247—2012	电解镍粉	GB/T 5247—1985
483	GB/T 5248—2016	铜及铜合金无缝管涡流探伤方法	GB/T 5248—2008
484	GB/T 5249—2013	可渗透性烧结金属材料 气泡试验孔径的测定	GB/T 5249—1985
485	GB/T 5250—2014	可渗透性烧结金属材料 流体渗透性的测定	GB/T 5250—1993
486	GB/T 5252—2006	锗单晶位错腐蚀坑密度测量方法	GB/T 5252—1985

序号	标 准 号	标 准 名 称	代替标准号
487	GB/T 5314—2011	粉末冶金用粉末 取样方法	GB/T 5314—1985
488	GB/T 5318—2017	烧结金属材料（不包括硬质合金）无切口冲击试样	GB/T 5318—1985
489	GB/T 5319—2002	烧结金属材料（不包括硬质合金）横向断裂强度的测定方法	GB/T 5319—1985
490	GB/T 5329—2003	试验筛与筛分试验 术语	GB/T 5329—1985
491	GB/T 5330.1—2012	工业用金属筛网和金属丝编织网 网孔尺寸与金属丝直径组合选择指南 第1部分：通则	GB/T 5330.1—2000
492	GB/T 5330—2003	工业用金属丝编织方孔筛网	
493	GB 5768.1—2009	道路交通标志和标线 第1部分：总则	
494	GB 5768.2—2009	道路交通标志和标线 第2部分：道路交通标志	
495	GB 5768.3—2009	道路交通标志和标线 第3部分：道路交通标线	
496	GB 5768.4—2017	道路交通标志和标线 第4部分：作业区	
497	GB 5768.5—2017	道路交通标志和标线 第5部分：限制速度	
498	GB 5768.6—2017	道路交通标志和标线 第6部分：铁路道口	
499	GB 5768—1999	道路交通标志和标线	GB 5768—1986
500	GB/T 5776—2005	金属和合金的腐蚀 金属和合金 在表层海水中暴露和评定的导则	GB/T 5776—1986
501	GB/T 5817—2009	粉尘作业场所危害程度分级	
502	GB 5842—2006	液化石油气钢瓶	GB 5842—1996
503	GB/T 6003.1—2012	试验筛 技术要求和检验 第1部分：金属丝编织网试验筛	GB/T 6003.1—1997
504	GB/T 6003.2—2012	试验筛 技术要求和检验 第2部分：金属穿孔板试验筛	GB/T 6003.2—1997
505	GB/T 6003.3—1999	电成型薄板试验筛	
506	GB/T 6005—2008	试验筛 金属丝编织网、穿孔板和电成型薄板 筛孔的基本尺寸	GB/T 6005—1997
507	GB/T 6067.1—2010	起重机械安全规程 第1部分：总则	
508	GB/T 6067.5—2014	起重机械安全规程 第5部分：桥式和门式起重机	
509	GB 6095—2009	安全带	
510	GB/T 6104—2005	机动工业车辆 术语	
511	GB/T 6148—2005	精密电阻合金电阻温度系数测试方法	
512	GB/T 6150.1—2008	钨精矿化学分析方法 三氧化钨量的测定 钨酸铵灼烧重量法	GB/T 6150.1—1985

序号	标　准　号	标　准　名　称	代替标准号
513	GB/T 6150. 2—2008	钨精矿化学分析方法 锡量的测定 碘酸钾容量法和氢化物原子吸收光谱法	GB/T 6150. 2—1985、GB/T 6150. 3—1985
514	GB/T 6150. 3—2009	钨精矿化学分析方法 磷量的测定 磷钼黄分光光度法	GB/T 6150. 4—1985
515	GB/T 6150. 4—2008	钨精矿化学分析方法 硫量的测定 高频红外吸收法	GB/T 6150. 5—1985
516	GB/T 6150. 5—2008	钨精矿化学分析方法 钙量的测定 EDTA容量法和火焰原子吸收光谱法	GB/T 6150. 6—1985、GB/T 6150. 7—1985
517	GB/T 6150. 6—2008	钨精矿化学分析方法 湿存水量的测定 重量法	GB/T 6150. 8—1985
518	GB/T 6150. 7—2008	钨精矿化学分析方法 钽铌量的测定 等离子体发射光谱法和分光光度法	GB/T 6150. 9—1985
519	GB/T 6150. 8—2009	钨精矿化学分析方法 钼量的测定 硫氰酸盐分光光度法	GB/T 6150. 10—1985
520	GB/T 6150. 9—2009	钨精矿化学分析方法 铜量的测定 火焰原子吸收光谱法	GB/T 6150. 11—1985
521	GB/T 6150. 10—2008	钨精矿化学分析方法 铅量的测定 火焰原子吸收光谱法	GB/T 6150. 12—1985
522	GB/T 6150. 11—2008	钨精矿化学分析方法 锌量的测定 火焰原子吸收光谱法	GB/T 6150. 13—1985
523	GB/T 6150. 12—2008	钨精矿化学分析方法 二氧化硅量的测定 硅钼蓝分光光度法和重量法	GB/T 6150. 14—1985
524	GB/T 6150. 13—2008	钨精矿化学分析方法 砷量的测定 氢化物原子吸收光谱法和 DDTC-Ag 分光光度法	GB/T 6150. 15—1985
525	GB/T 6150. 14—2008	钨精矿化学分析方法 锰量的测定 硫酸亚铁铵容量法和火焰原子吸收光谱法	GB/T 6150. 16—1985
526	GB/T 6150. 15—2008	钨精矿化学分析方法 铋量的测定 火焰原子吸收光谱法	GB/T 6150. 17—1985
527	GB/T 6150. 16—2009	钨精矿化学分析方法 铁量的测定 磺基水杨酸分光光度法	GB/T 6150. 18—1985
528	GB/T 6150. 17—2008	钨精矿化学分析方法 锑量的测定 氢化物原子吸收光谱法	GB/T 6150. 19—1985
529	GB 6222—2005	工业企业煤气安全规程	
530	GB/T 6378. 1—2008	计量抽样检验程序 第 1 部分：按接收质量限（AQL）检索的对单一质量特性和单个 AQL 的逐批检验的一次抽样方案	GB/T 6378—2002
531	GB/T 6378. 4—2008	计量抽样检验程序 第 4 部分：对均值的声称质量水平的评定程序	GB/T 14900—1994
532	GB/T 6394—2017	金属平均晶粒度测定方法	GB/T 6394—2002
533	GB/T 6398—2017	金属材料 疲劳试验 疲劳裂纹扩展方法	GB/T 6398—2000

序号	标 准 号	标 准 名 称	代替标准号
534	GB/T 6400—2007	金属材料 线材和铆钉剪切试验方法	
535	GB/T 6422—2009	用能设备能量测试导则	
536	GB/T 6516—2010	电解镍	GB/T 6516—1997
537	GB/T 6519—2013	变形铝、镁合金产品超声波检验方法	GB/T 6519—2000
538	GB/T 6524—2003	金属粉末 粒度分布的测定 光透法	GB/T 6524—1986
539	GB/T 6525—1986	烧结金属材料室温压缩强度的测定	
540	GB/T 6609.1—2018	氧化铝化学分析方法和物理性能测定方法 第1部分：微量元素含量的测定 电感耦合等离子体原子发射光谱法	
541	GB/T 6609.2—2009	氧化铝化学分析方法和物理性能测定方法 第2部分：300℃和1000℃质量损失的测定	GB/T 6609.1—2004、GB/T 6609.2—2004
542	GB/T 6609.3—2004	氧化铝化学分析方法和物理性能测定方法 钼蓝光度法测定二氧化硅含量	GB/T 6609.3—1986
543	GB/T 6609.4—2004	氧化铝化学分析方法和物理性能测定方法 邻二氮杂菲光度法测定三氧化二铁含量	GB/T 6609.4—1986
544	GB/T 6609.5—2004	氧化铝化学分析方法和物理性能测定方法 氧化钠含量的测定	GB/T 6609.5—1986
545	GB/T 6609.6—2018	氧化铝化学分析方法和物理性能测定方法 第6部分：氧化钾含量的测定	GB/T 6609.6—2004
546	GB/T 6609.7—2004	氧化铝化学分析方法和物理性能测定方法 二安替吡啉甲烷光度法测定二氧化钛含量	GB/T 6609.7—1986
547	GB/T 6609.8—2004	氧化铝化学分析方法和物理性能测定方法 二苯基碳酰二肼光度法测定三氧化二铬含量	GB/T 6609.8—1986
548	GB/T 6609.9—2004	氧化铝化学分析方法和物理性能测定方法 新亚铜灵光度法测定氧化铜含量	GB/T 6609.9—1986
549	GB/T 6609.10—2004	氧化铝化学分析方法和物理性能测定方法 苯甲酰苯基羟胺萃取光度法测定五氧化二钒含量	GB/T 6609.10—1986
550	GB/T 6609.11—2004	氧化铝化学分析方法和物理性能测定方法 火焰原子吸收光谱法测定一氧化锰含量	GB/T 6609.11—1986
551	GB/T 6609.12—2018	氧化铝化学分析方法和物理性能测定方法 第12部分：氧化锌含量的测定 火焰原子吸收光谱法	GB/T 6609.12—2004
552	GB/T 6609.13—2004	氧化铝化学分析方法和物理性能测定方法 火焰原子吸收光谱法测定氧化钙含量	GB/T 6609.13—1986

序号	标准号	标准名称	代替标准号
553	GB/T 6609. 14—2004	氧化铝化学分析方法和物理性能测定方法 镧-茜素络合酮分光光度法测定氟含量	GB/T 6609. 14—1986
554	GB/T 6609. 15—2004	氧化铝化学分析方法和物理性能测定方法 硫氰酸铁光度法测定氯含量	GB/T 6609. 15—1986
555	GB/T 6609. 16—2004	氧化铝化学分析方法和物理性能测定方法 姜黄素分光光度法测定三氧化二硼含量	GB/T 6609. 16—1986
556	GB/T 6609. 17—2004	氧化铝化学分析方法和物理性能测定方法 钼蓝分光光度法测定五氧化二磷含量	GB/T 6609. 17—1986
557	GB/T 6609. 18—2004	氧化铝化学分析方法和物理性能测定方法 N，N-二甲基对苯二胺分光光度法测定硫酸根含量	GB/T 6609. 18—1986
558	GB/T 6609. 19—2018	氧化铝化学分析方法和物理性能测定方法 第19部分：氧化锂含量的测定 火焰原子吸收光谱法	GB/T 6609. 19—2004
559	GB/T 6609. 20—2004	氧化铝化学分析方法和物理性能测定方法 火焰原子吸收光谱法测定氧化镁含量	
560	GB/T 6609. 21—2004	氧化铝化学分析方法和物理性能测定方法 丁基罗丹明B分光光度法测定三氧化二镓含量	
561	GB/T 6609. 22—2004	氧化铝化学分析方法和物理性能测定方法 取样	
562	GB/T 6609. 23—2004	氧化铝化学分析方法和物理性能测定方法 试样的制备和贮存	
563	GB/T 6609. 24—2004	氧化铝化学分析方法和物理性能测定方法 安息角的测定	GB/T 6521—1986
564	GB/T 6609. 25—2004	氧化铝化学分析方法和物理性能测定方法 松装密度的测定	GB/T 6522—1986
565	GB/T 6609. 26—2004	氧化铝化学分析方法和物理性能测定方法 有效密度的测定-比重瓶法	GB/T 6523—1986
566	GB/T 6609. 27—2009	氧化铝化学分析方法和物理性能测定方法 第27部分：粒度分析 筛分法	GB/T 6609. 27—2004
567	GB/T 6609. 28—2004	氧化铝化学分析方法和物理性能测定方法 小于60μm的细粉末粒度分布的测定-湿筛法	
568	GB/T 6609. 29—2004	氧化铝化学分析方法和物理性能测定方法 吸附指数的测定	
569	GB/T 6609. 30—2009	氧化铝化学分析方法和物理性能测定方法 第30部分：X射线荧光光谱法测定微量元素含量	

序号	标 准 号	标 准 名 称	代替标准号
570	GB/T 6609.31—2009	氧化铝化学分析方法和物理性能测定方法 第31部分：流动角的测定	
571	GB/T 6609.32—2009	氧化铝化学分析方法和物理性能测定方法 第32部分：α-三氧化二铝含量的测定 X-射线衍射法	
572	GB/T 6609.33—2009	氧化铝化学分析方法和物理性能测定方法 第33部分：磨损指数的测定	
573	GB/T 6609.34—2009	氧化铝化学分析方法和物理性能测定方法 第34部分：三氧化二铝含量的计算方法	
574	GB/T 6609.35—2009	氧化铝化学分析方法和物理性能测定方法 第35部分：比表面积的测定 氮吸附法	
575	GB/T 6609.36—2009	氧化铝化学分析方法和物理性能测定方法 第36部分：流动时间的测定	
576	GB/T 6609.37—2009	氧化铝化学分析方法和物理性能测定方法 第37部分：粒度小于20μm颗粒含量的测定	
577	GB/T 6611—2008	钛及钛合金术语和金相图谱	GB/T 6611—1986、GB/T 8755—1988
578	GB/T 6616—2009	半导体硅片电阻率及硅薄膜薄层电阻测试方法 非接触涡流法	GB/T 6616—1995
579	GB/T 6617—2009	硅片电阻率测定 扩展电阻探针法	GB/T 6617—1995
580	GB/T 6618—2009	硅片厚度和总厚度变化测试方法	GB/T 6618—1995
581	GB/T 6619—2009	硅片弯曲度测试方法	GB/T 6619—1995
582	GB/T 6620—2009	硅片翘曲度非接触式测试方法	GB/T 6620—1995
583	GB/T 6621—2009	硅片表面平整度测试方法	GB/T 6621—1995
584	GB/T 6624—2009	硅抛光片表面质量目测检验方法	GB/T 6624—1995
585	GB 6722—2014	爆破安全规程	
586	GB/T 6883—2017	线、棒和管拉模用硬质合金模坯	GB/T 6883—1995
587	GB/T 6885—1986	硬质合金混合粉取样和试验方法	
588	GB/T 6886—2017	烧结不锈钢过滤元件	GB/T 6886—2008
589	GB/T 6887—2007	烧结金属过滤元件	GB/T 6887—1986、GB/T 6888—1986、GB/T 6889—1986
590	GB/T 6890—2012	锌粉	GB/T 6890—2000
591	GB/T 6891—2018	铝及铝合金压型板	GB/T 6891—2006
592	GB/T 6892—2015	一般工业用铝及铝合金挤压型材	GB/T 6892—2006
593	GB/T 6893—2010	铝及铝合金拉（轧）制无缝管	GB/T 6893—2000
594	GB/T 6896—2007	铌条	GB/T 6896—1998

序号	标 准 号	标 准 名 称	代替标准号
595	GB 6944—2012	危险货物分类和品名编号	GB 6944—2005
596	GB/T 7027—2002	信息分类和编码的基本原则和方法	GB/T 7027—1986
597	GB/T 7119—2006	节水型企业评价导则	GB/T 7119—1993
598	GB/T 7160—2017	羰基镍粉	GB/T 7160—2008
599	GB 7231—2003	工业管道的基本识别色、识别符号和安全标识	
600	GB/T 7314—2017	金属材料 室温压缩试验方法	GB/T 7314—2005
601	GB/T 7694—2008	危险货物命名原则	GB/T 7694—1987
602	GB/T 7728—1987	冶金产品化学分析 火焰原子吸收光谱法通则	
603	GB/T 7729—1987	冶金产品化学分析 分光光度法通则	
604	GB/T 7732—2008	金属材料 表面裂纹拉伸试样断裂韧度试验方法	
605	GB/T 7739. 1—2007	金精矿化学分析方法 第 1 部分：金量和银量的测定	GB/T 7739. 1—1987
606	GB/T 7739. 2—2007	金精矿化学分析方法 第 2 部分：银量的测定	GB/T 7739. 2—1987
607	GB/T 7739. 3—2007	金精矿化学分析方法 第 3 部分：砷量的测定	GB/T 7739. 3—1987、GB/T 7739. 4—1987
608	GB/T 7739. 4—2007	金精矿化学分析方法 第 4 部分：铜量的测定	
609	GB/T 7739. 5—2007	金精矿化学分析方法 第 5 部分：铅量的测定	
610	GB/T 7739. 6—2007	金精矿化学分析方法 第 6 部分：锌量的测定	
611	GB/T 7739. 7—2007	金精矿化学分析方法 第 7 部分：铁量的测定	
612	GB/T 7739. 8—2007	金精矿化学分析方法 第 8 部分：硫量的测定	
613	GB/T 7739. 9—2007	金精矿化学分析方法 第 9 部分：碳量的测定	
614	GB/T 7739. 10—2007	金精矿化学分析方法 第 10 部分：锑量的测定	
615	GB/T 7963—2015	烧结金属材料（不包括硬质合金）拉伸试样	GB/T 7963—1987
616	GB/T 7964—1987	烧结金属材料（不包括硬质合金）室温拉伸试验	
617	GB/T 7997—2014	硬质合金维氏硬度试验方法	GB/T 7997—1987
618	GB/T 7998—2005	铝合金晶间腐蚀测定方法	GB/T 7998—1987
619	GB/T 7999—2007	铝及铝合金光电直读发射光谱分析方法	GB/T 7999—2000

序号	标 准 号	标 准 名 称	代替标准号
620	GB/T 8005. 1—2008	铝及铝合金术语 第1部分：产品及加工处理工艺	GB/T 8005—1987
621	GB/T 8005. 2—2011	铝及铝合金术语 第2部分：化学分析	
622	GB/T 8005. 3—2008	铝及铝合金术语 第3部分：表面处理	GB/T 11109—1989
623	GB/T 8012—2013	铸造锡铅焊料	GB/T 8012—2000
624	GB/T 8013. 1—2018	铝及铝合金阳极氧化膜与有机聚合物膜 第1部分：阳极氧化膜	GB/T 8013. 1—2007
625	GB/T 8013. 2—2018	铝及铝合金阳极氧化膜与有机聚合物膜 第2部分：阳极氧化复合膜	GB/T 8013. 2—2007
626	GB/T 8013. 3—2018	铝及铝合金阳极氧化膜与有机聚合物膜 第3部分：有机聚合物喷涂膜	GB/T 8013. 3—2007
627	GB/T 8014. 1—2005	铝及铝合金阳极氧化 氧化膜厚度的测量方法 第1部分：测量原则	GB/T 8014—1987
628	GB/T 8014. 2—2005	铝及铝合金阳极氧化 氧化膜厚度的测量方法 第2部分：质量损失法	GB/T 8015. 1—1987
629	GB/T 8014. 3—2005	铝及铝合金阳极氧化 氧化膜厚度的测量方法 第3部分：分光束显微镜法	GB/T 8015. 2—1987
630	GB/T 8054—2008	计量标准型一次抽样检验程序及表	GB/T 8054—1995
631	GB/T 8151. 1—2012	锌精矿化学分析方法 第1部分：锌量的测定 沉淀分离 Na_2EDTA 滴定法和萃取分离 Na_2EDTA 滴定法	GB/T 8151. 1—2000
632	GB/T 8151. 2—2012	锌精矿化学分析方法 第2部分：硫量的测定 燃烧中和滴定法	GB/T 8151. 2—2000
633	GB/T 8151. 3—2012	锌精矿化学分析方法 第3部分：铁量的测定 Na_2EDTA 滴定法	GB/T 8151. 3—2000
634	GB/T 8151. 4—2012	锌精矿化学分析方法 第4部分：二氧化硅量的测定 钼蓝分光光度法	GB/T 8151. 4—2000
635	GB/T 8151. 5—2012	锌精矿化学分析方法 第5部分：铅量的测定 火焰原子吸收光谱法	GB/T 8151. 5—2000
636	GB/T 8151. 6—2012	锌精矿化学分析方法 第6部分：铜量的测定 火焰原子吸收光谱法	GB/T 8151. 6—2000
637	GB/T 8151. 7—2012	锌精矿化学分析方法 第7部分：砷量的测定 氢化物发生-原子荧光光谱法和溴酸钾滴定法	GB/T 8151. 7—2000
638	GB/T 8151. 8—2012	锌精矿化学分析方法 第8部分：镉量的测定 火焰原子吸收光谱法	GB/T 8151. 8—2000
639	GB/T 8151. 9—2012	锌精矿化学分析方法 第9部分：氟量的测定 离子选择电极法	GB/T 8151. 9—2000
640	GB/T 8151. 10—2012	锌精矿化学分析方法 第10部分：锡量的测定 氢化物发生-原子荧光光谱法	GB/T 8151. 10—2000

序号	标　准　号	标　准　名　称	代替标准号
641	GB/T 8151. 11—2012	锌精矿化学分析方法 第11部分：锑量的测定 氢化物发生-原子荧光光谱法	GB/T 8151. 11—2000
642	GB/T 8151. 12—2012	锌精矿化学分析方法 第12部分：银量的测定 火焰原子吸收光谱法	GB/T 8151. 12—2000
643	GB/T 8151. 13—2012	锌精矿化学分析方法 第13部分：锗量的测定 氢化物发生-原子荧光光谱法和苯芴酮分光光度法	GB/T 8151. 13—2000
644	GB/T 8151. 14—2012	锌精矿化学分析方法 第14部分：镍量的测定 火焰原子吸收光谱法	GB/T 8151. 14—2000
645	GB/T 8151. 15—2005	锌精矿化学分析方法 汞量的测定 原子荧光光谱法	
646	GB/T 8151. 16—2005	锌精矿化学分析方法 钴量的测定 火焰原子吸收光谱法	
647	GB/T 8151. 17—2012	锌精矿化学分析方法 第17部分：锌量的测定 氢氧化物沉淀-Na_2EDTA滴定法	
648	GB/T 8151. 18—2012	锌精矿化学分析方法 第18部分：锌量的测定 离子交换-Na_2EDTA滴定法	
649	GB/T 8151. 19—2012	锌精矿化学分析方法 第19部分：金和银含量的测定 铅析或灰吹火试金和火焰原子吸收光谱法	
650	GB/T 8151. 20—2012	锌精矿化学分析方法 第20部分：铜、铅、铁、砷、镉、锑、钙、镁量的测定 电感耦合等离子体原子发射光谱法	
651	GB/T 8151. 21—2017	锌精矿化学分析方法 第21部分：铊量的测定电感耦合等离子体质谱法和电感耦合等离子体原子发射光谱法	
652	GB/T 8152. 1—2006	铅精矿化学分析方法 铅量的测定 酸溶解-EDTA滴定法	GB/T 8152. 1—1987
653	GB/T 8152. 2—2006	铅精矿化学分析方法 铅量的测定 硫酸铅沉淀-EDTA返滴定法	GB/T 8152. 1—1987
654	GB/T 8152. 3—2006	铅精矿化学分析方法 三氧化二铝量的测定 铬天青S分光光度法	GB/T 8152. 3—1987
655	GB/T 8152. 4—2006	铅精矿化学分析方法 锌量的测定 EDTA滴定法	GB/T 8152. 4—1987
656	GB/T 8152. 5—2006	铅精矿化学分析方法 砷量的测定 原子荧光光谱法	GB/T 8152. 5—1987
657	GB/T 8152. 6—1987	铅精矿化学分析方法 极谱法测定铋量	YB/T 495—1975
658	GB/T 8152. 7—2006	铅精矿化学分析方法 铜量的测定 火焰原子吸收光谱法	GB/T 8152. 7—1987

序号	标 准 号	标 准 名 称	代替标准号
659	GB/T 8152.8—1987	铅精矿化学分析方法 二硫代二安替比林甲烷分光光度法测定铋量	YB/T 495—1975
660	GB/T 8152.9—2006	铅精矿化学分析方法 氧化镁的测定 火焰原子吸收光谱法	GB/T 8152.9—1989
661	GB/T 8152.10—2006	铅精矿化学分析方法 银量和金量的测定 铅析或灰吹火试金和火焰原子吸收光谱法	GB/T 8152.10—1989、GB/T 8152.9—1989
662	GB/T 8152.11—2006	铅精矿化学分析方法 汞量的测定 原子荧光光谱法	
663	GB/T 8152.12—2006	铅精矿化学分析方法 镉量的测定 火焰原子吸收光谱法	
664	GB/T 8152.13—2017	铅精矿化学分析方法 第13部分：铊量的测定电感耦合等离子体质谱法和电感耦合等离子体-原子发射光谱法	
665	GB/T 8170—2008	数值修约规则与极限数值的表示和判定	GB/T1250—1989、GB/T8170—1987
666	GB/T 8180—2007	钛及钛合金加工产品的包装、标志、运输和贮存	GB/T 8180—1987
667	GB/T 8182—2008	钽及钽合金无缝管	GB/T 8182—1987
668	GB/T 8183—2007	铌及铌合金无缝管	GB/T 8183—1987
669	GB/T 8184—2004	铑电镀液	GB/T 8184—1987
670	GB/T 8185—2004	氯化钯	GB/T 8185—1987
671	GB/T 8363—2018	钢材 落锤撕裂试验方法	GB/T 8363—2007
672	GB/T 8364—2008	热双金属热弯曲试验方法	
673	GB/T 8545—2012	铝及铝合金模锻件的尺寸偏差及加工余量	GB/T 8545—1987
674	GB/T 8546—2017	钛-不锈钢复合板	GB/T 8546—2007
675	GB/T 8547—2006	钛-钢复合板	GB/T 8547—1987
676	GB/T 8642—2002	热喷涂 抗拉结合强度的测定	GB/T 8642—1988
677	GB/T 8643—2002	含润滑剂金属粉末中润滑剂含量的测定 修正的索格利特（Soxhlet）萃取法	GB/T 8643—1988
678	GB/T 8647.1—2006	镍化学分析方法 铁量的测定 磺基水杨酸分光光度法	GB/T 8647.1—1988
679	GB/T 8647.2—2006	镍化学分析方法 铝量的测定 电热原子吸收光谱法	GB/T 8647.2—1988
680	GB/T 8647.3—2006	镍化学分析方法 硅量的测定 钼蓝分光光度法	GB/T 8647.3—1988
681	GB/T 8647.4—2006	镍化学分析方法 磷量的测定 钼蓝分光光度法	GB/T 8647.4—1988

序号	标　准　号	标　准　名　称	代替标准号
682	GB/T 8647.5—2006	镍化学分析方法 镁量的测定 火焰原子吸收光谱法	GB/T 8647.5—1988
683	GB/T 8647.6—2006	镍化学分析方法 镉、钴、铜、锰、铅、锌量的测定 火焰原子吸收光谱法	GB/T 8647.6—1988
684	GB/T 8647.7—2006	镍化学分析方法 砷、锑、铋、锡、铅量的测定 电热原子吸收光谱法	GB/T 8647.7—1988
685	GB/T 8647.8—2006	镍化学分析方法 硫量的测定 高频感应炉燃烧红外吸收法	GB/T 8647.8—1988、GB/T 8647.9—1988
686	GB/T 8647.9—2006	镍化学分析方法 碳量的测定 高频感应炉燃烧红外吸收法	GB/T 8647.10—1988
687	GB/T 8647.10—2006	镍化学分析方法 砷、镉、铅、锌、锑、铋、锡、钴、铜、锰、镁、硅、铝、铁量的测定 发射光谱法	GB/T 5123—1985
688	GB/T 8651—2015	金属板材超声板波探伤方法	GB/T 8651—2002
689	GB/T 8733—2016	铸造铝合金锭	GB/T 8733—2007
690	GB/T 8738—2014	铸造用锌合金锭	GB/T 8738—1988、GB/T 8738—2006
691	GB/T 8740—2013	铸造轴承合金锭	GB/T 8740—2005
692	GB/T 8750—2014	半导体器件键合金丝	GB/T 8750—2007
693	GB/T 8752—2006	铝及铝合金阳极氧化 薄阳极氧化膜连续性检验方法 硫酸铜法	GB/T 8752—1988
694	GB/T 8753.1—2017	铝及铝合金阳极氧化 氧化膜封孔质量的评定方法 第1部分：酸浸蚀失重法	GB/T 8753.1—2005、GB/T8753.2—2005
695	GB/T 8753.3—2005	铝及铝合金阳极氧化 氧化膜封孔质量的评定方法 第3部分：导纳法	GB/T 11110—1989
696	GB/T 8753.4—2005	铝及铝合金阳极氧化 氧化膜封孔质量的评定方法 第4部分：酸处理后的染色斑点法	GB/T 8753—1988
697	GB/T 8754—2006	铝及铝合金阳极氧化 阳极氧化膜绝缘性的测定 击穿电位法	GB/T 8754—1988
698	GB/T 8756—1988	锗晶体缺陷图谱	
699	GB/T 8757—2006	砷化镓中载流子浓度等离子共振测量方法	GB/T 8757—1988
700	GB/T 8758—2006	砷化镓外延层厚度红外干涉测量方法	GB/T 8758—1988
701	GB/T 8760—2006	砷化镓单晶位错密度的测量方法	GB/T 8760—1988
702	GB/T 8763—1988	非蒸散型吸气材料及制品吸气性能测试方法	
703	GB/T 8766—2013	单水氢氧化锂	GB/T 8766—2002
704	GB/T 8767—2010	锆及锆合金铸锭	GB/T 8767—1988
705	GB/T 8769—2010	锆及锆合金棒材和线材	GB/T 8769—1988

序号	标 准 号	标 准 名 称	代替标准号
706	GB/T 8888—2014	重有色金属加工产品包装、标志、运输、贮存和质量证明书	GB/T 8888—2003
707	GB/T 8890—2015	热交换器用铜合金无缝管	GB/T 8890—2007
708	GB/T 8891—2013	铜及铜合金散热管	GB/T 8891—2000
709	GB/T 8892—2014	压力表用铜合金管	GB/T 8892—1988、GB/T 8892—2005
710	GB/T 8894—2014	铜及铜合金波导管	GB/T 8894—2007
711	GB 8958—2006	缺氧危险作业安全规程	GB 8958—1988
712	GB 8959—2007	铸造防尘技术规程	
713	GB 8978—1996	污水综合排放标准	
714	GB 9078—1996	工业炉窑大气污染物排放标准	
715	GB/T 9174—2008	一般货物运输包装通用技术条件	GB/T 9174—1988
716	GB 9448—1999	焊接与切割安全	
717	GB/T 9967—2010	金属钕	GB/T 9967—2001
718	GB 10055—2007	施工升降机安全规程	GB 10055—1996
719	GB/T 10061—2008	筛板筛孔的标记方法	GB/T 10061—1988
720	GB/T 10092—2009	数据的统计处理和解释 测试结果的多重比较	GB/T 10092—1988
721	GB/T 10093—2009	概率极限状态设计（正态-正态模式)	GB/T 10093—1988
722	GB/T 10094—2009	正态分布分位数与变异系数的置信限	GB/T10094—19881
723	GB/T 10111—2008	随机数的产生及其在产品质量抽样检验中的应用程序	GB/T 15500—1995、GB/T 10111—1988
724	GB/T 10116—2007	仲钨酸铵	GB/T 10116—1988
725	GB/T 10117—2009	高纯锑	GB/T 10117—1988
726	GB/T 10118—2009	高纯镓	GB/T 10118—1988
727	GB/T 10119—2008	黄铜耐脱锌腐蚀性能的测定	GB/T 10119—1988
728	GB/T 10120—2013	金属材料 拉伸应力松弛试验方法	GB/T 10120—1996
729	GB/T 10123—2001	金属和合金的腐蚀 基本术语和定义	GB/T 10123—1988
730	GB/T 10125—2012	人造气氛腐蚀试验 盐雾试验	GB/T 10125—1997
731	GB/T 10128—2007	金属室温扭转试验方法	
732	GB/T 10567. 1—1997	铜及铜合金加工材残余应力检验方法 硝酸亚汞试验法	GB/T 10567—1989
733	GB/T 10567. 2—2007	铜及铜合金加工材残余应力检验方法 氨熏试验法	GB/T 10567—1989、GB/T 8000—2001
734	GB/T 10573—1989	有色金属细丝拉伸试验方法	
735	GB/T 10574. 1—2003	锡铅焊料化学分析方法 锡量的测定	GB/T 10574. 1—1989
736	GB/T 10574. 2—2003	锡铅焊料化学分析方法 锑量的测定	GB/T 10574. 2—1989、GB/T 10574. 3—1989
737	GB/T 10574. 3—2003	锡铅焊料化学分析方法 铋量的测定	GB/T 10574. 4—1989
738	GB/T 10574. 4—2003	锡铅焊料化学分析方法 铁量的测定	GB/T 10574. 5—1989

序号	标 准 号	标 准 名 称	代替标准号
739	GB/T 10574.5—2003	锡铅焊料化学分析方法 砷量的测定	GB/T 10574.6—1989
740	GB/T 10574.6—2003	锡铅焊料化学分析方法 铜量的测定	GB/T 10574.7—1989
741	GB/T 10574.7—2017	锡铅焊料化学分析方法 第7部分：银量的测定 火焰原子吸收光谱法和硫氰酸钾电位滴定法	GB/T 10574.7—2003
742	GB/T 10574.8—2017	锡铅焊料化学分析方法 第8部分：锌量的测定 火焰原子吸收光谱法	GB/T 10574.8—2003
743	GB/T 10574.9—2017	锡铅焊料化学分析方法 第9部分：铝量的测定 电热原子吸收光谱法	GB/T 10574.9—2003
744	GB/T 10574.10—2017	锡铅焊料化学分析方法 第10部分：镉量的测定 火焰原子吸收光谱法和 Na_2EDTA 滴定法	GB/T 10574.10—2003
745	GB/T 10574.11—2017	锡铅焊料化学分析方法 第11部分：磷量的测定 结晶紫-磷钒钼杂多酸分光光度法	GB/T 10574.11—2003
746	GB/T 10574.12—2017	锡铅焊料化学分析方法 第12部分：硫量的测定 高频燃烧红外吸收光谱法	GB/T 10574.12—2003
747	GB/T 10574.13—2017	锡铅焊料化学分析方法 第13部分：铜、铁、镉、银、金、砷、锌、铝、铋、磷量的测定	GB/T 10574.13—2003
748	GB/T 10574.14—2017	锡铅焊料化学分析方法 第14部分：锡、铅、锑、铋、银、铜、锌、镉和砷量的测定 光电发射光谱法	
749	GB/T 10575—2007	无水氯化锂	GB/T 10575—1989
750	GB/T 10587—2006	盐雾试验箱技术条件	
751	GB/T 10592—2008	高低温试验箱技术条件	
752	GB/T 10598.1—2005	露天矿用牙轮钻机和旋转钻机	
753	GB/T 10598.2—2017	露天矿用牙轮钻机和旋转钻机 第2部分：工业试验方法	
754	GB/T 10611—2003	工业用网 网孔 尺寸系列	
755	GB/T 10612—2003	工业用筛板 板厚<3mm 的圆孔和方孔筛板	
756	GB/T 10613—2003	工业用筛板 板厚≥3mm 的圆孔和方孔筛板	
757	GB/T 10623—2008	金属材料 力学性能试验术语	
758	GB/T 11064.1—2013	碳酸锂、单水氢氧化锂、氯化锂化学分析方法 第1部分：碳酸锂量的测定 酸碱滴定法	GB/T 11064.1—1989
759	GB/T 11064.2—2013	碳酸锂、单水氢氧化锂、氯化锂化学分析方法 第2部分：氢氧化锂量的测定 酸碱滴定法	GB/T 11064.2—1989

序号	标 准 号	标 准 名 称	代替标准号
760	GB/T 11064.3—2013	碳酸锂、单水氢氧化锂、氯化锂化学分析方法 第3部分：氯化锂量的测定 电位滴定法	GB/T 11064.3—1989
761	GB/T 11064.4—2013	碳酸锂、单水氢氧化锂、氯化锂化学分析方法 第4部分：钾量和钠量的测定 火焰原子吸收光谱法	GB/T 11064.4—1989、GB/T 11064.16—1989
762	GB/T 11064.5—2013	碳酸锂、单水氢氧化锂、氯化锂化学分析方法 第5部分：钙量的测定 火焰原子吸收光谱法	GB/T 11064.5—1989
763	GB/T 11064.6—2013	碳酸锂、单水氢氧化锂、氯化锂化学分析方法 第6部分：镁量的测定 火焰原子吸收光谱法	GB/T 11064.6—1989
764	GB/T 11064.7—2013	碳酸锂、单水氢氧化锂、氯化锂化学分析方法 第7部分：铁量的测定 邻二氮杂菲分光光度法	GB/T 11064.7—1989
765	GB/T 11064.8—2013	碳酸锂、单水氢氧化锂、氯化锂化学分析方法 第8部分：硅量的测定 钼蓝分光光度法	GB/T 11064.8—1989
766	GB/T 11064.9—2013	碳酸锂、单水氢氧化锂、氯化锂化学分析方法 第9部分：硫酸根量的测定 硫酸钡浊度法	GB/T 11064.9—1989
767	GB/T 11064.10—2013	碳酸锂、单水氢氧化锂、氯化锂化学分析方法 第10部分：氯量的测定 氯化银浊度法	GB/T 11064.10—1989
768	GB/T 11064.11—2013	碳酸锂、单水氢氧化锂、氯化锂化学分析方法 第11部分：酸不溶物量的测定 重量法	GB/T 11064.11—1989
769	GB/T 11064.12—2013	碳酸锂、单水氢氧化锂、氯化锂化学分析方法 第12部分：碳酸根量的测定 酸碱滴定法	GB/T 11064.12—1989
770	GB/T 11064.13—2013	碳酸锂、单水氢氧化锂、氯化锂化学分析方法 第13部分：铝量的测定 铬天青S-溴化十六烷基吡啶分光光度法	GB/T 11064.13—1989
771	GB/T 11064.14—2013	碳酸锂、单水氢氧化锂、氯化锂化学分析方法 第14部分：砷量的测定 钼蓝分光光度法	GB/T 11064.14—1989
772	GB/T 11064.15—2013	碳酸锂、单水氢氧化锂、氯化锂化学分析方法 第15部分：氟量的测定 离子选择电极法	GB/T 11064.15—1989

序号	标　准　号	标　准　名　称	代替标准号
773	GB/T 11064.16—2013	碳酸锂、单水氢氧化锂、氯化锂化学分析方法 第16部分：钙、镁、铜、铅、锌、镍、锰、镉、铝量的测定 电感耦合等离子体原子发射光谱法	GB/T 11064.17—1989、GB/T 11064.18—1989
774	GB/T 11066.1—2008	金化学分析方法 火试金法测定金量	GB/T 11066.1—1989
775	GB/T 11066.2—2008	金化学分析方法 火焰原子吸收光谱法测定银量	GB/T 11066.2—1989
776	GB/T 11066.3—2008	金化学分析方法 火焰原子吸收光谱法测定铁量	GB/T 11066.3—1989
777	GB/T 11066.4—2008	金化学分析方法 火焰原子吸收光谱法测定铜、铅、铋和锑量	GB/T 11066.4—1989
778	GB/T 11066.5—2008	金化学分析方法 发射光谱法测定银、铜、铁、铅、锑和铋含量	GB/T 11066.5—1989
779	GB/T 11066.6—2009	金化学分析方法 镁、镍、锰和钯量的测定 火焰原子吸收光谱法	
780	GB/T 11066.7—2009	金化学分析方法 银、铜、铁、铅、锑、铋、钯、镁、锡、镍、锰和铬量的测定 火花原子发射光谱法	
781	GB/T 11066.8—2009	金化学分析方法 银、铜、铁、铅、锑、铋、钯、镁、镍、锰和铬量的测定 乙酸乙酯萃取-电感耦合等离子体原子发射光谱法	
782	GB/T 11066.9—2009	金化学分析方法 砷和锡量的测定 氢化物发生-原子荧光光谱法	
783	GB/T 11066.10—2009	金化学分析方法 硅量的测定 钼蓝分光光度法	
784	GB/T 11067.1—2006	银化学分析方法 氯化银沉淀一火焰原子吸收光谱法	GB/T 11067.1—1989
785	GB/T 11067.2—2006	银化学分析方法 铜量的测定 火焰原子吸收光谱法	GB/T 11067.2—1989、GB/T 11067.7—1989
786	GB/T 11067.3—2006	银化学分析方法 硒和碲量的测定 电感耦合等离子体原子发射光谱法	
787	GB/T 11067.4—2006	银化学分析方法 锑量的测定 电感耦合等离子体原子发射光谱法	GB/T 11067.4—1989
788	GB/T 11067.5—2006	银化学分析方法 铅和铋量的测定 火焰原子吸收光谱法	GB/T 11067.3—1989、GB/T 11067.7—1989
789	GB/T 11067.6—2006	银化学分析方法 铁量的测定 火焰原子吸收光谱法	GB/T 11067.3—1989、GB/T 11067.7—1989
790	GB/T 11068—2006	砷化镓外延层载流子浓度电容-电压测量方法	GB/T 11068—1989

序号	标 准 号	标 准 名 称	代替标准号
791	GB/T 11069—2017	高纯二氧化锗	GB/T 11069—2006
792	GB/T 11070—2017	还原锗锭	GB/T 11070—2006
793	GB/T 11071—2006	区熔锗锭	GB/T 11071—1989
794	GB/T 11072—2009	锑化铟多晶、单晶及切割片	GB/T 11072—1989
795	GB/T 11073—2007	硅片径向电阻率变化的测量方法	GB/T 11073—1989
796	GB/T 11075—2013	碳酸锂	GB/T 11075—2003
797	GB/T 11086—2013	铜及铜合金术语	GB/T 11086—1989
798	GB/T 11087—2012	散热器冷却管专用黄铜带	GB/T 11087—2001
799	GB/T 11090—2013	雷管用铜及铜合金带	GB/T 11090—1989
800	GB/T 11091—2014	电缆用铜带	GB/T 11091—2005
801	GB/T 11093—2007	液封直拉法砷化镓单晶及切割片	GB/T 11093—1989
802	GB/T 11094—2007	水平法砷化镓单晶及切割片	GB/T 11094—1989
803	GB/T 11101—2009	硬质合金圆棒毛坯	GB/T 11101—1989
804	GB/T 11102—2008	地质勘探工具用硬质合金制品	GB/T 11102—1989
805	GB/T 11105—2012	金属粉末 压坯拉托拉试验	GB/T 11105—1989
806	GB/T 11106—1989	金属粉末 用圆柱形压坯的压缩测定压坯强度的方法	
807	GB/T 11107—1989	金属及其化合物粉末 比表面积和粒度测定 空气透过法	
808	GB/T 11108—2017	硬质合金热扩散率的测定方法	GB/T 11108—1989
809	GB/T 11651—2008	个体防护装备选用规范	GB/T 11651—1989
810	GB 11984—2008	氯气安全规程	GB 11984—1989
811	GB/T 12144—2009	氧化铽	GB/T 12144—2000
812	GB 12158—2006	防止静电事故通用导则	GB 12158—1990
813	GB 12265. 3—1997	机械安全 避免人体各部位挤压的最小间距	
814	GB 12268—2012	危险货物品名表	GB 12268—2005
815	GB/T 12331—1990	有毒作业分级	
816	GB 12348—2008	工业企业厂界环境噪声排放标准	
817	GB/T 12366—2009	综合标准化工作指南	
818	GB/T 12443—2017	金属材料 扭矩控制疲劳试验方法	GB/T 12443—2007
819	GB/T 12444—2006	金属材料 磨损试验方法 试环-试块滑动磨损试验	
820	GB/T 12452—2008	企业水平衡测试通则	
821	GB/T 12604. 9—2008	无损检测 术语 红外检测	
822	GB/T 12620—2008	长圆孔、长方孔和圆孔筛板	GB/T 12620—1990
823	GB/T 12689. 1—2010	锌及锌合金化学分析方法 第1部分：铝量的测定 铬天青S-聚乙二醇辛基苯基醚-溴化十六烷基吡啶分光光度法、CAS分光光度法和EDTA滴定法	GB/T 12689. 1—2004

序号	标　准　号	标　准　名　称	代替标准号
824	GB/T 12689.2—2004	锌及锌合金化学分析方法 砷量的测定 原子荧光光谱法	GB/T 12689.4—1990
825	GB/T 12689.3—2004	锌及锌合金化学分析方法 镉量的测定 火焰原子吸收光谱法	GB/T 12689.12—1990
826	GB/T 12689.4—2004	锌及锌合金化学分析方法 铜量的测定 二乙基二硫代氨基甲酸铅分光光度法、火焰原子吸收光谱法和电解法	GB/T 12689.2—1990、GB/T 12689.9—1990
827	GB/T 12689.5—2004	锌及锌合金化学分析方法 铁量的测定 磺基水杨酸分光光度法和火焰原子吸收光谱法	GB/T 12689.3—1990、GB/T 12689.8—1990
828	GB/T 12689.6—2004	锌及锌合金化学分析方法 铅量的测定 示波极谱法	GB/T 12689.10—1990
829	GB/T 12689.7—2010	锌及锌合金化学分析方法 第7部分：镁量的测定 火焰原子吸收光谱法	GB/T 12689.7—2004
830	GB/T 12689.8—2004	锌及锌合金化学分析方法 硅量的测定 钼蓝分光光度法	GB/T 12689.5—1990
831	GB/T 12689.9—2004	锌及锌合金化学分析方法 锑量的测定 原子荧光光谱法和火焰原子吸收光谱法	GB/T 12689.11—1990
832	GB/T 12689.10—2004	锌及锌合金化学分析方法 锡量的测定 苯芴酮—溴化十六烷基三甲胺分光光度法	GB/T 12689.6—1990
833	GB/T 12689.11—2004	锌及锌合金化学分析方法 镧、铈合量的测定 三溴偶氮胂分光光度法	
834	GB/T 12689.12—2004	锌及锌合金化学分析方法 铅、镉、铁、铜、锡、铝、锑、镁、镧、铈量的测定 电感耦合等离子体-发射光谱法	
835	GB/T 12690.1—2015	稀土金属及其氧化物中非稀土杂质化学分析方法 第1部分：碳、硫量的测定 高频-红外吸收法测定	GB/T 12690.1—2002、GB/T 12690.13—1990
836	GB/T 12690.2—2015	稀土金属及其氧化物中非稀土杂质化学分析方法 第2部分：稀土氧化物中灼减量的测定 重量法	GB/T 12690.2—2002
837	GB/T 12690.3—2015	稀土金属及其氧化物中非稀土杂质化学分析方法 第3部分：稀土氧化物中水分量的测定 重量法	GB/T 12690.3—2002
838	GB/T 12690.4—2003	稀土金属及其氧化物中非稀土杂质化学分析方法 氧、氮量的测定 脉冲-红外吸收法和脉冲-热导法	GB/T 12690.12—1990、GB/T 15917.4—1995

序号	标 准 号	标 准 名 称	代替标准号
839	GB/T 12690. 5—2017	稀土金属及其氧化物中非稀土杂质化学分析方法 铝、铬、锰、铁、钴、镍、铜、锌、铅的测定 电感耦合等离子体发射光谱法（方法 1）钴、锰、铅、镍、铜、锌、铝、铬的测定 电感耦合等离子体质谱法（方法 2）	GB/T 8762. 4—1988、GB/T 8762. 6—1988、GB/T 11074. 4—1989、GB/T 12690. 14—1990、GB/T 12690. 19—1990、GB/T 12690. 24—1990、GB/T 12690. 5—2003
840	GB/T 12690. 6—2017	稀土金属及其氧化物中非稀土杂质化学分析方法 铁量的测定 硫氰酸钾、1，10-二氮杂菲分光光度法	GB/T 11074. 3—1989、GB/T 12690. 20—1990、GB/T 12690. 6—2003
841	GB/T 12690. 7—2003	稀土金属及其氧化物中非稀土杂质化学分析方法 硅量的测定 钼蓝分光光度法	GB/T 8762. 3—1988、GB/T 11074. 5—1989、GB/T 12690. 22—1990、GB/T 12690. 23—1990
842	GB/T 12690. 8—2003	稀土金属及其氧化物中非稀土杂质化学分析方法 钠量的测定 火焰原子吸收光谱法	GB/T 12690. 26—1990
843	GB/T 12690. 9—2003	稀土金属及其氧化物中非稀土杂质化学分析方法 氯量的测定 硝酸银比浊法	GB/T 11074. 7—1989、GB/T 12690. 18—1990
844	GB/T 12690. 10—2003	稀土金属及其氧化物中非稀土杂质化学分析方法 磷量的测定 钼蓝分光光度法	GB/T 12690. 21—1990
845	GB/T 12690. 11—2003	稀土金属及其氧化物中非稀土杂质化学分析方法 镁量的测定 火焰原子吸收光谱法	GB/T 12690. 25—1990
846	GB/T 12690. 12—2003	稀土金属及其氧化物中非稀土杂质化学分析方法 钍量的测定 偶氮胂Ⅲ分光光度法和电感耦合等离子体质谱法	GB/T 12690. 15—1990
847	GB/T 12690. 13—2003	稀土金属及其氧化物中非稀土杂质化学分析方法 钼、钨量的测定 电感耦合等离子体发射光谱法和电感耦合等离子体质谱法	
848	GB/T 12690. 14—2006	稀土金属及其氧化物化学分析方法钛量的测定	
849	GB/T 12690. 15—2006	稀土金属及其氧化物化学分析方法 钙量的测定	GB/T 12690. 16—1990、GB/T 12690. 28—2000
850	GB/T 12690. 16—2010	稀土金属及其氧化物中非稀土杂质化学分析方法 第 16 部分：氟量的测定 离子选择性电极法	

序号	标　准　号	标　准　名　称	代替标准号
851	GB/T 12690.17—2010	稀土金属及其氧化物中非稀土杂质化学分析方法 第17部分：稀土金属中铌、钽量的测定	
852	GB/T 12690.18—2017	稀土金属及其氧化物中非稀土杂质化学分析方法 第18部分：锆量的测定	
853	GB 12710—2008	焦化安全规程	
854	GB/T 12723—2013	单位产品能源消耗限额编制通则	GB/T 12723—2008
855	GB/T 12761—2010	天井钻机	GB/T 12761—1991
856	GB/T 12767—1991	粉末冶金制品 表面粗糙度 参数及其数值	
857	GB/T 12769—2015	钛铜复合棒	GB/T 12769—2003
858	GB/T 12801—2008	生产过程安全卫生要求总则	
859	GB/T 12962—2015	硅单晶	GB/T 12962—2005
860	GB/T 12963—2014	电子级多晶硅	GB/T 12963—2009
861	GB/T 12964—2003	硅单晶抛光片	GB/T 12964—1996
862	GB/T 12965—2005	硅单晶切割片和研磨片	GB/T 12965—1996
863	GB/T 12966—2008	铝合金电导率涡流测试方法	GB/T 12966—1991
864	GB/T 12967.1—2008	铝及铝合金阳极氧化膜检测方法 第1部分：用喷磨试验仪测定阳极氧化膜的平均耐磨性	GB/T 12967.1—1991
865	GB/T 12967.2—2008	铝及铝合金阳极氧化膜检测方法 第2部分：用轮式磨损试验仪测定阳极氧化膜的耐磨性和耐磨系数	GB/T 12967.2—1991
866	GB/T 12967.3—2008	铝及铝合金阳极氧化膜检测方法 第3部分：铜加速乙酸盐雾试验（CASS试验）	GB/T 12967.3—1991
867	GB/T 12967.4—2014	铝及铝合金阳极氧化膜检测方法 第4部分：着色阳极氧化膜耐紫外光性能的测定	GB/T 12967.4—1991
868	GB/T 12967.5—2013	铝及铝合金阳极氧化膜检测方法 第5部分：用变形法评定阳极氧化膜的抗破裂性	GB/T 12967.5—1991
869	GB/T 12967.6—2008	铝及铝合金阳极氧化膜检测方法 第6部分：目视观察法检验着色阳极氧化膜色差和外观质量	GB/T 14952.3—1994
870	GB/T 12967.7—2010	铝及铝合金阳极氧化膜检测方法 第7部分：用落砂试验仪测定阳极氧化膜的耐磨性	
871	GB/T 12968—1991	纯金属电阻率与剩余电阻比涡流衰减测量方法	
872	GB/T 12969.1—2007	钛及钛合金管材超声波探伤方法	GB/T 12969.1—1991
873	GB/T 12969.2—2007	钛及钛合金管材涡流探伤方法	GB/T 12969.2—1991

序号	标 准 号	标 准 名 称	代替标准号
874	GB/T 13012—2008	软磁材料直流磁性能的测量方法	
875	GB/T 13016—2018	标准体系构建原则和要求	GB/T 13016—2009
876	GB/T 13017—2018	企业标准体系表编制指南	GB/T 13017—2008
877	GB/T 13219—2010	氧化钪	GB/T 13219—1991
878	GB/T 13220—1991	细粉末粒度分布的测定 声波筛分法	
879	GB/T 13221—2004	纳米粉末粒度分布的测定 X 射线小角散射法	GB/T 13221—1991
880	GB/T 13234—2009	企业节能量计算方法	GB/T 13234—1991
881	GB/T 13239—2006	金属材料低温拉伸试验方法	GB/T 13239—1991
882	GB/T 13262—2008	不合格品百分数的计数标准型一次抽样检验程序及抽样表	GB/T 13262—1991
883	GB/T 13264—2008	不合格品百分数的小批计数抽样检验程序及抽样表	GB/T 13264—1991
884	GB 13271—2014	锅炉大气污染物排放标准	GB 13271—2001
885	GB/T 13298—2015	金属显微组织检验方法	GB/T 13298—1991
886	GB/T 13301—1991	金属材料电阻应变灵敏系数试验方法	
887	GB/T 13313—2008	轧辊肖氏、里氏硬度试验方法	
888	GB/T 13343—2008	矿用三牙轮钻头	GB/T 13343—1992
889	GB/T 13344—2010	潜孔冲击器和潜孔钻头	GB/T 13344—1992
890	GB/T 13345—1992	轧机油膜轴承通用技术条件	
891	GB/T 13387—2009	硅及其他电子材料晶片参考面长度测量方法	GB/T 13387—1992
892	GB/T 13388—2009	硅片参考面结晶学取向 X 射线测试方法	GB/T 13388—1992
893	GB/T 13389—2014	掺硼掺磷掺砷硅单晶电阻率与掺杂剂浓度换算规程	GB/T 13389—1992
894	GB/T 13390—2008	金属粉末比表面积的测定 氮吸附法	GB/T 13390—1992
895	GB/T 13393—2008	验收抽样检验导则	GB/T 13393—1992
896	GB/T 13449—1992	金块矿取样和制样方法 手工方法	
897	GB 13495. 1—2015	消防安全标志 第 1 部分：标志	GB 13495—1992
898	GB/T 13557—2017	印制电路用挠性覆铜箔材料试验方法	GB/T 13557—1992
899	GB/T 13558—2008	氧化镝	GB/T 13558—1992
900	GB/T 13560—2017	烧结钕铁硼永磁材料	GB/T 13560—2000、GB/T 13560—2009
901	GB/T 13586—2006	铝及铝合金废料	GB/T 13586—1992
902	GB/T 13587—2006	铜及铜合金废料	GB/T 13587—1992
903	GB/T 13588—2006	铅及铅合金废料	GB/T 13588—1992
904	GB/T 13589—2007	锌及锌合金废料	GB/T 13589—1992
905	GB 13746—2008	铅作业安全卫生规程	GB 13746—1992
906	GB/T 13747. 1—2017	锆及锆合金化学分析方法 第 1 部分：锡量的测定 碘酸钾滴定法和苯基荧光酮-聚乙二醇辛基苯基醚分光光度法	GB/T 13747. 1—1992

序号	标　准　号	标　准　名　称	代替标准号
907	GB/T 13747.2—1992	锆及锆合金化学分析方法 1，10-二氮杂菲分光光度法测定铁量	
908	GB/T 13747.3—1992	锆及锆合金化学分析方法 丁二酮肟分光光度法测定镍量	
909	GB/T 13747.4—1992	锆及锆合金化学分析方法 二苯卡巴肼分光光度法测定铬量	
910	GB/T 13747.5—1992	锆及锆合金化学分析方法 铬天青 S 分光光度法测定铝量	
911	GB/T 13747.6—1992	锆及锆合金化学分析方法 2，9-二甲基-1，10-二氮杂菲分光光度法测定铜量	
912	GB/T 13747.7—1992	锆及锆合金化学分析方法 高碘酸盐分光光度法测定锰量	
913	GB/T 13747.8—2017	锆及锆合金化学分析方法 第 8 部分：钴量的测定 亚硝基 R 盐分光光度法	GB/T 13747.8—1992
914	GB/T 13747.9—1992	锆及锆合金化学分析方法 火焰原子吸收光谱法测定镁量	
915	GB/T 13747.10—1992	锆及锆合金化学分析方法 硫氰酸盐分光光度法测定钨量	
916	GB/T 13747.11—2017	锆及锆合金化学分析方法 第 11 部分：钼量的测定 硫氰酸盐分光光度法	GB/T 13747.11—1992
917	GB/T 13747.12—1992	锆及锆合金化学分析方法 钼蓝分光光度法测定硅量	
918	GB/T 13747.13—2017	锆及锆合金化学分析方法 第 13 部分：铅量的测定 极谱法	GB/T 13747.13—1992
919	GB/T 13747.14—2017	锆及锆合金化学分析方法 第 14 部分：铀量的测定 极谱法	GB/T 13747.14—1992
920	GB/T 13747.15—2017	锆及锆合金化学分析方法 第 15 部分：硼量的测定 姜黄素分光光度法	GB/T 13747.15—1992
921	GB/T 13747.16—2017	锆及锆合金化学分析方法 第 16 部分：氯量的测定 氯化银浊度法和离子选择性电极法	GB/T 13747.16—1992
922	GB/T 13747.17—2017	锆及锆合金化学分析方法 第 17 部分：镉量的测定 极谱法	GB/T 13747.17—1992
923	GB/T 13747.18—1992	锆及锆合金化学分析方法 苯甲酰苯基羟胺分光光度法测定钒量	
924	GB/T 13747.19—2017	锆及锆合金化学分析方法 第 19 部分：钛量的测定 二安替比林甲烷分光光度法和电感耦合等离子体原子发射光谱法	GB/T 13747.19—1992
925	GB/T 13747.20—2017	锆及锆合金化学分析方法 第 20 部分：铪量的测定 电感耦合等离子体原子发射光谱法	GB/T 13747.20—1992

序号	标准号	标准名称	代替标准号
926	GB/T 13747.21—2017	锆及锆合金化学分析方法 第21部分：氢量的测定 惰气熔融红外吸收法/热导法	GB/T 13747.21—1992
927	GB/T 13747.22—2017	锆及锆合金化学分析方法 第22部分：氧量和氮量的测定 惰气熔融红外吸收法/热导法	GB/T 13747.22—1992
928	GB/T 13747.23—1992	锆及锆合金化学分析方法 蒸馏分离-奈斯勒试剂分光光度法测定氮量	
929	GB/T 13747.24—2017	锆及锆合金化学分析方法 第24部分：碳量的测定 高频燃烧红外吸收法	GB/T 13747.24—1992
930	GB/T 13747.25—2017	锆及锆合金化学分析方法 第25部分：铌量的测定 5-Br-PADAP分光光度法和电感耦合等离子体原子发射光谱法	
931	GB/T 13748.1—2013	镁及镁合金化学分析方法 第1部分：铝含量的测定	GB/T 13748.1—2005
932	GB/T 13748.2—2005	镁及镁合金化学分析方法 第2部分：锡含量的测定 邻苯二酚紫分光光度法	
933	GB/T 13748.3—2005	镁及镁合金化学分析方法 第3部分：锂含量的测定 火焰原子吸收光谱法	
934	GB/T 13748.4—2013	镁及镁合金化学分析方法 第4部分：锰含量的测定 高碘酸盐分光光度法	GB/T 13748.4—2005
935	GB/T 13748.5—2005	镁及镁合金化学分析方法 第5部分：钇含量的测定 电感耦合等离子体原子发射光谱法	
936	GB/T 13748.6—2005	镁及镁合金化学分析方法 第6部分：银含量的测定 火焰原子吸收光谱法	
937	GB/T 13748.7—2013	镁及镁合金化学分析方法 第7部分：锆含量的测定	GB/T 13748.7—2005
938	GB/T 13748.8—2013	镁及镁合金化学分析方法 第8部分：稀土含量的测定 重量法	GB/T 13748.8—2005
939	GB/T 13748.9—2013	镁及镁合金化学分析方法 第9部分：铁含量的测定 邻二氮杂菲分光光度法	GB/T 13748.9—2005
940	GB/T 13748.10—2013	镁及镁合金化学分析方法 第10部分：硅含量的测定 钼蓝分光光度法	GB/T 13748.10—2005
941	GB/T 13748.11—2005	镁及镁合金化学分析方法 第11部分：铍含量的测定 依莱铬氰蓝R分光光度法	GB/T 13748.7—1992
942	GB/T 13748.12—2013	镁及镁合金化学分析方法 第12部分：铜含量的测定	GB/T 13748.12—2005
943	GB/T 13748.13—2005	镁及镁合金化学分析方法 第13部分：铅含量的测定 火焰原子吸收光谱法	

序号	标　准　号	标　准　名　称	代替标准号
944	GB/T 13748.14—2013	镁及镁合金化学分析方法 第14部分：镍含量的测定 丁二酮肟分光光度法	GB/T 13748.14—2005
945	GB/T 13748.15—2013	镁及镁合金化学分析方法 第15部分：锌含量的测定	GB/T 13748.15—2005
946	GB/T 13748.16—2005	镁及镁合金化学分析方法 第16部分：钙含量的测定 火焰原子吸收光谱法	
947	GB/T 13748.17—2005	镁及镁合金化学分析方法 第17部分：钾含量和钠含量的测定 火焰原子吸收光谱法	
948	GB/T 13748.18—2005	镁及镁合金化学分析方法 第18部分：氯含量的测定 氯化银浊度法	GB/T 4374.5—1984
949	GB/T 13748.19—2005	镁及镁合金化学分析方法 第19部分：钛含量的测定 二安替比啉甲烷分光光度法	
950	GB/T 13748.20—2009	镁及镁合金化学分析方法 第20部分：ICP-AES 测定元素含量	
951	GB/T 13748.21—2009	镁及镁合金化学分析方法 第21部分：光电直读原子发射光谱分析方法测定元素含量	
952	GB/T 13748.22—2013	镁及镁合金化学分析方法 第22部分：钍含量测定	
953	GB/T 13810—2017	外科植入物用钛及钛合金加工材	GB/T 13810—2007
954	GB/T 13818—2009	压铸锌合金	GB/T 13818—1992
955	GB/T 13821—2009	锌合金压铸件	GB/T 13821—1992
956	GB/T 13861—2009	生产过程危险和有害因素分类与代码	GB/T 13861—1992
957	GB/T 13869—2017	用电安全导则	GB/T 13869—2008
958	GB/T 14139—2009	硅外延片	GB/T 14139—1993
959	GB/T 14140—2009	硅片直径测量方法	GB/T 14140.1—1993、GB/T 14140.2—1993
960	GB/T 14141—2009	硅外延层、扩散层和离子注入层薄层电阻的测定 直排四探针法	GB/T 14141—1993
961	GB/T 14142—2017	硅外延层晶体完整性检验方法 腐蚀法	GB/T 14142—1993
962	GB/T 14144—2009	硅晶体中间隙氧含量径向变化测量方法	GB/T 14144—1993
963	GB/T 14146—2009	硅外延层载流子浓度测定 汞探针电容-电压法	GB/T 14146—1993
964	GB 14161—2008	矿山安全标志	
965	GB/T 14165—2008	金属和合金 大气腐蚀试验 现场试验的一般要求	GB/T 14165—1993
966	GB/T 14260—2010	散装重有色金属浮选精矿取样、制样通则	
967	GB/T 14261—2010	散装浮选锌精矿取样、制样方法	GB/T 14261—1993

序号	标 准 号	标 准 名 称	代替标准号
968	GB/T 14262—2010	散装浮选铅精矿取样、制样方法	GB/T 14262—1993
969	GB/T 14263—2010	散装浮选铜精矿取样、制样方法	
970	GB/T 14264—2009	半导体材料术语	GB/T 14264—1993
971	GB/T 14265—2017	金属材料中氢、氧、氮、碳和硫分析方法通则	GB/T 14265—1993
972	GB/T 14441—2008	涂装作业安全规程 术语	
973	GB 14443—2007	涂装作业安全规程 涂层烘干室安全技术规定	
974	GB 14444—2006	涂装作业安全规程 喷漆室安全技术规定	
975	GB/T 14445—2017	煤炭采掘工具用硬质合金制品	GB/T 14445—1993
976	GB 14500—2002	放射性废物管理规定	
977	GB/T 14559—1993	变化量的符号和单位	
978	GB/T 14592—2014	钼圆片	GB/T 14592—1993
979	GB/T 14594—2014	电真空器件用无氧铜板和带	GB/T 14594—2005
980	GB/T 14633—2010	灯用稀土三基色荧光粉	GB/T 14633—2002
981	GB/T 14634.1—2010	灯用稀土三基色荧光粉试验方法 第1部分：相对亮度的测定	GB/T 14634.1—2002
982	GB/T 14634.2—2010	灯用稀土三基色荧光粉试验方法 第2部分：发射主峰和色度性能的测定	GB/T 14634.2—2002
983	GB/T 14634.3—2010	灯用稀土三基色荧光粉试验方法 第3部分：热稳定性的测定	GB/T 14634.3—2002
984	GB/T 14634.5—2010	灯用稀土三基色荧光粉试验方法 第5部分：密度的测定	GB/T 14634.5—2002
985	GB/T 14634.6—2010	灯用稀土三基色荧光粉试验方法 第6部分：比表面积的测定	GB/T 14634.6—2002
986	GB/T 14634.7—2010	灯用稀土三基色荧光粉试验方法 第7部分：热猝灭性的测定	
987	GB/T 14635—2008	稀土金属及其化合物化学分析方法 稀土总量的测定	GB/T 8762.1—1988、GB/T 12687.1—1990、GB/T 14635.1—1993、GB/T 14635.2—1993、GB/T 14635.3—1993、GB/T 16484.19—1996、GB/T 18882.1—2002
988	GB 14773—2007	涂装作业安全规程 静电喷枪及其辅助装置安全技术条件	
989	GB/T 14778—2008	安全色光通用规则	
990	GB/T 14841—2008	钽及钽合金棒材	GB/T 14841—1993
991	GB/T 14842—2007	铌及铌合金棒材	GB/T 14842—1993
992	GB/T 14844—1993	半导体材料牌号表示方法	

序号	标　准　号	标　准　名　称	代替标准号
993	GB/T 14845—2007	板式换热器用钛板	GB/T 14845—1993
994	GB/T 14846—2014	铝及铝合金挤压型材尺寸偏差	GB/T 14846—2008
995	GB/T 14847—2010	重掺杂衬底上轻掺杂硅外延层厚度的红外反射测量方法	GB/T 14847—1993
996	GB/T 14849.1—2007	工业硅化学分析方法 第1部分：铁含量的测定 1，10-二氮杂菲分光光度	GB/T 14849.1—1993
997	GB/T 14849.2—2007	工业硅化学分析方法 第2部分：铝含量的测定 铬天青-S分光光度法	GB/T 14849.2—1993
998	GB/T 14849.3—2007	工业硅化学分析方法 第3部分：钙含量的测定	GB/T 14849.3—1993
999	GB/T 14849.4—2014	工业硅化学分析方法 第4部分：杂质元素含量的测定 电感耦合等离子体原子发射光谱法	GB/T 14849.4—2008
1000	GB/T 14849.5—2014	工业硅化学分析方法 第5部分：杂质元素含量的测定 X射线荧光光谱法	GB/T 14849.5—2010
1001	GB/T 14849.6—2014	工业硅化学分析方法 第6部分：碳含量的测定红外吸收法	
1002	GB/T 14849.7—2015	工业硅化学分析方法 第7部分：磷含量的测定 钼蓝分光光度法	
1003	GB/T 14849.8—2015	工业硅化学分析方法 第8部分：铜含量的测定 PADAP分光光度法	
1004	GB/T 14849.9—2015	工业硅化学分析方法 第9部分：钛含量的测定 二安替比林甲烷分光光度法	
1005	GB/T 14849.10—2016	工业硅化学分析方法 第10部分：汞含量的测定 原子荧光光谱法	
1006	GB/T 14849.11—2016	工业硅化学分析方法 第11部分：铬含量的测定 二苯碳酰二肼分光光度法	
1007	GB/T 15000.1—1994	标准样品工作导则（1）在技术标准中陈述标准样品的一般规定	
1008	GB/T 15000.2—1994	标准样品工作导则（2）标准样品常用术语及定义	
1009	GB/T 15000.3—2008	标准样品工作导则（3）标准样品定值的一般原则和统计方法	GB/T 15000.3—1994
1010	GB/T 15000.4—2003	标准样品工作导则（4）标准样品证书和标签的内容	
1011	GB/T 15000.6—1996	标准样品工作导则（6）标准样品包装通则	
1012	GB/T 15000.7—2012	标准样品工作导则（7）标准样品生产的质量体系	GB/T 15000.7—2001

序号	标 准 号	标 准 名 称	代替标准号
1013	GB/T 15000.8—2003	标准样品工作导则（8）有证标准样品的使用	
1014	GB/T 15000.9—2004	标准样品工作导则（9）分析化学中的校准和有证标准样品的使用	
1015	GB 15052—2010	起重机 安全标志和危险图形符号 总则	
1016	GB/T 15071—2008	金属镝	GB/T 15071—1994
1017	GB/T 15072.1—2008	贵金属合金化学分析方法 金、铂、钯合金中金量的测定 硫酸亚铁电位滴定法	GB/T 15072.1—1994
1018	GB/T 15072.2—2008	贵金属合金化学分析方法 银合金中银量的测定 氯化钠电位滴定法	GB/T 15072.2—1994
1019	GB/T 15072.3—2008	贵金属合金化学分析方法 金、铂、钯合金中铂量的测定 高锰酸钾电流滴定法	GB/T 15072.3—1994
1020	GB/T 15072.4—2008	贵金属合金化学分析方法 钯、银合金中钯量的测定 二甲基乙二醛肟重量法	GB/T 15072.4—1994
1021	GB/T 15072.5—2008	贵金属合金化学分析方法 金、钯合金中银量的测定 碘化钾电位滴定法	GB/T 15072.5—1994
1022	GB/T 15072.6—2008	贵金属合金化学分析方法 铂、钯合金中铱量的测定 硫酸亚铁电流滴定法	GB/T 15072.6—1994
1023	GB/T 15072.7—2008	贵金属合金化学分析方法 金合金中铬和铁量的测定 电感耦合等离子体原子发射光谱法	GB/T15072.18—1994、GB/T15072.19—1994、GB/T15072.7—1994
1024	GB/T 15072.8—2008	贵金属合金化学分析方法 金、钯、银合金中铜量的测定 硫脲析出 EDTA 络合返滴定法	GB/T 15072.8—1994
1025	GB/T 15072.9—2008	贵金属合金化学分析方法 金合金中铟量的测定 EDTA 络合返滴定法	GB/T 15072.9—1994
1026	GB/T 15072.10—2008	贵金属合金化学分析方法 金合金中镍量的测定 EDTA 络合返滴定法	GB/T 15072.10—1994
1027	GB/T 15072.11—2008	贵金属合金化学分析方法 金合金中钆和铍量的测定 电感耦合等离子体原子发射光谱法	GB/T 15072.11—1994
1028	GB/T 15072.12—2008	贵金属合金化学分析方法 银合金中钒量的测定 过氧化氢分光光度法	GB/T 15072.12—1994
1029	GB/T 15072.13—2008	贵金属合金化学分析方法 银合金中锡、铈和镧量的测定 电感耦合等离子体原子发射光谱法	GB/T 15072.13—1994
1030	GB/T 15072.14—2008	贵金属合金化学分析方法 银合金中铝和镍量的测定 电感耦合等离子体原子发射光谱法	GB/T 15072.14—1994

序号	标 准 号	标 准 名 称	代替标准号
1031	GB/T 15072.15—2008	贵金属合金化学分析方法 金、银、钯合金中镍、锌和锰量的测定 电感耦合等离子体原子发射光谱法	GB/T 15072.15—1994
1032	GB/T 15072.16—2008	贵金属合金化学分析方法 金合金中铜和锰量的测定 电感耦合等离子体原子发射光谱法	GB/T 15072.16—1994
1033	GB/T 15072.17—2008	贵金属合金化学分析方法 铂合金中钨量的测定 三氧化钨重量法	GB/T 15072.17—1994
1034	GB/T 15072.18—2008	贵金属合金化学分析方法 金合金中锆和镓量的测定 电感耦合等离子体原子发射光谱法	GB/T 15072.18—1994
1035	GB/T 15072.19—2008	贵金属合金化学分析方法 银合金中钒和镁量的测定 电感耦合等离子体原子发射光谱法	GB/T 15072.19—1994
1036	GB/T 15076.1—2017	钽铌化学分析方法 第1部分：铌中钽量的测定 电感耦合等离子体原子发射光谱法	GB/T 15076.1—1994
1037	GB/T 15076.2—1994	钽铌化学分析方法 钽中铌量的测定	
1038	GB/T 15076.3—1994	钽铌化学分析方法 铜量的测定	YB/T 942（11）—1978
1039	GB/T 15076.4—1994	钽铌化学分析方法 铁量的测定	YB/T 942（1）—1978
1040	GB/T 15076.5—2017	钽铌化学分析方法 第5部分：钼量和钨量的测定 电感耦合等离子体原子发射光谱法	GB/T 15076.5—1994
1041	GB/T 15076.6—1994	钽铌化学分析方法 钽中硅量的测定	YB/T 942（3）—1978
1042	GB/T 15076.7—1994	钽铌化学分析方法 铌中磷量的测定	YB/T 942（12）—1978
1043	GB/T 15076.8—2008	钽铌化学分析方法 碳量和硫量的测定	GB/T 15076.8—1994、GB/T 15076.12—1994
1044	GB/T 15076.9—2008	钽铌化学分析方法 钽中铁、铬、镍、锰、钛、铝、铜、锡、铅和锆量的测定	GB/T 15076.9—1994
1045	GB/T 15076.10—1994	钽铌化学分析方法 铌中铁、镍、铬、钛、锆、铝和锰量的测定	YB/T 942（14）—1978
1046	GB/T 15076.11—1994	钽铌化学分析方法 铌中砷、锑、铅、锡和铋量的测定	YB/T 942（15）—1978
1047	GB/T 15076.12—2008	钽铌化学分析方法 钽中磷量的测定	
1048	GB/T 15076.13—2017	钽铌化学分析方法 第13部分：氮量的测定 惰气熔融热导法	GB/T 15076.13—1994
1049	GB/T 15076.14—2008	钽铌化学分析方法 氧量的测定	GB/T 15076.14—1994
1050	GB/T 15076.15—2008	钽铌化学分析方法 氢量的测定	GB/T 15076.15—1994
1051	GB/T 15076.16—2008	钽铌化学分析方法 钠量和钾量的测定	
1052	GB/T 15077—2008	贵金属及其合金材料几何尺寸测量方法	GB/T 15077—1994

序号	标 准 号	标 准 名 称	代替标准号
1053	GB/T 15078—2008	贵金属电触点材料接触电阻的测量方法	GB/T 15078—1994
1054	GB/T 15098—2008	危险货物运输包装类别划分方法	
1055	GB/T 15159—2008	贵金属及其合金复合带材	GB/T 15159—1994
1056	GB/T 15236—2008	职业安全卫生术语	
1057	GB/T 15259—2008	矿山安全术语	GB/T 15259—1994
1058	GB/T 15260—2016	金属和合金的腐蚀 镍合金晶间腐蚀试验方法	GB/T 15260—1994
1059	GB/T 15445. 1—2008	粒度分析结果的表述 第 1 部分：图形表征	
1060	GB/T 15445. 2—2006	粒度分析结果的表述 第 2 部分：由粒度分布计算平均粒径/直径和各次矩	
1061	GB/T 15445. 4—2006	粒度分析结果的表述 第 4 部分：分级过程的表征	
1062	GB/T 15445. 5—2011	粒度分析结果的表述 第 5 部分：用对数正态概率分布进行粒度分析的计算方法	
1063	GB/T 15445. 6—2014	粒度分析结果的表述 第 6 部分：颗粒形状和形态的定性及定量表述	
1064	GB/T 15496—2003	企业标准体系 要求	GB/T 15496—1995
1065	GB/T 15497—2003	企业标准体系 技术标准体系	GB/T 15497—1995
1066	GB/T 15498—2003	企业标准体系 管理标准和工作标准体系	GB/T 15498—1995
1067	GB 15562. 2—1995	环境保护图形标志 固体废物贮存（处置）场	
1068	GB 15577—2007	粉尘防爆安全规程	
1069	GB/T 15587—2008	工业企业能源管理导则	
1070	GB 15600—2008	炭素生产安全卫生规程	
1071	GB/T 15602—2008	工业用筛和筛分 术语	GB/T 15602—1995
1072	GB 15603—1995	常用化学危险品贮存通则	
1073	GB/T 15604—2008	粉尘防爆术语	
1074	GB 15607—2008	涂装作业安全规程 粉末静电喷涂工艺安全	GB 15607—1995
1075	GB 15618—1995	土壤环境质量标准	
1076	GB 15630—1995	消防安全标志设置要求	
1077	GB/T 15676—2015	稀土术语	GB/T 15676—1995
1078	GB/T 15677—2010	金属镧	GB/T 15677—1995
1079	GB/T 15678—2010	氧化铒	GB/T 15678—1995
1080	GB/T 15834—2011	标点符号用法	
1081	GB/T 15835—2011	出版物上数字用法	
1082	GB/T 15970. 1—2018	金属和合金的腐蚀 应力腐蚀试验 第 1 部分：试验方法总则	GB/T 15970. 1—1995
1083	GB/T 15970. 2—2000	金属和合金的腐蚀 应力腐蚀试验 第 2 部分：弯梁试样的制备和应用	

序号	标　准　号	标　准　名　称	代替标准号
1084	GB/T 15970. 3—1995	金属和合金的腐蚀 应力腐蚀试验 第3部分：U型弯曲试样的制备和应用	
1085	GB/T 15970. 4—2000	金属和合金的腐蚀 应力腐蚀试验 第4部分：单轴加载拉伸试样的制备和应用	
1086	GB/T 15970. 5—1998	金属和合金的腐蚀 应力腐蚀试验 第5部分：C型环试样的制备和应用	
1087	GB/T 15970. 6—2007	金属和合金的腐蚀 应力腐蚀试验 第6部分：恒载荷或恒位移下的预裂纹试样的制备和应用	GB/T 15970. 6—1998
1088	GB/T 15970. 7—2017	金属和合金的腐蚀 应力腐蚀试验 第7部分：慢应变速率试验	GB/T 15970. 7—2000
1089	GB/T 15970. 8—2005	金属和合金的腐蚀 应力腐蚀试验 第8部分：焊接试样的制备和应用	
1090	GB/T 15970. 9—2007	金属和合金的腐蚀 应力腐蚀试验 第9部分：渐增式载荷或渐增式位移下的预裂纹试样的制备和应用	
1091	GB 16297—1996	大气污染物综合排放标准	
1092	GB 16423—2006	金属非金属矿山安全规程	
1093	GB/T 16418—2008	颗粒系统术语	GB/T 16418—1996
1094	GB/T 16471—2008	运输包装件尺寸与质量界限	GB/T 16471—1996
1095	GB/T 16474—2011	变形铝及铝合金牌号表示方法	GB/T 16474—1996
1096	GB/T 16475—2008	变形铝及铝合金状态代号	GB/T 16475—1996
1097	GB/T 16476—2010	金属钪	GB/T 16476—1996
1098	GB/T 16477. 1—2010	稀土硅铁合金及镁硅铁合金化学分析方法 第1部分：稀土总量的测定	GB/T 16477. 1—1996
1099	GB/T 16477. 2—2010	稀土硅铁合金及镁硅铁合金化学分析方法 第2部分：钙、镁、锰量的测定 电感耦合等离子体发射光谱法	GB/T 16477. 2—1996
1100	GB/T 16477. 3—2010	稀土硅铁合金及镁硅铁合金化学分析方法 第3部分：氧化镁量的测定 电感耦合等离子体发射光谱法	GB/T 16477. 3—1996
1101	GB/T 16477. 4—2010	稀土硅铁合金及镁硅铁合金化学分析方法 第4部分：硅量的测定	GB/T 16477. 4—1996
1102	GB/T 16477. 5—2010	稀土硅铁合金及镁硅铁合金化学分析方法 第5部分：钛量的测定 电感耦合等离子体发射光谱法	GB/T 16477. 5—1996
1103	GB/T 16479—2008	碳酸轻稀土	GB/T 16479—1996
1104	GB/T 16482—2009	荧光级氧化钇铕	GB/T 16482—1996
1105	GB/T 16484. 1—2009	氯化稀土、碳酸轻稀土化学分析方法 第1部分：氧化铈量的测定 硫酸亚铁铵滴定法	GB/T 16484. 1—1996

序号	标 准 号	标 准 名 称	代替标准号
1106	GB/T 16484.2—2009	氯化稀土、碳酸轻稀土化学分析方法 第2部分：氧化铕量的测定 电感耦合等离子体质谱法	GB/T 16484.2—1996
1107	GB/T 16484.3—2009	氯化稀土、碳酸轻稀土化学分析方法 第3部分：15个稀土元素氧化物配分量的测定 电感耦合等离子体发射光谱法	GB/T 16484.3—1996
1108	GB/T 16484.4—2009	氯化稀土、碳酸轻稀土化学分析方法 第4部分：氧化钍量的测定 偶氮胂Ⅲ分光光度法	GB/T 16484.4—1996
1109	GB/T 16484.5—2009	氯化稀土、碳酸轻稀土化学分析方法 第5部分：氧化钡量的测定 电感耦合等离子体发射光谱法	GB/T 16484.5—1996
1110	GB/T 16484.6—2009	氯化稀土、碳酸轻稀土化学分析方法 第6部分：氧化钙量的测定 火焰原子吸收光谱法	GB/T 16484.6—1996
1111	GB/T 16484.7—2009	氯化稀土、碳酸轻稀土化学分析方法 第7部分：氧化镁量的测定 火焰原子吸收光谱法	GB/T 16484.7—1996
1112	GB/T 16484.8—2009	氯化稀土、碳酸轻稀土化学分析方法 第8部分：氧化钠量的测定 火焰原子吸收光谱法	GB/T 16484.8—1996
1113	GB/T 16484.9—2009	氯化稀土、碳酸轻稀土化学分析方法 第9部分：氧化镍量的测定 火焰原子吸收光谱法	GB/T 16484.9—1996
1114	GB/T 16484.10—2009	氯化稀土、碳酸轻稀土化学分析方法 第10部分：氧化锰量的测定 火焰原子吸收光谱法	GB/T 16484.10—1996
1115	GB/T 16484.11—2009	氯化稀土、碳酸轻稀土化学分析方法 第11部分：氧化铅量的测定 火焰原子吸收光谱法	GB/T 16484.11—1996
1116	GB/T 16484.12—2009	氯化稀土、碳酸轻稀土化学分析方法 第12部分：硫酸根量的测定 比浊法（方法1）重量法（方法2）	GB/T 16484.12—1996
1117	GB/T 16484.13—2017	氯化稀土、碳酸轻稀土化学分析方法 第13部分：氯化铵量的测定	GB/T 16484.13—1996、GB/T 16484.13—2009
1118	GB/T 16484.14—2009	氯化稀土、碳酸轻稀土化学分析方法 第14部分：磷酸根量的测定 锑磷钼蓝分光光度法	GB/T 16484.14—1996

序号	标　准　号	标　准　名　称	代替标准号
1119	GB/T 16484.15—2009	氯化稀土、碳酸轻稀土化学分析方法 第15部分：碳酸轻稀土中氯量的测定 硝酸银比浊法	GB/T 16484.15—1996
1120	GB/T 16484.16—2009	氯化稀土、碳酸轻稀土化学分析方法 第16部分：氯化稀土中水不溶物量的测定 重量法	GB/T 16484.16—1996
1121	GB/T 16484.18—2009	氯化稀土、碳酸轻稀土化学分析方法 第18部分：碳酸稀土中灼减量的测定 重量法	GB/T 16484.18—1996
1122	GB/T 16484.20—2009	氯化稀土、碳酸轻稀土化学分析方法 第20部分：氧化镍、氧化锰、氧化铅、氧化铝、氧化锌、氧化钍量的测定 电感耦合等离子体质谱法	
1123	GB/T 16484.21—2009	氯化稀土、碳酸轻稀土化学分析方法 第21部分：氧化铁量的测定 1，10-二氮杂菲分光光度法	
1124	GB/T 16484.22—2009	氯化稀土、碳酸轻稀土化学分析方法 第22部分：氧化锌量的测定 火焰原子吸收光谱法	
1125	GB/T 16484.23—2009	氯化稀土、碳酸轻稀土化学分析方法 第23部分：碳酸轻稀土中酸不溶物量的测定 重量法	
1126	GB 16487.2—2017	进口可用作原料的固体废物环境保护控制标准 冶炼渣	GB 16487.2—2005
1127	GB 16487.7—2017	进口可用作原料的固体废物环境保护控制标准 废有色金属	GB 16487.7—2005
1128	GB 16487.8—2017	进口可用作原料的固体废物环境保护控制标准 废电机	GB 16487.8—2005
1129	GB 16487.9—2017	进口可用作原料的固体废物环境保护控制标准 废电线电缆	GB 16487.9—2005
1130	GB 16487.10—2017	进口可用作原料的固体废物环境保护控制标准 废五金电器	GB 16487.10—2005
1131	GB 16487.13—2017	进口可用作原料的固体废物环境保护控制标准 废汽车压件	GB 16487.13—2005
1132	GB/T 16545—2015	金属和合金的腐蚀 腐蚀试样上腐蚀产物的清除	GB/T 16545—1996
1133	GB/T 16595—1996	晶片通用网格规范	
1134	GB/T 16596—1996	确定晶片坐标系规范	
1135	GB/T 16597—1996	冶金产品化学分析 X射线荧光光谱法通则	

序号	标 准 号	标 准 名 称	代替标准号
1136	GB/T 16598—2013	钛及钛合金饼和环	GB/T 16598—1996
1137	GB/T 16661—2008	碳酸铈	GB/T 16661—1996
1138	GB/T 16762—2009	一般用途钢丝绳吊索特性和技术条件	
1139	GB/T 16856. 1—2008	机械安全 风险评价 第1部分：原则	
1140	GB/T 16856. 2—2008	机械安全 风险评价 第2部分：实施指南和方法举例	
1141	GB/T 16865—2013	变形铝、镁及其合金加工制品拉伸试验用试样及方法	GB/T 16865—2013
1142	GB/T 16866—2006	铜及铜合金无缝管材外形尺寸及允许偏差	GB/T 16866—1997
1143	GB 17167—2006	用能单位能源计量器具配备和管理通则	
1144	GB 17168—2013	牙科学 固定和活动修复用金属材料	GB/T 17168—2008
1145	GB/T 17170—2015	半绝缘砷化镓单晶深施主 EL2 浓度红外吸收测试方法	GB/T 17170—1997
1146	GB/T 17171—2008	水性铝膏	GB/T 17171—1997
1147	GB 17269—2003	铝镁粉加工粉尘防爆安全规程	
1148	GB/T 17394. 1—2014	金属材料 里氏硬度试验 第1部分：试验方法	GB/T 17394—1998
1149	GB/T 17394. 2—2012	金属材料 里氏硬度试验 第2部分：硬度计的检验与校准	
1150	GB/T 17394. 3—2012	金属材料 里氏硬度试验 第3部分：标准硬度块的标定	
1151	GB/T 17394. 4—2014	金属材料 里氏硬度试验 第4部分：硬度值换算表	
1152	GB/T 17397—2012	铝电解生产防尘防毒技术规程	
1153	GB/T 17398—2013	铅冶炼防尘防毒技术规程	
1154	GB/T 17432—2012	变形铝及铝合金化学成分分析取样方法	GB/T 17432—1998
1155	GB/T 17433—2014	冶金产品化学分析基础术语	GB/T 17433—1998
1156	GB/T 17472—2008	贵金属浆料规范	
1157	GB/T 17473. 1—2008	微电子技术用贵金属浆料测试方法 固体含量测定	GB/T 17473. 1—1998
1158	GB/T 17473. 2—2008	厚膜微电子技术用贵金属浆料测试方法细度测定	GB/T 17473. 2—1998
1159	GB/T 17473. 3—2008	厚膜微电子技术用贵金属浆料测试方法方阻测定	GB/T 17473. 3—1998
1160	GB/T 17473. 4—2008	厚膜微电子技术用贵金属浆料测试方法附着力测定	GB/T 17473. 4—1998
1161	GB/T 17473. 5—2008	厚膜微电子技术用贵金属浆料测试方法粘度测定	GB/T 17473. 5—1998

序号	标 准 号	标 准 名 称	代替标准号
1162	GB/T 17473.6—2008	厚膜微电子技术用贵金属浆料测试方法 分辨率测定	GB/T 17473.6—1998
1163	GB/T 17473.7—2008	厚膜微电子技术用贵金属浆料测试方法 可焊性、耐焊性试验	GB/T 17473.7—1998
1164	GB/T 17684—2008	贵金属及其合金术语	GB/T 17684—1999
1165	GB/T 17731—2015	镁合金牺牲阳极	GB/T 17731—2009
1166	GB/T 17791—2017	空调与制冷设备用无缝铜管	GB/T 17791—2007
1167	GB/T 17792—2014	钼及钼合金棒	GB/T 17992—1999
1168	GB/T 17793—2010	加工铜及铜合金板带材 外形尺寸及允许偏差	GB/T 17793—1999
1169	GB/T 17803—2015	稀土产品牌号表示方法	GB/T 17803—1999
1170	GB 17914—2013	易燃易爆性商品储存养护技术条件	GB 17914—1999
1171	GB 17916—2013	毒害性商品储存养护技术条件	GB 17916—1999
1172	GB/T 18032—2000	砷化镓单晶 AB 微缺陷检验方法	
1173	GB/T 18033—2017	无缝铜水管和铜气管	GB/T 18033—2007
1174	GB/T 18034—2000	微型热电偶用铂铑细偶丝规范	
1175	GB/T 18035—2000	贵金属及其合金牌号表示方法	GB/T 340—1976
1176	GB/T 18036—2008	铂铑热电偶细丝的热电动势测量方法	GB/T 18036—2000
1177	GB/T 18113—2010	铬酸镧高温电热元件	GB/T 18113—2000
1178	GB/T 18114.1—2010	稀土精矿化学分析方法 第 1 部分：稀土氧化物总量的测定 重量法	GB/T 18114.1—2000
1179	GB/T 18114.2—2010	稀土精矿化学分析方法 第 2 部分：氧化钍量的测定	GB/T 18114.2—2000
1180	GB/T 18114.3—2010	稀土精矿化学分析方法 第 3 部分：氧化钙量的测定	GB/T 18114.3—2000
1181	GB/T 18114.4—2010	稀土精矿化学分析方法 第 4 部分：氧化铌、氧化锆、氧化钛量的测定 电感耦合等离子发射光谱法	GB/T 18114.4—2000、GB/T 18114.5—2000
1182	GB/T 18114.5—2010	稀土精矿化学分析方法 第 5 部分：氧化铝量的测定	
1183	GB/T 18114.6—2010	稀土精矿化学分析方法 第 6 部分：二氧化硅量的测定	GB/T 18114.6—2000
1184	GB/T 18114.7—2010	稀土精矿化学分析方法 第 7 部分：氧化铁量的测定 重铬酸钾滴定法	GB/T 18114.7—2000
1185	GB/T 18114.8—2010	稀土精矿化学分析方法 第 8 部分：十五个稀土元素氧化物配分量的测定 电感耦合等离子体发射光谱法	GB/T 18114.8—2000
1186	GB/T 18114.9—2010	稀土精矿化学分析方法 第 9 部分：五氧化二磷量的测定 磷铋钼蓝分光光度法	GB/T 18114.9—2000

序号	标　准　号	标　准　名　称	代替标准号
1187	GB/T 18114.10—2010	稀土精矿化学分析方法 第10部分：水分的测定 重量法	GB/T 18114.10—2000
1188	GB/T 18114.11—2010	稀土精矿化学分析方法 第11部分：氟量的测定 蒸馏-EDTA滴定法	
1189	GB/T 18115.1—2006	稀土金属及其氧化物中稀土杂质化学分析方法 镧中铈、镨、钕、钐、铕、钆、铽、镝、钬、铒、铥、镱、镥和钇量的测定	GB/T 18115.1—2000
1190	GB/T 18115.2—2006	稀土金属及其氧化物中稀土杂质化学分析方法 铈中镧、镨、钕、钐、铕、钆、铽、镝、钬、铒、铥、镱、镥和钇量的测定	GB/T 18115.2—2000
1191	GB/T 18115.3—2006	稀土金属及其氧化物中稀土杂质化学分析方法 镨中镧、铈、钕、钐、铕、钆、铽、镝、钬、铒、铥、镱、镥和钇量的测定	GB/T 18115.3—2000
1192	GB/T 18115.4—2006	稀土金属及其氧化物中稀土杂质化学分析方法 钕中镧、铈、镨、钐、铕、钆、铽、镝、钬、铒、铥、镱、镥和钇量的测定	GB/T 18115.4—2000
1193	GB/T 18115.5—2006	稀土金属及其氧化物中稀土杂质化学分析方法 钐中镧、铈、镨、钕、铕、钆、铽、镝、钬、铒、铥、镱、镥和钇量的测定	GB/T 11074.1—1989、GB/T 11074.2—1989、GB/T 18115.5—2000
1194	GB/T 18115.6—2006	稀土金属及其氧化物中稀土杂质化学分析方法 铕中镧、铈、镨、钕、钐、钆、铽、镝、钬、铒、铥、镱、镥和钇量的测定	GB/T 8762.7—1988、GB/T 8762.8—2000
1195	GB/T 18115.7—2006	稀土金属及其氧化物中稀土杂质化学分析方法 钆中镧、铈、镨、钕、钐、铕、铽、镝、钬、铒、铥、镱、镥和钇量的测定	GB/T 18115.6—2000
1196	GB/T 18115.8—2006	稀土金属及其氧化物中稀土杂质化学分析方法 铽中镧、铈、镨、钕、钐、铕、钆、镝、钬、铒、铥、镱、镥和钇量的测定	GB/T 18115.7—2000
1197	GB/T 18115.9—2006	稀土金属及其氧化物中稀土杂质化学分析方法 镝中镧、铈、镨、钕、钐、铕、钆、铽、钬、铒、铥、镱、镥和钇量的测定	GB/T 18115.8—2000

序号	标　准　号	标　准　名　称	代替标准号
1198	GB/T 18115.10—2006	稀土金属及其氧化物中稀土杂质化学分析方法 钬中镧、铈、镨、钕、钐、铕、钆、铽、镝、铒、铥、镱、镥和钇量的测定	GB/T 18115.9—2000
1199	GB/T 18115.11—2006	稀土金属及其氧化物中稀土杂质化学分析方法 铒中镧、铈、镨、钕、钐、铕、钆、铽、镝、钬、铥、镱、镥和钇量的测定	GB/T 18115.10—2000
1200	GB/T 18115.12—2006	稀土金属及其氧化物中稀土杂质化学分析方法 钇中镧、铈、镨、钕、钐、铕、钆、铽、镝、钬、铒、铥、镱和镥量的测定	GB/T 16480.1—1996、GB/T 8762.5—1988
1201	GB/T 18115.13—2010	稀土金属及其氧化物中稀土杂质化学分析方法 第13部分：铥中镧、铈、镨、钕、钐、铕、钆、铽、镝、钬、铒、镱、镥和钇量的测定	
1202	GB/T 18115.14—2010	稀土金属及其氧化物中稀土杂质化学分析方法 第14部分：镱中镧、铈、镨、钕、钐、铕、钆、铽、镝、钬、铒、铥、镥和钇量的测定	
1203	GB/T 18115.15—2010	稀土金属及其氧化物中稀土杂质化学分析方法 第15部分：镥中镧、铈、镨、钕、钐、铕、钆、铽、镝、钬、铒、铥、镱和钇量的测定	
1204	GB/T 18116.1—2012	氧化钇铕化学分析方法 第1部分：氧化镧、氧化铈、氧化镨、氧化钕、氧化钐、氧化钆、氧化铽、氧化镝、氧化钬、氧化铒、氧化铥、氧化镱和氧化镥量的测定	GB/T 18116.1—2000
1205	GB/T 18116.2—2008	氧化钇铕化学分析方法 氧化铕量的测定	GB/T 18116.2—2000、GB/T 18116.3—2000
1206	GB/T 18152—2000	选矿安全规程	
1207	GB 18218—2009	危险化学品重大危险源辨识	GB 18218—2000
1208	GB/T 18376.1—2008	硬质合金牌号 第1部分：切削工具用硬质合金牌号	GB/T 18376.1—2001
1209	GB/T 18376.2—2014	硬质合金牌号 第2部分：地质、矿山工具用硬质合金牌号	GB/T 18376.2—2001
1210	GB/T 18376.3—2015	硬质合金牌号 第3部分：耐磨工具用硬质合金牌号	GB/T 18376.3—2001

序号	标 准 号	标 准 名 称	代替标准号
1211	GB/T 18449.1—2009	金属材料 努氏硬度试验 第1部分：试验方法	GB/T 18449.1—2001
1212	GB/T 18449.2—2012	金属材料 努氏硬度试验 第2部分：硬度计的检验与校准	
1213	GB/T 18449.3—2012	金属材料 努氏硬度试验 第3部分：标准硬度块的标定	
1214	GB/T 18449.4—2009	金属材料 努氏硬度试验 第4部分：硬度值表	
1215	GB 18452—2001	破碎设备 安全要求	
1216	GB/T 18455—2010	包装回收标志	GB/T 18455—2001
1217	GB 18552—2001	车间空气中钽及其氧化物职业接触限值	
1218	GB 18568—2001	加工中心 安全防护技术条件	
1219	GB/T 18590—2001	金属和合金的腐蚀 点蚀评定方法	
1220	GB 18597—2001	危险废物贮存污染控制标准	
1221	GB 18598—2001	危险废物填埋污染控制标准	
1222	GB 18599—2001	一般工业固体废物贮存、处置场污染控制标准	
1223	GB/T 18762—2017	贵金属及其合金钎料	GB/T 18762—2002
1224	GB/T 18813—2014	变压器铜带	GB/T 18813—2002
1225	GB/T 18820—2011	工业企业产品取水定额编制通则	GB/T 18820—2002
1226	GB/T 18841—2002	职业安全卫生标准编写规则	
1227	GB/T 18850—2002	工业用金属丝筛网 技术要求和检验	
1228	GB/T 18880—2012	粘结钕铁硼永磁材料	GB/T 18880—2002
1229	GB/T 18881—2017	轻型汽油车排气净化催化剂	GB/T 18881—2002、GB/T 18881—2009
1230	GB/T 18882.1—2008	离子型稀土矿混合稀土氧化物化学分析方法 十五个稀土元素氧化物配分量的测定	GB/T 18882.2—2002、GB/T 18882.3—2002
1231	GB/T 18882.2—2017	离子型稀土矿混合稀土氧化物化学分析方法 EDTA滴定法测定三氧化二铝量	GB/T 18882.2—2008
1232	GB/T 18916.12—2011	取水定额 第12部分：氧化铝生产	
1233	GB/T 18916.16—2014	取水定额 第16部分：电解铝生产	
1234	GB/T 18916.17—2016	取水定额 第17部分：堆积型铝土矿生产	
1235	GB/T 18916.18—2015	取水定额 第18部分：铜冶炼生产	
1236	GB/T 18916.19—2015	取水定额 第19部分：铅冶炼生产	
1237	GB/T 19000—2016	质量管理体系 基础和术语	GB/T 19000—2008
1238	GB/T 19001—2016	质量管理体系 要求	GB/T 19001—2008
1239	GB/T 19004—2011	追求组织的持续成功 质量管理方法	GB/T 19004—2000
1240	GB/T 19011—2013	管理体系审核指南	GB/T 19011—2003
1241	GB/T 19015—2008	质量管理 质量计划指南	GB/T 19015—1996

序号	标　准　号	标　准　名　称	代替标准号
1242	GB/T 19017—2008	质量管理 技术状态管理指南	GB/T 19017—1997
1243	GB/T 19022—2003	测量管理体系 测量过程和测量设备的要求	
1244	GB/T 19038—2009	顾客满意测评模型和方法指南	
1245	GB/T 19039—2009	顾客满意测评通则	
1246	GB/T 19076—2003	烧结金属材料规范	
1247	GB/T 19077—2016	粒度分析 激光衍射法	GB/T 19077.1—2008
1248	GB/T 19078—2016	铸造镁合金锭	GB/T 19078—2003
1249	GB/T 19142—2016	出口商品包装通则	GB/T 19142—2008
1250	GB/T 19198—2008	贵金属及其合金对铂、对铜热电动势的测量方法	GB/T 19198—2003
1251	GB/T 19199—2015	半绝缘砷化镓单晶中碳浓度的红外吸收测试方法	GB/T 19199—2003
1252	GB/T 19273—2017	企业标准化工作 评价与改进	GB/T 19273—2003
1253	GB/T 19291—2003	金属和合金的腐蚀 腐蚀试验一般原则	
1254	GB/T 19292.1—2018	金属和合金的腐蚀 大气腐蚀性 第1部分：分类、测定和评估	GB/T 19292.1—2003
1255	GB/T 19292.2—2018	金属和合金的腐蚀 大气腐蚀性 第2部分：腐蚀等级的指导值	GB/T 19292.2—2003
1256	GB/T 19292.3—2018	金属和合金的腐蚀 大气腐蚀性 第3部分：影响大气腐蚀性环境参数的测量	GB/T 19292.3—2003
1257	GB/T 19292.4—2018	金属和合金的腐蚀 大气腐蚀性 第4部分：用于评估腐蚀性的标准试样的腐蚀速率的测定	GB/T 19292.4—2003
1258	GB/T 19345.1—2017	非晶纳米晶合金 第1部分：铁基非晶软磁合金带材	
1259	GB/T 19345.2—2017	非晶纳米晶合金 第2部分：铁基纳米晶软磁合金带材	
1260	GB/T 19346.1—2017	非晶纳米晶合金测试方法 第1部分：环形试样交流磁性能	
1261	GB/T 19346.2—2017	非晶纳米晶合金测试方法 第2部分：带材叠片系数	
1262	GB/T 19395—2013	金属镨	
1263	GB/T 19396—2012	铽镝铁大磁致伸缩材料	
1264	GB/T 19444—2004	硅片氧沉淀特性的测定——间隙氧含量减少法	
1265	GB/T 19445—2004	贵金属及其合金产品的包装、标志、运输、贮存	
1266	GB/T 19446—2004	异型接点带通用规范	
1267	GB/T 19447—2013	热交换器用铜及铜合金无缝翅片管	GB/T 19447—2004

序号	标 准 号	标 准 名 称	代替标准号
1268	GB 19458—2004	危险货物危险特性检验安全规范 通则	
1269	GB/T 19587—2017	气体吸附 BET 法测定固态物质比表面积	GB/T 19587—2004
1270	GB/T 19588—2004	纳米镍粉	
1271	GB/T 19589—2004	纳米氧化锌	
1272	GB/T 19619—2004	纳米材料术语	
1273	GB/T 19627—2005	粒度分析 光子相关光谱法	
1274	GB/T 19628.2—2005	工业用金属丝网和金属丝编织网 网孔尺寸与金属丝直径组合选择指南 金属丝编织网的优先组合选择	
1275	GB/T 19670—2005	机械安全 防止意外启动	
1276	GB/T 19746—2018	金属和合金的腐蚀 盐溶液周浸试验	GB/T 19746—2005
1277	GB/T 19747—2005	金属和合金的腐蚀 双金属室外暴露腐蚀试验	
1278	GB/T 19849—2014	电缆用无缝铜管	GB/T 19849—2005
1279	GB/T 19850—2013	导电用无缝圆形铜管	GB/T 19850—2005
1280	GB/T 19921—2005	硅抛光片表面颗粒测试方法	
1281	GB/T 19922—2005	硅片局部平整度非接触式标准测试方法	
1282	GB/T 20000.1—2014	标准化工作指南 第1部分：标准化和相关活动的通用术语	GB/T 20000.1—2002
1283	GB/T 20000.2—2009	标准化工作指南 第2部分：采用国际标准	GB/T 20000.2—2001
1284	GB/T 20000.3—2014	标准化工作指南 第3部分：引用文件	GB/T 20000.3—2003
1285	GB/T 20000.6—2006	标准化工作指南 第6部分：标准化良好行为规范	
1286	GB/T 20000.7—2006	标准化工作指南 第7部分：管理体系标准的论证和制定	
1287	GB/T 20000.8—2014	标准化工作指南 第8部分：阶段代码系统的使用原则和指南	
1288	GB/T 20000.9—2014	标准化工作指南 第9部分：采用其他国际标准化文件	
1289	GB/T 20000.10—2016	标准化工作指南 第10部分：国家标准的英文译本翻译通则	
1290	GB/T 20000.11—2016	标准化工作指南 第11部分：国家标准的英文译本通用表述	
1291	GB/T 20001.1—2001	标准编写规则 第1部分：术语	GB/T 1.6—1997
1292	GB/T 20001.2—2015	标准编写规则 第2部分：符号标准	GB/T 20001.2—2001
1293	GB/T 20001.3—2015	标准编写规则 第3部分：分类标准	GB/T 20001.3—2001
1294	GB/T 20001.4—2015	标准编写规则 第4部分：试验方法标准	GB/T 20001.4—2001
1295	GB/T 20001.5—2017	标准编写规则 第5部分：规范标准	

序号	标　准　号	标　准　名　称	代替标准号
1296	GB/T 20001. 6—2017	标准编写规则 第 6 部分：规程标准	
1297	GB/T 20001. 7—2017	标准编写规则 第 7 部分：指南标准	
1298	GB/T 20001. 10—2014	标准编写规则 第 10 部分：产品标准	
1299	GB/T 20002. 3—2014	标准中特定内容的起草 第 3 部分：产品标准中涉及环境的内容	GB/T 20000. 5—2004
1300	GB/T 20002. 4—2015	标准中特定内容的起草 第 4 部分：标准中涉及安全的内容	GB/T 20000. 4—2003
1301	GB/T 20106—2006	工业清洁生产评价指标体系编制通则	
1302	GB/T 20120. 1—2006	金属和合金的腐蚀 腐蚀疲劳试验 第 1 部分：循环失效试验	
1303	GB/T 20120. 2—2006	金属和合金的腐蚀 腐蚀疲劳试验 第 2 部分：预裂纹试验裂纹扩展试验	
1304	GB/T 20121—2006	金属和合金的腐蚀 人造气氛的腐蚀试验 间歇盐雾下的室外加速试验（疮痂试验）	
1305	GB/T 20122—2006	金属和合金的腐蚀 滴落蒸发试验的应力腐蚀开裂评价	
1306	GB/T 20165—2012	稀土抛光粉	GB/T 20165—2006
1307	GB/T 20166. 1—2012	稀土抛光粉化学分析方法 第 1 部分：氧化铈量的测定 滴定法	GB/T 20166. 1—2006
1308	GB/T 20166. 2—2012	稀土抛光粉化学分析方法 第 2 部分：氟量的测定 比色法	GB/T 20166. 2—2006
1309	GB/T 20167—2012	稀土抛光粉物理性能测试方法 抛蚀量和划痕的测定	GB/T 20167—2006
1310	GB/T 20168—2017	快淬钕铁硼永磁粉	GB/T 20168—2006
1311	GB/T 20169—2015	离子型稀土矿混合稀土氧化物	GB/T 20169—2006
1312	GB/T 20170. 1—2006	稀土金属及其化合物物理性能测试方法 稀土化合物粒度分布的测定	
1313	GB/T 20170. 2—2006	稀土金属及其化合物物理性能测试方法 稀土化合物比表面积的测定	
1314	GB/T 20228—2006	砷化镓单晶	
1315	GB/T 20229—2006	磷化镓单晶	
1316	GB/T 20230—2006	磷化铟单晶	
1317	GB/T 20250—2006	铝及铝合金连续挤压管	
1318	GB/T 20251—2006	电池用泡沫镍	
1319	GB/T 20252—2014	钴酸锂	GB/T 20252—2006
1320	GB/T 20253—2006	可充电电池用冲孔镀镍钢带	
1321	GB/T 20254. 1—2015	引线框架用铜及铜合金带材 第 1 部分：平带	GB/T 20254. 1—2006
1322	GB/T 20254. 2—2015	引线框架用铜及铜合金带材 第 2 部分：异性带	GB/T 20254. 2—2006

序号	标 准 号	标 准 名 称	代替标准号
1323	GB/T 20255.1—2006	硬质合金化学分析方法 钙、钾、镁和钠量的测定 火焰原子吸收光谱法	
1324	GB/T 20255.2—2006	硬质合金化学分析方法 钴、铁、锰和镍量的测定 火焰原子吸收光谱法	
1325	GB/T 20255.3—2006	硬质合金化学分析方法 钼、钛和钒量的测定 火焰原子吸收光谱法	
1326	GB/T 20255.4—2006	硬质合金化学分析方法 钴、铁、锰、钼、镍、钛和钒量的测定 火焰原子吸收光谱法	
1327	GB/T 20255.5—2006	硬质合金化学分析方法 铬量的测定 火焰原子吸收光谱法	
1328	GB/T 20255.6—2008	硬质合金化学分析方法 火焰原子吸收光谱法 一般要求	
1329	GB/T 20301—2015	磁控管用无氧铜管	GB/T 20301—2006
1330	GB/T 20302—2014	阳极磷铜材	GB/T 20302—2006
1331	GB/T 20422—2006	无铅钎料	
1332	GB/T 20424—2006	重金属精矿产品中有害元素的限量规范	
1333	GB/T 20503—2006	铝及铝合金阳极氧化 阳极氧化膜镜面反射率和镜面光泽度的测定 20°、45°、60°、85°角度方向	GB/T 20503—2006
1334	GB/T 20504—2006	铝及铝合金阳极氧化 阳极氧化膜影像清晰度的测定 条标法	GB/T 20504—2006
1335	GB/T 20505—2006	铝及铝合金阳极氧化 阳极氧化膜表面反射特性的测定 积分球法	GB/T 20505—2006
1336	GB/T 20506—2006	铝及铝合金阳极氧化 阳极氧化膜表面反射特性的测定 遮光角度仪或角度仪法	GB/T 20506—2006
1337	GB/T 20507—2006	球形氢氧化镍	
1338	GB/T 20508—2006	碳化钽粉	
1339	GB/T 20509—2006	电力机车接触材料用铜及铜合金线坯	
1340	GB/T 20510—2017	氧化铟锡靶材	GB/T 20510—2006
1341	GB/T 20568—2006	金属材料 管环液压试验方法	
1342	GB 20664—2006	有色金属矿产品的天然放射性限值	
1343	GB/T 20832—2007	金属材料 试样轴线相对于产品织构的标识	
1344	GB/T 20853—2007	金属和合金的腐蚀 人造大气中的腐蚀 暴露于间歇喷洒盐溶液和潮湿循环受控条件下的加速腐蚀试验	
1345	GB/T 20892—2007	镨钕合金	
1346	GB/T 20893—2007	金属铽	
1347	GB/T 20902—2007	有色金属冶炼企业能源计量器具配备和管理要求	

序号	标　准　号	标　准　名　称	代替标准号
1348	GB 20905—2007	铸造机械 安全要求	
1349	GB/T 20926—2007	镁及镁合金废料	
1350	GB/T 20927—2007	钛及钛合金废料	
1351	GB/T 20928—2007	无缝内螺纹铜管	
1352	GB/T 20930—2015	锂带	GB/T 20930—2007
1353	GB/T 20931.1—2007	锂化学分析方法 钾量的测定 火焰原子吸收光谱法	
1354	GB/T 20931.2—2007	锂化学分析方法 钠量的测定 火焰原子吸收光谱法	
1355	GB/T 20931.3—2007	锂化学分析方法 钙量的测定 火焰原子吸收光谱法	
1356	GB/T 20931.4—2007	锂化学分析方法 铁量的测定 邻二氮杂菲分光光度法	
1357	GB/T 20931.5—2007	锂化学分析方法 硅量的测定 硅钼蓝分光光度法	
1358	GB/T 20931.6—2007	锂化学分析方法 铝量的测定 铬天青S-溴化十六烷基吡啶分光光度法	
1359	GB/T 20931.7—2007	锂化学分析方法 镍量的测定 α-联呋喃甲酰二肟萃取光度法	
1360	GB/T 20931.8—2007	锂化学分析方法 氯量的测定 硫氰酸盐分光光度法	
1361	GB/T 20931.9—2007	锂化学分析方法 氮量的测定 碘化汞钾分光光度法	
1362	GB/T 20931.10—2007	锂化学分析方法 铜量的测定 火焰原子吸收光谱法	
1363	GB/T 20931.11—2007	锂化学分析方法 镁量的测定 火焰原子吸收光谱法	
1364	GB/T 20935.1—2018	金属材料 电磁超声检测方法 第1部分：电磁超声换能器指南	GB/T 20935.1—2007
1365	GB/T 20935.2—2018	金属材料 电磁超声检测方法 第2部分：利用电磁超声换能器技术进行超声检测的方法	GB/T 20935.2—2009
1366	GB/T 20935.3—2018	金属材料 电磁超声检测方法 第3部分：利用电磁超声换能器技术进行超声表面检测的方法	GB/T 20935.3—2009
1367	GB/T 20975.1—2018	铝及铝合金化学分析方法 第1部分：汞含量的测定	GB/T 20975.1—2007
1368	GB/T 20975.2—2018	铝及铝合金化学分析方法 第2部分：砷含量的测定	GB/T 20975.2—2007

序号	标 准 号	标 准 名 称	代替标准号
1369	GB/T 20975.3—2008	铝及铝合金化学分析方法 第3部分：铜含量的测定	GB/T 6987.3—2001、GB/T 6987.29—2001
1370	GB/T 20975.4—2008	铝及铝合金化学分析方法 铁含量的测定 邻二氮杂菲分光光度法	GB/T 6987.4—2001
1371	GB/T 20975.5—2008	铝及铝合金化学分析方法 第5部分：硅含量的测定	GB/T 6987.5—2001、GB/T 6987.6—2001
1372	GB/T 20975.6—2008	铝及铝合金化学分析方法 第6部分：镉含量的测定 火焰原子吸收光谱法	GB/T 6987.25—2001
1373	GB/T 20975.7—2008	铝及铝合金化学分析方法 第7部分：锰含量的测定 高碘酸钾分光光度法	GB/T 6987.7—2001
1374	GB/T 20975.8—2008	铝及铝合金化学分析方法 第8部分：锌含量的测定 火焰原子吸收光谱法、EDTA滴定法	GB/T 6987.8—2001、GB/T 6987.9—2001
1375	GB/T 20975.9—2008	铝及铝合金化学分析方法 第9部分：锂含量的测定 火焰原子吸收光谱法	GB/T 6987.26—2001
1376	GB/T 20975.10—2008	铝及铝合金化学分析方法 第10部分：锡含量的测定	GB/T 6987.10—2001
1377	GB/T 20975.11—2018	铝及铝合金化学分析方法 第11部分：铅含量的测定	GB/T 20975.11—2008
1378	GB/T 20975.12—2008	铝及铝合金化学分析方法 第12部分：钛含量的测定	GB/T 6987.12—2001、GB/T 6987.31—2001
1379	GB/T 20975.13—2008	铝及铝合金化学分析方法 第13部分：钒含量的测定 苯甲酰苯胲分光光度法	GB/T 6987.13—2001
1380	GB/T 20975.14—2008	铝及铝合金化学分析方法 第14部分：镍含量的测定	GB/T 6987.14—2001、GB/T 6987.15—2001
1381	GB/T 20975.15—2008	铝及铝合金化学分析方法 第15部分：硼含量的测定	GB/T 6987.27—2001
1382	GB/T 20975.16—2008	铝及铝合金化学分析方法 第16部分：镁含量的测定	GB/T 6987.16—2001、GB/T 6987.17—2001
1383	GB/T 20975.17—2008	铝及铝合金化学分析方法 第17部分：锶含量的测定 火焰原子吸收光谱法	GB/T 6987.28—2001
1384	GB/T 20975.18—2008	铝及铝合金化学分析方法 第18部分：铬含量的测定	GB/T 6987.18—2001、GB/T 6987.30—2001
1385	GB/T 20975.19—2008	铝及铝合金化学分析方法 第19部分：锆含量的测定	GB/T 6987.19—2001
1386	GB/T 20975.20—2008	铝及铝合金化学分析方法 第20部分：镓含量的测定 丁基罗丹明B分光光度法	GB/T 6987.20—2001
1387	GB/T 20975.21—2008	铝及铝合金化学分析方法 第21部分：钙含量的测定 火焰原子吸收光谱法	GB/T 6987.21—2001

序号	标　准　号	标　准　名　称	代替标准号
1388	GB/T 20975.22—2008	铝及铝合金化学分析方法 第22部分：铍含量的测定 依莱铬氰兰R分光光度法	GB/T 6987.22—2001
1389	GB/T 20975.23—2008	铝及铝合金化学分析方法 第23部分：锑含量的测定 碘化钾分光光度法	GB/T 6987.23—2001
1390	GB/T 20975.24—2008	铝及铝合金化学分析方法 第24部分：稀土总含量的测定	GB/T 6987.24—2001、GB/T 6987.32—2001
1391	GB/T 20975.25—2008	铝及铝合金化学分析方法 第25部分：电感耦合等离子体原子发射光谱法	
1392	GB/T 20975.26—2013	铝及铝合金化学分析方法 第26部分：碳含量的测定 红外吸收法	
1393	GB/T 20975.27—2018	铝及铝合金化学分析方法 第27部分：铈、镧、钪含量的测定 电感耦合等离子体原子发射光谱法	
1394	GB/T 21143—2014	金属材料 准静态断裂韧度的统一试验方法	GB/T 21143—2007
1395	GB 21146—2007	个体防护装备 职业鞋	
1396	GB 21147—2007	个体防护装备 防护鞋	
1397	GB/T 21179—2007	镍及镍合金废料	
1398	GB/T 21180—2007	锡及锡合金废料	
1399	GB/T 21181—2017	再生铅及铅合金锭	GB/T 21181—2007
1400	GB/T 21182—2007	硬质合金废料	
1401	GB/T 21183—2017	锆及锆合金板、带、箔材	GB/T 21883—2007
1402	GB 21248—2014	铜冶炼企业单位产品能源消耗限额	GB 21248—2007
1403	GB 21249—2014	锌冶炼企业单位产品能源消耗限额	GB 21249—2007
1404	GB 21250—2014	铅冶炼企业单位产品能源消耗限额	GB 21250—2007
1405	GB 21251—2014	镍冶炼企业单位产品能源消	GB 21251—2007
1406	GB 21346—2013	电解铝企业单位产品能源消耗限额	GB 21346—2008
1407	GB 21347—2012	镁冶炼企业单位产品能源消耗限额	GB 21347—2008
1408	GB 21348—2014	锡冶炼企业单位产品能源消耗限额	GB 21348—2008
1409	GB 21349—2014	锑冶炼企业单位产品能源消耗限额	GB 21349—2008
1410	GB 21350—2013	铜及铜合金管材单位产品能源消耗限额	GB 21350—2008
1411	GB 21351—2014	铝合金建筑型材单位产品能源消耗限额	GB 21351—2008
1412	GB/T 21453—2008	工业清洁生产审核指南编制通则	
1413	GB/T 21534—2008	工业用水节水 术语	
1414	GB/T 21648—2008	金属丝编织密纹网	
1415	GB/T 21651—2008	再生锌合金锭	
1416	GB/T 21652—2017	铜及铜合金线材	GB/T 21652—2008
1417	GB/T 21653—2008	镍及镍合金线和拉制线坯	GB/T 3120—1982、GB/T 3121—1982

序号	标 准 号	标 准 名 称	代替标准号
1418	GB/T 21838.1—2008	金属材料 硬度和材料参数的仪器化压痕试验 第1部分：试验方法	
1419	GB/T 21838.4—2008	金属材料 硬度和材料参数的仪器化压痕试验 第4部分：金属和非金属覆盖层的试验方法	
1420	GB/T 21994.1—2008	氟化镁化学分析方法 第1部分：试样的制备和贮存	
1421	GB/T 21994.2—2008	氟化镁化学分析方法 第2部分：湿存水含量的测定 重量法	
1422	GB/T 21994.3—2008	氟化镁化学分析方法 第3部分：氟含量的测定 蒸馏-硝酸钍容量法	
1423	GB/T 21994.4—2008	氟化镁化学分析方法 第4部分：镁含量的测定 EDTA 容量法	
1424	GB/T 21994.5—2008	氟化镁化学分析方法 第5部分：钙含量的测定 火焰原子吸收光谱法	
1425	GB/T 21994.6—2008	氟化镁化学分析方法 第6部分：二氧化硅含量的测定 钼蓝分光光度法	
1426	GB/T 21994.7—2008	氟化镁化学分析方法 第7部分：三氧化二铁含量的测定 邻二氮杂菲分光光度法	
1427	GB/T 21994.8—2008	氟化镁化学分析方法 第8部分：硫酸根含量的测定 硫酸钡重量法	
1428	GB/T 22315—2008	金属材料 弹性模量和泊松比试验方法	
1429	GB/T 22344—2018	包装用聚酯捆扎带	GB/T 22344—2008
1430	GB/T 22565—2008	金属材料 薄板和薄带 拉弯回弹评估方法	
1431	GB/T 22638.1—2016	铝箔试验方法 第1部分：厚度的测定	GB/T 22638.1—2008
1432	GB/T 22638.2—2016	铝箔试验方法 第2部分：针孔的检测	GB/T 22638.2—2008
1433	GB/T 22638.3—2016	铝箔试验方法 第3部分：粘附性的检测	GB/T 22638.3—2008
1434	GB/T 22638.4—2016	铝箔试验方法 第4部分：表面润湿张力的测定	GB/T 22638.4—2008
1435	GB/T 22638.5—2016	铝箔试验方法 第5部分：润湿性的检测	GB/T 22638.5—2008
1436	GB/T 22638.6—2016	铝箔试验方法 第6部分：直流电阻的测定	GB/T 22638.6—2008
1437	GB/T 22638.7—2016	铝箔试验方法 第7部分：热封强度的测定	GB/T 22638.7—2008
1438	GB/T 22638.8—2016	铝箔试验方法 第8部分：立方面织构含量的测定	
1439	GB/T 22638.9—2016	铝箔试验方法 第9部分：亲水性的检测	GB/T 22638.9—2008
1440	GB/T 22638.10—2016	铝箔试验方法 第10部分：涂层表面密度的测定	GB/T 22638.10—2008
1441	GB/T 22639—2008	铝合金加工产品的剥落腐蚀试验方法	

序号	标 准 号	标 准 名 称	代替标准号
1442	GB/T 22640—2008	铝合金加工产品的环形试样应力腐蚀试验方法	
1443	GB/T 22641—2008	船用铝合金板材	
1444	GB/T 22642—2008	电子、电力电容器用铝箔	
1445	GB/T 22643—2008	精铝丝	
1446	GB/T 22644—2008	卡纸用铝及铝合金箔	
1447	GB/T 22645—2008	泡罩包装用铝及铝合金箔	
1448	GB/T 22646—2008	啤酒标用铝合金箔	
1449	GB/T 22647—2008	软包装用铝及铝合金箔	
1450	GB/T 22648—2008	软管用铝及铝合金箔	
1451	GB/T 22649—2008	半刚性容器用铝及铝合金箔	
1452	GB/T 22660. 1—2008	氟化锂化学分析方法 第 1 部分：试样的制备和贮存	
1453	GB/T 22660. 2—2008	氟化锂化学分析方法 第 2 部分：湿存水含量的测定 重量法	
1454	GB/T 22660. 3—2008	氟化锂化学分析方法 第 3 部分：氟含量的测定 蒸馏-硝酸钍容量法	
1455	GB/T 22660. 4—2008	氟化锂化学分析方法 第 4 部分：镁含量的测定 火焰原子吸收光谱法	
1456	GB/T 22660. 5—2008	氟化锂化学分析方法 第 5 部分：钙含量的测定 火焰原子吸收光谱法	
1457	GB/T 22660. 6—2008	氟化锂化学分析方法 第 6 部分：二氧化硅含量的测定 钼蓝分光光度法	
1458	GB/T 22660. 7—2008	氟化锂化学分析方法 第 7 部分：三氧化二铁含量的测定 邻二氮杂菲分光光度法	
1459	GB/T 22660. 8—2008	氟化锂化学分析方法 第 8 部分：硫酸根含量的测定 硫酸钡重量法	
1460	GB/T 22661. 1—2008	氟硼酸钾化学分析方法 第 1 部分：试样的制备和贮存	
1461	GB/T 22661. 2—2008	氟硼酸钾化学分析方法 第 2 部分：湿存水含量的测定重量	
1462	GB/T 22661. 3—2008	氟硼酸钾化学分析方法 第 3 部分：氟硼酸钾含量的测定 氢氧化钠容量法	
1463	GB/T 22661. 4—2008	氟硼酸钾化学分析方法 第 4 部分：镁含量的测定 火焰原子吸收光谱法	
1464	GB/T 22661. 5—2008	氟硼酸钾化学分析方法 第 5 部分：钙含量的测定 火焰原子吸收光谱法	
1465	GB/T 22661. 6—2008	氟硼酸钾化学分析方法 第 6 部分：硅含量的测定 钼蓝分光光度法	

序号	标 准 号	标 准 名 称	代替标准号
1466	GB/T 22661.7—2008	氟硼酸钾化学分析方法 第7部分：钠含量的测定 火焰原子吸收光谱法	
1467	GB/T 22661.8—2008	氟硼酸钾化学分析方法 第8部分：游离硼酸含量的测定 氢氧化钠容量法	
1468	GB/T 22661.9—2008	氟硼酸钾化学分析方法 第9部分：氯含量的测定 硝酸汞容量法	
1469	GB/T 22661.10—2008	氟硼酸钾化学分析方法 第10部分：五氧化二磷含量的测定 钼蓝分光光度法	
1470	GB/T 22662.1—2008	氟钛酸钾化学分析方法 第1部分：试样的制备和贮存	
1471	GB/T 22662.2—2008	氟钛酸钾化学分析方法 第2部分：湿存水含量的测定 重量法	
1472	GB/T 22662.3—2008	氟钛酸钾化学分析方法 第3部分：氟钛酸钾含量的测定 硫酸高铁铵容量法	
1473	GB/T 22662.4—2008	氟钛酸钾化学分析方法 第4部分：硅含量的测定 钼蓝分光光度法	
1474	GB/T 22662.5—2008	氟钛酸钾化学分析方法 第5部分：钙含量的测定 火焰原子吸收光谱法	
1475	GB/T 22662.6—2008	氟钛酸钾化学分析方法 第6部分：铁含量的测定 火焰原子吸收光谱法	
1476	GB/T 22662.7—2008	氟钛酸钾化学分析方法 第7部分：铅含量的测定 火焰原子吸收光谱法	
1477	GB/T 22662.8—2008	氟钛酸钾化学分析方法 第8部分：氯含量的测定 硝酸汞容量法	
1478	GB/T 22662.9—2008	氟钛酸钾化学分析方法 第9部分：五氧化二磷含量的测定 钼蓝分光光度法	
1479	GB/T 22666—2008	氟化锂	
1480	GB/T 22667—2008	氟硼酸钾	
1481	GB/T 22668—2008	氟钛酸钾	
1482	GB/T 23156—2010	包装 包装与环境 术语	
1483	GB/T 23271—2009	二硫化钼	
1484	GB/T 23272—2009	照明及电子设备用钨丝	
1485	GB/T 23273.1—2009	草酸钴化学分析方法 第1部分：钴量的测定 电位滴定法	
1486	GB/T 23273.2—2009	草酸钴化学分析方法 第2部分：铅量的测定 电热原子吸收光谱法	
1487	GB/T 23273.3—2009	草酸钴化学分析方法 第3部分：砷量的测定 氢化物发生-原子荧光光谱法	
1488	GB/T 23273.4—2009	草酸钴化学分析方法 第4部分：硅量的测定 钼蓝分光光度法	

序号	标 准 号	标 准 名 称	代替标准号
1489	GB/T 23273.5—2009	草酸钴化学分析方法 第5部分：钙、镁、钠量的测定 火焰原子吸收光谱法	
1490	GB/T 23273.6—2009	草酸钴化学分析方法 第6部分：氯离子量的测定 离子选择性电极法	
1491	GB/T 23273.7—2009	草酸钴化学分析方法 第7部分：硫酸根离子量的测定 燃烧-碘量法	
1492	GB/T 23273.8—2009	草酸钴化学分析方法 第8部分：镍、铜、铁、锌、铝、锰、铅、砷、钙、镁、钠量的测定 电感耦合等离子体发射光谱法	
1493	GB/T 23274.1—2009	二氧化锡化学分析方法 第1部分：二氧化锡量的测定 碘酸钾滴定法	
1494	GB/T 23274.2—2009	二氧化锡化学分析方法 第2部分：铁量的测定 1，10-二氮杂菲分光光度法	
1495	GB/T 23274.3—2009	二氧化锡化学分析方法 第3部分：砷量的测定 砷锑钼蓝分光光度法	
1496	GB/T 23274.4—2009	二氧化锡化学分析方法 第4部分：铅、铜量的测定 火焰原子吸收光谱法	
1497	GB/T 23274.5—2009	二氧化锡化学分析方法 第5部分：锑量的测定 孔雀绿分光光度法	
1487	GB/T 23274.6—2009	二氧化锡化学分析方法 第6部分：硫酸盐的测定 目视比浊法	
1499	GB/T 23274.7—2009	二氧化锡化学分析方法 第7部分：盐酸可溶物的测定 重量法	
1500	GB/T 23274.8—2009	二氧化锡化学分析方法 第8部分：灼烧失重的测定 重量法	
1501	GB/T 23275—2009	钌粉化学分析方法 铅、铁、镍、铝、铜、银、金、铂、铱、钯、铑、硅量的测定 辉光放电质谱法	
1502	GB/T 23276—2009	钯化合物分析方法 钯量的测定 二甲基乙二醛肟析出 EDTA 络合滴定法	
1503	GB/T 23277—2009	贵金属催化剂化学分析方法 汽车尾气净化催化剂中铂、钯、铑量的测定 分光光度法	
1504	GB/T 23278.1—2009	锡酸钠化学分析方法 第1部分：锡量的测定 碘酸钾滴定法	
1505	GB/T 23278.2—2009	锡酸钠化学分析方法 第2部分：铁量的测定 1，10-二氮杂菲分光光度法	
1506	GB/T 23278.3—2009	锡酸钠化学分析方法 第3部分：砷量的测定 砷锑钼蓝分光光度法	

序号	标 准 号	标 准 名 称	代替标准号
1507	GB/T 23278. 4—2009	锡酸钠化学分析方法 第4部分：铅量的测定 原子吸收光谱法	
1508	GB/T 23278. 5—2009	锡酸钠化学分析方法 第5部分：锑量的测定 孔雀绿分光光度法	
1509	GB/T 23278. 6—2009	锡酸钠化学分析方法 第6部分：游离碱的测定 中和滴定法	
1510	GB/T 23278. 7—2009	锡酸钠化学分析方法 第7部分：碱不溶物的测定 重量法	
1511	GB/T 23278. 8—2009	锡酸钠化学分析方法 第8部分：硝酸盐含量的测定 离子选择电极法	
1512	GB/T 23361—2009	高纯氢氧化铟	
1513	GB/T 23362. 1—2009	高纯氢氧化铟化学分析方法 第1部分：砷量的测定 原子荧光光谱法	
1514	GB/T 23362. 2—2009	高纯氢氧化铟化学分析方法 第2部分：锡量的测定 苯基荧光酮分光光度法	
1515	GB/T 23362. 3—2009	高纯氢氧化铟化学分析方法 第3部分：锑量的测定 原子荧光光谱法	
1516	GB/T 23362. 4—2009	高纯氢氧化铟化学分析方法 第4部分：铝、铁、铜、锌、镉、铅和铊量的测定 电感耦合等离子体质谱法	
1517	GB/T 23362. 5—2009	高纯氢氧化铟化学分析方法 第5部分：氯量的测定 硫氰酸汞分光光度法	
1518	GB/T 23362. 6—2009	高纯氢氧化铟化学分析方法 第6部分：灼减量的测定 称量法	
1519	GB/T 23363—2009	高纯氧化铟	
1520	GB/T 23364. 1—2009	高纯氧化铟化学分析方法 第1部分：砷量的测定 原子荧光光谱法	
1521	GB/T 23364. 2—2009	高纯氧化铟化学分析方法 第2部分：锡量的测定 苯基荧光酮分光光度法	
1522	GB/T 23364. 3—2009	高纯氧化铟化学分析方法 第3部分：锑量的测定 原子荧光光谱法	
1523	GB/T 23364. 4—2009	高纯氧化铟化学分析方法 第4部分：铝、铁、铜、锌、镉、铅和铊量的测定 电感耦合等离子体质谱法	
1524	GB/T 23364. 5—2009	高纯氧化铟化学分析方法 第5部分：氯量的测定 硫氰酸汞分光光度法	
1525	GB/T 23364. 6—2009	高纯氧化铟化学分析方法 第6部分：灼减量的测定 称量法	
1526	GB/T 23365—2009	钴酸锂电化学性能测试 首次放电比容量及首次充放电效率测试方法	

序号	标 准 号	标 准 名 称	代替标准号
1527	GB/T 23366—2009	钴酸锂电化学性能测试 放电平台容量比率及循环寿命测试方法	
1528	GB/T 23367.1—2009	钴酸锂化学分析方法 第1部分：钴量的测定 EDTA滴定法	
1529	GB/T 23367.2—2009	钴酸锂化学分析方法 第2部分：锂、镍、锰、镁、铝、铁、钠、钙和铜量的测定 电感耦合等离子体原子发射光谱法	
1530	GB/T 23368.1—2009	偏钨酸铵化学分析方法 第1部分：水不溶物量的测定 称量法	
1531	GB/T 23368.2—2009	偏钨酸铵化学分析方法 第2部分：锌量的测定 火焰原子吸收光谱法	
1532	GB/T 23369—2009	硬质合金磁饱和（MS）测定的标准试验方法	
1533	GB/T 23370—2009	硬质合金 压缩试验方法	
1534	GB/T 23513.1—2009	锗精矿化学分析方法 第1部分：锗量的测定 碘酸钾滴定法	
1535	GB/T 23513.2—2009	锗精矿化学分析方法 第2部分：砷量的测定 硫酸亚铁铵滴定法	
1536	GB/T 23513.3—2009	锗精矿化学分析方法 第3部分：硫量的测定 硫酸钡重量法	
1537	GB/T 23513.4—2009	锗精矿化学分析方法 第4部分：氟量的测定 离子选择电极法	
1538	GB/T 23513.5—2009	锗精矿化学分析方法 第5部分：二氧化硅量的测定 重量法	
1539	GB/T 23514—2009	核级银-铟-镉合金化学分析方法	
1540	GB/T 23515—2009	保险管用银铜合金丝	
1541	GB/T 23516—2009	贵金属及其合金异型丝材	
1542	GB/T 23517—2009	钌炭	
1543	GB/T 23518—2009	钯炭	
1544	GB/T 23519—2009	三苯基膦氯化铑	
1545	GB/T 23520—2009	阴极保护用铂/铌复合阳极板	
1546	GB/T 23521—2009	钽电容器用银铜合金棒、管、带材	
1547	GB/T 23522—2009	再生锗原料	
1548	GB/T 23523—2009	再生锗原料中锗的测定方法	
1549	GB/T 23524—2009	石油化工废催化剂中铂含量的测定 电感耦合等离子体原子发射光谱法	
1550	GB/T 23588—2009	钕铁硼废料	
1551	GB/T 23589—2009	草酸钆	
1552	GB/T 23590—2009	氟化镨钕	
1553	GB/T 23591—2009	镧铈铽氧化物	

序号	标 准 号	标 准 名 称	代替标准号
1554	GB/T 23592—2017	摩托车排气净化催化剂	GB/T 23592—2009
1555	GB/T 23593—2009	钇铕钆氧化物	
1556	GB/T 23594. 1—2009	钐铕钆富集物化学分析方法 第1部分：稀土氧化物总量的测定 重量法	
1557	GB/T 23594. 2—2009	钐铕钆富集物化学分析方法 第2部分：十五个稀土元素氧化物配分量的测定 电感耦合等离子发射光谱法	
1558	GB/T 23595. 1—2009	白光LED灯用稀土黄色荧光粉试验方法 第1部分：光谱性能的测定	
1559	GB/T 23595. 2—2009	白光LED灯用稀土黄色荧光粉试验方法 第2部分：相对亮度的测定	
1560	GB/T 23595. 3—2009	白光LED灯用稀土黄色荧光粉试验方法 第3部分：色品坐标的测定	
1561	GB/T 23595. 4—2009	白光LED灯用稀土黄色荧光粉试验方法 第4部分：热稳定性的测定	
1562	GB/T 23595. 5—2009	白光LED灯用稀土黄色荧光粉试验方法 第5部分：pH值的测定	
1563	GB/T 23595. 6—2009	白光LED灯用稀土黄色荧光粉试验方法 第6部分：电导率的测定	
1564	GB/T 23595. 7—2010	白光LED灯用稀土黄色荧光粉试验方法 第7部分：热猝灭性能的测定	
1565	GB/T 23600—2009	镁合金铸件X射线实时成像检测方法	
1566	GB/T 23601—2009	钛及钛合金棒、丝材涡流探伤方法	
1567	GB/T 23602—2009	钛及钛合金表面除鳞和清洁方法	
1568	GB/T 23603—2009	钛及钛合金表面污染层检测方法	
1569	GB/T 23604—2009	钛及钛合金产品力学性能试验取样方法	
1570	GB/T 23605—2009	钛合金β转变温度测定方法	
1571	GB/T 23606—2009	铜氢脆检验方法	
1572	GB/T 23607—2009	铜阳极泥化学分析方法 砷、铋、铁、镍、铅、锑、硒、碲量的测定 电感耦合等离子体原子发射光谱法	
1573	GB/T 23608—2009	铂族金属废料分类和技术条件	
1574	GB/T 23609—2009	海水淡化装置用铜合金无缝管	
1575	GB/T 23610—2009	Pt77Co合金板材	
1576	GB/T 23611—2009	金靶材	
1577	GB/T 23612—2017	铝合金建筑型材阳极氧化与阳极氧化电泳涂漆工艺技术规范	GB/T 23612—2009
1578	GB/T 23613—2009	锇粉化学分析方法 镁、铁、镍、铝、铜、银、金、铂、铱、钯、铑、硅量的测定 电感耦合等离子体原子发射光谱法	

序号	标　准　号	标　准　名　称	代替标准号
1579	GB/T 23614.1—2009	钛镍形状记忆合金化学分析方法 第1部分：镍量的测定 丁二酮肟沉淀分离-EDTA络合-氯化锌返滴定法	
1580	GB/T 23614.2—2009	钛镍形状记忆合金化学分析方法 第2部分：钴、铜、铬、铁、铌量的测定 电感耦合等离子体发射光谱法	
1581	GB/T 23615.1—2017	铝合金建筑型材用辅助材料 第1部分：聚酰胺型材	GB/T 23615.1—2009
1582	GB/T 23615.2—2017	铝合金建筑型材用辅助材料 第2部分：聚氨酯隔热胶	GB/T 23615.2—2012
1583	GB/T 23791—2009	企业质量信用等级划分通则	
1584	GB/T 23794—2015	企业信用评价指标	GB/T 23794—2009
1585	GB 23821—2009	机械安全 防止上下肢触及危险区的安全距离	
1586	GB/T 24001—2016	环境管理体系 要求及使用指南	GB/T 24001—2004
1587	GB/T 24004—2017	环境管理体系 通用实施指南	
1588	GB/T 24015—2003	环境管理 现场和组织的环境评价(EASO)	
1589	GB/T 24020—2000	环境管理 环境标志和声明 通用原则	
1590	GB/T 24021—2001	环境管理 环境标志和声明 自我环境声明(Ⅱ型环境标志)	
1591	GB/T 24024—2001	环境管理 环境标志和声明 Ⅰ型环境标志原则和程序	
1592	GB/T 24031—2001	环境管理 环境表现评价 指南	
1593	GB/T 24040—2008	环境管理 生命周期评价 原则与框架	
1594	GB/T 24044—2008	环境管理 生命周期评价 要求与指南	
1595	GB/T 24050—2004	环境管理 术语	GB/T 24050—2000
1596	GB/T 24171.1—2009	金属材料 薄板和薄带 成形极限曲线的测定 第1部分：冲压车间成形极限图的测量及应用	
1597	GB/T 24171.2—2009	金属材料 薄板和薄带 成形极限曲线的测定 第2部分：实验室成形极限曲线的测定	
1598	GB/T 24172—2009	金属超塑性材料拉伸性能测定方法	
1599	GB/T 24176—2009	金属材料 疲劳试验 数据统计方案与分析方法	
1600	GB/T 24177—2009	双重晶粒度表征与测定方法	
1601	GB/T 24179—2009	金属材料 残余应力测定 压痕应变法	
1602	GB/T 24182—2009	金属力学性能试验 出版标准中的符号及定义	

序号	标 准 号	标 准 名 称	代替标准号
1603	GB/T 24183—2009	金属材料 制耳试验方法	
1604	GB/T 24481—2009	3C 产品用镁合金薄板	
1605	GB/T 24482—2009	焙烧钼精矿	
1606	GB/T 24483—2009	铝土矿石	
1607	GB/T 24484—2009	钼铁试样的采取和制备方法	
1608	GB/T 24485—2009	碳化铌粉	
1609	GB/T 24486—2009	线缆编织用铝合金线	
1610	GB/T 24487—2009	氧化铝	
1611	GB/T 24488—2009	镁合金牺牲阳极电化学性能测试方法	
1612	GB/T 24516.1—2009	金属和合金的腐蚀 大气腐蚀 地面气象因素观测方法	
1613	GB/T 24516.2—2009	金属和合金的腐蚀 大气腐蚀 跟踪太阳暴露试验方法	
1614	GB/T 24517—2009	金属和合金的腐蚀 户外周期喷淋暴露试验方法	
1615	GB/T 24518—2009	金属和合金的腐蚀 应力腐蚀室外暴露试验方法	
1616	GB/T 24523—2009	金属材料快速压痕（布氏）硬度试验方法	
1617	GB/T 24524—2009	金属材料 薄板和薄带 扩孔试验方法	
1618	GB/T 24574—2009	硅单晶中Ⅲ-Ⅴ族杂质的光致发光测试方法	
1619	GB/T 24575—2009	硅和外延片表面 Na、Al、K 和 Fe 的二次离子质谱检测方法	
1620	GB/T 24576—2009	高分辨率 X 射线衍射测量 GaAs 衬底生长的 AlGaAs 中 Al 成分的试验方法	
1621	GB/T 24577—2009	热解吸气相色谱法测定硅片表面的有机污染物	
1622	GB/T 24578—2015	硅片表面金属沾污的全反射 X 光荧光光谱测试方法	GB/T 24578—2009
1623	GB/T 24579—2009	酸浸取 原子吸收光谱法测定多晶硅表面金属污染物	
1624	GB/T 24580—2009	重掺 n 型硅衬底中硼沾污的二次离子质谱检测方法	
1625	GB/T 24581—2009	低温傅立叶变换红外光谱法测量硅单晶中Ⅲ、Ⅴ族杂质含量的测试方法	
1626	GB/T 24582—2009	酸浸取-电感耦合等离子质谱仪测定多晶硅表面金属杂质	
1627	GB/T 24584—2009	金属材料 拉伸试验 液氦试验方法	
1628	GB 24789—2009	用水单位水计量器具配备和管理通则	

序号	标 准 号	标 准 名 称	代替标准号
1629	GB/T 24980—2010	稀土长余辉荧光粉	
1630	GB/T 24981.1—2010	稀土长余辉荧光粉试验方法 第1部分：发射主峰和色品坐标的测定	
1631	GB/T 24981.2—2010	稀土长余辉荧光粉试验方法 第2部分：相对亮度的测定	
1632	GB/T 24982—2010	白光LED灯用稀土黄色荧光粉	
1633	GB/T 25047—2016	金属材料 管 环扩张试验方法	GB/T 25047—2010
1634	GB/T 25048—2010	金属材料 管 环拉伸试验方法	
1635	GB/T 25074—2017	太阳能级多晶硅	GB/T 25074—2010
1636	GB/T 25075—2010	太阳能电池用砷化镓单晶	
1637	GB/T 25076—2010	太阳电池用硅单晶	
1638	GB 25323—2010	再生铅单位产品能源消耗限额	
1639	GB 25324—2014	铝电解用石墨质阴极炭块单位产品能源消耗限额	GB 25324—2010
1640	GB 25325—2014	铝电解用预焙阳极单位产品能源消耗限额	GB 25325—2010
1641	GB 25326—2010	铝及铝合金轧、拉制管、棒材单位产品能源消耗限额	
1642	GB 25327—2017	氧化铝企业单位产品能源消耗限额	GB 25327—2010
1643	GB/T 25329—2010	企业节能规划编制通则	
1644	GB 25465—2010	铝工业污染物排放标准	
1645	GB 25466—2010	铅、锌工业污染物排放标准	
1646	GB 25467—2010	铜、镍、钴工业污染物排放标准	
1647	GB 25468—2010	镁、钛工业污染物排放标准	
1648	GB 25517.1—2010	矿山机械 安全标志 第1部分：通则	
1649	GB 25517.2—2010	矿山机械 安全标志 第2部分：危险图示符号	
1650	GB 25518—2010	地下铲运机 安全要求	
1651	GB/T 25863—2010	不锈钢烧结金属丝网多孔材料及其元件	
1652	GB/T 25942—2010	核级银-铟-镉合金棒	
1653	GB/T 25943—2010	铝土矿 检验取样精度的实验方法	
1654	GB/T 25944—2010	铝土矿 批中不均匀性的实验测定	
1655	GB/T 25945—2010	铝土矿 取样程序	
1656	GB/T 25946—2010	铝土矿 取样偏差的检验方法	
1657	GB/T 25947—2010	铝土矿 散装料水分含量的测定	
1658	GB/T 25948—2010	铝土矿 铁总量的测定 三氯化钛还原法	
1659	GB/T 25949—2010	铝土矿 样品制备	
1660	GB/T 25950—2010	铝土矿 成分不均匀性的实验测定	
1661	GB/T 25951.1—2010	镍和镍合金 术语和定义 第1部分：材料	

序号	标 准 号	标 准 名 称	代替标准号
1662	GB/T 25951.2—2010	镍和镍合金 术语和定义 第2部分：精炼产品	
1663	GB/T 25951.3—2010	镍和镍合金 术语和定义 第3部分：加工产品和铸件	
1664	GB/T 25952—2010	散装浮选镍精矿取样、制样方法	
1665	GB/T 25953—2010	有色金属选矿回收铁精矿	
1666	GB/T 25954—2010	钴及钴合金废料	
1667	GB/T 25955—2010	钽及钽合金废料	
1668	GB/T 25973—2010	工业企业清洁生产审核 技术导则	
1669	GB/T 26004—2010	表面喷涂用特种导电涂料	
1670	GB/T 26005—2010	草酸钴	
1671	GB/T 26006—2010	船用铝合金挤压管、棒、型材	
1672	GB/T 26007—2017	弹性元件和接插件用铜合金带箔材	GB/T 26007—2010
1673	GB/T 26008—2010	电池级单水氢氧化锂	
1674	GB/T 26009—2010	电光源用铌锆合金无缝管	
1675	GB/T 26010—2010	电接触银镍稀土材料	
1676	GB/T 26011—2010	电缆护套铅锭	
1677	GB/T 26012—2010	电容器用钽丝	
1678	GB/T 26013—2010	二氧化锡	
1679	GB/T 26014—2010	非建筑用铝合金装饰型材	
1680	GB/T 26015—2010	覆合用铜带	
1681	GB/T 26016—2010	高纯镍	
1682	GB/T 26017—2010	高纯铜	
1683	GB/T 26018—2010	高纯钴	
1684	GB/T 26019—2010	高杂质钨矿化学分析方法 三氧化钨量的测定 二次分离灼烧重量法	
1685	GB/T 26020—2010	金废料、分类和技术条件	
1686	GB/T 26021—2010	金条	
1687	GB/T 26022—2010	精炼镍取样方法	
1688	GB/T 26023—2010	抗射线用高精度钨板	
1689	GB/T 26024—2010	空调与制冷系统阀件用铜及铜合金无缝管	
1690	GB/T 26025—2010	连续铸钢结晶器用铜模板	
1691	GB/T 26026—2010	硫醇甲基锡	
1692	GB/T 26027—2010	铝及铝合金大规格拉制无缝管	
1693	GB/T 26028—2010	铝蒸发料	
1694	GB/T 26029—2010	镍钴锰三元素复合氧化物	
1695	GB/T 26030—2010	镍和镍合金锻件	
1696	GB/T 26031—2010	镍酸锂	
1697	GB/T 26033—2010	偏钨酸铵	

序号	标　准　号	标　准　名　称	代替标准号
1698	GB/T 26034—2010	片状铜粉	
1699	GB/T 26035—2010	片状锌粉	
1700	GB/T 26036—2010	汽车轮毂用铝合金模锻件	
1701	GB/T 26037—2010	深冲用粉末冶金钼板	
1702	GB/T 26038—2010	钨基高比重合金板材	
1703	GB/T 26039—2010	无汞锌粉	
1704	GB/T 26040—2010	锡酸钠	
1705	GB/T 26041—2010	限流熔断器用银及银合金丝、带材	
1706	GB/T 26042—2010	锌及锌合金分析方法 光电发射光谱法	
1707	GB/T 26043—2010	锌及锌合金 取样方法	
1708	GB/T 26044—2010	信号传输用单晶圆铜线及其线坯	
1709	GB/T 26045—2010	蓄电池板栅用铅钙合金锭	
1710	GB/T 26046—2010	氧化铜粉	
1711	GB/T 26047—2010	一次柱式锂电池绝缘子	
1712	GB/T 26048—2010	易切削铜合金线材	
1713	GB/T 26049—2010	银包铜粉	
1714	GB/T 26050—2010	硬质合金 X 射线荧光测定金属元素含量 熔融法	
1715	GB/T 26051—2010	硬质合金 钴粉中硫和碳量的测定 红外检测法	
1716	GB/T 26052—2010	硬质合金管状焊条	
1717	GB/T 26053—2010	硬质合金喷焊粉	
1718	GB/T 26054—2010	硬质合金再生混合料	
1719	GB/T 26055—2010	再生碳化钨粉	
1720	GB/T 26056—2010	真空热压铍材	
1721	GB/T 26057—2010	钛及钛合金焊接管	
1722	GB/T 26058—2010	钛及钛合金挤压管	
1723	GB/T 26059—2010	钛及钛合金网板	
1724	GB/T 26060—2010	钛及钛合金铸锭	
1725	GB/T 26061—2010	钽铌复合碳化物	
1726	GB/T 26062—2010	铌及铌锆合金丝	
1727	GB/T 26063—2010	铍铝合金	
1728	GB/T 26064—2010	锂圆片	
1729	GB/T 26065—2010	硅单晶抛光试验片规范	
1730	GB/T 26066—2010	硅晶片上浅腐蚀坑检测的测试方法	
1731	GB/T 26067—2010	硅片切口尺寸测试方法	
1732	GB/T 26068—2010	硅片载流子复合寿命的无接触微波反射光电导衰减测试方法	
1733	GB/T 26069—2010	硅退火片规范	

序号	标　准　号	标　准　名　称	代替标准号
1734	GB/T 26070—2010	化合物半导体抛光晶片亚表面损伤的反射差分谱测试方法	
1735	GB/T 26071—2010	太阳能电池用硅单晶切割片	
1736	GB/T 26072—2010	太阳能电池用锗单晶	
1737	GB/T 26074—2010	锗单晶电阻率直流四探针测量方法	
1738	GB/T 26076—2010	金属薄板（带）轴向力控制疲劳试验方法	
1739	GB/T 26077—2010	金属材料 疲劳试验 轴向应变控制方法	
1740	GB 26132—2010	硫酸工业污染物排放标准	
1741	GB/T 26283—2010	锆及锆合金无缝管材	
1742	GB/T 26284—2010	变形镁合金熔剂、氧化夹杂试验方法	
1743	GB/T 26285—2010	超细钴粉	
1744	GB/T 26286—2010	电解用异型导电铜板	
1745	GB/T 26287—2010	电热水器用铝合金牺牲阳极	
1746	GB/T 26288—2010	二氯二氨钯	
1747	GB/T 26289—2010	高纯硒化学分析方法 硼、铝、铁、锌、砷、银、锡、锑、碲、汞、镁、钛、镍、铜、镓、镉、铟、铅、铋量的测定 电感耦合等离子体质谱法	
1748	GB/T 26290—2010	红色黄铜无缝管	
1749	GB/T 26291—2010	舰船用铜镍合金无缝管	
1750	GB/T 26292—2010	金锗蒸发料	
1751	GB/T 26293—2010	铝电解用炭素材料 冷捣糊和中温糊 未焙烧糊捣实性的测定	
1752	GB/T 26294—2010	铝电解用炭素材料 冷捣糊中有效粘合剂含量、骨料含量及骨料粒度分布的测定 喹啉萃取法	
1753	GB/T 26295—2010	铝电解用炭素材料 预焙阳极和阴极炭块四点法测定抗折强度	
1754	GB/T 26296—2010	铝及铝合金阳极氧化膜和有机聚合物涂层缺陷	
1755	GB/T 26297. 1—2010	铝用炭素材料取样方法 第1部分：底部炭块	
1756	GB/T 26297. 2—2010	铝用炭素材料取样方法 第2部分：侧部炭块	
1757	GB/T 26297. 3—2010	铝用炭素材料取样方法 第3部分：预焙阳极	
1758	GB/T 26297. 4—2010	铝用炭素材料取样方法 第4部分：阴极糊	

序号	标 准 号	标 准 名 称	代替标准号
1759	GB/T 26297.5—2010	铝用炭素材料取样方法 第5部分：煤沥青	
1760	GB/T 26297.6—2010	铝用炭素材料取样方法 第6部分：煅后石油焦	
1761	GB/T 26298—2010	氯铂酸	
1762	GB/T 26299—2010	耐蚀用铜合金板、带材	
1763	GB/T 26300—2010	镍、钴、锰三元素复合氢氧化物	
1764	GB/T 26301—2010	屏蔽用锌白铜带	
1765	GB/T 26302—2010	热管用无缝铜及铜合金管	
1766	GB/T 26303.1—2010	铜及铜合金加工材外形尺寸检测方法 第1部分：管材	
1767	GB/T 26303.2—2010	铜及铜合金加工材外形尺寸检测方法 第2部分：棒、线、型材	
1768	GB/T 26303.3—2010	铜及铜合金加工材外形尺寸检测方法 第3部分：板带材	
1769	GB/T 26304—2010	锡粉	
1770	GB/T 26305—2010	氧化镍化学分析方法 镍量的测定 电沉积法	
1771	GB/T 26306—2010	易切削铜合金棒	
1772	GB/T 26307—2010	银靶	
1773	GB/T 26308—2010	银废料分类和技术条件	
1774	GB/T 26309—2010	银蒸发料	
1775	GB/T 26310.1—2010	原铝生产用煅后石油焦检测方法 第1部分：二甲苯中密度的测定 比重瓶法	
1776	GB/T 26310.2—2010	原铝生产用煅后石油焦检测方法 第2部分：微量元素含量的测定 火焰原子吸收光谱法	
1777	GB/T 26310.3—2010	原铝生产用煅后石油焦检测方法 第3部分：表观油含量的测定 加热法	
1778	GB/T 26310.4—2010	原铝生产用煅后石油焦检测方法 第4部分：油含量的测定 溶剂萃取法	
1779	GB/T 26310.5—2010	原铝生产用煅后石油焦检测方法 第5部分：残留氢含量的测定	
1780	GB/T 26311—2010	再生铜及铜合金棒	
1781	GB/T 26312—2010	蒸发金	
1782	GB/T 26313—2010	铍青铜无缝管	
1783	GB/T 26314—2010	锆及锆合金牌号和化学成分	
1784	GB/T 26412—2010	金属氢化物-镍电池负极用稀土系AB5型贮氢合金粉	
1785	GB/T 26413—2010	重稀土氧化物富集物	

序号	标 准 号	标 准 名 称	代替标准号
1786	GB/T 26414—2010	钆镁合金	
1787	GB/T 26415—2010	镝铁合金	
1788	GB/T 26416. 1—2010	镝铁合金化学分析方法 第1部分：稀土总量的测定 重量法	
1789	GB/T 26416. 2—2010	镝铁合金化学分析方法 第2部分：稀土杂质含量的测定 电感耦合等离子发射光谱法	
1790	GB/T 26416. 3—2010	镝铁合金化学分析方法 第3部分：钙、镁、铝、硅、镍、钼、钨量的测定 等离子发射光谱法	
1791	GB/T 26416. 4—2010	镝铁合金化学分析方法 第4部分：铁量的测定 重铬酸钾容量法	
1792	GB/T 26416. 5—2010	镝铁合金化学分析方法 第5部分：氧量的测定 脉冲红外吸收法	
1793	GB/T 26417—2010	镨钕合金及其化合物化学分析方法 稀土配分量的测定	
1794	GB/T 26443—2010	安全色和安全标志 安全标志的分类、性能和耐久性	
1795	GB/T 26443—2010	安全色和安全标志 安全标志的分类、性能和耐久性	
1796	GB/T 26450—2010	环境管理 环境信息交流 指南和示例	
1797	GB 26452—2011	钒工业污染物排放标准	
1798	GB 26488—2011	镁合金压铸安全生产规范	
1799	GB/T 26491—2011	5×××系铝合金晶间腐蚀试验方法质量损失法	
1800	GB/T 26492. 1—2011	变形铝及铝合金铸锭及加工产品缺陷 第1部分：铸锭缺陷	
1801	GB/T 26492. 2—2011	变形铝及铝合金铸锭及加工产品缺陷 第2部分：铸轧带材缺陷	
1802	GB/T 26492. 3—2011	变形铝及铝合金铸锭及加工产品缺陷 第3部分：板、带缺陷	
1803	GB/T 26492. 4—2011	变形铝及铝合金铸锭及加工产品缺陷 第4部分：铝箔缺陷	
1804	GB/T 26492. 5—2011	变形铝及铝合金铸锭及加工产品缺陷 第5部分：管材、棒材、型材、线材缺陷	
1805	GB/T 26493—2011	电池废料贮运规范	
1806	GB/T 26494—2016	轨道交通车辆结构用铝合金挤压型材	GB/T 26494—2011
1807	GB/T 26495—2011	镁合金压铸转向盘骨架坯料	
1808	GB/T 26496—2011	钨及钨合金废料	
1809	GB/T 26721—2011	三氧化二砷	

序号	标　准　号	标　准　名　称	代替标准号
1810	GB/T 26723—2011	冷轧钛带卷	
1811	GB/T 26724—2011	一次电池废料	
1812	GB/T 26725—2011	超细碳化钨粉	
1813	GB/T 26726—2011	超细钨粉	
1814	GB/T 26727—2011	铟废料	
1815	GB 26756—2011	铝及铝合金热挤压棒材单位产品能源消耗限额	
1816	GB/T 26758—2011	铅、锌冶炼企业节能规范	
1817	GB/T 26930.1—2011	原铝生产用炭素材料 煤沥青 第1部分：水分含量的测定 共沸蒸馏法	
1818	GB/T 26930.2—2011	原铝生产用炭素材料 煤沥青 第2部分：软化点的测定 环球法	
1819	GB/T 26930.3—2011	原铝生产用炭素材料 煤沥青 第3部分：密度的测定 比重瓶法	
1820	GB/T 26930.4—2011	原铝生产用炭素材料 煤沥青 第4部分：喹啉不溶物含量的测定	
1821	GB/T 26930.5—2011	原铝生产用炭素材料 煤沥青 第5部分：甲苯不溶物含量的测定	
1822	GB/T 26930.6—2014	原铝生产用炭素材料 煤沥青 第6部分：灰分的测定	
1823	GB/T 26930.7—2014	原铝生产用炭素材料 煤沥青 第7部分：软化点的测定（Mettler法）	
1824	GB/T 26930.8—2014	原铝生产用炭素材料 煤沥青 第8部分：结焦值的测定	
1825	GB/T 26930.9—2014	原铝生产用炭素材料 煤沥青 第9部分：氧弹燃烧法测定硫含量	
1826	GB/T 26930.10—2014	原铝生产用炭素材料 煤沥青 第10部分：仪器法测定硫含量	
1827	GB/T 26930.11—2014	原铝生产用炭素材料 煤沥青 第11部分：动态粘度的测定	
1828	GB/T 26930.12—2014	原铝生产用炭素材料 煤沥青 第12部分：挥发物含量的测定	
1829	GB/T 26930.13—2014	原铝生产用炭素材料 煤沥青 第13部分：喹啉不溶物中C/H原子比的测定	
1830	GB/T 26931—2011	锆及锆合金废料	
1831	GB/T 26932—2011	充电电池废料废件	
1832	GB/T 27670—2011	车辆热交换器用复合铝合金焊管	
1833	GB/T 27671—2011	导电用铜型材	
1834	GB/T 27672—2011	焊割用铜及铜合金无缝管	

序号	标 准 号	标 准 名 称	代替标准号
1835	GB/T 27673—2011	硫化铜、铅、锌和镍精矿 散装干物料质量损失的测定	
1836	GB/T 27675—2011	铝及铝合金复合板、带、箔材牌号表示方法	
1837	GB/T 27676—2011	铝及铝合金管形导体	
1838	GB/T 27677—2017	铝中间合金	
1839	GB/T 27678—2011	湿法炼锌企业废水循环利用技术规范	
1840	GB/T 27679—2011	铜、铅、锌和镍精矿 检查取样精密度的实验方法	
1841	GB/T 27680—2011	铜、铅、锌和镍精矿 检查取样误差的实验方法	
1842	GB/T 27681—2011	铜棒线材熔铸等冷却水零排放和循环利用规范	
1843	GB/T 27682—2011	铜渣精矿	
1844	GB/T 27683—2011	易切削铜合金车削废屑回收规范	
1845	GB/T 27684—2011	钛及钛合金无缝和焊接管件	
1846	GB/T 27685—2011	便携式铝合金梯	
1847	GB/T 27686—2011	电子废弃物中金属废料废件	
1848	GB/T 27687—2011	钼及钼合金废料	
1849	GB/T 27688—2011	铌及铌合金废料	
1850	GB/T 28001—2011	职业健康安全管理体系 要求	GB/T 28001—2001
1851	GB/T 28002—2011	职业健康安全管理体系 实施指南	GB/T 28002—2002
1852	GB/T 28289—2012	铝合金隔热型材复合性能试验方法	
1853	GB/T 28400—2012	钕镁合金	
1854	GB/T 28882—2012	离子型稀土矿碳酸稀土	
1855	GB/T 28896—2012	金属材料 焊接接头准静态断裂韧度测定的试验方法	
1856	GB/T 29053—2012	防尘防毒基本术语	
1857	GB/T 29054—2012	太阳能级铸造多晶硅块	
1858	GB/T 29055—2012	太阳电池用多晶硅片	
1859	GB/T 29056—2012	硅外延用三氯氢硅化学分析方法 硼、铝、磷、钒、铬、锰、铁、钴、镍、铜、钼、砷和锑量的测定 电感耦合等离子体质谱法	
1860	GB/T 29057—2012	用区熔拉晶法和光谱分析法评价多晶硅棒的规程	
1861	GB/T 29089—2012	球形焊锡粉	
1862	GB/T 29090—2012	电池废料的取样方法	
1863	GB/T 29091—2012	铜及铜合金牌号和代号表示方法	
1864	GB/T 29092—2012	镁及镁合金压铸缺陷术语	

序号	标 准 号	标 准 名 称	代替标准号
1865	GB/T 29093—2012	地下杆式抽油泵用无缝铜合金管	
1866	GB/T 29094—2012	铜及铜合金状态表示方法	
1867	GB 29136—2012	海绵钛单位产品能源消耗限额	
1868	GB 29137—2012	铜及铜合金线材单位产品能源消耗限额	
1869	GB 29145—2012	焙烧钼精矿单位产品能源消耗限额	
1870	GB 29146—2012	钼精矿单位产品能源消耗限额	
1871	GB/T 29253—2012	实验室仪器和设备常用图形符号	
1872	GB 29413—2012	锗单位产品能源消耗限额	
1873	GB/T 29434—2012	耐热高强韧铸件用铝合金锭	
1874	GB 29435—2012	稀土冶炼加工企业单位产品能源消耗限额	
1875	GB 29442—2012	铜及铜合金板、带、箔材单位产品能源消耗限额	
1876	GB 29443—2012	铜及铜合金棒材单位产品能源消耗限额	
1877	GB 29447—2012	多晶硅企业单位产品能源消耗限额	
1878	GB 29448—2012	钛及钛合金铸锭单位产品能源消耗限额	
1879	GB/T 29655—2013	钕铁硼速凝薄片合金	
1880	GB/T 29656—2013	镨钕镝合金化学分析方法	
1881	GB/T 29657—2013	钇镁合金	
1882	GB 29741—2013	铝电解安全生产规范	
1883	GB 29742—2013	镁及镁合金冶炼安全生产规范	
1884	GB/T 29502—2013	硫铁矿烧渣	
1885	GB/T 29502—2013	硫铁矿制酸烧渣回收铁	
1886	GB/T 29503—2013	铝及铝合金预拉伸板	
1887	GB/T 29504—2013	300mm 硅单晶	
1888	GB/T 29505—2013	硅片平坦表面的表面粗糙度测量方法	
1889	GB/T 29506—2013	300mm 硅单晶抛光片	
1890	GB/T 29507—2013	硅片平整度、厚度及总厚度变化测试 自动非接触扫描法	
1891	GB/T 29508—2013	300mm 硅单晶切割片和磨削片	
1892	GB/T 29510—2013	个体防护装备配备基本要求	
1893	GB/T 29519—2013	铅冶炼安全生产规范	
1894	GB/T 29520—2013	铜冶炼安全生产规范	
1895	GB/T 29521—2013	钨矿山地下开采安全生产规范	
1896	GB/T 29522—2013	锌冶炼安全生产规范（火法）	
1897	GB/T 29523—2013	锌冶炼安全生产规范（湿法）	
1898	GB/T 29524—2013	冶炼烟气制酸安全生产规范	
1899	GB/T 29658—2013	电子薄膜用高纯铝及铝合金溅射靶材	
1900	GB/T 29773—2013	铜选矿厂废水回收利用规范	
1901	GB/T 29914—2017	柴油车排气净化氧化催化剂	GB/T 29914—2013

序号	标 准 号	标 准 名 称	代替标准号
1902	GB/T 29915—2013	镧镁合金	
1903	GB/T 29916—2013	镧镁合金化学分析方法	
1904	GB/T 29917—2013	镨钕镝合金	
1905	GB/T 29918—2013	稀土系 AB5 型贮氢合金压力-组成等温线（PCI）的测试方法	
1906	GB/T 29920—2013	电工用稀土高铁铝合金杆	
1907	GB/T 29997—2013	铜及铜合金棒线材涡流探伤方法	
1908	GB/T 29998—2013	铜矿山低品位矿石可采选效益计算方法	
1909	GB/T 29999—2013	铜矿山酸性废水综合处理规范	
1910	GB/T 30015—2013	接触网用青铜棒	
1911	GB/T 30016—2013	接触网用青铜板带	
1912	GB/T 30017—2013	铜加工企业安全生产综合应急预案	
1913	GB 30039—2013	碳化钨粉安全生产规程	
1914	GB/T 30069. 1—2013	金属材料 高应变速率拉伸试验 第 1 部分：弹性杆型系统	
1915	GB/T 30069. 2—2016	金属材料 高应变速率拉伸试验 第 2 部分：液压伺服型与其他类型试验系统	
1916	GB/T 30075—2013	LED 用稀土氮化物红色荧光粉	
1917	GB/T 30076—2013	LED 用稀土硅酸盐荧光粉	
1918	GB 30078—2013	变形铝及铝合金铸锭安全生产规范	
1919	GB 30079. 1—2013	铝及铝合金板、带、箔安全生产规范 第 1 部分：铸轧	
1920	GB 30079. 2—2013	铝及铝合金板、带、箔安全生产规范 第 2 部分：热轧	
1921	GB 30079. 3—2013	铝及铝合金板、带、箔安全生产规范 第 3 部分：冷轧	
1922	GB 30080—2013	铜及铜合金熔铸安全生产规范	
1923	GB/T 30081—2013	反射炉精炼安全生产规范	
1924	GB/T 30082—2013	硫化铜、硫化铅和硫化锌精矿 批料中金属质量的测定	
1925	GB/T 30083—2013	铜、铅和锌矿及精矿 计量方法的精密度和偏差	
1926	GB 30186—2013	氧化铝安全生产规范	
1927	GB 30187—2013	铜及铜合金熔铸安全设计规范	
1928	GB/T 30453—2013	硅材料原生缺陷图谱	
1929	GB/T 30454—2013	LED 用稀土硅酸盐荧光粉试验方法	
1930	GB/T 30455—2013	灯用稀土磷酸盐绿色荧光粉	
1931	GB/T 30456—2013	灯用稀土紫外发射荧光粉	
1932	GB/T 30457—2013	灯用稀土紫外发射荧光粉试验方法	
1933	GB/T 30586—2014	连铸轧制生产的铜包铝扁棒、扁线	

序号	标　准　号	标　准　名　称	代替标准号
1934	GB/T 30586—2014	连铸轧制铜包铝扁棒、扁线	
1935	GB/T 30652—2014	硅外延用三氯氢硅	
1936	GB/T 30653—2014	Ⅲ族氮化物外延片结晶质量测试方法	
1937	GB/T 30654—2014	Ⅲ族氮化物外延片晶格常数测试方法	
1938	GB/T 30655—2014	氮化物 LED 外延片内量子效率测试方法	
1939	GB/T 30656—2014	碳化硅单晶抛光片	
1940	GB 30756—2014	镍冶炼安全生产规范	
1941	GB 30770—2014	锡、锑、汞工业污染物排放标准	
1942	GB/T 30852—2014	牵引电机用导电铜合金型材	
1943	GB/T 30853—2014	牵引电机用铜合金锻环	
1944	GB/T 30854—2014	LED 发光用氮化镓基外延片	
1945	GB/T 30855—2014	LED 外延芯片用磷化镓衬底	
1946	GB/T 30856—2014	LED 外延芯片用砷化镓衬底	
1947	GB/T 30857—2014	蓝宝石衬底片厚度及厚度变化测试方法	
1948	GB/T 30858—2014	蓝宝石单晶衬底抛光片	
1949	GB/T 30859—2014	太阳能电池用硅片翘曲度和波纹度测试方法	
1950	GB/T 30860—2014	太阳能电池用硅片表面粗糙度及切割线痕测试方法	
1951	GB/T 30861—2014	太阳能电池用锗衬底片	
1952	GB/T 30869—2014	太阳能电池用硅片厚度及总厚度变化测试方法	
1953	GB 30871—2014	化学品生产单位特殊作业安全规范	
1954	GB/T 30872—2014	建筑用丙烯酸喷漆铝合金型材	
1955	GB/T 31092—2014	蓝宝石单晶晶锭	
1956	GB/T 31093—2014	蓝宝石晶锭应力测试方法	
1957	GB/T 31218—2014	金属材料 残余应力测定 全释放应变法	
1958	GB/T 31297—2014	TC4 ELI 钛合金板材	
1959	GB/T 31298—2014	TC4 钛合金厚板	
1960	GB/T 31310—2014	金属材料 残余应力测定 钻孔应变法	
1961	GB 31338—2014	工业硅企业单位产品能源消耗限额	
1962	GB 31339—2014	铝及铝合金线坯及线材单位产品能源消耗限额	
1963	GB 31340—2014	钨精矿单位产品能源消耗限额	
1964	GB/T 31351—2014	碳化硅单晶抛光片微管密度无损检测方法	
1965	GB/T 31352—2014	蓝宝石衬底片翘曲度测试方法	
1966	GB/T 31353—2014	蓝宝石衬底片弯曲度测试方法	
1967	GB 31574—2015	再生铜、铝、铅、锌工业污染物排放标准	

序号	标　准　号	标　准　名　称	代替标准号
1968	GB/T 31863—2015	企业质量信用评价指标	
1969	GB/T 31908—2015	电弧焊和等离子焊接、切割用钨电极	
1970	GB/T 31909—2015	可渗透性烧结金属材料 透气度的测定	
1971	GB/T 31910—2015	潜水器用钛合金板材	
1972	GB/T 31930—2015	金属材料 延性试验 多孔状和蜂窝状金属压缩试验方法	
1973	GB/T 31963—2015	金属氢化物-镍电池负极用稀土镁系超晶格贮氢合金粉	
1974	GB/T 31964—2015	无水氯化镧	
1975	GB/T 31965—2015	镨钕氧化物	
1976	GB/T 31966—2015	钇铝合金	
1977	GB/T 31967.1—2015	稀土永磁材料物理性能测试方法 第1部分：磁通温度特性的测定	
1978	GB/T 31967.2—2015	稀土永磁材料物理性能测试方法 第2部分：抗弯强度和断裂韧度的测定	
1979	GB/T 31968—2015	稀土复合钇锆陶瓷粉	
1980	GB/T 31969—2015	灯用稀土三基色荧光粉试验方法 荧光粉二次特性的测定	
1981	GB/T 31976—2015	复合通孔吸声用铝合金板材	
1982	GB/T 31977—2015	核电冷凝器用铜合金无缝管	
1983	GB/T 31978—2015	金属铈	
1984	GB/T 31980—2015	电解铜箔用再生铜线	
1985	GB/T 31981—2015	钛及钛合金化学成分分析取制样方法	
1986	GB 32046—2015	电工用铜线坯单位产品能源消耗限额	
1987	GB/T 32153—2015	文献分类标引规则	
1988	GB 32166.1—2016	个体防护装备 眼面部防护 职业眼面部防护具 第1部分：要求	
1989	GB/T 32166.2—2015	个体防护装备 眼面部防护 职业眼面部防护具 第2部分：测量方法	
1990	GB/T 32181—2015	轨道交通焊接用铝合金线材	
1991	GB/T 32182—2015	轨道交通用铝及铝合金板材	
1992	GB/T 32183—2015	计算机直接排版印刷版基用铝带材	
1993	GB/T 32184—2015	高电导率铝合金挤压扁棒及板	
1994	GB/T 32185—2015	钛及钛合金大规格棒材	
1995	GB/T 32186—2015	铝及铝合金铸锭纯净度检验方法	
1996	GB/T 32188—2015	氮化镓单晶衬底片X射线双晶摇摆曲线半高宽测试方法	
1997	GB/T 32189—2015	氮化镓单晶衬底表面粗糙度的原子力显微镜检验法	
1998	GB/T 32277—2015	硅的仪器中子活化分析测试方法	

序号	标　准　号	标　准　名　称	代替标准号
1999	GB/T 32278—2015	碳化硅单晶片平整度测试方法	
2000	GB/T 32279—2015	硅片订货单格式输入规范	
2001	GB/T 32280—2015	硅片翘曲度测试 自动非接触扫描法	
2002	GB/T 32281—2015	太阳能级硅片和硅料中氧、碳、硼和磷量的测定 二次离子质谱法	
2003	GB/T 32282—2015	氮化镓单晶位错密度的测量 阴极荧光显微镜法	
2004	GB/T 32468—2015	铜铝复合板带	
2005	GB/T 32660.1—2016	金属材料 韦氏硬度试验 第1部分：试验方法	
2006	GB/T 32660.2—2016	金属材料 韦氏硬度试验 第2部分：硬度计的检验与校准	
2007	GB/T 32660.3—2016	金属材料 韦氏硬度试验 第3部分：标准硬度块的标定	
2008	GB/T 32790—2016	铝及铝合金挤压焊缝焊合性能检验方法	
2009	GB/T 32791—2016	铜及铜合金导电率涡流测试方法	
2010	GB/T 32792—2016	镁合金产品包装、标志、运输、贮存	
2011	GB/T 32793—2016	烧结镍、氧化镍化学分析方法 镍、钴、铜、铁、锌、锰含量的测定 电解重量法-电感耦合等离子体原子发射光谱法	
2012	GB/T 32930—2016	微晶硬质合金棒材	
2013	GB/T 32931—2016	铝电解烟气氨法脱硫脱氟除尘技术规范	
2014	GB/T 32967.1—2016	金属材料 高应变速率扭转试验 第1部分：室温试验方法	
2015	GB/T 32976—2016	金属材料 管 横向弯曲试验方法	
2016	GB/T 33000—2016	企业安全生产标准化基本规范	
2017	GB/T 33140—2016	集成电路用磷铜阳极	
2018	GB/T 33141—2016	镁锂合金铸锭	
2019	GB/T 33142—2016	连铸铜包铝棒坯	
2020	GB/T 33143—2016	锂离子电池用铝及铝合金箔	
2021	GB/T 33163—2016	金属材料 残余应力 超声冲击处理法	
2022	GB/T 33226—2016	热交换器用铝及铝合金多孔型材	
2023	GB/T 33227—2016	汽车用铝及铝合金板、带材	
2024	GB/T 33228—2016	电站高频导电用铝合金挤压管材	
2025	GB/T 33229—2016	电气元件用涂层铝及铝合金带材	
2026	GB/T 33230—2016	铝及铝合金多孔微通道扁管型材	
2027	GB/T 33232—2016	节水型企业 氧化铝行业	
2028	GB/T 33233—2016	节水型企业 电解铝行业	
2029	GB/T 33366—2016	电子机柜用铝合金挤压棒材	
2030	GB/T 33367—2016	铠装电缆用铝合金带材	

序号	标 准 号	标 准 名 称	代替标准号
2031	GB/T 33368—2016	电视机用铝合金带材	
2032	GB/T 33369—2016	钎焊用铝合金复合板、带、箔材	
2033	GB/T 33370—2016	铜及铜合金软化温度的测定方法	
2034	GB/T 33763—2017	蓝宝石单晶位错密度测量方法	
2035	GB/T 33812—2017	金属材料 疲劳试验 应变控制热机械疲劳试验方法	
2036	GB/T 33816—2017	断路器用铜带	
2037	GB/T 33817—2017	铜及铜合金管材内表面碳含量的测定方法	
2038	GB/T 33819—2017	硬质合金 巴氏韧性试验	
2039	GB/T 33820—2017	金属材料 延性试验 多孔状和蜂窝状金属高速压缩试验方法	
2040	GB/T 33824—2017	新能源动力电池壳及盖用铝及铝合金板、带材	
2041	GB/T 33825—2017	密封继电器用钢包铜复合棒线材	
2042	GB/T 33880—2017	热等静压铝硅合金板材	
2043	GB/T 33881—2017	罐车用铝合金板、带材	
2044	GB/T 33882—2017	换向器用银无氧铜线坯	
2045	GB/T 33883—2017	7×××系铝合金应力腐蚀试验 沸腾氯化钠溶液法	
2046	GB/T 33884—2017	重载货运列车用铝合金型材及厢块	
2047	GB/T 33908—2017	铝电解质初晶温度测定技术规范	
2048	GB/T 33909—2017	纯铂化学分析方法 钯、铑、铱、钌、金、银、铝、铋、铬、铜、铁、镍、铅、镁、锰、锡、锌、硅量的测定 电感耦合等离子体质谱法	
2049	GB/T 33910—2017	汽车用铝及铝合金挤压型材	
2050	GB/T 33911—2017	4×××系铝合金圆铸锭	
2051	GB/T 33912—2017	高纯金属为原料的变形铝及铝合金铸锭	
2052	GB/T 33913. 1—2017	三苯基膦氯化铑化学分析方法 第1部分：铑量的测定 电感耦合等离子体原子发射光谱法	
2053	GB/T 33913. 2—2017	三苯基膦氯化铑化学分析方法 第2部分：铅、铁、铜、钯、铂、铝、镍、镁、锌量的测定 电感耦合等离子体原子发射光谱法	
2054	GB/T 33945—2017	电机整流子换向片用铬锆铜棒材	
2055	GB/T 33946—2017	电磁推射装置用铜合金型、棒材	
2056	GB/T 33948. 1—2017	铜钢复合金属化学分析方法 第1部分：铜含量的测定 碘量法	

序号	标 准 号	标 准 名 称	代替标准号
2057	GB/T 33948.2—2017	铜钢复合金属化学分析方法 第2部分：锌含量的测定 Na_2EDTA 滴定法	
2058	GB/T 33949—2017	轴承保持架用铜合金环材	
2059	GB/T 33950—2017	铝及铝合金铸轧带材	
2060	GB/T 33951—2017	精密仪器仪表和电讯器材用铜合金棒线	
2061	GB/T 33952—2017	铜包铝管	
2062	GB/T 33960—2017	压力容器焊接用铝及铝合金线材	
2063	GB/T 33965—2017	金属材料 拉伸试验 矩形试样减薄率的测定	
2064	GB/T 33970—2017	电阻焊电极用 Al_2O_3 弥散强化铜片材	
2065	GB/T 34104—2017	金属材料 试验机加载同轴度的检验	
2066	GB/T 34108—2017	金属材料 高应变速率室温压缩试验方法	
2067	GB/T 34205—2017	金属材料 硬度试验 超声接触阻抗法	
2068	GB/T 34210—2017	蓝宝石单晶晶向测定方法	
2069	GB/T 34213—2017	蓝宝石衬底用高纯氧化铝	
2070	GB 34330—2017	固体废物鉴别标准 通则	
2071	GB/T 34477—2017	金属材料 薄板和薄带 抗凹性能试验方法	
2072	GB/T 34479—2017	硅片字母数字标志规范	
2073	GB/T 34481—2017	低位错密度锗单晶片腐蚀坑密度（EPD）的测量方法	
2074	GB/T 34482—2017	建筑用铝合金隔热型材传热系数测定方法	
2075	GB/T 34483—2017	锆及锆合金 β 相转变温度测定方法	
2076	GB/T 34485—2017	锆及锆合金加工产品超声波检测方法	
2077	GB/T 34486—2017	激光成型用钛及钛合金粉	
2078	GB/T 34487—2017	结构件用铝合金产品剪切试验方法	
2079	GB/T 34488—2017	全铝桥梁结构用铝合金挤压型材	
2080	GB/T 34489—2017	屋面结构用铝合金挤压型材和板材	
2081	GB/T 34490—2017	再生烧结钕铁硼永磁材料	
2082	GB/T 34491—2017	烧结钕铁硼表面镀层	
2083	GB/T 34492—2017	500kA 铝电解槽技术规范	
2084	GB/T 34493—2017	易切削铝合金挤压棒材	
2085	GB/T 34494—2017	氢碎钕铁硼永磁粉	
2086	GB/T 34495—2017	热压钕铁硼永磁材料	
2087	GB/T 34496—2017	燃气重型车用排气净化催化剂	
2088	GB/T 34497—2017	端子连接器用铜及铜合金带箔材	
2089	GB/T 34498—2017	激光灯用钨阴极材料	
2090	GB/T 34499.1—2017	铱化合物化学分析方法 第1部分：铱量的测定 硫酸亚铁电流滴定法	

序号	标 准 号	标 准 名 称	代替标准号
2091	GB/T 34499.2—2017	铱化合物化学分析方法 第2部分：银、金、铂、钯、铑、钌、铝、铜、铁、镍、铅、镁、锰、锡、锌、钙、钠、钾、硅的测定 电感耦合等离子体原子发射光谱法	
2092	GB/T 34500.1—2017	稀土废渣、废水化学分析方法 第1部分：氟离子量的测定 离子选择电极法	
2093	GB/T 34500.2—2017	稀土废渣、废水化学分析方法 第2部分：化学需氧量（COD）的测定	
2094	GB/T 34500.3—2017	稀土废渣、废水化学分析方法 第3部分：弱放射性（α和β总活度）的测定	
2095	GB/T 34500.4—2017	稀土废渣、废水化学分析方法 第4部分：铜、锌、铅、铬、镉、钡、钴、锰、镍、钛量的测定 电感耦合等离子体原子发射光谱法	
2096	GB/T 34500.5—2017	稀土废渣、废水化学分析方法 第5部分：氨氮量的测定	
2097	GB/T 34501—2017	硬质合金 耐磨试验方法	
2098	GB/T 34502—2017	封装键合用镀金银及银合金丝	
2099	GB/T 34503—2017	钨管	
2100	GB/T 34504—2017	蓝宝石抛光衬底片表面残留金属元素测量方法	
2101	GB/T 34505—2017	铜及铜合金材料 室温拉伸试验方法	
2102	GB/T 34506—2017	喷射成形锭坯挤制的铝合金挤压型材、棒材和管材	
2103	GB/T 34507—2017	封装键合用镀钯铜丝	
2104	GB/T 34508—2017	粉床电子束增材制造TC4合金材料	
2105	GB/T 34609.1—2017	铑化合物化学分析方法 第1部分：铑量的测定 硝酸六氨合钴重量法	
2106	GB/T 34612—2017	蓝宝石晶体X射线双晶衍射摇摆曲线测量方法	
2107	GB/T 34640.1—2017	变形铝及铝合金废料分类、回收与利用 第1部分：废料的分类	
2108	GB/T 34640.2—2017	变形铝及铝合金废料分类、回收与利用 第2部分：废料的回收	
2109	GB/T 34640.3—2017	变形铝及铝合金废料分类、回收与利用 第3部分：废料的利用	
2110	GB/T 34643—2017	烧结金属多孔材料 气体过滤性能的测定	
2111	GB/T 34644—2017	锆及锆合金管材涡流检测方法	
2112	GB/T 34645—2017	金属管材收缩应变比试验方法	

序号	标　准　号	标　准　名　称	代替标准号
2113	GB/T 34646—2017	烧结金属膜过滤材料及元件	
2114	GB/T 34647—2017	钛及钛合金产品状态代号	
2115	GB/T 34649—2017	磁控溅射用钌靶	
2116	GB/T 34836—2017	信息与文献 文字名称表示代码	
2117	GB/T 34911—2017	工业固体废物综合利用术语	
2118	GB/T 35076—2018	机械安全 生产设备安全通则	
2119	GB/T 35305—2017	太阳能电池用砷化镓单晶抛光片	
2120	GB/T 35306—2017	硅单晶中碳、氧含量的测定 低温傅立叶变换红外光谱法	
2121	GB/T 35307—2017	流化床法颗粒硅	
2122	GB/T 35308—2017	太阳能电池用锗基Ⅲ-Ⅴ族化合物外延片	
2123	GB/T 35309—2017	用区熔法和光谱分析法评价颗粒状多晶硅的规程	
2124	GB/T 35310—2017	200mm 硅外延片	
2125	GB/T 35316—2017	蓝宝石晶体缺陷图谱	
2126	GB/T 3533. 1—2017	标准化效益评价 第 1 部分：经济效益评价通则	GB/T 3533. 1—2009
2127	GB/T 3533. 2—2017	标准化效益评价 第 2 部分：社会效益评价通则	
2128	GB/T 35351—2017	增材制造 术语	
2129	GB/T 35415—2017	产品标准技术指标索引分类与代码	
2130	GB/T 35778—2017	企业标准化工作 指南	
2131	GB/T 36024—2018	金属材料 薄板和薄带 十字形试样双向拉伸试验方法	
2132	GB/T 36146—2018	锂离子电池用压延铜箔	
2133	GB/T 36159—2018	建筑用铝及铝合金表面阳极氧化膜及有机聚合物膜层、性能、检测方法的选择	
2134	GB/T 36161—2018	耐磨黄铜棒	
2135	GB/T 36162—2018	铜-钢复合薄板和带材	
2136	GB/T 36166—2018	液压元件用铜合金棒、型材	

2 行业标准

序号	标 准 号	标 准 名 称	代替标准号
1	YS/T 2—1991	VAD/VOD 型 25t 炉外精炼设备技术条件	
2	YS/T 4—1991	地行式气动打壳机	
3	YS/T 5—2009	双辊式铝带连续铸轧机	YS/T 5—1991
4	YS/T 6—1991	转台式振动成型机技术条件	
5	YS/T 7—2008	铝电解多功能机组	YS/T 7—1991
6	YS/T 8—1991	铝锭液压式半连续铸造机	
7	YS/T 9—2008	阳极炭块堆垛机组	YS/T 9—1991
8	YS/T 10—2008	阳极熔烧炉用多功能机组	YS/T 10—1991
9	YS/T 13—2015	高纯四氯化锗	YS/T 13—2007
10	YS/T 14—2015	异质外延层和硅多晶层厚度的测量方法	YS/T 14—1991
11	YS/T 15—2015	硅外延层和扩散层厚度测定 磨角染色法	YS/T 15—1991
12	YS/T 16—1991	单轴连续混捏机	
13	YS/T 17—1991	回转式铜精炼炉技术条件	
14	YS/T 18—1991	铜阳极板圆盘铸锭机技术条件	
15	YS/T 19—1991	铜阳极板自动定量浇注设备技术条件	
16	YS/T 21—1991	铝电解槽阳极升降机构技术条件	
17	YS/T 22—2010	锑酸钠	YS/T 22—1992
18	YS/T 23—2016	硅外延层厚度测定 堆垛层错尺寸法	YS/T 23—1992
19	YS/T 24—2016	外延钉缺陷的检验方法	YS/T 24—1992
20	YS/T 26—2016	硅片边缘轮廓检验方法	YS/T 26—1992
21	YS/T 28—2015	硅片包装	YS/T 28—1992
22	YS/T 32—2011	浮选用松醇油	YS/T 32—1992
23	YS/T 33—1992	醚醇油	YB/T 2420—1982
24	YS/T 34.1—2011	高纯砷化学分析方法 电感耦合等离子体质谱法（ICP-MS）测定高纯砷中杂质含量	YS/T 34.1—1992、YS/T 34.2—1992
25	YS/T 34.2—2011	高纯砷化学分析方法 极谱法测定硒量	YS/T 34.3—1992
26	YS/T 34.3—2011	高纯砷化学分析方法 极谱法测定硫量	YS/T 34.4—1992
27	YS/T 35—2012	高纯锑化学分析方法 镁、锌、镍、铜、银、镉、铁、硫、砷、金、锰、铅、铋、硅、硒含量的测定 高质量分辨率辉光放电质谱法	YS/T 35.1—1992、YS/T 35.2—1992、YS/T 35.3—1992、YS/T 35.4—1992

序号	标　准　号	标　准　名　称	代替标准号
28	YS/T 36.1—2011	高纯锡化学分析方法 第1部分：砷量的测定 砷斑法	YS/T 36.1—1992
29	YS/T 36.2—2011	高纯锡化学分析方法 第2部分：锑量的测定 孔雀绿分光光度法	YS/T 36.2—1992
30	YS/T 36.3—2011	高纯锡化学分析方法 第3部分：镁、铝、钙、铁、钴、镍、铜、锌、银、铟、金、铅、铋量的测定 电感耦合等离子体质谱法	YS/T 36.3—1992
31	YS/T 37.1—2007	高纯二氧化锗化学分析方法 硝酸银比浊法测定氯量	YS/T 37.1—1992
32	YS/T 37.2—2007	高纯二氧化锗化学分析方法 钼蓝分光光度法测定硅量	YS/T 37.2—1992
33	YS/T 37.3—2007	高纯二氧化锗化学分析方法 石墨炉原子吸收光谱法测定砷量	YS/T 37.3—1992
34	YS/T 37.4—2007	高纯二氧化锗化学分析方法 电感耦合等离子体质谱法测定镁、铝、钴、镍、铜、锌、铟、铅、钙、铁和砷量	YS/T 37.4—1992
35	YS/T 37.5—2007	高纯二氧化锗化学分析方法 石墨炉原子吸收光谱法测定铁量	YS/T 37.5—1992
36	YS/T 38.1—2009	高纯镓化学分析方法 第1部分：硅量的测定 钼蓝分光光度法	YS/T 38.1—1992
37	YS/T 38.2—2009	高纯镓化学分析方法 第2部分：镁、钛、铬、锰、镍、钴、铜、锌、镉、锡、铅、铋量的测定 电感耦合等离子体质谱法	YS/T 38.2—1992、YS/T 38.3—1992
38	YS/T 39—2007	氙灯钨阳极	YS/T 39—1992
39	YS/T 40—2011	高纯碘化铯	YS/T 40—1992
40	YS/T 41—2005	铍片	YS/T 41—1992
41	YS/T 42—2010	钽酸锂单晶	YS/T 42—1992
42	YS/T 43—2011	高纯砷	YS 43—1992
43	YS/T 44—2011	高纯锡	YS/T 44—1992
44	YS/T 53.1—2010	铜、铅、锌原矿和尾矿化学分析方法 第1部分：金量的测定 火试金富集-火焰原子吸收光谱法	YS/T 53.1—1992
45	YS/T 53.2—2010	铜、铅、锌原矿和尾矿化学分析方法 第2部分：金量的测定 流动注射-8531纤维微型柱分离富集-火焰原子吸收光谱法	YS/T 53.2—1992
46	YS/T 53.3—2010	铜、铅、锌原矿和尾矿化学分析方法 第3部分：银量的测定 火焰原子吸收光谱法	YS/T 53.3—1992

序号	标　准　号	标　准　名　称	代替标准号
47	YS/T 56—2013	金属粉末 自然坡度角的测定	YS/T 56—1993
48	YS/T 60—2006	硬质合金密封环毛坯	YS/T 60—1993
49	YS/T 61—2007	高速线材轧制用硬质合金辊环	YS/T 61—1993
50	YS/T 63.1—2006	铝用炭素材料检测方法 第1部分：阴极糊试样焙烧方法、焙烧失重的测定及生坯试样表观密度的测定	YS/T 63—1993
51	YS/T 63.2—2006	铝用炭素材料检测方法 第2部分：阴极炭块和预焙阳极 室温电阻率的测定	YS/T 64—1993
52	YS/T 63.3—2016	铝用炭素材料检测方法 第3部分：热导率的测定 比较法	YS/T 63.3—2006
53	YS/T 63.4—2006	铝用炭素材料检测方法 第4部分：热膨胀系数的测定	
54	YS/T 63.5—2006	铝用炭素材料检测方法 第5部分：有压下底部炭块钠膨胀率的测定	
55	YS/T 63.6—2006	铝用炭素材料检测方法 第6部分：开气孔率的测定 液体静力学法	
56	YS/T 63.7—2006	铝用炭素材料检测方法 第7部分：表观密度的测定 尺寸法	
57	YS/T 63.8—2006	铝用炭素材料检测方法 第8部分：二甲苯中密度的测定 比重瓶法	
58	YS/T 63.9—2012	铝用炭素材料检测方法 第9部分：真密度的测定 氦比重计法	YS/T 63.9—2006
59	YS/T 63.10—2012	铝用炭素材料检测方法 第10部分：空气渗透率的测定	YS/T 63.10—2006
60	YS/T 63.11—2006	铝用炭素材料检测方法 第11部分：空气反应性的测定 质量损失法	
61	YS/T 63.12—2006	铝用炭素材料检测方法 第12部分：预焙阳极 CO_2 反应性的测定 质量损失法	
62	YS/T 63.13—2016	铝用炭素材料检测方法 第13部分：弹性模量的测定	YS/T 63.13—2006
63	YS/T 63.14—2006	铝用炭素材料检测方法 第14部分：抗折强度的测定 三点法	
64	YS/T 63.15—2012	铝用炭素材料检测方法 第15部分：耐压强度的测定	YS/T 63.15—2006
65	YS/T 63.16—2006	铝用炭素材料检测方法 第16部分：微量元素的测定 X射线荧光光谱分析方法	
66	YS/T 63.17—2006	铝用炭素材料检测方法 第17部分：挥发分的测定	
67	YS/T 63.18—2006	铝用炭素材料检测方法 第18部分：水分含量的测定	

序号	标 准 号	标 准 名 称	代替标准号
68	YS/T 63.19—2012	铝用炭素材料检测方法 第19部分：灰分含量的测定	YS/T 63.19—2006
69	YS/T 63.20—2006	铝用炭素材料检测方法 第20部分：硫分的测定	
70	YS/T 63.21—2007	铝用炭素材料检测方法 第21部分：阴极糊 焙烧膨胀/收缩性的测定	
71	YS/T 63.22—2009	铝用炭素材料检测方法 第22部分：焙烧程度的测定 等效温度法	
72	YS/T 63.23—2012	铝用炭素材料检测方法 第23部分：预焙阳极空气反应性的测定 热重法	
73	YS/T 63.24—2012	铝用炭素材料检测方法 第24部分：预焙阳极二氧化碳反应性的测定 热重法	
74	YS/T 63.25—2012	铝用炭素材料检测方法 第25部分：无压下底部炭块钠膨胀率的测定	
75	YS/T 63.26—2012	铝用炭素材料检测方法 第26部分：耐火材料抗冰晶石渗透能力的测定	
76	YS/T 63.27—2015	铝用炭素材料检测方法 第27部分：断裂能量的测定	
77	YS/T 65—2012	铝电解用阴极糊	YS/T 65—2007
78	YS/T 67—2018	变形铝及铝合金圆铸锭	YS/T 67—2005
79	YS/T 68—2014	砷	YS 68—2004
80	YS/T 69—2012	钎焊用铝及铝合金板材	YS/T 69—2005
81	YS/T 70—2015	粗铜	YS/T 70—2005
82	YS/T 71—2013	粗铅	YS/T 71—2004
83	YS/T 72—2014	镉锭	YS/T 72—2005
84	YS/T 73—2011	副产品氧化锌	YS/T 73—1994
85	YS/T 74.1—2010	镉化学分析方法 第1部分：砷量的测定 氢化物发生-原子荧光光谱法	YS/T 74.1—1994
86	YS/T 74.2—2010	镉化学分析方法 第2部分：锑量的测定 氢化物发生-原子荧光光谱法	YS/T 74.2—1994
87	YS/T 74.3—2010	镉化学分析方法 第3部分：镍量的测定 电热原子吸收光谱法	YS/T 74.3—1994
88	YS/T 74.4—2010	镉化学分析方法 第4部分：铅量的测定 火焰原子吸收光谱法	YS/T 74.4—1994
89	YS/T 74.5—2010	镉化学分析方法 第5部分：铜量的测定 二乙基二硫代氨基甲酸铅分光光度法	YS/T 74.5—1994
90	YS/T 74.6—2010	镉化学分析方法 第6部分：锌量的测定 火焰原子吸收光谱法	YS/T 74.6—1994
91	YS/T 74.7—2010	镉化学分析方法 第7部分：铁量的测定 1,10-二氮杂菲分光光度法	YS/T 74.7—1994

序号	标准号	标准名称	代替标准号
92	YS/T 74.8—2010	镉化学分析方法 第8部分：铊量的测定 结晶紫分光光度法	YS/T 74.8—1994
93	YS/T 74.9—2010	镉化学分析方法 第9部分：锡量的测定 氢化物发生-原子荧光光谱法	YS/T 74.9—1994
94	YS/T 74.10—2010	镉化学分析方法 第10部分：银量的测定 火焰原子吸收光谱法	YS/T 74.10—1994
95	YS/T 74.11—2010	镉化学分析方法 第11部分：砷、锑、镍、铅、铜、锌、铁、铊、锡和银量的测定 电感耦合等离子体原子发射光谱法	
96	YS/T 76—2010	铅黄铜拉花棒	YS/T 76—1994
97	YS/T 77—2011	注射器针座用铅黄铜棒	YS/T 77—1994
98	YS/T 79—2006	硬质合金焊接刀片	YS/T 79—1994、YS/T 253—1994
99	YS/T 80—2011	硬质合金拉伸模坯	YS/T 80—1994
100	YS/T 81—2006	高纯海绵铂	YS/T 81—1994
101	YS/T 82—2006	光谱分析用铂基体	YS/T 82—1994
102	YS/T 83—2006	光谱分析用钯基体	YS/T 83—1994
103	YS/T 84—2006	光谱分析用铱基体	YS/T 84—1994
104	YS/T 85—2006	光谱分析用铑基体	YS/T 85—1994
105	YS/T 87—2009	铜、铅电解阳极泥取制样方法	YS/T 87—1995
106	YS/T 89—2011	煅烧α型氧化铝	YS/T 89—1995
107	YS/T 90—2008	铝及铝合金铸轧带材	YS/T 90—2002
108	YS/T 91—2009	瓶盖用铝及铝合金板、带、箔材	YS/T 91—2002
109	YS/T 92—1995	铝合金花格网	
110	YS/T 93—2015	膏状软钎料规范	YS/T 93—1996
111	YS/T 94—2017	硫酸铜（冶炼副产品）	YS/T 94—2007
112	YS/T 95.1—2015	空调器散热片用铝箔 第1部分：基材	YS/T 95.1—2009
113	YS/T 95.2—2016	空调器散热片用铝箔 第2部分：涂层铝箔	YS/T 95.2—2009
114	YS/T 96—2009	散装浮选铜精矿中金、银分析取制样方法	YS/T 96—1996
115	YS/T 97—2012	凿岩机用铝合金管材	YS/T 97—1997
116	YS/T 103—2008	铝土矿生产能源消耗	YS/T 103—2004
117	YS/T 108—1992	重有色金属矿山生产工艺能耗	
118	YS/T 113—1992	选矿药剂产品能耗	
119	YS/T 114—1992	有色金属企业能量平衡、电能平衡测试验收标准	
120	YS/T 118.1—1992	重有色冶金炉窑热平衡测定与计算方法(沸腾焙烧炉)	

序号	标　准　号	标　准　名　称	代替标准号
121	YS/T 118.2—1992	重有色冶金炉窑热平衡测定与计算方法(多膛焙烧炉)	
122	YS/T 118.3—1992	重有色冶金炉窑热平衡测定与计算方法(挥发回转窑)	
123	YS/T 118.4—1992	重有色冶金炉窑热平衡测定与计算方法(干燥回转窑)	
124	YS/T 118.5—1992	重有色冶金炉窑热平衡测定与计算方法(离析回转窑)	
125	YS/T 118.6—1992	重有色冶金炉窑热平衡测定与计算方法(烟化炉)	
126	YS/T 118.7—1992	重有色冶金炉窑热平衡测定与计算方法(矿热熔炼电炉)	
127	YS/T 118.8—1992	重有色冶金炉窑热平衡测定与计算方法(铜、铅熔炼鼓风炉)	
128	YS/T 118.9—1992	重有色冶金炉窑热平衡测定与计算方法(铜精炼反射炉)	
129	YS/T 118.10—1992	重有色冶金炉窑热平衡测定与计算方法(铜熔炼反射炉)	
130	YS/T 118.11—1992	重有色冶金炉窑热平衡测定与计算方法(竖罐蒸馏炉)	
131	YS/T 118.12—1992	重有色冶金炉窑热平衡测定与计算方法(塔式锌精馏炉)	
132	YS/T 118.13—1992	重有色冶金炉窑热平衡测定与计算方法(铅锌密闭鼓风炉)	
133	YS/T 118.14—1992	重有色冶金炉窑热平衡测定与计算方法(团矿焦结炉)	
134	YS/T 118.15—2012	重有色冶金炉窑热平衡测定与计算方法(吹炼转炉)	YS/T 118.15—1992
135	YS/T 118.16—2012	重有色冶金炉窑热平衡测定与计算方法(闪速炉)	
136	YS/T 118.17—2012	重有色冶金炉窑热平衡测定与计算方法(铜合成炉)	
137	YS/T 119.1—2008	氧化铝生产专用设备热平衡测定与计算方法 第1部分：熟料回转窑系统	YS/T 119.1—1992
138	YS/T 119.2—1992	氧化铝生产专用设备热平衡测定与计算方法（焙烧回转窑）	
139	YS/T 119.3—2008	氧化铝生产专用设备热平衡测定与计算方法 第3部分：竖式石灰炉	YS/T 119.3—1992
140	YS/T 119.4—2008	氧化铝生产专用设备热平衡测定与计算方法 第4部分：高压溶出系统	YS/T 119.4—1992

序号	标 准 号	标 准 名 称	代替标准号
141	YS/T 119.5—2008	氧化铝生产专用设备热平衡测定与计算方法 第5部分：蒸发器	YS/T 119.5—1992
142	YS/T 119.6—2008	氧化铝生产专用设备热平衡测定与计算方法 第6部分：脱硅系统	YS/T 119.6—1992
143	YS/T 119.7—2004	氧化铝生产专用设备热平衡测定与计算方法 第7部分：管道化溶出系统	
144	YS/T 119.8—2005	氧化铝生产专用设备热平衡测定与计算方法 第8部分：气态悬浮焙烧系统	
145	YS/T 119.9—2005	氧化铝生产专用设备热平衡测定与计算方法 第9部分：液态化焙烧炉系统	
146	YS/T 119.10—2005	氧化铝生产专用设备热平衡测定与计算方法 第10部分：板式降膜蒸发器系统	
147	YS/T 119.11—2005	氧化铝生产专用设备热平衡测定与计算方法 第11部分：单套管预热高压釜溶出系统	
148	YS/T 119.12—2010	氧化铝生产专用设备 热平衡测定与计算方法 第12部分：间接加热脱硅系统	
149	YS/T 121.1—1992	有色金属加工企业火焰反射熔炼炉热平衡测试与计算方法	
150	YS/T 121.2—1992	有色金属加工企业电阻熔炼炉热平衡测试与计算方法	
151	YS/T 121.3—1992	有色金属加工企业感应熔炼炉热平衡测试与计算方法	
152	YS/T 121.4—1992	有色金属加工企业火焰加热炉及退火炉热平衡测试与计算方法	
153	YS/T 121.5—1992	有色金属加工企业铸锭感应加热炉热平衡测试与计算方法	
154	YS/T 121.6—1992	有色金属加工企业推进式空气循环电阻加热炉热平衡测试与计算方法	
155	YS/T 121.7—1992	有色金属加工企业电阻均热炉热平衡测试与计算方法	
156	YS/T 121.8—1992	有色金属加工企业电阻退火炉热平衡测试与计算方法	
157	YS/T 121.9—1992	有色金属加工企业真空电弧炉热平衡测试与计算方法	
158	YS/T 121.10—1992	有色金属加工企业硬质合金电阻加热炉热平衡测试与计算方法	
159	YS/T 124.1—2010	炭素制品生产炉窑 热平衡测定与计算方法 第1部分：回转窑	YS/T 124.1—1994

序号	标　准　号	标　准　名　称	代替标准号
160	YS/T 124. 2—2010	炭素制品生产炉窑 热平衡测定与计算方法 第2部分：罐式煅烧炉	YS/T 124. 2—1994
161	YS/T 124. 3—2010	炭素制品生产炉窑 热平衡测定与计算方法 第3部分：电气煅烧炉	YS/T 124. 3—1994
162	YS/T 124. 4—2010	炭素制品生产炉窑 热平衡测定与计算方法 第4部分：焙烧炉	YS/T 124. 4—1994
163	YS/T 124. 5—2010	炭素制品生产炉窑 热平衡测定与计算方法 第5部分：石墨化电阻炉	YS/T 124. 5—1994
164	YS/T 125—1992	重有色冶金炉窑等级	
165	YS/T 126—2009	氧化铝生产专用设备能耗等级	YS/T 126—1992
166	YS/T 128—1992	有色金属加工企业工业炉能耗指标	
167	YS/T 131—2010	炭素制品生产炉窑能耗限额	YS/T 131. 1—1994、YS/T 138. 1—1994
168	YS/T 132—1992	重有色冶金炉窑合理用能监测	
169	YS/T 135—1992	有色金属加工企业工业炉合理用能监测标准	
170	YS/T 201—2007	贵金属及其合金板、带材	YS/T 201—1994
171	YS/T 202—2009	贵金属及其合金箔材	
172	YS/T 203—2009	贵金属及其合金丝、线、棒材	YS/T 203—1994、YS/T 204—1994、YS/T 205—1994
173	YS/T 207—2013	导电环用贵金属及其合金管材	YS/T 207—1994
174	YS/T 208—2006	氢气净化器用钯合金箔材	YS/T 208—1994
175	YS/T 210—2009	柴油机排气净化球型铂催化剂	YS/T 210—1994
176	YS/T 218—2011	超细羰基镍粉	YS/T 218—1994
177	YS/T 221—2011	金属铍珠	YS/T 221—1994
178	YS/T 222—2010	碲锭	YS/T 222—1996
179	YS/T 223—2007	硒	YS/T 223—1996
180	YS/T 224—2016	铊	YS/T 224—1994
181	YS/T 225—2010	照相制版用微晶锌板	YS/T 225—1994
182	YS/T 226. 1—2009	硒化学分析方法 第1部分：铋量的测定 氢化物发生-原子荧光光谱法	YS/T 226. 1—1994
183	YS/T 226. 2—2009	硒化学分析方法 第2部分：锑量的测定 氢化物发生-原子荧光光谱法	YS/T 226. 2—1994
184	YS/T 226. 3—2009	硒化学分析方法 第3部分：铝量的测定 铬天青S-溴代十六烷基吡啶分光光度法	YS/T 226. 4—1994
185	YS/T 226. 4—2009	硒化学分析方法 第4部分：汞量的测定 双硫腙-四氯化碳滴定比色法	YS/T 226. 5—1994
186	YS/T 226. 5—2009	硒化学分析方法 第5部分：硅量的测定 硅钼蓝分光光度法	YS/T 226. 7—1994

序号	标准号	标准名称	代替标准号
187	YS/T 226.6—2009	硒化学分析方法 第6部分：硫量的测定 对称二苯氨基脲分光光度法	YS/T 226.10—1994
188	YS/T 226.7—2009	硒化学分析方法 第7部分：镁量的测定 火焰原子吸收光谱法	YS/T 226.11—1994
189	YS/T 226.8—2009	硒化学分析方法 第8部分：铜量的测定 火焰原子吸收光谱法	YS/T 226.11—1994
190	YS/T 226.9—2009	硒化学分析方法 第9部分：铁量的测定 火焰原子吸收光谱法	YS/T 226.11—1994
191	YS/T 226.10—2009	硒化学分析方法 第10部分：镍量的测定 火焰原子吸收光谱法	YS/T 226.11—1994
192	YS/T 226.11—2009	硒化学分析方法 第11部分：铅量的测定 火焰原子吸收光谱法	YS/T 226.12—1994
193	YS/T 226.12—2009	硒化学分析方法 第12部分：硒量的测定 硫代硫酸钠容量法	YS/T 226.15—1994
194	YS/T 226.13—2009	硒化学分析方法 第13部分：银、铝、砷、硼、汞、铋、铜、镉、铁、镓、铟、镁、镍、铅、硅、锑、锡、碲、钛、锌量的测定 电感耦合等离子体质谱法	YS/T 226.3—1994、YS/T 226.6—1994、YS/T 226.8—1994、YS/T 226.13—1994
195	YS/T 227.1—2010	碲化学分析方法 第1部分：铋量的测定 氢化物发生-原子荧光光谱法	YS/T 227.1—1994
196	YS/T 227.2—2010	碲化学分析方法 第2部分：铝量的测定 铬天青S-溴代十四烷基吡啶胶束增溶分光光度法	YS/T 227.2—1994
197	YS/T 227.3—2010	碲化学分析方法 第3部分：铅量的测定 火焰原子吸收光谱法	YS/T 227.3—1994
198	YS/T 227.4—2010	碲化学分析方法 第4部分：铁量的测定 邻菲啰啉分光光度法	YS/T 227.4—1994
199	YS/T 227.5—2010	碲化学分析方法 第5部分：硒量的测定 2,3-二氨基萘分光光度法	YS/T 227.5—1994
200	YS/T 227.6—2010	碲化学分析方法 第6部分：铜量的测定 固液分离-火焰原子吸收光谱法	YS/T 227.6—1994
201	YS/T 227.7—2010	碲化学分析方法 第7部分：硫量的测定 电感耦合等离子体原子发射光谱法	YS/T 227.7—1994
202	YS/T 227.8—2010	碲化学分析方法 第8部分：镁、钠量的测定 火焰原子吸收光谱法	YS/T 227.8—1994
203	YS/T 227.9—2010	碲化学分析方法 第9部分：碲量的测定 重铬酸钾-硫酸亚铁铵容量法	YS/T 227.9—1994
204	YS/T 227.10—2010	碲化学分析方法 第10部分：砷量的测定 氢化物发生-原子荧光光谱法	YS/T 227.10—1994

序号	标　准　号	标　准　名　称	代替标准号
205	YS/T 227.11—2010	碲化学分析方法 第11部分：硅量的测定 正丁醇萃取硅钼蓝分光光度法	YS/T 227.11—1994
206	YS/T 227.12—2011	碲化学分析方法 第12部分：铋、铝、铅、铁、硒、铜、镁、钠、砷量的测定 电感耦合等离子体原子发射光谱法	
207	YS/T 229.1—2013	高纯铅化学分析方法 第1部分：银、铜、铋、铝、镍、锡、镁和铁量的测定 化学光谱法	YS/T 229.1—1994
208	YS/T 229.2—2013	高纯铅化学分析方法 第2部分：砷量的测定 原子荧光光谱法	YS/T 229.2—1994
209	YS/T 229.3—2013	高纯铅化学分析方法 第3部分：锑量的测定 原子荧光光谱法	YS/T 229.3—1994
210	YS/T 229.4—2013	高纯铅化学分析方法 第4部分：痕量杂质元素含量的测定 辉光放电质谱法	
211	YS/T 231—2015	钨精矿	YS/T 231—2007
212	YS/T 235—2016	钼精矿	YS/T 235—2007
213	YS/T 236—2009	锂云母精矿	YS/T 236—1994
214	YS/T 237—2011	选矿药剂产品分类、牌号、命名	YS/T 237—1994
215	YS/T 239.1—2010	三硫化二锑化学分析方法 第1部分：锑量的测定 硫酸铈滴定法	YS/T 239.1—1994
216	YS/T 239.2—2010	三硫化二锑化学分析方法 第2部分：化合硫量的测定 燃烧中和滴定法	YS/T 239.2—1994
217	YS/T 239.3—2010	三硫化二锑化学分析方法 第3部分：游离硫量的测定 燃烧中和滴定法	YS/T 239.3—1994
218	YS/T 239.4—2010	三硫化二锑化学分析方法 第4部分：王水不溶物的测定 重量法	YS/T 239.4—1994
219	YS/T 239.5—2010	三硫化二锑化学分析方法 第5部分：砷量的测定 砷钼蓝分光光度法	
220	YS/T 239.6—2010	三硫化二锑化学分析方法 第6部分：铁量的测定 邻二氮杂菲分光光度法	
221	YS/T 239.7—2010	三硫化二锑化学分析方法 第7部分：铅量的测定 火焰原子吸收光谱法	
222	YS/T 240.1—2007	铋精矿化学分析方法 铋量的测定 Na_2EDTA滴定法	YS/T 240.1—1994
223	YS/T 240.2—2007	铋精矿化学分析方法 铅量的测定 Na_2EDTA滴定法和火焰原子吸收光谱法	YS/T 240.2—1994、YS/T 240.12—1994
224	YS/T 240.3—2007	铋精矿化学分析方法 二氧化硅量的测定 钼蓝分光光度法和重量法	YS/T 240.3—1994
225	YS/T 240.4—2007	铋精矿化学分析方法 三氧化钨量的测定 硫氰酸盐分光光度法	YS/T 240.4—1994

序号	标准号	标准名称	代替标准号
226	YS/T 240. 5—2007	铋精矿化学分析方法 钼量的测定 硫氰酸盐分光光度法	YS/T 240. 5—1994
227	YS/T 240. 6—2007	铋精矿化学分析方法 铁量的测定 重铬酸钾滴定法	YS/T 240. 6—1994
228	YS/T 240. 7—2007	铋精矿化学分析方法 硫量的测定 燃烧-中和滴定法	YS/T 240. 7—1994
229	YS/T 240. 8—2007	铋精矿化学分析方法 砷量的测定 DDTC-Ag 分光光度法和萃取-碘滴定法	YS/T 240. 8—1994
230	YS/T 240. 9—2007	铋精矿化学分析方法 铜量的测定 碘量法和火焰原子吸收光谱法	YS/T 240. 9—1994、YS/T 240. 12—1994
231	YS/T 240. 10—2007	铋精矿化学分析方法 三氧化二铝量的测定 铬天青 S 分光光度法	YS/T 240. 10—1994
232	YS/T 240. 11—2007	铋精矿化学分析方法 银量的测定 火焰原子吸收光谱法	YS/T 240. 11—1994
233	YS/T 241—2013	钢球冷镦模具用硬质合金毛坯	YS/T 241—1994
234	YS/T 242—2009	表盘及装饰用铝及铝合金板	YS/T 242—2000
235	YS/T 243—2001	纺织经编机用铝合金线轴	
236	YS/T 244. 1—2008	高纯铝化学分析方法 第 1 部分：邻二氮杂菲-硫氰酸盐光度法测定铁含量	YS/T 244. 1—1994
237	YS/T 244. 2—2008	高纯铝化学分析方法 第 2 部分：钼蓝萃取光度法测定硅含量	YS/T 244. 2—1994
238	YS/T 244. 3—2008	高纯铝化学分析方法 第 3 部分：二安替吡啉甲烷-硫氰酸盐光度法测定钛含量	YS/T 244. 3—1994
239	YS/T 244. 4—2008	高纯铝化学分析方法 第 4 部分：丁基罗丹明 B 光度法测定镓含量	YS/T 244. 4—1994
240	YS/T 244. 5—2008	高纯铝化学分析方法 第 5 部分：阳极溶出伏安法测定铜、锌和铅含量	YS/T 244. 5—1994
241	YS/T 244. 6—2008	高纯铝化学分析方法 第 6 部分：催化锰—过硫酸反应体系法测定银含量	
242	YS/T 244. 7—2008	高纯铝化学分析方法 第 7 部分：二硫腙萃取光度法测定镉含量	
243	YS/T 244. 8—2008	高纯铝化学分析方法 第 8 部分：结晶紫萃取光度法测定铟含量	
244	YS/T 244. 9—2008	高纯铝化学分析方法 第 9 部分：电感耦合等离子体质谱法测定杂质含量	
245	YS/T 245—2011	粉冶钼合金顶头	YS/T 245—1994
246	YS/T 247—2011	镉棒	YS/T 247—1994
247	YS/T 248. 1—2007	粗铅化学分析方法 铅量的测定 Na_2EDTA 滴定法	YS/T 248. 1—1994

序号	标 准 号	标 准 名 称	代替标准号
248	YS/T 248.2—2007	粗铅化学分析方法 锡量的测定 苯基荧光酮分光光度法和碘酸钾滴定法	YS/T 248.2—1994
249	YS/T 248.3—2007	粗铅化学分析方法 锑量的测定 火焰原子吸收光谱法	YS/T 248.3—1994、YS/T 248.4—1994
250	YS/T 248.4—2007	粗铅化学分析方法 砷量的测定 砷锑钼蓝分光光度法和萃取-碘滴定法	YS/T 248.5—1994
251	YS/T 248.5—2007	粗铅化学分析方法 铜量的测定 火焰原子吸收光谱法	YS/T 248.6—1994
252	YS/T 248.6—2007	粗铅化学分析方法 金量和银量的测定 火试金法	YS/T 248.7—1994、YS/T 248.8—1994
253	YS/T 248.7—2007	粗铅化学分析方法 银量的测定 火焰原子吸收光谱法	YS/T 248.9—1994
254	YS/T 248.8—2007	粗铅化学分析方法 锌量的测定 火焰原子吸收光谱法	
255	YS/T 248.9—2007	粗铅化学分析方法 铋量的测定 火焰原子吸收光谱法	
256	YS/T 248.10—2007	粗铅化学分析方法 铁量的测定 火焰原子吸收光谱法	
257	YS/T 249—2011	25号黑药	YS/T 249—1994
258	YS/T 252.1—2007	高镍锍化学分析方法 镍量的测定 丁二酮肟重量法	YS/T 252.1—1994
259	YS/T 252.2—2007	高镍锍化学分析方法 铁量的测定 磺基水杨酸光度法	YS/T 252.2—1994
260	YS/T 252.3—2007	高镍锍化学分析方法 钴量的测定 火焰原子吸收光谱法	YS/T 252.3—1994
261	YS/T 252.4—2007	高镍锍化学分析方法 铜量的测定 硫代硫酸钠滴定法	YS/T 252.4—1994
262	YS/T 252.5—2007	高镍锍化学分析方法 硫量的测定 燃烧-中和滴定法	YS/T 252.5—1994
263	YS/T 254.1—2011	铍精矿、绿柱石化学分析方法 第1部分：氧化铍量的测定 磷酸盐重量法	YS/T 254.1—1994
264	YS/T 254.2—2011	铍精矿、绿柱石化学分析方法 第2部分：三氧化二铁量的测定 EDTA滴定法、磺基水杨酸分光光度法	YS/T 254.2—1994
265	YS/T 254.3—2011	铍精矿、绿柱石化学分析方法 第3部分：磷量的测定 磷钼钒酸分光光度法	YS/T 254.3—1994
266	YS/T 254.4—2011	铍精矿、绿柱石化学分析方法 第4部分：氧化锂量的测定 火焰原子吸收光谱法	YS/T 254.4—1994
267	YS/T 254.5—2011	铍精矿、绿柱石化学分析方法 第5部分：氟量的测定 离子选择电极法	YS/T 254.5—1994

序号	标 准 号	标 准 名 称	代替标准号
268	YS/T 254.6—2011	铍精矿、绿柱石化学分析方法 第6部分：氧化钙量的测定 火焰原子吸收光谱法	YS/T 254.6—1994
269	YS/T 254.7—2011	铍精矿、绿柱石化学分析方法 第7部分：水分量的测定 重量法	YS/T 254.7—1994
270	YS/T 255—2009	钴	YS/T 255—2000
271	YS/T 256—2009	氧化钴	YS/T 256—2000
272	YS/T 257—2009	铟锭	YS/T 99—1997、YS/T 257—1998
273	YS/T 258—2011	冶金用铌粉	YS/T 258—1996
274	YS/T 259—2012	冶金用钽粉	YS/T 259—1996
275	YS/T 260—2016	铜铍中间合金锭	GB/T 6897—1986、YS/T 260—2004
276	YS/T 261—2011	锂辉石精矿	YS/T 261—1994
277	YS/T 262—2011	绿柱石精矿	YS/T 262—1994
278	YS/T 264—2012	高纯铟	YS/T 264—1994
279	YS/T 265—2012	高纯铅	YS/T 265—1994
280	YS/T 266—2012	航空散热管	YS/T 266—1994
281	YS/T 267—2011	拉杆天线用铜合金套管	YS/T 267—1994
282	YS/T 268—2003	乙基钠（钾）黄药	YS/T 268—1994、GB/T 8147—1987
283	YS/T 269—2008	丁基钠（钾）黄药	YS/T 269—1994
284	YS/T 270—2011	乙硫氮	YS/T 270—1994
285	YS/T 271.1—1994	黄药化学分析方法 乙酸铅滴定法测定黄原酸盐含量	GB/T 8150.1—1987
286	YS/T 271.2—1994	黄药化学分析方法 乙酸滴定法测定游离碱含量	GB/T 8150.2—1987
287	YS/T 271.3—1994	黄药化学分析方法 红外干燥法测定水分及挥发物含量	GB/T 8150.3—1987
288	YS/T 273.1—2006	冰晶石化学分析方法和物理性能测定方法 第1部分：重量法测定湿存水含量	YS/T 273.1—1994
289	YS/T 273.2—2006	冰晶石化学分析方法和物理性能测定方法 第2部分：灼烧减量的测定	YS/T 273.1—1994
290	YS/T 273.3—2012	冰晶石化学分析方法和物理性能测定方法 第3部分：氟含量的测定	YS/T 273.3—2006
291	YS/T 273.4—2006	冰晶石化学分析方法和物理性能测定方法 第4部分：EDTA容量法测定铝含量	YS/T 273.4—1994
292	YS/T 273.5—2006	冰晶石化学分析方法和物理性能测定方法 第5部分：火焰原子吸收光谱法测定钠含量	YS/T 273.5—1994

序号	标　准　号	标　准　名　称	代替标准号
293	YS/T 273.6—2006	冰晶石化学分析方法和物理性能测定方法 第6部分：钼蓝分光光度法测定二氧化硅含量	YS/T 273.6—1994
294	YS/T 273.7—2006	冰晶石化学分析方法和物理性能测定方法 第7部分：邻二氮杂菲分光光度法测定三氧化二铁含量	YS/T 273.7—1994
295	YS/T 273.8—2006	冰晶石化学分析方法和物理性能测定方法 第8部分：硫酸钡重量法测定硫酸根含量	YS/T 273.8—1994
296	YS/T 273.9—2006	冰晶石化学分析方法和物理性能测定方法 第9部分：钼蓝分光光度法测定五氧化二磷含量	YS/T 273.9—1994
297	YS/T 273.10—2006	冰晶石化学分析方法和物理性能测定方法 第10部分：重量法测定游离氧化铝含量	YS/T 273.10—1994
298	YS/T 273.11—2006	冰晶石化学分析方法和物理性能测定方法 第11部分：X射线荧光光谱分析法测定硫含量	YS/T 273.11—1994
299	YS/T 273.12—2006	冰晶石化学分析方法和物理性能测定方法 第12部分：火焰原子吸收光谱法测定氧化钙含量	YS/T 273.12—1994
300	YS/T 273.13—2006	冰晶石化学分析方法和物理性能测定方法 第13部分：试样的制备和贮存	
301	YS/T 273.14—2008	冰晶石化学分析方法和物理性能测定方法 第14部分：X射线荧光光谱分析法测定元素含量	
302	YS/T 273.15—2012	冰晶石化学分析方法和物理性能测定方法 第15部分：X射线荧光光谱分析(压片)法测定元素含量	
303	YS/T 275—2018	高纯铝	YS/T 275—2008
304	YS/T 276.1—2011	铟化学分析方法 第1部分：砷量的测定 氢化物发生—原子荧光光谱法	YS/T 276.1—1994
305	YS/T 276.2—2011	铟化学分析方法 第2部分：锡量的测定 苯基荧光酮—溴代十六烷基三甲胺分光光度法	YS/T 276.2—1994
306	YS/T 276.3—2011	铟化学分析方法 第3部分：铊量的测定 甲基绿分光光度法	YS/T 276.3—1994
307	YS/T 276.4—2011	铟化学分析方法 第4部分：铝量的测定 铬天青S分光光度法	YS/T 276.4—1994

序号	标 准 号	标 准 名 称	代替标准号
308	YS/T 276.5—2011	铟化学分析方法 第5部分：铁量的测定 方法1：电热原子吸收光谱法 方法2：火焰原子吸收光谱法	YS/T 276.5—1994
309	YS/T 276.6—2011	铟化学分析方法 第6部分：铜、镉、锌量的测定 火焰原子吸收光谱法	YS/T 276.6—1994
310	YS/T 276.7—2011	铟化学分析方法 第7部分：铅量的测定 火焰原子吸收光谱法	
311	YS/T 276.8—2011	铟化学分析方法 第8部分：铋量的测定 方法1：氢化物发生—原子荧光光谱法 方法2：火焰原子吸收光谱法	
312	YS/T 276.9—2011	铟化学分析方法 第9部分：铟量的测定 Na_2EDTA滴定法	
313	YS/T 276.10—2011	铟化学分析方法 第10部分：铋、铝、铅、铁、铜、镉、锡、铊量的测定 电感耦合等离子体原子发射光谱法	
314	YS/T 276.11—2011	铟化学分析方法 第11部分：砷、铝、铅、铁、铜、镉、锡、铊、锌、铋量的测定 电感耦合等离子体质谱法	
315	YS/T 277—2016	氧化亚镍	YS/T 277—2009
316	YS/T 278—2011	丁铵黑药	YS/T 278—1994
317	YS/T 279—1994	25号钠黑药	GB/T 8636—1988
318	YS/T 280—2011	丁钠黑药	YS/T 280—1994
319	YS/T 281.1—2011	钴化学分析方法 第1部分：铁量的测定 磺基水杨酸分光光度法	YS/T 281.1—1994
320	YS/T 281.2—2011	钴化学分析方法 第2部分：铝量的测定 铬天青S分光光度法	YS/T 281.2—1994
321	YS/T 281.3—2011	钴化学分析方法 第3部分：硅量的测定 钼蓝分光光度法	YS/T 281.3—1994
322	YS/T 281.4—2011	钴化学分析方法 第4部分：砷量的测定 钼蓝分光光度法	YS/T 281.4—1994
323	YS/T 281.5—2011	钴化学分析方法 第5部分：磷量的测定 钼蓝分光光度法	YS/T 281.5—1994
324	YS/T 281.6—2011	钴化学分析方法 第6部分：镁量的测定 火焰原子吸收光谱法	YS/T 281.6—1994
325	YS/T 281.7—2011	钴化学分析方法 第7部分：锌量的测定 火焰原子吸收光谱法	YS/T 281.7—1994
326	YS/T 281.8—2011	钴化学分析方法 第8部分：镉量的测定 火焰原子吸收光谱法	YS/T 281.8—1994
327	YS/T 281.9—2011	钴化学分析方法 第9部分：铅量的测定 火焰原子吸收光谱法	YS/T 281.9—1994

序号	标 准 号	标 准 名 称	代替标准号
328	YS/T 281.10—2011	钴化学分析方法 第10部分：镍量的测定 火焰原子吸收光谱法	YS/T 281.10—1994
329	YS/T 281.11—2011	钴化学分析方法 第11部分：铜、锰量的测定 火焰原子吸收光谱法	YS/T 281.11—1994
330	YS/T 281.12—2011	钴化学分析方法 第12部分：砷、锑、铋、锡、铅量的测定 电热原子吸收光谱法	YS/T 281.12—1994
331	YS/T 281.13—2011	钴化学分析方法 第13部分：硫量的测定 高频感应炉燃烧红外吸收法	YS/T 281.13—1994、YS/T 281.14—1994
332	YS/T 281.14—2011	钴化学分析方法 第14部分：碳量的测定 高频感应炉燃烧红外吸收法	YS/T 281.15—1994
333	YS/T 281.15—2011	钴化学分析方法 第15部分：砷、锑、铋量的测定 氢化物发生-原子荧光光谱法	
334	YS/T 281.16—2011	钴化学分析方法 第16部分：砷、镉、铜、锌、铅、铋、锡、锑、硅、锰、铁、镍、铝、镁量的测定 直流电弧原子发射光谱法	
335	YS/T 281.17—2011	钴化学分析方法 第17部分：铝、锰、镍、铜、锌、镉、锡、锑、铅、铋量的测定 电感耦合等离子体质谱法	
336	YS/T 281.18—2011	钴化学分析方法 第18部分：钠量的测定 火焰原子吸收光谱法	
337	YS/T 281.19—2011	钴化学分析方法 第19部分：钙、镁、锰、铁、镉、锌量的测定 电感耦合等离子体发射光谱法	
338	YS/T 281.20—2011	钴化学分析方法 第20部分：氧量的测定 脉冲-红外吸收法	
339	YS/T 283—2009	铜中间合金锭	YS/T 283—1994
340	YS/T 285—2012	铝电解用预焙阳极	YS/T 285—2007
341	YS/T 289—2012	钎焊式热交换器用铝-钢复合带	YS/T 289—1994
342	YS/T 291—2012	标准螺栓缩径模具用硬质合金毛坯	YS/T 291—1994
343	YS/T 292—2013	六方螺母冷镦模具用硬质合金毛坯	YS/T 292—1994
344	YS/T 293—2011	标准螺栓镦粗模具用硬质合金毛坯	YS/T 293—1994
345	YS/T 294—2011	冲压电池壳用硬质合金毛坯	YS/T 294—1994
346	YS/T 295—1994	建材加工工具用硬质合金制品	GB/T 11103—1989
347	YS/T 296—2011	凿岩工具用硬质合金制品	YS/T 296—1994
348	YS/T 298—2015	高钛渣	YS/T 298—2007
349	YS/T 299—2010	人造金红石	YS/T 299—1994
350	YS/T 300—2015	锗精矿	YS/T 300—2008

序号	标 准 号	标 准 名 称	代替标准号
351	YS/T 301—2007	钴精矿	YS/T 301—1994
352	YS/T 309—2012	重熔用铝稀土合金锭	YS/T 309—1998
353	YS/T 310—2008	热镀用锌合金锭	YS/T 310—1995
354	YS/T 314—1994	钻石 100A-D 型坑内钻机	
355	YS/T 315—1994	钻石 100A-F 型坑内钻机	
356	YS/T 318—2007	铜精矿	YS/T 318—1997
357	YS/T 319—2013	铅精矿	YS/T 319—2007
358	YS/T 320—2014	锌精矿	YS/T 320—2007
359	YS/T 321—2005	铋精矿	YS/T 321—1994
360	YS/T 322—2015	冶金用二氧化钛	YS/T 322—1994
361	YS/T 323—2012	铍青铜板材和带材	YS/T 323—2002
362	YS/T 324—2009	三氧化二锑物理检验方法	YS/T 324—1994
363	YS/T 325.1—2009	镍铜合金化学分析方法 第 1 部分：镍量的测定 Na_2EDTA 滴定法	
364	YS/T 325.2—2009	镍铜合金化学分析方法 第 2 部分：铜量的测定 电解重量法	YS/T 325—1994
365	YS/T 325.3—2009	镍铜合金化学分析方法 第 3 部分：铁量的测定 火焰原子吸收光谱法	YS/T 325—1994
366	YS/T 325.4—2009	镍铜合金化学分析方法 第 4 部分：锰量的测定 火焰原子吸收光谱法	YS/T 325—1994
367	YS/T 325.5—2009	镍铜合金化学分析方法 第 5 部分：铝量的测定 Na_2EDTA 滴定法	YS/T 325—1994
368	YS/T 325.6—2009	镍铜合金化学分析方法 第 6 部分：钛量的测定 二安替吡啉甲烷分光光度法	
369	YS/T 334—2009	铍青铜圆形棒材	YS/T 334—1995
370	YS/T 335—2009	无氧铜含氧量金相检验方法	YS/T 335—1994
371	YS/T 336—2010	铜、镍及其合金管材和棒材断口检验方法	YS/T 336—1994
372	YS/T 337—2009	硫精矿	YS/T 337—1998
373	YS/T 339—2011	锡精矿	YS/T 339—2002
374	YS/T 340—2014	镍精矿	YS/T 340—2005
375	YS/T 341.1—2006	镍精矿化学分析方法 镍量的测定 丁二酮肟沉淀分离-EDTA 滴定法	YS/T 341—1994、YB/T 743—1970
376	YS/T 341.2—2006	镍精矿化学分析方法 铜量的测定 火焰原子吸收光谱法	
377	YS/T 341.3—2006	镍精矿化学分析方法 氧化镁量的测定 EDTA 滴定法	
378	YS/T 341.4—2016	镍精矿化学分析方法 第 4 部分：锌量的测定 火焰原子吸收光谱法	
379	YS/T 345—1994	朱砂分析方法（硫化汞）	YB/T 749—1970
380	YS/T 347—2004	铜及铜合金平均晶粒度测定方法	YS/T 347—1994

序号	标　准　号	标　准　名　称	代替标准号
381	YS/T 349.1—2009	硫化钴精矿化学分析方法 第1部分：钴量的测定 电位滴定法	YS/T 349—1994
382	YS/T 349.2—2010	硫化钴精矿化学分析方法 第2部分：铜量的测定 火焰原子吸收光谱法	YS/T 349—1994
383	YS/T 349.3—2010	硫化钴精矿化学分析方法 第3部分：锰量的测定 火焰原子吸收光谱法	YS/T 349—1994
384	YS/T 349.4—2010	硫化钴精矿化学分析方法 第4部分：二氧化硅量的测定 氟硅酸钾容量法	YS/T 349—1994
385	YS/T 351—2015	钛铁矿精矿	YS/T 351—2007
386	YS/T 354—1994	丁基黄药（干燥品）	YB/T 869—1976
387	YS/T 355—1994	仲辛基黄药	YB/T 870—1976
388	YS/T 356—1994	三号凝聚剂	YB/T 872—1976
389	YS/T 357—2015	乙硫氨脂	YS/T 357—1994
390	YS/T 358.1—2011	钽铁、铌铁精矿化学分析方法 第1部分：钽、铌量的测定 纸上色层重量法	YS/T 358—1994
391	YS/T 358.2—2011	钽铁、铌铁精矿化学分析方法 第2部分：二氧化钛量的测定 双安替吡啉甲烷分光光度法	YS/T 358—1994
392	YS/T 358.3—2011	钽铁、铌铁精矿化学分析方法 第3部分：二氧化硅量的测定 硅钼蓝分光光度法和重量法	YS/T 358—1994
393	YS/T 358.4—2011	钽铁、铌铁精矿化学分析方法 第4部分：三氧化钨量的测定 硫氰酸盐分光光度法	YS/T 358—1994
394	YS/T 358.5—2011	钽铁、铌铁精矿化学分析方法 第5部分：铀量的测定 电感耦合等离子体发射光谱法	YS/T 358—1994
395	YS/T 358.6—2011	钽铁、铌铁精矿化学分析方法 第6部分：氧化钍量的测定 电感耦合等离子体发射光谱法	YS/T 358—1994
396	YS/T 358.7—2011	钽铁、铌铁精矿化学分析方法 第7部分：铁量的测定 电感耦合等离子体发射光谱法	
397	YS/T 358.8—2011	钽铁、铌铁精矿化学分析方法 第8部分：亚铁量的测定 重铬酸钾滴定法	
398	YS/T 358.9—2011	钽铁、铌铁精矿化学分析方法 第9部分：锑量的测定 电感耦合等离子体发射光谱法	
399	YS/T 358.10—2011	钽铁、铌铁精矿化学分析方法 第10部分：锡量的测定 碘酸钾滴定法	

序号	标 准 号	标 准 名 称	代替标准号
400	YS/T 358.11—2011	钽铁、铌铁精矿化学分析方法 第11部分：锰量的测定 原子吸收光谱法	
401	YS/T 358.12—2012	钽铁、铌铁精矿化学分析方法 第12部分：湿存水量的测定 重量法	
402	YS/T 360.1—2011	钛铁矿精矿化学分析方法 第1部分：二氧化钛量的测定 硫酸铁铵滴定法	YS/T 360—1994
403	YS/T 360.2—2011	钛铁矿精矿化学分析方法 第2部分：全铁量的测定 重铬酸钾滴定法	YS/T 360—1994
404	YS/T 360.3—2011	钛铁矿精矿化学分析方法 第3部分：氧化亚铁量的测定 重铬酸钾滴定法	YS/T 360—1994
405	YS/T 360.4—2011	钛铁矿精矿化学分析方法 第4部分：氧化铝量的测定 EDTA滴定法	
406	YS/T 360.5—2011	钛铁矿精矿化学分析方法 第5部分：二氧化硅量的测定 硅钼蓝分光光度法	
407	YS/T 360.6—2011	钛铁矿精矿化学分析方法 第6部分：氧化钙、氧化镁、磷量的测定 等离子体发射光谱法	YS/T 360—1994
408	YS/T 361—2006	纯铂中杂质元素的发射光谱分析	YS/T 361—1994
409	YS/T 362—2006	纯钯中杂质元素的发射光谱分析	YS/T 362—1994
410	YS/T 363—2006	纯铑中杂质元素的发射光谱分析	YS/T 363—1994
411	YS/T 364—2006	纯铱中杂质元素的发射光谱分析	YS/T 364—1994
412	YS/T 365—2006	高纯铂中杂质元素的发射光谱分析	YS/T 365—1994
413	YS/T 366—2006	贵金属及其合金对铜热电动势的测量方法	YS/T 366—1994
414	YS/T 368—2015	热偶丝材热电势测量方法	YS/T 368—1994
415	YS/T 370—2006	贵金属及其合金的金相试样制备方法	YS/T 370—1994
416	YS/T 371—2006	贵金属合金化学分析方法总则	YS/T 371—1994
417	YS/T 372.1—2006	贵金属合金元素分析方法 银量的测定 碘化钾电位滴定法	YS/T 372.2—1994、YS/T 372.13—1994、YS/T 372.14—1994、YS/T 374.2—1994、YS/T 375.4—1994、YS/T 375.5—1994
418	YS/T 372.2—2006	贵金属合金元素分析方法 铂量的测定 高锰酸钾电流滴定法	YS/T 373.1—1994、YS/T 374.1—1994、YS/T 374.2—1994、YS/T 374.3—1994、YS/T 374.4—1994、YS/T 374.5—1994、YS/T 374.7—1994

序号	标 准 号	标 准 名 称	代替标准号
419	YS/T 372.22—2006	贵金属合金元素分析方法 铟量的测定 EDTA络合滴定法	YS/T 373.10—1994
420	YS/T 372.3—2006	贵金属合金元素分析方法 钯量的测定 丁二肟析出EDTA络合滴定法	YS/T 372.1—1994、YS/T 373.2—1994、YS/T 374.1—1994
421	YS/T 372.4—2006	贵金属合金元素分析方法 铜量的测定 硫脲析出EDTA络合滴定法	YS/T 372.4—1994、YS/T 372.10—1994、YS/T 372.13—1994、YS/T 373.3—1994、YS/T 373.7—1994、YS/T 373.9—1994、YS/T 373.10—1994、YS/T 373.11—1994、YS/T 375.3—1994、YS/T 375.4—1994、YS/T 375.6—1994
422	YS/T 372.5—2006	贵金属合金元素分析方法 PtCu合金中铜量的测定 EDTA络合滴定法	YS/T 374.4—1994
423	YS/T 372.6—2006	贵金属合金元素分析方法 铜锰量的测定 火焰原子吸收光谱法	YS/T 372.10—1994、YS/T 372.14—1994、YS/T 373.5—1994
424	YS/T 372.7—2006	贵金属合金元素分析方法 钴量的测定 EDTA络合滴定法	YS/T 375.5—1994
425	YS/T 372.8—2006	贵金属合金元素分析方法 PtCo合金中钴量的测定 EDTA络合滴定法	YS/T 374.3—1994
426	YS/T 372.9—2006	贵金属合金元素分析方法 镍量的测定 EDTA络合滴定法	YS/T 372.10—1994、YS/T 372.11—1994、YS/T 372.12—1994、YS/T 372.13—1994、YS/T 373.7—1994、YS/T 374.5—1994、YS/T 375.6—1994
427	YS/T 372.10—2006	贵金属合金元素分析方法 AuNi及PdNi合金中镍量的测定 EDTA络合滴定法	YS/T 372.3—1994、YS/T 375.2—1994
428	YS/T 372.11—2006	贵金属合金元素分析方法 镁量的测定 EDTA络合滴定法	YS/T 373.6—1994
429	YS/T 372.12—2006	贵金属合金元素分析方法 锌量的测定 EDTA络合滴定法	YS/T 373.9—1994
430	YS/T 372.13—2006	贵金属合金元素分析方法 锡量的测定 EDTA络合滴定法	YS/T 373.11—1994

序号	标　准　号	标　准　名　称	代替标准号
431	YS/T 372.14—2006	贵金属合金元素分析方法 锰量的测定 高锰酸钾电位滴定法	YS/T 373.5—1994
432	YS/T 372.15—2006	贵金属合金元素分析方法 锑量的测定 火焰原子吸收光谱法	YS/T 372.6—1994
433	YS/T 372.16—2006	贵金属合金元素分析方法 镓量的测定 EDTA 络合滴定法	YS/T 372.5—1994
434	YS/T 372.17—2006	贵金属合金元素分析方法 钨量和铼量的测定 钨酸重量法和硫脲分光光度法	YS/T 374.7—1994
435	YS/T 372.18—2006	贵金属合金元素分析方法 钆量的测定 偶氮氯膦Ⅲ分光光度法	YS/T 372.11—1994
436	YS/T 372.19—2006	贵金属合金元素分析方法 钇量的测定 偶氮氯膦Ⅲ分光光度法	YS/T 372.12—1994
437	YS/T 372.20—2006	贵金属合金元素分析方法 镉量的测定 碘化钾析出 EDTA 络合滴定法	YS/T 373.4—1994
438	YS/T 372.21—2006	贵金属合金元素分析方法 锆量的测定 EDTA 络合滴定法	YS/T 372.7—1994
439	YS/T 376—2010	物理纯铂丝	YB/T 1527—1979、YS/T 376—1994
440	YS/T 377—2010	标准热电偶用铂铑 10-铂偶丝	YB/T 1528—1979、YS/T 377—1994
441	YS/T 378—2009	工业热电偶用铂铑 10-铂偶丝	与 YS/T 379—1994 整合
442	YS/T 381—1994	硫氮肥腈脂	YB/T 2407—1980
443	YS/T 382—1994	甲苯胂酸	YB/T 2408—1982
444	YS/T 383—2011	烷基羟肟酸（钠）	YS/T 383—1994
445	YS/T 384—1994	混合胺	YB/T 2413—1980
446	YS/T 385—2006	锑精矿	YS/T 385—1994
447	YS/T 386—1994	丁醚油技术条件	YB/T 2421—1982
448	YS/T 387—1994	甘苄油技术条件	YB/T 2422—1982
449	YS/T 388—1994	苯乙酯油技术条件	YB/T 2423—1982
450	YS/T 389—1994	醚氨硫酯技术条件	YB/T 2424—1982
451	YS/T 390—1994	苄胂酸技术条件	YB/T 2425—1982
452	YS/T 391—1994	磷酸乙二胺盐技术条件	YB/T 2426—1982
453	YS/T 392—1994	磷酸丙二胺盐技术条件	YB/T 2427—1982
454	YS/T 393—1994	工业二乙胺	YB/T 2428—1982
455	YS/T 394—2007	钽精矿	YS/T 394—1994
456	YS/T 397—2015	海绵锆	YS/T 397—2007
457	YS/T 399—2013	海绵铪	YS/T 399—1994
458	YS/T 402—2016	二氧化锆	YS/T 402—1994

序号	标　准　号	标　准　名　称	代替标准号
459	YS/T 408. 1—2013	贵金属器皿制品 第1部分：铂及其合金器皿制品	YS/T 408—1998
460	YS/T 408. 2—2016	贵金属器皿制品 第2部分：银及其合金器皿制品	
461	YS/T 409—2012	有色金属产品分析用标准样品技术规范	YS/T 409—1998
462	YS/T 412—2014	硬质合金球粒	YS/T 412—1999
463	YS/T 413—2016	硬质合金螺旋刀片	YS/T 413—1999
464	YS/T 415—2011	高铅锑锭	YS/T 415—1999
465	YS/T 416—2016	氢气净化用钯合金管材	YS/T 416—1999
466	YS/T 418—2012	有色金属精矿产品包装、标志、运输和贮存	YS/T 418—1999
467	YS/T 419—2000	铝及铝合金杯突试验方法	
468	YS/T 420—2000	铝合金韦氏硬度试验方法	
469	YS/T 421—2017	间接排版印刷版基用铝板、带、箔材	YS/T 421—2007
470	YS/T 422. 1—2000	碳化铬化学分析方法 铬量的测定	
471	YS/T 422. 2—2000	碳化铬化学分析方法 总碳量的测定	
472	YS/T 422. 3—2000	碳化铬化学分析方法 铁含量的测定	
473	YS/T 422. 4—2000	碳化铬化学分析方法 硅量的测定	
474	YS/T 423. 1—2000	核极碳化硼粉末化学分析方法 总硼量的测定	
475	YS/T 423. 2—2000	核极碳化硼粉末化学分析方法 总碳量的测定	
476	YS/T 423. 3—2000	核极碳化硼粉末化学分析方法 游离硼量的测定	
477	YS/T 423. 4—2000	核极碳化硼粉末化学分析方法 铁量的测定	
478	YS/T 423. 5—2000	核极碳化硼粉末化学分析方法 氧量的测定	
479	YS/T 424. 1—2000	二硼化钛粉末化学分析方法 钛量的测定	
480	YS/T 424. 2—2000	二硼化钛粉末化学分析方法 总硼量的测定	
481	YS/T 424. 3—2000	二硼化钛粉末化学分析方法 铁量的测定	
482	YS/T 424. 4—2000	二硼化钛粉末化学分析方法 碳量的测定	
483	YS/T 424. 5—2000	二硼化钛粉末化学分析方法 氧量的测定	
484	YS/T 425—2013	锑铍芯块	YS/T 425—2000
485	YS/T 426. 1—2000	锑铍芯块化学分析方法 氟化钾滴定法测定铍量	
486	YS/T 426. 2—2000	锑铍芯块化学分析方法 溴化钾滴定法测定锑量	

序号	标 准 号	标 准 名 称	代替标准号
487	YS/T 426.3—2000	锑铍芯块化学分析方法 8-羟基喹啉分光光度法测定铝量	
488	YS/T 426.4—2000	锑铍芯块化学分析方法 原子吸收光谱法测定铅、铁、锰、镁量	
489	YS/T 426.5—2000	锑铍芯块化学分析方法 电感耦合等离子光谱法测定硅量	
490	YS/T 426.6—2000	锑铍芯块化学分析方法 溴甲醇法测定氧化铍量	
491	YS/T 426.7—2000	锑铍芯块化学分析方法 高频-红外吸收法测定碳量	
492	YS/T 427—2012	五氧化二钽	YS/T 427—2000
493	YS/T 428—2012	五氧化二铌	YS/T 428—2000
494	YS/T 429.1—2014	铝幕墙板 第1部分：板基	YS/T 429.1—2000
495	YS/T 429.2—2012	铝幕墙板 第2部分：有机聚合物喷涂铝单板	YS/T 429.2—2000
496	YS/T 431—2009	铝及铝合金彩色涂层板、带材	YS/T 431—2000
497	YS/T 432—2000	铝塑复合板用铝带	
498	YS/T 433—2001	银精矿	
499	YS/T 433—2016	银精矿	YS/T 433—2001
500	YS/T 434—2009	铝塑复合管用铝及铝合金带、箔材	YS/T 434—2000
501	YS/T 435—2009	易拉罐罐体用铝合金带材	YS/T 435—2000
502	YS/T 436—2000	铝合金建筑型材图样图册	
503	YS/T 437—2018	铝型材截面几何参数算法及计算机程序要求	YS/T 437—2009
504	YS/T 438.1—2013	砂状氧化铝物理性能测定方法 第1部分：筛分法测定粒度分布	YS/T 438.1—2001
505	YS/T 438.2—2013	砂状氧化铝物理性能测定方法 第2部分：磨损指数的测定	YS/T 438.2—2001
506	YS/T 438.3—2013	砂状氧化铝物理性能测定方法 第3部分：安息角的测定	YS/T 438.3—2001
507	YS/T 438.4—2013	砂状氧化铝物理性能测定方法 第4部分：比表面积的测定	YS/T 438.4—2001
508	YS/T 438.5—2013	砂状氧化铝物理性能测定方法 第5部分：X-射线衍射法测定α-氧化铝含量	YS/T 438.5—2001
509	YS/T 439—2012	铝及铝合金挤压扁棒及板	YS/T 439—2001
510	YS/T 441.1—2014	有色金属平衡管理规范 铜选矿冶炼部分	YS/T 441.1—2001
511	YS/T 441.2—2014	有色金属平衡管理规范 铅选矿冶炼部分	YS/T 441.2—2001
512	YS/T 441.3—2014	有色金属平衡管理规范 锌选矿冶炼部分	YS/T 441.3—2001
513	YS/T 441.4—2014	有色金属平衡管理规范 锡选矿冶炼部分	YS/T 441.4—2001
514	YS/T 441.5—2014	有色金属平衡管理规范 金、银冶炼部分	YS/T 441.5—2001

序号	标　准　号	标　准　名　称	代替标准号
515	YS/T 442—2001	有色金属工业测量设备 A、B、C 分类管理规范	
516	YS/T 443—2001	铜加工企业检验、测量和试验设备导则	
517	YS/T 444—2001	铝加工企业检验、测量和试验设备配备规范	
518	YS/T 445. 1—2001	银精矿化学分析方法 金和银量的测定	
519	YS/T 445. 2—2001	银精矿化学分析方法 铜量的测定	
520	YS/T 445. 3—2001	银精矿化学分析方法 砷和铋量的测定	
521	YS/T 445. 4—2001	银精矿化学分析方法 三氧化二铝量的测定	
522	YS/T 445. 5—2001	银精矿化学分析方法 硫量的测定	
523	YS/T 445. 6—2001	银精矿化学分析方法 氧化镁量的测定	
524	YS/T 445. 7—2001	银精矿化学分析方法 铅量的测定	
525	YS/T 445. 8—2001	银精矿化学分析方法 锌量的测定	
526	YS/T 445. 9—2001	银精矿化学分析方法 铅、锌量的测定	
527	YS/T 446—2002	钎焊式热交换器用铝合金复合箔	
528	YS/T 446—2011	钎焊式热交换器用铝合金复合箔、带材	YS/T 446—2002
529	YS/T 447. 1—2011	铝及铝合金晶粒细化用合金线材 第 1 部分：铝-钛-硼合金线材	YS/T 447. 1—2002
530	YS/T 447. 2—2011	铝及铝合金晶粒细化用合金线材 第 2 部分：铝-钛-碳合金线材	
531	YS/T 447. 3—2011	铝及铝合金晶粒细化用合金线材 第 3 部分：铝-钛合金线材	
532	YS/T 448—2002	铜及铜合金铸造和加工产品宏观组织检验方法	
533	YS/T 449—2002	铜及铜合金铸造和加工产品显微组织检验方法	
534	YS/T 450—2013	冰箱用高清洁度铜管	YS/T 450—2002
535	YS/T 451—2012	塑覆铜管	YS/T 451—2002
536	YS/T 452—2013	混合铅锌精矿	YS/T 452—2002
537	YS/T 453—2002	烧结不锈钢纤维毡	
538	YS/T 456—2014	铝电解槽用干式防渗料	YS/T 456—2003
539	YS/T 457—2012	铝箔用冷轧带材	YS/T 457—2003
540	YS/T 460—2003	高气压环形潜孔钻机	
541	YS/T 461. 1—2013	混合铅锌精矿化学分析方法 第 1 部分：铅量与锌量的测定 沉淀分离 Na_2EDTA 法	YS/T 461. 1—2003
542	YS/T 461. 2—2013	混合铅锌精矿化学分析方法 第 2 部分：铁量的测定 Na_2EDTA 滴定法	YS/T 461. 2—2003

序号	标 准 号	标 准 名 称	代替标准号
543	YS/T 461. 3—2013	混合铅锌精矿化学分析方法 第 3 部分：硫量的测定 燃烧-中和滴定法	YS/T 461. 3—2003
544	YS/T 461. 4—2013	混合铅锌精矿化学分析方法 第 4 部分：砷量的测定 碘滴定法	YS/T 461. 4—2003
545	YS/T 461. 5—2013	混合铅锌精矿化学分析方法 第 5 部分：二氧化硅量的测定 钼蓝分光光度法	YS/T 461. 5—2003
546	YS/T 461. 6—2013	混合铅锌精矿化学分析方法 第 6 部分：汞量的测定 原子荧光光谱法	YS/T 461. 6—2003
547	YS/T 461. 7—2013	混合铅锌精矿化学分析方法 第 7 部分：镉量的测定 火焰原子吸收光谱法	YS/T 461. 7—2003
548	YS/T 461. 8—2013	混合铅锌精矿化学分析方法 第 8 部分：铜量的测定 火焰原子吸收光谱法	YS/T 461. 8—2003
549	YS/T 461. 9—2013	混合铅锌精矿化学分析方法 第 9 部分：银量的测定 火焰原子吸收光谱法	YS/T 461. 9—2003
550	YS/T 461. 10—2013	混合铅锌精矿化学分析方法 第 10 部分：金量与银量的测定 火试金法	YS/T 461. 10—2003
551	YS/T 462—2003	铜及铜合金管棒型线材产品缺陷	
552	YS/T 463—2003	铜及铜合金板带箔材产品缺陷	
553	YS/T 464—2003	阴极铜直读光谱分析方法	
554	YS/T 466—2003	铜板带箔材耐热性能试验方法 硬度法	
555	YS/T 468—2018	有色金属选矿用石灰	YS/T 468—2004
556	YS/T 469—2004	氧化铝、氢氧化铝白度测定方法	
557	YS/T 470. 1—2004	铜铍合金化学分析方法 电感耦合等离子体发射光谱法测定铍、钴、镍、钛、铁、铝、硅、铅、镁量	
558	YS/T 470. 2—2004	铜铍合金化学分析方法 氟化钠滴定法测定铍量	
559	YS/T 470. 3—2004	铜铍合金化学分析方法 钼蓝分光光度法测定磷量	
560	YS/T 471—2004	铜及铜合金韦氏硬度试验方法	
561	YS/T 472. 1—2005	镍精矿、钴硫精矿化学分析方法 镉量的测定 火焰原子吸收光谱法	
562	YS/T 472. 2—2005	镍精矿、钴硫精矿化学分析方法 铬量的测定 火焰原子吸收光谱法	
563	YS/T 472. 3—2005	镍精矿、钴硫精矿化学分析方法 汞量的测定 氢化物发生 原子荧光光谱法	
564	YS/T 472. 4—2005	镍精矿、钴硫精矿化学分析方法 铅量的测定 火焰原子吸收光谱法	
565	YS/T 472. 5—2005	镍精矿、钴硫精矿化学分析方法 砷量的测定 氢化物发生 原子荧光光谱法	

序号	标　准　号	标　准　名　称	代替标准号
566	YS/T 473—2015	工业镓化学分析方法 杂质元素的测定 电感耦合等离子体质谱法	YS/T 473—2005
567	YS/T 474—2005	高纯镓化学分析方法 痕量元素的测定 电感耦合等离子体质谱法	
568	YS/T 475. 1—2005	铸造轴承合金化学分析方法 锡量的测定 碘酸钾滴定法	
569	YS/T 475. 2—2005	铸造轴承合金化学分析方法 铅量的测定 EDTA 滴定法	
570	YS/T 475. 3—2005	铸造轴承合金化学分析方法 锑量的测定 硫酸铈滴定法	
571	YS/T 475. 4—2005	铸造轴承合金化学分析方法 铜量的测定 硫代硫酸钠滴定法	
572	YS/T 475. 5—2005	铸造轴承合金化学分析方法 砷量的测定 砷锑钼蓝分光光度法	
573	YS/T 475. 6—2005	铸造轴承合金化学分析方法 铝量的测定 铬天青 S 分光光度法	
574	YS/T 476—2005	照相用硝酸银	
575	YS/T 479—2005	一般工业用铝及铝合金锻件	
576	YS/T 480—2005	铝电解槽能量平衡测试与计算方法 四点进电和两点进电预焙阳极铝电解槽	
577	YS/T 481—2005	铝电解槽能量平衡测试与计算方法 五点进电和六点进电预焙阳极铝电解槽	
578	YS/T 482—2005	铜及铜合金分析方法 光电发射光谱法	
579	YS/T 483—2005	铜及铜合金分析方法 X 射线荧光光谱法（波长色散型）	
580	YS/T 484—2005	金属氢化物 镍电池负极用储氢合金比容量的测定	
581	YS/T 485—2005	烧结双金属材料剪切强度的测定方法	
582	YS/T 486—2005	异丙基钠（钾）黄药	
583	YS/T 487—2005	异戊基钠（钾）黄药	
584	YS/T 488—2005	异丁基钠（钾）黄药	
585	YS/T 490—2005	铝及铝合金压花板、带材	
586	YS/T 491—2005	变形铝及铝合金用熔剂	
587	YS/T 492—2012	铝及铝合金成分添加剂	YS/T 492—2005
588	YS/T 493—2005	活塞用 4A11、4032 合金挤压棒材	
589	YS/T 495—2005	镁合金热挤压管材	
590	YS/T 496—2012	钎焊式热交换器用铝合金箔	YS/T 496—2005
591	YS/T 497—2005	有色金属工业计量及自动化设备服务核算规范	
592	YS/T 498—2006	电解沉积用铅阳极板	GB/T 1471—1988

序号	标 准 号	标 准 名 称	代替标准号
593	YS/T 499—2015	雾化铜粉	YS/T 499—2006
594	YS/T 500—2013	钨铈合金中铈量的测定 氧化还原滴定法	YS/T 500—2006
595	YS/T 501—2013	钨钍合金中二氧化钍量的测定 重量法	YS/T 501—2006
596	YS/T 502—2006	钨铼合金中铼的测定 丁二酮肟比色法	GB/T 3313—1982
597	YS/T 503—2009	硬质合金顶锤与压缸	YS/T 503—2006
598	YS/T 504—2006	胶印锌板	GB/T 3496—1983
599	YS/T 505—2005	超细水合二氧化钌粉技术条件	
600	YS/T 506—2005	超细氧化钯粉技术条件	
601	YS/T 507—2006	湿法朱砂技术条件	GB/T 3631—1983
602	YS/T 508—2008	钨钼合金化学分析方法 EDTA 容量法测定钼量	YS/T 508—2006
603	YS/T 509.1—2008	锂辉石、锂云母精矿化学分析方法 氧化锂、氧化钠、氧化钾量的测定 火焰原子吸收光谱法	YS/T 509.1—2006
604	YS/T 509.2—2008	锂辉石、锂云母精矿化学分析方法 氧化铷、氧化铯量的测定 火焰原子吸收光谱法	YS/T 509.2—2006
605	YS/T 509.3—2008	锂辉石、锂云母精矿化学分析方法 二氧化硅量的测定 重量-钼蓝分光光度法	YS/T 509.3—2006
606	YS/T 509.4—2008	锂辉石、锂云母精矿化学分析方法 三氧化二铝量的测定 EDTA 络合滴定法	YS/T 509.4—2006
607	YS/T 509.5—2008	锂辉石、锂云母精矿化学分析方法 三氧化二铁量的测定 邻二氮杂菲分光光度法、EDTA 络合滴定法	YS/T 509.5—2006、YS/T 509.6—2006
608	YS/T 509.6—2008	锂辉石、锂云母精矿化学分析方法 五氧化二磷量的测定 钼蓝分光光度法	YS/T 509.7—2006
609	YS/T 509.7—2008	锂辉石、锂云母精矿化学分析方法 氧化铍量的测定 铬天青 S-CTMAB 分光光度法	YS/T 509.8—2006
610	YS/T 509.8—2008	锂辉石、锂云母精矿化学分析方法 氧化钙、氧化镁量的测定 火焰原子吸收光谱法	YS/T 509.9—2006
611	YS/T 509.9—2008	锂辉石、锂云母精矿化学分析方法 氟量的测定 离子选择电极法	YS/T 509.10—2006
612	YS/T 509.10—2008	锂辉石、锂云母精矿化学分析方法 一氧化锰量的测定 过硫酸盐氧化分光光度法	YS/T 509.11—2006
613	YS/T 509.11—2008	锂辉石、锂云母精矿化学分析方法 烧失量的测定 重量法	YS/T 509.12—2006
614	YS/T 510—2012	镍包氧化铝复合粉	YS/T 510—2006
615	YS/T 511—2014	钴包碳化钨复合粉	YS/T 511—2006

序号	标 准 号	标 准 名 称	代替标准号
616	YS/T 512—2013	镍包铬复合粉	YS/T 512—2006
617	YS/T 513—2013	镍包铜复合粉	YS/T 513—2006
618	YS/T 514.1—2009	高钛渣、金红石化学分析方法 第1部分：二氧化钛量的测定 硫酸铁铵滴定法	YS/T 514.1—2006
619	YS/T 514.2—2009	高钛渣、金红石化学分析方法 第2部分：全铁量的测定 重铬酸钾滴定法	YS/T 514.2—2006
620	YS/T 514.3—2009	高钛渣、金红石化学分析方法 第3部分：硫量的测定 高频红外吸收法	YS/T 514.5—2006、YS/T 514.6—2006
621	YS/T 514.4—2009	高钛渣、金红石化学分析方法 第4部分：二氧化硅量的测定 称量法、钼蓝分光光度法	YS/T 514.7—2006
622	YS/T 514.5—2009	高钛渣、金红石化学分析方法 第5部分：氧化铝量的测定 EDTA 滴定法	YS/T 514.8—2006
623	YS/T 514.6—2009	高钛渣、金红石化学分析方法 第6部分：一氧化锰量的测定 火焰原子吸收光谱法	YS/T 514.9—2006
624	YS/T 514.7—2009	高钛渣、金红石化学分析方法 第7部分：氧化钙和氧化镁量的测定 火焰原子吸收光谱法	YS/T 514.12—2006
625	YS/T 514.8—2009	高钛渣、金红石化学分析方法 第8部分：磷量的测定 锑钼蓝分光光度法	YS/T 514.3—2006
626	YS/T 514.9—2009	高钛渣、金红石化学分析方法 第9部分：氧化钙、氧化镁、一氧化锰、磷、三氧化二铬和五氧化二钒量的测定 电感耦合等离子体发射光谱法	YS/T 514.10—2006、YS/T 514.11—2006
627	YS/T 514.10—2009	高钛渣、金红石化学分析方法 第10部分：碳量的测定 高频红外吸收法	YS/T 514.4—2006
628	YS/T 515—2012	钨丝下垂试验方法	YS/T 515—2006
629	YS/T 516—2012	钨丝二次再结晶温度测量方法	YS/T 516—2006
630	YS/T 517—2009	氟化钠	
631	YS/T 518—2006	金属陶瓷热挤压模坯	GB/T 4308—1984
632	YS/T 519.1—2009	砷化学分析方法 第1部分：砷量的测定 溴酸钾滴定法	YS/T 519.1—2006
633	YS/T 519.2—2009	砷化学分析方法 第2部分：锑量的测定 孔雀绿分光光度法	YS/T 519.2—2006
634	YS/T 519.3—2009	砷化学分析方法 第3部分：硫量的测定 硫酸钡重量法	YS/T 519.3—2006
635	YS/T 519.4—2009	砷化学分析方法 第4部分：铋、锑、硫量的测定 电感耦合等离子体原子发射光谱法	YS/T 519.4—2006

序号	标 准 号	标 准 名 称	代替标准号
636	YS/T 520.1—2007	镓化学分析方法 第1部分：铜含量的测定 2,9-二甲基-4,7-二苯基-1,10-二氮杂菲分光光度法	YS/T 520.1—2006
637	YS/T 520.2—2007	镓化学分析方法 第2部分：铅含量的测定 4-(2-吡啶偶氮)-间苯二酚分光光度法	YS/T 520.2—2006
638	YS/T 520.3—2007	镓化学分析方法 第3部分：铝含量的测定 铬天青S-溴化十四烷基吡啶分光光度法	YS/T 520.3—2006
639	YS/T 520.4—2007	镓化学分析方法 第4部分：铁含量的测定 4,7-二苯基-1,10-二氮杂菲分光光度法	YS/T 520.4—2006
640	YS/T 520.5—2007	镓化学分析方法 第5部分：钙含量的测定 一氧化二氮-乙炔火焰原子吸收光谱法	YS/T 520.5—2006
641	YS/T 520.6—2007	镓化学分析方法 第6部分：锡含量的测定 水杨基荧光酮-溴化十六烷基三甲基铵分光光度法	YS/T 520.6—2006
642	YS/T 520.7—2007	镓化学分析方法 第7部分：硅含量的测定 萃取-钼蓝分光光度法	YS/T 520.7—2006
643	YS/T 520.8—2007	镓化学分析方法 第8部分：铟含量的测定 乙基紫分光光度法	YS/T 520.8—2006
644	YS/T 520.9—2007	镓化学分析方法 第9部分：锗含量的测定 苯基荧光酮-聚乙二醇辛基苯基醚萃取分光光度法	YS/T 520.9—2006
645	YS/T 520.10—2007	镓化学分析方法 第10部分：锌含量的测定 原子吸收光谱法	YS/T 520.10—2006
646	YS/T 520.11—2007	镓化学分析方法 第11部分：汞含量的测定 冷原子吸收光谱法	YS/T 520.11—2006
647	YS/T 520.12—2007	镓化学分析方法 第12部分：铅、铜、镍、铝、铟和锌含量的测定 化学光谱法	YS/T 520.12—2006
648	YS/T 521.1—2009	粗铜化学分析方法 第1部分：铜量的测定 碘量法	YS/T 521.1—2006
649	YS/T 521.2—2009	粗铜化学分析方法 第2部分：金和银量的测定 火试金法	YS/T 521.2—2006
650	YS/T 521.3—2009	粗铜化学分析方法 第3部分：砷量的测定 方法1 氢化物发生-原子荧光光谱法 方法2 溴酸钾滴定法	YS/T 521.3—2006
651	YS/T 521.4—2009	粗铜化学分析方法 第4部分：铅、铋、锑量的测定 火焰原子吸收光谱法	YS/T 521.4—2006

序号	标　准　号	标　准　名　称	代替标准号
652	YS/T 521.5—2009	粗铜化学分析方法 第5部分：锌和镍量的测定 火焰原子吸收光谱法	
653	YS/T 521.6—2009	粗铜化学分析方法 第6部分：砷、锑、铋、铅、锌和镍量的测定 电感耦合等离子体原子发射光谱法	
654	YS/T 522—2010	镍箔	YS/T 522—2006
655	YS/T 523—2011	锡、铅及其合金箔和锌箔	YS/T 523—2006
656	YS/T 523—2011	锡、铅及其合金箔和锌箔	YS/T 523—2006
657	YS/T 524—2011	合成白钨	YS/T 524—2006
658	YS/T 525—2009	三硫化二锑	YS/T 525—2006
659	YS/T 526—2006	Ni-B-Si 系自熔合金粉	GB/T 5315—1985
660	YS/T 527—2014	Ni-Cr-B-Si 系自熔合金粉	YS/T 527—2006
661	YS/T 528—2013	铝包镍复合粉	YS/T 528—2006
662	YS/T 529—2009	吸气用锆铝合金粉	YS/T 529—2006
663	YS/T 530—2006	吸气用锆铝合金复合带材	GB/T 6453—1986
664	YS/T 531—2006	吸气用锆铝合金环件和片件	GB/T 6454—1986
665	YS/T 532—2006	释汞吸气及复合带材	GB/T 6455—1986
666	YS/T 533—2006	自熔合金粉末固-液相线温度区间的测定方法	GB/T 6526—1986
667	YS/T 534.1—2007	氢氧化铝化学分析方法 第1部分：重量法测定水分	YS/T 534.1—2006
668	YS/T 534.2—2007	氢氧化铝化学分析方法 第2部分：重量法测定灼烧失量	YS/T 534.2—2006
669	YS/T 534.3—2007	氢氧化铝化学分析方法 第3部分：钼蓝光度法测定二氧化硅含量	YS/T 534.3—2006
670	YS/T 534.4—2007	氢氧化铝化学分析方法 第4部分：邻二氮杂菲光度法测定三氧化二铁含量	YS/T 534.4—2006
671	YS/T 534.5—2007	氢氧化铝化学分析方法 第5部分：氧化钠含量的测定	YS/T 534.5—2006
672	YS/T 535.1—2009	氟化钠化学分析方法 第1部分：湿存水含量的测定 重量法	YS/T 535.1—2006
673	YS/T 535.2—2009	氟化钠化学分析方法 第2部分：氟含量的测定 蒸馏-硝酸钍滴定容量法	YS/T 535.2—2006
674	YS/T 535.3—2009	氟化钠化学分析方法 第3部分：硅含量的测定 钼蓝分光光度法	YS/T 535.3—2006
675	YS/T 535.4—2009	氟化钠化学分析方法 第4部分：铁含量的测定 邻二氮杂菲分光光度法	YS/T 535.4—2006
676	YS/T 535.5—2009	氟化钠化学分析方法 第5部分：可溶性硫酸盐含量的测定 浊度法	YS/T 535.5—2006

序号	标 准 号	标 准 名 称	代替标准号
677	YS/T 535.6—2009	氟化钠化学分析方法 第6部分：碳酸盐含量的测定 重量法	YS/T 535.6—2006
678	YS/T 535.7—2009	氟化钠化学分析方法 第7部分：酸度的测定 中和法	YS/T 535.7—2006
679	YS/T 535.8—2009	氟化钠化学分析方法 第8部分：水不溶物含量的测定 重量法	YS/T 535.8—2006
680	YS/T 535.9—2009	氟化钠化学分析方法 第9部分：氯含量的测定 浊度法	YS/T 535.9—2006
681	YS/T 535.10—2009	氟化钠化学分析方法 第10部分：碳量的测定 高频红外吸收法	YS/T 535.10—2006
682	YS/T 536.1—2009	铋化学分析方法 铜量的测定 双乙醛草酰二腙分光光度法	YS/T 536.1—2006
683	YS/T 536.2—2009	铋化学分析方法 铁量的测定 电热原子吸收光谱法	YS/T 536.2—2006
684	YS/T 536.3—2009	铋化学分析方法 锑量的测定 孔雀绿分光光度法	YS/T 536.3—2006
685	YS/T 536.4—2009	铋化学分析方法 银量的测定 火焰原子吸收光谱法和电热原子吸收光谱法	YS/T 536.4—2006
686	YS/T 536.5—2009	铋化学分析方法 锌量的测定 固液萃取分离-火焰原子吸收光谱法	YS/T 536.5—2006
687	YS/T 536.6—2009	铋化学分析方法 铅量的测定 电热原子吸收光谱法	YS/T 536.6—2006
688	YS/T 536.7—2009	铋化学分析方法 砷量的测定 原子荧光光谱法	YS/T 536.7—2006
689	YS/T 536.8—2009	铋化学分析方法 氯量的测定 硫氰酸汞分光光度法	YS/T 536.8—2006
690	YS/T 536.9—2009	铋化学分析方法 碲量的测定 砷共沉淀-示波极谱法	YS/T 536.9—2006
691	YS/T 536.10—2009	铋化学分析方法 锡量的测定 铍共沉淀-分光光度法	YS/T 536.10—2006
692	YS/T 536.11—2009	铋化学分析方法 汞量的测定 原子荧光光谱法	YS/T 536.11—2006
693	YS/T 536.12—2009	铋化学分析方法 镍量的测定 电热原子吸收光谱法	YS/T 536.12—2006
694	YS/T 536.13—2009	铋化学分析方法 镉量的测定 电热原子吸收光谱法	YS/T 536.13—2006
695	YS/T 537—2006	镍基喷涂合金粉	GB/T 8548—1987
696	YS/T 538—2016	Fe-Cr-B-Si系自熔合金粉	YS/T 538—2006
697	YS/T 539.1—2009	镍基合金粉化学分析方法 第1部分：硼量的测定 酸碱滴定法	YS/T 539.1—2006

序号	标　准　号	标　准　名　称	代替标准号
698	YS/T 539.2—2009	镍基合金粉化学分析方法 第2部分：铝量的测定 铬天青S分光光度法	YS/T 539.2—2006
699	YS/T 539.3—2009	镍基合金粉化学分析方法 第3部分：硅量的测定 高氯酸脱水称量法	YS/T 539.3—2006
700	YS/T 539.4—2009	镍基合金粉化学分析方法 第4部分：铬量的测定 过硫酸铵氧化滴定法	YS/T 539.4—2006
701	YS/T 539.5—2009	镍基合金粉化学分析方法 第5部分：锰量的测定 高碘酸钠（钾）氧化分光光度法	YS/T 539.5—2006
702	YS/T 539.6—2009	镍基合金粉化学分析方法 第6部分：铁量的测定 三氯化钛-重铬酸钾滴定法	YS/T 539.6—2006
703	YS/T 539.7—2009	镍基合金粉化学分析方法 第7部分：钴量的测定 亚硝基R盐分光光度法	YS/T 539.7—2006
704	YS/T 539.8—2009	镍基合金粉化学分析方法 第8部分：铜量的测定 新亚铜灵-三氯甲烷萃取分光光度法	YS/T 539.8—2006
705	YS/T 539.9—2009	镍基合金粉化学分析方法 第9部分：铜量的测定 硫代硫酸钠碘量法	YS/T 539.9—2006
706	YS/T 539.10—2009	镍基合金粉化学分析方法 第10部分：钼量的测定 硫氰酸盐分光光度法	YS/T 539.10—2006
707	YS/T 539.11—2009	镍基合金粉化学分析方法 第11部分：钨量的测定 辛可宁称量法	YS/T 539.11—2006
708	YS/T 539.12—2009	镍基合金粉化学分析方法 第12部分：磷量的测定 正丁醇-三氯甲烷萃取分光光度法	YS/T 539.12—2006
709	YS/T 539.13—2009	镍基合金粉化学分析方法 第13部分：氧量的测定 脉冲加热惰气熔融-红外线吸收法	YS/T 539.13—2006
710	YS/T 540.1—2018	钒化学分析方法 第1部分：钒量的测定 高锰酸钾-硫酸亚铁铵滴定法	YS/T 540.1—2006
711	YS/T 540.2—2018	钒化学分析方法 第2部分：铬量的测定 二苯基碳酰二肼分光光度法	YS/T 540.2—2006
712	YS/T 540.3—2018	钒化学分析方法 第3部分：碳量的测定 高频燃烧红外吸收法	
713	YS/T 540.4—2018	钒化学分析方法 第4部分：铁量的测定 1,10-二氮杂菲分光光度法	YS/T 540.4—2006
714	YS/T 540.5—2018	钒化学分析方法 第5部分：杂质元素测定 电感耦合等离子体原子发射光谱法	YS/T 540.3—2006、YS/T 540.5—2006、YS/T 540.6—2006

序号	标 准 号	标 准 名 称	代替标准号
715	YS/T 540.6—2018	钒化学分析方法 第6部分：硅量的测定 钼蓝分光光度法	
716	YS/T 540.7—2018	钒化学分析方法 第7部分：氧量的测定 惰气熔融红外吸收法	YS/T 540.7—2006
717	YS/T 541—2006	金属热喷涂层表面洛氏硬度试验方法	GB/T 8640—1988
718	YS/T 542—2006	热喷涂层抗拉强度的测定	GB/T 8641—1988
719	YS/T 543—2015	半导体键合用铝-1%硅细丝	YS/T 543—2006
720	YS/T 544—2009	铸造铜合金锭	YS/T 544—2006、YS/T 545—2006
721	YS/T 546—2008	高纯碳酸锂	YS/T 546—2006
722	YS/T 547—2006	高纯五氧化二钽	GB/T 10577—1989
723	YS/T 548—2006	高纯五氧化二铌	GB/T 10578—2003
724	YS/T 550—2006	金属热喷涂层剪切强度的测定	GB/T 13222—1991
725	YS/T 551—2009	数控车床用铜合金棒	YS/T 551—2006
726	YS/T 552—2009	硬质合金旋转锉毛坯	YS/T 552—2006
727	YS/T 553—2009	重型刀具用硬质合金刀片毛坯	YS/T 553—2006
728	YS/T 554—2006	铌酸锂单晶	GB/T 14843—1993
729	YS/T 555.1—2009	钼精矿化学分析方法 钼量的测定 钼酸铅重量法	YS/T 555.1—2006
730	YS/T 555.2—2009	钼精矿化学分析方法 二氧化硅量的测定 硅钼蓝分光光度法和重量法	YS/T 555.2—2006
731	YS/T 555.3—2009	钼精矿化学分析方法 砷量的测定 原子荧光光谱法和DDTC-Ag分光光度法	YS/T 555.3—2006
732	YS/T 555.4—2009	钼精矿化学分析方法 锡量的测定 原子荧光光谱法	YS/T 555.4—2006
733	YS/T 555.5—2009	钼精矿化学分析方法 磷量的测定 磷钼蓝分光光度法	YS/T 555.5—2006
734	YS/T 555.6—2009	钼精矿化学分析方法 铜、铅、铋、锌量的测定 火焰原子吸收光谱法	YS/T 555.6—2006、YS/T 555.9—2006
735	YS/T 555.7—2009	钼精矿化学分析方法 氧化钙量的测定 火焰原子吸收光谱法	YS/T 555.7—2006
736	YS/T 555.8—2009	钼精矿化学分析方法 钨量的测定 硫氰酸盐分光光度法	YS/T 555.8—2006
737	YS/T 555.9—2009	钼精矿化学分析方法 钾量和钠量的测定 火焰原子吸收光谱法	YS/T 555.10—2006
738	YS/T 555.10—2009	钼精矿化学分析方法 铼量的测定 硫氰酸盐分光光度法	YS/T 555.11—2006
739	YS/T 555.11—2009	钼精矿化学分析方法 油和水分总含量的测定 重量法	YS/T 555.12—2006

序号	标　准　号	标　准　名　称	代替标准号
740	YS/T 556.1—2009	锑精矿化学分析方法 第1部分：锑量的测定 硫酸铈滴定法	YS/T 556.1—2006
741	YS/T 556.2—2009	锑精矿化学分析方法 第2部分：砷量的测定 溴酸钾滴定法	YS/T 556.2—2006
742	YS/T 556.3—2009	锑精矿化学分析方法 第3部分：铅量的测定 火焰原子吸收光谱法	YS/T 556.3—2006
743	YS/T 556.4—2009	锑精矿化学分析方法 第4部分：湿存水量的测定 重量法	YS/T 556.4—2006
744	YS/T 556.5—2009	锑精矿化学分析方法 第5部分：锌量的测定 火焰原子吸收光谱法	YS/T 556.5—2006
745	YS/T 556.6—2009	锑精矿化学分析方法 第6部分：硒量的测定 氢化物发生-原子荧光光谱法	YS/T 556.6—2006
746	YS/T 556.7—2009	锑精矿化学分析方法 第7部分：汞量的测定 原子荧光光谱法	YS/T 556.7—2006
747	YS/T 556.8—2009	锑精矿化学分析方法 第8部分：硫量的测定 燃烧中和法	YS/T 556.8—2006
748	YS/T 556.9—2009	锑精矿化学分析方法 第9部分：金量的测定 火试金法	YS/T 556.9—2006
749	YS/T 556.10—2011	锑精矿化学分析方法 第10部分：铜量的测定 火焰原子吸收光谱法	
750	YS/T 556.11—2011	锑精矿化学分析方法 第11部分：镉量的测定 火焰原子吸收光谱法	
751	YS/T 556.12—2011	锑精矿化学分析方法 第12部分：铋量的测定 火焰原子吸收光谱法	
752	YS/T 556.13—2011	锑精矿化学分析方法 第13部分：镍量的测定 火焰原子吸收光谱法	
753	YS/T 556.14—2011	锑精矿化学分析方法 第14部分：银量的测定 火焰原子吸收光谱法	
754	YS/T 556.16—2011	锑精矿化学分析方法 第16部分：铅、锌、铜、镉、镍量的测定 电感耦合等离子体原子发射光谱法	
755	YS/T 557—2006	压电铌酸锂单晶体声波衰减测试方法	GB/T 15250—1994
756	YS/T 558—2009	钼的发射光谱分析方法	YS/T 558—2006
757	YS/T 559—2009	钨的发射光谱分析方法	YS/T 559—2006
758	YS/T 560—2007	铝阳极导杆	YS/T 560—2000
759	YS/T 561—2009	贵金属合金化学分析方法 铂铑合金中铑量的测定 硝酸六氨合钴重量法	YS/T 561—2006
760	YS/T 562—2009	贵金属合金化学分析方法 铂钌合金中钌量的测定 硫脲分光光度法	YS/T 562—2006

序号	标　准　号	标　准　名　称	代替标准号
761	YS/T 563—2009	贵金属合金化学分析方法 铂钯铑合金中钯量、铑量的测定 丁二肟重量法、氯化亚锡分光光度法	YS/T 563—2005
762	YS/T 564—2009	铱坩埚	YS/T 564—2006
763	YS/T 565—2010	电池用锌板和锌带	YS/T 565—2006
764	YS/T 566—2009	双金属带	YS/T 566—2006
765	YS/T 567—2010	照相制版用铜板	YS/T 567—2006
766	YS/T 568. 1—2008	氧化锆、氧化铪化学分析方法 氧化锆和氧化铪合量的测定 苦杏仁酸重量法	YS/T 568. 1—2006
767	YS/T 568. 2—2008	氧化锆、氧化铪化学分析方法 铁量的测定 磺基水杨酸分光光度法	YS/T 568. 2—2006
768	YS/T 568. 3—2008	氧化锆、氧化铪化学分析方法 硅量的测定 钼蓝分光光度法	YS/T 568. 3—2006
769	YS/T 568. 4—2008	氧化锆、氧化铪化学分析方法 铝量的测定 铬天青 S-氯化十四烷基吡啶分光光度法	YS/T 568. 4—2006
770	YS/T 568. 5—2008	氧化锆、氧化铪化学分析方法 钠量的测定 火焰原子吸收光谱法	YS/T 568. 5—2006
771	YS/T 568. 6—2008	氧化锆、氧化铪化学分析方法 钛量的测定 二安替吡啉甲烷分光光度法	YS/T 568. 6—2006
772	YS/T 568. 7—2008	氧化锆、氧化铪化学分析方法 磷量的测定 锑盐-抗坏血酸-磷钼蓝分光光度法	YS/T 568. 7—2006
773	YS/T 568. 8—2008	氧化锆、氧化铪化学分析方法 氧化锆中铝、钙、镁、锰、钠、镍、铁、钛、锌、钼、钒、铪量的测定 电感耦合等离子体发射光谱法	YS/T 568. 8—2006
774	YS/T 568. 9—2008	氧化锆、氧化铪化学分析方法 氧化铪中铝、钙、镁、锰、钠、镍、铁、钛、锌、钼、钒、锆量的测定 电感耦合等离子体发射光谱法	YS/T 568. 9—2006
775	YS/T 568. 10—2008	氧化锆、氧化铪化学分析方法 锰量的测定 高碘酸钾分光光度法	YS/T 568. 10—2006
776	YS/T 568. 11—2008	氧化锆、氧化铪化学分析方法 镍量的测定 α-联呋喃甲酰二肟分光光度法	YS/T 568. 11—2006
777	YS/T 569. 1—2015	铊化学分析方法 第 1 部分：铜量的测定 铜试剂三氯甲烷萃取分光光度法	YS/T 569. 1—2006
778	YS/T 569. 2—2015	铊化学分析方法 第 2 部分：铁量的测定 邻菲啰啉分光光度法	YS/T 569. 2—2006
779	YS/T 569. 3—2015	铊化学分析方法 第 3 部分：汞量的测定 双硫腙四氯化碳萃取分光光度法	YS/T 569. 3—2006

序号	标　准　号	标　准　名　称	代替标准号
780	YS/T 569.4—2015	铊化学分析方法 第4部分：锌量的测定 双硫腙苯萃取分光光度法	YS/T 569.4—2006
781	YS/T 569.5—2015	铊化学分析方法 第5部分：镉量的测定 双硫腙苯萃取分光光度法	YS/T 569.5—2006
782	YS/T 569.6—2015	铊化学分析方法 第6部分：铅量的测定 双硫腙苯萃取分光光度法	YS/T 569.6—2006
783	YS/T 569.7—2015	铊化学分析方法 第7部分：铝量的测定 铬天青S分光光度法	YS/T 569.7—2006
784	YS/T 569.8—2015	铊化学分析方法 第8部分：铟量的测定 结晶紫苯萃取分光光度法	YS/T 569.8—2006
785	YS/T 569.9—2015	铊化学分析方法 第9部分：硅量的测定 硅钼蓝异戊醇萃取分光光度法	YS/T 569.9—2006
786	YS/T 569.10—2015	铊化学分析方法 第10部分：铊量的测定 Na_2EDTA滴定法	YS/T 569.10—2006
787	YS/T 571—2009	铍青铜圆形线材	YS/T 571—2006
788	YS/T 572—2007	工业氧化铍	GB/T 3135—1982
789	YS/T 573—2006	钽粉	GB/T 3136—1995
790	YS/T 574.1—2009	电真空用锆粉化学分析方法 重量法测定总锆及活性锆量	YS/T 574.1—2006
791	YS/T 574.2—2009	电真空用锆粉化学分析方法 磺基水杨酸分光光度法测定铁量	YS/T 574.2—2006
792	YS/T 574.3—2009	电真空用锆粉化学分析方法 钼蓝分光光度法测定硅量	YS/T 574.3—2006
793	YS/T 574.4—2009	电真空用锆粉化学分析方法 钼蓝分光光度法测定磷量	YS/T 574.4—2006
794	YS/T 574.5—2009	电真空用锆粉化学分析方法 电感耦合等离子体发射光谱法测定钙、镁量	YS/T 574.5—2006
795	YS/T 574.6—2009	电真空用锆粉化学分析方法 铬天青S分光光度法测定铝量	YS/T 574.6—2006
796	YS/T 574.7—2009	电真空用锆粉化学分析方法 次甲基蓝分光光度法测定硫量	YS/T 574.7—2006
797	YS/T 574.8—2009	电真空用锆粉化学分析方法 惰性气氛加热热导法测定氢量	YS/T 574.8—2006
798	YS/T 575.1—2007	铝土矿石化学分析方法 第1部分：EDTA滴定法测定氧化铝量	YS/T 575.1—2006
799	YS/T 575.2—2007	铝土矿石化学分析方法 第2部分：重量-钼蓝光度法测定二氧化硅量	YS/T 575.2—2006
800	YS/T 575.3—2007	铝土矿石化学分析方法 第3部分：钼蓝光度法测定二氧化硅量	YS/T 575.3—2006

序号	标 准 号	标 准 名 称	代替标准号
801	YS/T 575.4—2007	铝土矿石化学分析方法 第4部分：重铬酸钾滴定法测定三氧化二铁量	YS/T 575.4—2006
802	YS/T 575.5—2007	铝土矿石化学分析方法 第5部分：邻二氮杂菲光度法测定三氧化二铁量	YS/T 575.5—2006
803	YS/T 575.6—2007	铝土矿石化学分析方法 第6部分：二安替吡啉甲烷光度法测定二氧化钛量	YS/T 575.6—2006
804	YS/T 575.7—2007	铝土矿石化学分析方法 第7部分：火焰原子吸收光谱法测定氧化钙量	YS/T 575.7—2006
805	YS/T 575.8—2007	铝土矿石化学分析方法 第8部分：火焰原子吸收光谱法测定氧化镁量	YS/T 575.8—2006
806	YS/T 575.9—2007	铝土矿石化学分析方法 第9部分：火焰原子吸收光谱法测定氧化钾、氧化钠量	YS/T 575.9—2006
807	YS/T 575.10—2007	铝土矿石化学分析方法 第10部分：火焰原子吸收光谱法测定氧化锰量	YS/T 575.10—2006
808	YS/T 575.11—2007	铝土矿石化学分析方法 第11部分：火焰原子吸收光谱法测定三氧化二铬量	YS/T 575.11—2006
809	YS/T 575.12—2007	铝土矿石化学分析方法 第12部分：苯甲酰苯胺光度法测定五氧化二钒量	YS/T 575.12—2006
810	YS/T 575.13—2007	铝土矿石化学分析方法 第13部分：火焰原子吸收光谱法测定锌量	YS/T 575.13—2006
811	YS/T 575.14—2007	铝土矿石化学分析方法 第14部分：三溴偶氮胂光度法测定稀土氧化物总量	YS/T 575.14—2006
812	YS/T 575.15—2007	铝土矿石化学分析方法 第15部分：罗丹明B萃取光度法测定三氧化二镓量	YS/T 575.15—2006
813	YS/T 575.16—2007	铝土矿石化学分析方法 第16部分：钼蓝光度法测定五氧化二磷量	YS/T 575.16—2006
814	YS/T 575.17—2007	铝土矿石化学分析方法 第17部分：燃烧-碘量法测定硫量	YS/T 575.17—2006
815	YS/T 575.18—2007	铝土矿石化学分析方法 第18部分：燃烧-非水滴定法测定总碳量	YS/T 575.18—2006
816	YS/T 575.19—2007	铝土矿石化学分析方法 第19部分：重量法测定烧失量	YS/T 575.19—2006
817	YS/T 575.20—2007	铝土矿石化学分析方法 第20部分：预先干燥试样的制备	YS/T 575.20—2006
818	YS/T 575.21—2007	铝土矿石化学分析方法 第21部分：滴定法测定有机碳量	YS/T 575.21—2006
819	YS/T 575.22—2007	铝土矿石化学分析方法 第22部分：重量法测定分析样品中的湿存水量	YS/T 575.22—2006
820	YS/T 575.23—2009	铝土矿石化学分析方法 第23部分：X射线荧光光谱法测定元素含量	

序号	标 准 号	标 准 名 称	代替标准号
821	YS/T 575.24—2009	铝土矿石化学分析方法 第24部分：碳和硫含量的测定 红外吸收法	
822	YS/T 575.25—2014	铝土矿石化学分析方法 第25部分：硫含量的测定 库仑滴定法	
823	YS/T 576—2006	工业流体用钛及钛合金管	
824	YS/T 577—2006	钛及钛合金网篮	
825	YS/T 578—2006	氟钽酸钾	
826	YS/T 579—2013	钒铝中间合金	YS/T 579—2006
827	YS/T 580—2006	制表用纯钛板材	
828	YS/T 581.1—2006	氟化铝化学分析方法和物理性能检测方法 第1部分：重量法测定湿存水含量	
829	YS/T 581.2—2006	氟化铝化学分析方法和物理性能检测方法 第2部分：烧减量的测定	
830	YS/T 581.3—2012	氟化铝化学分析方法和物理性能检测方法 第3部分：蒸馏-硝酸钍容量法测定氟含量	YS/T 581.3—2006
831	YS/T 581.4—2006	氟化铝化学分析方法和物理性能检测方法 第4部分：EDTA容量法测定铝含量	
832	YS/T 581.5—2006	氟化铝化学分析方法和物理性能检测方法 第5部分：火焰原子吸收光谱法测定钠含量	
833	YS/T 581.6—2006	氟化铝化学分析方法和物理性能检测方法 第6部分：钼蓝分光光度法测定二氧化硅含量	
834	YS/T 581.7—2006	氟化铝化学分析方法和物理性能检测方法 第7部分：邻二氮杂菲分光光度法测定三氧化二铁含量	
835	YS/T 581.8—2006	氟化铝化学分析方法和物理性能检测方法 第8部分：硫酸钡重量法测定硫酸根含量	
836	YS/T 581.9—2006	氟化铝化学分析方法和物理性能检测方法 第9部分：钼蓝分光光度法测定五氧化二磷含量	
837	YS/T 581.10—2006	氟化铝化学分析方法和物理性能检测方法 第10部分：X射线荧光光谱分析法测定硫含量	
838	YS/T 581.11—2006	氟化铝化学分析方法和物理性能检测方法 第11部分：试样的制备和贮存	
839	YS/T 581.12—2006	氟化铝化学分析方法和物理性能检测方法 第12部分：粒度分布的测定-筛分法	

序号	标 准 号	标 准 名 称	代替标准号
840	YS/T 581.13—2006	氟化铝化学分析方法和物理性能检测方法 第13部分：安息角的测定	
841	YS/T 581.14—2006	氟化铝化学分析方法和物理性能检测方法 第14部分：松装密度的测定	
842	YS/T 581.15—2007	氟化铝化学分析方法和物理性能检测方法 第15部分：游离氧化铝含量的测定	
843	YS/T 581.16—2008	氟化铝化学分析方法和物理性能检测方法 第16部分：X射线荧光光谱分析法测定元素含量	
844	YS/T 581.17—2010	氟化铝化学分析方法和物理性能测定方法 第17部分：流动性的测定	
845	YS/T 581.18—2012	氟化铝化学分析方法和物理性能测定方法 第18部分：X射线荧光光谱分析(压片)法测定元素含量	
846	YS/T 582—2013	电池级碳酸锂	YS/T 582—2006
847	YS/T 583—2016	热锻水暖管件用黄铜棒	YS/T 583—2006
848	YS/T 584—2006	电极材料用铬、锆青铜棒材	
849	YS/T 585—2013	铜及铜合金板材超声波探伤方法	YS/T 585—2006
850	YS/T 587.1—2006	炭阳极用煅后石油焦检测方法 第1部分：灰分含量的测定	
851	YS/T 587.2—2007	炭阳极用煅后石油焦检测方法 第2部分：水分含量的测定	
852	YS/T 587.3—2007	炭阳极用煅后石油焦检测方法 第3部分：挥发分含量的测定	
853	YS/T 587.4—2006	炭阳极用煅后石油焦检测方法 第4部分：硫含量的测定	
854	YS/T 587.5—2006	炭阳极用煅后石油焦检测方法 第5部分：微量元素的测定	
855	YS/T 587.6—2006	炭阳极用煅后石油焦检测方法 第6部分：粉末电阻率的测定	
856	YS/T 587.7—2006	炭阳极用煅后石油焦检测方法 第7部分：CO_2 反应性的测定	
857	YS/T 587.8—2006	炭阳极用煅后石油焦检测方法 第8部分：空气反应性的测定	
858	YS/T 587.9—2006	炭阳极用煅后石油焦检测方法 第9部分：真密度的测定	
859	YS/T 587.10—2016	炭阳极用煅后石油焦检测方法 第10部分：体积密度的测定	YS/T 587.10—2006
860	YS/T 587.11—2006	炭阳极用煅后石油焦检测方法 第11部分：颗粒稳定性的测定	

序号	标　准　号	标　准　名　称	代替标准号
861	YS/T 587.12—2006	炭阳极用煅后石油焦检测方法 第12部分：粒度分布的测定	
862	YS/T 587.13—2007	炭阳极用煅后石油焦检测方法 第13部分：Lc值（微晶尺寸）的测定	
863	YS/T 587.14—2010	炭阳极用煅后石油焦检测方法 第14部分：哈氏可磨性指数（HGI）的测定	
864	YS/T 588—2006	镁及镁合金挤制矩形棒材	
865	YS/T 589—2006	煤矿支柱用铝合金棒材	
866	YS/T 590—2018	变形铝及铝合金扁铸锭	YS/T 590—2006
867	YS/T 591—2017	变形铝及铝合金热处理	YS/T 591—2006
868	YS/T 592—2006	电镀用氰化亚金钾	
869	YS/T 593—2006	水合三氯化铑	
870	YS/T 594—2016	硝酸铑	YS/T 594—2006
871	YS/T 595—2006	氯铱酸	
872	YS/T 596—2006	二亚硝基二氨铂	
873	YS/T 597—2006	电容式变送器用铂铑合金毛细管	
874	YS/T 598—2006	超细水合二氧化钌粉	GB/T 3502—1983
875	YS/T 599—2006	超细氧化钯粉	GB/T 3502—1983
876	YS/T 600—2009	铝及铝合金液态测氢方法 闭路循环法	
877	YS/T 601—2012	铝熔体在线除气净化工艺规范	
878	YS/T 602—2017	区熔锗锭电阻率测试方法 两探针法	YS/T 602—2007
879	YS/T 603—2006	烧结型银导体浆料	
880	YS/T 604—2006	金基厚膜导体浆料	
881	YS/T 605—2006	介质浆料	
882	YS/T 606—2006	固化型银导体浆料	
883	YS/T 607—2006	钌基厚膜电阻浆料	
884	YS/T 608—2006	电位器用钌电阻浆料	
885	YS/T 609—2006	铂电极浆料	
886	YS/T 610—2006	包封玻璃浆料	
887	YS/T 611—2006	PTC 陶瓷用电极浆料	
888	YS/T 612—2014	太阳能电池用浆料	YS/T 612—2006
889	YS/T 613—2006	碳膜电位器用电阻浆料	
890	YS/T 614—2006	银钯厚膜导体浆料	
891	YS/T 615—2018	导电用铜棒	YS/T 615—2006
892	YS/T 616—2006	陶瓷过滤机	
893	YS/T 617.1—2007	铝、镁及其合金粉理化性能测定方法 第1部分：活性铝、活性镁、活性铝镁量的测定 气体容量法	
894	YS/T 617.2—2007	铝、镁及其合金粉理化性能测定方法 第2部分：铝镁合金粉中铝含量的测定 氟化物置换络合滴定法	

序号	标 准 号	标 准 名 称	代替标准号
895	YS/T 617.3—2007	铝、镁及其合金粉理化性能测定方法 第3部分：水分的测定 干燥失重法	
896	YS/T 617.4—2007	铝、镁及其合金粉理化性能测定方法 第4部分：镁粉中盐酸不溶物量的测定 重量法	
897	YS/T 617.5—2007	铝、镁及其合金粉理化性能测定方法 第5部分：铝粉中油脂含量的测定	
898	YS/T 617.6—2007	铝、镁及其合金粉理化性能测定方法 第6部分：粒度分布的测定 筛分法	
899	YS/T 617.7—2007	铝、镁及其合金粉理化性能测定方法 第7部分：粒度分布的测定 激光散射/衍射法	
900	YS/T 617.8—2007	铝、镁及其合金粉理化性能测定方法 第8部分：松装密度的测定	
901	YS/T 617.9—2007	铝、镁及其合金粉理化性能测定方法 第9部分：铝粉附着率的测定	
902	YS/T 617.10—2007	铝、镁及其合金粉理化性能测定方法 第10部分：铝粉盖水面积的测定	
903	YS/T 618—2007	填料用氢氧化铝吸油率测定方法	
904	YS/T 619—2007	化学品氧化铝分类命名方法	
905	YS/T 621—2007	百叶窗用铝合金带材	
906	YS/T 622—2007	铁道货车用铝合金板	
907	YS/T 623—2012	铝电解用石墨质阴极炭块	YS/T 287—2005、YS/T 623—2007
908	YS/T 624—2007	铝及铝合金拉制棒材	
909	YS/T 625—2012	预焙阳极用煅后石油焦	YS/T 625—2007
910	YS/T 626—2007	便携式工具用镁合金压铸件	
911	YS/T 627—2013	变形镁及镁合金圆铸锭	YS/T 627—2007
912	YS/T 628—2007	雾化镁粉	
913	YS/T 629.1—2007	高纯氧化铝化学分析方法 第1部分：二氧化硅含量的测定 正戊醇萃取钼蓝光度法	
914	YS/T 629.2—2007	高纯氧化铝化学分析方法 第2部分：三氧化二铁含量的测定 甲基异丁酮萃取邻二氮杂菲	
915	YS/T 629.3—2007	高纯氧化铝化学分析方法 第3部分：氧化钠含量的测定 火焰原子吸收光谱法	
916	YS/T 629.4—2007	高纯氧化铝化学分析方法 第4部分：氧化钾含量的测定 火焰原子吸收光谱法	

序号	标　准　号	标　准　名　称	代替标准号
917	YS/T 629.5—2007	高纯氧化铝化学分析方法 第5部分：氧化钙、氧化镁含量的测定 电感耦合等离子体原子发射光谱法	
918	YS/T 630—2016	氧化铝化学分析方法 杂质元素含量的测定 电感耦合等离子体原子发射光谱法	YS/T 630—2007
919	YS/T 631—2007	锌分析方法 光电发射光谱法	
920	YS/T 632—2007	黑铜	
921	YS/T 633—2015	四氧化三钴	YS/T 633—2007
922	YS/T 634—2007	羰基镍铁粉	
923	YS/T 635—2007	卫生洁具用黄铜管	
924	YS/T 636—2007	铅及铅锑合金棒和线材	GB/T 1473—1979、GB/T 1474—1979
925	YS/T 637—2007	彩色荧光粉用磷酸锂	
926	YS/T 638—2007	彩色荧光粉用碳酸锂	
927	YS/T 639—2007	纯三氧化钼	
928	YS/T 640—2007	电容器用钽箔材	
929	YS/T 642—2016	阴极保护用铂/铌复合阳极丝	YS/T 642—2007
930	YS/T 643—2007	水合三氯化铱	
931	YS/T 644—2007	铂钌合金薄膜测试方法 X射线光电子能谱法 测定合金态铂及合金态钌含量	
932	YS/T 645—2017	金化合物化学分析方法 金量的测定 硫酸亚铁电位滴定法	YS/T 645—2007
933	YS/T 646.1—2017	铂化合物化学分析方法 第1部分：铂量的测定 高锰酸钾电流滴定法	YS/T 646—2007
934	YS/T 646.2—2017	铂化合物化学分析方法 第2部分：银、金、钯、铑、铱、钌、铅、镍、铜、铁、锡、铬、锌、镁、锰、铝、钙、钠、硅、铋、钾的测定 电感耦合等离子体原子发射光谱法	
935	YS/T 647—2007	铜锌铋碲合金棒	
936	YS/T 648—2007	铜碲合金棒	
937	YS/T 649—2007	铜及铜合金挤制棒	GB/T 13808—1992
938	YS/T 650—2007	医用气体和真空用无缝铜管	
939	YS/T 651—2007	二氧化硒	
940	YS/T 652—2007	有色金属选矿用巯基苯骈噻唑钠	
941	YS/T 653—2018	有色金属选矿用巯基乙酸钠	YS/T 653—2007
942	YS/T 654—2018	钛粉	YS/T 654—2007
943	YS/T 655—2016	四氯化钛	YS/T 655—2007
944	YS/T 656—2015	铌及铌合金加工产品牌号和化学成分	YS/T 656—2007
945	YS/T 657—2016	氯亚铂酸钾	YS/T 657—2007

序号	标 准 号	标 准 名 称	代替标准号
946	YS/T 658—2007	焊管用钛带	
947	YS/T 659—2007	钨及钨合金加工产品牌号和化学成分	
948	YS/T 660—2007	钼及钼合金加工产品牌号和化学成分	
949	YS/T 661—2016	电池级氟化锂	YS/T 661—2007
950	YS/T 662—2007	铜及铜合金挤制管	
951	YS/T 663—2007	电解铝生产专用设备 热平衡测定与计算方法 铝液保持炉	
952	YS/T 664—2007	铝用炭素生产专用设备 热平衡测定与计算方法 热媒炉	
953	YS/T 665—2018	重熔用精铝锭	YS/T 665—2009
954	YS/T 666—2008	工业镓化学分析方法 杂质元素的测定 电感耦合等离子体原子发射光谱法	
955	YS/T 667. 1—2008	化学品氧化铝化学分析方法 第1部分：填料用氢氧化铝及拟薄水铝石中镉、铬、钒含量的测定 电感耦合等离子体发射光谱法	
956	YS/T 667. 2—2009	化学品氧化铝化学分析方法 第2部分：填料用氢氧化铝及拟薄水铝石中砷、汞、铅含量的测定 氢化物发生-电感耦合等离子体发射光谱法	
957	YS/T 667. 3—2009	化学品氧化铝化学分析方法 第3部分：4A沸石中镉、铬、钒含量的测定 电感耦合等离子体发射光谱法	
958	YS/T 667. 4—2009	化学品氧化铝化学分析方法 第4部分：4A沸石中砷、汞含量的测定 氢化物发生-电感耦合等离子体发射光谱法	
959	YS/T 668—2008	铜及铜合金理化检测取样方法	
960	YS/T 669—2013	同步器齿环用挤制铜合金管	YS/T 669—2008
961	YS/T 670—2008	空调器连接用保温铜管	
962	YS/T 671—2008	丁硫氮	
963	YS/T 672—2008	碳酸二甲酯	
964	YS/T 673—2013	还原钴粉	YS/T 673—2008
965	YS/T 674—2008	4N锑	
966	YS/T 675—2008	异丁钠黑药	
967	YS/T 676—2008	钼铝中间合金	
968	YS/T 677—2016	锰酸锂	YS/T 677—2008
969	YS/T 678—2008	半导体器件键合用铜丝	
970	YS/T 679—2008	非本征半导体中少数载流子扩散长度的稳态表面光电压测试方法	
971	YS/T 680—2016	铝合金建筑型材用粉末涂料	YS/T 680—2008

序号	标 准 号	标 准 名 称	代替标准号
972	YS/T 681—2008	锇粉	
973	YS/T 682—2008	钌粉	
974	YS/T 683—2008	压力（差压）变送器现场校准规范	
975	YS/T 684—2008	热工数字显示仪现场校准规范	
976	YS/T 685—2009	铝及铝合金液态测氢仪	
977	YS/T 686—2009	活塞裙用铝合金模锻件	
978	YS/T 687—2009	电子行业机柜用铝合金板、带材	
979	YS/T 688—2009	铝及铝合金深冲用板、带材	
980	YS/T 689—2009	衡器用铝合金挤压扁棒	
981	YS/T 690—2009	天花吊顶用铝及铝合金板、带材	
982	YS/T 691—2009	氟化镁	
983	YS/T 692—2009	钨酸	
984	YS/T 693—2009	铜精矿生产能源消耗限额	
985	YS/T 694.1—2017	变形铝及铝合金单位产品能源消耗限额 第1部分：铸造锭	YS/T 694.1—2009
986	YS/T 694.2—2017	变形铝及铝合金单位产品能源消耗限额 第2部分：板、带材	YS/T 694.2—2009
987	YS/T 694.3—2017	变形铝及铝合金单位产品能源消耗限额 第3部分：箔材	YS/T 694.3—2009
988	YS/T 694.4—2017	变形铝及铝合金单位产品能源消耗限额 第4部分：挤压型材、管材	YS/T 694.4—2011
989	YS/T 695—2009	变形镁及镁合金扁铸锭	
990	YS/T 696—2015	镁合金焊丝	YS/T 696—2009
991	YS/T 697—2009	镁合金热挤压无缝管	
992	YS/T 698—2009	镁及镁合金铸轧板材	
993	YS/T 699—2009	铝电解用石墨化阴极炭块	
994	YS/T 700—2009	铝用阴极炭块磨损试验方法	
995	YS/T 701—2009	铝用炭素材料及其制品的包装、标志、运输、贮存	
996	YS/T 702—2009	X射线荧光光谱法测定氢氧化铝中 SiO_2、Fe_2O_3、Na_2O 含量	
997	YS/T 703—2014	石灰石化学分析方法 元素含量的测定 X射线荧光光谱法	YS/T 703—2009
998	YS/T 704—2009	填料用氢氧化铝分析方法 电导率的测定	
999	YS/T 705—2009	填料用氢氧化铝分析方法 色度的测定	
1000	YS/T 706—2009	铁青铜复合粉	
1001	YS/T 707—2009	羰基镍铁粉化学分析方法 镍量的测定 丁二酮肟重量法	
1002	YS/T 708—2009	镍精矿生产能源消耗限额	
1003	YS/T 709—2009	锡精矿生产能源消耗限额	

序号	标 准 号	标 准 名 称	代替标准号
1004	YS/T 710.1—2009	氧化钴化学分析方法 第1部分：钴量的测定 电位滴定法	
1005	YS/T 710.2—2009	氧化钴化学分析方法 第2部分：钠量的测定 火焰原子吸收光谱法	
1006	YS/T 710.3—2009	氧化钴化学分析方法 第3部分：硫量的测定 高频燃烧红外吸收法	
1007	YS/T 710.4—2009	氧化钴化学分析方法 第4部分：砷量的测定 原子荧光光谱法	
1008	YS/T 710.5—2009	氧化钴化学分析方法 第5部分：硅量的测定 钼蓝分光光度法	
1009	YS/T 710.6—2009	氧化钴化学分析方法 第6部分：钙、镉、铜、铁、镁、锰、镍、铅和锌量的测定 电感耦合等离子体发射光谱法	
1010	YS/T 711—2009	手机及数码产品外壳用铝及铝合金板带材	
1011	YS/T 712—2009	手机电池壳用铝合金板、带材	
1012	YS/T 713—2009	干式变压器用铝带、箔材	
1013	YS/T 714—2009	铝合金建筑型材有机聚合物喷涂工艺技术规范	
1014	YS/T 715.1—2009	二氧化硒化学分析方法 第1部分：二氧化硒量的测定 硫代硫酸钠滴定法	
1015	YS/T 715.2—2009	二氧化硒化学分析方法 第2部分：砷、镉、铁、汞、铅量的测定 电感耦合等离子体原子发射光谱法	
1016	YS/T 715.3—2009	二氧化硒化学分析方法 第3部分：氯量的测定 氯化银浊度法	
1017	YS/T 715.4—2009	二氧化硒化学分析方法 第4部分：灼烧残渣的测定 重量法	
1018	YS/T 715.5—2009	二氧化硒化学分析方法 第5部分：水不溶物含量的测定 重量法	
1019	YS/T 716.1—2009	黑铜化学分析方法 第1部分：铜量的测定 硫代硫酸钠滴定法	
1020	YS/T 716.2—2016	黑铜化学分析方法 第2部分：金和银量的测定 火试金法	YS/T 716.2—2009
1021	YS/T 716.3—2009	黑铜化学分析方法 第3部分：铋、镍、铅、锑和锌量的测定 火焰原子吸收光谱法	
1022	YS/T 716.4—2009	黑铜化学分析方法 第4部分：砷量的测定 碘量法	

序号	标　准　号	标　准　名　称	代替标准号
1023	YS/T 716.5—2009	黑铜化学分析方法 第5部分：锡量的测定 碘酸钾滴定法	
1024	YS/T 716.6—2009	黑铜化学分析方法 第6部分：砷、铋、镍、铅、锑、锡、锌量的测定 电感耦合等离子体原子发射光谱法	
1025	YS/T 716.7—2016	黑铜化学分析方法 第7部分：铂量和钯量的测定 火试金富集-电感耦合等离子体原子发射光谱法和火焰原子吸收光谱法	
1026	YS/T 717—2009	雾化镍粉	
1027	YS/T 718—2009	平面磁控溅射靶材 光学薄膜用铌靶	
1028	YS/T 719—2009	平面磁控溅射靶材 光学薄膜用硅靶	
1029	YS/T 720—2009	烧结镍片	
1030	YS/T 721—2009	烧结钴片	
1031	YS/T 722—2009	锂长石	
1032	YS/T 723—2009	荧光灯、节能灯、冷阴极灯用释汞吸气材料	
1033	YS/T 724—2016	多晶硅用硅粉	YS/T 724—2009
1034	YS/T 725—2010	汽车用铝合金板材	
1035	YS/T 726—2010	易拉罐盖料及拉环料用铝合金板、带材	
1036	YS/T 727—2010	电容器外壳用铝及铝合金带材	
1037	YS/T 728—2016	铝合金建筑型材用丙烯酸电泳涂料	YS/T 728—2010
1038	YS/T 729—2010	铝塑复合型材	
1039	YS/T 730—2018	建筑用铝合金木纹型材	YS/T 730—2010
1040	YS/T 731—2010	建筑用铝-挤压木复合型材	
1041	YS/T 732—2010	一般工业用铝及铝合金挤压型材截面图册	
1042	YS/T 733—2010	铝用石墨化阴极制品石墨化度测定方法	
1043	YS/T 734—2010	铝用炭素材料粉料布莱因细度试验方法	
1044	YS/T 735—2010	铝用炭素材料炭胶泥中灰分含量的测定	
1045	YS/T 736—2010	铝用炭素材料炭胶泥中挥发分的测定	
1046	YS/T 737—2010	铝电解槽系列不停电停、开槽装置	
1047	YS/T 738.1—2010	填料用氢氧化铝分析方法 第1部分：pH值的测定	
1048	YS/T 738.2—2010	填料用氢氧化铝分析方法 第2部分：可溶碱含量的测定	
1049	YS/T 738.3—2010	填料用氢氧化铝分析方法 第3部分：硫化物含量的测定	
1050	YS/T 738.4—2010	填料用氢氧化铝分析方法 第4部分：粘度的测定	

序号	标 准 号	标 准 名 称	代替标准号
1051	YS/T 739—2010	铝电解质分子比及主要成分的测定 X 射线荧光光谱法	
1052	YS/T 740—2010	氧化铝生产工业废水中苛性碱、碳碱和全碱的测定方法	
1053	YS/T 741—2010	氧化镓	
1054	YS/T 742—2010	氧化镓化学分析方法 杂质元素的测定 电感耦合等离子体质谱法	
1055	YS/T 744—2010	电池级无水氯化锂	
1056	YS/T 745. 1—2010	铜阳极泥化学分析方法 第 1 部分：铜量的测定 碘量法	
1057	YS/T 745. 2—2016	铜阳极泥化学分析方法 第 2 部分：金量和银量的测定 火试金重量法	YS/T 745. 2—2010
1058	YS/T 745. 3—2010	铜阳极泥化学分析方法 第 3 部分：铂量和钯量的测定 火试金富集-电感耦合等离子体发射光谱法	
1059	YS/T 745. 4—2010	铜阳极泥化学分析方法 第 4 部分：硒量的测定 碘量法	
1060	YS/T 745. 5—2010	铜阳极泥化学分析方法 第 5 部分：碲量的测定 重铬酸钾滴定法	
1061	YS/T 745. 6—2010	铜阳极泥化学分析方法 第 6 部分：铅量的测定 Na_2EDTA 滴定法	
1062	YS/T 745. 7—2010	铜阳极泥化学分析方法 第 7 部分：铋量的测定 火焰原子吸收光谱法和 Na_2EDTA 滴定法	
1063	YS/T 745. 8—2010	铜阳极泥化学分析方法 第 8 部分：砷量的测定 氢化物发生-原子荧光光谱法	
1064	YS/T 745. 9—2012	铜阳极泥化学分析方法 第 9 部分：锑量的测定 火焰原子吸收光谱法	
1065	YS/T 746. 1—2010	无铅锡基焊料化学分析方法 第 1 部分：锡含量的测定 焦性没食子酸解蔽-硝酸铅滴定法	
1066	YS/T 746. 2—2010	无铅锡基焊料化学分析方法 第 2 部分：银含量的测定 火焰原子吸收光谱法和硫氰酸钾电位滴定法	
1067	YS/T 746. 3—2010	无铅锡基焊料化学分析方法 第 3 部分：铜含量的测定 火焰原子吸收光谱法和硫代硫酸钠滴定法	
1068	YS/T 746. 4—2010	无铅锡基焊料化学分析方法 第 4 部分：铅含量的测定 火焰原子吸收光谱法	

序号	标 准 号	标 准 名 称	代替标准号
1069	YS/T 746.5—2010	无铅锡基焊料化学分析方法 第5部分：铋含量的测定 火焰原子吸收和 Na_2EDTA 滴定法	
1070	YS/T 746.6—2010	无铅锡基焊料化学分析方法 第6部分：锑含量的测定 火焰原子吸收光谱法	
1071	YS/T 746.7—2010	无铅锡基焊料化学分析方法 第7部分：铁含量的测定 火焰原子吸收光谱法	
1072	YS/T 746.8—2010	无铅锡基焊料化学分析方法 第8部分：砷含量的测定 砷锑钼蓝分光光度法	
1073	YS/T 746.9—2010	无铅锡基焊料化学分析方法 第9部分：锌含量的测定 火焰原子吸收光谱法和 Na_2EDTA 滴定法	
1074	YS/T 746.10—2010	无铅锡基焊料化学分析方法 第10部分：铝含量的测定 电热原子吸收光谱法	
1075	YS/T 746.11—2010	无铅锡基焊料化学分析方法 第11部分：镉含量的测定 火焰原子吸收光谱法	
1076	YS/T 746.12—2010	无铅锡基焊料化学分析方法 第12部分：铟含量的测定 Na_2EDTA 滴定法	
1077	YS/T 746.13—2010	无铅锡基焊料化学分析方法 第13部分：镍含量的测定 火焰原子吸收光谱法	
1078	YS/T 746.14—2010	无铅锡基焊料化学分析方法 第14部分：磷含量的测定 结晶紫-磷钒钼杂多酸分光光度法	
1079	YS/T 746.15—2010	无铅锡基焊料化学分析方法 第15部分：锗含量的测定 水杨基荧光酮分光光度法	
1080	YS/T 746.16—2010	无铅锡基焊料化学分析方法 第16部分：稀土含量的测定 偶氮胂Ⅲ分光光度法	
1081	YS/T 746.17—2018	无铅锡基焊料化学分析方法 第17部分：银、铜、铅、铋、锑、铁、砷、锌、铝、镉、镍、铟量的测定 电感耦合等离子体原子发射光谱法	
1082	YS/T 747—2010	无铅锡基焊料	
1083	YS/T 748—2010	铅锌矿采、选能源消耗限额	
1084	YS/T 749—2011	电站冷凝器和热交换器用钛-钢复合板	
1085	YS/T 750—2011	热轧钛带卷	
1086	YS/T 751—2011	钽及钽合金牌号和化学成分	
1087	YS/T 752—2011	复合氧化锆粉体	
1088	YS/T 753—2011	压力容器用锆及锆合金板材	
1089	YS/T 754—2011	二氧化铂	
1090	YS/T 755—2011	亚硝酰基硝酸钌	

序号	标 准 号	标 准 名 称	代替标准号
1091	YS/T 756—2011	碳酸铯	
1092	YS/T 757—2011	铜米粒	
1093	YS/T 758—2011	铝用炭素回转窑直线度测量方法	
1094	YS/T 759—2011	铜及铜合金铸棒	
1095	YS/T 760—2011	导电用 D 型铜管	
1096	YS/T 761—2011	饮用水系统零部件用易切削铜合金铸锭	
1097	YS/T 762—2011	岩溶堆积型铝土矿山复垦技术规范	
1098	YS/T 763—2011	电煅石墨化焦	
1099	YS/T 764—2011	铝用炭素材料热膨胀系数测定装置	
1100	YS/T 765—2011	电子废弃物的运输安全规范	
1101	YS/T 766—2011	电子废弃物的贮存安全规范	
1102	YS/T 767—2011	锑精矿单位产品能源消耗限额	
1103	YS/T 768—2011	铝电解质中锂含量的测定 火焰原子吸收光谱法	
1104	YS/T 769. 1—2011	铝及铝合金管、棒、型材安全生产规范 第 1 部分：挤压、轧制与拉伸	
1105	YS/T 769. 2—2011	铝及铝合金管、棒、型材安全生产规范 第 2 部分：阳极氧化与电泳涂漆	
1106	YS/T 769. 3—2011	铝及铝合金管、棒、型材安全生产规范 第 3 部分：静电喷涂	
1107	YS/T 769. 4—2011	铝及铝合金管、棒、型材安全生产规范 第 4 部分：隔热型材的生产	
1108	YS/T 770—2011	铝及铝合金圆片	
1109	YS/T 771—2011	铝型材热挤压模具的使用、维护与管理	
1110	YS/T 772—2011	计算机散热器用铝及铝合金带材	
1111	YS/T 773—2011	太阳能电池框架用铝合金型材	
1112	YS/T 775. 1—2011	铅阳极泥化学分析方法 第 1 部分：铅量的测定 Na_2EDTA 滴定法	
1113	YS/T 775. 2—2011	铅阳极泥化学分析方法 第 2 部分：铋量的测定 火焰原子吸收光谱法和 Na_2EDTA 滴定法	
1114	YS/T 775. 3—2011	铅阳极泥化学分析方法 第 3 部分：砷量的测定 溴酸钾滴定法	
1115	YS/T 775. 4—2011	铅阳极泥化学分析方法 第 4 部分：锑量的测定 火焰原子吸收光谱法和硫酸铈滴定法	
1116	YS/T 775. 5—2011	铅阳极泥化学分析方法 第 5 部分：金量和银量的测定 火试金重量法	
1117	YS/T 775. 6—2011	铅阳极泥化学分析方法 第 6 部分：铜量的测定 碘量法	

序号	标　准　号	标　准　名　称	代替标准号
1118	YS/T 775.7—2011	铅阳极泥化学分析方法 第7部分：砷、铜、硒量的测定 电感耦合等离子体原子发射光谱法	
1119	YS/T 776—2011	钛合金用铝硅中间合金	
1120	YS/T 777—2011	锆-钢复合板	
1121	YS/T 778—2011	真空脱脂烧结炉	
1122	YS/T 780—2011	电机外壳用铝合金挤压型材	
1123	YS/T 781.2—2012	铝合金管、棒、型材清洁生产水平评价技术要求 第2部分：阳极氧化与电泳涂漆	
1124	YS/T 781.3—2012	铝合金管、棒、型材清洁生产水平评价技术要求 第3部分：粉末喷涂	
1125	YS/T 781.4—2012	铝合金管、棒、型材清洁生产水平评价技术要求 第4部分：氟碳漆喷涂	
1126	YS/T 782.5—2013	铝及铝合金板、带、箔行业清洁生产水平评价技术要求 第5部分：亲水铝箔	
1127	YS/T 783—2012	红外锗单晶单位产品能源消耗限额	
1128	YS/T 784—2012	铝电解槽技术参数测量方法	
1129	YS/T 785—2012	NaA 型沸石相对结晶度测定方法 X 衍射法	
1130	YS/T 786—2012	赤泥粉煤灰耐火隔热砖	
1131	YS/T 787—2012	赤泥中精选高铁砂技术规范	
1132	YS/T 788—2012	氢化锂	
1133	YS/T 789—2012	碳酸铷	
1134	YS/T 790—2012	铱管	
1135	YS/T 791—2012	铂靶	
1136	YS/T 792—2012	单晶炉用碳/碳复合材料坩埚	
1137	YS/T 793—2012	电工用火法精炼再生铜线坯	
1138	YS/T 794—2012	钛种板	
1139	YS/T 795—2012	高尔夫球头用钛及钛合金板材	
1140	YS/T 796—2012	钨坩埚	
1141	YS/T 797—2012	便携式锂离子电池用铝壳	
1142	YS/T 798—2012	镍钴锰酸锂	
1143	YS/T 799—2012	铝板带箔表面清洁度试验方法	
1144	YS/T 800—2012	电解铝生产二氧化碳排放量测算方法	
1145	YS/T 802—2012	氧化铝生产用絮凝剂	
1146	YS/T 803—2012	冶金级氧化铝	
1147	YS/T 804—2012	铝土矿石磨矿功指数测量方法	
1148	YS/T 805—2012	铝及铝合金中稀土分析方法 化学分析方法测定稀土含量	

序号	标　准　号	标　准　名　称	代替标准号
1149	YS/T 806—2012	铝及铝合金中稀土分析方法 X-射线荧光光谱法测定镧、铈、镨、钕、钐含量	
1150	YS/T 807.1—2012	铝中间合金化学分析方法 第1部分：铁含量的测定 重铬酸钾滴定法	
1151	YS/T 807.2—2012	铝中间合金化学分析方法 第2部分：锰含量的测定 高碘酸钾分光光度法	
1152	YS/T 807.3—2012	铝中间合金化学分析方法 第3部分：镍含量的测定 EDTA 滴定法	
1153	YS/T 807.4—2012	铝中间合金化学分析方法 第4部分：铬含量的测定 过硫酸铵氧化-硫酸亚铁铵滴定法	
1154	YS/T 807.5—2012	铝中间合金化学分析方法 第5部分：锆含量的测定 EDTA 滴定法	
1155	YS/T 807.6—2012	铝中间合金化学分析方法 第6部分：硼含量的测定 离子选择电极法	
1156	YS/T 807.7—2012	铝中间合金化学分析方法 第7部分：铍含量的测定 依莱铬氰兰 R 分光光度法	
1157	YS/T 807.8—2012	铝中间合金化学分析方法 第8部分：锑含量的测定 碘化钾分光光度法	
1158	YS/T 807.9—2012	铝中间合金化学分析方法 第9部分：铋含量的测定 碘化钾分光光度法	
1159	YS/T 807.10—2012	铝中间合金化学分析方法 第10部分：钾含量的测定 火焰原子吸收光谱法	
1160	YS/T 807.11—2012	铝中间合金化学分析方法 第11部分：钠含量的测定 火焰原子吸收光谱法	
1161	YS/T 807.12—2012	铝中间合金化学分析方法 第12部分：铜含量的测定 硫代硫酸钠滴定法	
1162	YS/T 807.13—2012	铝中间合金化学分析方法 第13部分：钒含量的测定 硫酸亚铁铵滴定法	
1163	YS/T 807.14—2012	铝中间合金化学分析方法 第14部分：锶含量的测定 EDTA 滴定法	
1164	YS/T 808—2012	太阳能装置用铜带	
1165	YS/T 809—2012	接插件用铜及铜合金异型带	
1166	YS/T 810—2012	导电用再生铜条	
1167	YS/T 811—2012	高炉冷却壁用铜板	
1168	YS/T 812—2012	电真空器件用无氧铜棒线	
1169	YS/T 813—2012	废杂黄铜化学成分分析取制样方法	
1170	YS/T 814—2012	黄铜制成品应力腐蚀试验方法	
1171	YS/T 815—2012	铜及铜合金力学性能和工艺性能试样的制备方法	

序号	标 准 号	标 准 名 称	代替标准号
1172	YS/T 816—2012	高纯硒	
1173	YS/T 817—2012	高纯碲	
1174	YS/T 818—2012	高纯铋	
1175	YS/T 819—2012	电子薄膜用高纯铜溅射靶材	
1176	YS/T 820.1—2012	红土镍矿化学分析方法 第1部分：镍量的测定 火焰原子吸收光谱法	
1177	YS/T 820.2—2012	红土镍矿化学分析方法 第2部分：镍量的测定 丁二酮肟分光光度法	
1178	YS/T 820.3—2012	红土镍矿化学分析方法 第3部分：全铁量的测定 重铬酸钾滴定法	
1179	YS/T 820.4—2012	红土镍矿化学分析方法 第4部分：磷量的测定 钼蓝分光光度法	
1180	YS/T 820.5—2012	红土镍矿化学分析方法 第5部分：钴量的测定 火焰原子吸收光谱法	
1181	YS/T 820.6—2012	红土镍矿化学分析方法 第6部分：铜量的测定 火焰原子吸收光谱法	
1182	YS/T 820.7—2012	红土镍矿化学分析方法 第7部分：钙和镁量的测定 火焰原子吸收光谱法	
1183	YS/T 820.8—2012	红土镍矿化学分析方法 第8部分：二氧化硅量的测定 氟硅酸钾滴定法	
1184	YS/T 820.9—2012	红土镍矿化学分析方法 第9部分：钪、镉含量测定 电感耦合等离子体-质谱法	
1185	YS/T 820.10—2012	红土镍矿化学分析方法 第10部分：钙、钴、铜、镁、锰、镍、磷和锌量的测定 电感耦合等离子体-原子发射光谱法	
1186	YS/T 820.11—2012	红土镍矿化学分析方法 第11部分：氟和氯量的测定 离子色谱法	
1187	YS/T 820.12—2012	红土镍矿化学分析方法 第12部分：锰量的测定 火焰原子吸收光谱法	
1188	YS/T 820.13—2012	红土镍矿化学分析方法 第13部分：铅量的测定 火焰原子吸收光谱法	
1189	YS/T 820.14—2012	红土镍矿化学分析方法 第14部分：锌量的测定 火焰原子吸收光谱法	
1190	YS/T 820.15—2012	红土镍矿化学分析方法 第15部分：镉量的测定 火焰原子吸收光谱法	
1191	YS/T 820.16—2012	红土镍矿化学分析方法 第16部分：碳和硫量的测定 高频燃烧红外吸收光谱法	
1192	YS/T 820.17—2012	红土镍矿化学分析方法 第17部分：砷、锑、铋量的测定 氢化物发生-原子荧光光谱法	

序号	标 准 号	标 准 名 称	代替标准号
1193	YS/T 820. 18—2012	红土镍矿化学分析方法 第18部分：汞量的测定 冷原子吸收光谱法	
1194	YS/T 820. 19—2012	红土镍矿化学分析方法 第19部分：铝、铬、铁、镁、锰、镍和硅量的测定 能量色散X射线荧光光谱法	
1195	YS/T 820. 20—2012	红土镍矿化学分析方法 第20部分：铝量的测定 EDTA滴定法	
1196	YS/T 820. 21—2013	红土镍矿化学分析方法 第21部分：铬量的测定 硫酸亚铁铵滴定法	
1197	YS/T 820. 22—2012	红土镍矿化学分析方法 第22部分：镁量的测定 EDTA滴定法	
1198	YS/T 820. 23—2012	红土镍矿化学分析方法 第23部分：钴、铁、镍、磷、氧化铝、氧化钙、氧化铬、氧化镁、氧化锰、二氧化硅和二氧化钛量的测定 波长色散X射线荧光光谱法	
1199	YS/T 820. 24—2012	红土镍矿化学分析方法 第24部分：湿存水量的测定 重量法	
1200	YS/T 820. 25—2012	红土镍矿化学分析方法 第25部分：化合水量的测定 重量法	
1201	YS/T 820. 26—2012	红土镍矿化学分析方法 第26部分：灼烧减量的测定 重量法	
1202	YS/T 821—2012	铝合金电池用盖板	
1203	YS/T 822—2012	镍铬-碳化铬复合粉末	
1204	YS/T 823—2012	烧结钨板坯	
1205	YS/T 824—2012	钛合金用铝锡中间合金	
1206	YS/T 825—2012	钛酸锂	
1207	YS/T 826—2012	五氧化二铌靶材	
1208	YS/T 827—2012	钽锭	
1209	YS/T 828—2012	土壤及淡水环境阴极保护用钛阳极	
1210	YS/T 829—2012	电池级锂硅合金	
1211	YS/T 830—2012	正丁基锂	
1212	YS/T 831—2012	TZM钼合金棒材	
1213	YS/T 832—2012	丁辛醇废催化剂化学分析方法 铑量的测定 电感耦合等离子体原子发射光谱法	
1214	YS/T 833—2012	铼酸铵化学分析方法 铍、镁、铝、钾、钙、钛、铬、锰、铁、钴、铜、锌、钼、铅、钨、钠、锡、镍、硅量的测定 电感耦合等离子体原子发射光谱法	
1215	YS/T 834—2012	废铂重整催化剂烧失率的测定方法	

序号	标 准 号	标 准 名 称	代替标准号
1216	YS/T 835—2012	尾气净化用金属载体催化剂中铂、钯和铑量的测定 火焰原子吸收光谱法	
1217	YS/T 836—2012	高铼酸	
1218	YS/T 837—2012	溅射靶材-背板结合质量超声波检验方法	
1219	YS/T 838—2012	碲化镉	
1220	YS/T 839—2012	硅衬底上绝缘体薄膜厚度及折射率的椭圆偏振测试方法	
1221	YS/T 840—2012	再生硅料分类和技术条件	
1222	YS/T 841—2012	镁冶炼行业清洁生产水平评价技术要求	
1223	YS/T 842—2012	石墨化阴极炭块用石油焦原料技术要求	
1224	YS/T 843—2012	预焙阳极用石油焦原料技术要求	
1225	YS/T 844—2017	铝合金建筑用隔热型材复合技术规范	YS/T 844—2012
1226	YS/T 845—2012	铝合金喷射成形圆锭	
1227	YS/T 846—2012	烟包装用铝箔	
1228	YS/T 847—2012	帐篷用高强度铝合金管	
1229	YS/T 848—2012	铸轧铝及铝合金线坯	
1230	YS/T 849—2012	硬质酚醛泡沫夹芯板用涂层铝箔	
1231	YS/T 850—2012	铝-钢复合过渡接头	
1232	YS/T 852—2012	家用铝及铝合金箔	
1233	YS/T 853—2012	锆及锆合金铸件	
1234	YS/T 854—2012	钨铱流口	
1235	YS/T 855—2012	金粒	
1236	YS/T 856—2012	银粒	
1237	YS/T 857—2012	银条	
1238	YS/T 858—2013	锆精矿	
1239	YS/T 859—2013	直线型超弹性钛镍合金棒、丝材	
1240	YS/T 860—2013	有色中间合金及催化剂用五氧化二钒	
1241	YS/T 861.1—2013	铌钛合金化学分析方法 第1部分：铝、镍、硅、铁、铬、铜、钽量的测定 电感耦合等离子体原子发射光谱法	
1242	YS/T 861.2—2013	铌钛合金化学分析方法 第2部分：氧、氮量的测定 惰气熔融红外吸收/热导法	
1243	YS/T 861.3—2013	铌钛合金化学分析方法 第3部分：氢量的测定 惰气熔融热导法	
1244	YS/T 861.4—2013	铌钛合金化学分析方法 第4部分：碳量的测定 高频燃烧红外吸收法	
1245	YS/T 861.5—2013	铌钛合金化学分析方法 第5部分：钛量的测定 硫酸铁铵滴定法	
1246	YS/T 862—2013	再生铸造铅黄铜型材	

序号	标 准 号	标 准 名 称	代替标准号
1247	YS/T 863—2013	计算机散热器用铜型材	
1248	YS/T 864—2013	铜及铜合金板带箔材表面清洁度检验方法	
1249	YS/T 865—2013	铜及铜合金无缝高翅片管	
1250	YS/T 866—2013	电容器端面用无铅锡基喷金线	
1251	YS/T 867—2013	镀银（银镍复合镀）铜及铜合金圆线	
1252	YS/T 868—2013	单向走丝电火花加工用黄铜线	
1253	YS/T 869—2013	4A 沸石化学成分分析方法 X 射线荧光法	
1254	YS/T 870—2013	高纯铝化学分析方法 痕量杂质元素的测定 电感耦合等离子体质谱法	
1255	YS/T 871—2013	高纯铝化学分析方法 痕量杂质元素的测定 辉光放电质谱法	
1256	YS/T 872—2013	工业镓化学分析方法 汞含量的测定 原子荧光光谱法	
1257	YS/T 873—2013	铝合金抛光膜层规范	
1258	YS/T 874—2013	水浸变形铝合金圆铸锭超声波检验方法	
1259	YS/T 875—2013	灯具支架用高反射率涂层铝板、带材	
1260	YS/T 876—2013	铝合金挤压在线固溶热处理规范	
1261	YS/T 877—2013	可充电电池用镀镍壳	
1262	YS/T 878—2013	烧结用连续带式还原炉	
1263	YS/T 879—2013	苯胺黑药	
1264	YS/T 880—2013	仲丁钠黑药	
1265	YS/T 881—2013	火法冶炼镍基体料	
1266	YS/T 882—2013	铅锑精矿	
1267	YS/T 883—2013	锌精矿焙砂	
1268	YS/T 884—2013	铌锭	
1269	YS/T 885—2013	钛及钛合金锻造板坯	
1270	YS/T 886—2013	纯钛型材	
1271	YS/T 887—2013	锆及锆合金焊丝	
1272	YS/T 888—2013	废电线电缆分类	
1273	YS/T 889—2013	粉末冶金用再生镍粉	
1274	YS/T 890—2013	粉末冶金用再生钴粉	
1275	YS/T 891—2013	高纯钛化学分析方法 痕量杂质元素的测定 辉光放电质谱法	
1276	YS/T 892—2013	高纯钛化学分析方法 痕量杂质元素的测定 电感耦合等离子体质谱法	
1277	YS/T 893—2013	电子薄膜用高纯钛溅射靶材	
1278	YS/T 894—2018	铼酸铵	YS/T 894—2013
1279	YS/T 895—2013	高纯铼化学分析方法 痕量杂质元素的测定 辉光放电质谱法	

序号	标 准 号	标 准 名 称	代替标准号
1280	YS/T 896—2013	高纯铌化学分析方法 痕量杂质元素的测定 电感耦合等离子体质谱法	
1281	YS/T 897—2013	高纯铌化学分析方法 痕量杂质元素的测定 辉光放电质谱法	
1282	YS/T 898—2013	高纯钽化学分析方法 痕量杂质元素的测定 电感耦合等离子体质谱法	
1283	YS/T 899—2013	高纯钽化学分析方法 痕量杂质元素的测定 辉光放电质谱法	
1284	YS/T 900—2013	高纯钨化学分析方法 痕量杂质元素的测定 电感耦合等离子体质谱法	
1285	YS/T 901—2013	高纯钨化学分析方法 痕量杂质元素的测定 辉光放电质谱法	
1286	YS/T 902—2013	高纯铼及铼酸铵化学分析方法 铍、钠、镁、铝、钾、钙、钛、铬、锰、铁、钴、镍、铜、锌、砷、钼、镉、铟、锡、锑、钡、钨、铂、铊、铅、铋量的测定 电感耦合等离子体质谱法	
1287	YS/T 903. 1—2013	铟废料化学分析方法 第1部分：铟量的测定 EDTA滴定法	
1288	YS/T 903. 2—2013	铟废料化学分析方法 第2部分：锡量的测定 碘量法	
1289	YS/T 904. 1—2013	铁铬铝纤维丝化学分析方法 第1部分：氮量的测定 惰性气体熔融热导法	
1290	YS/T 904. 2—2013	铁铬铝纤维丝化学分析方法 第2部分：铬、铝量的测定 电感耦合等离子体原子发射光谱法	
1291	YS/T 904. 3—2013	铁铬铝纤维丝化学分析方法 第3部分：硅、锰、钛、铜、镧、铈量的测定 电感耦合等离子体原子发射光谱法	
1292	YS/T 904. 4—2013	铁铬铝纤维丝化学分析方法 第4部分：磷量的测定 钼蓝分光光度法	
1293	YS/T 904. 5—2013	铁铬铝纤维丝化学分析方法 第5部分：碳、硫量的测定 高频燃烧红外吸收法	
1294	YS/T 905—2013	锂硼合金	
1295	YS/T 906—2013	电站空冷用铝合金复合带	
1296	YS/T 907—2013	轨道交通用铝合金板材	
1297	YS/T 908—2013	电真空器件用镍及镍合金板带材和棒材	
1298	YS/T 909—2013	电真空器件用无氧铜管材	
1299	YS/T 910—2013	黄铜中铜量的测定 碘量法	
1300	YS/T 911—2013	铜及铜合金U型管	

序号	标准号	标准名称	代替标准号
1301	YS/T 912—2013	阳极纯铜粒	
1302	YS/T 913—2013	锆及锆合金饼和环	
1303	YS/T 914—2013	动力锂电池用铝壳	
1304	YS/T 915—2013	蓄电池板栅用铅锑合金锭	
1305	YS/T 916—2013	高纯镉	
1306	YS/T 917—2013	高纯镉化学分析方法 痕量杂质元素含量的测定 辉光放电质谱法	
1307	YS/T 918—2013	超高纯汞	
1308	YS/T 919—2013	高纯铜铸锭	
1309	YS/T 920—2013	高纯锌	
1310	YS/T 921—2013	冰铜	
1311	YS/T 922—2013	高纯铜化学分析方法 痕量杂质元素含量的测定 辉光放电质谱法	
1312	YS/T 923. 1—2013	高纯铋化学分析方法 第1部分：铜、铅、锌、铁、银、砷、锡、镉、镁、铬、铝、金和镍量的测定 电感耦合等离子体质谱法	
1313	YS/T 923. 2—2013	高纯铋化学分析方法 第2部分：痕量杂质元素含量的测定 辉光放电质谱法	
1314	YS/T 924—2013	亲水铝箔安全生产规范	
1315	YS/T 925—2013	还原镍粉	
1316	YS/T 926—2013	高纯二氧化碲	
1317	YS/T 927—2013	三氧化二铋	
1318	YS/T 928. 1—2013	镍、钴、锰三元素氢氧化物化学分析方法 第1部分：氯离子量的测定 氯化银比浊法	
1319	YS/T 928. 2—2013	镍、钴、锰三元素氢氧化物化学分析方法 第2部分：镍量的测定 丁二酮肟重量法	
1320	YS/T 928. 3—2013	镍、钴、锰三元素氢氧化物化学分析方法 第3部分：镍、钴、锰量的测定 电感耦合等离子体原子发射光谱法	
1321	YS/T 928. 4—2013	镍、钴、锰三元素氢氧化物化学分析方法 第4部分：铁、钙、镁、铜、锌、硅、铝、钠量的测定 电感耦合等离子体原子发射光谱法	
1322	YS/T 928. 5—2013	镍、钴、锰三元素氢氧化物化学分析方法 第5部分：铅量的测定 电感耦合等离子体质谱法	

序号	标　准　号	标　准　名　称	代替标准号
1323	YS/T 928.6—2013	镍、钴、锰三元素氢氧化物化学分析方法 第6部分：硫酸根离子量的测定 离子色谱法	
1324	YS/T 929—2013	醋酸钯	
1325	YS/T 930—2013	二氯四氨钯	
1326	YS/T 931—2013	硝酸钯	
1327	YS/T 932—2013	硝酸铂	
1328	YS/T 933—2013	辛酸铑	
1329	YS/T 934—2013	氧化物弥散强化铂和铂铑板、片材	
1330	YS/T 936—2013	集成电路器件用镍钒合金靶材	
1331	YS/T 937—2013	镍铂靶材	
1332	YS/T 938.1—2013	齿科烤瓷修复用金基和钯基合金化学分析方法 第1部分：金量的测定 亚硝酸钠还原重量法	
1333	YS/T 938.2—2013	齿科烤瓷修复用金基和钯基合金化学分析方法 第2部分：钯量的测定 丁二酮肟重量法	
1334	YS/T 938.3—2013	齿科烤瓷修复用金基和钯基合金化学分析方法 第3部分：银量的测定 火焰原子吸收光谱法和电位滴定法	
1335	YS/T 938.4—2013	齿科烤瓷修复用金基和钯基合金化学分析方法 第4部分：金、铂、钯、铜、锡、铟、锌、镓、铍、铁、锰、锂量的测定 电感耦合等离子体原子发射光谱法	
1336	YS/T 939—2013	二氯四氨铂	
1337	YS/T 940—2013	柠檬酸金钾	
1338	YS/T 941—2013	三碘化铑	
1339	YS/T 942—2013	微波磁控管器件用贵金属及其合金钎料	
1340	YS/T 943—2013	硫酸钯	
1341	YS/T 944—2013	银二氧化锡/铜及铜合金复合板材	
1342	YS/T 945—2013	钽铌精矿单位产品能源消耗限额	
1343	YS/T 946—2013	钽铌冶炼单位产品能源消耗限额	
1344	YS/T 947—2013	有色金属选矿回收伴生钼精矿	
1345	YS/T 948—2014	镓废料	
1346	YS/T 949—2014	废旧有色金属术语定义	
1347	YS/T 950—2014	散装红土镍矿取制样方法	
1348	YS/T 951—2014	红土镍矿 交货批水分含量的测定	
1349	YS/T 952—2014	铜钼多金属矿化学分析方法 铜和钼量的测定 电感耦合等离子体原子发射光谱法	

序号	标 准 号	标 准 名 称	代替标准号
1350	YS/T 953.1—2014	火法冶炼镍基体料化学分析方法 第1部分：镍量的测定 丁二酮肟分光光度法和丁二酮肟重量法	
1351	YS/T 953.2—2014	火法冶炼镍基体料化学分析方法 第2部分：硅量的测定 硅钼蓝分光光度法和高氯酸脱水重量法	
1352	YS/T 953.3—2014	火法冶炼镍基体料化学分析方法 第3部分：磷量的测定 铋磷钼蓝分光光度法	
1353	YS/T 953.4—2014	火法冶炼镍基体料化学分析方法 第4部分：铬量的测定 硫酸亚铁铵滴定法	
1354	YS/T 953.5—2014	火法冶炼镍基体料化学分析方法 第5部分：锰量的测定 高碘酸钾分光光度法	
1355	YS/T 953.6—2014	火法冶炼镍基体料化学分析方法 第6部分：钴量的测定 5-Cl-PADAB分光光度法和火焰原子吸收光谱法	
1356	YS/T 953.7—2014	火法冶炼镍基体料化学分析方法 第7部分：铜量的测定 双环己酮草酰二腙分光光度法和火焰原子吸收光谱法	
1357	YS/T 953.8—2014	火法冶炼镍基体料化学分析方法 第8部分：铁量的测定 三氯化钛还原-重铬酸钾滴定法	
1358	YS/T 953.9—2014	火法冶炼镍基体料化学分析方法 第9部分：碳、硫量的测定 高频燃烧红外吸收法	
1359	YS/T 953.10—2014	火法冶炼镍基体料化学分析方法 第10部分：镍、铬、锰、钴、铜、磷量的测定 电感耦合等离子体原子发射光谱法	
1360	YS/T 953.11—2014	火法冶炼镍基体料化学分析方法 第11部分：铅、砷、镉、汞量的测定 电感耦合等离子体质谱法	
1361	YS/T 954—2014	金砷蒸发料	
1362	YS/T 955.1—2014	粗银化学分析方法 第1部分：银量的测定 火试金法	
1363	YS/T 955.2—2014	粗银化学分析方法 第2部分：钯量的测定 火焰原子吸收光谱法	
1364	YS/T 956.1—2014	金锗合金化学分析方法 第1部分：锗量的测定 电感耦合等离子体发射光谱法	
1365	YS/T 956.2—2014	金锗合金化学分析方法 第2部分：锗量的测定 碘酸钾电位滴定法	

序号	标　准　号	标　准　名　称	代替标准号
1366	YS/T 957—2014	氯铑酸铵	
1367	YS/T 958—2014	银化学分析方法 铜、铋、铁、铅、锑、钯、硒和碲量的测定 电感耦合等离子体原子发射光谱法	
1368	YS/T 959—2014	银化学分析方法 铜、铋、铁、铅、锑、钯、硒和碲量的测定 火花原子发射光谱法	
1369	YS/T 960—2014	空调与制冷设备用铝包铜管	
1370	YS/T 961—2014	空调与制冷设备用内螺纹铝包铜管	
1371	YS/T 962—2014	铜合金连铸管	
1372	YS/T 963—2014	煅后石油焦粉末电阻率测定仪	
1373	YS/T 964—2014	铝用炭块空气反应性测定仪	
1374	YS/T 965—2014	铝用预焙阳极二氧化碳反应性测定仪	
1375	YS/T 966—2014	阴极炭块用电煅无烟煤	
1376	YS/T 967—2014	电池级磷酸二氢锂	
1377	YS/T 968—2014	电池级氧化锂	
1378	YS/T 969—2014	镍钛形状记忆合金丝材恒温拉伸试验方法	
1379	YS/T 970—2014	镍钛形状记忆合金相变温度测定方法	
1380	YS/T 971—2014	钛镍形状记忆合金丝材	
1381	YS/T 972—2014	乙二醇锑粉	
1382	YS/T 973—2014	电池集流体用黄铜线	
1383	YS/T 974—2014	复合触点材料用铜及铜合金带材	
1384	YS/T 975—2014	铝土矿石均匀化技术规范	
1385	YS/T 976—2014	煅烧 α 型氧化铝中 α-Al_2O_3 含量的测定 X-射线衍射法	
1386	YS/T 977—2014	单晶炉碳/碳复合材料保温筒	
1387	YS/T 978—2014	单晶炉碳/碳复合材料导流筒	
1388	YS/T 979—2014	高纯三氧化二镓	
1389	YS/T 980—2014	高纯三氧化二镓杂质含量的测定 电感耦合等离子体质谱法	
1390	YS/T 981.1—2014	高纯铟化学分析方法 镁、铝、硅、硫、铁、镍、铜、锌、砷、银、镉、锡、铊、铅的测定 高质量分辨率辉光放电质谱法	
1391	YS/T 981.2—2014	高纯铟化学分析方法 镁、铝、铁、镍、铜、锌、银、镉、锡、铅的测定 电感耦合等离子体质谱法	
1392	YS/T 981.3—2014	高纯铟化学分析方法 硅量的测定 硅钼蓝分光光度法	

序号	标 准 号	标 准 名 称	代替标准号
1393	YS/T 981.4—2014	高纯铟化学分析方法 锡量的测定 苯芴酮-溴代十六烷基三甲胺吸光光度法	
1394	YS/T 981.5—2014	高纯铟化学分析方法 铊量的测定 罗丹明B吸光光度法	
1395	YS/T 982—2014	氢化炉碳/碳复合材料U形发热体	
1396	YS/T 983—2014	多晶硅还原炉和氢化炉尾气成分的测定方法	
1397	YS/T 984—2014	硅粉化学分析方法 硼、磷含量的测定	
1398	YS/T 985—2014	硅抛光回收片	
1399	YS/T 986—2014	晶片正面系列字母数字标志规范	
1400	YS/T 987—2014	氯硅烷中碳杂质的测定方法 甲基二氯氢硅的测定	
1401	YS/T 988—2014	羧乙基锗倍半氧化物	
1402	YS/T 989—2014	锗粒	
1403	YS/T 990.1—2014	冰铜化学分析方法 第1部分：铜量的测定 碘量法	
1404	YS/T 990.2—2014	冰铜化学分析方法 第2部分：金量和银量的测定 原子吸收光谱法和火试金法	
1405	YS/T 990.3—2014	冰铜化学分析方法 第3部分：硫量的测定 重量法和燃烧滴定法	
1406	YS/T 990.4—2014	冰铜化学分析方法 第4部分：铋量的测定 原子吸收光谱法	
1407	YS/T 990.5—2014	冰铜化学分析方法 第5部分：氟量的测定 离子选择电极法	
1408	YS/T 990.6—2014	冰铜化学分析方法 第6部分：铅量的测定 原子吸收光谱法和 Na_2EDTA 滴定法	
1409	YS/T 990.7—2014	冰铜化学分析方法 第7部分：镉量的测定 原子吸收光谱法	
1410	YS/T 990.8—2014	冰铜化学分析方法 第8部分：砷量的测定 氢化物发生-原子荧光光谱法、二乙基二代氨基甲酸银分光光度法和溴酸钾滴定法	
1411	YS/T 990.9—2014	冰铜化学分析方法 第9部分：铁量的测定 重铬酸钾滴定法	
1412	YS/T 990.10—2014	冰铜化学分析方法 第10部分：二氧化硅量的测定 硅钼蓝分光光度法和氟硅酸钾滴定法	
1413	YS/T 990.11—2014	冰铜化学分析方法 第11部分：镍量的测定 原子吸收光谱法	

序号	标　准　号	标　准　名　称	代替标准号
1414	YS/T 990.12—2014	冰铜化学分析方法 第12部分：三氧化二铝量的测定 铬天青S分光光度法	
1415	YS/T 990.13—2014	冰铜化学分析方法 第13部分：氧化镁量的测定 原子吸收光谱法	
1416	YS/T 990.14—2014	冰铜化学分析方法 第14部分：锌量的测定 原子吸收光谱法和 Na_2EDTA 滴定法	
1417	YS/T 990.15—2014	冰铜化学分析方法 第15部分：锑量的测定 原子吸收光谱法	
1418	YS/T 990.16—2014	冰铜化学分析方法 第16部分：汞量的测定 冷原子吸收光谱法	
1419	YS/T 990.17—2015	冰铜化学分析方法 第17部分：钴量的测定 原子吸收光谱法	
1420	YS/T 990.18—2014	冰铜化学分析方法 第18部分：铅、锌、镍、砷、铋、锑、钙、镁、镉、钴量的测定 电感耦合等离子体原子发射光谱法	
1421	YS/T 991—2014	铜阳极泥	
1422	YS/T 992—2014	铅阳极泥	
1423	YS/T 993—2014	锌阳极泥	
1424	YS/T 994—2014	铸造用锌中间合金锭	
1425	YS/T 995—2014	湿法冶金电解锌用阳极板	
1426	YS/T 996—2014	掺锑二氧化锡	
1427	YS/T 997.1—2014	掺锑二氧化锡化学分析方法 第1部分：锡量的测定 碘酸钾滴定法	
1428	YS/T 997.2—2014	掺锑二氧化锡化学分析方法 第2部分：锑量的测定 硫酸铈滴定法	
1429	YS/T 997.3—2014	掺锑二氧化锡化学分析方法 第3部分：氯量的测定 硫氰酸汞分光光度法	
1430	YS/T 998—2014	Al_2O_3 弥散强化铜棒材和线材	
1431	YS/T 999—2014	铜及铜合金毛细管涡流探伤方法	
1432	YS/T 1000—2014	铜及铜合金管材超声波纵波探伤方法	
1433	YS/T 1001—2014	钛及钛合金薄板超声波检测方法	
1434	YS/T 1002—2014	铝电解阳极效应系数和效应持续时间的计算方法	
1435	YS/T 1003—2014	建筑隔热材料用铝及铝合金箔	
1436	YS/T 1004—2014	熔融态铝及铝合金	
1437	YS/T 1005—2014	钽条	
1438	YS/T 1006.1—2014	镍钴锰酸锂化学分析方法 第1部分：镍钴锰总量的测定 EDTA滴定法	

序号	标 准 号	标 准 名 称	代替标准号
1439	YS/T 1006.2—2014	镍钴锰酸锂化学分析方法 第2部分：锂、镍、钴、锰、钠、镁、铝、钾、铜、钙、铁、锌和硅量的测定 电感耦合等离子体原子发射光谱法	
1440	YS/T 1007—2014	过滤用烧结不锈钢复合丝网	
1441	YS/T 1008—2014	包覆钴粉	
1442	YS/T 1009—2014	烧结金属多孔材料 剪切强度的测定	
1443	YS/T 1010—2014	烧结金属多孔材料环拉强度的测定	
1444	YS/T 1011—2014	高纯钴化学分析方法 杂质元素的测定 辉光放电质谱法	
1445	YS/T 1012—2014	高纯镍化学分析方法 杂质元素含量的测定 辉光放电质谱法	
1446	YS/T 1013—2014	高纯碲化学分析方法 钠、镁、铝、铬、铁、镍、铜、锌、硒、银、锡、铅、铋量的测定 电感耦合等离子体质谱法	
1447	YS/T 1014.1—2014	三氧化二铋化学分析方法 第1部分：三氧化二铋量的测定 Na_2EDTA 滴定法	
1448	YS/T 1014.2—2014	三氧化二铋化学分析方法 第2部分：银、铜、镁、镍、钴、锰、钙、铁、镉、铅、锌、锑、铝、钠、硫量的测定 电感耦合等离子体原子发射光谱法	
1449	YS/T 1014.3—2014	三氧化二铋化学分析方法 第3部分：氯量的测定 氯化银比浊法	
1450	YS/T 1014.4—2014	三氧化二铋化学分析方法 第4部分：灼烧减量的测定 重量法	
1451	YS/T 1014.5—2014	三氧化二铋化学分析方法 第5部分：水分量的测定 重量法	
1452	YS/T 1015—2014	铜铟合金锭	
1453	YS/T 1016—2014	铝及铝合金线坯及线材安全生产规范	
1454	YS/T 1017—2015	铼粉	
1455	YS/T 1018—2015	铼粒	
1456	YS/T 1019—2015	氯化铷	
1457	YS/T 1020—2015	硝酸铷	
1458	YS/T 1021—2015	偏钒酸钾	
1459	YS/T 1022—2015	偏钒酸铵	
1460	YS/T 1023—2015	钼钒铝中间合金	
1461	YS/T 1024—2015	溅射用钽靶材	
1462	YS/T 1025—2015	电子薄膜用高纯钨及钨合金溅射靶材	
1463	YS/T 1026—2015	金属注射成型高比重钨合金球粒	
1464	YS/T 1027—2015	磷酸铁锂	

序号	标　准　号	标　准　名　称	代替标准号
1465	YS/T 1028.1—2015	磷酸铁锂化学分析方法 第1部分：总铁量的测定 三氯化钛还原重铬酸钾滴定法	
1466	YS/T 1028.2—2015	磷酸铁锂化学分析方法 第2部分：锂量的测定 火焰光度法	
1467	YS/T 1028.3—2015	磷酸铁锂化学分析方法 第3部分：磷量的测定 磷钼酸喹啉称量法	
1468	YS/T 1028.4—2015	磷酸铁锂化学分析方法 第4部分：碳量的测定 高频燃烧红外吸收法	
1469	YS/T 1028.5—2015	磷酸铁锂化学分析方法 第5部分：钙、镁、锌、铜、铅、铬、钠、铝、镍、钴、锰量的测定 电感耦合等离子体原子发射光谱法	
1470	YS/T 1029—2015	离子源弧室用钨顶板	
1471	YS/T 1030—2017	富锂锰基正极材料	
1472	YS/T 1031—2015	化学气相沉积炉	
1473	YS/T 1032—2015	铝电解用阴极炭块内部缺陷检验方法	
1474	YS/T 1033—2015	干式防渗料 杂质元素含量的测定 X射线荧光光谱分析法	
1475	YS/T 1034—2015	氧化铝生产过程草酸钠脱除技术规范	
1476	YS/T 1035—2015	铝电解质中碳含量的测定 红外吸收光谱法	
1477	YS/T 1036—2015	镁稀土合金光电直读发射光谱分析方法	
1478	YS/T 1037—2015	铝箔生产用铝管芯	
1479	YS/T 1038—2015	电机换向器用铜及铜合金梯形型材	
1480	YS/T 1039—2015	挠性印制线路板用压延铜箔	
1481	YS/T 1040—2015	谐振器用锌白铜带	
1482	YS/T 1041—2015	汽车端子连接器用铜及铜合金带	
1483	YS/T 1042—2015	易切削铜合金拉制空心型材	
1484	YS/T 1043—2015	电机整流子用银无氧铜带材	
1485	YS/T 1044—2015	服饰金属附件用铜合金带材	
1486	YS/T 1045—2015	装饰装潢用铜-钢复合薄板和带材	
1487	YS/T 1046.1—2015	铜渣精矿化学分析方法 第1部分：铜量的测定 碘量法	
1488	YS/T 1046.2—2015	铜渣精矿化学分析方法 第2部分：金量和银量的测定 原子吸收光谱法和火试金重量法	
1489	YS/T 1046.3—2015	铜渣精矿化学分析方法 第3部分：硫量的测定 燃烧滴定法	
1490	YS/T 1046.4—2015	铜渣精矿化学分析方法 第4部分：铁量的测定 重铬酸钾滴定法	

序号	标 准 号	标 准 名 称	代替标准号
1491	YS/T 1046.5—2015	铜渣精矿化学分析方法 第5部分：二氧化硅量的测定 氟硅酸钾滴定法	
1492	YS/T 1046.6—2015	铜渣精矿化学分析方法 第6部分：三氧化二铝量的测定 电感耦合等离子体原子发射光谱法	
1493	YS/T 1046.7—2015	铜渣精矿化学分析方法 第7部分：砷、锑、铋、铅、锌、氧化镁量的测定 电感耦合等离子体原子发射光谱法	
1494	YS/T 1047.1—2015	铜磁铁矿化学分析方法 第1部分：铜量的测定 2,2′-联喹啉分光光度法和火焰原子吸收光谱法	
1495	YS/T 1047.2—2015	铜磁铁矿化学分析方法 第2部分：全铁量的测定 重铬酸钾滴定法	
1496	YS/T 1047.3—2015	铜磁铁矿化学分析方法 第3部分：铜量和铁量的测定 硫代硫酸钠滴定法	
1497	YS/T 1047.4—2015	铜磁铁矿化学分析方法 第4部分：硫量的测定 高频燃烧红外线吸收光谱法	
1498	YS/T 1047.5—2015	铜磁铁矿化学分析方法 第5部分：磷量的测定 滴定法	
1499	YS/T 1047.6—2015	铜磁铁矿化学分析方法 第6部分：铜、全铁、二氧化硅、三氧化铝、氧化钙、氧化镁、二氧化钛、氧化锰和磷量的测定 波长色散X射线荧光光谱法	
1500	YS/T 1047.7—2015	铜磁铁矿化学分析方法 第7部分：铜、锰、铝、钙、镁、钛和磷量的测定 电感耦合等离子体原子发射光谱法	
1501	YS/T 1047.8—2015	铜磁铁矿化学分析方法 第8部分：二氧化硅量的测定 重量法	
1502	YS/T 1047.9—2015	铜磁铁矿化学分析方法 第9部分：金属铁量的测定 磺基水杨酸分光光度法	
1503	YS/T 1047.10—2015	铜磁铁矿化学分析方法 第10部分：氧化亚铁量的测定 重铬酸钾滴定法	
1504	YS/T 1047.11—2015	铜磁铁矿化学分析方法 第11部分：磁性铁量的测定 重铬酸钾滴定法	
1505	YS/T 1048—2015	异丙基黄原酸甲酸乙酯	
1506	YS/T 1049—2015	异丁基黄原酸甲酸乙酯	
1507	YS/T 1050.1—2015	铅锑精矿化学分析方法 第1部分：铅量的测定 Na_2EDTA滴定法	
1508	YS/T 1050.2—2015	铅锑精矿化学分析方法 第2部分：锑量的测定 硫酸铈滴定法	

序号	标　准　号	标　准　名　称	代替标准号
1509	YS/T 1050.3—2015	铅锑精矿化学分析方法 第3部分：砷量的测定 溴酸钾滴定法	
1510	YS/T 1050.4—2015	铅锑精矿化学分析方法 第4部分：锌量的测定 Na_2EDTA 滴定法	
1511	YS/T 1050.5—2015	铅锑精矿化学分析方法 第5部分：硫量的测定 重量法	
1512	YS/T 1050.6—2015	铅锑精矿化学分析方法 第6部分：铁量的测定 硫酸铈滴定法	
1513	YS/T 1050.7—2015	铅锑精矿化学分析方法 第7部分：铋量和铜量的测定 火焰原子吸收光谱法	
1514	YS/T 1050.8—2015	铅锑精矿化学分析方法 第8部分：金量和银量的测定 火试金法	
1515	YS/T 1050.9—2015	铅锑精矿化学分析方法 第9部分：银量的测定 火焰原子吸收光谱法	
1516	YS/T 1050.10—2015	铅锑精矿化学分析方法 第10部分：铊量的测定 电感耦合等离子体质谱法和电感耦合等离子体原子发射光谱法	
1517	YS/T 1051—2015	锌基料	
1518	YS/T 1052—2015	氧化亚钴	
1519	YS/T 1053—2015	电子薄膜用高纯钴靶材	
1520	YS/T 1054—2015	氯化镉	
1521	YS/T 1055—2015	硒化锌	
1522	YS/T 1056—2015	高纯硫化镉	
1523	YS/T 1057—2015	四氧化三钴化学分析方法 磁性异物含量测定 磁选分离-电感耦合等离子体发射光谱法	
1524	YS/T 1058—2015	镍、钴、锰三元素复合氧化物化学分析方法 硫量的测定 高频感应炉燃烧红外吸收法	
1525	YS/T 1059—2015	硅外延用三氯氢硅中总碳的测定 气相色谱法	
1526	YS/T 1060—2015	硅外延用三氯氢硅中其他氯硅烷含量的测定 气相色谱法	
1527	YS/T 1061—2015	改良西门子法多晶硅用硅芯	
1528	YS/T 1063—2015	钼靶材	
1529	YS/T 1064—2015	镍钛形状记忆合金术语	
1530	YS/T 1068—2015	制备钌靶用钌粉	
1531	YS/T 1069—2015	金铍蒸发料	
1532	YS/T 1070—2015	真空断路器用银及其合金钎料环	

序号	标 准 号	标 准 名 称	代替标准号
1533	YS/T 1071—2015	双氧水用废催化剂化学分析方法 钯量的测定 分光光度法	
1534	YS/T 1072—2015	钯炭化学分析方法 钯量的测定 电感耦合等离子体原子发射光谱法	
1535	YS/T 1073—2015	钯炭化学分析方法 铅、铜、铁量的测定 电感耦合等离子体原子发射光谱法	
1536	YS/T 1074—2015	无焊料贵金属饰品化学分析方法 镁、钛、铬、锰、铁、镍、铜、锌、砷、钌、铑、钯、银、镉、锡、锑、铱、铂、铅、铋量测定 电感耦合等离子体质谱法	
1537	YS/T 1075.1—2015	钒铝、钼铝中间合金化学分析方法 第1部分：铁量的测定 1,10—二氮杂菲分光光度法	
1538	YS/T 1075.2—2015	钒铝、钼铝中间合金化学分析方法 第2部分：钼量的测定 钼酸铅重量法	
1539	YS/T 1075.3—2015	钒铝、钼铝中间合金化学分析方法 第3部分：硅量的测定 钼蓝分光光度法	
1540	YS/T 1075.4—2015	钒铝、钼铝中间合金化学分析方法 第4部分：钒量的测定 电感耦合等离子体原子发射光谱法和硫酸亚铁铵滴定法	
1541	YS/T 1075.5—2015	钒铝、钼铝中间合金化学分析方法 第5部分：铝量的测定 EDTA 滴定法	
1542	YS/T 1075.6—2015	钒铝、钼铝中间合金化学分析方法 第6部分：碳量的测定 高频燃烧-红外吸收法	
1543	YS/T 1075.7—2015	钒铝、钼铝中间合金化学分析方法 第7部分：氧量的测定 惰气熔融-红外法	
1544	YS/T 1075.8—2015	钒铝、钼铝中间合金化学分析方法 第8部分：钼、铝量的测定 X-荧光光谱法	
1545	YS/T 1076—2015	钛镍合金板材	
1546	YS/T 1077—2015	眼镜架用 TB13 钛合金棒丝材	
1547	YS/T 1078—2015	钒铝锡铬中间合金	
1548	YS/T 1079—2015	钒铝铁中间合金	
1549	YS/T 1080—2015	硫酸铯	
1550	YS/T 1081—2015	硝酸铯	
1551	YS/T 1082—2015	灯引线支架用铜带	
1552	YS/T 1083—2015	阳极铜	
1553	YS/T 1084.1—2015	粗硒化学分析方法 第1部分：金量的测定 火试金重量法和原子吸收光谱法	

序号	标　准　号	标　准　名　称	代替标准号
1554	YS/T 1084. 2—2015	粗硒化学分析方法 第2部分：银量的测定 火焰原子吸收光谱法	
1555	YS/T 1084. 3—2018	粗硒化学分析方法 第3部分：硒量的测定 盐酸羟胺还原重量法和硫代硫酸钠滴定法	
1556	YS/T 1085—2015	精炼镍 硅、锰、磷、铁、铜、钴、镁、铝、锌、铬含量的测定 电感耦合等离子体发射光谱法	
1557	YS/T 1086—2015	高纯锑化学分析方法 镁、锰、铁、镍、铜、锌、砷、硒、银、镉、金、铅、铋量的测定 电感耦合等离子体质谱法	
1558	YS/T 1087—2015	掺杂型镍钴锰三元素复合氢氧化物	
1559	YS/T 1088—2015	湿法冶金锌电积用阴极板	
1560	YS/T 1089—2015	湿法冶金铜电积用阳极板	
1561	YS/T 1090—2015	湿法冶金铜电积用阴极板	
1562	YS/T 1091—2015	铅膏	
1563	YS/T 1092—2015	有色重金属冶炼渣回收的铁精粉	
1564	YS/T 1093—2015	再生锌原料	
1565	YS/T 1094—2015	铝用预焙阳极安全生产规范	
1566	YS/T 1095—2015	铝用阴极炭块安全生产规范	
1567	YS/T 1096—2016	电工用镉铜棒	
1568	YS/T 1097—2016	电极材料用铬、锆铜线材	
1569	YS/T 1098—2016	全自动车床专用再生黄铜棒	
1570	YS/T 1099—2016	气门芯杆用黄铜线	
1571	YS/T 1100—2016	圆珠笔芯用易切削锌白铜线材	
1572	YS/T 1101—2016	船舶压缩机零件用铝白铜棒	
1573	YS/T 1102—2016	光电倍增管用铍青铜带	
1574	YS/T 1103—2016	铜及铜合金管材超声波（横波）检测方法	
1575	YS/T 1104—2016	深冲压用铜-钢复合薄板和带材	
1576	YS/T 1105—2016	半导体封装用键合银丝	
1577	YS/T 1106—2016	铝用炭块试样加工装置技术条件	
1578	YS/T 1107—2016	羧乙基锗倍半氧化物化学分析方法	
1579	YS/T 1109—2016	有机硅生产用硅粉	
1580	YS/T 1110—2016	连续挤压铜带坯	
1581	YS/T 1111—2016	磁极线圈用铜型材	
1582	YS/T 1112—2016	精密模具材料用铜合金棒材	
1583	YS/T 1113—2016	锌及锌合金棒材和型材	
1584	YS/T 1114—2016	海水管系零部件用铝青铜棒材	

序号	标　准　号	标　准　名　称	代替标准号
1585	YS/T 1115. 1—2016	铜原矿和尾矿化学分析方法 第1部分：铜量的测定 火焰原子吸收光谱法	
1586	YS/T 1115. 2—2016	铜原矿和尾矿化学分析方法 第2部分：铅量的测定 火焰原子吸收光谱法	
1587	YS/T 1115. 3—2016	铜原矿和尾矿化学分析方法 第3部分：锌量的测定 火焰原子吸收光谱法	
1588	YS/T 1115. 4—2016	铜原矿和尾矿化学分析方法 第4部分：镍量的测定 火焰原子吸收光谱法	
1589	YS/T 1115. 5—2016	铜原矿和尾矿化学分析方法 第5部分：钴量的测定 火焰原子吸收光谱法	
1590	YS/T 1115. 6—2016	铜原矿和尾矿化学分析方法 第6部分：镉量的测定 火焰原子吸收光谱法	
1591	YS/T 1115. 7—2016	铜原矿和尾矿化学分析方法 第7部分：锰量的测定 火焰原子吸收光谱法	
1592	YS/T 1115. 8—2016	铜原矿和尾矿化学分析方法 第8部分：镁量的测定 火焰原子吸收光谱法	
1593	YS/T 1115. 9—2016	铜原矿和尾矿化学分析方法 第9部分：硫量的测定 高频红外吸收法和燃烧-碘酸钾滴定法	
1594	YS/T 1115. 10—2016	铜原矿和尾矿化学分析方法 第10部分：磷量的测定 钼蓝分光光度	
1595	YS/T 1115. 11—2016	铜原矿和尾矿化学分析方法 第11部分：钼量的测定 硫氰酸盐分光光度法	
1596	YS/T 1115. 12—2016	铜原矿和尾矿化学分析方法 第12部分：铜、铅、锌、镍、钴、镉、镁和锰量的测定 电感耦合等离子体原子发射光谱法	
1597	YS/T 1115. 13—2016	铜原矿和尾矿化学分析方法 第13部分：氟量的测定 离子选择电极法和离子色谱法	
1598	YS/T 1115. 14—2016	铜原矿和尾矿化学分析方法 第14部分：砷量的测定 氢化物发生原子荧光光谱法和溴酸钾滴定法	
1599	YS/T 1116. 1—2016	锡阳极泥化学分析方法 第1部分：锡量的测定 碘酸钾滴定法	
1600	YS/T 1116. 2—2016	锡阳极泥化学分析方法 第2部分：铋量的测定 Na_2EDTA 滴定法	
1601	YS/T 1116. 3—2016	锡阳极泥化学分析方法 第3部分：铜量、铅量和铋量的测定 火焰原子吸收光谱法	

序号	标　准　号	标　准　名　称	代替标准号
1602	YS/T 1116.4—2016	锡阳极泥化学分析方法 第4部分：砷量的测定 碘滴定法	
1603	YS/T 1116.5—2016	锡阳极泥化学分析方法 第5部分：铟量的测定 火焰原子吸收光谱法	
1604	YS/T 1116.6—2016	锡阳极泥化学分析方法 第6部分：金量和银量的测定 火试金法	
1605	YS/T 1116.7—2016	锡阳极泥化学分析方法 第7部分：锑量的测定 硫酸铈滴定法	
1606	YS/T 1117—2016	三氧化二锑（冶炼副产品）	
1607	YS/T 1118—2016	正丙基钠/钾黄药	
1608	YS/T 1119—2016	海绵钯化学分析方法 镁、铝、硅、铬、锰、铁、镍、铜、锌、钌、铑、银、锡、铱、铂、金、铅、铋的测定 电感耦合等离子体质谱法	
1609	YS/T 1120.1—2016	金锡合金化学分析方法 第1部分：金量的测定 火试金重量法	
1610	YS/T 1120.2—2016	金锡合金化学分析方法 第2部分：锡量的测定 氟化物析出EDTA络合滴定法	
1611	YS/T 1120.3—2016	金锡合金化学分析方法 第3部分：铁、铜、银、铅、钯、镉、锌量的测定 电感耦合等离子体原子发射光谱法	
1612	YS/T 1121.1—2016	氯化钯化学分析方法 第1部分：钯量的测定 丁二酮肟重量法	
1613	YS/T 1121.2—2016	氯化钯化学分析方法 第2部分：镁、铝、铬、锰、铁、镍、铜、锌、钌、铑、银、锡、铱、铂、金、铅、铋量的测定 电感耦合等离子体质谱法	
1614	YS/T 1122.1—2016	氯铂酸化学分析方法 第1部分：铂量的测定 氯化铵沉淀重量法	
1615	YS/T 1122.2—2016	氯铂酸化学分析方法 第2部分：钯、铑、铱、金、银、铬、铜、铁、镍、铅、锡量的测定 电感耦合等离子体质谱法	
1616	YS/T 1123—2016	铂蒸发料	
1617	YS/T 1124—2016	磁性溅射靶材透磁率测试方法	
1618	YS/T 1125—2016	镍钴铝酸锂	
1619	YS/T 1126—2016	电阻式超高温真空炉	
1620	YS/T 1127—2016	镍钴铝三元素复合氢氧化物	
1621	YS/T 1128—2016	热喷涂用NiCoCrAlYTa合金粉末	
1622	YS/T 1129—2016	钨钛合金靶材	

序号	标 准 号	标 准 名 称	代替标准号
1623	YS/T 1130—2016	烧结金属多孔材料 焊接裂纹检测方法	
1624	YS/T 1131—2016	烧结金属多孔材料 抗弯性能的测定	
1625	YS/T 1132—2016	烧结金属多孔材料 压缩性能的测定	
1626	YS/T 1133—2016	烧结金属多孔材料 拉伸性能的测定	
1627	YS/T 1134—2016	铁铝金属间化合物烧结多孔材料过滤元件	
1628	YS/T 1135—2016	钛铝金属间化合物烧结多孔材料管状过滤元件	
1629	YS/T 1136—2016	医用镍-钛形状记忆合金无缝管	
1630	YS/T 1137—2016	硬质合金板材	
1631	YS/T 1138—2016	硬质合金六方拼模	
1632	YS/T 1139—2016	增材制造 TC4 钛合金蜂窝结构零件	
1633	YS/T 1140—2016	二氧化铪	
1634	YS/T 1141—2016	钛蒸发料	
1635	YS/T 1142—2016	钒蒸发料	
1636	YS/T 1143—2016	石油天然气用钛及钛合金管材	
1637	YS/T 1144—2016	甲酸铯	
1638	YS/T 1145—2016	锂铝合金锭	
1639	YS/T 1146—2016	钼及钼合金舟	
1640	YS/T 1147—2016	超弹性镍钛合金拉伸试验方法	
1641	YS/T 1148—2016	钨基高比重合金	
1642	YS/T 1149. 1—2016	锌精矿焙砂化学分析方法 第 1 部分：锌量的测定 Na_2EDTA 滴定法	
1643	YS/T 1149. 2—2016	锌精矿焙砂化学分析方法 第 2 部分：酸溶锌量的测定 Na_2EDTA 滴定法	
1644	YS/T 1149. 3—2016	锌精矿焙砂化学分析方法 第 3 部分：硫量的测定 燃烧中和滴定法	
1645	YS/T 1149. 4—2016	锌精矿焙砂化学分析方法 第 4 部分：可溶硫量的测定 硫酸钡重量法	
1646	YS/T 1149. 5—2016	锌精矿焙砂化学分析方法 第 5 部分：铁量的测定 Na_2EDTA 滴定法	
1647	YS/T 1149. 6—2016	锌精矿焙砂化学分析方法 第 6 部分：酸溶铁量的测定 火焰原子吸收光谱法和 Na_2EDTA 滴定法	
1648	YS/T 1149. 7—2016	锌精矿焙砂化学分析方法 第 7 部分：二氧化硅量的测定 钼蓝分光光度法	
1649	YS/T 1149. 8—2016	锌精矿焙砂化学分析方法 第 8 部分：酸溶二氧化硅量的测定 钼蓝分光光度法	
1650	YS/T 1150—2016	高纯钴铸锭	
1651	YS/T 1151—2016	锡蒸发料	

序号	标准号	标准名称	代替标准号
1652	YS/T 1152—2016	粗氢氧化钴	
1653	YS/T 1153—2015	低铁锌锭	
1654	YS/T 1154—2017	粗硒	
1655	YS/T 1155—2016	铜铟镓硒合金粉	
1656	YS/T 1156—2016	铜铟镓硒靶材	
1657	YS/T 1157.1—2016	粗氢氧化钴化学分析方法 第1部分：钴量的测定 电位滴定法	
1658	YS/T 1157.2—2016	粗氢氧化钴化学分析方法 第2部分：镍、铜、铁、锰、锌、铅、砷和镉量的测定 电感耦合等离子体原子发射光谱法	
1659	YS/T 1157.3—2016	粗氢氧化钴化学分析方法 第3部分：钙量和镁量的测定 火焰原子吸收光谱法和电感耦合等离子体原子发射光谱法	
1660	YS/T 1157.4—2016	粗氢氧化钴化学分析方法 第4部分：锰量的测定 电位滴定法	
1661	YS/T 1158.1—2016	铜铟镓硒靶材化学分析方法 第1部分：镓量和铟量的测定 电感耦合等离子体原子发射光谱法	
1662	YS/T 1158.2—2016	铜铟镓硒靶材化学分析方法 第2部分：硒量的测定 重量法	
1663	YS/T 1158.3—2016	铜铟镓硒靶材化学分析方法 第3部分：铝、铁、镍、铬、锰、铅、锌、镉、钴、钼、钡、镁量的测定 电感耦合等离子体质谱法	
1664	YS/T 1159—2016	镁锂合金板材	
1665	YS/T 1160—2016	工业硅粉定量相分析 二氧化硅含量的测定 X射线衍射K值法	
1666	YS/T 1162—2016	铟条	
1667	YS/T 1163—2016	粗铟	
1668	YS/T 1164—2016	硅材料用高纯石英制品中杂质含量的测定 电感耦合等离子体发射光谱法	
1669	YS/T 1165—2016	高纯四氯化锗中铜、锰、铬、钴、镍、钒、锌、铅、铁、镁、铟和砷的测定 电感耦合等离子体质谱法	
1670	YS/T 1166—2016	高纯四氯化锗红外透过率的测定方法	
1671	YS/T 1167—2016	硅单晶腐蚀片	
1672	YS/T 1168—2016	饰品用锗合金	
1673	YS/T 1169—2017	再生铅生产废水处理回用技术规范	
1674	YS/T 1170—2017	再生铅生产废气处理技术规范	

序号	标准号	标准名称	代替标准号
1675	YS/T 1171.1—2017	再生锌原料化学分析方法 第1部分：锌量的测定 EDTA滴定法	
1676	YS/T 1171.2—2017	再生锌原料化学分析方法 第2部分：铅量的测定 原子吸收光谱法和EDTA滴定法	
1677	YS/T 1171.3—2017	再生锌原料化学分析方法 第3部分：铅、铁、铟的测定 电感耦合等离子体原子发射光谱法	
1678	YS/T 1171.4—2017	再生锌原料化学分析方法 第4部分：氟量的测定 离子选择电极法	
1679	YS/T 1171.5—2017	再生锌原料化学分析方法 第5部分：氟量和氯量的测定 离子色谱法	
1680	YS/T 1171.6—2017	再生锌原料化学分析方法 第6部分：铁量的测定 Na_2EDTA滴定法	
1681	YS/T 1171.7—2017	再生锌原料化学分析方法 第7部分：砷量的测定 原子荧光光谱法	
1682	YS/T 1171.8—2017	再生锌原料化学分析方法 第8部分：汞量的测定 原子荧光光谱法和测汞仪法	
1683	YS/T 1171.9—2017	再生锌原料化学分析方法 第9部分：镉量的测定 火焰原子吸收光谱法	
1684	YS/T 1171.10—2017	再生锌原料化学分析方法 第10部分：氧化锌量的测定 醋酸浸取-EDTA滴定法	
1685	YS/T 1172—2017	冶炼用铜废料取制样方法	
1686	YS/T 1173—2017	冶炼用铜废料化学分析方法 烧失量的测定 称量法	
1687	YS/T 1174—2017	废旧电池破碎分选回收技术规范	
1688	YS/T 1175—2017	废旧铅酸蓄电池自动分选金属技术规范	
1689	YS/T 1176—2017	重有色冶金炉窑热平衡测定与计算方法(铜底吹炉)	
1690	YS/T 1177—2017	铝渣	
1691	YS/T 1178—2017	铝渣物相分析 X射线衍射法	
1692	YS/T 1179.1—2017	铝渣化学分析方法 第1部分：氟含量的测定 离子选择电极法	
1693	YS/T 1179.2—2017	铝渣化学分析方法 第2部分：金属铝含量的测定 气体容量法	
1694	YS/T 1179.3—2017	铝渣化学分析方法 第3部分：碳、氮含量的测定 元素分析仪法	
1695	YS/T 1179.4—2017	铝渣化学分析方法 第4部分：硅、镁、钙含量的测定 电感耦合等离子体发射光谱法	

序号	标　准　号	标　准　名　称	代替标准号
1696	YS/T 1180—2017	锗精矿单位产品能源消耗限额	
1697	YS/T 1181—2016	海绵钛安全生产规范	
1698	YS/T 1184—2017	原铝液贮运安全技术规范	
1699	YS/T 1185—2017	工业硅安全生产规范	
1700	YS/T 1187—2017	铝及铝合金薄壁管材超声检测方法	
1701	YS/T 1188—2017	变形铝合金铸锭超声检测方法	
1702	YS/T 1189—2017	铝及铝合金无铬化学预处理膜	
1703	YS/T 1190—2017	超高纯镉	
1704	YS/T 1191—2017	超高纯锑	
1705	YS/T 1192—2017	超高纯碲	
1706	YS/T 1194—2017	二氧化碲	
1707	YS/T 1195—2017	多晶硅副产品 四氯化硅	
1708	YS/T 1196—2018	热水器用镁合金牺牲阳极	
1709	YS/T 1197—2017	钯化合物化学分析方法 金、银、铂、铑、铱、钌、铅、镍、铜、铁、锡、铬、锌、镁、锰、铝、钙、钠、硅、铋、钾、镉的测定 电感耦合等离子体原子发射光谱法	
1710	YS/T 1198—2017	银化学分析方法 铜、铋、铁、铅、锑、钯、硒、碲、砷、钴、锰、镍、锡、锌、镉量的测定 电感耦合等离子体质谱法	
1711	YS/T 1199—2017	1,1′-双二苯基膦二茂铁二氯化钯	
1712	YS/T 1200.1—2017	1,1′-双二苯基膦二茂铁二氯化钯化学分析方法 第1部分：钯量的测定 丁二酮肟重量法	
1713	YS/T 1200.2—2017	1,1′-双二苯基膦二茂铁二氯化钯化学分析方法 第2部分：铅、镍、铜、镉、铬、铂、金、铑、铱量的测定 电感耦合等离子体原子发射光谱法	
1714	YS/T 1201.1—2017	三氯化钌化学分析方法 第1部分：钌量的测定 氢还原重量法	
1715	YS/T 1201.2—2017	三氯化钌化学分析方法 第2部分：铝、钙、镉、铜、铁、锰、镁、钠量的测定 电感耦合等离子体原子发射光谱法	
1716	YS/T 1202—2017	双（乙腈）二氯化钯	
1717	YS/T 1203—2017	双（三苯基膦）二氯化钯	
1718	YS/T 1204—2017	三（二亚苄基丙酮）二钯	
1719	YS/T 1205—2017	三苯基膦乙酰丙酮羰基铑	
1720	YS/T 1206—2017	四（三苯基膦）钯	

序号	标 准 号	标 准 名 称	代替标准号
1721	YS/T 1207—2017	氧化铝基钌料中钌量化学分析方法 钌量的测定 氢还原重量法	
1722	YS/T 1208.1—2017	双（乙腈）二氯化钯化学分析方法 第1部分：钯量的测定 丁二酮肟重量法	
1723	YS/T 1208.2—2017	双（乙腈）二氯化钯化学分析方法 第2部分：铅、镍、铜、镉、铬、铁、铂、金、铑量的测定 电感耦合等离子体原子发射光谱法	
1724	YS/T 1209—2018	有色金属冶炼产品编码规则与条码标识	
1725	YS/T 1210—2018	铜中含氧量的显微镜偏光检验方法	
1726	YS/T 1211—2018	异丁铵黑药	
1727	YS/T 1212—2018	异丙钠黑药	
1728	YS/T 1213—2018	乙钠黑药	
1729	YS/T 1214—2018	异戊基黄原酸丙烯酯	
1730	YS/T 1215—2018	N-烯丙基-O-异丁基硫代氨基甲酸酯	
1731	YS/T 1216—2018	硒化镉	
1732	YS/T 1217—2018	氧化镉	
1733	YS/T 1218—2018	铋黄	
1734	YS/T 1219—2018	草酸镍	
1735	YS/T 1220—2018	铬靶材	
1736	YS/T 1221—2018	锡粒	
1737	YS/T 1222—2018	锡球	
1738	YS/T 1223—2018	冶炼副产品 铅铊合金锭	
1739	YS/T 1224—2018	超高纯锌	
1740	YS/T 1225—2018	高纯二氧化锡	
1741	YS/T 1226—2018	粗碲	
1742	YS/T 1227.1—2018	粗碲化学分析方法 第1部分：碲量的测定 重量法	
1743	YS/T 1227.2—2018	粗碲化学分析方法 第2部分：金、银量的测定 火试金重量法	
1744	YS/T 1227.3—2018	粗碲化学分析方法 第3部分：铜量的测定 碘量法	
1745	YS/T 1228—2018	粗氢氧化镍	
1746	YS/T 1229.1—2018	粗氢氧化镍化学分析方法 第1部分：镍量的测定 丁二酮肟重量法	
1747	YS/T 1229.2—2018	粗氢氧化镍化学分析方法 第2部分：钴量的测定 火焰原子吸收光谱法	

序号	标 准 号	标 准 名 称	代替标准号
1748	YS/T 1229.3—2018	粗氢氧化镍化学分析方法 第3部分：铜、钴、锰、钙、镁、锌、铁、铝、铅、砷和镉量的测定 电感耦合等离子体原子发射光谱法	
1749	YS/T 1229.4—2018	粗氢氧化镍化学分析方法 第4部分：氯量的测定 比浊法	
1750	YS/T 1230.1—2018	阳极铜化学分析方法 第1部分：铜量的测定 碘量法和电解法	
1751	YS/T 1230.2—2018	阳极铜化学分析方法 第2部分：金量和银量的测定 火试金法	
1752	YS/T 1230.3—2018	阳极铜化学分析方法 第3部分：锡、铁、砷、锑、铋、铅、锌、镍量的测定 电感耦合等离子体原子发射光谱法	
1753	YS/T 1230.4—2018	阳极铜化学分析方法 第4部分：氧量的测定 脉冲红外法	
1754	YS/T 1231—2018	锆-铜-镍-铝-银-钇非晶合金锭	
1755	YS/T 1232—2018	锆-铜-镍-铝-银-钇非晶合金棒材	
1756	YS/T 1233—2018	锆铌中间合金	
1757	YS/T 1234—2018	铬钼合金（CrMo）靶材	
1758	YS/T 1235—2018	钼钛合金（MoTi）靶材	
1759	YS/T 1236—2018	超高纯钛锭	
1760	YS/T 1237—2018	铼片	
1761	YS/T 1238—2018	装饰用钛板材	
1762	YS/T 1239—2018	高纯铪	
1763	YS/T 1240—2018	超塑性TC4板材显微组织检验方法	
1764	YS/T 1241—2018	硫酸锂	
1765	YS/T 1242—2018	硅酸锂	
1766	YS/T 1243—2018	氟化铯	
1767	YS/T 1244—2018	无水碘化锂	
1768	YS/T 1245—2018	铯	
1769	YS/T 1246—2018	铷	
1770	YS/T 1247—2018	旋压钼坩埚	
1771	YS/T 1248—2018	硬质合金防滑钉	
1772	YS/T 1249—2018	钛铝金属间化合物多孔膜材料	
1773	YS/T 1250—2018	难熔金属板材和棒材 高温拉伸性能试验方法	
1774	YS/T 1251—2018	烧结金属多孔材料 疲劳性能的测定	
1775	YS/T 1252—2018	硬质合金用复式碳化物	
1776	YS/T 1253—2018	钴铬钨（CoCrW）系合金粉末	
1777	YS/T 1254—2018	钨舟	

序号	标 准 号	标 准 名 称	代替标准号
1778	YS/T 1259—2018	锆合金管材表面氟离子含量的测定 分光光度法	
1779	YS/T 1260—2018	锆及锆合金管材 环向拉伸试验方法	
1780	YS/T 1261—2018	铪化学分析方法 杂质元素含量的测定 电感耦合等离子体原子发射光谱法	
1781	YS/T 1262—2018	海绵钛、钛及钛合金化学分析方法 多元素含量的测定 电感耦合等离子体原子发射光谱法	
1782	YS/T 1263.1—2018	镍钴铝酸锂化学分析方法 第1部分：镍量的测定 丁二酮肟重量法	
1783	YS/T 1263.2—2018	镍钴铝酸锂化学分析方法 第2部分：钴量的测定 电位滴定法	
1784	YS/T 1263.3—2018	镍钴铝酸锂化学分析方法 第3部分：锂量的测定 火焰原子吸收光谱法	
1785	YS/T 1263.4—2018	镍钴铝酸锂化学分析方法 第4部分：铝、铁、钙、镁、铜、锌、硅、钠、锰量的测定 电感耦合等离子体原子发射光谱法	
1786	YS/T 1264—2018	钛合金热稳定性能试验方法	
1787	YS/T 1289—2018	钨镧合金中三氧化二镧含量的测定 Na_2EDTA 滴定法	
1788	XB/T 101—2011	高稀土铁矿石	
1789	XB/T 102—2017	氟碳铈矿-独居石混合精矿	XB/T 102—1995、XB/T 102—2007
1790	XB/T 103—2010	氟碳铈镧矿精矿	XB/T 103—1995
1791	XB/T 104—2015	独居石精矿	XB/T 104—2000
1792	XB/T 105—2011	磷钇矿精矿	XB/T 105—1995
1793	XB/T 107—2011	稀土富渣	XB/T 107—1995
1794	XB/T 201—2016	氧化钬	XB/T 201—1995、XB/T 201—2006
1795	XB/T 202—2010	氧化铥	XB/T 202—1995
1796	XB/T 203—2017	氧化镱	XB/T 203—1995、XB/T 203—2006
1797	XB/T 204—2017	氧化镥	XB/T 204—1995、XB/T 204—2006
1798	XB/T 209—2012	氟化轻稀土	GB/T 4152—1984、XB/T 209—1995
1799	XB/T 211—2015	钐铕钆富集物	XB/T 211—2007
1800	XB/T 212—2015	金属钆	XB/T 212—1995、XB/T 212—2006

序号	标　准　号	标　准　名　称	代替标准号
1801	XB/T 214—2015	氟化钕	XB/T 214—1995、XB/T 214—2006
1802	XB/T 215—2015	氟化镝	XB/T 215—1995、XB/T 215—2006
1803	XB/T 218—2016	金属钇	XB/T 218—2007
1804	XB/T 219—2015	硝酸铈	XB/T 219—2007
1805	XB/T 220—2008	铈铽氧化物	
1806	XB/T 221—2008	硝酸铈铵	
1807	XB/T 222—2008	氢氧化铈	
1808	XB/T 223—2009	氟化镧	
1809	XB/T 224—2013	镧镨钕氧化物	
1810	XB/T 225—2013	铈钆铽氧化物	
1811	XB/T 226—2015	金属钬	
1812	XB/T 227—2015	金属铒	
1813	XB/T 301—2013	高纯金属镝	
1814	XB/T 302—2013	高纯金属铽	
1815	XB/T 401—2010	轻稀土复合孕育剂	XB/T 401—2000
1816	XB/T 402—2016	钪铝合金	XB/T 402—2008
1817	XB/T 403—2012	钆铁合金	
1818	XB/T 404—2015	钬铁合金	
1819	XB/T 405—2016	铈铁合金	
1820	XB/T 501—2008	六硼化镧	XB/T 501—1993
1821	XB/T 502—2007	钐钴 1-5 型永磁合金粉	XB/T 502—1993
1822	XB/T 504—2008	稀土有机络合物饲料添加剂	XB 504—1993
1823	XB/T 505—2011	汽油车排气净化催化剂载体	XB/T 505—2003
1824	XB/T 507—2009	2：17 型钐钴永磁材料	
1825	XB/T 601.1—2008	六硼化镧化学分析方法 硼量的测定 酸碱滴定法	XB/T 601.1—1993
1826	XB/T 601.2—2008	六硼化镧化学分析方法 铁、钙、镁、铬、锰、铜量的测定 电感耦合等离子体发射光谱法	XB/T 601.2—1993
1827	XB/T 601.3—2008	六硼化镧化学分析方法 钨量的测定 电感耦合等离子体发射光谱法	XB/T 601.3—1993
1828	XB/T 601.4—2008	六硼化镧化学分析方法 碳量的测定 高频感应燃烧红外线吸收法测定	XB/T 601.4—1993
1829	XB/T 601.5—2008	六硼化镧化学分析方法 酸溶硅量的测定 硅钼蓝分光光度法	XB/T 601.5—1993
1830	XB/T 607—2011	汽油车排气净化催化剂涂层材料试验方法	XB/T 607—2003

序号	标准号	标准名称	代替标准号
1831	XB/T 610.1—2015	钐钴永磁合金化学分析方法 第1部分：钐、钴、铜、铁、锆、钆、镨配分量的测定	GB/T 15679.1—1995
1832	XB/T 610.2—2015	钐钴永磁合金化学分析方法 第2部分：钙、铁量的测定 原子吸收光谱法	GB/T 15679.3—1995、GB/T 15679.2—1995
1833	XB/T 610.3—2015	钐钴永磁合金化学分析方法 第3部分：氧量的测定 脉冲-红外吸收法	GB/T 15679.4—1995
1834	XB/T 611—2009	草酸稀土化学分析方法 灼减量的测定	
1835	XB/T 612.1—2009	钕铁硼废料化学分析方法 稀土总量的测定 草酸盐重量法	
1836	XB/T 612.2—2009	钕铁硼废料化学分析方法 15个稀土元素氧化物配分量的测定 电感耦合等离子体发射光谱法	
1837	XB/T 612.3—2013	钕铁硼废料化学分析方法—钴、硼、铝、铜、钙、镁、铬、镍、锰、钛量的测定 电感耦合等离子体发射光谱法	
1838	XB/T 613.1—2010	铈铽氧化物化学分析方法 第1部分：氧化铈和氧化铽量的测定 电感耦合等离子体发射光谱法	
1839	XB/T 613.2—2010	铈铽氧化物化学分析方法 第2部分：氧化镧、氧化镨、氧化钕、氧化钐、氧化铕、氧化钆、氧化镝、氧化钬、氧化铒、氧化铥、氧化镱、氧化镥和氧化钇量的测定 电感耦合等离子体发射光谱法	
1840	XB/T 614.1—2011	钆镁合金化学分析方法 第1部分：稀土总量的测定 重量法	
1841	XB/T 614.2—2011	钆镁合金化学分析方法 第2部分：镁量的测定 EDTA滴定法	
1842	XB/T 614.3—2011	钆镁合金化学分析方法 第3部分：碳量的测定 高频-红外吸收法	
1843	XB/T 614.4—2011	钆镁合金化学分析方法 第4部分：氟量的测定 水蒸气蒸馏分光光度法	
1844	XB/T 614.5—2011	钆镁合金化学分析方法 第5部分：稀土杂质含量的测定	
1845	XB/T 614.6—2011	钆镁合金化学分析方法 第6部分：铝、钙、铜、铁、镍、硅量的测定 电感耦合等离子体原子发射光谱法	
1846	XB/T 615—2012	氟化稀土化学分析方法 氟量的测定 水蒸汽蒸馏-EDTA滴定法	

序号	标　准　号	标　准　名　称	代替标准号
1847	XB/T 616. 1—2012	钆铁合金化学分析方法 第1部分：稀土总量的测定 重量法	
1848	XB/T 616. 2—2012	钆铁合金化学分析方法 第2部分：稀土杂质含量的测定 电感耦合等离子体原子发射光谱法	
1849	XB/T 616. 3—2012	钆铁合金化学分析方法 第3部分：钙、镁、铝、锰量的测定 电感耦合等离子体原子发射光谱法	
1850	XB/T 616. 4—2012	钆铁合金化学分析方法 第4部分：铁量的测定 重铬酸钾容量法	
1851	XB/T 616. 5—2012	钆铁合金化学分析方法 第5部分：硅量的测定 硅酸蓝分光光度法	
1852	XB/T 617. 1—2014	钕铁硼合金化学分析方法 第1部分：稀土总量的测定 草酸盐重量法	
1853	XB/T 617. 2—2014	钕铁硼合金化学分析方法 第2部分：十五个稀土元素量的测定 电感耦合等离子体原子发射光谱法	
1854	XB/T 617. 3—2014	钕铁硼合金化学分析方法 第3部分：硼、铝、铜、钴、镁、硅、钙、钒、铬、锰、镍、锌和镓量的测定 电感耦合等离子体原子发射光谱法	
1855	XB/T 617. 4—2014	钕铁硼合金化学分析方法 第4部分：铁量的测定 重铬酸钾滴定法	
1856	XB/T 617. 5—2014	钕铁硼合金化学分析方法 第5部分：锆、铌、钼、钨和钛量的测定 电感耦合等离子体原子发射光谱法	
1857	XB/T 617. 6—2014	钕铁硼合金化学分析方法 第6部分：碳量的测定 高频-红外吸收法	
1858	XB/T 617. 7—2014	钕铁硼合金化学分析方法 第7部分：氧、氮量的测定 脉冲-红外吸收法和脉冲-热导法	
1859	XB/T 618. 1—2015	钕镁合金化学分析方法 第1部分：铝、铜、铁、镍和硅量的测定 电感耦合等离子体原子发射光谱法	
1860	XB/T 618. 2—2015	钕镁合金化学分析方法 第2部分：镧、铈、镨、钐、铕、钆、铽、镝、钬、铒、铥、镱、镥和钇量的测定 电感耦合等离子体原子发射光谱法	
1861	XB/T 619—2015	离子型稀土原矿化学分析方法 离子相稀土总量的测定	

序号	标 准 号	标 准 名 称	代替标准号
1862	XB/T 620. 1—2015	废弃稀土荧光粉化学分析方法 第1部分：稀土氧化物总量的测定	
1863	XB/T 620. 2—2015	废弃稀土荧光粉化学分析方法 第2部分：铅、镉、汞量的测定 电感耦合等离子体发射光谱法	
1864	XB/T 620. 3—2015	废弃稀土荧光粉化学分析方法 第3部分：氧化钇、氧化镧、氧化铈、氧化铕、氧化钆、氧化铽、氧化镝量的测定 电感耦合等离子体原子发射光谱法	
1865	XB/T 621. 1—2016	钛铁合金化学分析方法 第1部分：稀土总量的测定 重量法	
1866	XB/T 621. 2—2016	钛铁合金化学分析方法 第2部分：稀土杂质含量的测定 电感耦合等离子体原子发射光谱法	
1867	XB/T 622. 1—2017	稀土系贮氢合金化学分析方法 第1部分：稀土总量的测定 草酸盐重量法	
1868	XB/T 622. 2—2017	稀土系贮氢合金化学分析方法 第2部分：镍、镧、铈、镨、钕、钐、钇、钴、锰、铝、铁、镁、锌、铜配分量的测定	
1869	XB/T 622. 3—2017	稀土系贮氢合金化学分析方法 第3部分：铁、镁、锌、铜量的测定 电感耦合等离子体原子发射光谱法	
1870	XB/T 622. 4—2017	稀土系贮氢合金化学分析方法 第4部分：硅量的测定 硅钼蓝分光光度法	
1871	XB/T 622. 5—2017	稀土系贮氢合金化学分析方法 第5部分：碳量的测定 高频燃烧红外吸收法	
1872	XB/T 622. 6—2017	稀土系贮氢合金化学分析方法 第6部分：氧量的测定 脉冲加热红外吸收法	
1873	XB/T 622. 7—2017	稀土系贮氢合金化学分析方法 第7部分：铅、镉量的测定	
1874	XB/T 701—2015	钐钴永磁合金粉物理性能测试方法 平均粒度及激光粒度分布的测定	XB/T 701—1996、XB/T 701—2007
1875	XB/T 802. 1—2015	废旧稀土回收处理 第1部分：废旧显示器中稀土的回收技术要求	
1876	XB/T 802. 2—2015	废旧稀土回收处理 第2部分：废弃荧光灯中稀土的回收技术要求	
1877	XB/T 904—2016	离子型稀土矿原地浸出开采安全生产规范	
1878	AQ/T 2028—2010	矿山在用斜井人车安全性能检验规范	

序号	标　准　号	标　准　名　称	代替标准号
1879	AQ/T 2030—2010	尾矿库安全监测技术规范	
1880	AQ/T 2034—2011	金属非金属地下矿山压风自救系统建设规范	
1881	AQ/T 2035—2011	金属非金属地下矿山供水施救系统建设规范	
1882	AQ/T 3014—2008	液氯使用安全技术要求	
1883	AQ/T 4212—2011	氧化铝厂防尘防毒技术规程	
1884	AQ/T 4218—2012	铝加工厂防尘防毒技术规程	
1885	AQ/T 9002—2006	生产经营单位安全生产事故应急预案编制导则	
1886	HDB/YS 001—2018	阴极铜（电解铜）加工贸易单耗标准	HDB/YS 001—2000
1887	HDB/YS 002—2000	铝锭加工贸易单耗标准	
1888	HDB/YS 003—2000	工业纯钛及钛合金（Ti-6Al-4V）铸锭加工贸易单耗标准	
1889	HDB/YS 004—2001	铅锭加工贸易单耗标准	
1890	HDB/YS 005—2001	锌锭加工贸易单耗标准	
1891	HDB/YS 006—2000	铜及铜合金板带加工贸易单耗标准	
1892	HDB/YS 007—2005	铝材加工贸易单耗标准	
1893	HDB/YS 008—2005	锡锭加工贸易单耗标准	
1894	HDB/YS 009—2005	工业纯钛及钛合金（Ti-6Al-4V）棒材加工贸易单耗标准	
1895	HDB/YS 010—2016	精炼铜管材加工贸易单耗标准	HDB/YS 010—2008
1896	HDB/YS 011—2009	电池用泡沫镍加工贸易单耗标准	
1897	HDB/YS 012—2012	钽管加工贸易单耗标准	
1898	HDB/YS 013—2012	氯化亚锡加工贸易单耗标准	
1899	HDB/YS 014—2012	硫酸亚锡加工贸易单耗标准	
1900	HDB/YS 015—2012	金属钴（未锻轧钴）加工贸易单耗标准	
1901	HDB/YS 016—2012	青铜带加工贸易单耗标准	
1902	HDB/YS 017—2013	工业纯钛及 Ti-6Al-4V 钛合金棒材加工贸易单耗标准	
1903	HDB/YS 018—2013	钽丝加工贸易单耗标准	
1904	HDB/YS 020—2015	四氧化三钴加工贸易单耗标准	
1905	HDB/YS 021—2015	碳酸钴加工贸易单耗标准	
1906	HDB/YS 022—2016	热镀镀锡圆铜线加工贸易单耗标准	
1907	HDB/YS 023—2016	草酸钴加工贸易单耗标准	
1908	HG/T 2572—2006	工业活性氧化锌	
1909	HJ/T 2033—2013	铝电解废气氟化物和粉尘治理工程技术规范	
1910	HJ/T 2049—2015	铅冶炼废气治理工程技术规范	
1911	HJ/T 473—2009	清洁生产标准 氧化铝业	

序号	标 准 号	标 准 名 称	代替标准号
1912	HJ/T 510—2009	清洁生产标准 废铅酸蓄电池铅回收业	
1913	HJ/T 512—2009	清洁生产标准 粗铅冶炼业	
1914	HJ/T 513—2009	清洁生产标准 铅电解业	
1915	HJ/T 558—2010	清洁生产标准 铜冶炼业	
1916	HJ/T 559—2010	清洁生产标准 铜电解业	
1917	HJ/T 740—2015	尾矿库环境风险评估技术导则（试行）	
1918	HJ/T 863. 1—2017	排污许可证申请与核发技术规范 有色金属工业-铅锌冶炼	
1919	HJ/T 863. 2—2017	排污许可证申请与核发技术规范 有色金属工业-铝冶炼	
1920	HJ/T 863. 3—2017	排污许可证申请与核发技术规范 有色金属工业-铜冶炼	
1921	HJ/T 933—2017	排污许可证申请与核发技术规范 有色金属工业-镁冶炼	
1922	HJ/T 934—2017	排污许可证申请与核发技术规范 有色金属工业-镍冶炼	
1923	HJ/T 935—2017	排污许可证申请与核发技术规范 有色金属工业-钛冶炼	
1924	HJ/T 936—2017	排污许可证申请与核发技术规范 有色金属工业-锡冶炼	
1925	HJ/T 937—2017	排污许可证申请与核发技术规范 有色金属工业-钴冶炼	
1926	HJ/T 938—2017	排污许可证申请与核发技术规范 有色金属工业-锑冶炼	
1927	HJ/T 942—2018	排污许可证申请与核发技术规范 总则	
1928	HJ/T 944—2018	排污单位环境管理台账及排污许可证执行报告技术规范 总则（试行）	
1929	HJ/T 187—2006	清洁生产标准 电解铝业	
1930	HJ/T 20—1998	工业固体废物采样制样技术规范	
1931	HJ/T 298—2007	危险废物鉴别技术规范	
1932	HJ/T 358—2007	清洁生产标准 镍选矿行业	
1933	JB/T 7333—2013	手动起重用夹钳	JB/T 7333—1994
1934	JB/T 9008. 1—2014	钢丝绳电动葫芦 第 1 部分：型式与基本参数、技术条件	JB/T 9008. 1—2004
1935	SJ/T 11627—2016	太阳能电池用硅片电阻率在线测试方法	
1936	SJ/T 11628—2016	太阳能电池用硅片尺寸及电学表征在线测试方法	
1937	SJ/T 11629—2016	太阳能电池用硅片和电池片的在线光致发光分析方法	
1938	SJ/T 11630—2016	太阳能电池用硅片几何尺寸测试方法	

序号	标　准　号	标　准　名　称	代替标准号
1939	SJ/T 11631—2016	太阳能电池用硅片外观缺陷测试方法	
1940	SJ/T 11632—2016	太阳能电池用硅片微裂纹缺陷的测试方法	
1941	SY/T 6186—2007	石油天然气管道安全规程	
1942	YB/T 4585—2017	铸锭炉用板状结构炭/炭复合材料	
1943	YB/T 4586—2017	铸锭炉保温用炭/炭复合材料	
1944	YB/T 4587—2017	单晶炉用炭/炭复合材料发热体	
1945	YB/T 4588—2017	单晶炉用板状结构炭/炭复合材料	
1946	YB/T 4589—2017	单晶炉保温用炭/炭复合材料	
1947	YB/T 4590—2017	硅材料用高纯石墨制品中杂质含量的测定 电感耦合等离子体发射光谱法	